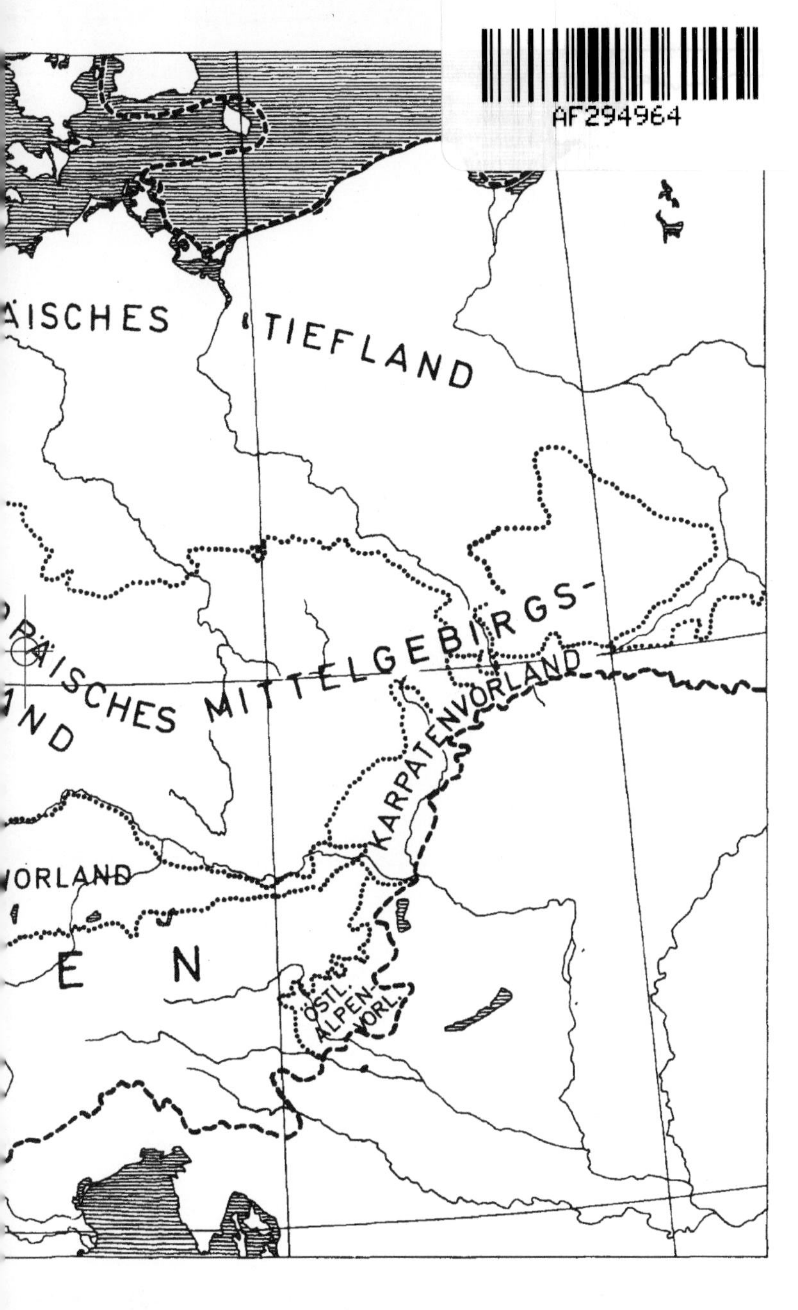
AISCHES
TIEFLAND
OPÄISCHES
AND
MITTELGEBIRGS-
ORLAND
N
VORLAND
E
KARPATENVORLAND
ÖSTL.
ALPEN-
VORL.
AF294964

Süßwasserflora von Mitteleuropa

Bd./Vol. 1/1	Chrysophyte and Haptophyte Algae, 2nd ed., Part 1 (Chrysophyceae s. str., Dictyochophyceae, Phaeothamniophyceae and Haptophyceae)
Bd./Vol. 1/2	Chrysophyte and Haptophyte Algae, 2nd ed., Part 2 (Synurophyceae) (2007)
Bd./Vol. 2/1	Bacillariophyceae (Naviculaceae) (1999)
Bd./Vol. 2/2	Bacillariophyceae (Bacillariaceae, Epithemiaceae, Surirellaceae) (1997)
Bd./Vol. 2/3	Bacillariophyceae (Centrales; Fragilariaceae, Eunotiaceae) (2004)
Bd./Vol. 2/4	Bacillariophyceae (Achnanthaceae, Literaturverzeichnis) (2004)
Bd./Vol. 2/5	Bacillariophyceae (English and French translation of the keys) (2000)
Bd./Vol. 3	Xanthophyceae 1. Teil (1978)
Bd./Vol. 4	Xanthophyceae 2. Teil (1980)
Bd./Vol. 5	Cryptophyceae und Raphidophyeae
Bd./Vol. 6	Dinophyceae (Dinoflagellida) (1990)
Bd./Vol. 7	Phaeophyceae und Rhodophyceae
Bd./Vol. 8	Euglenophyceae
Bd./Vol. 9	Chlorophyta I (Phytomonadina) (1983)
Bd./Vol. 10	Chlorophyta II (Tetrasporales, Chlorococcales, Gloeodendrales) (1988)
Bd./Vol. 11	Chlorophyta III (Chlorophyceae p. p.: Chlorellales, Protosiphonales)
Bd./Vol. 12	Chlorophyta IV (Chlorophyceae p. p.: Stichococcales, Microsporales; Codiolophyceae: Ulotrichales, Monostromatales)
Bd./Vol. 13	Chlorophyta V (Chlorophyceae p. p.: Chaetophorales, Trentepohliales, Chlorosphaerales)
Bd./Vol. 14	Chlorophyta VI (Oedogoniophyceae: Oedogoniales) (1985)
Bd./Vol. 15	Chlorophyta VII (Bryopsidophyceae: Cladophorales, Sphaeropleales)
Bd./Vol. 16	Chlorophyta VIII (Conjugatophyceae I: Zygnemales) (1984)
Bd./Vol. 17	Chlorophyta IX (Conjugatophyceae II: Zygnematales: Mesotaeniaceae; Desmidiales)
Bd./Vol. 18	Charales (Charophyceae) (1997)
Bd./Vol. 19/1	Cyanoprokaryota I (Chroococcales) (1998)
Bd./Vol. 19/2	Cyanoprokaryota II (Oscillatoriales) (2005)
Bd./Vol. 19/3	Cyanoprokaryota III (Nostocales, Stigonematales)
Bd./Vol. 20	Schizomycetes (1982 vergriffen/out of print)
Bd./Vol. 21/1	Fungi (Lichens)
Bd./Vol. 21/2	Fungi
Bd./Vol. 22	Bryophyta
Bd./Vol. 23	Pterido- und Anthophyta 1. Teil: Lycopodiaceae bis Orchidaceae (1980)
Bd./Vol. 24	Pterido- und Anthophyta 2. Teil: Saururaceae bis Asteraceae (1981)

MITTELEUROPÄISCH
MITTELEUROPÄISCH
LAND
NORDLICHES ALPENVORLAND
ALPEN
Mitteleuropa
Großregionen
Im Anschluß an:
NEEF (1956) u.
MÜLLER-MINY
(1966)
Begrenzung des
Naturraumes
Mitteleuropa
Begrenzung der
Großregionen

S. Jost Casper · Heinz-Dieter Krausch

Pteridophyta und Anthophyta · 1. Teil

Süßwasserflora von Mitteleuropa

Begründet von A. Pascher

Herausgegeben von
H. Ettl · J. Gerloff · H. Heynig

Band 23:
Casper / Krausch
Pteridophytha und Anthophyta
1. Teil

Pteridophytha und Anthophyta

1. Teil:
Lycopodiaceae bis Orchidaceae

S. Jost Casper
Heinz-Dieter Krausch

109 Tafeln mit 1038 Figuren

Autoren:
Professor Dr. Jost Casper
Biberweg 8
07749 Jena

Dr. habil. Heinz-Dieter Krausch
Charlottenstraße 32
14467 Potsdam

Bibliografische Information der Deutschen Nationalbibliothek
Die Deutsche Nationalbibliothek verzeichnet diese Publikation in der Deutschen Nationalbibliografie; detaillierte bibliografische Daten sind im Internet über http://dnb.d-nb.de abrufbar.

Springer ist ein Unternehmen von Springer Science+Business Media
springer.de

1. Auflage 1981,
VEB Gustav Fischer Verlag · Jena und Gustav Fischer Verlag · Stuttgart · New York,
unveränderter Nachdruck 2008
© Spektrum Akademischer Verlag Heidelberg 2008
Spektrum Akademischer Verlag ist ein Imprint von Springer

08   09   10   11   12   5   4   3   2   1

Planung und Lektorat: Dr. Ulrich G. Moltmann, Dr. Christoph Iven
Herstellung: Detlef Mädje
Umschlaggestaltung: Spiesz–Design, Neu–Ulm
Satz: Thomas Müntzer, Bad Langensalza
Datenaufbereitung: MEDIEN PROFIS GmbH, Leipzig
Druck und Bindung: Books on Demand GmbH, Norderstedt

Printed in Germany

ISBN 978-3-8274-2054-1

Vorwort der Herausgeber

Die von A. Pascher herausgegebene Süßwasserflora Deutschlands, Österreichs und der Schweiz, deren zweite Auflage dann den Titel Süßwasser-Flora Mitteleuropas erhielt, galt und gilt noch immer als das Standardwerk der Bestimmungsliteratur der Süßwasserpflanzen, an das sich spätere Floren in Inhalt und äußerer Gestaltung eng anlehnen. Die Süßwasser-flora hat sich seit dem Erscheinen ihrer ersten Bände auf der ganzen Welt einen berechtigten Ruf erworben, ja sie ist darüber hinaus zu einem Begriff geworden. Nicht nur Anfänger, sondern auch Spezialisten, die sich mit Süßwasserpflanzen und besonders mit Algen befassen, greifen immer wieder zu dieser Bücherreihe. Dies darf als Beweis für die Richtigkeit der Pascherschen Grundkonzeption dienen, die zu verändern auch heute noch keine Veranlassung besteht. Das bedeutet jedoch nicht, daß die Neubearbeitung der Süßwasserflora im einzelnen nicht wesentlichen Erweiterungen und Veränderungen erfahren mußte, liegen doch die Erstbearbeitungen z. T. mehr als 60 Jahre zurück, wobei nicht alle der geplanten Bände erschienen sind. Die heutigen Anschauungen über die Verwandtschaftsverhältnisse haben sich gegenüber früheren Vorstellungen ebensosehr gewandelt, wie die Zahl der Arten, die Kenntnis ihrer Entwicklungsgeschichte oder ihrer ökologischen Ansprüche zugenommen hat. All dies mußte in einer Neuauflage seinen Niederschlag finden, zumal wenn sie sich zum Ziel setzt, den neuesten Kenntnisstand der Systematik der behandelten Gruppen widerzuspiegeln. Es ist daher verständlich, daß sowohl Zahl und Umfang der Bände als auch die Anzahl der Abbildungen vermehrt werden mußten. Dennoch soll und kann die Flora die monographische Bearbeitung der einzelnen taxonomischen Gruppen nicht ersetzen. In diesem Sinne mußte auch manches kompilatorisch zusammengetragen werden, obwohl eine kritische Durcharbeitung stets angestrebt wurde. Viele Arten sind nur sehr selten gefunden worden, manche überhaupt nur von der Erstbeschreibung bekannt. In diesen Fällen kann nur der erfahrene Kenner einer Sippe die Angaben in der Literatur zutreffend bewerten. Dennoch wird es stets Unsicherheiten — wie immer in der Taxonomie — in der Bewertung geben.
Wenn auch der Titel des Werkes beibehalten wurde, so sind doch in vielen Gruppen, vor allem bei den Algen, wie z. T. auch schon in den ersten beiden Auflagen, ganz Europa und vielfach auch die übrigen Kontinente berücksichtigt. Dies hat zu einer Ausweitung des Umfangs der Süßwasserflora ebenso beigetragen wie die neue Gliederung des Gesamtwerkes, die heutigen taxonomischen Anschauungen Rechnung trägt, aber auch, wie wir hoffen, die Benutzbarkeit erleichtert. Dem sollen auch die zahlreichen Abbildungen dienen, die nicht nur jede Art, sondern meist auch für das Erkennen wichtige Entwicklungsstadien wiedergeben.
Das verstärkte Interesse der Gesellschaft an Fragen des Umweltschutzes drückt sich in einer Zunahme hydrobiologischer Forschungen aus, für die eine zuverlässige Bestimmungsflora die Voraussetzung ist; wir glauben, daß hier die Neuauflage der Süßwasserflora eine Lücke schließen kann, die dem praktisch arbeitenden Hydrobiologen meist schmerzhaft bewußt wird. Diese Lücken haben weder die Rabenhorstsche Kryptogamenflora, die ein Torso geblieben ist, noch die Reihe „Das Phytoplankton des Süßwassers", die bewußt nur einen Teil der Formenfülle erfaßt, beseitigt, noch die Süßwasserflora in polnischer oder russischer Sprache, die für viele Benutzer sprachlich nicht zugänglich sind und sich außerdem meist auf geographisch begrenzte Gebiete beschränken und oft auch nicht alle bekannten Sippen enthalten.

Andererseits haben wir wegen der vorhandenen Phytoplanktonbände geglaubt, auf einen besonderen Band „Phytoplankton", wie er von Pascher ursprünglich geplant war, verzichten zu können.

Die Gliederung des Werkes ist auf 23 Bände berechnet, die von der grundlegenden Einteilung Paschers ausgeht, aber auch die Klassifikation von Chadefaud (1960), Christensen (1962) und Bourrelly (1970) berücksichtigt. Dementsprechend sind die einzelnen Hefte eingeteilt. Diese sollen nicht die phylogenetischen Beziehungen wiedergeben, sondern vielmehr der praktischen Orientierung dienen und solche taxonomische Gruppen umfassen, die durch bestimmte, eindeutig charakterisierte Merkmale zu unterscheiden sind.

Band 1 Chrysophyceae
Band 2 Bacillariophyceae
Band 3 Xanthophyceae I
Band 4 Xanthophyceae II (Vaucheriales)
Band 5 Cryptophyceae und Raphidophyceae
Band 6 Dinophyceae
Band 7 Phaeophyceae und Rhodophyceae
Band 8 Euglenophyceae
Band 9 Chlorophyceae I (Pedinomonadales, Pyramimonadales, Volvocales)
Band 10 Chlorophyceae II (Tetrasporales)
Band 11 Chlorophyceae III (Chlorococcales)
Band 12 Chlorophyceae IV (Ulotrichales)
Band 13 Chlorophyceae V (Chaetophorales, Trentepohliales etc.)
Band 14 Chlorophyceae VI (Oedogoniales)
Band 15 Chlorophyceae VII (Sphaeropleales, Siphonocladales)
Band 16 Conjugatophyceae I (Zygnemales)
Band 17 Conjugatophyceae II (Desmidiales)
Band 18 Charophyceae
Band 19 Cyanophyceae
Band 20 Schizomycetes
Band 21 Mycophyta (Phycomycetes, Fungi imperfecti, Lichenes etc.)
Band 22 Bryophyta
Band 23 Pteridophyta und Anthophyta

Da fast alle früheren Mitarbeiter der Süßwasserflora verstorben sind, mußten für die entsprechenden Gruppen neue Bearbeiter gewonnen werden. Allen, die sich bereit erklärt haben, sich dieser Aufgabe zu unterziehen, haben die Herausgeber sehr herzlich zu danken, vor allem, da sie nicht verkennen, wie undankbar eine derartige Aufgabe ist und wieviel Zeit sie beansprucht. Der Dank gilt aber auch den beiden Verlagen, die bereit waren, mancherlei Wünsche zu akzeptieren, auch wenn sie zusätzliche finanzielle Belastungen bedeuteten, und die stets bemüht waren, auftretende Schwierigkeiten zu überbrücken. Die Herausgeber haben den Wunsch, daß sich die neue Edition der Süßwasserflora ebenso bewähren möge wie die beiden von A. Pascher redigierten Auflagen. Sie hoffen darüber hinaus, damit dem Andenken A. Paschers zu dienen, des hervorragenden Wissenschaftlers und liebenswürdigen Menschen, dem sie direkt oder indirekt viel verdanken.

Mit seinen Worten möchten wir uns zum Schluß an die Benutzer dieses Werkes wenden: „Irrtümer lassen sich beim besten Willen nicht vermeiden, weder für den speziellen Bearbeiter, noch für den Herausgeber, der ein schwer übersehbares großes Gebiet unmöglich gleichmäßig übersehen kann. Für jede sachliche und wohlgemeinte Anregung und Berichtigung werden Herausgeber und Bearbeiter immer dankbar sein."

H. Ettl · J. Gerloff · H. Heynig · B. Schussnig†

Herausgeber und Verlage gedenken dankbar Professor Bruno Schussnigs, der sich als einer der Mitherausgeber mit seiner ganzen Person für diese Neuauflage eingesetzt hat. Leider war es ihm nicht mehr vergönnt, den Neubeginn der Süßwasserflora zu erleben.
Seine aus überragendem Wissen geborene, stets wache Kritik hat vieles zur Klärung allgemeiner Fragen beigetragen. Sie werden wir in Zukunft vermissen. Fehlen wird uns aber auch der liebenswerte, warmherzige Mensch, dessen urbaner Geist Schwierigkeiten überwand.
Wir haben einen Freund verloren.

Vorwort

> „In einem Sumpfe in der Nähe unserer Zelte soll
> eine Wasserpflanze gegrünt haben, wegen welcher
> mich Escholtz nach der Abfahrt fragte. Ich hatte
> sie nicht bemerkt, er aber hatte darauf gerechnet,
> eine Wasserpflanze, meine bekannte Liebhaberei,
> würde mir nicht entgehen, und hatte sich die Füße
> nicht naß machen wollen".
>
> A. von Chamisso: Reise um die Welt. Rütten
> und Loening, Berlin 1975: 188/189.

Die höheren Wasserpflanzen sind, wie immer wieder von kundiger Seite bestätigt wird, gut geeignete Indikatoren der Wassergüte der Gewässer. Die raschen Fortschritte, die vor allem die Pflanzensoziologie in den letzten 30 Jahren gemacht hat, und die wachsenden Kenntnisse auf dem Gebiete der Autökologie der Wasser- und Sumpfpflanzen haben aber auch gezeigt, daß die „Makrophyten" erst dann zu einem wirksamen Instrument in der Hand des Ökologen, Pflanzensoziologen und wasserwirtschaftlichen Praktikers werden, wenn diese sich auf einem sicheren taxonomischen Fundament bewegen können. Es war daher an der Zeit, im Zuge der Neuauflage der Pascherschen Süßwasserflora deren Pteriodophyten- und Phanerogamenband zu überprüfen, der von H. Glück 1936 verfaßt worden war, des zu seiner Zeit wohl besten Kenners der Wasser- und Sumpfgewächse.

Glück hatte seinen Beitrag als „Kurze Zusammenfassung der wichtigsten systematischen Resultate, die von mir bereits früher in meinem Werke über Wasser- und Sumpfgewächse der Öffentlichkeit übergeben worden sind" (1936: III), gekennzeichnet. In der Tat finden sich in seiner Darstellung eine solche Fülle von Angaben über die spezifische Ausprägung morphologischer Merkmale unter gegebenen standörtlichen Bedingungen, wie nie zuvor in vergleichbaren Werken. An dieser Stelle müssen wir gleich betonen, daß wir über einen ähnlichen Fundus an Beobachtungen und morphologischen Untersuchungen nicht verfügen und dem interessierten Leser daher den Rückgriff auf die einschlägigen Glückschen Publikationen nicht ersparen können. Selbstverständlich haben wir uns bemüht, der Plastizität und Modifikabilität der Wasserpflanzen in unserer Darstellung gerecht zu werden, obwohl wir uns nicht entschließen konnten, die zahlreichen Glückschen „Formen" — *„submersus"*, *„terrestris"*, *„fluitans"*, *„amphibius"*, *„natans"*, *„intermedius"*, *„semimersus"* usw. —, die in einigen Fällen nur in Kultur beobachtet wurden oder lediglich Entwicklungsstadien („Übergangsformen") ein und derselben Pflanze darstellen, in den Rang von Kategorien zu erheben. Es widerspricht den gegenwärtigen Auffassungen vom Wesen der Sippen, solche modifikativen Veränderungen („Standortsmodifikationen", „Ökophäne", „Ökomorphosen") taxonomisch zu erfassen. Natürlich ist die Kenntnis der Modifikabilität unabdingbar, nicht aber ihre nomenklatorische Fixierung. Wo es uns wichtig schien, haben wir auf charakteristische Abwandlungen der Gestalt aufmerksam gemacht, insbesondere dort, wo es während der Individualentwicklung zu gesetzmäßigen Abfolgen in der Wandlung der Morphe kommt, z. B. bei der Herausbildung morphologisch unterschiedlicher „Blattgenerationen" (Glücks „Heteroblastie"). Sie sind in die Beschreibung der jeweiligen Sippe eingegangen.

Die Paschersche Süßwasserflora ist in erster Linie ein Bestimmungswerk. Wir haben uns daher bemüht, die Sippen so weit wie möglich aufzuschlüsseln, eine Praxis, die Glück nicht überall konsequent verfolgt hat. Hier und da sind wir bei der Beschreibung ausführlicher, an anderen Stellen knapper geblieben als Glück, ohne unser Vorgehen im einzelnen zu begründen. Besonderen Wert haben wir auf die Erfassung von vegetativen Merkmalen oder von Frühstadien der Entwicklung gelegt, da manche Wasserpflanzen bei uns nur selten oder überhaupt nicht blühen, ihre Erkennung selbstverständlich aber auch dann wünschenswert ist. Angesichts der bereits erwähnten Bedeutung der höheren Wasserpflanzen für die Gewässerindikation haben wir uns bemüht, die standörtlichen Gegebenheiten so umfassend wie möglich zu kennzeichnen. Zu einer ebenso eingehenden Behandlung der Soziologie konnten sich Verlag und Herausgeber leider nicht entschließen. Hier bleibt zu hoffen, daß dem Bestimmungsband in nicht allzuferner Zeit eine von erfahrener Hand geschriebene Ökologie und Soziologie der Wasserpflanzen folgt.

In der Umgrenzung der vorliegenden Flora sind wir Glück im wesentlichen gefolgt. Characeen und Moose werden in einem besonderen Band behandelt. Wir haben versucht, „den wichtigsten Bestand der europäischen Wasser- und Sumpfvegetation" aufzunehmen, ohne uns in eine Diskussion über die Begriffe „Wasser-, Sumpf- und Uferpflanze" oder „Makrophyten" einzulassen. Nicht so detailreich sind unsere Angaben über die Verbreitung im Gebiet, ausführlicher hingegen die über die Gesamtverbreitung der Sippen, wobei wir allerdings hier und da die gerade bei den Wasserpflanzen noch vorhandenen Unklarheiten und Unsicherheiten hinsichtlich ihrer Verbreitung mit in Kauf nehmen mußten. Es schien uns aber doch wichtig, daß sich der Benutzer der Flora ein Bild vom Gesamtareal „seiner" Sippe machen kann.

Wir haben aus der alten Auflage keine Abbildungen unverändert übernommen, nicht etwa, weil diese uns schlecht oder fehlerhaft schienen, sondern weil wir Wert auf eine einheitliche Bebilderung legen. Unsere ursprüngliche Absicht, alle Abbildungen nach lebendem Material anfertigen zu lassen, erwies sich leider als undurchführbar. Wir haben daher in den meisten Fällen auf gute Abbildungen zurückgegriffen, sie an Lebend- oder Herbarmaterial überprüft und, wenn nötig, korrigiert. Die Quellen der Vorlagen sind vermerkt; fehlen entsprechende Nachweise, dann liegen Originalabbildungen vor. Den Graphikern Fräulein Helga Paditz, Leipzig, Frau Inge Brüx-Gohrisch, Leipzig, und Herrn Hans-Jürgen Ehricht, Köthen, danken wir besonders für ihre Bereitschaft, unseren nicht immer bescheidenen Wünschen entgegenzukommen (Einzelnachweise S. 10).

Es ist uns eine angenehme Pflicht, allen Freunden und Kollegen im In- und Ausland herzlichst für die freundschaftliche und großzügige Unterstützung unserer Arbeit zu danken, sei es durch Überlassung von Pflanzenmaterial oder Literatur, durch Führung und Betreuung bei Geländearbeiten oder durch Überprüfung von Teilmanuskripten, Überlassung von Schlüsseln, durch Kritik, Hinweise und Ratschläge: Dr. K. Arendt, Gerswalde; Dr. M. Bäßler, Berlin; Dr. D. Benkert, Berlin; Dr. A. Česka, Victoria; Dr. J. Chrtek, Prag; Dr. Anna Chrtková, Prag; Prof. Dr. C. D. K. Cook, Zürich; E. Dahlke, Muskau; E. Dörr, Kempten; Prof. Dr. F. Ehrendorfer, Wien; Dr. W. Fischer, Potsdam; Prof. Dr. H. Freitag, Göttingen; Dr. Sabine Görs, Karlsruhe; Dr. P. Gutte, Leipzig; Dr. Sylvia Haslam, Cambridge; Dr. R. R. Haynes, Alabama; Dr. S. Hejný, Prag; Prof. Dr. H. Hess, Zürich; Dr. H. Henker, Neukloster; Dr. J. Hereźniak, Łódz; W.-D. Heym, Cottbus; Dr. W. Hilbig, Halle; Dr. J. Hild, Porz-Wahn; Brigitte Hoffmann, Jena; Dr. H. Hübel, Kloster; Prof. Dr. E. Hübl, Wien; H. Illig, Luckau; Dr. H. Jage, Kemberg; Dr. E. Jäger, Halle; H. Jentsch, Missen; Dr. L. Jeschke, Greifswald; Prof. Dr. Z. E. Kárpáti†, Budapest; Prof. Dr. J. Kárpáti, Sopron; Dr. K. Kellner, Marburg; Prof. Dr. G. Klotz, Jena; Prof. Dr. A. Kohler, Hohenheim; P. Konczak, Wriezen; Dr. K. Kondo, Hiroshima; D. Korneck, Bad Godesberg; Dr. L. Kutschera, Klagenfurt; Prof. Dr. G. Lang, Bern; Dr. G.-H. Leute, Klagenfurt; Dr. Anne Lindner, Rostock; Dr. H. Lippold, Jena; R. Lotto, Garmisch-Partenkirchen; Prof. Dr. H. Luther, Helsinki; Dr. L. J. Malyšev, Irkutsk; F. W. C. Mang, Hamburg; Dr. H. Manitz, Jena; M. Markuse, Menz; Prof. Dr. E. Mayer, Ljubljana; W. Maurer, Graz; Prof. H. Melzer, Judenburg; H. Metlesics, Wien; Dr. K. Meyer, Jena; H. Mimietz, Jena; Dr. G. Müller, Leipzig; Dr. H. Niklfeld, Wien; Prof. Dr. E. Oberdorfer, Freiburg; Dr. H. Passarge, Eberswalde; Dr. W. Pietsch, Dresden; Prof. Dr. S. Pignatti, Triest; F. Rattey, Beetzendorf; Dr. St. Rauschert, Halle; Prof.

Dr. G. Reese, Kiel; L. Reichhoff, Halle; Dr. F. Runge, Münster; W. Scheffler, Neuglobsow;
D. Schmidt, Havelberg; Dr. P. Schönfelder, Regensburg; Dr. G. Şerbanescu, Bukarest; Dr.
W. Spanowsky, Dresden; Dr. M. Succow, Eberswalde; Prof. Dr. H. Sukopp, Berlin(West);
Dr. P. Tomšovic, Prag; Dr. Kristina Turała, Kraków; Dr. H. Vollrath, München; Dr.
Y. Viinikka, Turku; Prof. Dr. Dr. H. E. Weber, Vechta; Dr. D. W. Weber-Oldecop, Gehrden;
Dr. W. Żukowski, Poznán.
Unser aufrichter Dank gilt den Herren Institutsdirektor Prof. Dr. U. Taubeneck, Jena, und
Prof. Dr. H. Knöll †, Jena, die unsere Arbeit in jeder Hinsicht großzügig förderten.
Die Herausgeber der Süßwasserflora, die Herren Prof. Dr. J. Gerloff, Berlin(West), Dr.
H. Ettl, Chrastavec-Pulpecen, Dr. H. Heynig, Halle, sowie Prof. Dr. Bruno Schussnig †,
Jena, standen uns stets mit Rat und Tat zur Seite, gingen bereitwillig auf unsere vielfältigen
Wünsche ein und haben durch ihre fördernde Kritik erheblichen Anteil am Gelingen
unserer Arbeit. Ihnen sind wir in besonderem Maße zu Dank verpflichtet.
Dem Verlag danken wir für sein Interesse an der Gestaltung des Werkes, insbesondere Frau
Johanna Schlüter, Jena, und Herrn H. Kramer, Jena, die unseren Anregungen aufgeschlossen
gegenüberstanden und für eine gute Ausstattung sorgten.
Nicht zuletzt danken wir ganz herzlich Frau Helene Casper, Leipzig, die in bewährter Weise
das Manuskript mehrfach geschrieben, zusammen mit Frau Brigitte Hoffmann, Jena, die
Korrekturen gelesen und die Register vorbereitet hat.

S. Jost Casper, Jena
H.-D. Krausch, Potsdam

Zeichnungen:

Inge Brüx-Gohrisch, Leipzig:
2, 6, 10, 17—18, 30, 32, 34, 57, 59, 61—64, 66—67, 80, 83, 102—103, 105—108, 110—114,
118—119, 121—124, 127—128, 131, 134, 136, 141, 155, 163, 165—166, 171—182, 190, 206,
209, 211.

Hans-Jürgen Ehricht, Köthen:
1, 7—8, 11—13, 15—16, 20—28, 36—38, 40, 42—46, 48—50, 52—.54, 68—77, 81—82, 84,
86—96, 159—162, 168—170, 177—180, 183—210, 215, 218—219, 223—226.

Helga Paditz, Leipzig:
3—5, 9, 14, 19, 29, 31, 33, 35, 39, 41, 46—47, 51, 55—56, 58, 60, 65, 78—79, 85, 97—101, 104,
109, 115—117, 120, 125—126, 129—130, 132—133, 135, 137—140, 142—154, 156—158, 164,
167, 172—176, 181, 184—189, 191—205, 207—208, 212—214, 216—217, 220—222, 227—228.

Inhalt

I. Allgemeiner Teil

1. Systematik und Taxonomie

Unser Bestimmungsbuch will die sogenannten „höheren Süßwasserpflanzen", die „Süßwasser-Tracheophyten" mancher Taxonomen oder die „Süßwasser-Makrophyten" der Ökologen und Limnologen eines bestimmten Gebietes erfassen. Sie sind es, die die Physiognomie der Teiche, Seen oder Flüsse wesentlich prägen. Im allgemeinen umfaßt der ökologische Terminus „Makrophyten", taxonomisch gesehen, Armleuchtergewächse (Charophyta), Moose (Bryophyta), Farne, Schachtelhalme, Bärlappgewächse und Verwandte (Pteridophyta) sowie Samen pflanzen (Spermatophyta). Wie bereits im Vorwort betont, beschränken wir uns auf die Pterido- und Authophyta in dem Umfange, wie ihn Glück (1936) im 15. Heft der Süßwasserflora Mitteleuropas vorgegeben hat. Die Charophyten und Bryophyten werden in gesonderten Bänden abgehandelt.
Es ist bekanntlich nicht einfach, den Begriff „Wasserpflanze" zu bestimmen. Die Definitionen in der botanischen Literatur weichen beträchtlich voneinander ab. Das mag u. a. auch daran liegen, daß aquatische und terrestrische Standorte, man denke nur an die periodischen Gewässer, nicht immer scharf voneinander getrennt werden können und daß die höheren Wasserpflanzen nach allgemeiner Ansicht sekundär an das Leben im Wasser angepaßte Landpflanzen sind. Wir wollen im Rahmen unserer Flora diese Problematik nicht diskutieren und schließen uns im Prinzip der Begriffsbestimmung durch Cook (1974) an, aus rein pragmatischen Gründen, wie wir ausdrücklich betonen möchten. Unter „Süßwasser-Makrophyten" wollen wir solche höheren Pflanzen verstehen, deren photosynthetisch aktive Teile dauernd oder zumindest für einige Monate im Jahr untergetaucht leben oder auf der Wasseroberfläche treiben; marine oder ausschließlich im Brackwasser lebende Gewächse bleiben ausgeschlossen. Infolgedessen finden auch die Pflanzen Berücksichtigung, die im Untergrunde wurzeln und deren basale Abschnitte fast durchweg untergetaucht bleiben, deren Blätter und Blütenstände sich aber über die Wasseroberfläche erheben: „Helophyten" wie *Typha, Phragmites, Schoenoplectus, Butomus* usw. Die „Pleustohelophyten", die frei auf der Wasseroberfläche mit untergetauchten Wurzelsystemen treiben, deren übrige vegetative Teile und Blütenstände sich über das Wasser mit Hilfe besonderer aërenchymatischer Organe oder Organteile erheben, werden ebenfalls behandelt, z. B. *Eichhornia crassipes, Calla palustris* usw. Pflanzen, die oft und über längere Zeiträume hinweg vollständig untergetaucht leben, sich dabei vegetatisch fortpflanzen, unter diesen Bedingungen ihren Lebenszyklus jedoch nicht abschließen können, d. h. nicht fortpflanzungsreif werden, die infolgedessen nicht als obligate Wasserpflanzen angesehen werden können und deshalb vielfach „Pseudohydrophyten" genannt werden, führen wir außerdem an, z. B. Arten der Gattungen *Marsilea* und *Eryngium*, viele Cyperaceen und Gramineen. Dagegen haben wir solche Gewächse, die in den höheren Gebirgslagen oder in den kalten Regionen zeitweilig untergetaucht vorkommen, normalerweise aber terrestrisch leben, nicht aufgenommen.
Es ist leicht verständlich, daß angesichts der Unschärfe des Begriffes „Wasserpflanze" unsere Auswahl notgedrungen subjektiv sein muß. Abgesehen von unserer eben skizzierten Auffassung haben wir uns stark von der Rolle der fraglichen Gewächse am Standort und von ihrer soziologischen Bindung leiten lassen (vgl. S. 18). Im wesentlichen erfassen wir diejenigen Makrophyten, die in oder an unseren Binnengewässern die „Regionen" der untergetauchten

Gewächse und der Schwimmblattgewächse sowie die Ufer- bzw. Verlandungszonen besiedeln.
Im Anschluß an die Beschreibungen der Familien und Gattungen weisen wir oft auf Sippen hin, die taxonomisch in den erörterten Umkreis gehören und in weiten Teilen der Erde als Nutzpflanzen, Aquarienpflanzen oder Unkräuter größere Bedeutung erlangt haben, die aber im Gebiete unserer Flora nicht vorkommen. Es erschien uns nützlich, deshalb unserer Darstellung eine Übersicht der Familien voranzustellen, die nach unserer Kenntnis „echte" Wasserpflanzen aufweisen, und gleichzeitig kenntlich zu machen, welche von ihnen von uns berücksichtigt und welche außerdem noch aufgenommen worden sind. Aus der Liste geht hervor, daß von den 76 Familien mit obligaten Süßwassermakrophyten immerhin 53 Vertreter im Gebiet unserer Flora besitzen.

Übersicht der Familien mit Wasserpflanzen
(Anordnung nach Dalla-Torre & Harms 1900—1908)

halbfett   in unserer Flora behandelte Familien mit Makrophyten der Binnengewässer
gewöhnlich   in unserer Flora nicht behandelte Familien mit Makrophyten der Binnengewässer
( )   Familien ohne obligate Wasserpflanzen, in unserer Flora behandelt
[ ]   Familien mit obligaten Wasserpflanzen der Meere

(Lycopodiaceae)	Philydraceae
Isoëtaceae	**Amaryllidaceae**
(Equisetaceae)	**Juncaceae**
(Thelypteridaceae)	**Iridaceae**
Parkeriaceae	Cannaceae
Marsileaceae	Marantaceae
Salviniaceae	(Orchidaceae)
Azollaceae	**Saururaceae**
Typhaceae incl. *Sparganium*	(Urticaceae)
Potamogetonaceae	**Polygonaceae**
Ruppiaceae	Hypoxidaceae
Najadaceae	Amaranthaceae
Aponogetonaceae	(Caryophyllaceae)
Zannichelliaceae incl. Cymodoceaceae	**Portulacaceae**
(Schleuchzeriaceae)	**Nymphaeaceae**
Juncaginaceae incl. Lilaeaceae	**Ceratophyllaceae**
[Zosteraceae]	**Nelumbonaceae**
[Posidoniaceae]	**Cabombaceae**
Alismataceae	**Ranunculaceae**
Butomaceae	**Brassicaceae**
Limnocharitaceae	**Droseraceae**
Hydrocharitaceae	Podostemaceae
Poaceae	Hydrostachyaceae
Cyperaceae	**Crassulaceae**
Araceae	(Saxifragaceae)
Lemnaceae	(Rosaceae)
Hanguanaceae	**Fabaceae** incl. Mimosaceae
Centrolepidaceae	Oxalidaceae
Mayacaceae	(Linaceae)
Xyridaceae	**Euphorbiaceae**
Eriocaulaceae	**Callitrichaceae**
Commelinaceae	Balsaminaceae
Pontederiaceae	(Hypericaceae)

Elatinaceae	Polemoniaceae
Lythraceae	Hydrophyllaceae
Melastomaceae	Lamiaceae
Onagraceae	(Boraginaceae)
Trapaceae	**Scrophulariaceae**
Haloragaceae	Trapellaceae
Hippuridaceae	**Lentibulariaceae**
Hydrocotylaceae	Acanthaceae
Apiaceae	**Plantaginaceae**
Primulaceae	**Rubiaceae**
(Gentianaceae)	Sphenocleaceae
Menyanthaceae	**Lobeliaceae**
Cuscutaceae	**Asteraceae**
Convolvulaceae	

Zu den in unserer Flora behandelten Sippen führen zunächst zwei Bestimmungsschlüssel (S. 25 bzw. S. 30) hin, von denen der erste eine Bestimmungstabelle in Form eines dichotomen Schlüssels nach vorwiegend generativen Merkmalen darstellt und die Bestimmung der Familien ermöglicht. Ihm entsprechen die Bestimmungsschlüssel für die niedrigeren taxonomischen Einheiten (Gattungen, Arten, Unterarten usw.), die sich vor der Beschreibung der jeweiligen Taxa im speziellen Teil finden. Der zweite Bestimmungsschlüssel nach „einfachen Merkmalen", worunter wir leicht erkennbare, vorwiegend vegetative und „biologische" Merkmale verstehen, führt in vielen Fällen direkt bis zur Gattung, in einzelnen bis zur Art. Er soll eine rasche Bestimmung wichtiger Sippen ermöglichen, keinesfalls aber den „systematischen" Bestimmungsschlüssel ersetzen. Es ist uns nicht gelungen, dabei völlig auf Merkmale aus dem generativen Bereich zu verzichten.
Die Nomenklatur der Sippen ist, soweit möglich, auf den neuesten Stand gebracht worden. Die wichtigsten Synonyme werden angeführt. Die Beschreibung der einzelnen Taxa erfolgt in der im botanischen Schrifttum üblichen Weise. Sie wird durch Angaben über Blüte- bzw. Fruchtzeit und die Chromosomenzahl ergänzt. Wie im Vorwort ausgeführt, haben wir versucht, Modifikabilität und Plastizität der Wasserpflanzen als Ausdruck physikalischer Standortsfaktoren (Wasserstandsschwankungen, Trockenfallen des Standorts, Saisonperiodizität usw.) in die Beschreibung der Sippe einzuarbeiten. Ergänzungen und besondere Hinweise finden sich in den „Anmerkungen". Auf eine eingehende Analyse der „Ökophasen" bzw. „Ökomorphosen" mußten wir verzichten. Wir verweisen auf die ausgezeichnete, grundlegende Darstellung Hejnýs (1960), der wir im einzelnen viel verdanken.
Grundlage unserer Beschreibungen bilden langjährige intensive und ausgedehnte Feld- und Herbarstudien. Fast überall haben wir bewährte Florenwerke zu Rate gezogen und in zahlreichen Fällen, in denen es uns sachlich gerechtfertigt schien, Textteile direkt übernommen, ohne dies im einzelnen zu erwähnen. Wir verweisen in diesem Zusammenhang besonders auf Hegis „Illustrierte Flora von Mitteleuropa" (1906ff.), Rothmalers „Exkursionsflora . . ." (1963ff.), Garckes „Illustrierte Flora" (1972), Ascherson und Graebners „Synopsis der mitteleuropäischen Flora" (1896ff.), die „Flora der Schweiz" (1967—1972) und die „Flora Europaea" (1964ff.). Von den europäischen Standardfloren seien genannt: Clapham, A. R., et al., „Flora of the British Isles" (1962); Coutinho, A. X. P., „Flora de Portugal" (1939); Dostál, J., „Květena ČSR" (1948—1950); Fournier, P., „Le Quatres Flores de la France, Corse comprise" (1961); Hayek, A. von, „Prodromus Florae Peninsulae Balcanicae" (1924 bis 1933); Hylander, N., „Nordisk Kärlväxtflora" (1953ff.); Janchen, E., „Catalogus Florae Austriae" (1956—1967); Jordanov, D., „Flora na Narodna Republika Bălgarija" (1963ff.); Komarov, V. L., et al., „Flora URSS" (1934—1964); Maevskij, P. F., „Flora srednej polosy evropejskoj časti SSSR" (1954); Raciborski, M., et al., „Flora Polska" (1919ff.); Rechinger, K. H., „Flora Aegaea" (1943—1949); Robyns, W., „Flora Générale de Belgique. Spermatophytes" (1952ff.); Rouy, G., „Flore de la France" (1893—1913); Săvulescu, T., „Flora Republicii Populare Romăne" (1952ff.); Soó, R., „A Magyar Flóra es Vegetáció Rends-

zertani-Növényföldrajzi Kézikönyve" (1964 ff.) und Weevers, Th., et al., „Flora Neerlandica"
(1948 ff.). F. Ehrendorfers „Liste der Gefäßpflanzen Mitteleuropas" (1973) haben wir der Auswahl der Sippen zugrundegelegt. Viel verdanken wir speziellen Werken über Wasserpflanzen,
so z. B. H. J. Astons „Aquatic plants of Australia" (1973), C. D. Sculthorps „Biology of
aquatic vascular plants" (1967), C. D. K. Cooks „Water plants of the world" (1974),
N. C. Fassetts „A manual of aquatic plants" (1960), G. E. Hutchinsons „Treatise on
Limnology" (1976), W. C. Muenschers „Aquatic plants of the United States" (1944), A. Wendts
„Die Aquarienpflanzen in Wort und Bild" (1952—1958) und De Wits „Aquarienpflanzen"
(1971).
Sonstiges wichtiges, insbesondere monographisches Schrifttum ist im Abschnitt „Wichtigste
Literatur" im Anschluß an die Familien- bzw. Gattungsbeschreibungen angeführt. Spezielle
Literaturhinweise finden sich vor allem in den „Anmerkungen".
In der Anordnung der Familien folgen wir dem System von Dalla-Torre und Harms
(1900—1908). Selbstverständlich hätten wir auch ein „moderneres" wählen oder wie Cook
(1974) eine alphabetische Reihung vornehmen können. Diese Frage schien uns angesichts
des Charakters der Flora als Bestimmungswerk nicht relevant. Da viele Herbarien ihr Material
nach Dalla-Torre und Harms ordnen, haben wir uns für deren Vorgehen entschieden.

2. Ökologie

Im Abschnitt „Vorkommen" bemühen wir uns, das standörtliche Verhalten und den Zeiger-
wert der behandelten Sippen eingehender und genauer anzugeben, als dies Glück (1936) möglich war. Aus eigenen Untersuchungen und der Vielfalt der verfügbaren Informationen haben
wir die uns wesentlich erscheinenden Daten herausgesucht und in knapper Form dargestellt,
wobei wir uns an der Art und Weise der ökologischen Kennzeichnung im „Hegi" und durch
Oberdorfer (1970) orientiert haben. Ihr sind wir auch weitgehend bei solchen Sippen gefolgt, die wir selbst nicht am Standort sehen konnten und über die nur spärliche oder gar
keine Angaben verfügbar waren. Wir wissen, daß die ökologischen Daten oft noch lückenhaft
und in vieler Hinsicht ergänzungsbedürftig sind.
Wir beginnen mit einer Umschreibung der hauptsächlichen Wuchsorte (z. B. Seeufer, Teich-
ränder, Tümpel, Gräben, Quellen usw.). Es folgen Angaben über Trophieverhältnisse, Wasser-
bewegung (Strömung, Wellenschlag, Windwirkung), Wasserchemismus, Untergrund und Wassertiefe sowie — bei Ufer- und Sumpfpflanzen — über Bodenarten (z. T. auch Bodentypen),
Feuchtigkeitsstufen und Überflutungsdauer. Wir unterscheiden zwischen „Nährstoffen" (Stick-
stoff- und Phosphorverbindungen) und „Basen" (Kalzium, Kalium und Magnesium). Kalk-
reichtum oder -armut des Gewässers bzw. des Standortes werden meist besonders erwähnt. Der
Säuregrad wird durch die Stufen sauer, mäßig sauer (pH 5—6,5), neutral (pH 6,5—7,5) und
mild (alkalisch) gekennzeichnet. Auf besondere Wasser- und Bodenansprüche weisen wir ge-
sondert hin, vor allem hinsichtlich Sauerstoff, Kochsalz (NaCl) — nach Möglichkeit mit
Angaben über Toleranzgrenzen —, Soda ($NaCO_3$) und Sulfaten. Gemäß ihrer Reaktion auf
unterschiedliche Gehalte des Wassers bzw. des Bodens an Kochsalz, Soda, Bittersalz ($MgSO_4$)
oder Glaubersalz ($NaSO_4$) differenzieren wir zwischen Halophyten, halophilen und salztoleran-
ten Sippen. Halophyten treten in der Regel nur auf Salzboden und in Salzpflanzengesell-
schaften auf und kommen meist nur bei höheren Salzgehalten (> 5%) zur optimalen Entwicklung; halophile (salzholde) Sippen bevorzugen mehr oder weniger deutlich schwächere
Salzgehalte, gedeihen aber auch noch auf sehr salzarmen bis salzfreien Standorten, ohne
wesentlich an Vitalität einzubüßen; salztolerante (salzverträgliche) Sippen haben den Schwerpunkt ihres Vorkommens im Süßwasser bzw. auf glykischen Standorten, vermögen aber auch
schwächere Salzgehalte zu ertragen und finden sich daher vielfach noch im Brackwasser bzw.
auf Salzmarschen und an Binnensalzstellen. Die einzelnen Salinitätsstufen des Wassers kennzeichnen wir gemäß der Skala oligohalin (0,3—3⁰/₀₀ Cl'), mesohalin (3—10⁰/₀₀ Cl'), polyhalin

(10—16,5$^0/_{00}$ Cl') und euhalin (16,5—22$^0/_{00}$ Cl'), den Verschmutzungsgrad durch die bekannten Saprobitätsstufen oligosaprob, β-mesosaprob, α-mesosaprob und polysaprob. Hingewiesen wird ferner auf besondere Wärmeansprüche, z. B. auf wärmeliebende (sommerwärmeliebende) oder an Thermalgewässer gebundene Sippen, auf Wärmekeimer und auf kühle Standorte liebende Sippen, auf Konkurrenzverhalten (z. B. konkurrenzschwache Sippen) und Schattenverträglichkeit. Schließlich geben wir die Höhenstufenverteilung der Sippen sowie die absolute Höhengrenze im Gebiet, hauptsächlich in den Alpen, an. Dabei bedeuten:

planar   Stufe der Ebene bis etwa 200 m;

kollin   Stufe des Hügellands und der unteren Berglagen von etwa 200 m bis etwa 500 m Höhe;

montan   Bergstufe zwischen 500 und 900 m Höhe;

subalpin   Stufe der Gebirgslagen zwischen 900 m Höhe und der Wald- und Knieholzgrenze;

alpin   Stufe der Hochgebirgslagen über der Wald- und Baumgrenze bis zur Schneegrenze.

Die Angaben über Lebens- und Wuchsformen dienen der Kennzeichnung der ökologischen und morphologischen Struktur der behandelten Sippen. Sie wurden in dem Umfange aufgenommen, wie sie ausreichend bekannt sind. Auf das Signum „L:" folgen in abgekürzter Form zunächst Angaben zur Lebensform, dann, durch einen Schrägstrich getrennt, zur Wuchsform.

Den Angaben der Lebensformen liegt das bekannte System von Raunkiaer (1907) in der überarbeiteten Fassung von Ellenberg und Müller-Dombois (1967) zugrunde, das im wesentlichen auf der Lage der Überwinterungsorgane zur Erdoberfläche fußt. Die Wasserpflanzen, deren Überwinterungsknospen normalerweise unter Wasser liegen, werden denselben Lebensformentypen zugeordnet wie die Landpflanzen, aber durch ein vorgestelltes „hyd" besonders gekennzeichnet. Lediglich die frei schwimmenden Gefäß-Hydrophyten, für die es keine Entsprechungen unter den Landpflanzen gibt, erhalten ein eigenes Symbol (s. u.).

Im einzelnen bedeuten:

C Chamaephyten   Überwinterungsknospen meist über der Erde (bis etwa 25 cm) und im Schneeschutz überwinternd.

H Hemikrypto-
phyten   Überwinterungsknospen nahe der Erdoberfläche.

H caesp   bultige (z. B. *Isoëtes*),

H rept   kriechende (z. B. *Pilularia*),

H scap   schafttragende (z. B. *Lobelia*),

H ros   rosettenbildende (z. B. *Drosera*) Hemikryptophyten.

G Geophyten   Überwinterungsknospen unter der Erdoberfläche, meist mit Speicherorganen.

G rad   Geophyten mit Wurzelknollen (z. B. *Lythrum salicaria*),

G bulb   Geophyten mit Zwiebeln (z. B. *Leucojum aestivum*),

G rhiz   Geophyten mit Rhizom (z. B. *Nymphaea*).

T Therophyten   Kurzlebige (1—2jährige) Pflanzen, die ungünstige Zeiten mit Hilfe von Samen überdauern (z. B. *Najas*, *Trapa*).

k Hyd nat   Frei schwimmende Gefäß-Hydrophyten (Kormo-Hydrophyta natantia), z. B. *Lemna, Utricularia*.

hyd H   aquatische Hemikryptophyten,

hyd G   aquatische Geophyten,

hyd T   aquatische Therophyten.

Zwei oder mehr Symbole finden sich bei denjenigen Arten, die entsprechend unterschiedlicher oder wechselnder Standortverhältnisse in verschiedenen Lebensformen auftreten können.

Die Wuchsformen der Sippen kennzeichnen wir nach Segal (1968, 1970). Es bedeuten:

Lemn   Lemniden; frei auf dem Wasser treibende kleine Wasserpflanzen mit reduziertem Sproß, dessen Oberseite an das Leben in der atmosphärischen Luft und dessen

<table>
<tr><td></td><td>Unterseite an das Leben im Wasser angepaßt sind; z. B. Lemna minor, L. gibba, Spirodela, Wolffia, Azolla.</td></tr>
<tr><td>Wolff</td><td>Wolffielliden; frei im Wasser schwebende kleine Wasserpflanzen ohne Anpassung an das Leben in der Luft; z. B. Wolffiella, Lemna trisulca (während ihrer vegetativen Phase; während der generativen Phase Lemnide).</td></tr>
<tr><td>Cerat</td><td>Ceratophylliden; frei im Wasser schwebende große Wasserpflanzen, die im Sommer meist an der Oberfläche treiben, im Herbst zu Boden sinken und mit Turionen überwintern; im allgemeinen mit fein zerteilten Blättern ohne Schwimmblätter; manchmal mit bleichen Schlammsprossen oder Rhizoiden verankert; z. B. Ceratophyllum, Utricularia, Aldrovanda.</td></tr>
<tr><td>Hydroch</td><td>Hydrochariden; den größten Teil der Vegetationsperiode frei auf dem Wasser treibende Wasserpflanzen mit speziellen Schwimmblättern; Überwinterung mit Hilfe besonderer Organe (Winterknospen, Sporokarpien), z. B. Hydrocharis, Salvinia.</td></tr>
<tr><td>Strat</td><td>Stratiotiden; mit vielen Nebenwurzeln im Schlamm festgeheftete (mitunter auch treibende) Wasserpflanzen, deren vegetative Teile teilweise über den Wasserspiegel hinausragen; sie sinken im Winter zu Boden und überwintern mit Turionen; z. B. Stratiotes.</td></tr>
<tr><td>Pot</td><td>Potamiden; im Boden wurzelnde Wasserpflanzen mit langen, beblätterten Stengeln, aber ohne spezielle Schwimmblätter; Blätter unzerteilt; z. B. Elodea, Ruppia, Callitriche sectio Pseudocallitriche, Najas, die meisten Potamogeton-Arten.</td></tr>
<tr><td>Myrioph</td><td>Myriophylliden; wie die Potamiden, aber mit fein zerteilten Blättern; z. B. Myriophyllum, Hottonia, Ranunculus circinatus.</td></tr>
<tr><td>Bat</td><td>Batrachiiden; im Boden wurzelnde Wasserpflanzen mit Schwimm- und Tauchblättern; z. B. die meisten Arten von Ranunculus subgenus Batrachium und von Callitriche sectio Callitriche.</td></tr>
<tr><td>Trap</td><td>Trapiden; wurzelnde Wasserpflanzen mit langen, unverzweigten Stengeln; Blätter in Schwimmblätter (mit geschwollenem Stengel und rosettiger Anordnung) und linealische, vergängliche, untergetauchte Blätter differenziert; z. B. Trapa.</td></tr>
<tr><td>Nymph</td><td>Nymphaeiden; im Boden wurzelnde Wasserpflanzen mit wenig oder nicht verzweigtem, höchstens sparsam beblättertem Stengel und mit auffälligen Schwimmblättern, manchmal auch mit großen untergetauchten Blättern; z. B. Nymphaea, Nuphar, Nymphoides, Potamogeton natans, Sparganium minimum, Luronium natans.</td></tr>
<tr><td>Vall</td><td>Vallisneriiden; im Boden wurzelnde Wasserpflanzen mit Ausläufern und einem kurzen Stamm; mit einer Rosette oder einem Bündel von langen, schlaffen, bandförmigen Blättern; z. B. Vallisneria.</td></tr>
<tr><td>Isoët</td><td>Isoëtiden; im Boden wurzelnde Wasserpflanzen mit einem kurzen Stamm oder einem Wurzelstock mit einer Rosette steifer, band- oder pfriemenförmiger Blätter; vornehmlich Arten mit amphibischer Lebensweise, z. B. Isoëtes, Pilularia, Littorella, Lobelia, Eleocharis.</td></tr>
<tr><td>Hel</td><td>Helophyten; Sumpf- und Uferpflanzen, die im Boden wurzeln und deren vegetative Teile sich größtenteils in die Luft erheben; z. B. Typha, Phragmites, Butomus, Schoenoplectus.</td></tr>
</table>

3. Soziologie

Um das soziologische Verhalten der einzelnen Sippen möglichst genau zu umreißen, werden zunächst diejenigen Vegetationseinheiten genannt, in denen die betreffende Sippe ihren Verbreitungsschwerpunkt besitzt, danach, in abgestufter Reihenfolge, die Vorkommen in weiteren Vegetationseinheiten. Die Angaben für die in Mitteleuropa heimischen Sippen beziehen sich auf ihr Verhalten im mitteleuropäischen Raum; abweichende soziologische Bindungen in anderen Gebieten werden, soweit bekannt, besonders vermerkt.

Die Beurteilung der soziologischen Verhältnisse fußt in erster Linie auf eigenen Untersuchungen und Beobachtungen. Für eine Reihe von Sippen, die in Mitteleuropa fehlen, ist die soziologische Bindung bisher noch nicht oder nur unzureichend bekannt. In diesen Fällen verzichten wir auf soziologische Angaben oder begnügen uns mit ganz groben Zuordnungen.

Auf Wunsch der Herausgeber kennzeichnen wir die größeren Vegetationseinheiten (z. B. Verband, Ordnung, Klasse) im Text lediglich mit deren deutschsprachigen Namen. Die wissenschaftlichen Bezeichnungen mit Autorenangaben können der nachstehenden Übersicht (vgl. S. 21) der höheren Vegetationseinheiten der Wasser- und Verlandungsvegetation entnommen werden. Für die Assoziationen verwenden wir im Text meist deren wissenschaftliche Benennungen ohne Autorennamen. Dabei werden auch solche Assoziationsnamen aufgeführt, wie sie zur Kennzeichnung lokal auftretender Pflanzengesellschaften geprägt worden sind, ohne daß damit eine Wertung ihrer Gültigkeit oder der von den Autoren vertretenen Auffassungen verbunden ist.

Die hier zugrunde gelegte soziologische Gliederung entspricht dem in Mitteleuropa allgemein anerkannten und verwendeten System der Vegetationseinheiten, wie es z. B. in der „Pflanzensoziologischen Exkursionsflora für Süddeutschland und angrenzende Gebiete" von E. Oberdorfer (3. Auflage, 1970) und in der „Exkursionsflora" von W. Rothmaler (7. Auflage, 1972) niedergelegt ist, ergänzt und abgeändert anhand einiger neuerer territorialer oder monographischer Bearbeitungen, z. B. der Zwergbinsen-Gesellschaften durch S. Rivas Goday (1970) und W. Pietsch (1973) sowie der Strandling-Gesellschaften durch K. Dierßen (1975). Es sei ausdrücklich betont, daß sich dieses System noch im Ausbau befindet und daß hinsichtlich der günstigsten Fassung und Zuordnung insbesondere von Assoziationen und Verbänden teilweise noch recht unterschiedliche Auffassungen bestehen.

Übersicht über die höheren Vegetationseinheiten der Wasser- und Verlandungsvegetation des Süß- und Brackwassers in Mitteleuropa und den angrenzenden Gebieten
Die Rangstufen der Syntaxa werden durch folgende Endungen gekennzeichnet:

Klasse   : — etea
Ordnung   : — etalia
Verband   : — ion
Unterverband : — enion

1.   **Lemnetea W. Koch et Tüxen 1954 apud Oberdorfer 1957**
            Wasserlinsen-Gesellschaften, Wasserlinsen-Decken
1.1.   Lemnetalia W. Koch et Tüxen apud Oberdorfer 1957
1.1.1.   Lemnion minoris W. Koch et Tüxen 1954 apud Oberdorfer 1957

2.   **Isoëto-Nanojuncetea Braun-Blanquet et Tüxen 1943**
            Zwergbinsen-Gesellschaften, Zwergbinsen-Fluren
2.1.   Isoëtetalia Braun-Blanquet 1931 s. str.
            Mediterrane Zwergbinsen-Gesellschaften
2.1.1.   Preslion cervinae Braun-Blanquet 1931
            Preslia-Gesellschaften
2.1.2.   Isoëtion Braun-Blanquet 1931
            Mediterrane Brachsenkraut-Gesellschaften
2.2.   Cyperetalia fusci (Klika 1935) Müller-Stoll et Pietsch 1961
            Mitteleuropäische Zwergbinsen-Gesellschaften
2.2.1.   Elatino-Eleocharition ovatae Pietsch 1963
            Teichboden-, Flußufer- und Reisfeld-Zwergbinsen-Gesellschaften
2.2.2.   Radiolion linoidis (Rivas Goday 1961) Pietsch 1965
            Europäische Zwergbinsen- und Zwerglein-Fluren

2.2.3.   Nanocyperion flavescentis (W. Koch 1926 s. str.) Rivas Goday 1961
          Süd- und südosteuropäische Zypergras-Fluren
2.2.4.   Heleochloo-Cyperion (Braun-Blanquet 1952) Pietsch 1961
          Süd- und südosteuropäische Alkalischlammboden-Zwergbinsen-Gesellschaften
2.3.   Cyperetalia orientalis Müller-Stoll et Pietsch 1961
          Westasiatisch-kaukasische Zwergbinsen-Gesellschaften
2.3.1.   Ammanio-Cyperion orientalis Müller-Stoll et Pietsch 1961

3.   Bidentetea tripartitae Tüxen, Lohmeyer et Preising 1950
          Zweizahn-Fluren
3.1.   Bidentetalia tripartitae Braun-Blanquet et Tüxen 1943
3.1.1.   Bidention tripartitae Nordhagen 1940
          Teichufer-Zweizahn-Gesellschaften
3.1.2.   Chenopodion rubri J. Tüxen 1960
          Flußufer-Zweizahn-Fluren

4.   Ruppietea maritimae J. Tüxen 1960
          Meersalde-Gesellschaften
4.1.   Ruppietalia maritimae J. Tüxen 1960
4.1.1.   Ruppion maritimae Braun-Blanquet 1931

5.   Potametea Tüxen et Preising 1942
          Laichkraut- und Schwimmblatt-Gesellschaften
5.1.   Potametalia W. Koch 1926
5.1.1.   Potamion W. Koch 1926
          Unterwasser-Laichkraut-Gesellschaften
5.1.2.   Nymphaeion Oberdorfer 1957
          Schwimmblatt-Gesellschaften
5.1.3.   Ranunculion fluitantis Neuhäusl 1959
          Fluthahnenfuß-Gesellschaften

6.   Utricularietea intermedio-minoris Pietsch 1965
          Kleinwasserschlauch-Gesellschaften, Moortümpel-Gesellschaften
6.1.   Utricularietalia intermedio-minoris Pietsch 1965
6.1.1.   Utricularion Th. Müller et Görs 1960
6.1.1.1. Sphagno-Utricularienion Th. Müller et Görs 1960
          Torfmoos-Kleinwasserschlauch-Gesellschaften
6.1.1.2. Scorpidio-Utricularienion Th. Müller et Görs 1960
          Braunmoos-Kleinwasserschlauch-Gesellschaften

7.   Littorelletea uniflorae Braun-Blanquet et Tüxen 1943[1])
          Strandling-Gesellschaften
7.1.   Littorelletalia W. Koch 1926
7.1.1.   Isoëtion lacustris Nordhagen 1936 em. Dierßen 1975
          Brachsenkraut-Gesellschaften
7.1.2.   Lobelion dortmannae (Vanden Berghen 1964) Tüxen et Dierßen apud Dierßen 1972
          Wasserspleißen-Gesellschaften
7.1.3.   Hydrocotylo-Baldellion Tüxen et Dierßen apud Dierßen 1972
          Igelschlauch-Gesellschaften
7.1.4.   Eleocharition acicularis Pietsch 1966 em. Dierßen 1975
          Nadelsimsen-Gesellschaften
7.1.5.   Deschampsion litoralis Oberdorfer et Dierßen apud Dierßen 1975
          Strandschmielen-Gesellschaften

---

[1]) Eine abweichende Gliederung legte neuerdings Pietsch (1977) vor.

8.   Montio-Cardaminetea Braun-Blanquet et Tüxen 1943
          Quellfluren
8.1.   Montio-Cardaminetalia Pawłowski 1928
8.1.1.   Cardamino-Montion Braun-Blanquet 1925
          Kalkarme Quellfluren
8.1.2.   Cratoneurion commutati W. Koch 1928
          Kalktuff-Quellfluren

9.   Phragmitetea Tüxen et Preising 1942
          Röhrichte und Großseggen-Rieder
9.1.   Phragmitetalia W. Koch 1926 em. Pignatti 1953
          Ufer-Röhrichte
9.1.1.   Phragmition australis W. Koch 1926
          Großröhrichte
9.1.1.1. Phragmitenion W. Koch 1926
          Süßwasser-Großröhrichte
9.1.1.2. Scirpenion maritimi (Dahl et Hadač 1941)
          Brackwasser-Röhrichte
9.1.2.   Eleocharito-Sagittarion Passarge 1964
          Kleinröhrichte
9.2.   Magnocaricetalia Pignatti 1953
          Großseggen-Rieder
9.2.1.   Caricion gracilis (Gehu 1961) Balátová-Tuláčková 1963
          Reichere Großseggen-Rieder
9.2.2.   Caricion rostratae Balátová-Tuláčková 1963
          Ärmere Großseggen-Rieder
9.3.   Nasturtio-Glycerietalia Pignatti 1953
          Bachröhrichte
9.3.1.   Glycerio-Sparganion Braun-Blanquet et Sissingh 1942

10.   Scheuchzerio-Caricetea fuscae Nordhagen 1936
          Flach- und Zwischenmoore
10.1.   Scheuchzerietalia palustris Nordhagen 1936
          Zwischenmoore, Schwingrasen
10.1.1.   Rhynchosporion albae W. Koch 1926
          Schnabelsimsen-Moorschlenken
10.1.2.   Caricion lasiocarpae van den Berghen 1949
          Fadenseggen-Moore, Schwingrasen
10.2.   Caricetalia fuscae W. Koch 1926
          Bodensaure Flachmoore, Kleinseggen-Sümpfe
10.3.   Tofieldietalia Preising apud Oberdorfer 1949
          Kalk-Sümpfe

Aus dem Verband 10.1.2. und den Ordnungen 10.2. und 10.3. sind in der vorliegenden
Flora nur diejenigen Arten berücksichtigt, die auch an ständig überfluteten Standorten
wachsen oder Wasserformen ausbilden.

4. Chorologie

Das Gebiet unserer Flora umfaßt das gesamte Mitteleuropa in physisch-geographischem
Sinne (vgl. Karte auf den Vorsatzblättern) als Übergangsgebiet zwischen dem maritimen We-
sten und dem kontinentalen Osten Europas. Dementsprechend begrenzen es im Norden die
Küsten der Nord- und Ostsee, im Westen der Nordrand der Schwelle von Artois, der

Südabfall der Ardennen, die Höhen der Vogesen und des Schweizer Jura, im Süden die Po-Ebene, im Südosten der Ostrand der Alpen, die Oberungarische Ebene, der Nordwest- und Nordabfall der Karpaten bis zur Quelle des Dnjestr und im Osten eine Linie, die dem Mittellauf des Bug bis Brest folgt, von da zum Neman bei Grodno überspringt und — von nun an dem Lauf des Neman folgend — bei Klaipéda (Memel) am Kurskij Zaliv (Kurischen Haff) die Ostsee erreicht (vgl. Karte auf den Vorsatzblättern). An ihm haben folgende Staaten Anteil: Belgien, BRD, Dänemark, ČSSR, DDR, Frankreich, Italien, Liechtenstein, Luxemburg, Niederlande, Österreich, Polen, Schweiz, UdSSR und Ungarn. Innerhalb des Gebietes unterscheiden wir die „Naturräume" Mitteleuropäisches Tiefland im Norden, Mittelgebirgsland im mittleren Teil, Nördliches und Östliches Alpenvorland, Karpatenvorland und Alpen im Süden.

Der Abschnitt „Verbreitung" geht zunächst auf die Gesamtverbreitung der jeweiligen Sippe ein. Die Verbreitungsschwerpunkte werden, wenn möglich, herausgestellt und Einschleppungen bzw. Einbürgerungen besonders erwähnt. Darauf folgen Angaben über die Verbreitung der Sippe im Gebiet. Die Häufigkeit wird nach einer 7teiligen Skala — verbreitet, häufig, ziemlich häufig, zerstreut, ziemlich selten, selten, sehr selten (oder vereinzelt) — angegeben, wobei für Teillandschaften spezifische Besonderheiten Berücksichtigung finden. Unbeständigkeit sowie Ausbreitungs- oder Rückgangstendenzen werden außerdem vermerkt. „Im Gebiet fehlend" besagt, daß die betreffende Sippe zwar in Europa, aber nicht in Mitteleuropa, vorkommt. Bei seltenen Sippen wird die Verbreitung genauer umrissen. Dabei verwenden wir im allgemeinen physisch-geographische Lagebezeichnungen (vor allem naturräumliche Einheiten, natürliche Landschaften und Flußgebiete). Ortsnamen werden in ihrer amtlichen Schreibweise zitiert, wobei zur besseren Identifizierbarkeit früherer Verbreitungsangaben anderssprachige Ortsnamen-Synonyme in Klammern beigefügt werden. Hinweise auf Verbreitungskarten sollen dem Benutzer der Flora die Präzisierung unserer Angaben ermöglichen.

Die Verbreitungsangaben schließen mit einer Kurzformel des Florenelements nach dem Vorbild Oberdorfers (1970) ab. Bei Arten, deren Verbreitung noch unzureichend bekannt ist bzw. die in Europa lediglich adventiv vorkommen, entfällt sie. Es bedeuten:

alp	alpin; Sippen mit Verbreitungsschwerpunkt über der Waldgrenze der mittel-, süd- und osteuropäischen Hochgebirge
alp-arkt	alpin-arktisch; Sippen mit Verbreitungsschwerpunkt über der Waldgrenze in den mittel-, süd- und osteuropäischen Hochgebirgen, die auch in den Tundrengebieten vorkommen
arkt	arktisch; Sippen des Tundrengebietes nördlich der borealen Waldgrenze
arkt-alp	arktisch-alpin; Sippen mit Verbreitungsschwerpunkt in den Tundrengebieten, die auch in der alpinen Stufe der mittel-, süd- oder osteuropäischen Hochgebirge vorkommen
atl	atlantisch; Sippen mit Verbreitungsschwerpunkt in den stark ozeanisch getönten küstennahen Gebieten Westeuropas
circ	zirkumpolar; Sippen mit Vorkommen in Eurasien und Nordamerika
euras	eurasiatisch; Sippen mit Verbreitung in Europa und Asien; eurassubozean: Verbreitungsschwerpunkt im europäischen Westen; euraskont bzw. euras(kont): Verbreitungsschwerpunkt in Osteuropa oder Innerasien
europkont	europäisch-kontinental; Sippen der südosteuropäischen (pannonischen, sarmatischen, pontischen) Steppengebiete, die nicht mehr die zentralasiatischen Trockengebiete erreichen
gemäß	gemäßigt
gemäßkont	gemäßigt kontinental; Sippen mit Schwerpunkt in der Laubwaldzone Osteuropas
kont	kontinental; Sippen der eurasiatischen Steppen- und Halbwüsten-Gebiete mit weiter transkontinentaler Verbreitung
med	mediterran; Sippen mit Schwerpunkt in der Hartlaubzone des Mittelmeergebietes. omed: Verbreitungsschwerpunkt im östlichen Mittelmeergebiet (Griechenland,

Kleinasien); wmed: Verbreitungsschwerpunkt im westlichen Mittelmeergebiet (Iberische Halbinsel, Balearen, Südfrankreich)

no   nordisch; Sippen der borealen Nadelwald-(Taiga-)Zone; nokont bzw. abgeschwächt no(kont): Verbreitungsschwerpunkt im nördlichen Osteuropa und angrenzendem Sibirien; nosubozean bzw. no(subozean): Verbreitungsschwerpunkt in den küstennahen (skandinavischen) Teilen der Nadelwaldzone

pralp   präalpin; Sippen mit Verbreitungsschwerpunkt im Umkreis der mittel-, süd- oder osteuropäischen Hochgebirge

smed   submediterran; Sippen mit Verbreitungsschwerpunkt im nordmediterranen Flaumeichengebiet, sich in den südeuropäischen Gebirgen meist weit nach Süden ausbreitend

smed-atl submediterran-atlantisch; submediterran verbreitete Sippen, die im atlantischen Bereich Europas weit nach Norden ausgreifen

subatl   subatlantisch; Sippen mit Schwerpunkt in den Laubwaldgebieten Westeuropas mit vielfach noch weiter Verbreitung in Mitteleuropa und Arealgrenzen im östlichen Mitteleuropa oder im westlichen Osteuropa, im Süden vielfach bis zum Kaukasus

subtrop   subtropisch; wärmeliebende Sippen mit Schwerpunkt in der wintertrockenen subtropischen Zone

trop   tropisch; wärmeliebende Sippen mit Verbreitungsschwerpunkt in der immer feuchten tropischen Zone; nur gelegentlich in Südeuropa oder, durch Vogelzug verschleppt, auch (oft nur vorübergehend) in sich stärker erwärmenden Gewässern Mitteleuropas

5. Bestimmungsschlüssel

5.1. Bestimmungsschlüssel für die Hauptgruppen und Familien, vorwiegend auf generativen Merkmalen fußend

1a Pflanzen ohne Blüten und Samen, mit Sporenbehältern oder Sporenkapseln; Vermehrung durch staubfeine Sporen, die kleine Gametophyten hervorbringen; Sporenpflanzen . . . . **Bestimmungsschlüssel A** (S. 26)

1b Pflanzen mit Blüten und Samen; Samenpflanzen **2**

2a Blätter fast stets streifennervig, einfach, ungeteilt und ganzrandig; Blüten meist 3zählig oder nackt und von 1 oder 2 Spelzen eingehüllt (Poaceae, Cyperaceae); Keimling stets mit 1 Keimblatt; Hauptwurzel kurzlebig, früh durch Büschel sproßbürtiger Wurzeln ersetzt; einkeimblättrige Pflanzen. . **Bestimmungsschlüssel B** (S. 26)

2b Blätter fieder- oder fingernervig („netznervig"), selten streifennervig; Blüten oft 4- oder 5zählig, selten 3- oder mehrzählig; Keimling fast stets mit 2 gegenständigen Keimblättern; Hauptwurzel bleibend; zweikeimblättrige Pflanzen **3**

3a Blütenhülle fehlend oder einfach, d. h. nicht in Kelch und Krone gegliedert, aber bisweilen aus 2 kelch- oder aus 2 kronblattartigen Quirlen bestehend . . . . **Bestimmungsschlüssel C** (S. 27)

3b Blütenhülle doppelt, in Kelch und Krone gegliedert **4**

4a Krone freiblättrig, aus 2 – ∞ völlig voneinander getrennten Blättern bestehend . . . . **Bestimmungsschlüssel D** (S. 28)

4b Kronblätter wenigstens am Grunde untereinander verwachsen . . . . **Bestimmungsschlüssel E** (S. 29)

Bestimmungsschlüssel A: Pflanzen ohne Blüten (Sporenpflanzen)

Bestimmungsschlüssel B: Einkeimblättrige Pflanzen

Bestimmungsschlüssel C: Zweikeimblättrige Pflanzen mit fehlender oder einfacher Blütenhülle (2. Teil)

3a Frucht eine vielsamige Kapsel oder aus getrennten, vielsamigen Fruchtblättern zusammengesetzt **4**
3b Frucht eine 1samige Kapsel oder Schließfrucht **7**
4a Kelch röhrig verwachsen . . . . **Lythraceae**
4b Kelchblätter frei **5**
5a Staubblätter 6 . . . . **Brassicaceae**
5b Staubblätter zahlreich **6**
6a Blätter sämtlich grundständig, langgestielt, schwimmend, groß (10--30 cm), rundlich-herzförmig, ganzrandig, (Schwimm- bzw. Tauchpflanze; *Nuphar*) . . . . . .
. . . . **Nymphaeaceae**
6b Blätter auch stengelständig, viel kleiner, am Rande gekerbt bis gesägt, (Sumpfpflanze; *Caltha*) . . . . **Ranunculaceae**
7a Pflanzen mit Brennhaaren; Blüten 1- oder 2häusig . . . . **Urticaceae**
7b Pflanzen ohne Brennhaare; Blüten zwittrig **8**
8a Blüten einzeln, in den Achseln quirlständiger, gegabelter Blätter . . . .
. . . . **Ceratophyllaceae**
8b Blüten in Ähren; Blätter einfach . . . . **Polygonaceae**
9a Blütenstände doldig, schirmrispig oder kopfig **10**
9b Blütenstände ährig oder Blüten in den Achseln der Blätter **12**
10a Blätter schildförmig . . . . **Hydrocotylaceae**
10b Blätter nicht so **11**
11a Blätter meist zusammengesetzt; Blüte in Dolden oder Doppeldolden, Staubblätter 5 . . . . **Apiaceae**
11b Blätter nieren- bis halbkreisförmig, gekerbt; Blüten in Schirmrispen, Staubblätter 8 (*Chrysosplenium*) . . . . **Saxifragaceae**
12a Frucht eine vielsamige Kapsel (*Ludwigia*) . . . . **Onagraceae**
12b Frucht in 4 oder 2 Teilfrüchte zerfallend oder nußartig . . . . **Haloragaceae**
13a Blätter in Quirlen, schmal linealisch . . . . **Hippuridaceae**
13b Blätter gegen- oder wechselständig **14**
14a Blüten einzeln blattachselständig, unscheinbar; Blätter gegenständig, schmal linealisch bis spatelig, am Stengelende oft rosettig gehäuft . . . . **Callitrichaceae**
14b Blüten in doldigen oder ährigen Blütenständen **15**
15a Blütenstände ährig, lang (im Fruchtzustand 10--30 cm lang); Blüten zwittrig; Pflanzen ohne Milchsaft . . . . **Saururaceae**
15b Blütenstände doldig; Blüten 1häusig, 1 weibliche und mehrere männliche Blüten einen einer Einzelblüte ähnlichen Teilblütenstand (Cyathium) bildend, der von einer glockigen, kelchartigen Hülle umgeben ist . . . . **Euphorbiaceae**

Bestimmungsschlüssel D: Zweikeimblättrige Pflanzen mit freien Kronblättern (2. Teil)
1a Fruchtknoten unterständig oder halbunterständig **2**
1b Fruchtknoten oberständig oder mittelständig **8**
2a Blätter rautenförmig-rosettig oder kammartig-gefiedert-quirlig **3**
2b Blätter nicht so **4**
3a Blätter rautenförmig, rosettig, schwimmend; Staubblätter 4, Narbe 1; Frucht eine 4dornige Nuß . . . . **Trapaceae**
3b Blätter kammartig gefiedert, quirlig, meist untergetaucht; Staubblätter 8; Narben 4; Frucht in 4--2 Teilfrüchte zerfallend . . . . **Haloragaceae**
4a Griffel 1 . . . . **5**
4b Griffel 2 . . . . **6**
5a Kelch 2- oder 4teilig; Kronblätter 2 oder 4; Staubblätter 2, 4 oder 8 . . **Onagraceae**
5b Kelch 6--12zähnig; Kronblätter meist 4--6; Staubblätter 4--12 . . . . . **Lythraceae**
6a Staubblätter 8--10; Kronblätter meist 5; Kelchzipfel 4 oder 5; Frucht eine 2hörnige Kapsel; grundständige Blätter oft in Rosetten . . . . **Saxifragaceae**

6 b Staubblätter 5; Kronblätter 5; Kelch 5zähnig oder undeutlich; Spaltfrucht, in
2 Schließfrüchtchen zerfallend; Blüten in Doppeldolden; Dolden oder Köpfchen   **7**

7 a Blätter schildförmig . . . . **Hydrocotylaceae**

7 b Blätter nicht schildförmig, meist zusammengesetzt . . . . **Apiaceae**

8 a Fruchtknoten 2 bis viele, frei oder nur unten verwachsen (jeder mit 1 Griffel
oder Narbe). **9**

8 b Fruchtknoten 1 oder mehrere in einem verwachsen **11**

9 a Blätter dick und fleischig; Kelch 5- oder 6—20teilig; Krone 5- oder 6—20blättrig;
Staubblätter 10—20, dem Grund des Kelches eingefügt . . . .   **Crassulaceae**

9 b Blätter krautig **10**

10 a Kelch am Rande eines Achsenbechers oder einer Achsenverdickung sitzend, daher
scheinbar verwachsenblättrig; Krone 4—5blättrig; Staubblätter 15 bis viele, dem
Kelch eingefügt; Blätter meist mit Nebenblättern . . . .   **Rosaceae**

10 b Kelch freiblättrig; Krone 3—6- oder mehrblütig; Staubblätter 5 bis viele, dem
Blütenboden eingefügt . . . .   **Ranunculaceae**

11 a Kronblätter ungleich **12**

11 b Kronblätter gleich **13**

12 a Kelchblätter frei oder nur am Grunde verbunden, Kelchblätter 4, Kronblätter 4,
die 2 äußeren größer, Staubblätter 6, 4 längere und 2 kürzere, Frucht eine Schote
. . . .   **Brassicaceae**

12 b Kelchblätter deutlich verwachsen, Krone meist schmetterlingsförmig, Staubblätter
10, alle verwachsen oder 1 frei, Frucht eine Hülse . . . .   **Fabaceae**

13 a Staubblätter 12 bis viele **14**

13 b Staubblätter 2—10 . . . .   **16**

14 a Staubblätter in 3 (—5) Bündeln verwachsen; Frucht eine 3fächerige Kapsel; Blätter
ungeteilt, gegen-, seltener quirlständig; Land- und Sumpfpflanzen . . **Hypericaceae**

14 b Staubblätter frei; Kelch 4- oder 5blättrig; Kronblätter und Staubblätter zahlreich; Narbe sternförmig; Sammelfrucht; Wasserpflanzen **15**

15 a Pflanzen mit rundlichen, herzförmig eingeschnittenen Schwimmblättern **Nymphaeaceae**

15 b Pflanzen mit schildförmigen, aufrechten, sich über den Wasserspiegel erhebenden
Blättern . . . .   **Nelumbonaceae**

16 a Griffel 1, mit einfacher Narbe **17**

16 b Griffel oder Narben 2 bis mehrere **18**

17 a Kelch verwachsenblättrig, 8—12zähnig; Kronblätter 4—6; Staubblätter 6—12;
Blätter einfach, ungeteilt; Frucht eine Kapsel . . . .   **Lythraceae**

17 b Kelch freiblättrig; Kelch- und Kronblätter 4; Staubblätter 6, 4 längere und 2 kürzere;
Frucht eine Schote . . . .   **Brassicaceae**

18 a Frucht eine Kapsel mit wandständigen Samen; Blätter grund- oder quirlständig,
mit reizbaren Borsten oder Drüsenhaaren; insektenfangende Moor- und Wasserpflanzen . . . .   **Droseraceae**

18 b Samen nicht wandständig **19**

19 a Frucht oberwärts oder völlig 1fächerig; Blätter gegenständig . . . .   **Caryophyllaceae**

19 b Frucht mehrfächerig **20**

20 a Blätter wechselständig, seltener gegenständig; Kron- und Staubblätter 4 oder 5;
Staubblätter am Grunde verbunden; Griffel 4 oder 5 . . . .   **Linaceae**

20 b Blätter gegen- oder quirlständig; Staubblätter 3, 6 oder 8, frei; Griffel 3 oder 4;
Blüten klein, einzeln oder in kleinen Trugdolden in den Blattachseln; niedrige
Ufer- und Teichbodenpflanzen . . . .   **Elatinaceae**

Bestimmungsschlüssel E: Zweikeimblättrige Pflanzen mit verwachsenen Kronblättern (2. Teil)

1 a Fruchtknoten oberständig.   **2**

1 b Fruchtknoten unter- oder halbunterständig **12**

2 a Blüten zygomorph (bilateralsymmetrisch, meist deutlich 2lippig) **3**

2b	Blüten aktinomorph (radialsymmetrisch, strahlig)	**5**
3a	Untergetauchte Schwimm- oder Moorpflanzen; Blätter fein zerschlitzt, mit Fangblasen; Blütenstand traubig, aus dem Wasser ragend; Krone gelb, gespornt, 2lippig . . . . **Lentibulariaceae**	
3b	Pflanzen anders gestaltet	**4**
4a	Fruchtknoten 4teilig; reife Frucht in 4 Teilfrüchte (Klausen) zerfallend; Griffel gynobasisch . . . . **Lamiaceae**	
4b	Frucht eine 2fächerige Kapsel; Griffel terminal . . . . **Scrophulariaceae**	
5a	Fruchtknoten 4teilig, reife Frucht in 4 Teilfrüchte (Klausen) zerfallend; Krone 5spaltig; Staubblätter 5 . . . . **Boraginaceae**	
5b	Fruchtknoten nicht 4teilig	**6**
6a	Staubblätter den Kronblättern opponiert; Plazentation frei zentral	**7**
6b	Staubblätter den Kelchblättern opponiert oder mehr als Kronblätter; Plazentation nicht frei zentral	**8**
7a	Kelchblätter 2, gewöhnlich frei (*Montia*) . . . . **Portulacaceae**	
7b	Kelchblätter 5, unten röhrig verwachsen . . . . **Primulaceae**	
8a	Plazentation parietal; Kronblätter meist mit Haaren oder Lamellen auf der Oberfläche	**9**
8b	Plazentation axil; Kronblätter meist kahl und glatt	**10**
9a	Blätter wechselständig, 3zählig oder herzförmig-kreisrund und dann schwimmend . . . . **Menyanthaceae**	
9b	Blätter grund- oder gegenständig . . . . **Gentianaceae**	
10a	Samenanlagen 1 oder 2 in jedem Fach; Kronröhre trichterig; Pflanze ohne grüne Blätter; Blüten klein, knäuelig gehäuft; Stengel windend, dünn . . . . **Cuscutaceae**	
10b	Pflanze mit grünen Blättern, Samenanlagen zahlreich; Kronröhre gelappt	**11**
11a	Frucht eine 1samige Nuß; Blüten z. T. 1geschlechtig; Blütenstand 3—4blütig, mit einer langgestielten Zwitterblüte und 2—3 an seinem Grunde sitzenden weiblichen Blüten (*Littorella*) . . . . **Plantaginaceae**	
11b	Frucht eine 2fächerige Kapsel; Blüten zwittrig . . . . **Scrophulariaceae**	
12a	Blüten in Köpfen, jeder Kopf von einer gemeinschaftlichen Hülle umgeben **Asteraceae**	
12b	Blüten in Ähren oder Trauben oder einzeln	**13**
13a	Blätter quirlständig; Krone 3- oder 4teilig; 2teilige Spaltfrucht . . . . . . **Rubiaceae**	
13b	Blätter wechselständig	**14**
14a	Blüten zygomorph-2lippig; Staubbeutel verwachsen . . . . **Lobeliaceae**	
14b	Blüten aktinomorph; Staubbeutel frei (*Samolus*) . . . . **Primulaceae**	

5.2. Bestimmungsschlüssel, vorwiegend auf leicht erkennbaren Merkmalen fußend

1a	Pflanzen nicht im Boden wurzelnd, frei im oder auf dem Wasser schwimmend . .	**2**
1b	Pflanzen im Boden wurzelnd	**3**
2a	Die vegetativen Teile der Pflanzen vollständig untergetaucht, meist nur die generativen Teile über die Wasseroberfläche hebend . . . . **Bestimmungsschlüssel A** (S. 31)	
2b	Die vegetativen Teile der Pflanzen teilweise auf dem Wasserspiegel schwimmend . . . . **Bestimmungsschlüssel B** (S. 31)	
3a	Pflanzen im Wasser wachsend, Blätter völlig untergetaucht, oder Pflanzen mit Tauch- und Schwimmblättern (selten, bei Massenentwicklung, Luftblätter hervorbringend)	**4**
3b	Pflanzen im flachen Wasser oder auf nassen bis feuchten (z. T. zeitweise überfluteten) Standorten außerhalb des Wassers wachsend; Blätter normalerweise außer-	

Bestimmungsschlüssel A: Pflanzen nicht im Boden wurzelnd, die vegetativen Teile völlig untergetaucht, meist nur die generativen Teile über die Wasseroberfläche hebend

1a Pflanze nicht deutlich in Sproß und Blätter gegliedert, aus kreuzweise zusammenhängenden, länglich-lanzettlichen, an einem Ende stielartig verschmälerten Sproßgliedern bestehend . . . . **Lemna trisulca** (S. 362)
1b Pflanze in Sproß und Blätter gegliedert; Blätter quirlig oder wechselständig . . . **2**
2a Blattspreite bauchig aufgetrieben, linsengroß, klappenartig; Blattstiel flach, nach
vorn keilig verbreitert, am vorderen Ende mit 4–6 Borsten . . . **Aldrovanda** (2. Teil)
2b Blattspreite nicht bauchig aufgetrieben, in fädliche oder borstliche Zipfel zerschlitzt **3**
3a Blätter wechselständig, mit rundlichen, häutigen Fangblasen zwischen den Blatt-
zipfeln; Blütenstand aus dem Wasser herausragend; Blüte gelb, 2lippig . . . . . .
. . . . **Utricularia** (2. Teil)
3b Blätter quirlständig, wiederholt gabelteilig, mit borstlichen, weichen oder linealischen, starren Zipfeln, ohne häutige Blasen; Blüten einzeln in den Blattachseln,
unscheinbar, grünlich, stets untergetaucht . . . . **Ceratophyllum** (2. Teil)

Bestimmungsschlüssel B: Pflanzen nicht im Boden wurzelnd, frei auf dem Wasserspiegel schwimmend, die vegetativen Teile nicht völlig untergetaucht

1a Pflanzen klein, meist unter 15 mm; Sproßglieder scheibchen- oder körnchenförmig
(„thalloid"), oft nicht in Stengel, Blätter und Wurzeln differenziert **2**
1b Pflanzen größer, deutlich beblättert **4**
2a Sproßglieder körnchenförmig, wurzellos . . . . **Wolffia** (S. 369)
2b Sproßglieder scheibchenförmig, mitunter etwas bauchig, mit Wurzeln **3**
3a Sproßglieder mit einem Wurzelbüschel . . . . **Spirodela** (S. 366)
3b Sproßglieder nur mit 1 Wurzel . . . . **Lemna** (S. 361)
4a Blätter klein (1–20 mm lang), dicht 2reihig oder scheingegenständig, in 3zähligen
Quirlen, dem kurzen, gabelig verzweigten Stengel entspringend; Pflanzen blütenlos **5**
4b Blätter größer, nicht 2reihig angeordnet; Blütenpflanzen **6**
5a Moosartige, reichverzweigte, kleine Schwimmpflanzen mit Wurzeln; Blätter sehr
dicht 2reihig, schuppenartig, tief in 2 Lappen geteilt . . . . **Azolla** (S. 75)

5b Schwimmpflanzen ohne echte Wurzeln; Blätter scheingegenständig in 3zähligen Quirlen, 2 Blätter eines jeden Quirls als elliptisches Schwimmblatt, das dritte Blatt als wurzelähnlich zerschlitztes Tauchblatt entwickelt . . . . **Salvinia** (S. 72)

6a Blätter sichelförmig, in dichter Rosette; Pflanzen dicht unterhalb des Wasserspiegels schwimmend und mit den oberen beiden Dritteln der Blätter über ihn hinausragend . . . . **Stratiotes** (S. 196)

6b Blätter anders gestaltet 7

7a Blätter auf dem Wasserspiegel schwimmend, am Grunde herzförmig eingeschnitten; Blattstiele nicht verdickt; Blüten weiß . . . . **Hydrocharis** (S. 188)

7b Blätter über den Wasserspiegel hinausragend 8

8a Blätter behaart, in grundständiger Rosette sitzend, den kurzen Stengel bedeckend, oberseits filzig, unterseits wollig behaart; tropische Wasserpflanze . . **Pistia** (S. 359)

8b Blätter kahl, gestielt; Blattstiele blasig aufgetrieben; Blattspreiten kreisrund; Blüten blau; tropische Wasserpflanze . . . . **Eichhornia** (S. 374)

Bestimmungsschlüssel C: Pflanzen im Wasser wachsend, dabei im Boden wurzelnd; nur mit Tauchblättern

1a Blätter fein zerteilt 2

1b Blätter ganzrandig oder gezähnt 5

2a Blattzipfel mit Fangblasen; Blüten gelb, 2lippig . . . . **Utricularia** (2. Teil)

2b Blätter ohne Fangblasen; Blüten weiß oder grünlich 3

3a Blätter quirlig, kammförmig-fiederschnittig; Pflanze 1häusig; Blüten unscheinbar gelblich-grünlich, in quirligen, auftauchenden Ähren . . . **Myriophyllum** (2. Teil)

3b Blätter wechselständig; Blüten zwittrig, weiß 4

4a Blätter wiederholt gabelig; Blüten einzeln; Fruchtknoten zahlreich; Frucht ein Nüßchen . . . . **Ranunculus** (2. Teil)

4b Blätter kammförmig-fiederteilig, schlaff, hellgrün; Blüten in quirligen Trauben; Fruchtknoten 1; Frucht eine Kapsel . . . . **Hottonia** (2. Teil)

5a Blätter (zumindest die Primärblätter) borstlich oder pfriemlich, stielrund oder halbstielrund, manchmal septiert 6

5b Blätter anders gestaltet 14

6a Blätter alle grundständig 7

6b Blätter nicht alle grundständig 13

7a Pflanze mit Ausläufern . . . . **Littorella** (2. Teil)

7b Pflanze ohne Ausläufer 8

8a Blätter der Länge nach in 2—4 Längshohlräume gegliedert, halbstielrund oder stielrund bis fast 4kantig 9

8b Blätter nicht in derartige Längshohlräume gegliedert 10

9a Blätter bandförmig, halbrund, hohl, mit 2 Längshohlräumen, etwas umgebogen, grundständig gebüschelt; Blütenpflanze mit Milchsaft . **Lobelia dortmanna** (2. Teil)

9b Blätter stielrund bis fast 4kantig, hohl, mit 4 Längshohlräumen, starr steif aufrecht oder umgebogen, an einem knolligen Rhizom gebüschelt stehend; 1 Sporangium auf der adaxialen Seite tragend; Sporenpflanze . . . . **Isoëtes** (S. 49)

10a Blätter (wenigstens die Primärblätter) bis auf die Blattstiele reduziert, halbstielrund, septiert 11

10b Blätter nicht so gestaltet 12

11a Blätter meist grundständig; die Primärblätter pfriemlich, septiert, die Folgeblätter 1—2fach gefiedert; Stengel aufrecht oder aufsteigend . . . . . . **Thorella** (2. Teil)

11b Blätter alle bis auf die septierten Blattstiele reduziert; Stengel kriechend oder flutend . . . . **Lilaeopsis** (2. Teil)

12a Blätter 1—7 cm lang, zahlreich, pfriemlich bis linealisch, vorn spitz; Blüten zwittrig, weiß, in 2—8blütigen Trauben; 1jährig . . . . **Subularia** (2. Teil)

12b Blätter linealisch, häutig, oft durchscheinend; Blüten 1geschlechtig, 1häusig, grau bis weißlich-violett, in dichten Köpfchen; ausdauernd . . . . **Eriocaulon** (S. 370)

13a Blätter am Grunde eines häutigen, durchscheinenden Blatthäutchens abgehend, borstlich bis schmal-linealisch . . . . **Potamogeton** (S. 100)
13b Blätter nicht so inseriert, dünn, halbstielrund; Pflanze dichtrasig, Stengel dünn und schlaff, flutend . . . . **Juncus bulbosus** (S. 393)
14a Blätter schuppenförmig, klein; Pflanzen bleich, aus dünnen, langen, fädigen Stengeln bestehend; Parasit auf Wasser- und Verlandungspflanzen **Cuscuta aquatica** (2. Teil)
14b Blätter nicht schuppenförmig; Pflanzen grün **15**
15a Blätter groß, eiförmig bis rund, am Grunde herzförmig ausgebuchtet, hellgrün, salatartig; Pflanzen mit dickem Rhizom . . . . **Nuphar** (2. Teil)
15b Blätter anders gestaltet **16**
16a Blätter breit linealisch, zugespitzt, sichelförmig, am Rande scharf gedornt, 0,2 bis 1,0 m lang, zu 10—25 rosettenartig zusammensitzend; Blüten weiß . . . . .
. . . . **Stratiotes** (S. 196)
16b Blätter nicht sichelförmig **17**
17a Blätter linealisch-bandförmig **18**
17b Blätter nicht linealisch-bandförmig **28**
18a Grundständige Blätter in Rosetten oder Büscheln **19**
18b Grundständige Blätter nicht in Rosetten oder Büscheln **20**
19a Grundständige Blätter dicklich, nicht durchscheinend, in Rosetten; Pflanzen mit Milchsaft; Pflanzen kühler Gewässer . . . . **Lobelia dortmanna** (2. Teil)
19b Grundständige Blätter dünn, durchscheinend, grün, büschelig gehäuft, mit 5 (—9) Längsnerven, die fast bis in die Blattspitze hinein parallel laufen, vorn abgerundet stumpf, in der oberen Hälfte fein gezähnelt (Lupe); Pflanzen ohne Milchsaft; Pflanzen warmer Gewässer . . . . **Vallisneria spiralis** (S. 192)
20a Blätter alle grundständig oder einer kurzen Achse ansitzend **21**
20b Blätter nicht alle grundständig, einer im Wasser flutenden Achse ansitzend . . . **27**
21a Spreite der Tauchblätter deutlich 3kantig (im Querschnitt 3eckig), 270 cm lang, (1,5) 3—8 mm breit, fast undurchsichtig, im oberen Drittel mit eng zusammenliegenden, untereinander völlig gleichartigen Längsnerven (Lupe), deren Querverbindungen sich (im feuchten Zustande) stets über mehrere Längsnerven hinwegziehen, unregelmäßig, meist gebogen und sehr verschwommen sind **Butomus** (S. 185)
21b Tauchblätter flach, selten (*Sparganium erectum*) höchstens im unteren Teil schwach 3kantig, dann aber mit deutlicher Netznervatur, mehr oder weniger durchsichtig **22**
22a Wurzelstock braun bis rotbraun, kurz, dick, holzig; Tauchblätter in eine lange und feine Spitze ausgezogen, (1,5) 3—9 mm breit, Blattscheiden 12—30 mm lang
. . . . **Schoenoplectus** (S. 265)
22b Wurzelstock weiß oder grau **23**
23a Blatt im oberen Teil allmählich zugespitzt, beim Zerreiben unangenehm riechend; Sproßachse kurz gestaucht . . . . **Baldellia** (S. 169)
23b Blatt bis zur Spitze etwa gleich breit **24**
24a Blätter 2zeilig gestellt, mit ihren scheidigen Basen die jüngeren Blattbasen umgreifend; Ausläufer in blättertragenden Sprossen endend **25**
24b Blätter spiralig gestellt **26**
25a Tauchblätter nur an Keimpflanzen entwickelt; ihre Blattspreite unmittelbar unterhalb des Blattendes etwas zugespitzt . . . . **Typha angustifolia** (S. 94)
25b Tauchblätter normal entwickelt, zum mindesten am Grunde gekielt, relativ derb; Blattnervatur als feines Netz- oder Streifenmuster ausgebildet; Längs- und Quernerven (im frischen Zustand sehr schwach ausgeprägt) von gleicher Stärke . . . . . .
. . . . **Sparganium** (S. 76)
26a Tauchblätter dunkelgrün, von zahlreichen Längsnerven durchzogen; Mittel- und Randnerven kräftig entwickelt, die dazwischen verlaufenden Längs- und Quernerven zart; Längsnerven teilweise knickig verlaufend; Felderung fein, Intercostalfelder 4—6eckig . . . . **Alisma** (S. 176)

26 b Tauchblätter gelblichgrün, von wenigen, gleichmäßig kräftigen Längsnerven durchzogen, Mittelnerv nicht betont; Quernerven feiner, mehr oder weniger bogig verlaufend, versetzt; Felderung grob, Intercostalfelder sehr ungleichmäßig, ein noch feineres Nervennetz einschließend (Lupe!) . . . . **Sagittaria sagittifolia** (S. 163)

27 a Blätter am Rande fein gesägt, mit 6 sehr feinen Längsnerven neben der hervortretenden Mittelrippe; Blüten 3zählig, weiß, mit langer Perianthröhre weit aus der Spatha herausragend . . . . **Blyxa japonica** (S. 195)

27 b Blätter am Rande nicht fein gesägt, ganzrandig; Blüten in endständigen Ähren, unscheinbar, grünlich, bräunlich oder rötlich . . . . **Potamogeton** (S. 100)

28 a Blätter quirlständig oder scheinquirlständig **29**

28 b Blätter gegen- oder wechselständig **34**

29 a Blätter (der fertilen Sprosse) scheinquirlständig oder scheingegenständig, Tute dem Blatt nicht anliegend; Pflanzen 1häusig; Früchtchen länglich-bananenförmig, 3—6 mm lang . . . . **Zannichellia** (S. 153)

29 b Wenigstens die mittleren und oberen Blätter quirlständig, in Quirlen zu 3—15 . . **30**

30 a Blätter ganzrandig; Blüten unscheinbar, einzeln achselständig **31**

30 b Blätter stachelspitzig-gezähnt oder sehr fein gesägt **32**

31 a Überwasserblätter (falls vorhanden) eiförmig, in Quirlen zu 3; Sproßachse im Querschnitt mit wenigen, sehr großen, radiär angeordneten Hohlräumen; Blüten 4zählig . . . . **Elatine alsinastrum** (2. Teil)

31 b Überwasserblätter kaum breiter als die Tauchblätter, wie diese in 4- bis vielzähligen Quirlen; Sproßachse im Querschnitt mit sehr vielen kleinen, regellos angeordneten Hohlräumen; Blüten mit buchtigem Kelchsaum, ohne Kronblätter, mit 1 Staubblatt und 1 Narbe . . . . **Hippuris** (2. Teil)

32 a Blätter stachelspitzig-gezähnt, die Quirle meist 10—30 mm voneinander entfernt; Stengel am Grunde mit 1 stengelumfassenden Vorblatt; Staubblätter 3 **Hydrilla** (S. 199)

32 b Blätter sehr fein gesägt, die Quirle meist ziemlich dicht gehäuft, 3—7 mm voneinander entfernt; Stengel am Grunde mit 2 nicht stengelumfassenden Vorblättern; Staubblätter 9—10 . . . . **33**

33 a Blätter meist in 3- (selten 4)zähligen Quirlen, meist 6—12 mm lang; Kronblätter etwa so lang und breit wie die Kelchblätter; Staubblätter 9, die 3 inneren mit verwachsenen Staubfäden; hydrogam . . . . **Elodea** (S. 201)

33 b Blätter meist in 4—8zähligen Quirlen, meist 10—30 cm lang. Kronblätter etwa 3mal länger und breiter als die Kelchblätter; Staubblätter 9 (—10), alle frei; entomogam; Warmwasserpflanze . . . . **Egeria** (S. 206)

34 a Blätter fein, fadenförmig **35**

34 b Blätter breiter **42**

35 a Blätter entweder in der Achsel oder am oberen Ende einer rinnigen Scheide mit großem Nebenblatt, seltener mit röhriger Tute (Nebenblattscheide) oder auf scheidigem Blattgrund mit 2 Achselschüppchen **36**

35 b Blattgrund ohne Anhängsel und ohne Tute **39**

36 a Blätter mit Tute; Blüten klein, zu wenigen in den Blattachseln, stets submers . . **37**

36 b Blätter ohne Tute, mit 2 Achselschüppchen oder mit nichtröhrigen Nebenblättern; Blüten an den Sproßenden oder an langen Blütenstielen, in ährenförmigen Blütenständen **38**

37 a Tute nicht dem Blatt anliegend, Blätter der sterilen Sprosse wechsel-, der fertilen Sprosse scheingegenständig oder in Scheinquirlen; Pflanzen 1häusig; Früchtchen 3—6 mm lang, länglich bananenförmig . . . . **Zannichellia** (S. 153)

37 b Tute größtenteils dem Blatt anliegend; Blätter gewöhnlich wechselständig; Pflanzen 2häusig; Früchtchen etwa 2 mm lang, elliptisch bis länglich-elliptisch, deutlich geflügelt; Brackwasserpflanze des Mittelmeergebietes . . . . **Althenia** (S. 152)

38 a Kriechende Grundachse ohne Laubblätter, mit schuppigen Niederblättern; Blatt mit 1 achselständigen oder am oberen Scheidenende befindlichen Nebenblatt;

Mittelnerv in der Blattspitze in eine Hydathode auslaufend; Blattrand glatt, unbehaart; Staubblätter 4 . . . . **Potamogeton** (S. 100)

38b Kriechende Grundachse mit Laubblättern; Blattgrund scheidig, mit 2 Achselschüppchen; Mittelnerv nicht bis zur Blattspitze reichend; Blattrand wenigstens nahe der Blattspitze behaart; Staubblätter 2; Brackwasserpflanze . . **Ruppia** (S. 136)

39a Blätter wechsel- oder grundständig; Blüten in wenigblütigen Köpfchen oder Ähren; Staubblätter 3 . . . . **40**

39b Blätter gegenständig; Blüten einzeln achselständig, 1- oder 2häusig, weibliche Blüte mit 1 Staubblatt **41**

40a Blätter linealisch, rinnig; Sproß gabelästig; Blüten in bis 5 mm langen, sehr lang gestielten, achselständigen Ährchen; Blütenhülle fehlend, durch eine Spelze ersetzt . . . . **Eleogiton** (S. 291)

40b Blätter fadenförmig, halbstielrund, querfächerig; Sprosse an den Knoten büschelförmige Tochtersprosse tragend; Blüten in 2—6blütigen Köpfchen, die rispig angeordnet sind; Perigon 6blättrig; Tauchformen meist steril . **Juncus bulbosus** (S. 393)

41a Blätter ganzrandig, linealisch bis spatelig; Fruchtknoten mit 2 Griffeln; Frucht in 4 einsamige, steinfruchtartige Teilfrüchtchen zerfallend; Pflanze (meist) ausdauernd . . . . **Callitriche** (2. Teil)

41b Blätter am Rande stachelspitzig bis stachlig gezähnt; Pflanze meist starr und zerbrechlich, seltener biegsam; Fruchtknoten mit 3 fadenförmigen Narben; Früchte nußartig; Pflanze 1jährig . . . . **Najas** (S. 140)

42a Blätter gegenständig oder scheingegenständig **43**

42b Blätter wechselständig **45**

43a Stengel gabelig verzweigt; Blätter stachlig gezähnt; Blüten und Früchte achselständig; Früchte nußartig; Pflanze 1jährig . . . . **Najas** (S. 140)

43b Pflanze anders gestaltet, ausdauernd **44**

44a Blätter oval-lanzettlich, etwas stengelumfassend, besonders vorn fein gezähnelt, scheingegenständig (paarweise genähert); Blüten grün, zwittrig, in wenigblütigen, aus dem Wasser ragenden Ähren; Staubblätter 4; Frucht 1samig, steinfruchtartig . . . . **Groenlandia** (S. 134)

44b Blätter linealisch bis spatelig bis länglich-oval, völlig ganzrandig; Blüten einzeln achselständig, 1häusig, meist mit 2 sichelförmigen Vorblättern; 1 Staubblatt; Frucht in 4 1samige steinfruchtartige Teilfrüchte zerfallend . . . **Callitriche** (2. Teil)

45a Blüten grünlich, in aus dem Wasser hervorragenden Ähren, ohne scheidenartige Hochblätter, ohne Perianth, aber mit 4 perigonähnlichen, grundständigen Staubblattanhängseln; Staubblätter 4; Früchte 1samige Nüßchen . . **Potamogeton** (S. 100)

45b Blüten nicht grünlich, einzeln oder in ährenartigen Blütenständen, am Grunde mit scheidenartigen Hochblättern; Perianth vorhanden **46**

46a Blätter (Jugendblätter) 5—25 cm lang, bandförmig bis mehr oder weniger breit lanzettlich . . . . **Ottelia alismoides** (S. 190)

46b Blätter höchstens 5 cm lang, linealisch bis schmal lanzettlich **47**

47a Blätter schmal lanzettlich, 1—3 cm lang, lang zugespitzt, deutlich zurückgebogen, so daß die Spitze den Blattgrund fast berührt, am Rande gewellt, stumpf gezähnelt . . . . **Lagarosiphon** (S. 197)

47b Blätter (Tauchblätter) lanzettlich-linealisch . . . . **Heteranthera** (S. 376)

Bestimmungsschlüssel D: Pflanzen im Boden wurzelnd, mit Schwimm- und Tauchblättern

1a Schwimmblätter eingeschnitten, gekerbt oder 4teilig **2**

1b Schwimmblätter ganzrandig **4**

2a Schwimmblätter 4teilig, kleeartig; junge Blätter eingerollt; Pflanze ohne Blüten, mit Sporenbehältern . . . . **Marsilea** (S. 66)

2b Schwimmblätter eingeschnitten, gekerbt oder gezähnt; Tauchblätter linealisch oder fein zerteilt; Blüten weiß oder lila **3**

3a Schwimmblätter nicht rosettig gehäuft, eingeschnitten oder gekerbt; Tauchblätter fein zerteilt; Blüten weiß . . . . **Ranunculus** (2. Teil)

3b Schwimmblätter rosettig gehäuft, am Rande gezähnt, rautenförmig, Blattstiel aufgeblasen verdickt; Tauchblätter sitzend, linealisch, am Rande gezähnt, hinfällig; aus den Blattnarben gefiederte Adventivwurzeln treibend; Blüten weiß bis lila . . . . **Trapa** (2. Teil)

4a Schwimmblätter an der Spitze des gegenständig beblätterten Sprosses rosettig gehäuft, klein, länglich-oval bis spatelförmig; Blüten unscheinbar, grünlich . . . .
. . . . **Callitriche** (2. Teil)

4b Schwimmblätter nicht rosettig gehäuft **5**

5a Schwimmblätter oval mit herzförmig eingeschnittenem Grund oder breit eiförmig   **6**

5b Schwimmblätter länglich-oval, spatelig bis lanzettlich oder bandförmig **7**

6a Blüten 3zählig, in einer röhrigen Spatha sitzend; Blütenhüllblätter weißlich mit dunkelrot-purpurnem Grund . . . . **Ottelia ovalifolia** (S. 192)

6b Blüten vielzählig, ohne Spatha; Blüte gelb . . . . **Nuphar** (2. Teil)

7a Schwimm- und Tauchblätter bandförmig, grasartig . . . . **Sparganium** (S. 76)

7b Schwimmblätter länglich-oval, spatelförmig, länglich-lanzettlich oder pfeilförmig   **8**

8a Schwimmblätter länglich-oval, derb, lederartig, oberseits glänzend, Blätter am Grunde mit Axillarstipeln; Blüten in ährenförmigen Blütenständen, grünlich . . .
. . . . **Potamogeton** (S. 100)

8b Schwimmblätter länglich-lanzettlich, spatelig oder pfeilförmig **9**

9a Blüten weiß oder hellviolett, 3zählig, in Rispen oder quirlartigen Blütenständen
. . . . **Alismataceae** (S. 156)

9b Blüten blau, röhrenförmig, 2lippig, in ährenartigen Blütenständen; tropische bis subtropische Wasserpflanzen, im Gebiet fehlend . . . . **Pontederia** (S. 373)

Bestimmungsschlüssel E: Pflanzen im Boden wurzelnd, mit Schwimmblättern, ohne Tauchblätter

1a Schwimmblätter rosettig gehäuft, am Rande gezähnt, rautenförmig; Blattstiel blasig aufgetrieben; anfangs linealische, am Rande gezähnte Tauch- (Primär)blätter vorhanden, diese hinfällig und bald vergehend; aus den Blattnarben gefiederte Adventivwurzeln treibend . . . . **Trapa** (2. Teil)

1b Schwimmblätter nicht rosettig gehäuft, anders gestaltet **2**

2a Spreite der Schwimmblätter buchtig gezähnt oder dicht gezähnelt, gekerbt oder eingeschnitten, rundlich bis oval **3**

2b Spreite der Schwimmblätter ganzrandig, rundlich bis rundlich-herzförmig oder länglich-oval **5**

3a Spreite der Schwimmblätter buchtig gezähnt oder dicht gezähnelt, eirundlich, schildförmig, groß, länger und breiter als 3 cm . . . . **Nymphaea** (2. Teil)

3b Spreite der Schwimmblätter gekerbt oder 3lappig-gekerbt, Spreite meist unter 3 cm im Durchmesser **4**

4a Schwimmblätter einfach, gekerbt, schildförmig mit zentralem Blattstiel oder nierenförmig mit seitlichem Blattstiel (*H. ranunculoides*), klein, (meist nur 3 cm), an langen, oft vom Ufer her in das Wasser hineinwachsenden Sprossen; Blüten (wenn vorhanden) in kopfigen Dolden oder armblütigen Wirteln, weiß . . . . . .
. . . . **Hydrocotyle** (2. Teil)

4b Schwimmblätter 3lappig, gekerbt, am Grunde tief herzförmig eingeschnitten, an einer kurzen, im Boden wurzelnden Achse; Blüten, wenn vorhanden, einzeln, klein, gelb . . . . **Ranunculus** (2. Teil)

5a Spreiten der Schwimmblätter rund oder rundlich **6**

5b Spreiten der Schwimmblätter eiförmig, länglich-oval oder lanzettlich **8**

6a Schwimmblätter kreisrund, schildförmig, die ersten Blätter auf der Wasseroberfläche schwimmend, die späteren an langen Blattstielen über die Wasseroberfläche hinausgehoben, groß; Pflanze mit Milchsaft . . . . **Nelumbo** (2. Teil)

6b Schwimmblätter rundlich bis oval, mit herzförmig eingeschnittenem Grund, meist auf der Wasseroberfläche, nur gelegentlich bei sinkendem Wasserstand wenig über die Wasseroberfläche hinausragend; Pflanzen ohne Milchsaft **7**

7a Schwimmblätter meist so groß wie eine Hand oder größer, oberseits dunkel- oder rötlich-grün, Blattstiel am Grunde mit 1 bis mehreren Stipeln; Blüten meist weiß, selten rosa, rot oder blau, mit zahlreichen Blütenblättern . . .**Nymphaea** (2. Teil)

7b Schwimmblätter kleiner als eine Hand, oberseits hellgrün, unterseits stark punktiert, Blattstiel unten scheidig; Blüten gelb, 5zählig . . . . **Nymphoides** (2. Teil)

8a Blattstiel mit großer Scheide (Ochrea); Schwimmblätter länglich, stumpf zugespitzt, mit 1 Mittelnerv und von diesem abzweigenden Seitennerven; Blüten rosa . . . . **Polygonum amphibium** (2. Teil)

8b Blattstiel ohne Scheide; Schwimmblätter breit oval, spatelförmig oder länglich, mit mehreren parallel zueinander verlaufenden Nerven; Blüten weiß oder grünlich **9**

9a Schwimmblätter herzförmig, spatelförmig, pfeilförmig, länglich oder oval; Blüten weiß oder hellviolett, in quirl- oder rispenartigen Blütenständen; Pflanzen bei sinkendem Wasserstand oder an Uferstandorten mit andersartigen Überwasserblättern . . . . **Alismataceae** (S. 156)

9b Schwimmblätter breit-oval bis länglich-oval, lederartig; Blüten grünlich oder weiß, in ährenförmigen oder gabelig geteilten Blütenständen; Pflanzen auch bei Trockenfallen keine anders gestalteten Überwasserblätter ausbildend **10**

10a Blüten in ährenförmigen Blütenständen, 4zählig, grünlich . . . **Potamogeton** (S. 100)

10b Blüten in langgestreckten, am Ende gabelig in 2 Äste geteilten Blütenständen, Blüten 3zählig, meist mit 1 weißen Perigonblatt; tropische Wasserpflanze, im Gebiet fehlend . . . . **Aponogeton distachyon** (S. 149)

Bestimmungsschlüssel F: Aufgetauchte Pflanzen der Ufer- und Sumpfregionen mit nadel- oder schuppenförmigen Blättern

1a Pflanze bleich; Blätter schuppenförmig, sehr klein; Sprosse fadenförmig, parasitisch auf anderen Pflanzen lebend . . . . **Cuscuta aquatica** (2. Teil)

1b Pflanze grün; Blätter quirlig angeordnet **2**

2a Sproß ungegliedert; Blätter linealisch, dicht; Hauptachse kriechend, fertile Sprosse senkrecht aufsteigend, 3—10 cm hoch; Sporenpflanze, Sporangien adaxial in den Blattachseln der fertilen Sprosse . . . . **Lycopodiella** (S. 47)

2b Sproß gegliedert **3**

3a Jedes Sproßglied am Grunde von einer gezähnten Scheide umgeben; Sporenpflanze, Sporangienstände endständig . . . . **Equisetum** (S. 61)

3b Sproßglieder am Grunde nicht von einer gezähnten Scheide umgeben; Blütenpflanzen **4**

4a Pflanze gelblichgrün; Sproßachse im Querschnitt mit mehreren sehr großen, radiär angeordneten Hohlräumen; Blattquirle 7—9zählig; Blüten 4zählig; Staubblätter 8; Frucht eine Kapsel . . . . **Elatine alsinastrum** (2. Teil)

4b Pflanze dunkelgrün; Sproßachse im Querschnitt mit sehr vielen kleinen, regellos angeordneten Hohlräumen; Blattquirle (4-) 6—12zählig; Blüte mit buchtigem Kelchsaum, ohne Kronblätter; Staubblatt 1; Frucht eine 1samige Steinfrucht . . . . **Hippuris** (2. Teil)

Bestimmungsschlüssel G: Aufgetauchte Pflanzen der Ufer- und Sumpfregionen mit stielrunden oder -rundlichen, 3kantigen, pfriemlichen, borstlichen oder binsenartigen, manchmal septierten Blättern

1a Pflanzen ohne Blüten und Samen, mit Sporenbehältern und Sporen **2**

1b Pflanzen mit Blüten und Samen **4**

2a Stengel gegliedert, hohl, oft quirlig verzweigt, jedes Glied am Grunde von einer gezähnten Scheide umgeben; Sporenbehälter (Sporangien) in endständigen, ährenartigen Sporangienständen . . . . **Equisetum** (S. 61)

2b Stengel ungegliedert, ohne gezähnte Scheiden **3**

3a Stengel kurz knollig, mit einer Rosette dicker, nie eingerollter Blätter, die z. T. am scheidigen Grund adaxial je 1 Sporangium tragen. . . . . **Isoëtes** (S. 49)

3b Stengel dünn, kriechend, mit fädlichen, jung uhrfederartig eingerollten Blättern; Sporangien in kugeligen Sporokarpien am Grunde der Blätter . . . . **Pilularia** (S. 70)

4a Blätter in grundständigen Rosetten. **5**

4b Blätter nicht in grundständigen Rosetten **8**

5a Blätter dick, fleischig oder durchsichtig, 5—10 cm lang; Blüten 1geschlechtig (bis zwittrig), in ährenartigen oder kopfigen Blütenständen **6**

5b Blätter anders gestaltet, unter 5 cm lang; Blüten zwittrig, klein, weiß, einzeln oder in armblütigen Trauben **7**

6a Blätter fleischig, undurchsichtig, parallelnervig, vorn stumpf; Pflanze mit Ausläufern; Blüten unscheinbar weißlich mit lang herausragenden gelblichen Staubgefäßen; Blütenstand die Blätter nicht überragend, 3—4blütig . . **Littorella** (2. Teil)

6b Blätter durchsichtig, septiert, in 1 scharfe Spitze auslaufend; Blüten in langgestreckten, die Blätter weit überragenden weißlich-violetten Köpfchen; nur auf den Britischen Inseln. . . . . **Eriocaulon** (S. 370)

7a Pflanzen ohne Ausläufer, nicht in Herden wachsend; Blüten in 2—8blütigen, traubigen Blütenständen, mit je 4 Kelch- und Kronblättern und 6 Staubgefäßen; Frucht 1 ovales Schötchen . . . . **Subularia** (2. Teil)

7b Pflanzen mit Ausläufern, in Herden wachsend; Blüten einzeln, mit je 5 Kelch- und Kronblättern und 4 Staubblättern; Frucht 1 Kapsel . . . . **Limosella** (2. Teil)

8a Blüten in Trauben oder Dolden **9**

8b Blüten in end- oder (scheinbar) seitenständigen Köpfen, Rispen, Spirren oder Ähren **11**

9a Blüten in 3—10blütigen Trauben, mit Deckblättern, echte Blütenhülle vorhanden, bleibend . . . . **Scheuchzeria** (S. 155)

9b Blüten in Dolden **10**

10a Dolden einfach, alle Stengel kriechend oder flutend, an den meisten Knoten wurzelnd; Blätter septiert, pfriemlich bis linealisch. . . . . **Lilaeopsis** (2. Teil)

10b Dolden zusammengesetzt, Stengel aufrecht oder aufsteigend, am Grunde wurzelnd; nur die Primärblätter pfriemlich, die Folgeblätter 1—2fach gefiedert **Thorella** (2. Teil)

11a Blütenhülle entwickelt; Blüte mit 6blättrigem, trockenhäutigem Perigon, 3 oder 6 Staubblättern, 1 Griffel mit 3 Narben; Frucht eine 3klappige Kapsel . **Juncus** (S. 380)

11b Blütenhülle unscheinbar, borsten- oder schuppenförmig oder ganz fehlend; Staubblätter 2—3, Narben 2—3; Frucht eine 3kantige oder linsenförmige Nuß **12**

12a Stengel nur mit 1 endständigem, aufrechtem Ährchen, dieses nie von einem Tragblatt überragt, oder Ährchen einzeln an der Spitze von langen Stielen . . . **13**

12b Stengel mit mehreren mehrblütigen Ährchen, die zu Rispen, Köpfen oder Büscheln vereinigt sind, oder Ährchen scheinbar seitenständig, d. h. von einem halmähnlichen Tragblatt weit überragt **14**

13a Ährchen am Ende des Sprosses . . . . **Eleocharis** (S. 277)

13b Ährchen an der Spitze von langen, achselständigen Stielen . . . . **Eleogiton** (S. 291)

14a Ährchen in dichten, kugelrunden Köpfchen; Köpfchen meist 3, eine sitzend, die übrigen gestielt . . . . **Holoschoenus** (S. 274)

14b Ährchen in Rispen oder Büscheln **15**

15a Pflanze 30—400 cm hoch, meist mit kriechendem Rhizom, ausdauernd; Halm meist dicker als 5 mm . . . . **Schoenoplectus** (S. 265)

15b Pflanze bis 15 cm hoch, mit Faserwurzeln, 1jährig; Halm zart, dünner als 5 mm **16**

16a Ährchen 2—3 mm lang, zu 1—4 im oberen Halmteil scheinbar seitenständig; Staubblätter (1-) 2; Frucht längsrippig . . . . **Isolepis** (S. 292)

16b Ährchen 5—12 mm lang, zu 3—10 in der Halmmitte scheinbar seitenständig; Staubblätter 3; Frucht querrunzelig . . . . **Schoenoplectus supinus** (S. 271)

Bestimmungsschlüssel H: Aufgetauchte Pflanzen der Ufer- und Sumpfregionen mit schmal-linealischen, grasartigen, band- oder schwertförmigen Blättern

1a Blüten klein, stets zu mehreren bis vielen in Blütenständen (Ähren, Kolben, Spirren, Köpfchen); Kronblätter bzw. Perianth fehlend oder unscheinbar, grünlich, gelblich oder braun **2**

1b Blüten ansehnlich, Kronblätter bzw. Perianth weiß oder farbig; wenn grünlich, dann einzeln und nicht in Blütenständen **6**

2a Blüten in Kolben oder Köpfen; Einzelblüten nicht von Spelzen eingehüllt; Blätter band- oder schwertförmig, 2zeilig stehend **3**

2b Blüten in kleinen Ährchen, die ihrerseits zu Ähren, Rispen, Spirren oder Köpfchen vereinigt sind; Blütenhülle stets fehlend, jede Blüte von 1 oder 2 kahnförmigen, oft trockenhäutigen Spelzen eingehüllt **5**

3a Blüten in 1geschlechtigen kugeligen Köpfchen . . . . **Sparganium** (S. 76)

3b Blüten in Kolben **4**

4a Kolben scheinbar seitenständig, grünlich; Blatt grasgrün, schwertförmig, am Rande meist gewellt, beim Zerreiben aromatisch duftend; Frucht eine Beere (in Mitteleuropa ohne Fruchtansatz); Blüten zwittrig . . . . **Acorus** (S. 357)

4b Kolben endständig, braun, in einen unteren weiblichen und oberen männlichen Teil getrennt; Blätter bläulich oder graugrün, linealisch; Frucht eine mit watte-artigen Flughaaren versehene Nuß . . . . **Typha** (S. 91)

5a Stengel rund oder 2seitig abgeflacht, hohl; Blätter 2zeilig; Blattscheiden offen oder geschlossen, am Grunde stets mit knotiger Verdickung; jede Blüte von meist 2 Spelzen eingeschlossen . . . . **Poaceae** (S. 207)

5b Stengel rund oder 3kantig, meist markerfüllt; Blätter 3- (selten 2-)zeilig; Blattscheiden geschlossen, an ihrem Grund fast nie mit Knoten; jede Blüte mit 1 Spelze . . . . **Cyperaceae** (S. 260)

6a Grundständige Blätter in Rosetten **7**

6b Blätter nicht in Rosetten **10**

7a Pflanze mit kurzem Rhizom, ausdauernd; Blätter dicklich oder steif; Blüten in Blütenständen **8**

7b Pflanze mit Faserwurzeln, 1jährig, zwergig; Blüten einzeln **9**

8a Blatt stumpf abgerundet, milchsaftführend; Blüten in einem traubigen Blütenstand, violett bis blau . . . . **Lobelia** (2. Teil)

8b Blatt lang zugespitzt, durchscheinend, ohne Milchsaft; Blüten in einem langgestielten Köpfchen, weißlich-violett . . . . **Eriocaulon** (S. 370)

9a Blätter schmal-linealisch; Blüten grünlich-gelb; Blütenboden walzlich-verlängert; Sammelfrucht mäuseschwanzähnlich; Einzelfrüchtchen zahlreich . **Myosurus** (2. Teil)

9b Blätter gestielt, länglich-oval; Blüte weiß; Blütenboden nicht verlängert; Frucht eine Kapsel . . . . **Limosella** (2. Teil)

10a Blätter schwertförmig, reitend; Blüten 3zählig, gelb oder blau . . . . . **Iris** (S. 398)

10b Blätter anders gestaltet; Blüten rosa oder weiß **11**

11a Blatt am Grunde 3kantig, linealisch, oberseits rinnig, graugrün, matt; Blüten rosa, aufrecht; in zymösen Scheindolden; Fruchtknoten oberständig . **Butomus** (S. 185)

11b Blatt am Grunde nicht 3kantig, linealisch, vorn abgerundet, dunkelgrün, glänzend; Blüten weiß, zu 3—8, nickend; Fruchtknoten unterständig . . . . **Leucojum** (S. 379)

Bestimmungsschlüssel I: Aufgetauchte Pflanzen der Ufer- und Sumpfregionen mit einfachen, ungeteilten, ganzrandigen, gezähnten oder gekerbten Blättern

1a Blätter rund, schildförmig **2**

1b Blätter anders gestaltet **3**

2a Blätter groß, Blattstiele (7,5) 50—150 cm lang, Blattspreite (7) 20—60 cm breit; Blüten einzeln auf langen Stielen, ansehnlich . . . . **Nelumbo** (2. Teil)

2b Blätter klein, Blattstiel bis 15 cm lang, Blattspreite 3—5 cm breit; Blüten in kopfigen Dolden oder armblütigen Wickeln, sehr klein . . . . **Hydrocotyle** (2. Teil)

20b Stengel nicht knotig gegliedert, ohne Nebenblattscheiden **22**

21a Blüten in mehr oder weniger dichten Trauben; Perigonblätter 6, an der Frucht die 3 inneren (Valven) viel größer als die 3 äußeren, grünlich; Blätter meist breit und groß (bis 1 m lang), länglich-eiförmig bis länglich-lanzettlich **Rumex** (2. Teil)

21b Blüten in dichten Scheinähren an der Spitze der Stengel und Äste; Perigonblätter 5, an der Frucht gleichgroß oder die äußeren größer, rosa, weiß oder grünlich; Blätter länglich-lanzettlich oder breit elliptisch . . . . **Polygonum** (2. Teil)

22a Blüten in Körbchen, gelb oder weißlich **23**

22b Blüten nicht in Körbchen **25**

23a Körbchen mit Röhren- und Zungenblüten, Blüten gelb . . . . **Pulicaria** (2. Teil)

23b Körbchen nur mit Röhrenblüten **24**

24a Pflanze filzig behaart; Sproß aufrecht; Körbchen in Knäueln, Blüten gelblich oder weißlich . . . . **Gnaphalium** (2. Teil)

24b Pflanze kahl; Sproß liegend; Körbchen einzeln am Ende langer Stiele; Blüten gelb . . . . **Cotula** (2. Teil)

25a Blüten gelb **26**

25b Blüten andersfarbig oder weiß **30**

26a Blütenhülle doppelt **27**

26b Blütenhülle einfach **29**

27a Blüten einzeln achselständig, 5zählig; Staubblätter 10; Frucht eine Kapsel; wärmeliebende Sippe, nur in SW-Europa . . . . **Ludwigia** (2. Teil)

27b Blüten einzeln oder zu mehreren endständig oder in traubenartigen Blütenständen; Staubblätter 6 oder viele; Früchte keine Kapseln **28**

28a Kelch- und Kronblätter je 4; Staubblätter 6; Fruchtknoten 1; Frucht eine Schote . . . . **Rorippa** (2. Teil)

28b Kelch- (Perigon-) und Kron- (Honig-)blätter je 5; Staubblätter zahlreich; Fruchtknoten viele; Teilfrüchte Nüßchen . . . . **Ranunculus** (2. Teil)

29a Blüten klein (um 0,5 cm); Blütenhütte 4blättrig; Staubblätter 8; Stengel 3kantig; Blätter unter 5 cm breit, rundlich-nierenförmig, gekerbt; Fruchtknoten 1; Frucht eine Kapsel . . . . **Chrysosplenium alternifolium** (2. Teil)

29b Blüten größer (um 2 cm); Blütenhülle 5blättrig; Staubblätter und Fruchtknoten zahlreich; Balgfrüchte; Stengel dick, hohl; Blätter über 5 cm breit, herz-eiförmig bis nierenförmig, gekerbt, dunkelgrün . . . . **Caltha** (2. Teil)

30a Blüten rot, rosa oder purpurn **31**

30b Blüten blau, lila, weiß oder weißlich (dann manchmal mit rötlichen und gelblichen Tönen) **32**

31a Blüten in rispigen Trugdolden, rosa; Blätter linealisch-stielrund, drüsig-weichhaarig; Moorpflanze . . . . **Sedum villosum** (2. Teil)

31b Blüten in langen endständigen Trauben (*L. flexuosum*) oder blattachselständig, purpurn oder rötlich; Blätter nicht drüsig-weichhaarig . . . . . . **Lythrum** (2. Teil)

32a Blüten blau **33**

32b Blüten weiß oder weißlich, oft mit rötlichen oder gelblichen Tönen **34**

33a Blüten einzeln, langgestielt, blattachselständig, zygomorph; niedrigwüchsige Pflanzen mediterraner Zwergbinsenfluren . . . . **Laurentia** (2. Teil)

33b Blüten in Wickeln, 5zählig, radiär, hellblau mit 5 gelben Schlundschuppen; Blätter länglich-elliptisch bis spatelförmig; Frucht 4 Nüßchen . . . . **Myosotis** (2. Teil)

34a Blüten in endständigen, langen, ährenartigen Blütenständen; Blätter breit-oval bis herzförmig; wärmeliebend . . . . **Saururus** (2. Teil)

34b Blüten nicht in endständigen langen Ähren **35**

35a Frucht in Schötchen; Grundblätter lang gestielt, rundlich bis nierenförmig, ganzrandig oder geschweift; Stengelblätter oval oder keilförmig . . . **Cochlearia** (2. Teil)

35b Frucht kein Schötchen **36**

36a Blätter linealisch-länglich bis spatelig **37**

36b Blätter eiförmig bis verkehrteiförmig **38**

37a   Blätter blaugrün, mit trockenhäutigen Nebenblättern; Blüten in knäuelartigen, blattachselständigen Wickeln, 5zählig; Frucht eine Nuß . . . . . **Corrigiola** (2. Teil)

37b   Blätter nicht blaugrün, unterste grundständig-rosettig; Blüten einzeln, 5zählig; Frucht eine vielsamige Kapsel . . . . **Limosella** (2. Teil)

38a   Blüten einzeln, achselständig, fast sitzend, 4zählig; Pflanze zwergig, 2—8 cm hoch . . . . **Centunculus minimus** (2. Teil)

38b   Blüten in Trauben, 5zählig, langgestielt; unterste Blätter in Rosetten, 8—30 cm hoch . . . . **Samolus valerandi** (2. Teil)

39a   Blüten in Körbchen **40**

39b   Blüten nicht in Körbchen **41**

40a   Pflanze weißhaarig; Blüten weiß; in Reisfeldern . . . . **Eclipta** (2. Teil)

40b   Pflanze kahl; Blüten gelb; Früchte mit 2—4 widerhakigen Borsten . **Bidens** (2. Teil)

41a   Pflanze distelartig; Blüten in kugeligen Köpfen . . . . **Eryngium** (2. Teil)

41b   Pflanze nicht distelartig **42**

42a   Pflanze mit Brennhaaren; Blüten unscheinbar grünlich, in blattachselständigen, herabhängenden Rispen . . . . **Urtica** (2. Teil)

42b   Pflanzen ohne Brennhaare **43**

43a   Blütenhülle einfach, nicht in Kelch und Krone gegliedert **44**

43b   Blütenhülle doppelt, in Kelch und Krone gegliedert **48**

44a   Blüten in Schirmrispen, gelb; Blütenhülle 4blättrig; Staubblätter 8; Griffel 2; Blätter halbkreisrund, geschweift-gekerbt . . **Chrysosplenium oppositifolium** (2. Teil)

44b   Blüten achselständig, fast sitzend; Kronblätter fehlend; Blätter nicht halbkreisrund **45**

45a   Kelch glockenförmig, 6zipfelig; Staubblätter 6 . . . **Lythrum (Peplis) portula** (2. Teil)

45b   Kelch 4zähnig oder Kelchblätter 4 . . . . **46**

46a   Staubblätter 2 . . . . **Rotala filiformis** (2. Teil)

46b   Staubblätter 4 . . . . **47**

47a   Sproß aufrecht; Blüten zu mehreren quirl- oder knäuelförmig achselständig sitzend; Blätter länglich-lanzettlich; Reisfeldunkraut . . . . **Ammannia** (2. Teil)

47b   Sproß liegend; Blüte einzeln achselständig; Blätter ei- bis spatelförmig oder länglich . . . . **Ludwigia palustris** (2. Teil)

48a   Kronblätter frei **49**

48b   Kronblätter verwachsen **66**

49a   Fruchtknoten unter- oder halbunterständig **50**

49b   Fruchtknoten ober- oder mittelständig **55**

50a   Griffel 2; Staubblätter 10; Pflanze in dichten Polstern **Saxifraga oppositifolia** (2. Teil)

50b   Griffel 1 . . . . **51**

51a   Kronblätter 4; Staubblätter 8; Frucht eine mit 4 Klappen aufspringende, schmal-linealische Kapsel; Samen mit Haarschopf . . . . **Epilobium** (2. Teil)

51b   Kronblätter 6; Staubblätter 2—6 oder 12; Frucht eine Kapsel **52**

52a   Blüten quirlig, in langen Ähren, purpurrot; Kronblätter ansehnlich; Staub-blätter 12 . . . . **Lythrum** (2. Teil)

52b   Blüten achselständig; Kronblätter sehr klein **53**

53a   Blüte (5—)6zählig . . . . **Lythrum (Peplis)** (2. Teil)

53b   Blüte 4zählig **54**

54a   Blüten einzeln achselständig; Kapsel oberseits quer gestreift, wandspaltig . . . . **Rotala indica** (2. Teil)

54b   Blüten in achsenständigen Quirlen oder Knäueln; Kapsel oberseits glatt, unregel-mäßig sich öffnend . . . . **Ammannia** (2. Teil)

55a   Fruchtknoten 3—4; Blüten 3- oder 4zählig, achselständig; Blätter fleischig; Pflanze zwergig; Sproß niederliegend . . . . **Crassula** (2. Teil)

55b   Fruchtknoten 1 . . . . **56**

56a   Staubblätter 12 bis viele **57**

56b   Staubblätter 2—10 . . . . **58**

57a   Staubblätter 12, einzeln; Blüte rotviolett . . . . **Lythrum** (2. Teil)

57 b Staubblätter viele, zu 2—5 Bündeln verwachsen; Blüte gelb . . . **Hypericum** (2. Teil)

58 a Griffel und Narbe 1 . . . . **Lythraceae** (2. Teil)

58 b Griffel 2—5 oder 1 Griffel mit mehreren Narben. **59**

59 a Staubblätter 3, 6 oder 8; Kronblätter 3 oder 4; Pflanze zwergig . . **Elatine** (2. Teil)

59 b Staubblätter 4, 5 oder 10 . . . . **60**

60 a Blüte 4zählig; Staubblätter 4 . . . . **61**

60 b Blüte 5zählig; Staubblätter 5 oder 10 . . . . **62**

61 a Kelchblätter an der Spitze 3zähnig; Blüten knäuelartig beisammenstehend; Blätter eiförmig . . . . **Radiola** (2. Teil)

61 b Kelchblätter an der Spitze nicht 3zähnig; Blüten einzeln; Blätter linealisch **Sagina** (2. Teil)

62 a Staubblätter 5; Blüten in achselständigen Knäueln; Kelchblätter knorpelig verdickt. **Illecebrum** (2. Teil)

62 b Staubblätter 10 . . . . **63**

63 a Blüten in dichten, blattachselständigen Knäueln; Kelchblätter frei, spitz, oft drüsig; Reisfeldunkraut . . . . **Bergia** (2. Teil)

63 b Blüten nicht in Knäueln **64**

64 a Blüten rosa . . . . **Gypsophila muralis** (2. Teil)

64 b Blüten weiß **65**

65 a Kronblätter bis fast auf den Grund geteilt; Blätter länglich-lanzettlich, blaugrün . . . . **Stellaria uliginosa** (2. Teil)

65 b Kronblätter ungeteilt; Blätter linealisch . . . . **Sagina** (2. Teil)

66 a Fruchtknoten mehr oder weniger tief 4teilig; reife Frucht in 4 Teilfrüchtchen (Klausen) zerfallend; Stengel meist deutlich 4kantig; Blüten in Thyrsen oder Scheinquirlen . . . . **Lamiaceae** (2. Teil)

66 b Fruchtknoten und Früchte anders **67**

67 a Staubblätter 5—7; Blüten gelb (selten weiß) . . . . **Lysimachia** (2. Teil)

67 b Staubblätter 2—4 . . . . **68**

68 a Staubblätter 2, Krone radförmig-4zipfelig oder trichterig und fast 2lippig; Früchte 2fächerige Kapseln. . . . . **Scrophulariaceae** (2. Teil)

68 b Staubblätter 3 oder 4. . . . . **69**

69 a Staubblätter 3 (—5); Krone klein, weiß, fast radiär; Blüten in kleinen end- oder seitenständigen Trugdolden . . . . **Montia** (2. Teil)

69 b Staubblätter 4 . . . . **70**

70 a Krone mehr oder weniger aktinomorph, 2lippig oder 4zipfelig **Scrophulariaceae** (2. Teil)

70 b Krone, regelmäßig, 4spaltig, sehr klein **71**

71 a Kelch bis fast auf $^2/_3$ seiner Länge verwachsen, mit kurzen, 3eckigen Zipfeln; Blüte gelb; Stengel fadendünn . . . . **Cicendia** (2. Teil)

71 b Kelch tief, fast bis zum Grunde geteilt, mit langen, linealischen Zipfeln; Blüte cremefarben, weiß oder rosa . . . . **Exaculum** (2. Teil)

Bestimmungsschlüssel K: Aufgetauchte Pflanzen der Ufer- und Sumpfregionen mit 3- bis mehrteiligen oder handförmigen Blättern

1 a Blätter 3—7zählig **2**

1 b Blätter 3—7teilig, gelappt oder handförmig **6**

2 a Blätter 3- oder 4zählig **3**

2 b Blätter 5—7zählig; Blattsegmente scharf gezähnelt; Blüten dunkelpurpurn . . . . **Potentilla palustris** (2. Teil)

3 a Blätter 4zählig, in der Jugend spiralig eingerollt; Pflanze ohne Blüten, mit an der Sproßbasis sitzenden Sporokarpien. . . . . **Marsilea** (S. 66)

3 b Blätter 3zählig. **4**

4 a Blüten in Körbchen . . . . **Bidens** (2. Teil)

4 b Blüten nicht in Körbchen **5**

5a Blätter blaugrün, steif, 20–40 cm lang, Blattsegmente (3–) 6,5–10 cm lang; Blütenstand traubenartig; Blüten radiär; Kronblätter bärtig; Frucht eine Kapsel . . . . **Menyanthes** (2. Teil)

5b Blätter grasgrün, weich, 5–10 (–20) cm lang, Blattsegmente 1–3 (–5) cm lang; Blüten in Köpfchen, schmetterlingsförmig; Frucht eine Hülse . . **Trifolium** (2. Teil)

6a Blätter 3–7teilig, Blattabschnitte eilänglich bis lanzettlich, grob gezähnt oder gesägt, vorn zugespitzt; Blüten in Körbchen; Frucht mit 2–4 widerhakigen Borsten . . . . **Bidens** (2. Teil)

6b Blätter 3–5lappig oder handförmig, rundlich, nierenförmig oder 5eckig, Blattabschnitte rundlich, 3eckig oder keilförmig, ganzrandig, gekerbt oder gelappt; Blüten einzeln; Früchte zahlreich, Nüßchen, in kugeligen oder walzlichen Fruchtköpfchen **7**

7a Blüten gelb . . . . **Ranunculus (Ranunculus** (2. Teil)

7b Blüten weiß . . . . **Ranunculus (Batrachium** (2. Teil)

Bestimmungsschlüssel L: Aufgetauchte Pflanzen der Ufer- und Sumpfregionen mit gefiederten oder kammförmig eingeschnittenen Blättern

1a Pflanze ohne Blüten; Blätter an der Unterseite mit rundlichen Sporenhäufchen (Sori), Spreite hellgrün . . . . **Thelypteris** (S. 63)

1b Pflanze mit Blüten **2**

2a Blüten in einfachen oder zusammengesetzten Dolden . . . . . **Apiaceae** (2. Teil)

2b Blüten nicht in Dolden **3**

3a Blüten in Körbchen; Frucht eine mit widerhakigen Borsten versehene Achäne . . . . **Bidens frondosa** (2. Teil)

3b Blüten nicht in Körbchen; Früchte anders **4**

4a Blüten schmetterlingsförmig, rötlich-bläulich, in Trauben; Frucht eine Hülse; Blätter 2–3paarig gefiedert mit endständiger Ranke . . . . . **Lathyrus paluster** (2. Teil)

4b Blüten anders gestaltet, weiß oder gelb **5**

5a Stengel deutlich 4kantig; Blüten 5zählig, 2lippig; Staubblätter 2; Frucht aus 4 Nüßchen (Klausen) bestehend . . . . **Lycopus** (2. Teil)

5b Stengel nicht deutlich 4kantig; Blüten radiär; Staubgefäße 5 bis viele; Frucht anders gestaltet **6**

6a Blätter kammförmig eingeschnitten oder fein zerschlitzt, Blattabschnitte schmal-linealisch; Blüten weiß oder gelb **7**

6b Blätter gefiedert, Blattabschnitte rundlich, oval oder elliptisch; Blüten weiß oder hellviolett; Frucht eine Schote **9**

7a Blätter kammförmig eingeschnitten **8**

7b Blätter im Umriß rundlich, fein zerschlitzt, Blattabschnitte 3–4mal geteilt; Blüten weiß, strahlig, mit zahlreichen Staubblättern und Fruchtknoten; Früchte Nüßchen . . . . **Ranunculus (Batrachium)** (2. Teil)

8a Blätter sämtlich kammförmig eingeschnitten, in großer Zahl radiär am Stengel stehend; Blüten weiß; Staubblätter 5; Frucht eine Kapsel . **Hottonia palustris** (2. Teil)

8b Pflanze mit kammförmig eingeschnittenen, gestielten und mit länglich-lanzettlichen, ganzrandigen oder unregelmäßig gekerbten, sitzenden, wechselständigen Blättern; Blüten gelb; Staubblätter 6; Frucht eine Schote . . . . . **Rorippa amphibia** (2. Teil)

9a Schote stielrund, mit gewölbten Klappen; Klappen sich nicht einrollend; Samen in jedem Fach 2reihig . . . . **Nasturtium** (2. Teil)

9b Schoten zusammengedrückt, schmal-linealisch mit flachen Klappen; Klappen sich spiralig einrollend; Samen in jedem Fach 1reihig . . . . **Cardamine** (2. Teil)

5.3. Bestimmungsschlüssel für untergetauchte Wasserpflanzen mit bandförmigen Tauch- und Schwimmblättern im vegetativen Zustand (nur Fließgewässersippen Mitteleuropas)

1a Blätter am Grund mit Blatthäutchen (Ligula), oberseits gerieft oder mit Doppelrillen (Poaceae, Gräser). **2**

1b Blätter anders gestaltet **6**

2a Blätter meist breiter als 10 mm **3**

2b Blätter schmaler als 10 mm **4**

3a Blätter flach, allmählich zugespitzt, blaugrün; Blattscheiden ohne Kiel; Blatthäutchen 3—6 mm lang, zerschlitzt . . . . **Phalaris arundinacea** (S. 240)

3b Blätter rinnig, mit Doppelrille, fast über die ganze Länge hinweg mit parallelen Rändern (linealisch), nur ganz vorn zugespitzt, dunkelgrün; Blattscheiden unterseits gekielt; Blatthäutchen unter 3 mm lang, gestutzt; Schwimmblätter selten . . .
. . . . **Glyceria maxima** (S. 212)

4a Jüngste Blätter gerollt; Triebe stielrund; Blätter stark gerippt, Spreite der Tauchblätter 1,5—4 mm, die der Schwimmblätter 2,5—6 mm breit; Stolonen bei der Tauchform im Wasser flutend, mit Einzelblättern an den (bewurzelten) Knoten . .
. . . . **Agrostis stolonifera** (S. 223)

4b Jüngste Blätter gefaltet, Triebe seitlich zusammengedrückt **5**

5a Blattspreite sich über den größten Teil ihrer Länge hinweg verschmälernd (Tauchblätter manchmal parallel!), 4—9 mm breit; Blatthäutchen eiförmig, spitz, groß, 2—4 (—8) mm lang . . . . **Catabrosa aquatica** (S. 218)

5b Blattspreite zu $^4/_5$ ihrer Länge linealisch, dann in eine schmale Kahnspitze auslaufend; Schwimmblätter (3,5) 5 (7,5) mm breit, bis 125 cm lang; Blatthäutchen kurz, oft gerissen; Blattoberseite mit Doppelrille; Nerven hell, in weiten Abständen, mit deutlichen, dunklen Querverbindungen; Schwimmblätter häufig entwickelt . . .
. . . . **Glyceria fluitans** (S. 214)

6a Blätter am Grunde mit je einem achselständigem (oder am Ende einer rinnigen Blattscheide abzweigendem) dünnhäutigem Nebenblatt, meist relativ dünn, mehr oder weniger durchscheinend . . . . **Potamogeton** (S. 100)

6b Blätter am Grunde ohne Nebenblätter **7**

7a Blätter in grundständigen Büscheln, dünn, durchscheinend grün, mit 5 (—9) Längsnerven, die fast bis in die Blattspitze hinein parallel laufen, vorn abgerundet stumpf, in der oberen Hälfte fein gezähnelt (Lupe!); Pflanze nur an sehr warmen Standorten (Thermalgewässern, Kühlwassereinleitungen) . **Vallisneria spiralis** (S. 192)

7b Blätter nicht in grundständigen Büscheln **8**

8a Tauchblätter deutlich 3kantig (im Querschnitt 3eckig), schlaff, bis 270 cm lang, (1,5) 3—8 mm breit, derb, fast undurchsichtig; im oberen Drittel mit eng zusammenliegenden, untereinander völlig gleichen Längsnerven, nur sehr schwach durchscheinend (Lupe); Querverbindungen sehr verschwommen, unregelmäßig, meist gebogen und sich stets über mehrere Längsnerven hinwegziehend (im frischen Zustand) . . .
. . . . **Butomus umbellatus** (S. 185)

8b Tauchblätter flach, selten (Sparganium erectum) höchstens im unteren Teil schwach 3kantig, dann aber mit deutlicher Netznervatur, mehr oder weniger durchsichtig **9**

9a Wurzelstock braun bis rotbraun; kurz, dick, holzig; Tauchblatt in eine lange und feine Spitze ausgezogen, (1,5) 3—9 mm breit; Blattscheiden 12—30 mm lang . .
. . . . **Schoenoplectus lacustris** (S. 266)

9b Wurzelstock weiß oder grau **10**

10a Blätter, zumindest am Grunde, gekeilt, relativ derb; Blattnervatur als feines Netzoder Streifenmuster ausgebildet; Längs- und Quernerven sämtlich von gleicher

Stärke (letztere in frischem Zustand mitunter fehlend oder nur sehr schwach angedeutet) **11**

10 b Blätter ungekielt; Tauchblätter sehr zart und durchsichtig (lakunenreich); Blattnervatur grobnetzig, Längsnerven stärker ausgeprägt als die Quernerven **12**

11 a Nerven hell durchscheinend, dunkle Querverbindungen zwischen den Nerven fehlend oder sehr schwach angedeutet, ein helles, deutliches Streifenmuster („Stresemann"-Muster) ergebend (bei welkenden oder getrockneten Exemplaren geht dieses Merkmal verloren, die Nerven dunkeln und Querverbindungen treten zunehmend hervor); Kiel deutlich, Blätter im unteren Teil mehr oder weniger 3kantig; flutende Tauchblätter (ob auch Schwimmblätter?) selten   **Sparganium erectum** (S. 78)

11 b Nerven dunkel, durch ebenso dunkle Querverbindungen mehr oder weniger rechtwinklig miteinander verbunden, im durchscheinenden Licht ein regelmäßiges dunkles Fachwerkmuster ergebend; Kiel vorspringend, bei den Tauchblättern jedoch z. T. nur als flache Verwölbung ausgebildet; Tauch- und Schwimmblätter häufig entwickelt . . . . **Sparganium emersum** (S. 82)

12 a Tauchblätter von zahlreichen Längsnerven durchzogen; Mittelnerv und Randnerven kräftig entwickelt, die dazwischen verlaufenden Längs- und Quernerven zart; Längsnerven z. T. knickig verlaufend; Felderung fein, Intercostalfelder 4—6eckig . . . . **Alisma** (S. 176)

12 b Tauchblätter von wenigen, gleichmäßig kräftigen Längsnerven durchzogen; Mittelnerv nicht betont; Quernerven feiner, mehr oder weniger bogig verlaufend, versetzt; Felderung grob, Intercostalfelder sehr ungleichmäßig, ein noch feineres Nervennetz einschließend (Lupe). . . . . **Sagittaria sagittifolia** (S. 163)

II. Spezieller Teil 1

Klasse **Lycopsida**

Familie **Lycopodiaceae**

Pflanzen gabelig verzweigt, durch Übergipfelung in einen kriechenden Hauptstengel und kürzere Seitentriebe gegliedert. Sporangien sitzend, auf besonderen Sporophyllen, die zu endständigen, ährenähnlichen Sporophyllständen („Sporangienähren") vereinigt sind. Vorkeim rübenförmig.

Die Lycopodiaceae umfassen die Gattungen *Diphasium* C. Presl, *Lycopodium* L., *Lycopodiella* Holub und *Phlegmariurus* Holub. Die Gattung *Huperzia* Bernhardi bleibt ausgeschlossen (als Familie Huperziaceae Rothmaler mit etwa 150 Arten). Keine der Sippen enthält echte Wasserpflanzen; wir berücksichtigen nur *Lycopodiella*.

Wichtigste Literatur: Wilson 1934; Nessel 1937, 1939; Rothmaler 1944; Herter 1949; Löve & Löve 1958; Gillespie 1962; Holub 1964; Meusel & Hemmerling 1969.

1. **Lycopodiella** Holub

Landpflanzen mit wenig verzweigtem Sproß; Sporangienähren an den Spitzen der aufrechten Triebe, diese sehr oft nur mit einer Ähre oder selten mit wenigen endständigen Ähren; Sporangien fast kugelig oder kugelig-nierenförmig, schwefelgelb; Sporenoberfläche netzförmig; Vorkeim hemisaprophytisch.

Die Gattung umfaßt etwa 20 Arten, die vor allem in Sümpfen und Torfmooren sowie an anderen, zeitweise vom Wasser überfluteten Standorten vorkommen. — Im Gebiet nur eine Art.

1. Lycopodiella inundata (L.) Holub (Fig. 1 a—c)
Lycopodium inundatum L., *Lepidotis inundata* (L.) Börner
Sproß 2—10 (15) cm hoch, hell-, später gelbgrün; Triebe kurz, nur 2—10 cm weit oberirdisch kriechend, mit zahlreichen Wurzeln im Boden fest verankert, jährlich nur einen (seltener mehrere) sich aufrichtende(n) Trieb(e) mit einer Sporangienähre an der Spitze entwickelnd. Blätter wechselständig, an den kriechenden Trieben schmal lanzettlich, 5—8 mm lang, 0,5—1 mm breit, ganzrandig, spitz, vorwärts abstehend, vom Boden abgewendet; Blätter an den aufgerichteten Trieben von gleicher Form und Größe, allseitig abstehend. Sporangienähren nicht gestielt, einzeln auf der Spitze der aufgerichteten Triebe sitzend, von ihnen nur undeutlich abgesetzt, 4—8 cm lang, breiter als der Sproß. Sporangientragende Blätter (Sporophylle) etwa so lang (—8,5 mm) und von gleicher Form wie die anderen Blätter (Trophophylle), am Grunde unregelmäßig gezähnt, Zähne bis 0,5 mm lang, sonst ganzrandig. — $2n = 156$.

Vorkommen: In Schlenken von Hoch- und Zwischenmooren, am Ufer nährstoffarmer Heideseen und -tümpel, in Ausstichen und Dünentälern sowie in Senken von Feuchtheiden, auf meist offenen, nassen, mäßig basenreichen und sauren Torfschlamm- und Sandböden, oft sehr gesellig und in Menge erscheinend, bei Veränderung des Standortes wieder verschwindend; planar bis subalpin (in der Hohen Tatra bis 1130 m, in den Alpen bis 2200 m); Kennart *Drosera rotundifolia* und *Radiola linoides*. — L: C.

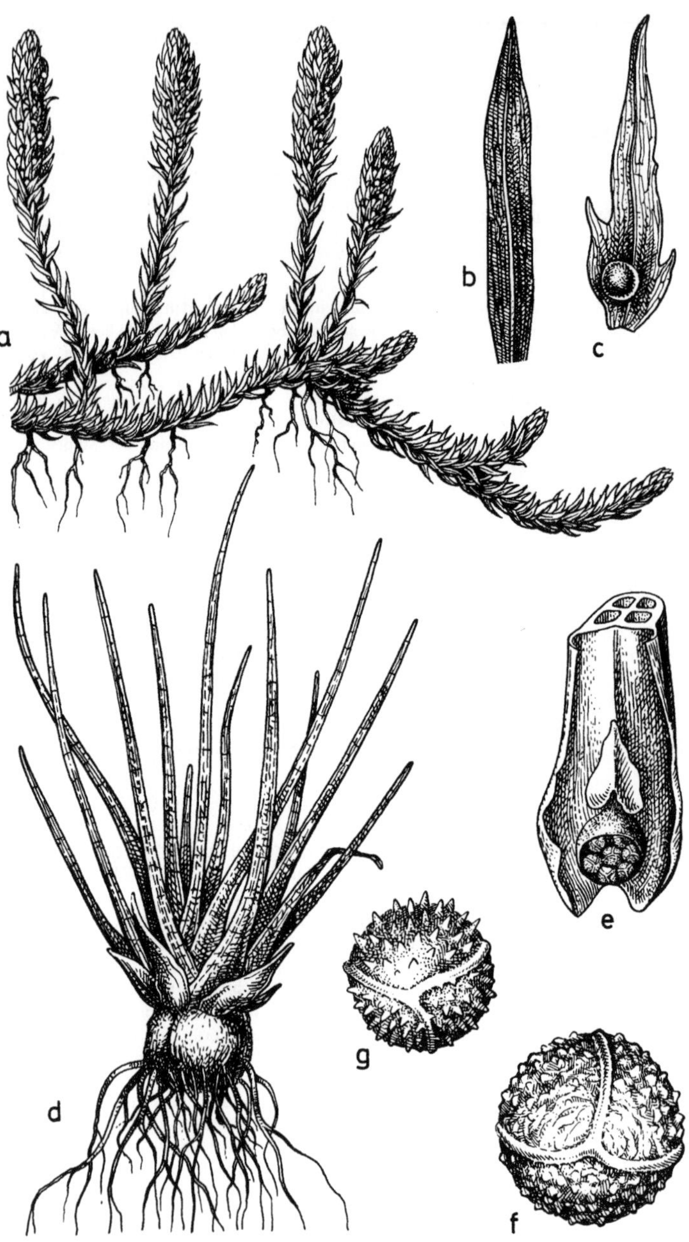

Verbreitung: Nordgrenze in Fennoskandien bei 67° nB, ostwärts bis ins Gebiet der oberen Wolga; Südgrenze durch Kastilien, Norditalien, Rumänien, südliche europäische UdSSR, Schwarzmeergebiet; in Ostasien aus Japan angegeben; in Nordamerika im Westen und Osten zwischen 40° und 60° nB. — Im Gebiet der speziellen Standorte wegen selten und im Rückgang (Melioration); vor allem in den Altmoränengebieten des westlichen und zentralen (z. B. Lausitz) Tieflands, hier stellenweise häufig bis zerstreut, sonst selten oder streckenweise gänzlich fehlend; im Mittelgebirgsland, in den Voralpen und Alpen in den Mooren. — no-subozean, circ.

Verbreitungskarten: Meusel et al. 1965; Meusel & Hemmerling 1969; Jalas & Suominen 1972.

Familie Isoëtaceae

Ausdauernde, untergetauchte oder amphibisch lebende, grasbüschelähnliche Wasser- und Sumpf-, selten Landpflanzen. Rhizom knollig gestaucht, unverzweigt (selten dichotom gegabelt); am Grunde durch die Blattbasen zwiebelförmig verdickt; dem Rhizom entspringen nach unten aus 2—3 Längsfurchen Reihen von dichotom verzweigten Wurzeln, nach oben die Blätter. Blätter 10—50 (100), spiralig-rosettig angeordnet, binsenartig, 5—80 cm hoch; von 4 großen, längsgerichteten, durch Diaphragmen unterteilten Lufträumen durchzogen; mit entwickelter Scheide, von der die lange, schmale „Spreite" durch eine 3eckig-eiförmige Grube (Fovea) abgetrennt ist; Rand der Fovea oft als dünner, häutiger Auswuchs (Velum, Indusium) entwickelt; über der Fovea eine zungenförmige Haut (Ligula). Sporangien in die Fovea (Sporangiengrube) eingesenkt. Äußere Blätter mit Megasporangien, innere mit Mikrosporangien; je Blatt nur ein Sporangium; innerste Blätter steril. Megasporen kugelig, im Durchmesser 0,5—1 mm, mit einer äquatorialen Rippe („Ringkante") und, von dort meist regelmäßig verteilt, 3 Rippen zum einen Pol; die andere Halbkugel ohne Rippen; zwischen den Rippen eine artdiagnostisch wichtige Oberflächenstruktur. Mikrosporen kleiner. Vorkeim 1geschlechtig, kurzlebig, in der Spore bleibend. Spermatozoiden vielgeißlig.

Die Familie umfaßt nur 1 Wasserpflanzengattung: *Isoëtes* L. (*Stylites* E. Amstutz wird allerdings von einigen Autoren zu den Isoëtaceae gerechnet); sie ist mit über 90 Arten über die ganze Erde mit Schwerpunkt in den Tropen und Subtropen verbreitet; in Europa etwa 12—15 Arten, davon die meisten im Mittelmeergebiet. Im Gebiet nur 2 Arten: *I. echinospora* und *I. lacustris*.

Wichtigste Literatur: Pfeiffer 1922; Leredde 1955; Hirsch 1959; Fuchs 1962; Dhien 1963; Jermy 1964; Wanntorp 1970.

1. Isoëtes L.

Mit den Merkmalen der Familie. Die Einteilung der Gattung stützt sich im wesentlichen auf die unterschiedliche Ausprägung der Oberfläche der Megasporen (Pfeiffer 1922). Sie kann mit Nadeln oder Dornen (z. B. *I. echinospora*), mit unregelmäßigen, kammförmigen Leisten (z. B. *I. lacustris*), mit rundlichen Höckern, Warzen oder Papillen (z. B. *I. velata*) bewehrt sein oder wenigstens in ihrem basalen Teil eine netzige Struktur (z. B. *I. azorica*) zeigen (vgl. Fig. 2).

Die Arten sind schwer bestimmbar. Zu ihrer sicheren Unterscheidung sind reife Sporangien und Sporen nötig (Mikroskop!). Artabgrenzung und Artwert sind zum Teil umstritten.

Fig. 1.a—c *Lycopodiella inundata* (L.) Holub — a Habitus, ×1; b Trophophyll, ×10; c Sporophyll mit Sporangium, ×10. d—f *Isoëtes lacustris* L. — d Habitus, ×²/₃; e Blattbasis mit Velum und Megasporangium, ×2; f Megaspore, ×40. g *Isoëtes echinospora* Durieu, Megaspore, ×40 (a—c nach Weymar 1955; d—g nach Heß et al. 1967).

Viele der beschriebenen Arten, Kleinarten, Varietäten oder Formen sind ökologisch bedingte Abänderungen der Wuchsform der Blätter und daher ohne taxonomischen Wert.

Bestimmungsschlüssel der Arten:

1a Rhizom von schwärzlichen, harten Schuppen (Blattbasen, -füßen; Phyllopodien) bedeckt; hygrophile Landpflanzen **2**

1b Rhizom nicht von solchen Schuppen bedeckt; untergetauchte oder amphibische Wasserpflanzen **4**

2a Blattfüße mit 2 großen, 5—7 mm langen Stachelspitzen, manchmal mit einer 3. ziemlich kurzen Spitze dazwischen **3**

2b Blattfüße seicht 3zähnig; Megasporen mit netzig-grubiger Oberfläche . . . . **13. I. duriei** (S. 58)

3a Megasporenoberfläche zart gekörnelt erscheinend, mit Höckern oder Warzen, die besonders basalwärts ineinanderfließen . . . . **12. I. histrix** (S. 58)

3b Megasporenoberfläche mit hervortretenden Rippen und zusammenfließenden Warzen, manchmal netzig . . . . **14. I. chaetureti** (S. 60)

4a Sporangium mindestens zu einem Drittel vom Velum bedeckt **5**

4b Sporangium nicht vom Velum bedeckt **12**

5a Megasporenoberfläche netzig, mit gerundeten Leisten, 360—490 µm im Durchmesser; Ligula lang, pfriemlich . . . . **11. I. azorica** (S. 58)

5b Megasporenoberfläche nicht (höchstens teilweise) netzig; Ligula kurz, 3eckig . . **6**

6a Megasporen 530—700 µm im Durchmesser, Oberfläche runzlig   **1. I. lacustris** (S. 50)

6b Megasporen 375—580 µm im Durchmesser, Oberfläche dornig oder höckerig . . **7**

7a Megasporenoberfläche mit dornigen Protuberanzen; Rhizom 2lappig **8**

7b Megasporenoberfläche mit rundlichen Höckern; Rhizom 3lappig **9**

8a Blätter zusammengedrückt-abgeflacht, ihre häutigen Ränder sich nicht blattaufwärts ausdehnend . . . . **2. I. echinospora** (S. 51)

8b Blätter stielrund, ihre häutigen Ränder sich blattaufwärts bis auf ein Drittel der Blattlänge ausdehnend . . . . **3. I. brochonii** (S. 53)

9a Blattbasen nicht bleibend; Mikrosporenoberfläche glatt oder mit winzigen Papillen besetzt . . . . **7. I. boryana** (S. 54)

9b Blattbasen gewöhnlich als papierne, braune, schuppige „Zwiebel" überdauernd; Mikrosporenoberfläche mehr oder weniger höckerig **10**

10a Mikrosporenoberfläche mit langen, borstenförmigen Protuberanzen besetzt; Blätter nicht gelbgrün . . . . **8. I. tenuissima** (S. 56)

10b Mikrosporenoberfläche mit kurzen, dornigen Protuberanzen besetzt; Blätter gelbgrün **11**

11a Blätter 8—24 cm lang . . . . **9. I. velata** (S. 56)

11b Blätter 20—30 cm lang . . . . **10. I. tegulensis** (S. 56)

12a Megasporenoberfläche mit winzigen Papillen besetzt, mit undeutlichen Rippen; Mikrosporenoberfläche glatt . . . . **5. I. delilei** (S. 54)

12b Megasporenoberfläche warzig, mit vorspringenden Rippen; Mikrosporenoberfläche bedornt **13**

13a Blätter (20) 30—80 (100) cm hoch, in der Mitte 1—2,2 mm dick; Pflanzen aquatisch lebend . . . . **6. I. malinverniana** (S. 54)

13b Blätter 10—25 cm hoch; Pflanzen amphibisch lebend . . . . . . **4. I. heldreichii** (S. 53)

1. Isoëtes lacustris L. (Fig. 1d—f; Fig. 2t, u)
   I. leiospora Klinggräff
Untergetaucht. Rhizom 2—3lappig, kurz, gestaucht, 10—30 mm dick, in der Regel 2lappig, mit (7) 12—30 (50) spiralig angeordneten Blättern besetzt. Blätter dunkelgrün, kaum durchscheinend, (3) 8—20 (30) cm hoch, 0,8—3 mm dick, kurz zugespitzt, steif, im Querschnitt viereckig; ohne Spaltöffnungen. Ligula 3eckig, kaum länger als breit, am Grunde herzförmig und am Rande leicht gekerbt. Velum schmal, etwa das obere Drittel der Fovea deckend;

Sporangien ellipsoidisch, weißlich, 4—8 mm lang. Megasporen weiß, im Durchmesser 530—700 µm, dicht mit kurzen, warzig-höckerigen Protuberanzen bedeckt, die sich oft untereinander verbinden und wenigstens auf einem kleinen Teil der Oberfläche eine netzige Struktur ergeben; vereinzelt fast glatt. Mikrosporen im Durchmesser 310—450 µm, glatt; Mikrosporenmasse mehlartig, blaßgelb bis bräunlich-grau. — Sporenreife VII—IX. — $2n = 110$ (105, 108, 112).

Vorkommen: Gesellig an flachen, sandigen Ufern oligotropher und oligotroph-dystropher Seen, hier mitunter auf sandigem und steinigem Grund hektargroße, sehr dichte (bis 100 Pflanzen je dm²) Unterwasserwiesen bildend; optimal in Tiefen zwischen 50 und 250 cm, vereinzelt bis in 10 m Tiefe; einen Gürtel in der Sublitoralzone bildend; starker Sedimentabsatz hemmt ihre Entwicklung; planar bis subalpin, bis in eine Höhe von 1300 m; Standorte stets kühl temperiert; Schwerpunkt in Brachsenkraut-reichen Strandlinggesellschaften, z. B. im Isoëtetum echinospori, ferner im Isoëto-Lobelietum. — L: hyd H caesp/Isoët.

Verbreitung: Hauptverbreitung im nördlichen Europa, ostwärts bis zum Ural; zerstreute Fundorte in der Bretagne (Finistère), in Zentralfrankreich, in den Zentral- und Ostpyrenäen, auf der Balkanhalbinsel (Pirin); isoliert in Japan und auf den Kurilen (ob wirklich *I. lacustris*?); Südgrönland; Angaben aus Nordamerika beziehen sich auf verwandte Arten (z. B. *I. macrospora* Durieu). — Im Gebiet selten; in einigen kleinen Seen oder Teichen der küstennahen Diluvialhochflächen des Tieflandes zwischen Elbe und Neman (Memel); in Seen und Teichen des Mittelgebirgslandes (Vogesen, Schwarzwald, Böhmerwald [Černé jezero], Riesengebirge, um Lublin [Jeziora Białeckiego: Białkaer See, Schwarzer See]); in den Alpen in drei Seen auf dem San Bernardino-Paß (Graubünden) und im Jäger-See bei Salzburg. — Im Spät- und frühen Postglazial in Mitteleuropa weit häufiger als gegenwärtig (Glazialrelikt). — no-subozean.

Verbreitungskarten: Dhíen 1963; Meusel et al. 1965; Jalas & Suominen 1972; Tomšovic 1979.

Anmerkungen: Die angegebenen Merkmale der Blätter sind nach der Sporenreife und nach Abschluß des Längenwachstums (etwa Mitte August) zur Bestimmung nicht mehr genügend zuverlässig. Die Farbe der Blätter geht langsam in durchscheinendes Olivgrün über, die Querfächerung wird deutlicher sichtbar, die binsenartige Steifheit läßt nach, und manche Blätter laufen in eine feine Spitze aus. — *I. lacustris* paßt sich, offensichtlich wegen des Fehlens von Spaltöffnungen, nur sehr schwer an das Landleben an; Landformen sind daher nur selten beobachtet worden (z. B. Vogesen, Schwarzwald).

2. Isoëtes echinospora Durieu (Fig. 1 g; Fig. 2a—b; Fig. 5d)
  I. setacea auct. non Lamarck; *I. tenella* Léman ex Desvaux
Untergetaucht. Rhizom 2(3, 4)lappig, kurz, gestaucht, 6—36 mm dick, in der Regel 2lappig, mit (10) 18—40 (50) Blättern; Blätter licht hellgrün, durchscheinend, (3) 5—12 (15) mm hoch, 1,5—3 mm dick, vom Grunde an allmählich in eine feine Spitze verschmälert, schlaff (beim Herausziehen aus dem Wasser in Büscheln aneinanderhaftend), im Querschnitt halbkreisförmig bis 3eckig; ohne Spaltöffnungen. Ligula 3eckig, am Grunde ziemlich breit. Sporangien ellipsoidisch, 3—7 mm lang; Velum sehr schmal. Megasporen weiß, im Durchmesser 450 bis 550 µm, dicht mit walzlich-stachligen, leicht zerbrechlichen Protuberanzen bedeckt. Mikrosporen im Durchmesser 23—35 (40) µm, mit undeutlich netziger Oberfläche. — Sporenreife VII bis IX. — $2n = 22$ (24, ca. 100).

Vorkommen: Meist gesellig an flachen, sandig schlammigen Ufern oligotropher Seen in 30—90 (200) cm Tiefe, vielfach in nährstoffärmeren Gewässern als *I. lacustris*, oft aber auch zusammen mit *I. lacustris*, aber stets isoliert wachsend, keine zusammenhängenden Rasen bildend; dominiert an der Obergrenze des Sublitorals, offenbar weniger empfindlich gegen Eisgang; planar bis montan, bis in 1100 m Höhe aufsteigend; Kennart des Isoëtetum echinospori bzw. des Isoëto-Lobelietum; in Irland (seltene) Kennart des Eriocaulo-Lobelietum. — L: hyd H caesp/Isoët.

Verbreitung: Hauptverbreitung im nördlichen Europa, ostwärts bis zum Ural; isoliert im Baikalseegebiet; sonst sehr zerstreut in Frankreich (Loire-Atlantique, Lozère, Puy-de-Dôme, Pyrénées-Orientales, Haute Vienne), Belgien, Dänemark; in Ostasien, Nordamerika und

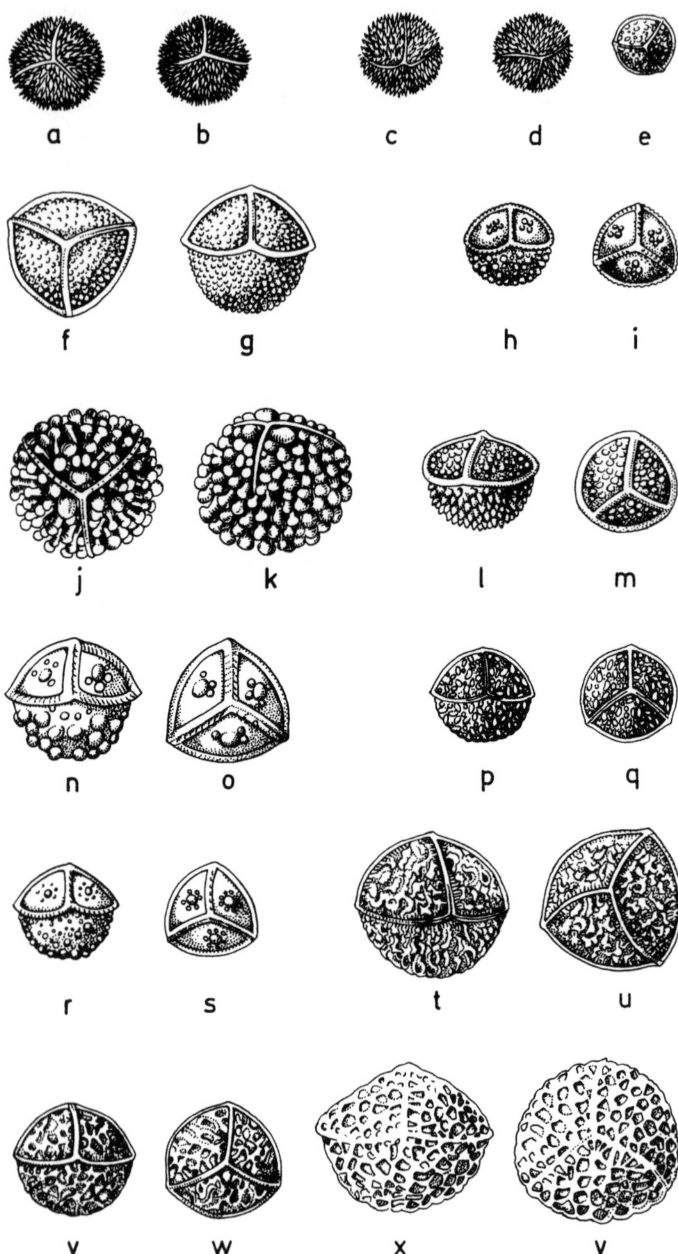

Grönland verwandte Sippen (z. B. *I. muricata* Durieu [„*I. braunii* Durieu"]). — Im Gebiet selten; in einigen Seen und Teichen des Tieflandes zwischen Elbe und Weichsel; im Mittelgebirgsland (Vogesen, Schwarzwald, Böhmerwald: Plešné jezero [Plöckensteiner See] — vgl. Tomšovíc 1979); am Südrand der Alpen (Lago Maggiore, Lago d'Orta). — no-subozean.
Verbreitungskarte: Dhíen 1963; Meusel et al. 1965; Jalas & Suominen 1972; Tolmačev 1974.
Anmerkungen: Bei den Pflanzen aus Schweden, bei denen $2n \sim 100$ Chromosomen gezählt wurden, dürfte es sich um Bestarde mit *I. lacustris* handeln. — In den Seen des Schwarzwaldes und der Vogesen kommen *I. echinospora* und *I. lacustris* nebeneinander vor. Sie lassen sich relativ leicht an der unterschiedlichen Farbe der Blätter und Wuchshöhe unterscheiden. — Innerhalb der Art werden verschiedene Unterarten und Varietäten unterschieden. Eine befriedigende systematische Gliederung steht noch aus. Wir halten die nordamerikanischen [*I. muricata* Durieu (auch von Island angegeben!), *I. truncata* (A. A. Eaton apud Gilbert) Clute, *I. maritima* Underwood] sowie die ostasiatischen Sippen [*I. asiatica* (Makino) Makino, *I. beringensis* Komarov] für von *I. echinospora* genügend getrennt. — In der freien Natur sind typische Landformen selten; sie treten an trockengefallenen Seerändern, oft zusammen mit *Littorella uniflora*, auf.

3. Isoëtes brochonii Motelay (Fig. 2c—d; Fig. 3b—c)
Ähnlich *I. echinospora*, aber kleiner und rasenbildend. Rhizom 2lappig. Blätter 8—16, zart, 3—6 (10) cm lang, oft am Grunde kurz weißrötlich berandet, darüber grün, mit einigen Spaltöffnungen. Ligula sehr kurz und breit. Sporangien kugelig, 2,5—4 cm lang, $^1/_4$—$^1/_3$ ihrer Länge vom Velum bedeckt. Megasporen 450—525 μm im Durchmesser, weiß, höckerig-stachelig (mit spitzen Papillen dicht besetzt) und mit schmalen, hervortretenden Rippen; Mikrosporen 33—53 μm lang und fast ebenso breit, glatt oder mit wenigen großen Warzen.
Vorkommen: Gesellig und rasenbildend in hochgelegenen Gebirgsseen in 50—400 cm Wassertiefe zusammen mit *Isoëtes lacustris*, *Subularia aquatica*, *Myriophyllum alterniflorum* und *Sparganium angustifolium* subsp. *borderei* in Strandling-Gesellschaften; Kennart der Isoëtetum brochonii.
Verbreitung: Nur in einigen Seen der zentralen und östlichen französischen und spanischen Pyrenäen in Meereshöhen zwischen 1800 und 2250 m (so z. B. Lac de Naguilles, d'en Bas, Rulles, Peyregrand, Bassiès; Gnioures, Izourt; Lac Bleu, Laquets d'Orédon dans le Massif de Néouvielle; Lac de Pradeilles des Bouillouses, d'Aude, de Nohèdes, Llarch, Lanoux, Fontvive-étang Noir, Étang d'Evole de Camporeils, Lanouzet; Andorra; Katalonien). — Im Gebiet fehlend. — wmed (alpin).
Verbreitungskarten: Dhíen 1963; Jalas & Suominen 1972.
Anmerkungen: Auch als Varietät bzw. als Jugendform von *I. echinospora* angesehen.

4. Isoëtes heldreichii Wettstein (Fig. 2e; Fig. 3d—h)
Amphibische Pflanze. Rhizom 3lappig, 3—6 mm lang, 3—7 mm breit. Blätter 3—8, etwas hin- und hergebogen, zart, grün, 10—25 cm lang, 0,5—1,5 mm breit, ohne Spaltöffnungen. Ligula verkehrt-eiförmig, sehr schmal und unregelmäßig gezähnt, spitz. Sporangien 4—6 mm lang; ohne Velum. Megasporen gelblichweiß, kugelig, etwa 660 μm im Durchmesser; warzig mit vorspringenden Rippen; Mikrosporen mit scharfen Enden, sehr schmalflügelig umrandet.

Fig. 2. *Isoëtes*-Megasporen — a—b *I. echinospora* Durieu; c—d *I. brochonii* Motelay; e *I. heldreichii* Wettstein; f—g *I. delilei* Rothmaler; h—i *I. tenuissima* Boreau; j—k *I. malinverniana* Cesati et De Notaris; l—m *I. boryana* Durieu; n—o *I. velata* A. Braun ex Durieu; p—q *I. histrix* Durieu ex Bory; r—s *I. tegulensis* Gennari; t—u *I. lacustris* L.; v—w *I. azorica* Durieu ex Milde; x—y *I. duriei* Bory (a—b, f—y nach Motelay & Vendryés 1883; e nach Wettstein 1886; alle Figuren etwa ×20—25).

Vorkommen: Auf Polygon-Böden am Rande von Seeufern.

Verbreitung: Endemisch in Zentral-Griechenland (Thessalien) im Sumpfgebiet von Palaio-kastron am Südende der Pindhos-Kette. — Im Gebiet fehlend.

Anmerkung: Außer *I. malinverniana* die einzige Art ohne Velum.

5. Isoëtes delilei Rothmaler (Fig. 2f—g)

I. setacea Bosc ex Delile, non Lamarck

Wasserpflanze; Rhizom 3lappig, Blätter 10—40 (60), hellgrün, steif, vorn zugespitzt, 12—40 (52) cm lang, 1—2 (3) mm dick, Blattbasen breit häutig berandet; mit Spaltöffnungen. Ligula eiförmig; Sporangium 4—6 mm lang; ohne Velum. Megasporen weiß, 560—680 (800) µm im Durchmesser, mit flachen Leisten.

Vorkommen: In flachen, 40—70 cm tiefen Wasserbecken auf sandig-grusigem, sehr dunklem Grund rasenbildend; Wasser schwach sauer, Standorte im Winter überflutet, im Hochsommer trocken; in mediterranen Zwergbinsengesellschaften, Kennart des Isoëtetum delilei, ferner im Preslietum cervinae.

Verbreitung: In Südfrankreich (Alpes-Maritimes, Ariège, Gard, Hérault, Manche, Pyrénées-Orientales, Var), Nordspanien, Südportugal; Korsika. — Im Gebiet fehlend. — wmed.

Verbreitungskarten: Dhien 1963; Jalas & Suominen 1972.

Anmerkungen: *I. delilei* bildet kleinere Landformen aus, deren Blätter rosettig ausgebildet sind und dem Boden fast anliegen; sie können die Trockenperioden überdauern.

6. Isoëtes malinverniana Cesati et De Notaris (Fig. 2j—k; Fig. 3a)

Stattlichste, robusteste Art der Gattung; untergetaucht. Rhizom scheibenförmig, 8—30 mm dick. Blätter 9—60 (100), dünn, grün, pfriemlich, 20—100 cm hoch und in der Mitte 1—2,2 mm dick, im Querschnitt 5eckig; die basalen schmalen Hautränder reichen über das Niveau der Fovea hinauf; wenige Spaltöffnungen. Ligula 3eckig, etwa so lang wie breit. Sporangien länglich, (0,7) 2—2,5 cm lang, 5—5,5 mm breit. Velum völlig fehlend, Rand der Fovea abgerundet-stumpf. Megasporen 660—800 (900) µm im Durchmesser, trocken weißgrau, undeutlich kantig, dicht mit großen, kugeligen oder walzlich-kugeligen Warzen besetzt. Mikrosporen (29) 33—38 µm lang, bedornt, deutlich gekantet. — Sporenreife: Frühjahr bis Winter.

Vorkommen: In Verbindungsgräben, die aus Quellbecken langsam abfließen; in Wasser von 20—50 cm Tiefe in lockeren bis sehr dichten Herden; zwischen Grobsand und Kies im sandig-lehmigen Grunde wurzelnd; Kennart des Isoëtetum malinvernianae, u. a. zusammen mit *Potamogeton natans, P. crispus, Groenlandia densa, Callitriche stagnalis, Nuphar lutea, Fontinalis antipyretica*.

Verbreitung: Nur in der nordwestlichen Poebene (Piemont: westlich und nordwestlich von Turin, nördlich von Vercelli und Novara); 1858 entdeckt, vielleicht mit dem Reisbau aus Indien oder Ostasien eingeschleppt, aber bisher nirgends sonst beobachtet; von einigen Autoren als Präglazialrelikt angesehen. — Im Gebiet fehlend.

Verbreitungskarte: Giacomini & Fenaroli 1958; Jalas & Suominen 1972.

7. Isoëtes boryana Durieu (Fig. 2l—m; Fig. 4e—f)

Wasserpflanze; Rhizom 3lappig. Blätter (10) 15—30 (45), olivgrün, ziemlich kräftig, 12—20 cm lang, allmählich in die Spitze verschmälert, am Grunde breit häutig berandet; mit Spaltöffnungen. Ligula herzförmig, am Grunde 3eckig. Sporangien länglich-kugelig, 3—8 mm lang, braun gefleckt; vom Velum zu $^2/_3$ bis $^7/_8$ bedeckt. Megasporen trocken weiß, naß dunkel, 375—610 µm im Durchmesser; auf der Oberfläche mit wenigen großen und zerstreuten kleinen Warzen, die oft am Grunde zu Leisten zusammenfließen. Mikrosporen 26—33 µm lang, rotbraun; Oberfläche glatt oder mit kleinen, stumpfen Wärzchen.

Fig. 3. a *Isoëtes malinverniana* Cesati et De Notaris, Habitus, $\times^1/_3$; b—c *Isoëtes brochonii* Motelay — b Habitus, $\times^1/_2$; c Blattbasis. d—h *Isoëtes heldreichii* Wettstein — d Habitus, $\times^1/_2$; e Blattbasis mit Megasporangium; f Blattbasis mit Mikrosporangium; g Ligula; h Längsschnitt durch e (a—b Original; c nach Coste 1937; d—h nach Wettstein 1886).

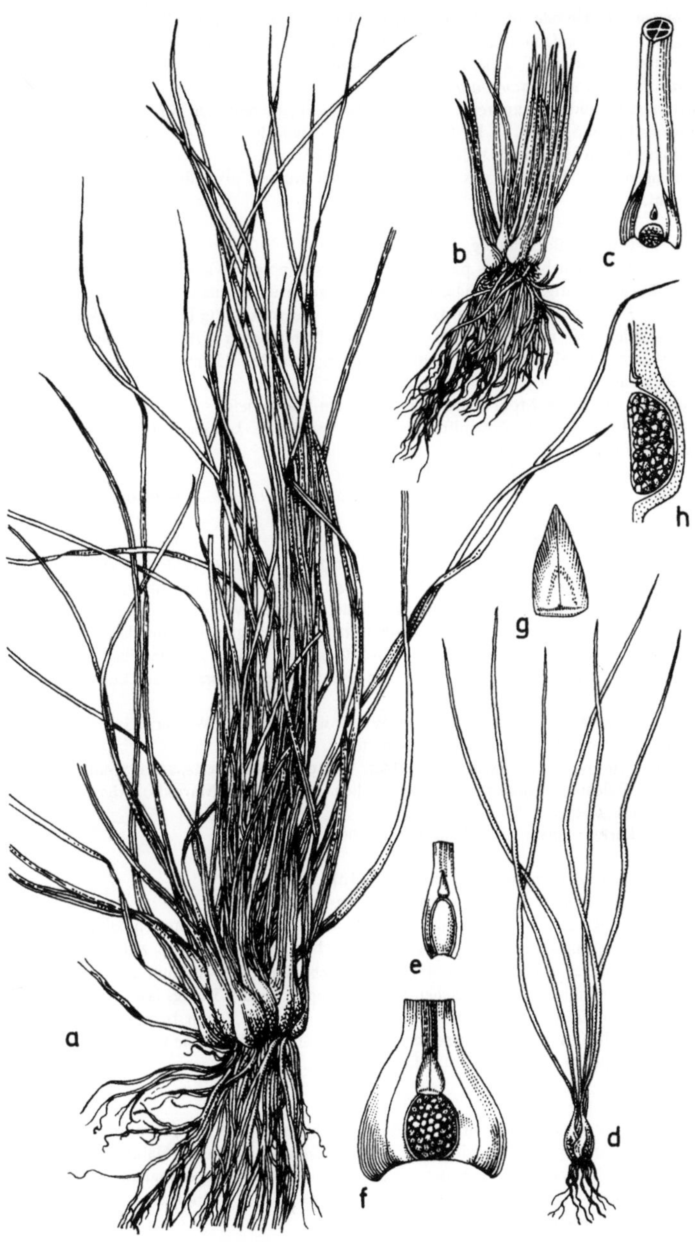

Vorkommen: Einzeln oder in dichten Herden in flachen, nährstoffarmen Teichen und Seen mit moorigem Untergrund; in einer Tiefe von 30—60 cm; in Strandling-Gesellschaften, Kennart des Isoëtetum boryanae, zusammen mit *Elatine hexandra*, *Thorella verticillatinundata*, *Lobelia dortmanna* und *Littorella uniflora*.

Verbreitung: In Südwestfrankreich (Gironde, Landes), im zentralen Spanien und vielleicht im nordwestlichen Spanien. — Im Gebiet fehlend. — wmed.

Verbreitungskarten: Dhien 1963; Jalas & Suominen 1972.

Anmerkungen: Die Pflanzen aus Nordwestspanien werden als subsp. *asturicensis* Lainz abgetrennt.

8. Isoëtes tenuissima Boreau (Fig. 2h—i; Fig. 4g—h)

Rhizom 3lappig. Blattbasen als papierne, braune, schuppige Zwiebel überdauernd. Blätter 7—12, aufrecht, 3kantig, 7—12 cm lang, dünn, nicht gelbgrün. Ligula klein, 3eckig. Sporangien kugelig, 2—3 (4) mm lang; Velum das Sporangium nie vollständig bedeckend. Megasporen trocken gelblichweiß, naß braun, 400—480 µm im Durchmesser; Oberfläche oben mit 4—5 großen Warzen, basal mit 13—15 Leisten. Mikrosporen 25—33 µm im Durchmesser, mit zahlreichen, langen, borstenförmigen Dornen.

Vorkommen: An und in Moorweihern bis in 100 cm Wassertiefe.

Verbreitung: Im westlichen Zentralfrankreich (Creuse, Indre, Loire-et-Cher, Vienne, Haute-Vienne). — Im Gebiet fehlend. — atl.

Verbreitungskarte: Dhien 1963; Jalas & Suominen 1972.

Anmerkung: Auch als Unterart zu *I. velata* gezogen: subsp. *tenuissima* (Boreau) Bolòs et Vigo.

9. Isoëtes velata A. Braun ex Durieu (Fig. 2n—o; Fig. 4a—c)

Pflanze amphibisch lebend. Blätter 5—30 (40), gelbgrün, steif, aufrecht, sich zur Spitze hin verjüngend, 8—24 cm hoch; am Grunde bis $^1/_2$ cm über die Fovea hinauf breit weißlich berandet; mit Spaltöffnungen. Blattbasen überdauernd, eine Zwiebel aus kastanienbraunen, papiernen Schuppen bildend. Ligula 3eckig-lanzettlich. Sporangien 3—5 mm lang, zu $^4/_5$ vom Velum bedeckt. Megasporen weiß, (360) 420—580 µm; am Grunde der Oberfläche mit 3—10 großen Höckern. Mikrosporen 26—33 µm im Durchmesser, rotbraun, mit kurzen Dornen dicht bedeckt.

Vorkommen: Am Rande flacher, oft nur im Winter wassergefüllter Weiher, Tümpel und Gräben; in mediterranen Brachsenkrautgesellschaften.

Verbreitung: Im westlichen Mittelmeergebiet: Portugal, Nordwestspanien, Südfrankreich (Gard, Var), Balearen, Korsika, Sardinien, Sizilien, Mittelitalien, Marokko, Algerien. — Im Gebiet fehlend. — med.

Verbreitungskarten: Dhien 1963; Jalas & Suominen 1972.

10. Isoëtes tegulensis Gennari (Fig. 2r—s; Fig. 4d)

I. tiguliana Gennari; *I. velata* subsp. *tegulensis* (Gennari) *Reed*

Wasserpflanze; Rhizom 3—10 mm dick, 3lappig, am Rande mit kleinen, schmalen, 5—8 mm langen, braunen, glänzenden, lederartigen Schüppchen (Niederblättern). Blätter (5) 10—20 (23), gelbgrün, aufrecht, (10) 15—40 (45) cm lang, sehr dünn, 0,3—1,2 mm dick, am Grunde schmal häutig berandet; mit zahlreichen Spaltöffnungen. Ligula 3eckig, fast so lang wie die Sporangien ellipsoidisch, 2—4 mm lang, zu $^4/_5$ bis $^5/_6$ vom Velum bedeckt. Megasporen weiß, 400—520 (600) µm im Durchmesser, auf der gesamten Oberfläche warzig, mit knotigen Leisten. Mikrosporen 26—33 µm lang, dicht stachelig.

Fig. 4. a—c *Isoëtes velata* A. Braun ex Durieu — a Habitus, $\times^1/_2$; b Mikrosporangium und Ligula; c Megasporangium und Ligula. d *Isoëtes tegulensis* Gennari, Habitus, $\times^1/_2$. e—f *Isoëtes boryana* Durieu — e Habitus, $\times^1/_2$; f Ligula und Megasporangium. g—h *Isoëtes tenuissima* Boreau — g Habitus, $\times^1/_2$; h Blatt, $\times^1/_2$ (a, d, e, g, h Original; b—c nach Maire 1952; f nach Motelay & Vendryés 1883).

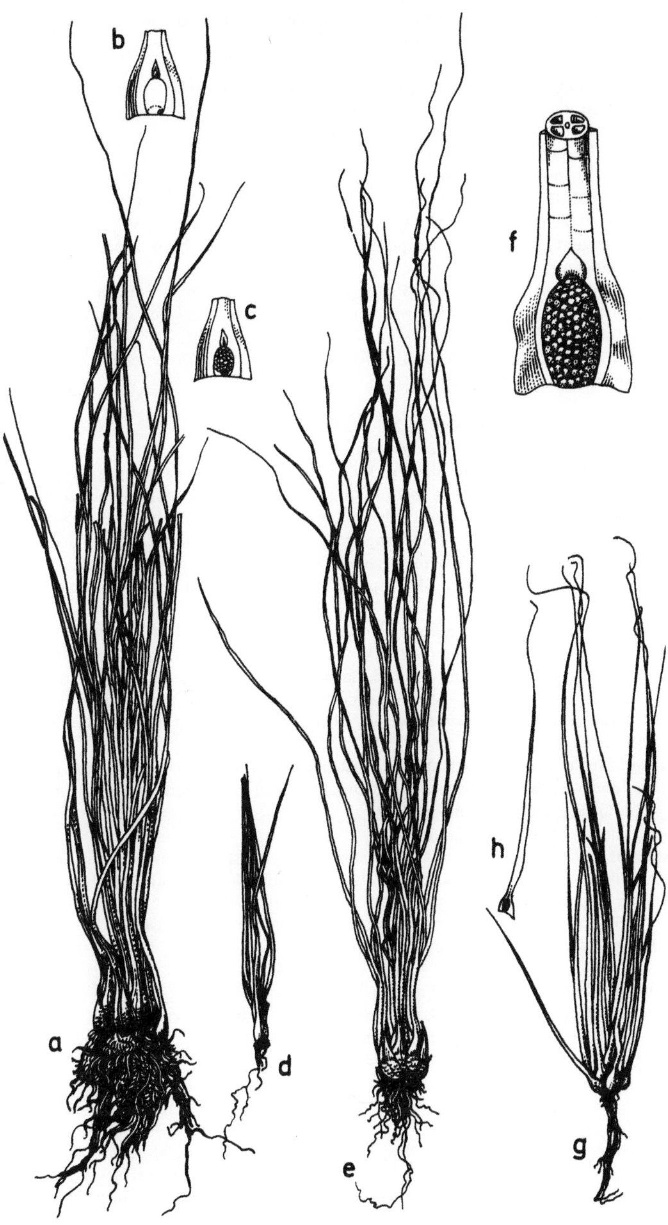

Vorkommen: In kleinen Wasserlachen (im Bereich der Macchie), die nur im Frühling mit Wasser gefüllt sind; auf Lehm- oder Granitboden.

Verbreitung: Sardinien; Algier (?). — Im Gebiet fehlend.

Anmerkungen: *I. tegulensis* steht *I. velata* sehr nahe. Sicherstes Unterscheidungsmerkmal scheint die Anzahl der Bastfaserbündel zu sein: 6—8 bei *I. tegulensis*, 12—27 bei *I. velata*.

11. Isoëtes azorica Durieu ex Milde (Fig. 2v—w)

Wasserpflanze. Rhizom 2lappig. Blätter 7—25, dünn, 8—30 cm hoch, biegsam, am Grunde schmal häutig berandet; mit Spaltöffnungen. Ligula lang, pfriemlich. Sporangien oval, 4—6 mm lang, $^1/_3$—$^1/_2$ vom Velum bedeckt. Megasporen 360—490 µm im Durchmesser, weiß, mit ausgesprochen netziger Oberfläche; Mikrosporen 26—37 µm lang, braun, mehr oder weniger mit dornigen Protuberanzen besetzt.

Vorkommen: In Teichen und kleinen Bergseen, in einer Strandlinggesellschaft zusammen mit *Eleogiton fluitans, Potamogeton polygonifolius, Callitriche stagnalis, Littorella uniflora* und *Juncus effusus.*

Verbreitung: Endemisch auf den Azoren. — Im Gebiet fehlend. — azor (endem).

Verbreitungskarte: Jalas & Suominen 1972.

12. Isoëtes histrix Durieu ex Bory (Fig. 2p—q; Fig. 5a—c)

    I. delalandei Lloyd; *I. phrygia* Haussknecht

Hygrophile Landpflanze. Rhizom 3lappig. Blätter 9—22, flach, meist rosettig ausgebreitet, 5—10 cm lang, 0,5—1,0 mm breit; mit Spaltöffnungen; Blattbasen zahlreich, als schwarzbraune, harte, 3zähnige Schuppen überdauernd, der mittlere Zahn kurz und breit, die 2 seitlichen länger. Velum das 4—6 mm lange Sporangium vollständig bedeckend. Megasporen weiß, 400—560 (600) µm dick, mit kleinen Warzen oder Höckern auf beiden Oberflächen, die teilweise miteinander verschmelzen. Mikrosporen braun, 25—33 µm lang, fein bestachelt. — $2n = 20$.

Vorkommen: Auf moorigen und sandigen oder tuffsteinreichen Standorten, die im Winter überschwemmt oder feucht und im Sommer trocken sind; an den äußersten Rändern von nur im Winter mit Wasser gefüllten Tümpeln und Lachen; in mediterranen Brachsenkrautgesellschaften, Kennart des Isoëtetum histricis (Junco-Isoëtetum histricis), auf Kreta z. B. zusammen mit *Juncus capitatus, Euphorbia exigua, Radiola linoides, Juncus bufonius* und *Briza minor.* — L: H caesp.

Verbreitung: Mediterrane und atlantische Küstengebiete von Europa, nordwärts bis Südwestengland und Westfrankreich; ferner in Nordafrika und in mediterranen Gebieten Kleinasiens. — Im Gebiet fehlend. — med-atl.

Verbreitungskarte: Jalas & Suominen 1972.

Anmerkungen: *I. histrix* paßt sich am schwersten der submersen Lebensweise an; sie wächst an relativ trocknen Standorten, sogar auf fast vegetationslosen Sandhügeln. Sie vermag sich dennoch in gewissen Zeiten submers zu entwickeln; so lebt sie z. B. in Sardinien (La Padula al Galura) in rund 30 cm Wassertiefe zusammen mit *Eryngium corniculatum, Apium crassipes, Littorella uniflora* und *Pilularia minuta.*

13. Isoëtes duriei Bory (Fig. 2x—y; Fig. 5e—i)

Hygrophile Landpflanze. Rhizom 3lappig. Blätter 15—35, dünn, steif, oft zurückgebogen, 8—12 cm lang (selten länger), Blattfüße als glänzend schwarze Schuppen überdauernd, 3zähnig, der mittlere Zahn stärker verschmälert als die seitlichen; mit zahlreichen Spaltöffnungen. Sporangien oval, 4—6 mm lang, vollständig vom Velum bedeckt. Megasporen weiß,

Fig. 5. a—c *Isoëtes histrix* Durieu ex Bory — a Habitus, $\times^2/_3$; b Blattbasis; c Blattgrund mit Sporangium. d *Isoëtes echinospora* Durieu, Habitus, $\times 1$. e—i *Isoëtes duriei* Bory — e Habitus, $\times 1$; f—i Blattbasen (a, b, f Original; b nach Coste 1937; g—i nach Motelay & Vendryés 1883).

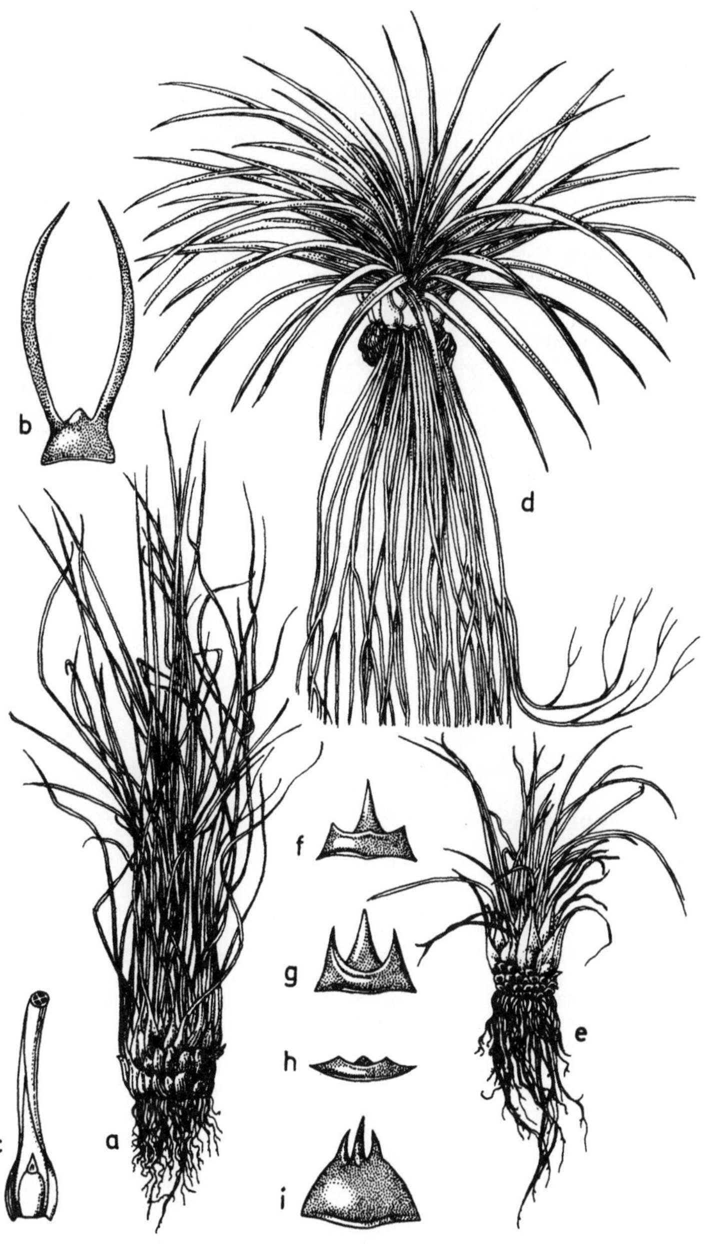

600—830 µm, mit netziger Oberfläche und hervortretenden Rippen; Mikrosporen 26—38 µm im Durchmesser, fein papillös-warzig.

Vorkommen: In flachen, im Winter nassen und schon im Frühsommer austrocknenden Senken auf dunkelgrauem, tuffsteinreichem, kalkfreiem Tonboden, sich mit den ersten Herbstregen entwickelnd und nach der ersten Frühlingserwärmung vergehend, in mediterranen Zwergbinsengesellschaften; in Italien z. B. zusammen mit *Juncus bufonius*, *J. capitatus*, *J. mutabilis*, *Laurentia gasparrinii* usw.

Verbreitung: Im westlichen Mediterrangebiet (Portugal, Spanien, Balearen, Südfrankreich, Italien, Korsika, Sardinien, Sizilien, Nordafrika), ferner in Kleinasien (bei Risé am Schwarzen Meer). — Im Gebiet fehlend. — med.

Verbreitungskarten: Dhíen 1963; Jalas & Suominen 1972.

Anmerkungen: *I. duriei* wächst ähnlich wie *I. histrix*; untergetauchte Formen sind nicht bekannt.

14. Isoëtes chaetureti E. J. Mendes

Hygrophile Landpflanze; Rhizom (2—)3lappig. Blattbasen schwärzlich, glänzend, 3zähnig, der mittlere Zahn kürzer als die 2 seitlichen, doppelt so lang wie breit; als fleischige Schuppen (Phyllopodien) überdauernd und das beblätterte Rhizom einhüllend. Blätter zahlreich (~ 30), 6—7 cm lang, über der Scheide 550—600 µm breit; Scheide häutig, strohfarben. Ligula länglich-dreieckig, kürzer als das Sporangium. Sporangium vom Velum bedeckt. Megasporen 320—480 µm im Durchmesser, braunschwarz, mit feinen, miteinander verschmelzenden Warzen, manchmal mit netziger Oberfläche und hervortretenden Rippen. Mikrosporen ellipsoidisch, 28—32 µm lang, 18—20 µm dick, dicht von kleinen Warzen bedeckt.

Vorkommen: Auf feuchten, sandigen Böden, oft zusammen mit *Chaeturus fasciculatus* und *Pinguicula lusitanica*.

Verbreitung: Portugal (Minho, Beira Litoral). — Im Gebiet fehlend.

Anmerkung: Vielleicht eine „Zwischenform" (Bastard?) zwischen *I. histrix* und *I. duriei*.

Klasse **Sphenopsida**

Familie **Equisetaceae**

Ausdauernde Kräuter mit einem meist 0—1 m tief im Boden kriechenden, reich verzweigten und oft knollig verdickten Rhizom. Stengel aufrecht, deutlich in Internodien gegliedert, hohl, oft quirlig verzweigt; Verzweigungen die Blätter durchbrechend, Blätter schuppenartig, quirlig, an den Knoten des Stengels, zu gezähnten Scheiden verwachsen. 5—12 sackartige, ungestielte Sporangien an der Unterseite schildförmiger Träger (Sporangiophore, „Sporophylle") in endständigen Sporangiophorständen („Ähren"). Sporen kugelig, alle gleich, grün, mit 4 in feuchtem Zustand um die Spore gerollten, in trockenem Zustand ausgebreiteten Bändern. Vorkeim grün, eingeschlechtig, elchgeweihähnlich gelappt, oberirdisch.

Familie mit nur 1 Gattung, *Equisetum*, mit 15 Arten, fast über die ganze Erde verbreitet; fehlt in Australien und Neuseeland. Im tropischen Südamerika eine baumähnliche Art (*E. giganteum* L., bis 9 m hoch); sonst die Arten selten bis 1 m hoch; die meisten an nassen und feuchten Standorten vielfach bestandsbildend.

Außer *E. fluviatile* keine dem Leben im Wasser wirklich angepaßte Art.

Wichtigste Literatur: Milde 1865; Kümmerle 1931; Schaffner 1931; Rothmaler 1944; Bir 1960; Hauke, 1961, 1962, 1963; Reed 1971; Meusel, Laroche & Hemmerling 1971.

1. Equisetum L.

Mit den Merkmalen der Familie.

Bestimmungsschlüssel der Arten:

1a Stengel ungefurcht (nur mit 6—30 ganz seichten Rillen, als weißliche Streifen erscheinend), glatt, weich, mit sehr weiter Zentralhöhle (Durchmesser des Hohlraums $^4/_5$ des gesamten Durchmessers); Stengelscheiden eng anliegend, mit 15—30 Zähnen, Zähne dreieckig-pfriemlich, schwarz, sehr schmal weiß berandet   **1. E. fluviatile** (S. 61)

1b Stengel deutlich gefurcht, mit (4) 6—10 (12) stark gewölbten Rippen, etwas rauh, mit mäßig weiter Zentralhöhle (Durchmesser des Hohlraumes $^1/_5$ des gesamten Durchmessers) und ebenso großen ringförmig angeordneten Nebenhöhlen. Stengelscheiden locker anliegend mit weniger als 10 Zähnen, Zähne dreieckig-lanzettlich, schwarz, breit weiß berandet . . . . **2. E. palustre** (S. 61)

1. Equisetum fluviatile L. em. Ehrhart (Fig. 6a—d)

    E. limosum Willdenow; *E. heleocharis* Ehrhart

Sporentragende und nicht sporentragende Triebe gleichgestaltet und gleichzeitig erscheinend, 20—150 cm hoch, 0,2—1,2 cm dick, grün (an untergetauchten Teilen zuweilen rotbraun), im Frühjahr austreibend und im Herbst absterbend, mit Seitentrieben. Haupttrieb glatt, von (6) 10—30 Rillen weißlich gestreift, hohl, Zentralhöhle sehr weit (Durchmesser des Hohlraumes $^4/_5$ des gesamten Durchmessers); Blattscheiden bis 1 cm lang, mit 10—30 Zähnen; Zähne etwa $^1/_3$ so lang wie die Scheide, schwarz, mit sehr schmalem, weißem Hautrand. Seitentriebe 4—11rippig, fast glatt; unterstes Internodium der Seitentriebe im oberen Teil des Haupttriebes höchstens $^2/_3$ so lang wie die Blattscheide des zugehörigen Haupttriebes, Sporangienähre 1—3 cm lang, stumpf. — Sporenreife V, VI. — $2n = 208$.

Vorkommen: Auf tiefgründigen, sehr weichen meso- bis eutrophen Torfschlamm- und Sumpfhumusböden (im Norden auch auf Torfböden) an Ufern stehender oder langsam fließender Gewässer bis in 1 m Tiefe vordringend; in schlammigen See-Buchten mitunter ein eigenes Röhricht (Equisetetum fluviatilis) bildend, sonst in verschiedenen Röhrichtgesellschaften und in nassen Großseggenriedern, mit herabgesetzter Vitalität mitunter auch in nassen Wiesen, im Süden in montanen, winterkalten Lagen; planar bis subalpin, im Schwarzwald und Riesengebirge bis 1250 m, in den Alpen bis 1840 m; — verträgt keine größeren Wasserspiegelschwankungen; Verlandungspionier. — L: G rhiz/Hel.

Verbreitung: In ganz Europa; in Asien nordwärts bis 69° nB, südwärts bis Kleinasien, Turkestan, Mongolei, Himalaja, ostwärts bis Kamtschatka; in Nordamerika südwärts bis Oregon, Illinois und New Jersey. — Im Gebiet verbreitet, überall ziemlich häufig; in den Gebirgen die Stelle der dort zurücktretenden Großröhrichte einnehmend. — no-euras(subozean), circ.

Verbreitungskarten: Raup 1947; Hultén 1964; Jalas & Suominen 1972; Tolmačev 1974.

2. Equisetum palustre L. (Fig. 6e—h)

Dem Wasser weniger gut angepaßt als *E. fluviatile*. Sporentragende und nichtsporentragende Triebe gleichgestaltet und gleichzeitig erscheinend, 20—70 (100) cm hoch, bis 3 mm dick, grün, im Frühjahr austreibend und im Herbst absterbend, mit Seitentrieben. Haupttrieb etwas rauh, mit (4) 6—10 (12) stark gewölbten Rippen, wenig hohl; Zentralhöhle nur $^1/_5$ des gesamten Durchmessers einnehmend, mit ebenso großen, ringförmig angeordneten Nebenhöhlen. Blattscheiden bis 1 cm lang, mit 6—10 Zähnen; Zähne kürzer als die Scheide, rotbraun bis schwarz, mit breitem, weißem Hautrand. Seitentriebe 5rippig, unterstes Internodium der Seitentriebe im oberen Teil des Haupttriebes etwa $^1/_3$ so lang wie die Blattscheide des zugehörigen Haupttriebes, Sporangienähre 1—3 cm lang, stumpf, oft auch an den Seitentrieben. — Sporenreife VI—IX. — $2n = 208$.

Vorkommen: In Feucht- und Sumpfwiesen sowie in Verlandungsgesellschaften; auf staubis sickernassen und feuchten bis sickerfeuchten Torf- oder modrig-humosen Tonböden; Schwerpunkt in gedüngten Feuchtwiesen, auch in Kleinseggenwiesen; selten auch völlig

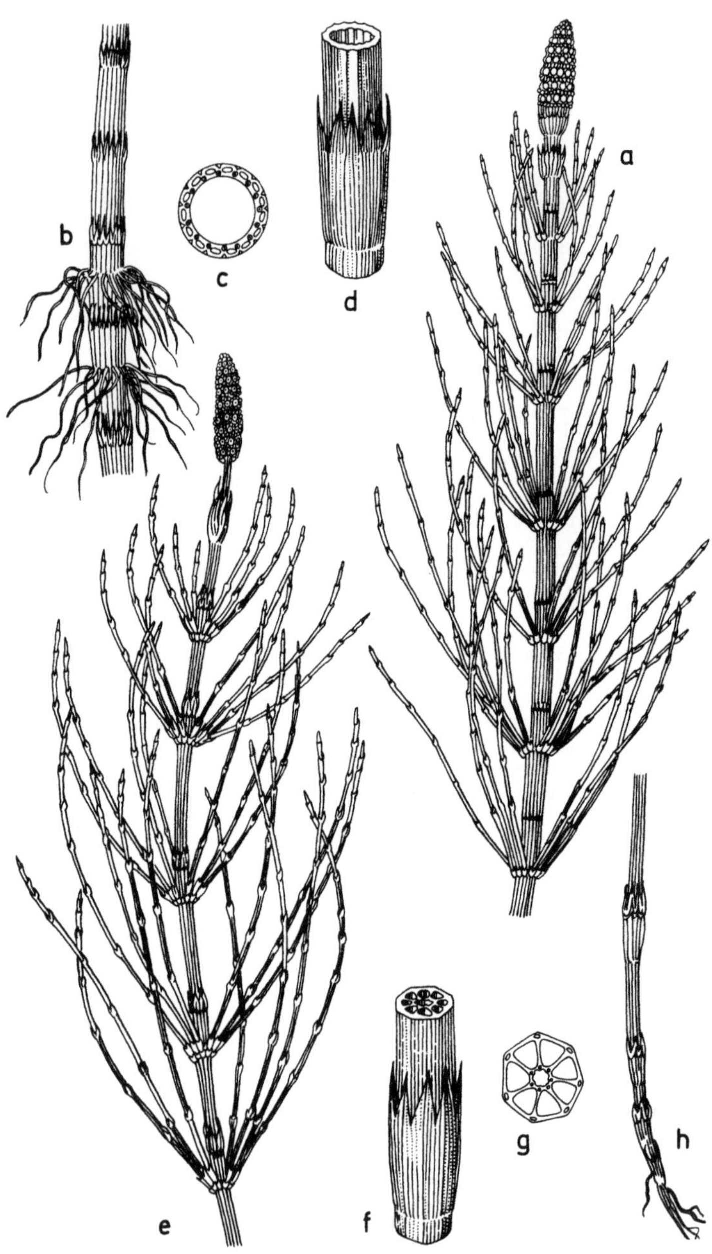

untergetaucht in flachem, fließendem Wasser; in Lappland in meso- und eutrophen Grasmooren und in Hochstaudenfluren. — L: G rhiz/Hel.
Verbreitung: wie *E. fluviatile.* — no-euras, circ.
Verbreitungskarten: Raup 1947; Hultén 1964; Jalas & Suominen 1972; Tolmačev 1974.

Klasse **Pteropsida**

Unter den Farnen im engeren Sinne gibt es einige Familien mit aquatischen Arten, so die Azollaceae, Marsileaceae, Parkeriaceae (*Ceratopteris* Brongniart in den wärmeren Gebieten der Erde) und Salviniaceae. Einige tropische Farne gedeihen in den Gezeitenzonen (*Acrostichum* L. und *Tectaria semibipinnata* [Wallich] C. Christ), andere sind ausgeprägte Rheophyten, d. h. Landpflanzen, die Überflutung ertragen können. Die Gattungen *Asplenium* L., *Blechnum* L., *Bolbitis* Schott, *Dipteris* Renoir, *Egenolfia* Schott, *Hymenophyllum* Smith, *Lindsaya* Dryand ex Smith, *Microsorium* Link, *Thelypteris* Schmidel und *Trichomanes* L. enthalten solche Arten. Von ihnen können *Bolbitis heudelotii* (Bory ex Fée) Alston und *Microsorium pteropus* (Blume) Ching untergetaucht in Aquarien gehalten werden. Wir berücksichtigen nur Vertreter der Thelypteridaceae, Marsileaceae, Azollaceae und Salviniaceae und verweisen auf *Ceratopteris thalictroides* (L.) Brongniart, angepflanzt in Rumänien (Oradea)

Familie **Thelypteridaceae**

Ausdauernde Farne mit behaartem oder mit behaarten Spreuschuppen besetztem Rhizom, mit netzförmigem Gefäßbündelkörper (Diktyostele). Haare auf Blättern und Rhizom meist einzellig. Blattstiele mit 3—7 Gefäßbündeln. Sori randnah. Sporen bohnenförmig. Die Familie umfaßt rund 900 Arten.
Wichtigste Literatur: Karpowicz 1960; Holub 1969, 1972.

1. **Thelypteris** Schmidel

Rhizom lang, zart; kriechend, 2—3 mm im Durchmesser, mit einzelnen Blättern, von den Resten der Basen der abgestorbenen Blätter nicht bedeckt, schwärzlich. Blätter gestielt, Stiele so lang oder länger als die Spreite; gefiedert, mit fiederteiligen Fiedern oder doppelt fiederspaltig, wenigstens unten behaart; Sori länglich oder kugelig, randnah, oder linealisch, dann entlang des Seitennervs des Segmentes ausgebreitet; Indusium (Schleier) gelappt und nierenförmig, vergänglich oder fehlend.

1. Thelypteris thelypteroides (Michaux fil.) Holub (Fig. 7a—c)
  Th. palustris Schott; *Nephrodium thelypteroides* Michaux fil.; *Dryopteris thelypteris* (L.) A. Gray; *Lastrea thelypteris* (L.) Bory
Rhizom kriechend, schwarz, verzweigt, mit mehr oder weniger weit entfernten, 15—100 cm hohen Blättern; Blattstiel dünn, kahl, fast so lang oder länger als die Spreite. Spreite 20 bis

Fig. 6. a—d *Equisetum fluviatile* L. — a Sproßspitze, fruktifizierend, $\times^1/_3$; b Sproßbasis; $\times^2/_3$; c Sproßquerschnitt, $\times 2^1/_2$; d Scheide, $\times 2$. e—h *Equisetum palustre* L. — e Sproßspitze, fruktifizierend, $\times^2/_3$; f Scheide, $\times 2$; g Sproßquerschnitt, $\times 12$; Sproßbasis, $\times^2/_3$ (a, d—e, h nach Weymar 1955; c, g nach Clapham, Tutin & Warburg 1957; d, f nach Fassett 1960).

40 cm lang, etwa 3mal so lang wie breit, länglich-lanzettlich, dem Grunde zu nicht oder
nur wenig verschmälert (oft das unterste Fiederpaar deutlich kürzer als die oberen), gelblichgrün, meist zart, junge Blätter auf den Spindeln und Blattnerven mit gelblichen Drüsen und
weißen, kurzen, einzelligen Haaren, einfach gefiedert, mit fiederteiligen Fiedern erster
Ordnung; Fiedern erster Ordnung schmal lanzettlich, die untersten abgerückt; Abschnitte
an den Fiedern 2. Ordnung spitz, ganzrandig, wellig oder undeutlich gezähnt, die sporentragenden und oft auch die nicht sporentragenden am Rande auffallend nach unten umgebogen und dadurch dreieckig oder eichelförmig erscheinend, die Sporangien nicht einhüllend. Sori etwa in der Mitte zwischen Mittelnerv und Rand der Abschnitte, sich zur Reifezeit berührend, mit kleinem, lange vor der Reife der Sporen abfallendem, am Rande oft
drüsigem oder bewimpertem Schleier. — Sporenreife VII—IX. — $2n = 70$.

Vorkommen: In Schwingkanten an Seeufern, in ärmeren Ausbildungen des Schilf-Röhrichts,
auf nassen, ungepflegten Großseggen-Wiesen, im Weidengebüsch und in Erlenbrüchen, an
Moorrändern und in Gräben; auf nassen, meso- bis eutrophen, mäßig-sauren, kalkarmen
Torfböden und modrig-torfig humosen Tonböden; Halbschattenpflanze; Überflutung wird
nur kurzfristig und periodisch vertragen; planar bis montan, seltener subalpin, in den Alpen
bis 1150 m aufsteigend; bildet auf wenig verfestigten Torfböden mitunter Reinbestände
(*Thelypteris thelypteroides*-Gesellschaft), sonst Schwerpunkt im Carici elongatae-Alnetum. —
L: G rhiz/Hel.

Verbreitung: Fast ganz Europa ohne Arktis; im Mittelmeergebiet einschließlich Nordafrika
selten; nicht in Spanien; in Asien südlich 60° nB und nördlich des Himalaja, ostwärts bis
Japan; im östlichen Nordamerika zwischen 25° und 50° nB. Im tropischen Afrika, in Südafrika und Neuseeland verwandte Sippen; die ostasiatischen und nordamerikanischen Sippen
werden als Varietäten oder Unterarten (siehe Anmerkungen) abgetrennt. — Im Gebiet im
Tiefland meist häufig, sonst nur zerstreut und stellenweise (z. B. im Oberrheingebiet) selten;
infolge von Meliorationen vielfach im Rückgang. — euras (kont), circ.

Verbreitungskarten: Fryon 1971; Pichi-Sermolli 1971; Jalas & Suominen 1972.

Anmerkung: Die europäischen Populationen gehören zur subsp. *glabra* Holub, die auch
im östlichen Nordamerika vorkommen soll (vgl. Holub 1972); die übrigen nordamerikanischen
Populationen repräsentieren den Typus der Art.

Familie **Marsileaceae**

Kleine oder mittelgroße ausdauernde Sumpf- und Wasserpflanzen mit im Schlamm weit
kriechendem, auf der Rückenseite 2zeilig-wechselständig beblättertem, auf der Bauchseite
verzweigt bewurzeltem Rhizom. Blätter in der Jugend spiralig eingerollt, mit kleeblatt-
ähnlicher Spreite oder binsenartig und ohne Spreite. Sporentragende Blätter in Sporokarpien
umgewandelt. Sporokarpien am Grunde der Blattstiele, kugelig bis bohnenförmig, mehrfächerig, 2geschlechtig, mit Megasporangien (mit 1 großen Spore) und Mikrosporangien
(mit vielen kleinen Sporen). Vorkeim winzig, in der Spore eingeschlossen.
Die Familie umfaßt 3 Gattungen mit rund 75 Arten; 2 Gattungen kommen in Europa vor;
eine, das monotypische *Regnellidium* Lindmann, ist in Südbrasilien und Nordargentinien
endemisch.

Bestimmungsschlüssel der Gattungen:

1a Blätter mit 4teiliger, glückskleeähnlicher Spreite, in der Knospe gefaltet. Sporokarpien bohnenförmig, kurz gestielt, am Blattstiel nahe dem Grunde entspringend,
  mehrfächerig . . . . **1. Marsilea** (S. 66)

Fig. 7. a—c *Thelypteris thelypteroides* (Michaux fil.) Holub — a Habitus, x^1/$_2$; b Trophophyll (Fiederblättchen 2. Ordnung), ×10; c Sporophyll (Fiederblättchen 2. Ordnung) mit
nach unten umgebogenem Rand und Sporangien, ×10 (a—c Original).

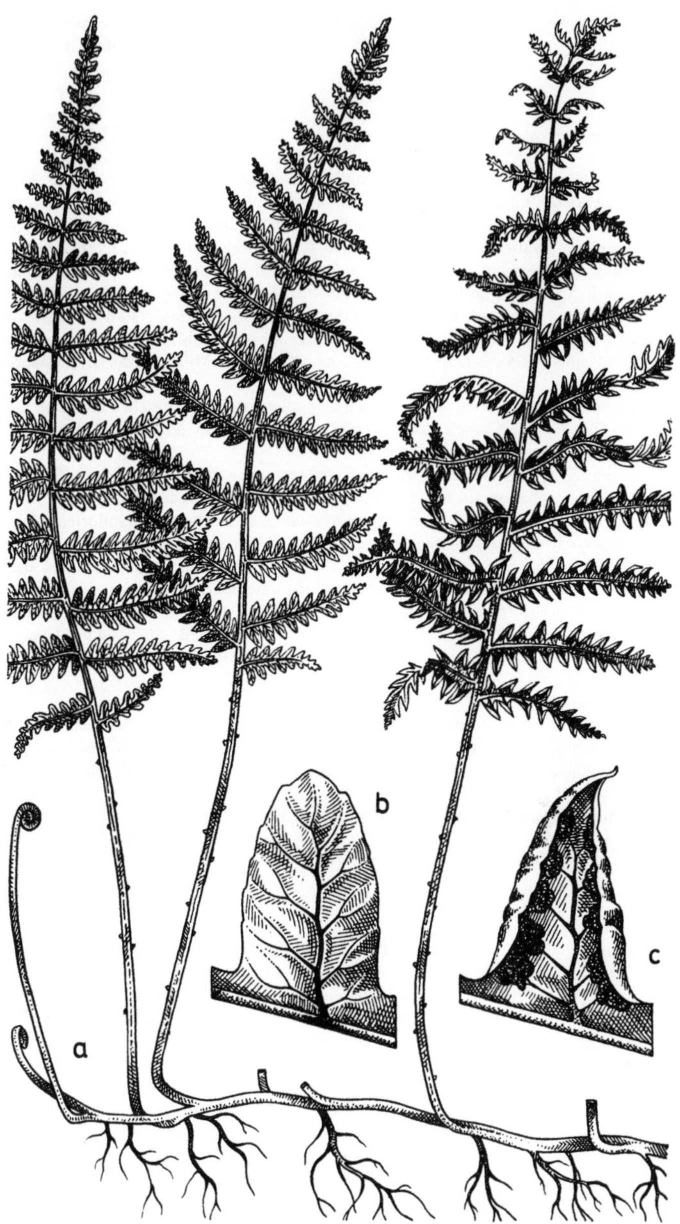

1b Blätter binsenartig, in der Knospe gerollt. Sporokarpien kugelig, ganz kurz gestielt,
am Blattgrund entspringend, 2—4fächerig . . . . **2. Pilularia** (S. 70)

1. Marsilea L.

Kleine aquatische oder semiaquatische Farnpflanzen (Sporophyt) von der Tracht eines
4blättrigen Sauerklees, in der Jugend behaart, ausgewachsen oft kahl. Stengel weithin
kriechend, dünn, verzweigt. Blätter lang gestielt, mit 4blättriger, glückskleeartiger Spreite,
in der Knospenlage gefaltet (kehrt nachts in die Knospenlage zurück; Schlafbewegung);
bei den Landformen beidseits mit Spaltöffnungen; bei den Wasserformen schwimmend,
nur oberseits mit Spaltöffnungen; untergetauchte Primärblätter mit einfacher Spreite; die
Schwimmblätter legen sich beim Herausziehen aus dem Wasser rückwärts an den Stiel an.
2—25 Sporokarpien meist am Grunde des Blattstiels, bohnenförmig, kurz gestielt, behaart
oder verkahlend, mit 2—24 Fächern, in jedem Fach Mega- und Mikrosporangien, 2klappig
aufspringend.
Die Gattung umfaßt etwa 65 Arten und ist in den tropischen und subtropischen Gebieten und
einem großen Teil der gemäßigten Zone verbreitet; artenreich in Afrika und Australien.
In Europa (je nach Artauffassung) 2—4 Arten.
Wie die meisten echten Wasserpflanzen zeichnen sich auch die Vertreter der Gattung
Marsilea durch hohe phänotypische Plastizität der vegetativen Organe aus (Glück 1911;
Launert 1968). Viele Arten wachsen im flachen Wasser oder auf nassen Standorten, einige
wenige bevorzugen extrem trockene Standorte. Arten, die dauernd im Wasser leben, dringen
in die Uferregionen vor, wo sie Sporen hervorbringen. Arten, deren Entwicklung dem
jahreszeitlichen Wechsel nasser und trockener Perioden unterliegt, bringen im regelmäßigen
Wechsel sterile „Wasserformen" mit großen, ganzrandigen Blättern und fertile „Landformen" mit kleinen, gekerbten oder gelappten Blättern hervor (z. B. *Marsilea aegyptiaca*).
Wichtigste Literatur: Braun 1839, 1871; Glück 1911; Launert 1968.

Bestimmungsschlüssel der Arten:
1a Sporokarpien fast sitzend, meist in 2 sich überdeckenden, langen Reihen entlang
des Rhizoms angeordnet („*M. pubescens* Tenore"), selten in kleinen Gruppen oder
einzeln, in Seitenansicht schief elliptisch bis fast kreisrund . . . . **3. M. strigosa** (S. 70)
1b Sporokarpien deutlich gestielt **2**
2a Sporokarpien ellipsoidisch, nicht gefurcht; Stiele 10—20 mm lang, 2—4fach verzweigt, seltener unverzweigt . . . . **1. M. quadrifolia** (S. 66)
2b Sporokarpien würfelförmig, gefurcht; Stiele (2) 3—8 (12) mm lang, unverzweigt
. . . . **2. M. aegyptiaca** (S. 68)

1. Marsilea quadrifolia L. (Fig. 8c)
Blattstiel bis 50 cm (bei Wasserformen über 100 cm) lang; Blätter ausgewachsen kahl,
Blattspreite waagerecht ausgebreitet, bis zum Grunde 4teilig; Abschnitte dem Grunde zu
keilförmig verschmälert, vorn breit abgerundet, ganzrandig, mattgrün, oft braungrün, bis
12 (bei Wasserformen 30) mm lang und breit. Stiele der Sporokarpien über dem Grunde der
Blattstiele entspringend, meist zu 2 miteinander verwachsen, 2—3mal so lang wie die Sporokarpien; Sporokarpien bohnenförmig. 3—6 mm lang, behaart auf dem Rücken, mit 2 kleinen
Zähnen am Rande, schwärzlich. — Sporenreife IX, X. — $2n = 40$.
Vorkommen: An schlammigen Ufern von Kiesgruben, Lehmgruben oder Tümpeln, auf
alten Schweine- und Gänseweiden; im flachen, bis zu 50 cm tiefem Wasser oder auf
offenen, nassen, im Verlaufe des Sommers trockenfallenden Uferstandorten; auf nährstoff-

Fig. 8. a—b *Pilularia globulifera* L. — a fertiles Sproßstück, $\times^2/_3$; b Sporangium, sich
öffnend, ×4. c *Marsilea quadrifolia* L. — fertiles Sproßstück, ×1 (a—c Original).

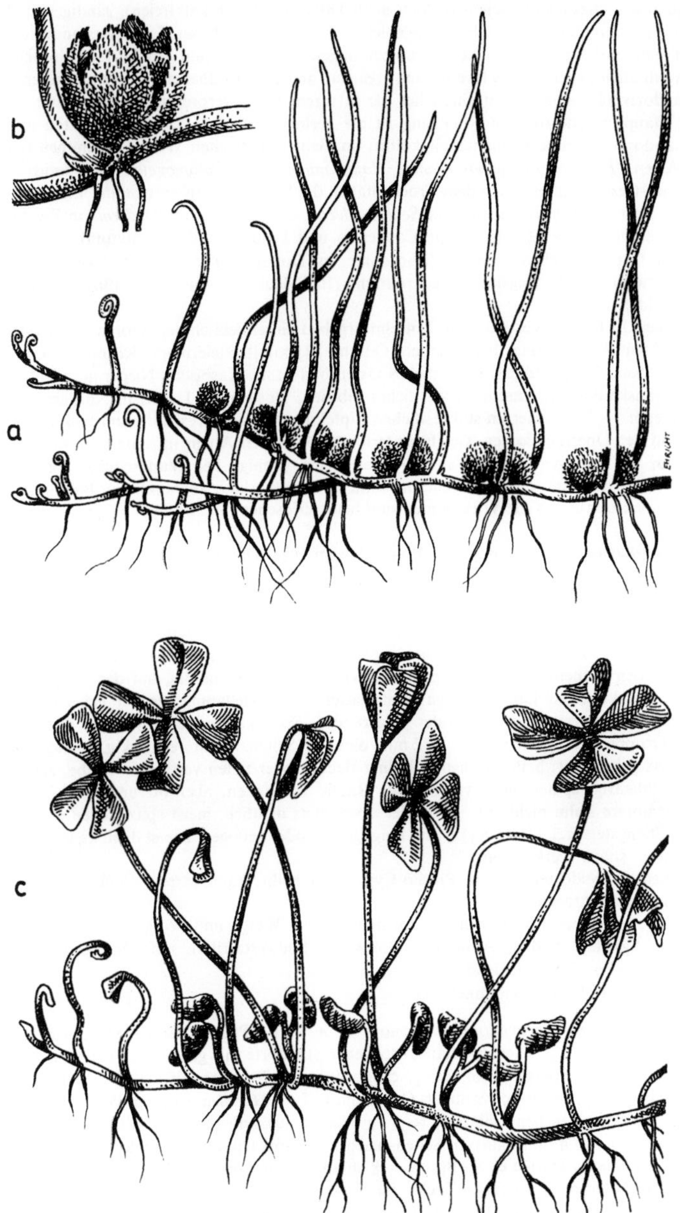

reich-humosen, meist kalkreichen (jedoch auch kalkarmen oder kalkfreien), sandigen und tonigen Schlammböden; im Oberrheingebiet fast ausschließlich an Sekundärstandorten, die auf gelegentliche menschliche Störungen angewiesen sind; sehr konkurrenzschwache Art, empfindlich gegen Überschwemmung; reagiert an ihrer nördlichen Verbreitungsgrenze auf Standortveränderungen empfindlicher als in ihrem Hauptverbreitungsgebiet weiter im Süden; Hauptursache für den Rückgang ist die geringe Fähigkeit, sich auszubreiten und neue Standorte zu erobern; planar bis kollin; im Gebiet im flachen Wasser zusammen mit *Chara*-Arten, *Potamogeton panormitanus*, *Najas minor* oder *Potamogeton perfoliatus* in Laichkraut-Gesellschaften, nach dem Trockenfallen des Standortes zusammen mit *Eleocharis acicularis* oder mit *Cyperus fuscus* und *Schoenoplectus supinus* oder mit *Lindernia* in Zwergbinsengesellschaften (z. B. Eleocharito-Caricetum und Lindernio-Eleocharitetum); in Dalmatien im Cypero-Fimbristylidetum dichotomae; im Donaudelta in lückigen Ausbildungen eines sommerlich trockenliegenden Brackröhrichts; in Südeuropa ferner regelmäßiges Unkraut der Reisfelder.

Verbreitung: In Europa vor allem im Mittelmeergebiet einschließlich der Azoren; nordwärts bis ins Rheintal (und früher bis ins obere Odertal [Rybnik]), Steiermark, Kärnten, Pannonisches Becken, Siebenbürgen, südöstliches Osteuropa (z. B. Kaspische Niederung, Wolgadelta); Transkaukasien, Kaschmir, westliches Sibirien, Nordchina, Japan; in Nordamerika eingeschleppt. — Im Gebiet im südwestlichen Zipfel des Mittelgebirgslandes um Belfort und Bonfol, in der Oberrheinischen Tiefebene (erloschen); in den Alpen im untersten Aostatal bei Ivrea, im untersten Veltlin; in der Steiermark (Ponigl bei Wundschuh), Kärnten (Klagenfurt, Waidmannsdorf); in dem ans östliche Alpenvorland angrenzenden Burgenland (Güssing, Nikitsch). — Viele Vorkommen sind heute erloschen (vgl. Philippi 1978). — eurasmed.

Verbreitungskarten: Jalas & Suominen 1972; Philippi 1978 (Oberrheingebiet).

2. Marsilea aegyptiaca Willdenow (Fig. 9a—e)
Rhizom dünn, drahtig, wiederholt verzweigt, ausgedehnte Teppiche bildend; Internodien der Landformen 0,5—4 cm lang, der Wasserformen bis 30 cm lang. Blättchen 2—25 (30) mm lang, 2—20 (25) mm breit, sehr verschiedengestaltig, breit keilförmig bis schmal verkehrt-3eckig, an den Außenkanten abgerundet; Schwimmblätter ganzrandig, auf der Unterseite mit braunen, korkigen Längsstriemen; Luftblätter 2- bis viellappig bis tief gekerbt, die Lappen am Vorderrande stumpf oder abgerundet. Sporokarpien einzeln oder öfter in dichten Gruppen zu 2 bis vielen, 1—2 mm dick, in Seitenansicht rechteckig, manchmal bauchwärts gekrümmt; Seitenflächen mit einer flachen oder tiefen vertikalen Grube, zuerst dicht weichhaarig, später meist verkahlend; Raphe vorhanden, aber oft undeutlich. Sori 4—6; der untere Zahn nicht entwickelt, der obere stets deutlich, meist spitz (selten stumpf kegelig). Stiele stets frei, (2) 3—8 (12) mm lang, gerade oder gebogen, zuerst dicht angedrückt weichhaarig, später verkahlend.

Vorkommen: In Südosteuropa im Preslio-Cyperetum badii; kann extrem trockene Standortsbedingungen ertragen.

Verbreitung: Vereinzelt im südöstlichen Europa: Untere Wolga und Wolgadelta; in Afrika (Tunesien, Ägypten, Sudan, Äthiopien, Botswana, Südwestafrika), auf Madagaskar, in Indien (?). — Im Gebiet fehlend.

Verbreitungskarte: Jalas & Suominen 1972.

Fig. 9. a—e *Marsilea aegyptiaca* Willdenow — a sterile Pflanze nasser Standorte mit Schwimmblättern, ×$^1/_4$; b fertile Pflanze trockener Standorte mit gelappten Trophophyllen und würfelförmigen Sporophyllen, ×$^1/_4$; c Sporokarp in Seitenansicht; d Sporokarp von vorn; e Sporokarp, längs-horizontaler Querschnitt. f—i *Marsilea strigosa* Willdenow — f Pflanze aus dem östlichen Teilareal, ×$^1/_4$; g Pflanze aus dem zentralen Mittelmeergebiet („pubescens"), ×$^1/_2$; h Sporokarp in Seitenansicht; i Sporokarp, dorsiventraler Querschnitt. k—l *Pilularia minuta* Durieu ex A. Braun — k submerse Pflanze, ×$^2/_3$; l Landform mit fast sitzenden Sporokarpien, ×1 (nach Täckholm 1974; b, g nach Glück 1936; c—e, h—i nach Launert 1968; f nach Fedorov 1974, stark verändert; k—l nach Glück 1911).

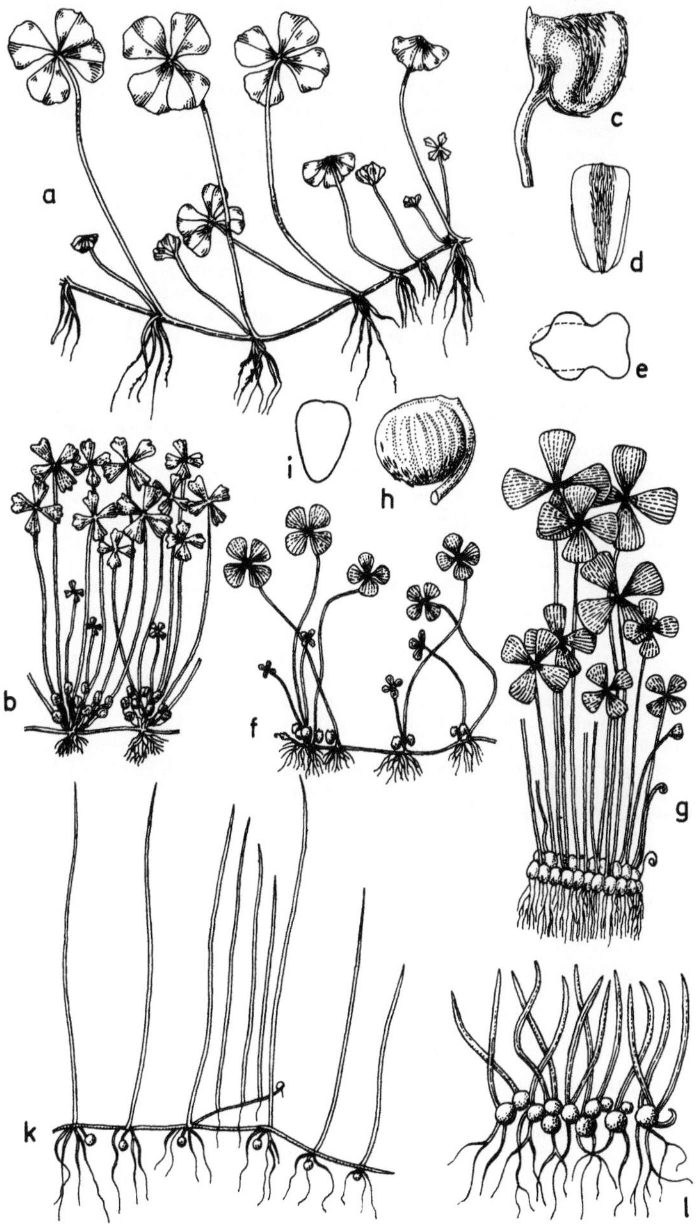

3. Marsilea strigosa Willdenow (Fig. 9f—i)

M. pubescens Tenore; *M. strigosa* var. *pubescens* (Tenore) Maire et Weiller; *M. strigosa* var. *rossica* (Milde) Maire et Weiller

Kleine, locker oder dicht rasige Seichtwasserpflanze mit kurzem, kriechendem, an den Knoten dicht zottig behaartem Rhizom; Internodien 0,2—12 cm lang. Blättchen keilförmig oder 3eckig-keilförmig, 5—15 mm lang, in der Jugend borstig oder flaumhaarig, die der Wasserformen später allmählich verkahlend, die der Landformen meist borstig oder flaumhaarig bleibend; bei den Wasserformen ganzrandig, vorn abgerundet, bei den Landformen ganzrandig, gekerbt oder manchmal 2lappig. Sporokarpien meist in 2 sich überdeckenden, langen Reihen entlang des Rhizoms angeordnet, selten in kleinen Gruppen oder einzeln, in Seitenansicht sehr breit schief-elliptisch bis fast kreisrund, 3—5 mm lang, 2,75—4,5 mm hoch, 0,8—2 mm dick, sehr selten mit einer undeutlichen Rückenfurche, borstig oder seidig behaart, meist allmählich verkahlend. Sori 8—10 (12); Raphe deutlich entwickelt; Zähne vorhanden; der untere Zahn meist etwas stärker hervortretend als der obere, kurz, ziemlich stumpf; der obere sehr kurz, kegelig, stumpf oder sehr selten spitzlich. Stiele frei, sehr kurz (nicht einmal $^1/_2$ so lang wie die Basis des Sporokarps).

Vorkommen: In im Winter überschwemmten, im Sommer austrocknenden Senken, in Tümpeln und Teichen, an See- oder Flußufern; in Südfrankreich Kennart des Isoëtetum setacei in flachen Tümpeln im Basaltplateau von Roquehaute auf sandig-grusigem Grund in schwach saurem Wasser.

Verbreitung: Im südlichen Europa disjunkt und sehr selten, von der Iberischen Halbinsel über Südfrankreich, Sardinien bis Italien, weiter im südöstlichen Osteuropa (Untere Wolga und Wolgadelta) und im Uralgebiet; außerdem in Nordafrika (Kap Verdische Inseln, Marokko, Algerien, Ägypten). — Im Gebiet fehlend.

Verbreitungskarte: Jalas & Suominen 1972.

Anmerkungen: *M. strigosa* ist eine umstrittene Sippe. Reed (1964) und Fernandes (1970) trennen die westlich verbreiteten Populationen als var. *pubescens* (Tenore) Maire et Weiller bzw. als var. *lusitanica* (Coutinho) R. Fernandes ab. Die Typussippe, var. *rossica* (Milde) Maire et Weiller, soll nur in der südöstlichen UdSSR bis Westsibirien vorkommen. Glück (1911) hält am Artrang von *M. pubescens* Tenore fest. Dagegen weist Launert (1968) darauf hin, daß die zur Unterscheidung beider Sippen herangezogenen Merkmale nicht konstant sind. Bei Populationen aus dem Kaspisee-Gebiet sind die Sporokarpien meist lockerer angeordnet als bei solchen aus dem Mittelmeergebiet. Populationen aus dem westlichsten Portugal zeigen Sporokarpien, die in Gruppen zu 2 oder 3 oder sogar einzeln am Rhizom sitzen. Launert (1968) hält die beobachteten Unterschiede für klimatisch bedingt und mißt ihnen keine taxonomische Bedeutung bei.

2. Pilularia L.

Blätter des Sporophyten stets ohne Spreite, binsenartig, ausgewachsen völlig kahl, Sporokarpien einzeln am Grunde der Blätter, dem Rhizom scheinbar aufsitzend, kugelig, behaart, sehr kurz gestielt, mit 2—4 Fächern, im oberen Teil vorwiegend Mikro-, im unteren Megasporen enthaltend, reif sich mit 2—4 Klappen öffnend.

Wichtigste Literatur: von der Dunk & von der Dunk 1974.

Bestimmungsschlüssel der Arten:

1a Sporokarpien etwa 3 mm im Durchmesser, aufrecht, fast sitzend, 4kammerig; Blätter meist 5 cm lang oder länger . . . . **1. P. globulifera** (S. 71)

1b Sporokarpien etwa 0,75 mm im Durchmesser, herabgebogen, lang gestielt, 2 kammerig; Blätter 2—3 (4) cm lang oder kürzer . . . . **2. P. minuta** (S. 71)

1. Pilularia globulifera L. (Abb. 8a—b)
Rasenbildende Uferpflanze; Rhizom bis 50 cm weit kriechend (im Wasser flutend bis
75 cm), fadenförmig, bis 1,5 mm dick, verzweigt, die Spitzen dicht behaart; wurzelnd,
Blätter auf der Oberseite rechts und links alternierend, orthotrop aufgerichtet, dicht gedrängt,
rasig, dunkelgrün, stielrund, pfriemlich-binsenartig, kahl, (3) 7—10 (15) cm hoch, bei
Wasserformen bis 20 cm lang, etwa 1 mm dick. Sporokarpien („Pillen") kugelig, am Grunde
der Blätter entstehend, sehr kurz gestielt, erbsengroß, anliegend behaart (kurzfilzig), zuerst
gelbgrün, später schwarzbraun, hart berindet. — Sporenreife VII—IX. — $2n = 26$
Vorkommen: Im flachen (bis 1 m tiefen) Wasser oder an feuchten Ufern, an Teichrändern,
in Gräben und Ausstichen, auf frischen Schurfstellen in Sand- und Kiesgruben, in und an
Heidetümpeln, auf offenen, nassen, zeitweise überschwemmten, mesotrophen, kalkarmen,
mäßig sauren, humosen Sand-, Schlamm- und Tonböden; Kennart des Pilularietum globu-
liferae bzw. zusammen mit *Eleocharis acicularis* und *Juncus bulbosus* in einer *Pilularia*-
Fazies des Littorello-Eleocharitetum, auch in anderen Strandling- sowie in Zwergbinsen-
Gesellschaften, in Gräben mitunter auch im Hottonietum; im allgemeinen im fließenden
Wasser selten. Außerordentlich pionierfreudig, jedoch konkurrenzschwach, daher oft unbeständig. Durch Eutrophierung von Gewässern gefährdet und im Rückgang begriffen.
Im südlichen Europa auch in Reisfeldern. — L: hyd H rept/Isoët.
Verbreitung: Verbreitet in Westeuropa; nordwärts bis zu den Hebriden und Moray, Südfennoskandien, ostwärts immer seltener werdend (Ostgrenze in Polen erreichend: Küstenland
der Gdańsker Bucht bei Gdynia; oberschlesisches Odertal), ein Verbreitungsschwerpunkt
im Gebiet der Niederlausitzer und Niederschlesischen Landrücken und Heiden; südwärts
bis Portugal, Mittelitalien, Siebenbürgen (?). Nicht in Australien (dort *P. novaehollandiae*
A. Braun). — Im Gebiet am häufigsten im nordwestlichen Tiefland, hier stellenweise noch
reichlich (z. B. in der Rheinebene), auch im lausitz-schlesischen Altmoränengebiet; im Mittelgebirgsland selten (z. B. Vogelsberg, Untermaingebiet, fränkisches Teichgebiet zwischen
Bamberg und Erlangen, Schwäbisch-Fränkischer Wald bei Mainhardt); Plothener Seenplatte
bei Schleiz; isoliert in Südböhmen (Teichgebiet von Třeboň), im nördlichen Voralpenland
nur bei Immenstadt (Werdensteiner Moor); in den Alpen fehlend. — subatl.
Verbreitungskarten: Pankow & Rattey 1963; Mäkirinta 1964 (Finnland); Meusel et al. 1965;
Jalas & Suominen 1972; Krach 1976.
Anmerkungen: Die ganz untergetauchte Form („f. *natans* Mérat; f. *submersa* Glück")
kommt mit flutenden, 50—100 cm langen Schwimmblättern meist steril in tiefen Tümpeln
(bis 150 cm) und langsam fließenden Abzugsgräben der Moore vor; so beobachtet bei
Pößneck, Klosterlausnitz, Homburg, Triglitz (Prignitz) und Hoyerswerda; auch in Finnland. — In Finnland stets submers in 70—230 cm Tiefe im Sublitoral auf schlammbedeckten
Mineralböden. — Wenn *P. globulifera* ganze Flächen überziehende Schwaden bildet, ähnelt
sie in der Tracht sehr *Eleocharis acicularis* oder *Juncus bulbosus*, mit denen sie oft gemeinsam
vorkommt. Sie läßt sich leicht von diesen Arten durch ihre in der Jugend an der Spitze
uhrfederartig eingerollten und im entfalteten Zustand häufig noch etwas gewundenen und
außerdem viel dickeren Blättern unterscheiden. — Die Einzelstandorte unterliegen sehr
dem Einfluß menschlicher Tätigkeit. So sind viele Standorte (z. B. die am Großen Dechsen-
dorfer Weiher und im Moorweiher-Gebiet bei Erlangen) wasserbaulichen Maßnahmen zum
Opfer gefallen. Andererseits begünstigen gerade derartige Maßnahmen (z. B. Anlage von
Entwässerungsgräben, Tongruben usw.) die Ansiedlung neuer Populationen.

2. Pilularia minuta Durieu ex A. Braun (Fig. 9k—l)
Pflanzen kleiner (nur 1—5 cm hoch), winzige Rasen bildend. Rhizom fadendünn, im
Schlamm kriechend. Blättchen höchstens 6 cm lang, bis 0,8 mm dick, pfriemlich, sehr zart
und schlaff, einzeln stehend. Kapsel stecknadelkopfgroß, kurz gestielt. — Sporenreife
V—VI.
Vorkommen: In zeitweise feuchten Vertiefungen und an den Rändern von Gräben; im
10—40 cm tiefen Wasser; in Südfrankreich Kennart des Isoëtetum setacei in flachen
Wasserbecken im Basaltplateau von Roquehaute bei Béziers.

Verbreitung: Im westlichen Mittelmeergebiet sehr lokal verbreitet (Südwestportugal; Südfrankreich — Roquehaute; Westsizilien — Trapani; Sardinien — Tempio, Domus de Maria; Korsika), in Marokko und Algerien; Westtürkei.
Verbreitungskarten: Meusel et al. 1965; Jalas & Suominen 1972.

Familie **Salviniaceae**

Meist kleine, zarte, einjährige oder ausdauernde, auf der Wasseroberfläche frei schwimmende Pflanzen (Sporophyten) mit horizontalem, verzweigtem oder unverzweigtem Stengel, ohne Wurzeln, nicht verankert. Blätter in der Knospenlage gefaltet, bis 1,5 cm lang, gegenständig in dreizähligen Quirlen; zwei Blätter jedes Quirls auf dem Wasser schwimmend (Schwimmblätter), elliptisch, eines untergetaucht und wurzelähnlich zerschlitzt (Tauchblatt), am Grunde die Sporokarpien tragend. Sporokarpien kugelig, 1fächerig, 1geschlechtig, die einen mit sehr zahlreichen Mikrosporangien an langen, einzellreihigen Stielen, die anderen mit weniger zahlreichen, kurzgestielten Megasporangien.
Die Familie umfaßt eine Gattung mit etwa 12 Arten, die meisten in den Tropen Afrikas und Südamerikas; auffallend reich an Salvinia-Arten ist Madagaskar. In Europa nur *S. natans* und *S. rotundifolia*. Als Aquarienpflanze wird *S. molesta* D. S. Mitchell (fälschlich *S. auriculata* Aublet genannt) gezogen, die hier und da vorübergehend als Aquarienflüchtling aufgetreten ist, so vor allem im wärmeren Europa; als Wasserpest in den afrikanischen und asiatischen Tropen gefürchtet.

1. **Salvinia** Guettard

Mit den Merkmalen der Familie.
Wichtigste Literatur: Möbius 1916; Herzog 1935, 1938; D'Amato-Aranzi 1957; De la Sota 1962, 1963, 1964; Mitchell 1965, 1972; Reed 1965; Cook & Gut 1971; Mitchell & Thomas 1972; Nguyen-van-Vuong 1973.

Bestimmungsschlüssel der Arten:

1a   Papillen auf den schwimmenden Blättern höckerig, kurz, 0,2—0,8 mm hoch; Blätter
     meist flach ausgebreitet; megasporangiale Sori kugelig. . . . . . . **1. S. natans** (S. 72)
1b   Papillen auf den schwimmenden Blättern spitz zulaufend, relativ (2—3 mm)
     hoch; Blätter meist kahnförmig; megasporangiale Sori ellipsoidisch (zitronen-
     förmig) . . . . **2. S. rotundifolia** (S. 74)

1. Salvinia natans (L.) Allioni (Fig. 10h—i)
1jährige Stengel 3—20 cm lang, 1—2 mm im Durchmesser, unverzweigt oder verzweigt. Blätter etwa 1 mm gestielt; Schwimmblätter flach auf der Wasseroberfläche ausgebreitet, 10—15 mm lang, 5—10 mm breit, im Umriß elliptisch, am Grunde schwach herzförmig, am Vorderrande stumpf oder schwach gekerbt, unterseits zerstreut borstlich behaart, zuletzt braunrötlich, oberseits dicht mit niedrigen, höcker- bis warzenähnlichen, 0,2—0,8 mm hohen, in Reihen zwischen den Nerven stehenden Papillen (Protuberanzen) bedeckt, die je 3—4

Fig. 10. a—f *Azolla filiculoides* Lamarck — a Habitus, $\times\,^1/_2$; b Teil eines Sprosses von oben gesehen, $\times\,4$; c Teil eines fruchtenden Sprosses von unten gesehen, die einfachen Wurzeln und 2 Mikrosporokarpien, jedes mit einem Megasporokarpium an seiner Basis, zeigend, $\times\,5$; d Mikrosporangium, innen mit den Massulae, $\times\,20$; e Mikrosporokarp mit den Mikrosporangien im Innern, $\times\,5$; f Blatt, bestehend aus dem oberen (rechts) und unteren Lappen, $\times\,6$. g *Azolla caroliniana* Willdenow — Habitus, $\times\,3$. h—i *Salvinia natans* (L.) Allioni — h Habitus, $\times\,^1/_2$; i Sporokarp. k *Salvinia rotundifolia* Willdenow — Habitus, $\times\,^1/_4$ (a—f nach Aston 1973, g—i nach Weymar 1955, k nach De Wit 1971).

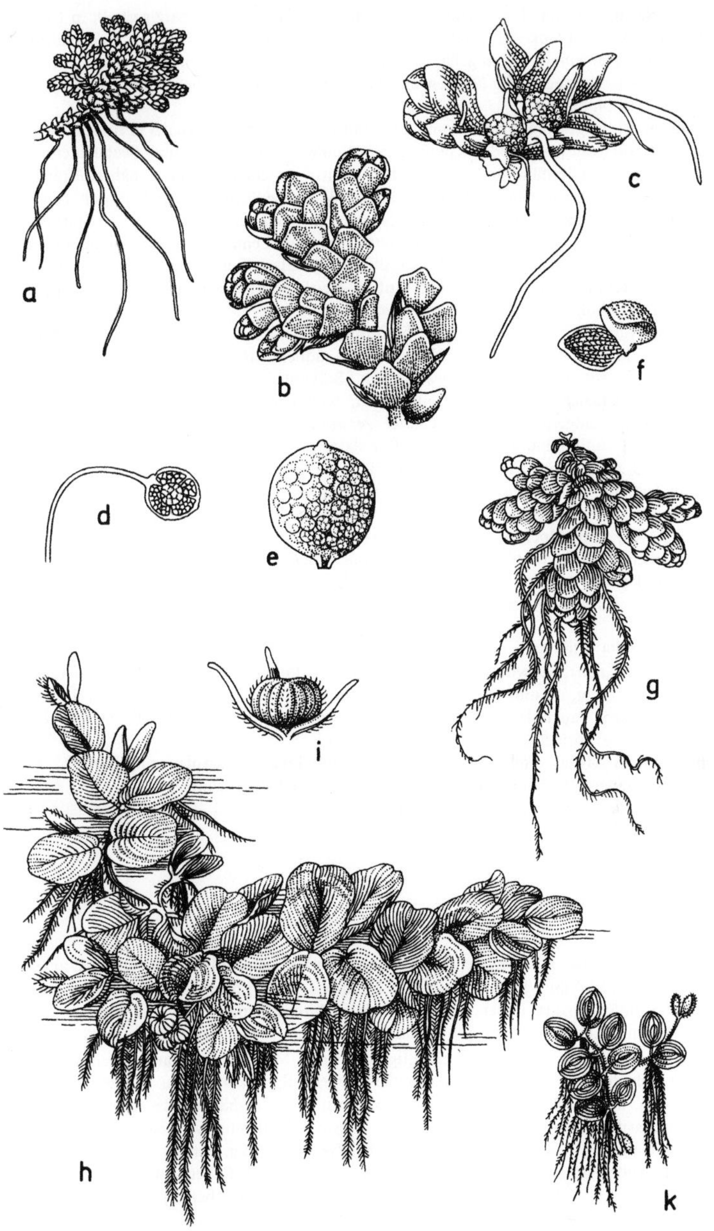

kleine, 5—9zellige, braune Haare tragen, bläulich-grün; Tauchblätter kurz gestielt, in 10—14 haarförmige, 3—7 cm lange wurzelähnliche Abschnitte (Scheinwurzeln) geteilt. Sporokarpien (Sori) in Gruppen von 3—8, kugelig, behaart, Durchmesser zur Reifezeit etwa 3 mm, die untersten mit 1—2 Mega-, die übrigen mit Mikrosporangien. — Sporenreife: VIII—X. — $2n = 8, 18$ (16, 24, 30, 48).

Vorkommen: Meist gesellig in Schwimmdecken mit *Lemna* oder *Hydrocharis* in ruhigen, windgeschützten, oft von Wald oder Gebüsch umstandenen Altwässer- und Seebuchten; im flachen Wasser in Ufernähe und oft zwischen eindringendem Röhricht in nährstoffreichen (eutrophen), sommerwarmen Gewässern; hohes Wärmebedürfnis, entwickelt sich erst im Juni und stirbt bereits in den ersten kalten Nächten im Oktober ab; Kennart des Spirodelo-Salvinietum natantis, auch im Hydrocharitetum und im Lemno-Spirodeletum polyrhizae; in Südosteuropa in den meisten Wasserpflanzengesellschaften, z. B. auch im Myriophyllo-Nupharetum; dort auch als Unkraut in Reisfeldern; Verbreitung durch Vogelzug und durch Floßholz. — L: hyd T nat/Hydroch.

Verbreitung: Eurasien; mit zwei Hauptverbreitungsgebieten: Ostasien (Indomalaischer Archipel, Südchina bis Mitteljapan und Mandschurei) und südliches und östliches Europa (Pyrenäen, Ober- und Mittelitalien, Pannonisches Becken, Balkanhalbinsel); außerdem vereinzelt in Algerien; Vorderasien, Kaukasus, Zentralasien, westliches Sibirien; in Nordamerika als Aquarienpflanze eingeführt. — Im Gebiet zerstreut bis selten in den sommerwarmen Regionen, z. T. unbeständig und starken Populationsschwankungen unterworfen (so z. B. im Rheinland, an der mittleren und unteren Elbe, im Havelland, im Oderbruch, im Warthe-Weichsel-Tiefland, im Masurischen Weichsel-Tiefland, im Lubliner Hügelland, im Karpaten-Vorland); im nördlichen Alpenvorland bei Genf (Cartigny); im Wiener Becken; in Böhmen (Vysoké Mýto); am Alpensüdrand im unteren Aostatal, bei Chiavenna, Colico, Meran.- Wärmezeitlich offenbar weiter verbreitet. — euras (kont).

Verbreitungskarten: Bergdolt 1935; Žaparenko 1956; Müller-Stoll & Krausch 1959; Meusel et al. 1965; Jalas & Suominen 1972; Philippi 1978 (Oberrheingebiet).

2. S. rotundifolia Willdenow (Fig. 10k)
Ähnelt sehr *S. natans*; Schwimmblätter dicht gedrängt, kurz gestielt, kahnförmig, am Vorderrande nicht gekerbt, 15 mm lang und 15—20 mm breit, auf der Oberfläche mit 1—3 mm hohen Papillen; Tauchblätter dicht borstlich behaart, kurz gestielt, 30—60 mm lang; megasporangiale Sori ellipsoidisch (zitronenförmig).
Einheimisch in Mittel- und Südamerika; angeblich lokal in Spanien eingebürgert; nach Jalas & Suominen (1972) nirgends in Europa. — Im Gebiet fehlend.

Familie **Azollaceae**

Kleine, moosähnliche, reichverzweigte Schwimmpflanzen (Sporophyt) mit echten Wurzeln. Blätter sehr dicht 2reihig, jedes Blatt tief in 2 Lappen geteilt; oberer Lappen schwimmend, oberseits papillös behaart, unbenetzbar, 1schichtig, durchscheinend, mit 1 nach unten geöffneten Höhlung („Grube"), von der Blaualge *Anabaena azollae* bewohnt; unterer Lappen untergetaucht, bis auf einen mehrschichtigen, grünen Mittelstreifen farblos, einschichtig. Wurzeln fadenförmig, an der Unterseite der Stengel. Sporokarpien zu 2 oder 4 an den Unterlappen, unter sich verschieden; die Mikrosporangien enthaltenenden größer, kugelig, die das Megasporangium enthaltenden kleiner, eiförmig. Weiblicher Vorkeim dreilappig.
Die Familie umfaßt 1 Gattung mit 6 Arten; in den Tropen und den wärmer gemäßigten Zonen verbreitet. Außer *Azolla caroliniana* und *A. filiculoides* tritt in Südeuropa gelegentlich und vorübergehend *A. pinnata* R. Brown (Massulae [Mikrosporenballen] ohne Glochidien [Widerhaken]) aus Südafrika, Südostasien und Australien adventiv auf.

1. Azolla Lamarck

Mit den Merkmalen der Familie.

Wichtigste Literatur: Marsh 1914; Herzog 1938; Svenson 1944; Sourek 1958; Hejný 1958; Di Fulvio 1961; Moore 1969; Avena et al. 1974.

Bestimmungsschlüssel der Arten:

1a Pflanzen blaugrün, im Herbst meist rötlich; Blattoberlappen stumpf, mit breitem häutigen Rand, Haare einzellig . . . . **1. A. filiculoides** (S. 75)

1b Pflanzen oft bleichgrün; Blattoberlappen spitzlich, mit sehr schmalen häutigem Rand, Haare meist zweizellig . . . . **2. A. caroliniana** (S. 75)

1. Azolla filiculoides Lamarck (Fig. 10a—f)

Pflanze einjährig bis ausdauernd, 1—2,5 (10) cm lang, fiederig verzweigt, im Umriß länglich, größer als *A. caroliniana*. Blätter schuppenförmig, blaugrün, im Herbst meist rötlich; oberer Blattabschnitt 1 mm lang, dicklich, oberseits mit einzelligen, papillösen Haaren, stumpf abgerundet, mit breitem, farblosem Hautrand, bis 2,5 mm lang und 0,9—1,4 mm breit; unterer Abschnitt größer. Megaspore kugelig, mit dicken, walzlichen Papillen besetzt. Mikrosporangien zu 35 bis 100; Mikrosporenklumpen mit Glochidien, die nicht quergefächert sind. — Sporenreife: VIII—X. — $2n = 48$.

Vorkommen: In Schwimmdecken mit *Lemna* oder *Hydrocharis* in ruhigen Altwasser-Buchten und Gräben, in nährstoffreichen Gewässern in sommerwarmer Klimalage; weniger wärmeliebend als *Salvinia*, entwickelt sich bereits in der ersten Maihälfte, kann auch nach den Novemberfrösten weiterwachsen (dann rot gefärbt) bis in den Dezember hinein; Keimung der Sporokarpien anscheinend an bestimmte Standortsbedingungen geknüpft; entwickelt sich im Frühjahr nur in bestimmten Altwässern und wird von dort mit dem Hochwasser verschleppt; bleiben sommerliche Hochwasser aus, so fehlt auch *Azolla*; im Spirodelo-Lemnetum azolletosum filiculoides; Landformen auf nassem Schlamm zusammen mit *Riccia rhenana* in Initialgesellschaften; in Südeuropa Unkraut der Reisfelder. — L: hyd T nat — k Hyd nat/Lemn.

Verbreitung: Heimisch im warmgemäßigten bis subtropischen Amerika (westliches Nordamerika von Washington an südwärts, Mittel- und Südamerika), seit 1880 in Mitteleuropa und hier an verschiedenen Stellen z. T. unbeständig, z. T. aber fest eingebürgert. Gegenwärtig zerstreute Vorkommen in Mittel-, West- und Südeuropa von Irland und Portugal über Sardinien und Mittelitalien bis nach Rumänien. — Im Gebiet: Niederlande (im Westen allgemein, auch vereinzelt im Norden und Osten), Oberrheingebiet (z. B. Ill bei Strasbourg, zwischen Ketsch und Speyer, Mainz, Kühekopf); bei Nürnberg (Gerasmühle), Neckarufer bei Benningen, verschleppt bei Königsberg (Oberteich); in einem Altwasser der Rechnitz bei Stein; vereinzelt in der Steiermark (Wundschuh); Südslowakei (Donau zwischen Močou und Kravany; zwischen Nánou und Kamenici n. Hr. bei Štúrovo). — In Europa: smed-atl.

Verbreitungskarte: Jalas & Suominen 1972.

2. Azolla caroliniana Willdenow (Fig. 10g)

Kleine, höchstens pfenniggroße (7—15 mm), wenig gabelig verzweigte, ausdauernde Pflanze. Blätter schuppenförmig, grün, oberseits rot, oberer Blattabschnitt kurz, 0,5 mm lang, länglich-rhombisch, stumpf, weich, oberseits mit 2zelligen, papillösen Haaren. Mikrosporangien zu 8—40; Mikrosporenklumpen mit dicht quergefächerten Glochidien besetzt. Megasporen mit 3 Schwimmkörpern, Oberfläche feinkörnig. — Sporenreife: VIII—X. — $2n = 48$.

Vorkommen: In Wasserlinsen-Decken; im Cernica-See bei Bukarest z. B. in verschiedenen Wasserlinsen-Gesellschaften, besonders aber im Ceratophyllo-Azolletum carolinianac, oft große Flächen bedeckend, aber nicht in jedem Jahre gleichmäßig verbreitet. — L: k Hyd nat/Lemn.

Verbreitung: Einheimisch im wärmeren Amerika (nordwärts bis zum Ontario-See, südwärts bis Brasilien). Seit 1872 in die botanischen Gärten Europas eingeführt und von dort ver-

wildert (z. B. in Portugal, England, Frankreich, Italien, Ungarn, Rumänien). — Im Gebiet an verschiedenen Stellen besonders im Westen zeitweilig eingebürgert, seltener und unbeständiger als *A. filiculoides*, oft mit ihr verwechselt, stellenweise in den letzten Jahren stark zurückgegangen und an vielen Stellen ganz verschwunden. Scheint sich in Mitteleuropa an den jeweiligen Standorten nicht dauernd halten zu können; z. B. Oberrheinebene, Neckargebiet. — In Europa med-atl.
Verbreitungskarte: Jalas & Suominen 1972.

Klasse **Monocotyledoneae (Liliopsida)**

Familie **Typhaceae**

Aufrechte, ansehnliche, ausdauernde, krautige Sumpf- und Wasserpflanzen mit dickem, kriechendem, wenige mm bis mehrere m langem, mehr oder weniger entfernt schuppig beblättertem Rhizom. Aufrechte Endabschnitte der sterilen Sprosse verdickt, 1 bis wenige cm lang, selten länger, mit einer Rosette aus 2zeilig angeordneten, langen, schmalen, grasartigen, oberseits flachen, oft etwas schraubig gedrehten, steifen Laubblättern, deren scheidige Basen alle jüngeren Blattbasen umgreifen (Scheinstamm); diese Blätter aufrecht, schwimmend oder untergetaucht flutend, bandförmig ganzrandig. Stengel des endständigen Blütenstandes mit wenigen Laubblättern, selten nur mit Schuppenblättern, scheinbar unverzweigt bis einfach verzweigt, Gesamtblütenstand aus getrenntgeschlechtigen, traubig angeordneten Köpfchen (Doppel- oder Dreifachköpfchen) oder einem zweiteiligen, unten weiblichen und oben männlichen Kolben bestehend. Blüten klein, anemogam, in Teilblütenständen dicht gedrängt. Blütenhülle (Perigon) aus Schuppen mit ganzem oder zerschlitztem Rand oder in Haare aufgelöst. Männliche Blüten mit (1) 3 (8) Staubblättern; Staubfäden z. T. stark, Staubbeutel seltener verwachsen. Weibliche Blüten mit meist 2 Fruchtknoten; Fruchtknoten 1—2 (3) fächerig; Narben linealisch bis oval, auf gemeinsamem Griffel, selten kopfig-kugelig und fast sitzend. Hydrochore Steinfrucht oder anemochores, häutiges Nüßchen mit bleibendem Perigon, 1—2—(3)samig.
Die Familie umfaßt die Gattungen *Sparganium* (hydrochor und endozoochor) und *Typha* (anemochor), zusammen mit etwa 35 Arten.
Wichtigste Literatur: Graebner 1900; Loew 1908; Müller-Doblies, U. 1969; Müller-Doblies, D. 1970; Müller-Doblies & Müller-Doblies 1977.

Bestimmungsschlüssel der Gattungen:
1a Gesamtblütenstand aus mehreren getrenntgeschlechtigen Köpfchen bestehend; Perigon meist aus Schuppen mit ganzem oder zerschlitztem Rand, selten in Haargebilde aufgelöst; hydrochore (oder endozoochore) Steinfrucht **1. Sparganium** (S. 76)
1b Gesamtblütenstand meist aus einem zweiteiligen, unten weiblichen und oben männlichen Kolben bestehend; Perigon meist in Haargebilde aufgelöst, selten schuppenförmig; Frucht ein anemochores, häutiges Nüßche . . . . **2. Typha** (S. 91)

1. **Sparganium** L.

Ausdauernde, aufrechte oder flutende Sumpf- und Wasserpflanzen mit ausläufertreibendem Rhizom. Blätter sitzend, zweizeilig angeordnet, grasartig, steif oder schlaff, stumpflich oder in eine feine Spitze ausgezogen, mit Gitternervatur. Blütenstandsachse verzweigt oder einfach, eine endständige Rispe, Ähre oder Traube tragend. Blüten einhäusig; in eingeschlechtigen, seitenständigen oder scheinbar endständigen, kopfigen Teilblütenständen (Zwei- oder Dreifachköpfchen) vereinigt, die übereinander auf der zickzackförmigen Blütenstandsachse sitzen. Obere Köpfe männlich, 3—13, in den Achseln von (bleibenden) Hochblättern; männliche Blüten mit Hülle aus meist 1 undeutlichen Tragblatt und 3, seltener 1—6schuppigen Perigonblättern sowie (1) 3—6 (8) Staubblättern. Untere Köpfe weiblich, 1—4, morgensternartig, in den Achseln stengelblattartiger Hochblätter, ihre Stiele oft mit der Achse verbunden, die Köpfchen daher „extraaxillär" sitzend; weibliche Blüten mit Hülle aus 1 Tragblatt und (2) 3—4 (5)schuppigen Perigonblättern sowie einem einfächerigen, meist einsamigen Fruchtblatt. Narbe 1 auf langem Griffel, länglich bis kurz spatelig. Steinfrucht mit glattem oder gefurchtem Steinkern.

Die Gattung umfaßt etwa 20 Arten und ist vor allem in den außertropischen und hier besonders in den kälteren Gebieten der Nordhemisphäre verbreitet. In Südaustralien und Neuseeland kommen zwei Arten vor (*S. erectum*, *S. antipodum* Graebner).

Wichtigste Literatur: Čelakovský 1896; Graebner 1900; Ascherson & Graebner 1912; Fernald 1922; Suessenguth 1935; Beal 1960; Cook 1961 a, b, 1962; Riedl 1969; Müller-Doblies 1969, 1970; Soó 1971; Ponert 1972; Weber 1975, 1976.

Bestimmungsschlüssel der Arten:

1a Blütenstandsstengel zumindest im unteren Teile verzweigt **2**

1b Blütenstandsstengel unverzweigt mit ährig oder traubig angeordneten Köpfen; alle männlichen Köpfe an der endständigen Hauptachse, unterste weibliche Köpfe oft kurz gestielt. **3**

2a Blütenstandsstengel an normal entwickelten Pflanzen aufrecht, nicht flutend, verzweigt, mit rispig angeordneten Köpfen; Griffel walzlich, nicht scharf hakig gekrümmt; obere weibliche Köpfe mit gut sichtbaren Tragblättern **1. S. erectum** (S. 78)

2b Blütenstandsstengel mit 1—2 basalen Seitenzweigen; Griffel im Fruchtzustand scharf hakig gekrümmt; obere weibliche Köpfchen ohne auffällige, gut sichtbare Tragblätter . . . . **2. S. friesii** (S. 82)

3a Blätter aufrecht, steif, deutlich gekielt, im untersten Drittel dreikantig (im Querschnitt dreieckig); selten flutend und dann im oberen Teil wenigstens auf dem Rücken mit vorspringendem Mittelnerv; männliche Blütenköpfe 3—10, voneinander entfernt . . . . **3. S. emersum** (S. 82)

3b Blätter wenigstens mit ihrem oberen Teil auf der Wasseroberfläche schwimmend oder flutend, schlaff, ungekielt, ganz flach oder gegen die Basis hin auf dem Rücken gewölbt (im Querschnitt halbkreisförmig), meist ohne vorspringenden Mittelnerv; aufrechte Luftblätter gewölbt, dicklich dreikantig oder in der unteren Hälfte scharf gekielt; männliche Köpfe 1—6 . . . . **4**

4a Narben lang, fädlich, wenigstens 5—6mal so lang wie breit. Männliche Köpfe (1) 2—3 (6) einander genähert und sich meist berührend; Stengelblätter am Grunde auffällig scheidig aufgetrieben, bis 8 mm breit, in eine lange, fast fadendünne Spitze ausgezogen; Früchte spindelförmig, in der Mitte am dicksten, spitz geschnäbelt; Steinkern eiförmig, beiderseits ziemlich kurz zugespitzt . . . .
. . . . **4. S. angustifolium** (S. 86)

4b Narben fast sitzend, kurz, eiförmig, kopfig-kugelig oder pfriemlich, höchstens 3mal so lang wie breit; männliche Köpfe einzeln (selten 2). Früchte eiförmig bis spindelig, kurz geschnäbelt **5**

5a Überwasserblätter meist aufrecht, manchmal schwimmend, unterseits deutlich gekielt; weibliche Köpfchen (2) 3—4 (6), die oberen durch Übergreifen der Konkauleszenz der Stiele bis auf das nächste Internodium einander stark genähert
. . . . **5. S. glomeratum** (S. 87)

5b Überwasserblätter sämtlich ganz flach, ohne Kiel oder vorspringende Mittelrippe; weibliche Köpfchen 1—3, einander nicht stark genähert **6**

6a Blätter 2—8 mm breit, dünn, meist durchscheinend; Blütenstandsstengel nicht auffällig hin und hergebogen; Stiele der 2—3 weiblichen Köpfe nicht mit der Hauptachse verwachsen, in den Achseln der Tragblätter sitzend oder kurz gestielt; meist nur 1 männliches Köpfchen; Staubbeutel 2—3mal so lang wie dick. Narben eiförmig bis kugelig, höchstens 3mal so lang wie breit, fast sitzend . . **6. S. minimum** (S. 87)

6b Blätter 1—3 mm breit, relativ dick; Blütenstandsstengel auffällig hin - und her-
gebogen; Stiele der unteren der 1—3 weiblichen Köpfe ganz oder teilweise mit der
Hauptachse verwachsen, wenigstens der untere Kopf nie in der Achsel eines
Tragblattes; meist nur 1 männliches Köpfchen, dicht über dem obersten weiblichen
Kopf stehend; Staubbeutel höchstens $1^1/_2$mal so lang wie dick. Narben fast kugelig
. . . . **7. S. hyperboreum** (S. 88)

1. Sparganium erectum L. em. Reichenbach (Fig. 11)

   S. ramosum Hudson

Aufrechte, 30—150 (200) cm hohe, selten flutende Sumpf- und Uferpflanzen mit dickem,
kriechendem Rhizom, dessen aufrechter Abschnitt knollig, dick und im Alter holzig ist.
Tauch-(Primär-)blätter 3—5, sehr schwach entwickelt, 10—35 cm lang, 1,5—5,5 cm breit,
bandförmig, nur gegen den Grund hin flach und nicht scharf gekielt. Grundständige Folgeblätter fächerartig schräg aufrecht, aus rosafarbenem, kaum gitternervigem Grunde 50
bis 150 (320) cm hoch, (3) 10—20 (28) mm breit, gekielt, im unteren Teil 3kantig, mit abgerundetem, abgestutztem oder zugespitztem Vorderende; obere Stengelblätter am Grunde
nicht scheidig erweitert. Blütenstand stets viel kürzer als die grundständigen Blätter; Stengel
(4) 9—20 mm dick, verzweigt, alle Zweige in den Achsen von 4—50 (70) cm langen und
5—15 (30) mm breiten Tragblättern; Stiele der Seitenzweige nicht mit der Hauptachse
verwachsen; Seitenzweige (0) 2—5 (9), mit (0) 1—3 (6) unteren weiblichen und (0) 6—9 (16)
oberen männlichen Köpfchen, oft der oberste, selten der zweitoberste Seitenast rein männlich, der unterste gelegentlich rein männlich mit 1—2 weiblichen Köpfchenrudimenten
oder nur aus 1 gestielten weiblichen Köpfchen mit rudimentiertem männlichen Abschnitt
bestehend; Endabschnitt oberhalb der Seitenzweige ohne weibliches und mit (3) 5—15 (22)
männlichen Köpfchen. Männliche Köpfchen vor dem Aufblühen durch die dicken, dunklen
Perigonspitzen schwarzgrün gefleckt, 5 mm im Durchmesser, aufgeblüht 10—12 mm im
Durchmesser. Staubbeutel 1,2—1,5 mm lang, 3—4mal so lang wie dick. Weibliche Blütenköpfchen 12—20 mm im Durchmesser; Griffel-Narbenregion walzlich, weiß, 1,5—4 (5) mm
lang, schwach in verschiedenen Richtungen gekrümmt. Fruchtköpfchen mit Schnäbeln
(15) 20—26 (32) mm dick. Früchte (ohne Schnabel) 4—12 mm lang, 2—7,5 mm breit, von
unterschiedlicher Gestalt. Steinkern 3—5 mm lang, mit 6—10 scharfen bis gerundeten
Längsrippen. — $2n = 30$. — Blütezeit: VI—VIII (IX).

Verbreitung: In der gesamten nördlichen gemäßigten Zone, bis ins Mittelmeergebiet, in
Asien südlich bis zum Himalaja und in Nordamerika bis zum Mississippibecken; nicht in
Indien und Südostasien; Australien, Neuseeland.

Verbreitungskarten: Cook 1962 (Britische Inseln); Perring 1968 (Großbritannien); Eloranta
1970 (Finnland); Hultén 1971.

Anmerkungen: Die Art kann sich vegetativ stark ausbreiten und verträgt herbstliche Mahd
der Gräben und Kanäle gut. — Im blütenlosen Zustand von *Sparganium emersum* durch die
charakteristische Blattnervatur unterscheidbar: Nerven deutlich hell durchscheinend; dunkle
Querverbindungen zwischen den Nerven (frisch) fehlend oder (welk bzw. trocken) schwach
hervortretend; „Stresemann"-Streifenmuster.

Die Gesamtart zerfällt in mindestens 6 Unterarten (vgl. dagegen Riedl 1969: Arten),
die sich nur an den reifen Früchten unterscheiden lassen; die Trennung ist nicht ganz
scharf. Die Fruchttypen scheinen nicht mit anderen vegetativen oder floralen Merkmalen zu
korrelieren (vgl. Müller-Doblies & Müller-Doblies 1977). In gewissem Sinne nehmen
subsp. *microcarpum* und subsp. *oocarpum* eine Mittelstellung zwischen den beiden anderen
Unterarten ein. Alle übrigen in der Literatur erwähnten Sippen (vgl. Glück 1923, 1936;
Suessenguth 1935) sind Standortsmodifikationen und ohne taxonomische Bedeutung.

Fig. 11. *Sparganium erectum* L. em. Reichenbach — a blühender Sproßgipfel, $\times^1/_3$;
b Stengelbasis mit Ausläufer, $\times^1/_3$; c fruchtender Sproßgipfel, $\times^1/_3$; d Frucht der subsp.
erectum, $\times 4$; e Frucht der subsp. *microcarpum* (Neuman) Domin, $\times 4$; f Frucht der subsp.
oocarpum (Čelakovský) Domin, $\times 4$; g Frucht der subsp. *neglectum* (Beeby) K. Richter,
$\times 4$ (a—c frei nach Nordhagen 1948, d—g frei nach Cook 1961 b).

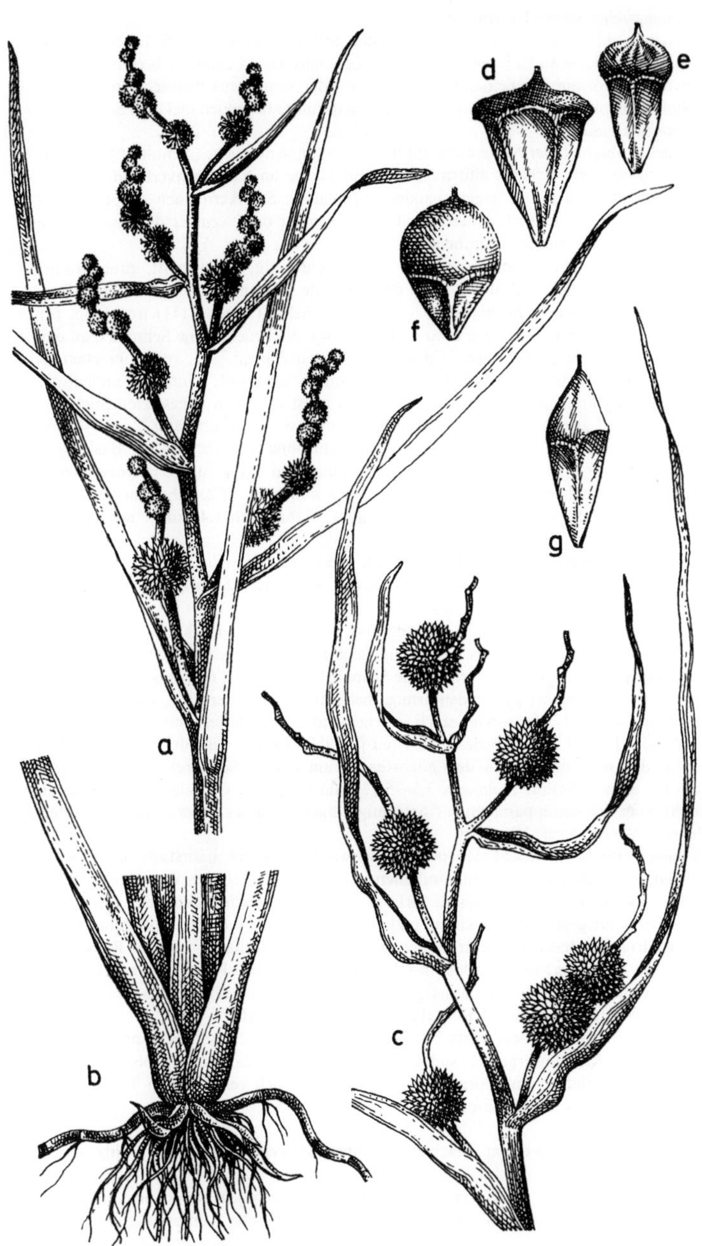

Bestimmungsschlüssel der Unterarten:

1a Früchte oberhalb der Mitte am breitesten (oft mit deutlicher „Schulter"), nicht
spindelförmig, etwa zu $^2/_3$ oder mehr im Köpfchenverband einander berührend, dort
pyramidenförmig gegeneinander abgeplattet oder wenigstens deutlich längskantig;
Steinkern mit gerundeter Basis, deutlich vom darunter liegenden lockeren Schwammgewebe abgesetzt 2

1b Früchte oberhalb der Mitte nicht am breitesten (ohne deutliche „Schulter"), spindelförmig bis breit verkehrt eiförmig, etwa zur Hälfte im Köpfchenverband einander
berührend, dort kaum gegeneinander abgeplattet; Steinkern nach unten kegelig
verjüngt, mit undeutlich abgesetzter Basis, mit mehr oder weniger derbem Gewebe
am Grunde der Frucht beginnend 3

2a Fruchtoberteil fast flach oder kurz pyramidenförmig, meist matt, rauchbraun;
Unterteil von der „Schulter" nach dem Grunde gleichmäßig lang verkehrt-pyramidenförmig, stark abgeplattet, 3—6kantig; Früchte (5) 6—8 (11) mm lang, (4)
5—6 (7) mm breit; Steinkern etwa $^2/_3$ so lang wie die Frucht ohne Schnabel, an der
Basis mit mehreren Füßchen, den herablaufenden Rippen **1.1.** subsp. **erectum** (S. 80)

2b Fruchtoberteil gewölbt-zwiebelförmig, gelbbraun glänzend; Unterteil undeutlich
verkehrt pyramidenförmig, im untersten Teil meist zu einem abgesetzten Stiel von
1—1,5 mm Länge zusammengeschrumpft; Frucht 6—7 (8) mm lang, 2—3 (4) mm
breit; Steinkern etwa $^1/_2$ so lang wie die Frucht ohne Schnabel, an der Basis glatt
gerundet, nur 1 Rippe (Füßchen) weiter herablaufend **1.3.** subsp. **microcarpum** (S. 81)

3a Früchte spindelförmig, 7—9 mm lang, 2—3,5 mm breit **1.2.** subsp. **neglectum** (S. 80)

3b Früchte verkehrt eirundlich, 5—8 mm lang, 4—7 mm breit **1.4.** subsp. **oocarpum** (S. 81)

1.1. Sparganium erectum L. em. Reichenbach subsp. **erectum** (Fig. 11 d)
 S. ramosum subsp. *polyedrum* Ascherson et Graebner; *S. polyedrum* (Ascherson et
 Graebner) Juzepčuk in Komarov

Größte Unterart. Blätter bis 150 cm lang, bis 20 mm breit; der kräftigste Blütenstandsstengel (Hauptachse) mit bis zu 20 männlichen Köpfen; Fruchtköpfchen mit Schnäbeln
15—32 mm im Durchmesser, Früchte ohne Schnabel (4) 6—9 (12) mm lang, (3) 4—6 (7,5) mm
breit; Unterteil verkehrt-pyramidenförmig, hellbraun und unterwärts stark glänzend, im
Querschnitt scharf 3—5-(6)eckig, stark gegeneinander abgeplattet; mit deutlicher Schulter
(horizontaler Kante) zwischen dem Unterteil und dem flachen bis kurz pyramidenförmigen
Oberteil, der sich plötzlich in den höchstens 2 mm langen Schnabel verschmälert; matt,
rauch- bis schwarzbraun; Steinkern 3,5—5 (7) mm lang, den Griffelansatz erreichend, tief
gefurcht, vom Schwammparenchym ringförmig umgeben (dieses daher schwer zu entfernen).
— $2n = 30$. — Blütezeit: VI—VIII.
Vorkommen: Im Uferröhricht stehender bis schwach fließender, nährstoffreicher Gewässer;
auf tiefen, lockeren humosen Schlammböden in (10) 30—60 (150) cm Wassertiefe; bevorzugt
wärmere und kalkreiche Gewässer, verträgt Wasserspiegelschwankungen, jedoch geringe
Widerstandskraft gegen Austrocknung und bei Entwässerung schnell zurückgehend; tolerant
gegen niedrige Sauerstoffkonzentrationen und geringe Salzgehalte; verträgt Beweidung und
herbstliches Abmähen; in den Alpen bis 1600 m; Verlandungs-Pionier, Kennart des Scirpo-
Phragmitetum, mitunter in schlammigen Buchten eigene Bestände (Sparganietum erecti)
bildend, in Südeuropa auch auf Reisfeldern. — L: G rhiz/Hel.
Verbreitung: In Europa nordwärts bis England, Südschweden und Südfinnland, südwärts
bis ins südliche Mittelmeergebiet; südostwärts bis Nordpersien, ostwärts bis Zentralsibirien;
in Nordamerika südlich bis Florida. — Im Gebiet ziemlich verbreitet im Tief- und Mittelgebirgsland. — euras (smed), circ.

1.2. Sparganium erectum L. em. Reichenbach subsp. **neglectum** (Beeby) K. Richter (Fig. 11 g)
 S. neglectum Beeby
Blütenstandsstengel zur Zeit der Fruchtreife oft umgebogen oder niederliegend; am
kräftigsten Blütenstandsstengel (Hauptachse) bis 10 männliche Köpfe; Blätter 15—30 mm

breit; Früchte ohne Schnabel (5,5) 6—7 (9) mm lang, 2—3,5 mm breit, spindelförmig, sehr kurz gestielt, im Querschnitt nur ganz unten undeutlich 3—6kantig, ohne deutliche Schulter; der obere und untere Teil kegelförmig, einheitlich stroh- bis ledergelb, glänzend, nur ganz kurz gestielt (<1 mm); Schnabel meist länger als 2 mm; Steinkern 3,5—4,5 mm lang, den Griffelansatz nicht erreichend, flach längsgefurcht. — $2n = 30$. — Blütezeit: VI—VIII.

Vorkommen: An Ufern und in Gräben mit mäßig schnell fließendem, auch stehendem, klarem, frischem, sauerstoffreichem, aber auch sauerstoffarmem, bis über 0,5 m tiefem Wasser; auf nährstoffreichen, kalkarmen bis kalkreichen humosen Schlammböden; bevorzugt kühle und kalkarme, oft quellige Standorte; Wurzel-Kriechpionier, unempfindlich gegen herbstliches Abmähen; bildet oft eigene Bestände (Sparganietum neglecti); ferner im Sparganio-Glycerietum fluitantis, in Südfrankreich und auf Kreta auch im Helosciadietum (Apietum) nodiflori.

Verbreitung: In Europa nordwärts bis England, Südschweden, südwärts bis Nordafrika, ostwärts bis in den Kaukasus. — Im Gebiet ziemlich verbreitet, so im Tief- und Mittelgebirgsland, stellenweise jedoch (im Südosten) auch selten. — smed-subozean.

Verbreitungskarten: Perring 1968 (Großbritannien); Hultén 1971.

1.3. Sparganium erectum L. em. Reichenbach subsp. **microcarpum** (Neuman) Domin
  (Fig. 11 e)
  S. microcarpum (Neuman) Čelakovský

Blätter 10—15 mm breit; kräftigster Blütenstandsstengel (Hauptachse) mit 5—12 männlichen Köpfchen; Früchte ohne Schnabel (5) 6—7 (8) mm lang, 2—3,5 (4) mm breit; Oberteil kuppelförmig aufgeblasen, mit wenigen unregelmäßigen Längsfalten, geschrumpft, meist hellbraun glänzend; Unterteil 4—6 mm lang, undeutlich verkehrt pyramidenförmig, etwas bauchig, hellbraun, im untersten Teil meist zu einem Stiel von (0,8) 1—1,5 (1,8) mm Länge geschrumpft; Steinkern ei- bis birnenförmig (2,6) 3—4 mm lang, etwa $^1/_2$ so lang wie die Frucht ohne Schnabel, bis zur Stelle der größten Breite der Frucht reichend, mit niedrigen bis zuweilen scharf vorspringenden Rippen, von denen nur 1 bis zum Grunde herabläuft, sich leicht vom Schwammgewebe lösend.

Vorkommen: Wahrscheinlich wie subsp. *erectum*; scheint kühlere Gewässer zu bevorzugen.
Verbreitung: In Europa südwärts bis Nordafrika, ostwärts bis Sibirien. In Skandinavien vielleicht nur diese Sippe. — Im Gebiet wahrscheinlich ziemlich verbreitet; so in den nordöstlichen Teilen sehr häufig, such in Böhmen; im Süden (z. B. im Rußweiher bei Eschenbach in der Oberpfalz) und im Alpenraum (Oberbayern, Tirol) seltener. — no subozean.
Verbreitungskarten: Perring 1968 (Großbritannien); Uotila 1971 (Südfinnland); Tolmačev 1974.

1.4. Sparganium erectum L. em. Reichenbach subsp. **oocarpum** (Čelakovský) Domin (Fig. 11 f)
  S. oocarpum (Čelakovský) Fritsch

Früchte 5—8 mm lang, 4—7 mm breit, eiförmig bis -kugelig, im Querschnitt nahezu kreisrund, ohne deutliche Schulter, hellbraun, glänzend; der obere Teil halbkugelig, mit sehr kurzem Schnabel, der untere Teil breit kegelförmig; Steinkern stark und tief längsfurchig.
Verbreitung: Unzureichend bekannt. Nachweise aus England, Mitteleuropa, Nordafrika, Türkei. — Im Gebiet im Maas-Rhein-Weser-Tiefland (Friesdorfer Weiher bei Bonn), im Elbe-Oder-Tiefland (Nauen, Neuruppin), in der Oberrhein-Untermain-Senke (in der Schutter bei Wittelbach oberhalb Lahr; zwischen Rieselgut und Opfingen bei Freiburg); im Schwäbisch-Fränkischen-Schichtstufenland (Dechsendorf bei Erlangen); im Rußweiher bei Eschenbach; in Böhmen und Mähren; im Nördlichen Alpenvorland (Innzell bei Traunstein); im Südlichen Alpenvorland (im Etschgraben bei Unterrein; Naz bei Brixen). — subozean (?).
Verbreitungskarte: Perring 1968 (Großbritannien).
Anmerkung: Die Unterart ist vermindert fertil; die Früchte reifen sehr spät; vielleicht Bastard: subsp. *erectum* × subsp. *neglectum*. Müller-Doblies & Müller-Doblies (1977) halten die meisten *oocarpum*-Belege für subsp. *erectum* oder *neglectum*, deren Früchte konvergent eine ähnliche Gestalt erlangt haben.

2. Sparganium friesii Beurling (Fig. 12d—f)

S. gramineum Georgi

Pflanze in der Tracht an *S. angustifolium* erinnernd, Blütenstände jedoch häufig basal verzweigt. Stengel 0,5—1,5 m lang, flutend. Grundständige Blätter den Blütenstand überragend,
1—2 (3) m lang, sehr schmal (1—2 (3) mm breit), etwa die Hälfte des Blattes (die Blattspreite)
schwimmend; zwischen Blattscheide und -spreite befindet sich ein „stielartig" verschmälerter
Abschnitt. Blütenstandsachse sehr verlängert, 1,5—2 mm dick, hin und her gebogen, im
unteren Teil mit 1—2 dünnen, 10—15 cm langen Seitenzweigen; Hauptachse unten mit
2—5 weiblichen und oben mit 2—6 männlichen Köpfchen; Seitenzweige unten mit 1—4
weiblichen und oben mit 1—4 männlichen Köpfchen (es treten auch rein weibliche Seitenzweige mit 2—3 Köpfchen auf!); der unterste Kopf kann bis 55 mm lang gestielt sein;
Tragblätter 15—28 cm lang, 1,8—2 cm breit, nur im unteren oder auch mittleren Teil des
Blütenstandes entwickelt, fehlen dagegen von den oberen weiblichen Köpfchen an. Fruchtkopf 8—12 mm dick. Früchte dunkel, matt, der (bleibende) Griffel scharf hakig gekrümmt.
$2n = 30$. — Blütezeit: VII.

Vorkommen: In tiefen Gewässern der borealen Nadelwaldzone, vor allem in oligotrophen
Seen; reine Seenpflanze. — L: G rhiz/Nymph-Hel.

Verbreitung: In Nordeuropa vor allem in Schweden (besonders in den Seen des süd-
schwedischen Hochlandes) und Finnland (außer Ålands-Inseln) sowie im nördlichen Osteuropa weit verbreitet; in Norwegen nur im östlichen Hedmark; außerdem in Ostasien. —
Im Gebiet fehlend. — no (kont).

Verbreitungskarten: Hultén 1927, 1971; Tolmačev 1974.

3. Sparganium emersum Rehmann (Fig. 13a—d; Fig. 14d—g)

S. simplex Hudson

Aufrechte, 20—60 (100) cm hohe, oder flutende, bis fast 200 cm lange Ufer- und Wasserpflanze mit dickem, kriechendem Rhizom. Grundständige Tauchblätter dünn, bandförmig,
schlaff, 10—120 cm lang, (1,8) 4—8 (12) mm breit; Schwimmblätter derber, flach bis leicht
rinnenförmig, gekielt, 50—220 cm lang, (2) 5—10 (18) mm breit; im seichten Wasser und an
Land aufrechte, deutlich gekielte, 10—50 cm lange, 1,5—8 (12) mm breite Luftblätter entwickelnd. Blütenstand bis 30 cm lang, fast immer unverzweigt (selten 1 Seitenzweig mit rein
männlichen Köpfchen); männlicher Blütenstandsabschnitt 1,5—9 cm lang, mit (3) 4—7 (10)
Köpfchen; weibliche Köpfchen (1) 3—4 (6); Stiele teilweise oder ganz mit der Hauptachse
verwachsen (fast bis zum nächsten Knoten; bis 37 mm); die Abfolge der Köpfcheninsertion
beginnt unten mit blattachselständig gestielten, gefolgt von konkauleszent gestielten und
konkauleszent sitzenden und endet mit blattachselständigen sitzenden Köpfchen; das längste
Tragblatt der (untersten) weiblichen Köpfchen überragt den Gesamtblütenstand höchstens
um die Hälfte. Männliche Köpfchen bis über 20 mm im Durchmesser; Staubbeutel (1)
1,2—2 mm lang, 5—8mal so lang wie dick. Weibliche Blütenköpfchen 13—17 mm im
Durchmesser; Perigonblätter durchscheinend, hell, ohne dunkle Spitze. Griffel-Narbenregion
(3,5) 4—5,5 mm lang, einen charakteristischen Strahlenkranz um das Köpfchen bildend.
Fruchtköpfchen 20—27 (32) mm im Durchmesser. Früchte (trocken) glänzend, gelblichbraun. 1,5—3 (4) mm lang gestielt, ohne Schnabel 5—8 mm lang (Schnabel 4—6 mm lang).
Steinkern 2,5—3,5 mm lang, eiförmig, glatt mit wenigen feinen Längsfurchen. — $2n = 30$.
— Blütezeit: VI—VII (IX).

Anmerkungen: Im blütenlosen Zustand von *Sparganium erectum* durch die charakteristische
Nervatur unterscheidbar: Die dunklen Längsnerven sind durch ebenso dunkle Quernerven
mehr oder weniger rechtwinklig verbunden, wodurch im durchscheinenden Licht ein dunkles
Fachwerkmuster sichtbar wird. — Die Variabilität ist erheblich; von einigen Autoren
werden 2 sehr umstrittene Unterarten anerkannt. Während Cook (1961a, b) und Müller-

Fig. 12. a—c *Sparganium angustifolium* Michaux fil. — a Sproßbasis mit Ausläufer, × ¹/₃;
b Fruchtstand, × ¹/₃; c Frucht, × 5. d—f *Sparganium friesii* Beurling — d blühender Sproßgipfel, × ²/₅; e fruchtender Sproßgipfel, × ²/₅; f Frucht, × 8 (a—f nach Nordhagen 1948).

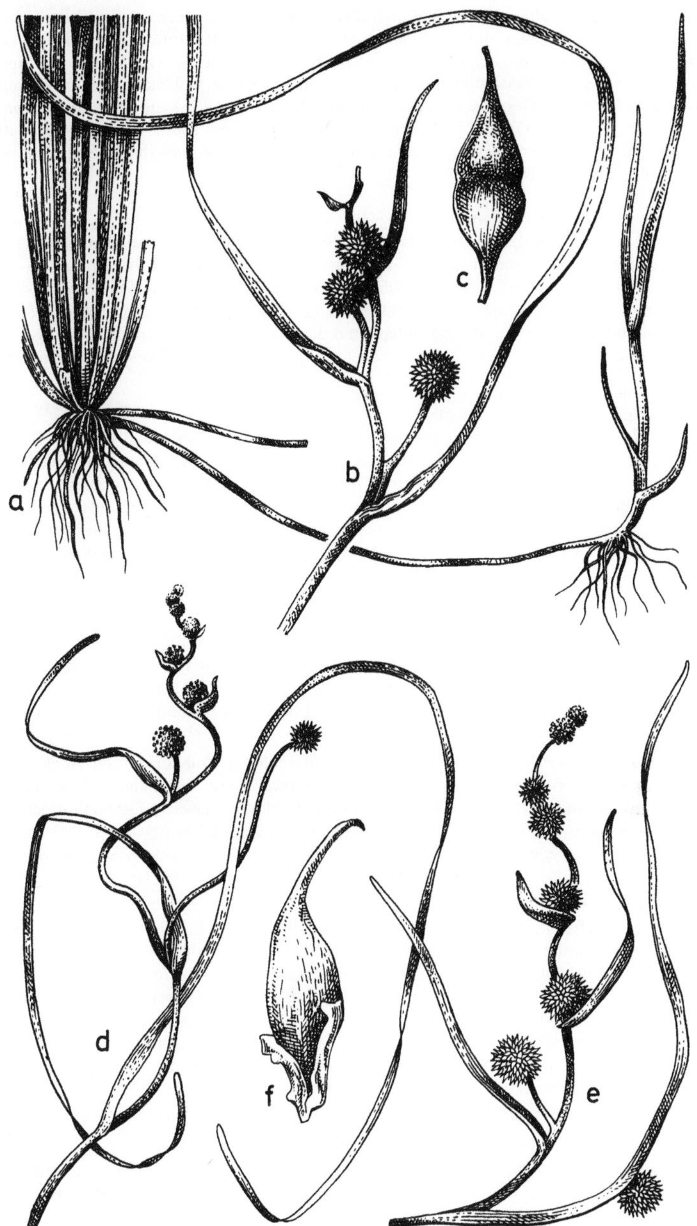

Doblies & Müller-Doblies (1977) daran festhalten, daß subsp. *emersum* („f. *longissimum* Fries") eine unbedeutende, durch fließendes Wasser verursachte Modifikation ist, betonen Glück (1936) und vor ihm schon Graebner (1912) und Suessenguth (1935), daß die Sippe die riemenförmigen „Wasserblätter" auch auf Schlammboden beibehält und keine Luftblätter entwickelt. Im Gegensatz zu den gelegentlich flutenden Formen der subsp. *simplex* („f. *fluitans* Godron et Grenier", „f. *natans* Glück") gelangt die subsp. *emersum* zur Blüte. Alle übrigen in der Literatur (vgl. Suessenguth 1935, Glück 1936) erwähnten Sippen haben keine taxonomische Bedeutung.

Bestimmungsschlüssel der Unterarten:

1a Pflanzen in der Regel flutend; Blätter bandförmig, abgeknickt und den oberen Abschnitt als „Schwimmblatt" auf den Wasserspiegel legend, auch bei sinkendem Wasserstand oder auf feuchtem Schlamm nie aufrechte, 3kantige Überwasserblätter („Luftblätter") hervorbringend; blühend . . . . . **3.1.** subsp. **emersum** (S. 84)

1b Pflanzen meist aufrecht, seltener flutend und dann steril bleibend; typische 3kantige „Luftblätter" entwickelnd . . . . **3.2.** subsp. **simplex** (S. 84)

3.1. subsp. **emersum** (Fig. 14d—g)

  S. longissimum (Fries) Baumann

Pflanze flutend; Blütenstandsstengel und alle Grundblätter länger als 100 cm; Blätter bandförmig, trocken sehr zerbrechlich, 90—200 cm lang, 3—11 mm breit, auch bei sinkendem Wasserstand oder auf feuchtem Schlamm nie aufrechte, 3kantige „Luftblätter" hervorbringend; zur Spitze zu erst allmählich und dann plötzlich in eine stumpfe Spitze verschmälert, bauchseits flach, auf dem Rücken im unteren Teil 3kantig bis scharf gekielt, im oberen Teil ganz flach, mit schwacher, aber stets deutlicher Mittelrippe; die stengelständigen Blätter schwimmend und den Blütenstand über die Wasseroberfläche hebend. Weibliche Köpfe 3—5, sehr groß (zur Fruchtzeit bis 30 mm Durchmesser); männliche Köpfe 2—8, einander genähert, die oberen gedrängt.

Vorkommen: In kühlen, klaren, basenreichen, träge bis mäßig schnell fließenden Gewässern; auf meist etwas schlammigem Geröll-, Kies- und Sandgrund in Wassertiefen von 0,5 bis 1,0 m; auch auf feuchten Schlammbänken in trockenfallenden Flußbuchten und Altwässern; vor allem in Fluthahnenfuß-, auch in Seerosen- und Strandlinggesellschaften. — L: G rhiz/ Nymph.

Verbreitung: In ganz Europa außer Süditalien und südlicher Balkanhalbinsel (südlich bis etwa 40° nB) verbreitet; in Asien vom Polarkreis südwärts bis Nordindien und Südchina, ostwärts bis Japan; in Nordamerika lückenhaft von Alaska südwärts bis Kalifornien. — Im Gebiet zerstreut bis ziemlich häufig, in den Brackwasser- und Wattgebieten fehlend; im Tiefland zerstreut, stellenweise, z. B. im Spreewald, häufig, im Mittelgebirgsland häufiger. — euras, circ.

3.2. subsp. **simplex** (Hudson) Soó (Fig. 13a—d)

Pflanze meist aufrecht, seltener flutend und dann steril bleibend, 20—60 (100) cm hoch. Tauch-(Primär-)blätter 4—12, schmal bandförmig, 30—120 cm lang, 2—12 mm breit, flach, unterseits nicht gekielt, weich, schlaff, hellgrün. (Folge-)Blätter 40—70 cm lang, 3—12 mm breit, aufrecht, steif, im unteren Drittel dreikantig (im Querschnitt dreieckig), mit stumpfer Spitze; selten schlaff und flutend, dann schwach gekielt; Blattscheiden der oberen Stengelblätter nicht aufgetrieben, untere Stengelblätter gegen die Basis hin mit vielen, auffälligen Quer- (Gitter-)nerven. Blütenstand unverzweigt, 40—60 cm hoch, mit 2—5 (6) weiblichen und (2) 3—8 (10) männlichen Köpfen, voneinander entfernt; Tragblätter der unteren Köpfe laubblatt-, die der oberen schuppenartig. Fruchtknoten allmählich in den langen, schwach

Fig. 13. a—d *Sparganium emersum* Rehmann subsp. *simplex* (Hudson) Soó — a Habitus, fertiler Sproßgipfel, unten fruchtend, oben blühend, ×$^1/_3$; b männliche Blüte; c weibliche Blüte; d Frucht, ×3; e—f *Sparganium glomeratum* Laestadius ex Beurling — e Habitus, ×$^1/_3$; f Frucht, ×4 (a, d—f nach Nordhagen 1948; b, c nach Hegi 1909).

gebogenen, samt Narbe 4—6 mm langen Griffel übergehend (zur Blütezeit sind die weiblichen Köpfe daher von einem „Strahlenkranz" umgeben). — Blütezeit: (VI) VII—VIII.

Vorkommen: In Gräben oder an Ufern langsam fließender und stehender Gewässer, bis in Tiefen von 30—80 cm, auf basenreichen, oft kalkarmen, humosen Schlamm- oder Mudde-Böden; in den Alpen bis 1800 m aufsteigend; Kennart des Sagittario-Sparganietum emersi, auch in Pionierröhrichten auf ganz flach überschwemmten Schlammbänken. — L: G rhiz/Hel.

Verbreitung: In ganz Europa außer Süditalien und südlicher Balkanhalbinsel (südwärts bis etwa 40° nB) verbreitet; in Asien vom Polarkreis südwärts bis Nordindien und Südchina, ostwärts bis Japan; in Nordamerika lückenhaft von Alaska südwärts bis Kalifornien. — Im Gebiet zerstreut bis ziemlich häufig, in den Brackwasser- und Wattgebieten fehlend; im Tiefland meist zerstreut, im Mittelgebirgsland häufiger. — euras, circ.

Verbreitungskarten: Hultén 1927, 1941, 1962, 1971; Postovalova 1969; Eloranta 1970; Tolmačev 1974.

4. Sparganium angustifolium Michaux fil. (Fig. 12a—c)
   S. affine Schnizlein
Wasserpflanze; meist im Wasser (selten auf trockengefallenem Boden), gewöhnlich flutend, gelegentlich aufrecht, 10—250 cm lang oder hoch. Tauch-(Primär-)blätter vollkommen flach, zart, vergänglich, 5—27 cm lang, 0,5—2 mm breit. Grundständige Schwimm-(Folge-)blätter dicklich, (40) 100—250 cm lang; der obere, schwimmende Abschnitt 1—3,5 (5) mm breit, schlaff, vollkommen flach, ohne Kiel, (im Querschnitt schmal elliptisch), oberseits dunkelgrün, glänzend; zur Blattmitte zu unterseits fein gekielt; im unteren untergetauchten Abschnitt schmäler, unterseits gewölbt (im Querschnitt halbkreisförmig), aber nicht gekielt, blaßgrün; seltener aufrecht und dann 3kantig, ohne Kiel, in eine sehr lange, fadendünne, stumpfe Spitze ausgezogen. Stengelständige Blätter flach, am Grunde mit aufgetriebenen Blattscheiden. Blütenstandsstengel nur etwa halb so lang wie die Schwimmblätter, nur das kurze fertile Ende über die Wasseroberfläche hebend, (7) 50—135 (175) cm lang. Blütenstand unverzweigt, 1—9 cm lang; oberer männlicher Blütenstandsabschnitt 6—10 mm lang, mit (1) 2—3 (4) einander genäherten Köpfchen; weibliche Köpfchen (1) 2 (4), voneinander entfernt; Stiele der weiblichen Köpfchen ganz oder teilweise mit der Hauptachse (bis 25 mm lang) verwachsen; Köpfe über den Achseln der Tragblätter sitzend, höchstens das unterste noch mit freiem, 5—25 (55) mm langem Stiel. Tragblatt des untersten Köpfchens 10—60 (170) cm lang, wenigstens doppelt so lang wie der Blütenstand. Männliche Köpfchen 11—14 mm im Durchmesser; Staubbeutel 0,8—1,2 mm lang, 2—4mal so lang wie dick. Weibliche Blütenköpfchen (6,5) 7—11 (13) mm im Durchmesser; Narben (0,6) 0,7—0,8 (1,1) mm lang. Fruchtköpfchen 12—17 (20) mm im Durchmesser. Früchte spindelförmig, 1—1,5 mm lang gestielt, ohne Schnabel (aber mit Stiel) 4—5,5 mm lang, 2—2,5 mm dick; Schnabel 1,5—2 mm lang, braun. Steinkern 2,5—3,5 mm lang, eiförmig, glatt mit wenigen feinen Längsfurchen. — $2n = 30$. — Blütezeit: VI—IX.

Vorkommen: Gesellig in Verlandungsgesellschaften an flachen Ufern nährstoffarmer, mäßig saurer, oligotropher (-dystropher) Heidegewässer und Gebirgsseen, auch in Moorgräben, in 30—120 (220) cm Wassertiefe auf humosem Sand- oder Torfschlamm-Boden; in den Alpen bis 2350 m; Kennart des Callitricho-Sparganietum angustifolii, in Irland Kennart des Eriocaulo-Lobelietum; insgesamt Schwerpunkt in Strandling-, auch in Kleinwasserschlauch-Gesellschaften. — L: G rhiz/Nymph (-Hel).

Verbreitung: In Europa von Island und Nordskandinavien (71° nB) südwärts bis Portugal, Südspanien, Alpen, Gebirge der Balkanhalbinsel; in Asien im nördlichsten Jenissei-Lena-Gebiet, Kamtschatka und Nordjapan; in Nordamerika von den Aleuten und Alaska südwärts bis Kalifornien und New York; Grönland. — Im Gebiet im Tiefland vor allem in den Altmoränenlandschaften im Nordwesten (z. B. im Emsland) und in der Lausitz, ferner in mehreren Seen auf dem Pommerschen Höhenrücken und im Küstenland der Gdańsker Bucht (Gdańsk [Danzig]); im Mittelgebirgsland im Böhmerwald; in den Alpen hauptsächlich in Seen und Tümpeln des Alpenrosengürtels; jedoch überall meist selten. — no-subozean, circ.

Verbreitungskarten: Samuelsson 1934; Meusel et al. 1965; Hultén 1950, 1968, 1971; Tolmačev 1974.

Anmerkungen: *S. angustifolium* ist gut an die schwimmende Lebensweise angepaßt; aufrechte Landformen treten selten auf. Sie werden von manchen Autoren taxonomisch als Unterart betrachtet: subsp. *borderei* (Focke) Weberbauer: Pflanzen aufrecht, 10–30 cm hoch; alle Blätter aufrecht, alle den Blütenstand beträchtlich überragend oder nur die unteren flutend (die letzteren zur Blütezeit abgestorben), oberseits flach oder seicht rinnig, auf dem Rücken rundlich oder stumpf 3kantig, mit gewölbten Seitenflächen; männliche Köpfe 2 (seltener 3). Solche Populationen kommen am Rande von Torflöchern und Heidegewässern, auf zeitweise trockenfallenden Uferstandorten in Strandlinggesellschaften vor (in den Pyrenäen z. B. im Isoëteto-Sparganietum borderei = Isoëtetum brochonii). Cook (1961a, b) und Müller-Doblies & Müller-Doblies (1977) messen ihnen keine taxonomische Bedeutung zu. — Die seriale Abfolge der Köpfcheninsertion entspricht der von *S. emersum*. Nur das unterste weibliche Köpfchen kann rein blattachselständig gestielt sein; es kann aber auch ganz ungestielt sein. Pflanzen mit 2–3 weiblichen Köpfchen liegen im Überschneidungsbereich von *S. angustifolium* und *S. emersum*. Treten dann blattachselständig gestielte weibliche Köpfchen auf, liegt der Verdacht nahe, daß es sich nicht um reines *S. emersum* handelt, da bei dieser Art Konkauleszenz die Regel ist.

5. Sparganium glomeratum Laestadius ex Beurling (Fig. 13e–f)

Pflanze (10) 30–40 (60) cm hoch. Tauchblätter (Primärblätter) sehr zart, ohne Kiel, etwa 5 mm breit. Überwasserblätter meist aufrecht, manchmal schwimmend, bis 40 cm lang, 4–5 (10) cm breit, unterseits gekielt. Blütenstand 20–40 cm hoch, stets unverzweigt, viel kürzer als die Blätter. Untere Tragblätter schräg abstehend, 6–20 cm lang, 4–7,5 mm breit; obere Tragblätter rudimentär, scheinbar fehlend. Männliche Köpfchen klein, 1 (2), dicht über dem obersten weiblichen Kopf. Weibliche Köpfchen (2) 3–4 (6); die oberen einander stark genähert (durch Übergreifen der Konkauleszenz der Stiele bis auf das nächste Internodium); die mittleren meist so stark nach oben verschoben, daß sie dem nächst höheren Tragblatt opponiert erscheinen; die unteren 1–2 sitzen einem teilweise mit der Hauptachse verwachsenen Stiel an. Griffel nach oben zu verschmälert; Narbe kurz, pfriemlich, Fruchtkopf 9–14 mm dick; Frucht etwa 3 mm lang, 1,2–1,4 mm dick, spindelig, kurz gestielt, nach oben zugespitzt. — Blütezeit: VII. — $2n = 30$.

Vorkommen: An den Ufern von mesotrophen, kalkarmen Seen in der borealen Nadelwaldzone. — L: G rhiz-Nymph (Hel).

Verbreitung: Nord- und Nordosteuropa (westwärts bis zur norwegischen Westküste, nordwärts bis Mittelskandinavien, hier bis etwa 65° 30′ nB, nur bei Kuolajärvi bis 67°), Sibirien, ostwärts bis Sachalin und Japan; auch in Nordamerika. — Im Gebiet fehlend. — no, circ.

Verbreitungskarten: Samuelsson 1936; Miki 1961; Hultén 1962, 1971.

6. Sparganium minimum Wallroth (Fig. 15e–f)

S. natans auct.

Meist auf der Wasseroberfläche schwimmende oder untergetauchte flutende Wasserpflanze, selten aufrechte Moorpflanze; 5–50 (80) cm lang oder hoch. Grundständige Tauchblätter (4) 15–45 (60) cm lang, (2) 3–5 (10) mm breit, zart, dünn, meist durchscheinend, beiderseits flach (im Blattquerschnitt eine Lage weitlumiger Zellen, die auch in der Blattmitte stets viel breiter als hoch sind), ohne Kiel, mit stumpfer Spitze, gelblich-grün; obere Stengelblätter am Grunde oft scheidig erweitert. Blütenstand 1,5–8 cm lang, unverzweigt, nur mit dem obersten Achsenteil wenige cm über die Wasseroberfläche gehoben, mit 1–2 (4) weiblichen Köpfchen; Stiele der weiblichen Köpfchen nicht mit der Hauptachse verwachsen, immer in den Achseln der Tragblätter entspringend, das unterste Köpfchen bis 28 mm lang gestielt, sein Tragblatt 1–5 (8) cm lang, kaum länger als der Blütenstand; das oberste Köpfchen nie gestielt. Männliche Köpfe 1 (wenn 2, dann so einander genähert, daß sie wie ein einziges Köpfchen erscheinen) etwa 10 mm im Durchmesser; oft 1 einziges Zwitterköpfchen mit männlichen und weiblichen Teilen entwickelt; Staubbeutel eiförmig, 0,6–0,8 mm lang,

2—3mal so lang wie dick. Weibliche Blütenköpfchen 5—7 mm im Durchmesser; Narben sitzend, 0,7—1 mm lang. Fruchtköpfchen 8,5—11 (15) mm im Durchmesser. Früchte kurz spindelförmig, undeutlich kantig, mit nur angedeutetem Schnabel 4—6,5 mm lang, 1,5—2 mm dick, etwa 3mal so lang wie dick. Steinkern 2—2,5 mm lang, 1,2—1,4 mm dick, eiförmig, glatt, mit feinen, undeutlichen Längsnerven, hellbraun. — $2n = 30$. — Blütezeit: VI—VIII.

Vorkommen: In Verlandungs-Gesellschaften seichter Moortümpel, in Torfstichen, Gräben oder Schlenken, auch in nährstoffarmen Altwassern, Seen und Teichen, in stehendem Wasser in (5) 20—50 (120) cm Tiefe; auf basenreichen, mäßig nährstoffreichen, mäßig sauren, mesotrophen, sandigen oder reinen Torfschlamm-Böden; verträgt zeitweises Trokkenfallen des Standortes, dann als Landform auf nassem Schlamm; in den Alpen bis 2000 m, in Skandinavien bis etwa 700 m; Schwerpunkt in Kleinwasserschlauchgesellschaften; Kennart des Sparganietum minimi, auch in ärmeren Ausbildungen des Hydrocharitetum und in ärmeren Laichkraut- und Schwimmblatt-Gesellschaften. — L: G rhiz/Nymph-Hel.

Verbreitung: In Europa von 70° nB südwärts bis Zentralspanien, nördlicher Appennin, südliche Balkanhalbinsel; in Asien vom Polarkreis südwärts bis Altai, Baikalseegebiet und Kamtschatka; in Nordamerika von Alaska südwärts bis Colorado und New Jersey. — Im Gebiet zerstreut bis selten; stark im Rückgang. — no (subozean), circ.

Verbreitungskarten: Hultén 1962; Meusel et al. 1965; Postovalova 1969; Slavik 1969; Niklfeld 1972 (Österreich); Tolmačev 1974.

Anmerkungen: Nach Glück (1936) und Cook (1961 a, b) entsprechen var. *flaccidum* (Meinershagen) Ascherson et Graebner der Tiefwasser-, var. *strictum* Luerssen der Landform.

7. Sparganium hyperboreum Laestadius ex Beurling (Fig. 15a—d)
   S. submuticum (Hartman) Neuman in Krok

Meist auf der Wasseroberfläche schwimmend oder untergetaucht flutend, 10—80 cm lange Wasserpflanze mit dünnen, fädigen, weißlichen, bis 20 cm langen, im Schlamm kriechenden Ausläufern. Grundständige Schwimmblätter 5—6, relativ dick, (im Blattquerschnitt 1 Lage weitlumiger Zellen, die gegen die Blattmitte hin stets viel höher als breit sind), im obersten Teil abgeflacht, im mittleren unterseits undeutlich gekielt, (18) 40—80 cm lang, (0,5) 1—3 (7) mm breit, oberseits dunkelgrün. Blütenstand 2,5—4,5 cm lang, unverzweigt. Männlicher Blütenstandsabschnitt nur aus 1 endständigen Köpfchen auf 2—5 (10) mm langem Stiel bestehend, das dicht über dem obersten weiblichen Köpfchen steht und oft nicht aus ihm heraustritt. Weibliche Köpfchen 1—2 (3; Skandinavien bis 4), die untersten 9—20 mm lang gestielt, ihr Stiel teilweise mit der Hauptachse verwachsen. Männliche Blütenköpfchen 4—6 mm im Durchmesser; Staubbeutel kurz eiförmig bis kugelig, 0,3—0,5 mm lang, höchstens $1^1/_2$mal so lang wie dick. Weibliche Blütenköpfchen 3,5—5,2 mm im Durchmesser; Narben sitzend, fast kugelig. Fruchtköpfchen kugelig, 7—11 mm im Durchmesser. Frucht verkehrteiförmig bis breit spindelförmig, (2) 3—5 mm lang, 1—2 mm dick; Oberteil (frisch) fast rein weiß; Unterteil grauweißlich. Steinkern 2—2,5 mm lang, 1—1,7 mm dick, breit elliptisch, glatt mit wenigen feinen Längsfurchen. — $2n = 30$. — Blütezeit: VIII—IX.

Vorkommen: In flachen Tümpeln und Moorschlenken der Taiga und Tundra sowie der Hochgebirge mit kaltem, kalkarmem Wasser; z. B. zusammen mit *Utricularia ochroleuca Subularia aquatica*.

Verbreitung: Grönland, Island, Fennoskandien nördlich von 58° nB, Karelien; in Ostasien und Nordamerika südwärts bis 45° nB. — Im Gebiet nur in den Alpen: Sarntaler Alpen nördlich Bozen, in Tümpeln mit kalkfreiem Wasser am Fuße der Sarner Scharte, in 2250 bis 2350 m Höhe. — no-arct-(alp), circ.

Verbreitungskarten: Hultén 1927, 1941, 1962, 1968, 1971; Glück 1938; Porsild 1966; Postovalova 1969; Tolmačev 1974.

Anmerkung: S. hyperboreum ist an die schwimmende Lebensweise gut angepaßt. Aufrechte Landformen treten selten auf („f. *terrestre* Glück"). — Es soll Populationen geben, bei denen

Fig. 14. a—c *Althenia filiformis* Petit — a Habitus, $\times^1/_3$; b Frucht; c Fruchtstand. d—g *Sparganium emersum* Rehmann subsp. *emersum* — d Habitus, $\times^1/_3$; e Staubblatt; f männliche Blüte; g Fruchtknoten (a—c nach Reichenbach 1830; d—g nach Reichenbach 1847).

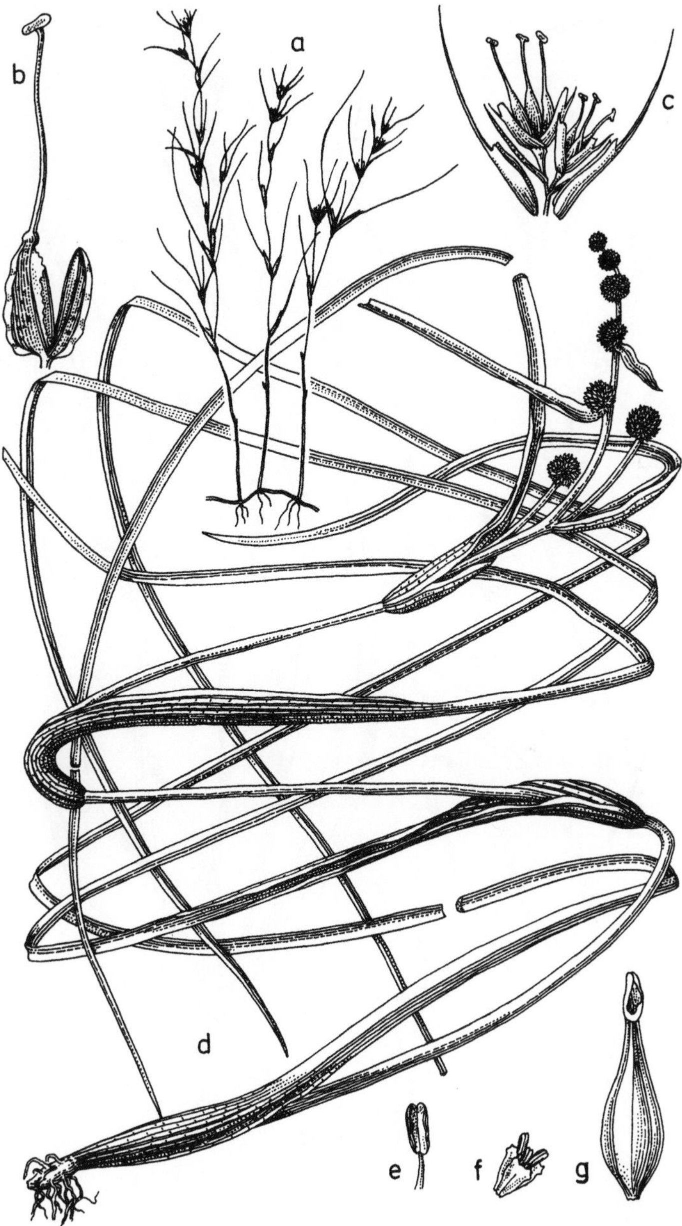

Stielung und Konkauleszenz im Blütenstandsbereich völlig fehlen können (ob reines *S. hyperboreum*?; vgl. Müller-Doblies 1969).

2. Typha L.

Ausdauernde, kräftige, aufrechte Kräuter mit kriechendem Rhizom. Laubblätter meist grundständig, 2zeilig angeordnet, bandförmig, aufrecht, mit einer Schicht von Luftkammern; mit den scheidigen Basen alle jüngeren Blattbasen umgreifend, obere Scheiden verschmälert oder oft etwas geöhrt; obere Blattabschnitte linealisch, verlängert, stumpf oder spitz, flach oder halbwalzlich oder unterseits gekielt. Stengel des endständigen Blütenstandes mit wenigen Laub-, selten nur mit Schuppenblättern (*T. minima*), scheinbar unverzweigt. Gesamtblütenstand aus einem äußerlich meist 2teiligen, unten weiblichen und oben männlichen, komplexen Kolben bestehend. Weiblicher Kolbenabschnitt (Partialkolben) am Grunde mit 1 Hochblatt, selten von mehreren Hochblättern unterbrochen; mit winzigen, vom Blütenstandsboden senkrecht (seitlich) abstehenden Teilblütenständen (Partialinfloreszenzen, Ramuli; Pedicelli, Blütenzweige), die in charakteristischer Folge auf einem Sockel erst fertile, dann sterile Blüten mit einem keulenförmigen Pistillodium und schließlich noch Blütenrudimente entwickeln. Männlicher Kolbenabschnitt am Grunde mit einem Hochblatt und außerdem von 3—9 distich alternierenden Hochblättern bzw. deren Teilblättchen unterbrochen. Blüten klein, anemogam; Perigon meist in Haargebilde aufgelöst; männliche Blüten ephemer, aus 0—3 (8) haarförmigen Perigonblättern und 1—3 (8) Staubblättern bestehend; Staubfäden überdauernd, einzeln auf der Kolbenspindel oder meist zu mehreren verwachsen („Staubblattgruppe"), Staubbeutel länglich; weibliche Blüten gestielt, mit oder ohne Tragblätter(n) und mit zahlreichen haarförmigen Perigonblättern in 4—1 Kreisen und 1 Fruchtknoten; Griffel linealisch; Narbe lineal-lanzettlich; sterile weibliche Blüten (an den Ramuli) mit 1 Pistillodium und 1 verkümmerten Samenanlage. Frucht eine gestielte, anemochore, einsamige, häutige Öffnungsfrucht („Nüßchen") mit bleibendem Perigon.

Die Gattung umfaßt etwa 15 Arten und ist über die ganze Erde verbreitet. Die meisten Arten sind charakteristische Bestandsbildner („Röhricht"). *Typha* kann als anemochorer Abkömmling des *Sparganium*-Typs aufgefaßt werden (vgl. Müller-Doblies 1970), bei dem jeder Kolbenabschnitt einem Köpfchen von *Sparganium emersum* Rehmann entspricht. Wir haben mangels Material *T. caspica* Pobedimova und *T. grossheimii* Pobedimova nicht berücksichtig (vgl. Leonora 1976).

Wichtigste Literatur: Kronfeld 1889; Graebner 1900; Ascherson & Graebner 1912; Gèze 1912; Suessenguth 1935; Hotchkiss & Dozier 1949; Pobedimova 1949; Houfek 1957; Briggs & Johnson 1968; Riedl 1970; Müller-Doblies 1970; Cvancara & Sourková 1973; Leonova 1976; Krattinger 1978.

Bestimmungsschlüssel der Arten:

1a Kolben kurz, (1,5) 3—5 (7) cm lang, fast eiförmig, seltener kurz walzlich; Achse des männlichen Kolbens ohne Perigonhaare; Blätter 1—2 mm breit; Pflanzen zierlich, 50—75 (100) cm hoch **2**

1b Kolben lang, wenigstens der männliche länger als 5 cm, walzlich; Achse des männlichen Kolbens mit Perigonhaaren; Blätter meist über 3 mm breit; Pflanzen kräftig, höher als 75 cm **3**

2a Stengel unbeblättert, am Grunde von meist spreitenlosen, weiten Blattscheiden umgeben; weiblicher und männlicher Kolben sich berührend oder nur wenig (2—4 cm) voneinander entfernt, gleichlang oder der männliche etwas länger;

Fig. 15. a—d *Sparganium hyperboreum* Laestadius ex Beurling. — a Pflanze mit Ausläuferansatz, $\times\,^1/_3$; b Fruchtstände, $\times 1^1/_5$; c 2 weibliche Köpfe mit 1 männlichen Kopf dicht darüber, $\times 1^1/_5$; d Frucht, $\times 6$. e—f *Sparganium minimum* Wallroth — e Pflanze mit Ausläufer, $\times\,^1/_3$; f Frucht, $\times 6$ (a—f nach Nordhagen 1948).

Tragblätter der weiblichen Blüten so lang wie die sehr zahlreichen keuligen Perigonhaare . . . . **1. T. minima** (S. 92)
2b Stengel beblättert, die Blätter den Blütenstand meist überragend; weiblicher und
männlicher Kolben 5—25 mm voneinander entfernt, der männliche oft kürzer als
der weibliche; Tragblätter der weiblichen Blüten länger als die weniger zahlreichen,
sehr dünnen Perigonhaare . . . . **2. T. martinii** (S. 94)
3a Weibliche Blüte mit Tragblättern, kurz, (höchstens 1 mm lang gestielt . . . . .
3b Weibliche Blüte ohne Tragblätter, länger (meist 1—2 mm, bei *T. laxmannii* unter
1 mm lang) gestielt **5**
4a Blätter weniger als 10, auf der Rückenseite gewölbt, sattgrün, die jüngsten die zimt-
braunen Kolben überragend; männliche Kolben 7—20 cm lang; Oberfläche des
weiblichen Kolbens von den fadenförmigen Narben dicht bedeckt, ohne sichtbare
Tragblätter dazwischen . . . . **3. T. angustifolia** (S. 94)
4b Blätter 10 und mehr, flach, bleichgrün, von den blaßbraunen Kolben überragt;
männliche Kolben 20—40 cm lang; Oberfläche des weiblichen Kolbens von den
Narben und den deutlich sichtbaren eiförmigen Spreiten der Tragblätter bedeckt
. . . . **4. T. domingensis** (S. 95)
5a Männlicher und weiblicher Kolben einander nicht berührend; weiblicher Kolben
3—5 (9) cm lang, bis 2,5 cm im Durchmesser, länglich-eiförmig oder kegelig-spindel-
förmig oder kurzwalzlich, braun, von dem 3—4mal längeren (9—15 cm langen)
männlichen Kolben (0,5) 2—6 cm entfernt; Narben spatelig; Perigonhaare an den
höchstens 10 mm langen Stielen der Fruchtknoten 1—10 mm lang, an der Spitze
schwach verjüngt, spitz, völlig farblos; Pollenkörner 33—40 µm im Durchmesser,
einfach; Pflanzen selten höher als 100 cm; Blätter halbwalzlich oder fast flach
. . . . **7. T. laxmannii** (S. 98)
5b Männlicher und weiblicher Kolben einander meist berührend, untereinander fast
gleichlang oder der weibliche bis doppelt so lang wie der männliche; Stiele der weiblichen Blüten länger als 1 mm; Pollen in Tetraden; Pflanzen kräftig, meist über
100 cm hoch **6**
6a Männlicher Kolben ungefähr so lang wie der weibliche, der zumindest nicht erheblich länger ist; weiblicher Kolben im Fruchtzustande schwarzbraun, da die weißen
Perigonhaare an den säulenförmigen, 1,5—2 mm langen Stielen der Fruchtknoten
nach der Blüte die schwarzbraunen, rautenförmig-lanzettlichen Narben nicht überragen; Staubbeutel 2—3 mm lang; Blätter 10—20 mm breit, beiderseits flach;
Pflanze 150—250 (400) cm hoch . . . . **5. T. latifolia** (S. 97)
6b Männlicher Kolben bis $^2/_3$ so lang wie der weibliche; weiblicher Kolben im Fruchtzustande asch- bis silbergrau schimmernd, schwarz punktiert, da die weißen
Perigonhaare an den walzlich-kegeligen, 1—1,5 mm langen Stielen der Fruchtknoten die schwarzen, spatelig-lanzettlichen Narben überragen; Staubbeutel (0,5)
1,4—2,2 mm lang; Blätter (3) 7—10 mm breit, unterseits meist etwas gewölbt;
Pflanze 100—150 cm hoch . . . . **6. T. shuttleworthii** (S. 97)

1. Typha minima Funck in Hoppe (Fig. 16a—c)
Pflanze 30—80 cm hoch, mit langen unterirdischen Ausläufern; durch vegetative Vermehrung der Einzelpflanzen in Herden von dichtstehenden, aufrechten Trieben auftretend.
Blätter sehr schmal, an den sterilen Trieben 1—1,5 (3) mm breit; blütentragende Stengel
unbeblättert, am Grunde nur mit spreitenlosen Blattscheiden oder schmalen, rudimentären,
bis 2 cm langen Blattspreiten. Männliche und weibliche Kolben 1,5—4,5 (5) cm lang,

Fig. 16. a—c *Typha minima* Funck in Hoppe — a unterer Sproßabschnitt, × $^1/_2$; b Kolben,
× $^1/_2$; c Ramulusscheitel mit letztem Pistillodium. d—f *Typha angustifolia* L. — d Blütenstand mit Hochblättern, × $^1/_3$; e Kolben voll entwickelt, × $^1/_2$; f Spitzenteil eines Ramulus
mit Pistillodien und sterilen Tragblättern (a—b nach Hegi 1909; c, f nach Müller-Doblies
1970; d nach Nordhagen 1948; e nach Heß et al. 1967).

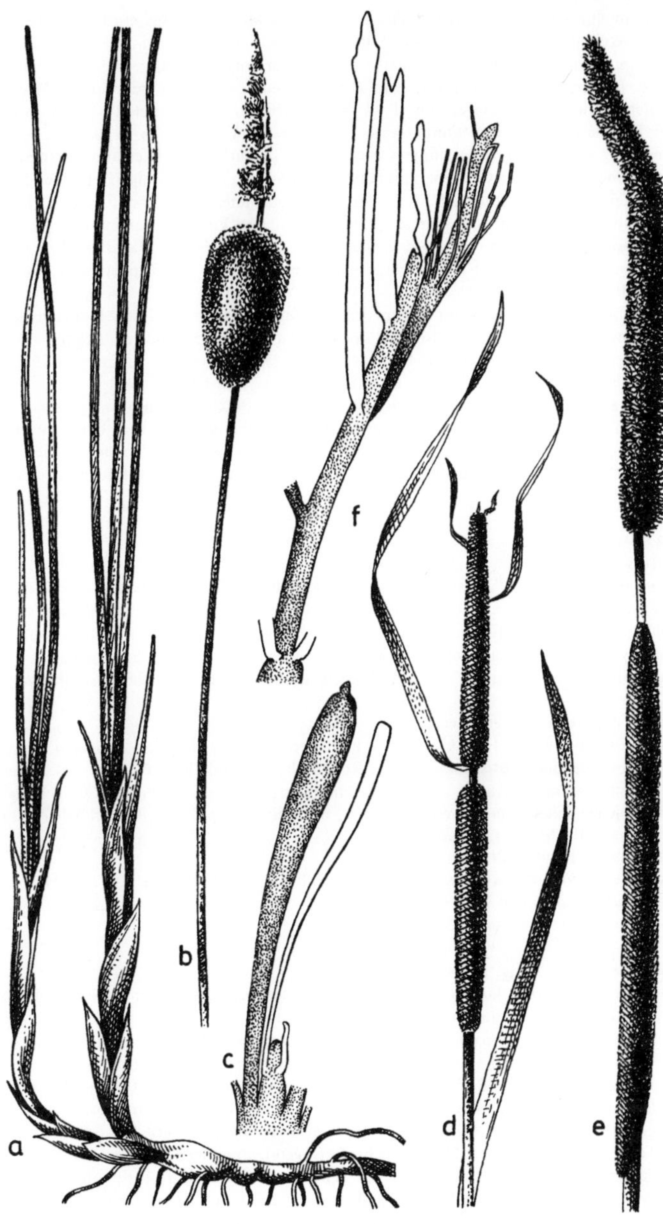

0,5—3 (4) cm voneinander entfernt. Weiblicher Kolben oft kugelig bis eiförmig, seltener walzlich, dunkelkastanienbraun. Weibliche Blüten mit kleinen, braunen, spateligen Tragblättern, diese so lang wie die Perigonhaare; Perigonhaare nach der Blüte die Narbe nicht überragend, farblos, die meisten Haare an der Spitze keulig verdickt („geknöpft"). Männliche Blüten ohne Perigonhaare, mit 1—2 Staubblättern; Staubbeutel 1—2 mm lang; Pollen in Tetraden, ≈26 µm im Durchmesser. — Blütezeit: V, VI. — $2n = 30$.

Vorkommen: In artenarmen Verlandungs-Gesellschaften in den flachen Ufersäumen langsam fließender, reiner und kühler Gewässer, an stillen Nebenarmen und in ruhigen Flußbuchten; im dichten, feinen, ständig (durch Überflutung) durchfeuchteten Schlick, auf basenreichen, meist kalkhaltigen humosen Schwemmsand- und Kiesufern; kollin, selten montan; z. B. mit *Carex oederi* oder *Juncus alpino-articulatus* hinter uferwärts vorgelagertem lockeren Röhricht oder Großseggen, meist in dichten „Herden"; Kennart des Typhetum minimae, auch im Schilfröhricht. — L: G rhiz/Hel.

Verbreitung: In den Alpen und im Alpenvorland, Italien, Balkanhalbinsel, Donaugebiet, Kaukasus. Die zentral- und ostasiatischen Populationen gehören zu anderen Arten. — Im Gebiet zerstreut, infolge der Flußverbauungen selten geworden (vgl. z. B. Endress 1975): Oberrheingebiet (nordwärts bis Kappel), an Salzach, Donau und Drau — pralp.

Verbreitungskarten: Houfek 1957; Bresinsky 1965; Niklfeld 1972 (Österreich).

Anmerkungen: *T. minima* besiedelt bevorzugt Flußufer und besonders die im Überschwemmungsbereich größerer Ströme liegenden Schotterinseln. Sie scheint wie *T. martinii* eher als *T. latifolia* oder *T. angustifolia* trockenere Standortsverhältnisse ertragen zu können (Reduktion der Blattflächen!).

2. Typha martinii Jordan
   T. gracilis Jordan

Pflanze von der Tracht der *T. minima*, 30—60 (100) cm hoch. Blütenstengel mit den Blütenstand überragenden, 1,5—4 mm breiten Blättern. Männlicher und weiblicher Kolben stets 5—25 mm voneinander entfernt, beide etwa gleichlang, mitunter der männliche etwas kürzer; der weibliche fast stets länglich-ellipsoidisch oder deutlich walzlich. Tragblätter der weiblichen Blüte etwas länger als die sehr dünnen, geknöpften Perigonhaare. — Blütezeit: VIII, IX.

Vorkommen: An kiesigen Ufern westalpischer Flüsse. — L: G rhiz/Hel.

Verbreitung: Im Rhone- und Isère-Gebiet und am Oberrhein; angeblich var. *davidiana* Kronfeld in der Mongolei und subsp. *haussknechtii* Rohrbach (hier sind die Tragblätter viel länger als die Perigonhaare) in Armenien. — Im Gebiet nur subsp. *martinii*, früher im Mittelgebirgsland am Rhein bei Ichenheim unweit Offenburg, bei Rheineck in St. Gallen; in den Alpen im Unterwallis vielfach. — pralp-(kont).

Verbreitungskarte: Houfek 1957.

Anmerkungen: Es wird die Auffassung vertreten, daß diese spätblühende Art eine Herbstform („var. *autumnalis*") von *T. minima* ist. Dem widerspricht die (weithin unbekannte) Verbreitung. Experimentelle Untersuchungen fehlen.

3. Typha angustifolia L. (Fig. 16d—f).

Pflanzen 1—3 m hoch, mit langen, unterirdischen Ausläufern; Blätter am blütentragenden Stengel schmal, 3—10 (14) mm breit, auf der Bauchseite flach oder seicht rinnig, auf der Rückseite erhaben, meist gelbgrün, den Blütenstand überragend. Weiblicher und männlicher Kolben je 10—35 cm lang, männlicher Kolben ungefähr so lang wie der zimtbraune weibliche, beide voneinander (1) 3—5 (12) cm entfernt. Ramulisockel kurz kegelig, 0,5—1 mm lang; Scheitel der Ramulisockel nur sterile Tragblätter bzw. deren Rudimente tragend. Weibliche Blüten mit haarfeinen, braunen, spateligen Tragblättern; Perigonhaare fast so lang wie die Tragblätter, nach der Blüte die Narben nicht überragend, unter der Spitze zimtbraun, deutlich spindelig verdickt. Männliche Blüten mit (1) 2 (5) Staubblättern; Perigonhaare zugespitzt oder 2-, selten 3fach gegabelt; Staubbeutel 1—2,5 mm lang; Pollen einzeln (22) 26—30 (33) µm im Durchmesser. — Blütezeit: VII—VIII. — $2n = 30$.

Vorkommen: im Großröhricht an Ufern eu- und mesotropher bis oligotropher Gewässer bis in Wassertiefen von 0,8—1,1 m oder in Gräben, in kühleren Gebieten vorwiegend auf mineralischen, in wärmeren auf organischen Böden; verträgt starke Wasserstandsschwankungen, jedoch in Überschwemmungsgebieten zurücktretend; Ausbreitung und Vermehrung überwiegend durch Samen, kann dadurch nackte, vom Wasser flach bedeckte Schlammflächen leicht besiedeln; Rhizomausläufer können 15 cm in den Schlammuntergrund eindringen; planar bis kollin, seltener montan, in den Alpen bis 1450 m; Verlandungs-Kriechpionier; auch salzertragend. Meist im Schilfröhricht, oft faziesbildend (solche Bestände auch als eigene Gesellschaft — Typhetum angustifoliae — aufgefaßt); auch in Reisfeldern (Typho-Scirpetum mucronati). — L: G. rhiz/Hel.

Verbreitung: Im wesentlichen wie *T. latifolia*; fehlt in Griechenland; in Irland nur lokal und selten; in Nordamerika südlich bis Louisiana und Kalifornien, in Südost-Kanada; in Australien nicht vertreten, die hier zu *T. angustifolia* gezogenen Pflanzen gehören zu *T. domingensis*. — Im Gebiet im Tiefland meist häufig, im Mittelgebirgsland stellenweise verbreitet, anderswo seltener, in den Alpen nur in den Tälern. — euras-smed-med, circ (außerdem in den warmgemäßigten Zonen weltweit).

Verbreitungskarten: Hultén, 1962, 1971; Smith; Uotila 1971; Tolmačev 1974.

Anmerkungen: Wegen der Taxonomie vgl. Anmerkungen bei *T. domingensis*.

4. Typha domingensis Persoon (Fig. 18h—p)

T. americana L. C. Richard; *T. angustata* Bory et Chaubard; *T. australis* Schumacher

Pflanzen kräftig, 2—4 m hoch. Blätter 10 oder mehr, bleichgrün (graugrün bei „*T. australis*") fest oder trockenhäutig, flach, (5) 7—15 (20) mm breit, oft vom Blütenstand überragt. Kolben voneinander 18—82 mm, selten sich berührend. Weiblicher Kolben 13—26 mm dick, rotbraun (hellbraun bei „*T. australis*"). Ramulisockel 0,5—0,8 mm lang. Weibliche Blüten mit eiförmig-lanzettlichen Tragblättern; an der Spitze mit braunen Perigonhaaren, die die fädlichen Narben nicht überragen. Männlicher Kolben 20—40 cm lang. Männliche Blüten mit rotbraunen, an der Spitze meist verbreiterten und verästelten Perigonhaaren; Staubblätter (1) 2 (6). — Blütezeit: VII—VIII. — $2n = 30$.

Vorkommen: In der Heimat in Brack- und Süßwassermarschen und -teichen, in Sümpfen; in Europa hauptssächlich auf feinem Schlamm im Gezeitenbereich, z. B. im Mündungsgebiet der Rhone zusammen mit *Schoenoplectus americanus*; in Reisfeldern Südfrankreichs. — L: G rhiz/Hel.

Verbreitung: Heimisch in den Tropen und Subtropen der Alten und Neuen Welt. In Europa stellenweise (z. B. in Südfrankreich) eingebürgert. — Im Gebiet hier und da adventiv, z. B. bei Andelfingen in der Schweiz neben *T. latifolia* angepflanzt.

Verbreitungskarten: Hotchkiss & Dozier 1949; Hultén 1962; Smith 1967.

Anmerkungen: Die taxonomische Bewertung von *T. domingensis* ist umstritten. Wir fassen die Sippe als von *T. angustifolia* L. genügend getrennt auf (vgl. Gèze 1912; Riedl 1970) und rechnen *T. australis* dazu. Unklar ist uns, ob *T. angustata* zu *T. domingensis* gerechnet werden muß. Es bleibt zu klären, inwieweit sich Merkmale wie Längenverhältnisse, Form und Ausbildung der Perigonhaare, Tragblätter und Narben als konstant erweisen (vgl. Müller-Doblies 1970). Die Sippe ist im mittleren Asien (ostwärts bis Japan) verbreitet und hier ein gefürchtetes „Unkraut". Sie wird von der Balkanhalbinsel (nordwärts bis Epirus und zum Mündungsgebiet der Donau), den Kykladen und Kreta angegeben. Auf Kreta in Brackwassersümpfen u. a. zusammen mit *Cyperus laevigatus*, *Apium nodiflorum*, *Samolus valerandi*, *Lemna minor* in einer Gesellschaft, die der westmediterranen *Cyperus distachyus-Polypogon monspeliensis*-Gesellschaft ähnelt.

5. Typha latifolia L. (Fig. 17b—f)

Pflanzen 100—250 cm hoch, mit langen, flach unterirdisch streichenden Ausläufern. Blätter am blütentragenden Stengel blaugrün, bis 3 m lang, (4) 10—15 (20) mm breit, den Blütenstand meist überragend; auf der Bauchseite etwas konkav, auf der Rückenseite stark gewölbt; oft schraubig gedreht. Weiblicher und männlicher Kolben je (5) 10—20 (30) cm lang, 1,5—2,5

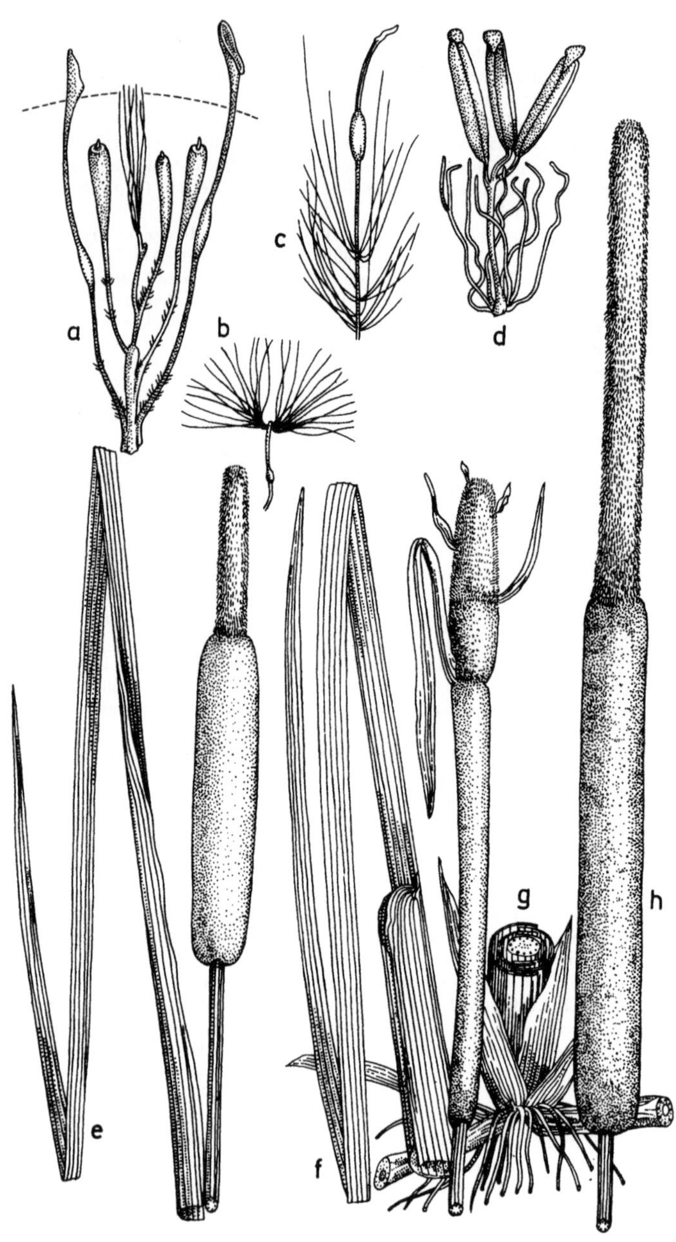

(3) cm breit, sich berührend, manchmal bis 5 mm (seltener bis 30 mm) entfernt, annähernd gleichlang (der weibliche gelegentlich etwas länger). Ramulisockel säulenartig, 1,5—2 mm lang, 6—8 (20)mal höher als breit; am Grunde der Ramulisockel zunächst 2—5 vollkommen ausgebildete, höher hinauf 2—3 sterile weibliche Blüten, am Scheitel schließlich 1—4 Blüten-rudimente („Haarkranz"). Weibliche Blüten ohne Tragblätter; Perigonhaare unter der Spitze durchsichtig weißlich, spitz, nach der Blüte die braunschwarze, schief spindelige Narbe nicht überragend, weiblicher Kolben daher dunkelbraun. Männliche Blüten mit (1) 2—3 (6) Staubblättern; Staubbeutel 2—3 mm lang, mit einem Konnektivanhängsel; Pollen in Tetraden; (22) 26—30 (32) µm im Durchmesser. Perigonhaare weiß, zugespitzt. — Blütezeit: VI—VIII. — $2n = 30$.

Vorkommen: Im Röhricht an Ufern stehender oder langsamfließender, meist nährstoffreich-eutropher Gewässer, insbesondere an Seen, Teichen, Altwässern, Weihern und Tümpeln; optimal in (10) 20—50 (70) cm, maximal bis in 200 cm Wassertiefe; auf humosen Schlamm-böden, aber auch auf mineralischem Untergrund, ferner als Verlandungsrelikt in Wiesenmoo-ren; vermag rasch neue Flächen zu besetzen und daher gern in künstlichen Gewässern wie Kies, und Tongruben sowie Tagebaurestlöchern, in Fischteichen durch Entlandungsmaßnah-men stark gefördert, auch in stark abwasserbeeinflußten Gewässern; planar bis kollin, seltener montan, in den Alpen bis 1800 m; Verlandungs-Pionier mit flach unter der Oberfläche strei-chenden Kriechsprossen; Kennart des Scirpo-Phragmitetum, oft faziesbildend, derartige Be-stände auch als eigene Gesellschaft (Typhetum latifoliae) angesehen. — L: G rhiz/Hel.

Verbreitung: In Eurasien nordwärts bis Schottland, südliches Norwegen (Bergen), Bottnischer Meerbusen, Finnland, in Sibirien bis ca. 57° nB (nur im Gebiet der Lena bis 65° nB); Südgrenze durch das Mediterrangebiet (auch Nordafrika); Kleinasien, Kaukasus, Persien; Zentralasien, Mongolei, ostwärts bis Japan und Kamtschatka; in Nordamerika südwärts bis Mexiko; Australien und Polynesien; nicht im mittleren und südlichen Afrika. — Im Gebiet verbreitet, stellenweise infolge Meliorationen im Rückgang. — euras, circ (außerdem weltweit in den gemäßigten Zonen).

Verbreitungskarten: Hultén 1927, 1962, 1968, 1971; Hotchkiss & Dozier 1949; Bertsch 1955; Eloranta 1970; Uotila 1971; Tolmačev 1974.

Anmerkungen: Ändert wenig ab. Die alpine var. *bethulona* Kronfeld ist niedrigwüchsig (kaum über 100 cm hoch), die Kolben berühren sich, der weibliche ist doppelt so lang wie der männliche (Ampezzotal, Tofano di Mezza; Weststeiermark bei Köppling). — Oft sind die Ge-schlechter nicht in abgesetzten Kolbenteilen getrennt: Im unteren weiblichen Teil können Sek-toren mit männlichen Blüten auftreten; der weibliche Kolben kann in 2—4 übereinander-stehende, getrennte Teilkolben gegliedert sein.

6. Typha shuttleworthii Koch et Sonder (Fig. 17a)
   T. transsilvanica Schur

Pflanzen 80—150 cm hoch. Blätter am blütentragenden Stengel 5—10 (15) mm breit, oft gelb-grün, länger als der Blütenstand. Kolben sich berührend, der männliche höchstens $^2/_3$ so lang wie der weibliche. Ramulisockel kegelig, 1—1,5 mm lang; letzte Ausgliederungen mit Blüten-rudimenten („Haarkranz"). Weibliche Blüten ohne Tragblätter; Perigonhaare weißlich, zur Zeit der Fruchtreife die dunklen spatelig-lanzettlichen Narben überragend, so daß der Kolben asch- bis silbergrau glänzt; durch die schwarzen Narbenspitzen dunkel punktiert. Männliche Blüten mit 1—3 (5) Staubblättern; Staubbeutel 0,5—2,2 mm lang; Pollen in Te-traden. — Blütezeit: VI—VIII.

Fig. 17. a *Typha shuttleworthii* Koch et Sonder, Blütenstand, $\times^1/_2$. b—f *Typha latifolia* L. — a Blütenstände, Blätter, Sproßbasis, $\times^2/_5$; c Ramulus ohne basale Blüten, Sockel mit 2 fertilen Blüten und 2 Pistillodien, Spitzenteil mit 1 Pistillodium und 1 Blütenrudiment neben dem Scheitel (die Perigonhaare reichen bis zur gestrichelten Linie); d, e Früchte; f männliche Blüte (a, b, d nach Reichenbach 1847; c nach Müller-Doblies 1970; e nach Loew 1908; f nach Hegi 1909).

Vorkommen: An langsam fließenden, kühlen, basenreichen Gewässern (Bäche, Flüsse), an Ufern und in Gräben; auf tonig-kiesigen Schlammböden; zusammen mit *Phragmites* oder *T. latifolia*; am Alpenrhein lokale Kennart des Typhetum minimae. — L: G rhiz/Hel.

Verbreitung: Zerstreute Fundstellen in den Ostpyrenäen, Südostfrankreich, im südlichen Mitteleuropa, in der Poebene, im Donaugebiet, auf der Balkanhalbinsel. — Im Gebiet im Mittelgebirgsland (Riegel bei Freiburg, Wiesloch, Röthenbach, Postsee bei Stuttgart (?), Hirschau in der Oberpfalz); im nördlichen Alpenvorland im Schweizer Mittelland und Alpenvorland, von Rosenheim über den Chiemsee bis Reichenhall, Tullnerbach in Niederösterreich; in den Alpen im Wallis bei Montberg, im Oberrheingebiet; im östlichen Alpenvorland bei Rohitsch in der Steiermark. — pralp.

Verbreitungskarte: Hegi 1936.

Anmerkung: Verbreitung nur unvollständig bekannt. Von *T. latifolia* nur im Fruchtzustand sicher zu unterscheiden (Verwechslungsgefahr mit *T. latifolia* var. *bethulona*).

7. Typha laxmannii Lepechin (Fig. 18a—g)

T. stenophylla Fischer et Meyer

Pflanze (70) 80—120 (150) cm hoch. Blätter sehr schmal, 2—4 (7) mm breit, auf der Bauchseite flach bis seicht rinnig, auf dem Rücken stark gewölbt bis halbwalzlich, im Querschnitt halbkreisförmig. Männlicher Kolben braun, (7,5) 9—15 cm lang und etwa 6 mm dick, 3—4mal so lang wie der eilängliche bis kurz walzliche weibliche Kolben (3,5—9 cm lang, bis 2,5 cm dick) und von diesem (0,5) 2—6 cm entfernt. Ramulisockel kurz, unter 1 mm lang; letzte Ausgliederungen mit Pistillodium oder nackten Pistillodienrudimenten. Weibliche Blüten ohne Tragblätter; Perigonhaare 1—10 mm lang, an der Spitze schwach verjüngt, spitz, völlig farblos, viel kürzer als die spatelförmigen Narben. Früchte 4—6 mm lang, gestielt. Männliche Blüten mit 1—2 (4) Staubblättern; Staubbeutel (0,8) 1—1,5 mm lang; Pollen einzeln, 33—40 µm im Durchmesser. — Blütezeit: VII—VIII.

Vorkommen: In Sümpfen und an Ufern. In Südfrankreich zusammen mit *Schoenoplectus americanus* im Mündungsgebiet der Rhone im Wechsel von Süß- und Salzwasser auf feinem Schlamm; in Rumänien im Scirpo-Phragmitetum eine eigene Fazies bildend, die offenbar etwas nasser steht als die übrigen Ausbildungen des ufernahen Schilf-Röhrichts; auch als eigene Gesellschaft (Typhetum laxmannii) aufgefaßt; auch in Reisfeldern. — L: G rhiz/Hel

Verbreitung: Nördliches China, Zentral- und Westasien, Süden der UdSSR (Kaukasus), Balkanhalbinsel (Dobrudscha, um Bukarest, Oltenien, Maritza- und Strymontal bis Thessalien), Mähren (Kromeritz), Süd- und Ostslowakei; Lágymányos bei Budapest, Friaul, Mantua, Rhonedelta (Aude, Bas-Rhône), Ostpyrenäen. — Im Gebiet fehlend. — kont-med.

Verbreitungskarten: Fiala & Jankovská 1968 (ČSSR); Parachonśkaja 1978 (UdSSR: URSR).

Anmerkungen: Wird oft mit *T. angustifolia* verwechselt, von der sie vor allem durch das Fehlen von Tragblättern unterschieden ist. Vielleicht weiter verbreitet als bisher angenommen. — Ändert ab: Pflanzen kräftiger, 100—200 (220) cm hoch, Blätter 4—8 (9) mm breit, reife

Fig. 18. a—g *Typha laxmannii* Lepechin — a Habitus, ×$^1/_3$; b reife Frucht, Haare der Blütenhülle entfernt, ×15; c Terminalteil eines Kolbenzweigleins mit 2 unteren Pistillodienblüten, mit 3 Tragblättern samt ihren Blüten, ×15; d Fruchtknoten mit Narbe und (ungestrecktem) Griffel zu Beginn der Blütezeit, ×30; e Fruchtknoten mit Griffel und Narbe zur Blütezeit des männlichen Kolbenabschnittes ×30; f Narbe einer reifen Frucht, ausgebreitet, ×15; g Querschnitt durch eine Laubblattspreite, ×10. h—p *Typha domingensis* Persoon — h Kolbenregion; i oberer Blattabschnitt; j reife Frucht, ×15; k Terminalteil zu Sockel m mit 2 Pistillodienblüten sowie 3 sterilen Tragblättern als letzten Ausgliederungen, ×15; l, m Sockel der weiblichen Kolbenzweiglein nach dem Entlassen der reifen Früchte, Ansatzstellen der Tragblätter durch punktierte Linien markiert, ×15; n—p 3 Spitzen von Tragblättern weiblicher Blüten, ×15 (die gestrichelten Querlinien kennzeichnen die Grenze, bis zu der die Haare der Früchte reichen) (a nach Engler 1889; b—g, j—p nach Müller-Doblies & Müller-Doblies 1977; h—i nach Täckholm 1974).

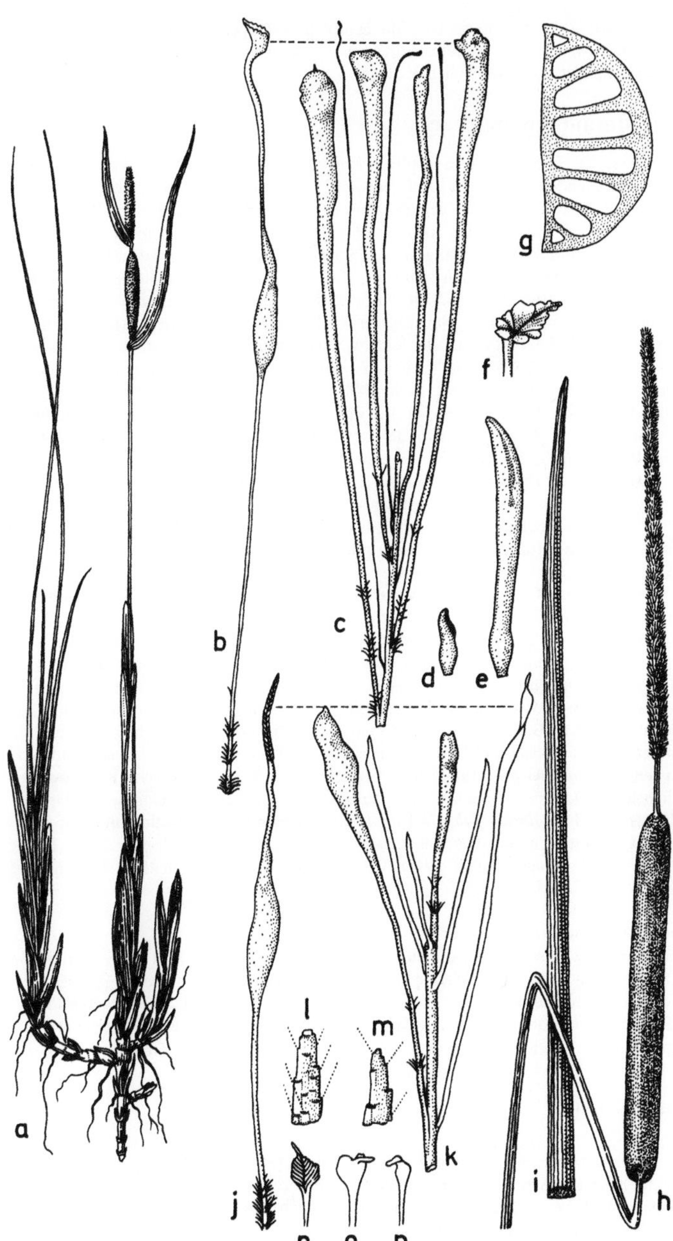

weibliche Kolben (7) 8—13 (16) cm lang, die männlichen doppelt so lang; reife Früchte 7 mm lang (var. *getica* Morariu, bei Bukarest; ob zu *T. laxmannii?*) — Die „f. *bispica* Morariu" ist eine Mißbildung mit zwei weiblichen Kolben.

Familie **Potamogetonaceae**

Ausdauernde (selten 1jährige), kahle, krautige, schwimmende Wasserpflanzen mit verzweigtem, schlankem, kriechendem (manchmal nicht entwickeltem) Rhizom; oft besondere Winterknospen (Turionen) bildend. Stengel biegsam, aufrecht, schwimmend oder kriechend. Blätter wechsel- oder (schein-)gegenständig (*Groenlandia*), ungeteilt, ganzrandig, meist mit scheidiger Basis, oft an einer Pflanze verschiedengestaltig; Schwimmblätter breit, lederig oder durchscheinend; Tauchblätter im allgemeinen schmaler, flach durchscheinend, oft eigentümlich fettig glänzend, dünn, lanzettlich bis rundlich, gestielt, sitzend oder stengelumfassend oder gras-, binsen-, faden- oder haarförmig; Nebenblätter (Scheide, Blatthäutchen) vorhanden, häutig, manchmal länger als der Blattstiel, oder fehlend; Achselschüppchen 2—10. Blüten in allseitswendigen, wenig- bis vielblütigen, gestielten, über die Wasseroberfläche gehobenen oder schwimmenden Ähren, zwittrig, klein. Perianth fehlend; an seiner Stelle 4 freie, hüllblattartige, rückenständige Konnektivanhängsel zwischen den Staubbeuteln, die Staubblätter weit überragend. Staubblätter 4 (8), am Grunde der „Hüllblätter" angeheftet; Staubbeutel sitzend, 2fächerig; Pollen kugelig bis ellipsoidisch, glatt. Fruchtknoten oberständig; Fruchtblätter (8) 4 (1), frei oder teilweise (basal) verwachsen; Griffel kurz oder etwas verlängert; Narben tellerförmig. Früchte sitzend, im Umriß sichelförmig bis rundlich, flach, auf dem Rücken abgerundet oder gekielt, mit kleinem, meist 1 mm Länge nicht erreichendem, schnabelartigem Fortsatz; steinfrucht- oder (selten: *Groenlandia*) nußartig, 1samig. Samen ohne Endosperm, mit hakig oder spiralig gekrümmtem Embryo.

Die Familie umfaßt die Gattungen *Potamogeton* L. und *Groenlandia* J. E. Gay. Sie ist mit rund 100 Arten im Süß- und Brackwasser über die ganze Erde verbreitet.

Potamogetonaceae, Ruppiaceae, Najadaceae, Aponogetonaceae, Zannichelliaceae und Scheuchzeriaceae werden zusammen mit Juncaginaceae, Zosteraceae, Posidoniaceae sowie Cymodoceaceae in der Ordnung Potamogetonales (Najadales) zusammengefaßt, einer Gruppe krautiger Sumpf- und Wasserpflanzen, deren Blüten entweder nur ein einfaches oder überhaupt kein Perianth (z. B. Potamogetonaceae) mehr besitzen. Wir berücksichtigen die marinen Zosteraceae, Posidoniaceae und Cymodoceaceae nicht. Unter den Juncaginaceae sind Arten der Gattungen *Maundia* F. Müller und *Triglochin* L. (z. B. *T. procera* R. Brown aus Australien und Tasmanien) limnisch; im Gebiet kommen lediglich *Triglochin maritimum* L. auf Salzwiesen und *Triglochin palustre* L. auf Sumpfwiesen und in Quellmooren vor.

Wichtigste Literatur: Chamisso & Schlechtendal 1827; Berchtold & Fieber 1838; Fischer 1907; Ascherson & Graebner 1907, 1912/13; Graebner 1908; Hagström 1916; Ludwig 1965; Weber-Oldecop 1972; Haynes 1974.

Bestimmungsschlüssel der Gattungen:

1a Blätter meist wechselständig, oft die oberen fast gegenständig, nicht längs gefaltet, mit freier oder vereinigter Scheide; Früchte steinfruchtartig, mit fleischigem Exo- und steinernem Endokarp . . . . **1. Potamogeton** (S. 100)

1b Blätter einander paarweise (selten zu 3) genähert, fast gegenständig, längsgefaltet, ohne Scheide; Früchte nüßchenartig, mit dünnem Perikarp . . **2. Groenlandia** (S. 134)

1. **Potamogeton** L.

Früchte steinfruchtartig, mit fleischigem Exo- und steinernem Endokarp.

Gattung mit rund 100 Arten, in nahezu allen Arten limnischer, aber auch brackiger Gewässer über die ganze Erde verbreitet, vor allem in nährstoffreichen Seen und Flüssen. Hier bilden sie größere, oft aspektbestimmende Bestände.

Die *Potamogeton*-Arten können nach ihrer Tracht, anatomischen Struktur und Blütengestalt in einer Reihe angeordnet werden, die mit solchen Arten beginnt, die reichblütige, lange, schwimmende Ähren besitzen (z. B. *P. natans*), und zu solchen führt, bei denen die Ähren immer armblütiger und kürzer werden und dabei nur noch wenig aus dem Wasser auftauchen. Diese Arten leben untergetaucht, entwickeln keine Schwimmblätter mehr, sondern zarte, schmale, bandförmige Tauchblätter. *P. panormitanus* erzeugt nur noch kleine, meist 4blütige Ähren, *P. trichoides* hat in jeder Blüte an Stelle von sonst 4 nur noch 1 Fruchtknoten.

Bei den *Potamogeton*-Arten treten 3 verschiedene Blattarten auf: pfriemlich-binsenförmige Tauchblätter, Tauchblätter mit flachen und Schwimmblätter mit ovalen bis länglichen Spreiten. Sie können sich an einer Pflanze entwickeln (z. B. bei *P. natans*). Im allgemeinen ist die Blattgestalt sehr abhängig von den standörtlichen Verhältnissen. In rasch strömenden Gewässern sind die Spreiten meist länger und schmäler und die Stiele oft ebenfalls verlängert, auf trockengefallenen Standorten verkürzen sich die Stiele, und die Spreiten treten rosettig zusammen. Vielen dieser Standortsformen sind taxonomische Rangstufen (varietas, forma) zugeordnet worden (vgl. Glück 1936). Wir betrachten sie als Modifikationen und lassen sie daher im allgemeinen unberücksichtigt.

Außer der starken Neigung zu standortabhängiger modifikativer Abwandlung ist in der Gattung die Fähigkeit zur Bastardierung ausgeprägt. Dabei ist oft nicht leicht zu entscheiden, ob eine Pflanze hybriden Ursprungs ist oder nicht. Solche morphologisch-anatomisch intermediäre Formen, die eigenartige, charakteristische Standorte besetzen, ein eigenes Areal besiedeln und nur teilweise geschwächt fertil sind, können als artfeste Bastarde angesehen werden, so z. B. *P.* × *zizii* und *P.* × *nitens*.

Die Sippen sind im allgemeinen windblütig. Nach dem Auftauchen der Blütenstände wachsen die Ähren senkrecht in die Höhe. Die Blüten stehen in ihnen dicht gedrängt. Zunächst entwickeln sich die Narben (Protogynie). Sind sie völlig vertrocknet, werden die Staubbeutel freigelegt. Nach der Befruchtung krümmt sich der Ährenstiel ins Wasser zurück (hydrokarpische Krümmung); die Früchte reifen im Wasser. Bei *P. lucens* kommt (fakultative) Hydrogamie auf der Wasseroberfläche vor (Daumann 1963).

Bestimmungsschlüssel der Arten:

Die Bestimmung der *Potamogeton*-Arten bereitet Schwierigkeiten. Unsere Bestimmungsschlüssel verwenden vegetative und generative Merkmale, von denen einige im folgenden kurz erläutert werden.

Blattnervatur: Sie spielt vor allem bei der Bestimmung der schmalblättrigen Arten eine große Rolle. Eine starke Lupe oder ein Binokular sind zur Erkennung nötig. Das Mittelstreifnetz ist ein System großer Luftzellen (Lacunae), das sich zu beiden Seiten des Mittelnervs hinzieht und diesen selbst „auflockert".

Nebenblätter (Blatthäutchen, Stipeln): Wir unterscheiden als Blatthäutchen ein freies, blattachselständiges, unpaares, stets offenes („Stipula axillaris"), als Blattscheide („Stipula adnata") ein mit einer „Ligula" versehenes Blattgebilde. Dabei kann die Blattscheide offen oder geschlossen sein. Um das Merkmal erkennen zu können, werden die Stengel mit den jungen Blättern vorsichtig aus den Nebenblattgebilden herausgezogen. Fallen diese zusammen, dann fährt man unter dem Binokular mit der Präpariernadel hinein, um festzustellen, ob offen oder geschlossen.

1a Blattspreite am oberen Ende der ziemlich langen, grünen, den Stengel meist eng umhüllenden Blattscheide abgehend, schmallinealisch bis haardünn **2**

1b Blattspreite oder Blattstiel (wenigstens der oberen Blätter) am Grunde des häutigen, durchscheinenden, meist etwas abstehenden Blatthäutchens abgehend **5**

2a Blätter schmal-linealisch, allmählich fein zugespitzt oder doch in eine kurze Endspitze auslaufend, deutlich quernervig; Scheide offen, nur jung mit den Rändern übergreifend, nicht röhrig; Früchtchen mehr oder weniger deutlich gekielt, mit annähernd bauchständigem, kurzem Schnabel, 3—5 mm lang, gelbbraun . . . . **24. P. pectinatus** (S. 130)

2b Blätter abgerundet-stumpf oder mit sehr kurzem, stumpfem Spitzchen, höchstens einige Stengelblätter zugespitzt bis spitz; Scheide jung als geschlossene Röhre ausge-

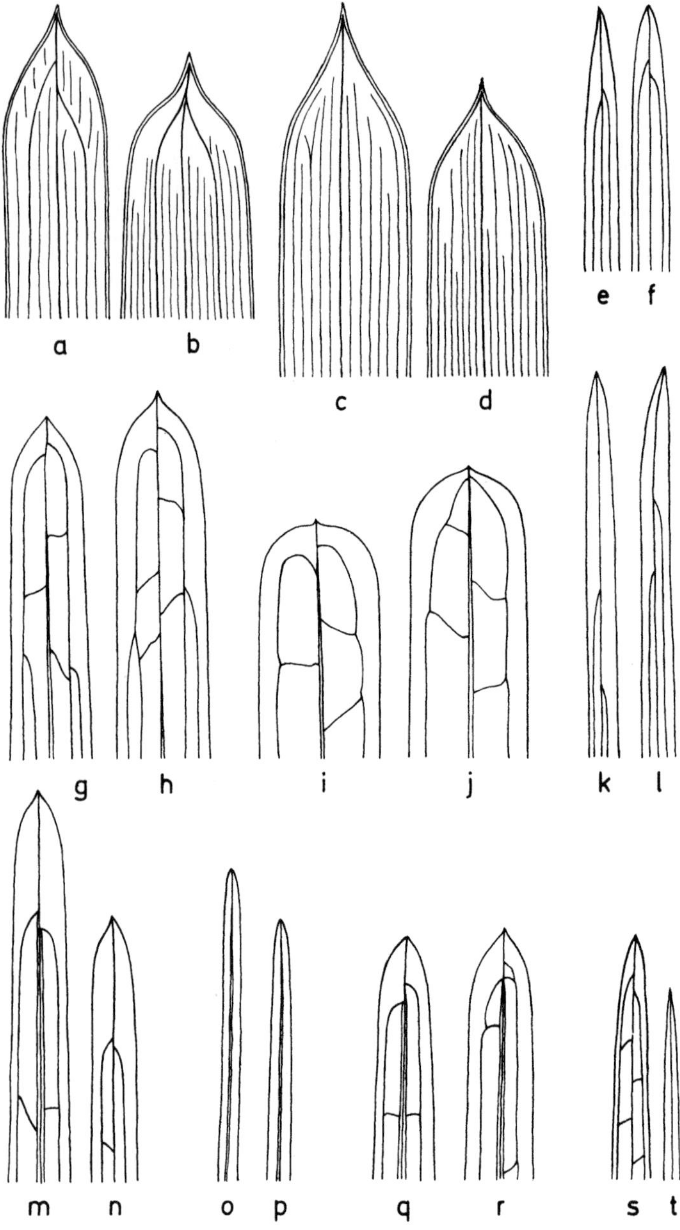

a
b
c
d
e
f
g
h
i
j
k
l
m
n
o
p
q
r
s
t

bildet; Früchtchen abgerundet, fast ohne Kiel, teils mit sehr kurzem, mittelständigem, teils ohne Schnabel **3**

3a Untere und obere Scheiden häutig, mit freier, borstlicher Ligula endend, in der Regel mit Spreite; Stengel nur am Grunde ästig; Blätter fadenförmig, vorn abgerundet oder stumpf; Früchtchen schief ellipsoidisch, auf dem Rücken abgerundet, kaum geschnäbelt, 2—2,75 mm lang, grünlich . . . . **27. P. filiformis** (S. 133)

3b Untere Blattscheiden aufgeblasen, sehr kräftig und steif, ohne freie borstliche Ligula und ohne bzw. nur mit verkürzter Spreite **4**

4a Alle Stengelblätter stumpf, meist 3nervig; mittlere Blattscheiden (2) 3 (4) Äste umfassend; Epidermiszellen des Stengels sehr kurz, quadratisch, nur die in den rhizomnahen Stengelteilen sehr langgestreckt und schmal; Ähren mit 5—8 (12) voneinander gleich weit entfernten Blütenquirlen; Früchtchen 3—3,5 mm lang . . . .
. . . . **26. P. vaginatus** (S. 133)

4b Wenigstens einige der Stengelblätter zugespitzt bis spitz, die breiteren 5nervig; mittlere Blattscheiden 2 (3) Äste umfassend; Epidermiszellen des Stengels in seiner ganzen Länge schmal und rechteckig; Ähren mit (4) 5—6 (7) Blütenquirlen, deren unterster von den oberen etwas entfernt sitzt; Früchtchen (selten entwickelt) 2 bis 2,5 mm lang . . . . **25. P. helveticus** (S. 132)

5a Alle Blätter schmal-linealisch oder borstlich (0,5—5 mm breit), sitzend, untergetaucht, in der Knospe eben aufeinanderliegend, ihre Quernerven unregelmäßig, öfter undeutlich **6**

5b Blattspreiten rundlich bis lineal-lanzettlich, die oberen nie linealisch, in der Knospe gerollt (nicht bei *P. crispus*!); Quernerven immer deutlich **13**

6a Stengel flach und scharfkantig zusammengedrückt, schmal geflügelt; die obersten, der Ähre voraufgehenden Stengelglieder fast so breit wie die Blätter; Blätter von zahlreich, feinen, dicht nebeneinanderher laufenden Längsnerven durchzogen, darunter 3—5 stärkere Nerven; Früchtchen auf dem Rücken stumpf gekielt . . . **7**

6b Stengel mehr oder weniger zusammengedrückt, mit gerundeten Kanten, aber fast stielrund; Blätter 3—5nervig, die Seitennerven bisweilen undeutlich, am Grunde meist mit 2 mehr oder weniger deutlichen Höckern **8**

7a Blätter mäßig zugespitzt, kurz stachelspitzig, am Grunde ohne Höcker, mit 5 Längsnerven und vielen feinen nervenähnlichen Strängen; Nebenblätter 4 cm lang; Ährenstiel etwa 2 mm dick, 2—4 cm lang, 2—3mal so lang wie die 1—2 cm lange, walzliche, dichte, 10—15blütige Ähre; Früchtchen etwa 2mm lang, halbkreisförmig, Schnabel sehr kurz, nicht 1 mm lang . . . . **16. P. compressus** (S. 121)

7b Blätter allmählich in eine scharfe Stachelspitze zugespitzt, am Grunde mit 1—2 schwärzlichen Höckern, mit 3 Längsnerven und einigen feinen, nervenähnlichen Strängen; Nebenblätter höchstens 2 cm lang; Ährenstiel kaum 1 mm dick, 5—10 (15) mm lang, etwa so lang wie die eikugelige, lockere 4—6blütige Ähre; Früchtchen bis fast 3 mm lang, fast kreisrund, Schnabel über 1 mm lang, rückwärts gekrümmt
. . . . **17. P. acutifolius** (S. 123)

8a Ährenstiel etwa 1 cm lang, etwa so lang wie die 6—8-(10)blütige Ähre; Stengel zusammengedrückt-gerundet; Blätter mit derberem Mittelnerv und 2—4 undeutlichen Seitennerven, stumpf, kaum oder nur sehr kurz stachelspitzig; Nebenblätter

Fig. 19. Blattspitzen von *Potamogeton*-Arten. a—b *Potamogeton compressus* L., ×6. c—d *Potamogeton acutifolius* Link ex Roemer et Schultes, ×6. e—f *Potamogeton rutilus* Wolfgang, ×5. g—h *Potamogeton mucronatus* Schrader ex Sonder, ×4. i—j *Potamogeton obtusifolius* Mertens et Koch, ×5. k—l *Potamogeton trichoides* Chamisso et Schlechtendal, ×9. m—n *Potamogeton panormitanus* Bivona-Bernardi, ×5. o—p *Potamogeton filiformis* Persoon, ×4. q—r *Potamogeton berchtoldii* Fieber in Berchtold et Opiz, ×6. s—t *Potamogeton pectinatus* L. — s var. *interruptus* Ascherson, ×3; t var. *pectinatus*, ×4. (alle Figuren Original; a, b oft etwas stumpfer, e, f, etwas spitzer als dargestellt).

breit, bis 1,5 cm lang; Scheiden ungespalten; Früchtchen etwa 2 mm lang, mit geradem, kaum 1 mm langem Schnabel . . . . **18. P. obtusifolius** (S. 124)

8b　Ährenstiel 2—3mal so lang wie die zur Zeit der Fruchtreife lockere Ähre **9**

9a　Blattscheiden zart, bis zum Grunde 2spaltig, im Alter an der Spitze ausgefranst; Blätter (3)—5nervig, stumpf oder spitzlich, bis 2,5 mm breit, mehr oder weniger deutlich stachelspitzig; Früchtchen etwa 2 mm lang, schief-ellipsoidisch, am Rücken gekielt, kurz geschnäbelt . . . . **19. P. mucronatus** (S. 124)

9b　Blattscheiden derber, ungeteilt; Blätter meist 3nervig **10**

10a　Blätter mit dickem Mittelnerv und 2 undeutlichen Seitennerven (1nervig erscheinend!); Scheide oft hinfällig; Früchtchen einzeln, fast halbkreisrund, etwa 2 mm lang, ihre fast geradlinige Bauchnaht oben mit kurzem, geradem Spitzchen, unten mit Höcker . . . . **23. P. trichoides** (S. 129)

10b　Blätter mit deutlichen Seitennerven; Früchtchen 4, schief oder halbellipsoidisch, auf der Bauchseite deutlich erhaben, kleiner **11**

11a　Früchtchen halbellipsoidisch, auf dem Rücken abgerundet, ohne Kiel; Schnabel gerade; Stengel nur am Grunde ästig, schmal zusammengedrückt; Blätter allmählich scharf zugespitzt; Winterknospen an der Spitze von Seitenzweigen, zum Grunde zu stark rippig . . . . **20. P. rutilus** (S. 126)

11b　Früchtchen schief ellipsoidisch, auf dem Rücken deutlich gekielt; bauchseits stumpf bis scharf gekielt; Schnabel kurz, gerade; Stengel bis oben ästig, fast stielrund; Blätter stumpflich, mehr oder weniger bespitzt **12**

12a　Nebenblätter in der unteren Hälfte röhrig verwachsen (später oft aufreißend). Blätter 3nervig, die Seitennerven etwa 2 mm unter der Blattspitze spitzwinklig in den Mittelnerv einmündend; Mittelnerv nicht von bleichen, großen Zellen gesäumt; Stengelknoten drüsenlos oder mit 2 winzigen Drüsen. Winterknospen schmal spindelig, 0,5 mm breit, achselständig . . . . **21. P. panormitanus** (S. 127)

12b　Nebenblätter offen, eingerollt; Seitennerven $^1/_2$—1 mm unter der Blattspitze fast rechtwinklig in den Mittelnerv mündend; dieser wenigstens in der unteren Blatthälfte von mehreren Reihen langgestreckter, durchsichtig-blasser Zellen gesäumt; Stengelknoten stets mit je 2 deutlichen Drüsen; Winterknospen endständig . . . . **22. P. berchtoldii** (S. 129)

13a　Stengel zusammengedrückt, vierkantig; Tauchblätter länglich, meist wellig-kraus, fein gesägt, sitzend; Früchtchen am Grunde verwachsen, mit ziemlich langem, hakig gebogenem Schnabel . . . . **15. P. crispus** (S. 120)

13b　Stengel stielrund; Früchtchen völlig voneinander getrennt **14**

14a　Tauchblätter sitzend oder fast sitzend, dann in einen ganz kurzen, nicht 1 cm langen, geflügelten Stiel verschmälert; Schwimmblätter, wenn vorhanden, kurz gestielt **21**

14b　Tauchblätter entweder pfriemlich binsenartig, flach bandförmig oder breiter, dann aber stets deutlich gestielt, ungeflügelt, mit deutlichem Mittelstreifnetz; Schwimmblätter meist lang gestielt **15**

15a　Wenigstens die unteren Tauchblätter pfriemlich-binsenartig, zur Blütezeit meist ganz abgestorben **16**

15b　Tauchblätter mehr oder weniger flach, bandförmig oder lanzettlich bis länglich, nie pfriemlich binsenartig **17**

16a　Spreiten der Schwimmblätter am Stielansatz mit 2 Falten, eiförmig oder länglich-elliptisch, 5—7 cm breit; Früchtchen 3—4 (5) mm lang, schmal verkehrt-eiförmig . . . . **6. P. natans** (S. 110)

16b　Spreiten der Schwimmblätter am Stielansatz ohne Falten, elliptisch, 1,5—2 cm breit; Früchtchen selten entwickelt, eikugelig, 2,5—3 mm lang . . **8. P. variifolius** (S. 113)

17a　Tauchblätter flach bandförmig, 2—8 (10) mm breit; mit breitem Mittelstreifnetz; Früchtchen 2,5—3,5 (4,5) mm lang, gekielt; Stengel abgeflacht . . . . **7. P. epihydrus** (S. 113)

17b Tauchblätter flach, schmal lanzettlich, schmal elliptisch oder elliptisch-länglich, oft breiter als 8 mm **18**

18a Schwimmblätter dünn, häutig, durchscheinend; Früchtchen klein, höchstens 1,75 mm lang **19**

18b Schwimmblätter fast lederartig, nur schwach durchscheinend; Früchtchen mindestens 2 mm lang **20**

19a Blätter elliptisch-länglich oder lanzettlich, an beiden Enden verschmälert, ganz durchscheinend, hellbraun; Stiel ziemlich kurz, höchstens so lang wie die Spreite . . . . **3. P. siculus** (S. 108)

19b Blätter breit oval-elliptisch, am Grunde abgerundet oder etwas herzförmig, etwas dikker und nicht ganz durchscheinend, grün; Stiel ziemlich lang, 2—4mal so lang wie die Spreite . . . . **2. P. coloratus** (S. 107)

20a Ährenstiele walzlich; Früchtchen stumpf gekielt; 2—2,5 mm lang, rötlich; Schwimmblätter 2—4 cm lang, elliptisch-lanzettlich, oberste Stiele flach; Tauchblätter nicht auffällig netzaderig . . . . **1. P. polygonifolius** (S. 107)

20b Ährenstiele keulig verdickt; Früchtchen scharf gekielt, 3,5—4 mm lang, selten ausgebildet; Schwimmblätter elliptisch bis länglich-lanzettlich; Tauchblätter auffällig netzaderig . . . . **5. P. nodosus** (S. 109)

21a Ährenstiele zur Spitze zu nicht auffallend dicker als der Stengel; Früchtchen auf dem Rücken scharf gekielt **22**

21b Ährenstiele zur Spitze zu meist deutlich dicker als der bis zum Gipfel ästige Stengel; Früchtchen stumpf gekielt **24**

22a Stengel bis zum ersten Blütenstand meist nicht verzweigt; Schwimmblätter häufig entwickelt, am Grunde keilig verschmälert, fast sitzend, vorn stumpf oder abgerundet, oft rötlich, ganzrandig; Ährenstiele zur Spitze hin nicht deutlich verdickt . . . . **4. P. alpinus** (S. 108)

22b Stengel stets sehr ästig; Schwimmblätter stets fehlend; Tauchblätter stengelumfassend, stumpf, sitzend; in der Knospenlage zusammengerollt **23**

23a Tauchblätter flach, rundlich bis eilänglich, am Grunde tief herzförmig, wenigstens anfangs am Rande klein gezähnelt; Blattscheiden häutig, klein, weißlich, hinfällig; Ährenstiele bis 5 cm lang . . . . **14. P. perfoliatus** (S. 118)

23b Tauchblätter länglich-lanzettlich, an der Spitze deutlich kappenförmig zusammengezogen, am Grunde abgerundet, seicht herzförmig, ganzrandig; Blattscheiden groß und derb, gelb bis hellbräunlich, meist als Fasern persistierend; Ährenstiele bis 20 cm lang . . . . **13. P. praelongus** (S. 118)

24a Tauchblätter groß, in einen kurzen geflügelten Stiel verschmälert, rauh gezähnelt, mit undeutlichem Mittelstreifnetz, stachelspitzig; junge Blätter stark glänzend; Schwimmblätter sehr selten entwickelt **25**

24b Untere Tauchblätter kleiner, bis 6 cm lang, sitzend, bisweilen stielartig verschmälert, mit deutlichem Mittelstreifnetz, nicht stachelspitzig, am Rande rauh **26**

25a Alle Blätter untergetaucht, obere nicht länger gestielt als untere, sehr groß, bis 30 cm lang und 4,5 cm breit, vorn plötzlich in eine Spitze zusammengezogen, am Rande mehr oder weniger deutlich gezähnelt; Ährenstiele bis 25 cm lang; Früchtchen fast kreisrund . . . . **9. P. lucens** (S. 114)

25b Obere Blätter länger gestielt als untere, meist breiter, oft schwimmend, bis 10 cm lang und 2—3 cm breit; Ährenstiele meist 5—7 cm lang; Früchtchen halbkreisförmig . . . . **16. P. × zizii** (S. 115)

26a Tauchblätter am Grunde oft stielartig verschmälert, ihre Scheiden linealisch, fast fädlich. Schwimmblätter, wenn vorhanden, eiförmig bis eilanzettlich, oft bespitzt, am Rande wenigstens anfangs klein gezähnelt; Stengel stark verzweigt . . . . **11. P. gramineus** (S. 115)

26b Tauchblätter mit abgerundetem Grunde halbstengelumfassend, ihre Scheiden länglich-dreieckig; obere Blätter nur selten schwimmend . . . **12. P. × nitens** (S. 117)

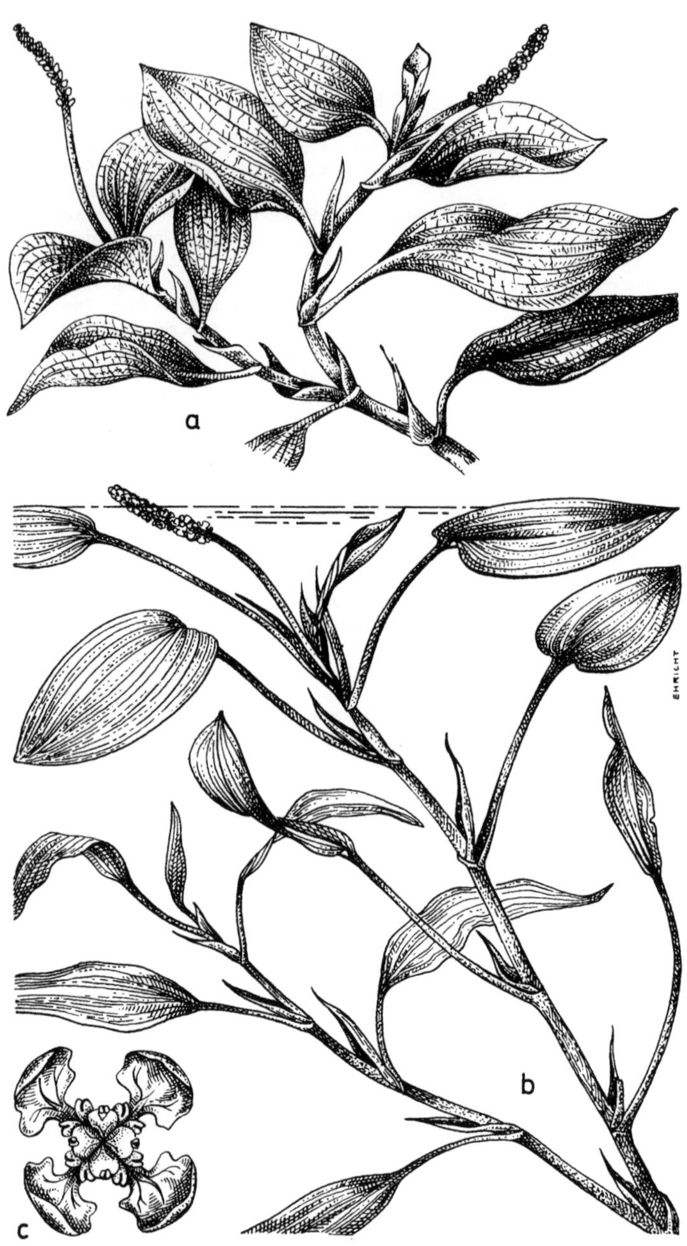

a
b
c
EHRICHT

1. Potamogeton polygonifolius Pourret de Figeac (Fig. 20 b—c)

P. oblongus Viviani

Rhizom bis etwa 10 cm tief im Boden kriechend, kurz gegliedert; Glieder nicht knollig verdickt, rötlich, etwa so dick wie der Stengel. Stengel etwa 2 mm dick, meist unverzweigt. Spreite der Tauchblätter lanzettlich, in den (0,5) 2—3 (5) cm langen Stiel kurzkeilig verschmälert, sehr dünn, durchsichtig, 2—4 cm lang, 0,3—1,3 cm breit, zur Blütezeit meist noch vollständig vorhanden. Spreite der Schwimmblätter meist elliptisch-lanzettlich, 1,5—3,5 cm breit, 2—6 (15) cm lang, meist nur $1^1/_2$ mal so lang wie breit, am Grunde abgerundet oder (einzelne) seicht herzförmig, weniger derb als die von *P. natans*, neben dem Stiel ohne oder mit schwacher Falte; die Stiele scheinbar 3kantig, beidseits gewölbt, oft rot überlaufen. Blatthäutchen stets kürzer als der Blattstiel, 2—4 cm lang, etwa 6 mm breit, rötlich, Ähre 1—2 (4) cm lang, locker, ihr Stiel schlank, etwa so dick wie der Stengel, 3—5 (10 bei flutenden Formen) cm lang. Früchtchen 2,0—2,5 (3) mm lang, eiförmig, auf dem Rücken stumpf berandet, mit sehr kurzer Spitze, mehr oder weniger rötlich. — Blütezeit: VI—VIII. — $2n = 26$.

Vorkommen: In Verlandungs-Gesellschaften seichter Heidetümpel, in Torfstichen, Moorschlenken und Gräben sowie in langsamfließenden Heide- und Moorbächen; in nährstoffarmem, klarem oder durch Huminsäuren bräunlich gefärbtem Wasser; auf flach überschwemmten, z. T. zeitweise trockenfallenden, kalkarmen, mäßig sauren Sand- oder sandigen bis reinen Torfschlamm-Böden; planar bis kollin (montan). Kennart des Hyperico-Potametum oblongi, auch in anderen Strandlinggesellschaften, z. B. im Eleocharitetum multicaulis und im Samolo-Littorelletum, sowie in Wasserschlauch- und armen Seerosengesellschaften, in der terrestrischen „Form" in Zwischenmoorschlenken. — L: hyd G rhiz/Nymph.

Verbreitung: Verbreitet in den Heidegebieten West- und Südeuropas; nordwärts entlang der atlantischen Küste bis Norwegen, südwärts bis Nordafrika, ostwärts im Norden bis zur Daugava (Westlichen Dvina) und im Süden bis in die Küstengebiete Kleinasiens (im osteuropäischen Binnenlande und in großen Teilen der Balkanhalbinsel fehlend); in Nordamerika nur an der Ostküste von Neufundland. — Im Gebiet zerstreut, stellenweise häufig. Schwerpunkt im nw Tiefland, nach Osten hin rasch ausklingend, in Mecklenburg und Brandenburg selten, nochmalige Häufung im Altmoränengebiet der Lausitz, hier ostwärts bis Slask (Schlesien); entlang der Ostseeküste ostwärts bis zur Weichsel (Wisła). Im Mittelgebirgsland selten und einzeln in den Vogesen, der Pfalz, am unteren Main, in der Rhön, in Franken, im sächsischen Bergland, im Bayerischen Wald und in Böhmen. Im Voralpenland und in den Alpen selten, z. B. im südlichen Tessin (Gegend von Varese), früher bei Genf. — subatl (-smed), östl. N-Amerika.

Verbreitungskarte: Meusel et al. 1965; Hultén 1971.

Anmerkungen: *P. polygonifolius* entwickelt mäßig dichte Bestände; die Sprosse ragen einzeln im Wasser empor oder liegen auf dem Grunde nieder.

2. Potamogeton coloratus Hornemann (Fig. 20 a)

P. plantagineus Du Croz ex Roemer et Schultes; *P. hornemannii* G. F. W. Meyer

Rhizom kriechend, stark verzweigt, dichte Bestände bildend, kaum stärker als der (höchstens bindfadenstarke) Stengel, an den Knoten wurzelnd. Stengel meist unverzweigt, selten über 1 m lang, oft flach niederliegend. Spreite der Tauchblätter lanzettlich (die oberen eilanzettlich), bis 13 cm lang, 6 cm breit, meist 2—6mal so lang wie breit, allmählich in den kurzen, 1—2 cm langen Stiel verschmälert, nicht gezähnt, oft rötlich, zugespitzt, an der Spitze auffällig hell durchscheinend, zur Blütezeit noch nicht abgestorben. Schwimmblätter stets vorhanden, ihre Spreite eiförmig, dünn, häutig-pergamentartig (nicht lederig), durchscheinend und das ganze

Fig. 20. a *Potamogeton coloratus* Hornemann, fertiler Sproßabschnitt, $\times^1/_2$. b—c *Potamogeton polygonifolis* Pourret de Figeac — b fertiler Sproßabschnitt, mit Schwimm- und Tauchblättern (Schwimmblätter am Grunde nicht so herzförmig wie abgebildet, sondern abgerundet!), $\times^2/_3$; c offene Blüte (a nach Suessenguth 1935; b Original; c nach Glück 1936).

Nervennetz deutlich erkennbar, oft rötlich, bis 8 cm lang, etwa 2mal so lang wie breit, mit meist nur 1—2 cm langem Stiel, am Grunde abgerundet, flach, im unteren Teil mit deutlichem Mittelstreifnetz. Blatthäutchen 2—3 (4) cm lang, länger als der Blattstiel. Ähre schlank, 2—4 cm lang, etwa 3 mm dick, auf bis 13 cm langem, schlankem, 1,5—2 mm dickem Stiel; am Stiel oder am Grunde der Ähre oft 1—2 Hochblätter. Früchtchen auffallend klein, 1,0 bis 1,75 mm lang, eiförmig, 1,25 mm breit, auf dem Rücken mit stumpfem Kiel, verhältnismäßig leicht abfallend. — Blütezeit: VI—IX. — $2n = 26$.

Vorkommen: In seichten, stehenden oder langsamfließenden, kalkreichen, aber nährstoffarmoligotrophen Gewässern tieferer Lagen; in Bächen, Gräben, Moortümpeln und auf Riedwiesen auf tonigem Lehm oder Torfschlamm-Böden; außerordentlich belastungsempfindlich (vor allem gegenüber Ammonium) und daher meist auf die reinsten, quellnahen Bäche (katharobe Fließwasserbereiche) beschränkt; etwas wärmeliebend; planar bis montan; Kennart des Potametum colorati, z. T. in Kontakt mit Wasserschlauch- und Seerosengesellschaften. — L: hyd G rhiz/Nymph.

Verbreitung: Verbreitet in Westeuropa; nordwärts bis Irland, Hebriden, Südskandinavien, ostwärts bis ins Gebiet des östlichen Baltischen Höhenrückens, südostwärts bis ins Pannonikum und nach Griechenland; südwärts bis nach Nordwestafrika. — Im Gebiet nur vereinzelt vor allem im Südwesten und Süden, z. B. in der Oberrheinischen Tiefebene; infolge Gewässerverschmutzung und Meliorationen vielfach stark im Rückgang.

Verbreitungskarten: Hultén 1971; Kohler et al. 1974; Krach 1976; Eelman & van der Ploeg 1979.

Anmerkungen: Der meist blaßrötliche *P. coloratus* unterscheidet sich von allen verwandten Arten durch die im Vergleich mit dem Blattstiel 2—4mal so langen, fast immer dünnhäutigen, durchscheinenden und mit gut erkennbarem Adernetz versehenen Schwimmblätter. Außerdem sind die Früchtchen die kleinsten aller einheimischen Arten (gutes Unterscheidungsmerkmal gegenüber *P. polygonifolius*, dessen Früchte 2—2,5 mm lang werden). — Landformen mit breiten, fast kreisrunden, an *Plantago major* erinnernden Blättern entwickeln sich in sehr flachem Wasser, in Pfützen usw.

3. **Potamogeton siculus** Tineo ex Gussone

P. subflavus Loret et Barrandon; *P. siculus* „race" *subflorus* (Loret et Barrandon) Rouy
Stengel etwas verzweigt. Blätter sämtlich untergetaucht; Spreite elliptisch-lanzettlich bis lanzettlich, an beiden Enden verschmälert, am Rande buchtig kraus, häutig, durchscheinend, hell (gelblich) grün (auch noch nach dem Trocknen); Blattstiel ziemlich kurz, höchstens so lang wie die Spreite; Blatthäutchen spitz. Ährenstiel etwas dicker als das Stengelstück dicht darunter, viel länger als die Blätter. Ähre zur Fruchtzeit walzlich, dünn, locker, Früchtchen klein, 1,5 mm lang, 1 mm dick, eiförmig, linsenförmig zusammengedrückt, auf dem Rücken schwach 3kielig, mit kurzem, gebogenem Schnabel. — Blütezeit: V—VII.

Vorkommen: In flachen, stehenden Gewässern; an den Küsten im Brackwasserbereich; vor allem in Laichkraut-Gesellschaften; in Südfrankreich Kennart des Potameto-Utricularietum, außerdem im Potameto-Vallisnerietum. — L: hyd G rhiz/Pot.

Verbreitung: Im westlichen Mittelmeergebiet (z. B. Süd- und Südostfrankreich, Korsika, Sizilien).

Anmerkung: Die Beurteilung der Sippe schwankt sehr. Einige Autoren ziehen sie als Unterart oder Varietät zu *P. coloratus* oder *P. alpinus*.

4. **Potamogeton alpinus** Balbis (Fig. 21 a)

P. rufescens Schrader
Rhizom kriechend, meist auffallend reich verzweigt, rötlich; im Herbst mit dicken Überwinterungssprossen. Stengel (unterhalb der Ähre) meist nicht verzweigt, 30—200 cm lang, 1,8—4 mm dick, nach dem Trocknen oberwärts rötlich überlaufen; Internodien 2—17 cm lang. Spreite der Tauchblätter ganzrandig, lanzettlich, stumpfspitzig, (6) 10—25 (30) cm lang, 6—15 (25) mm breit, allmählich zum Grunde hin stielartig verschmälert, dünnhäutig-durchsichtig, die oberen (jungen) oft rötlich, mit deutlichem Mittelstreifnetz, sitzend, den Stengel nicht umfassend; Schwimmblätter wenige (nicht immer vorhanden), ihre Spreite ganzrandig,

dünn, pergamentartig oder mehr oder weniger lederig, aber wenigstens am Grunde etwas durchscheinend, verkehrt eiförmig oder lanzettlich bis spatelig, mit stumpfer Spitze, allmählich in den Stiel verschmälert, oft rötlich; 8—15,5 cm lang, 13—20 mm breit; Stiel kürzer als die Spreite. Blatthäutchen 2—6 cm lang, bis 12 mm breit, gekielt und scheidig, derb, fast krautig, rotbraun, glanzlos. Ähren einzeln oder zu 2—5 am Ende des Stengels, 2—4 cm lang, auf meist 5—15 (18) cm langem Stiel; Stiel etwa 2 mm (und überall gleich) dick, nicht dicker als der unten angrenzende Teil des Stengels. Früchtchen 2,5—3 mm lang, 2 mm breit, beidseits etwas zusammengedrückt, linsenförmig, teils geschnäbelt, teils kurzspitzig, auf dem Rücken scharf gekielt, gelblich bis rötlich-braun. — Blütezeit: VI—VIII. — $2n = 52$.

Vorkommen: In stehenden oder fließenden Gewässern mit kühlem, klarem, unverschmutztem (bis mäßig belastetem), meist nährstoff- und kalkarmem Wasser; in Seen, Teichen, Tümpeln und Torfstichen, Bächen und Gräben auf sandig-kiesigem Grund, auf Schlamm- und Torfboden; vor allem montan und subalpin, aber auch planar, seltener kollin, in hochgelegenen Mooren, Bächen und Seen bis 2000 m ansteigend, in Graubünden bis 2100 m; in Laichkraut-Gesellschaften, z. B. zusammen mit *Potamogeton obtusifolius* und im Potametum filiformis, in Teichen des Berglandes vor allem im Polygono-Potametum natantis und im Nymphaeetum candidae, in Fließgewässern im Ranunculetum fluitantis und im Callitricho-Myriophylletum alterniflori, in Bächen und Quellgräben auch in eigenen Beständen, ferner gelegentlich auch im Hydrocharitetum, im Hottonietum und im Myriophyllo-Nupharetum. stellenweise auch in Strandling-Gesellschaften. — L: hyd G rhiz/Pot (Nymph).

Verbreitung: In Europa nordwärts bis Irland und Nordskandinavien, südwärts bis Pyrenäen, Korsika, Norditalien; in Asien von etwa 75° nB südwärts bis Kaukasus, Altai, Amurgebiet, ostwärts bis Kamtschatka und Beringstraße; in Nordamerika von Alaska südwärts bis Kalifornien und zu den Großen Seen, in Westgrönland. — Im Gebiet im Tiefland und Mittelgebirgsland zerstreut, sonst selten. — no-euras (subozean), circ.

Verbreitungskarte: Hultén 1962, 1971; Postovalova 1969; Eloranta 1970.

Anmerkungen: *P. alpinus* überwintert durch bereits im Herbst gebildete ausläuferartige dichte und verdickte Rhizom-Sprosse (Turionen). — Er steht meist in getrennten, mehr oder weniger dichten Horsten oder Büscheln, selten in größeren Beständen.

5. Potamogeton nodosus Poiret (Fig. 21 b—c)

P. fluitans Roth pr. pte.; *P. americanus* Chamisso et Schlechtendal

Rhizom kriechend, kräftig, gelblichweiß. Stengel nicht verzweigt oder verzweigt, bis 2 m lang; Internodien gegen den Stengelgrund hin immer kürzer werdend, gedrängt und knotig („nodosus"; im Gebiet nur bei dieser Art so!). Spreite der Tauchblätter langlanzettlich, nie mit feiner oder stacheliger Spitze, 6—20 (30) cm lang, 2—3 cm breit, die untersten kleiner, eiförmig, bis 14 cm lang und bis 6 cm breit (das unterste Blatt oft fast ganz schmal pfriemlich, aber flach), in einen meist langen Stiel kurz verschmälert, häutig durchsichtig, zur Blütezeit oft noch vorhanden. Schwimmblätter stets vorhanden, Spreite oval bis länglich-lanzettlich, 5—10 (20) cm lang, 2—3,5 cm breit, am Grunde abgerundet oder in den 5—12 (25) cm langen, oberseits gewölbten, nicht rinnigen Stiel verschmälert (nie herzförmig), stets flach (nur das jüngste Blatt gelegentlich neben dem Blattstiel mit aufwärts gebogener Falte), ziemlich lederig, nicht durchscheinend, dunkelgrün oder rötlichbräunlich überlaufen. Blatthäutchen 3—6 cm lang, 10—15 mm breit, meist viel kürzer als der ausgewachsene Blattstiel, schwach ausgebildet. Ähre 3—4 (5) cm lang, auf bis 12 cm langem Stiel; Stiel nicht wesentlich dicker als der unten angrenzende Teil des Stengels. Früchtchen 2—3,5 mm lang, mit scharfem Kiel auf dem Rücken, oft kastanienbraun, glänzend. — Blütezeit: VI—IX. — $2n = 52$.

Vorkommen: In untergetauchten Flutgesellschaften tiefer, langsam(schnell)fließender, basenreicher Gewässer, in Altwassern und Bächen, auf z. T. humus- und schlammarmen Sand- und Kiesböden; planar bis kollin; Kennart des Ranunculetum fluitantis, in Südfranreich Kennart des Potameto-Vallisnerietum, ferner im Myriophyllo-Nupharetum. — L: hyd G rhiz/Nymph.

Verbreitung: Über einen großen Teil der Erde verbreitet. In Europa nordwärts bis 55° nB; vor allem in Süd- und Westeuropa (in England selten, vereinzelt in Mittel- und Osteuropa; Schwerpunkt im Mittelmeergebiet). Nord- und Zentralafrika, Kanaren, Azoren, Madagaskar;

Kleinasien, Iran, Pamirgebiet, Südindien, Burma, Java; in Nordamerika von 45″ nB südwärts bis Mexiko, Guatemala, Venezuela, Westindien; nicht in Australien. — Im Gebiet zerstreut im westlichen und südwestlichen Teil, vereinzelt im zentralen Teil. — (kosmopol) subatl.-submed.

Verbreitungskarten: Hultén 1962, 1971; Čornaja 1978 (UdSSR: URSR).

Anmerkungen: Sehr veränderliche Sippe. Von einigen Autoren als Bastard zwischen *P. natans* und *P. lucens* aufgefaßt, von anderen für eine im fließenden Wasser entstandene Abart des *P. natans* gehalten; experimentelle Nachweise für diese Ansichten fehlen. — *P. nodosus* überwintert durch Rhizomknollen, die zwei- bis dreifingerig angeordnet beisammen-stehen. -- Die Tauchblätter ähneln denen von *P. lucens* sehr, die aber einen sehr starken Mittelnerv und nur ein ganz schwaches Mittelstreifnetz besitzen; bei *P. nodosus* ist das Mittelstreifnetz sehr stark ausgeprägt. — Im fließenden Wasser verlängert sich der Ährenstiel sehr, steigt in Richtung der Schwimmblattstiele schräg auf und erreicht mit seinem obersten (dicksten) Abschnitt die Oberfläche, auf der er wie ein Korken schwimmt. Der der Ähre nächste Abschnitt biegt sich hakig aufwärts und hält die Ähre senkrecht in die Höhe. — Wächst *P. nodosus* im stehenden Wasser, so ähnelt er in der Tracht und in der Gestalt der Schwimmblätter *P. natans*.

6. Potamogeton natans L. (Fig. 22 a—c)
Rhizom weit kriechend, kräftig, oft reich verzweigt, im Herbst mit knollig verdickten Gliedern, weißlich. Stengel 1--5 m lang, unterhalb der Ährenregion meist nicht verzweigt. Unterste Tauchblätter (Frühjahrsblätter) bis über 50 cm lang und bis über 1 cm dick, im Querschnitt stielrund, binsenähnlich, ohne Spreite (Phyllodien) (selten mit äußerst schmaler Spreite und dann flach); obere Tauchblätter etwas breiter lanzettlich bis linealisch lanzettlich; alle Tauchblätter zur Blütezeit bereits abgestorben und verfault. Schwimmblätter stets vorhan-den; Spreite eiförmig oder länglich-elliptisch, 4—12 cm lang, 5—7 cm breit, so lang oder kürzer als der halbstielrunde, oberseits etwas rinnige, derbe und etwas starre Blattstiel, am Grunde mehr oder weniger deutlich herzförmig oder abgerundet und neben dem Stiel mit 2 aufwärts gebogenen, öhrchenartigen Falten, lederig, nicht durchscheinend, viel (20—40)-ner-vig, dunkelgrün oder bräunlich. Blatthäutchen 5—10 (14) cm lang, oft länger als der Blatt-stiel, ausgebreitet etwa 12 mm breit, spitz, 2kielig. Ähre 4—5 (8) cm lang, auf bis 10 cm langem Stiel, reich-(18—78-)blütig; Stiel überall gleich dick, nicht dicker als der darunter angren-zende Teil des Stengels. Früchtchen 3—4 (5) mm lang, schmal verkehrt-eiförmig, sehr kurz geschnäbelt, auf dem Rücken stumpf gekielt. — Blütezeit: VI—VIII. — $2n = 52$ (42, USA).

Vorkommen: In mäßig tiefen, stehenden doch auch in fließenden, meist basenreichen, aber nährstoffarmen, mesotrophen (bis schwach eutrophen) Gewässern; vor allem in Teichen, Tümpeln, Torfstichen, Sandgruben-Seen und Bergbau-Restgewässern, in stillen Seebuchten, Altwassern und Gräben, seltener in Flüssen auf humosen Schlamm-, Sand-, Lehm- und Ton-böden, verträgt Wasserstandsschwankungen, organische Belastung und zeitweise Austrock-nen der Gewässer, tritt in den Überschwemmungsgebieten der großen Flüsse sehr zurück; erträgt leichte Beschattung; planar bis subalpin, im Schwarzwald bis 1100 m, in den Alpen bis 2550 m; in ärmeren Gewässern und besonders im Bergland oft Reinbestände bildend oder zusammen mit *Polygonum amphibium* im Polygono-Potametum natantis; sonst meist in ärmeren Ausbildungen des Myriophyllo-Nupharetum und im Potameto-Nupharetum, auch in ärmeren Ausbildungen des Potametum lucentis und des Najadetum, im Potametum trichoidis, im Sparganietum minimi, im Hydrocharitetum und in nassen Ausbildungen von Großseggen- und Röhricht-Gesellschaften, vereinzelt auch in Strandling-Gesellschaften. — L: hyd G rhiz/ Nymph.

Verbreitung: In der nördlichen Hemisphäre verbreitet; in Europa von Island und Nordskandi-navien südwärts bis ins Mittelmeergebiet; Nordafrika; in Asien von etwa 75° nB südwärts

Fig. 21 a *Potamogeton alpinus* Balbis, Habitus, × ¹/₃. b--c *Potamogeton nodosus* Poiret — b Tauchblattsproß, × ¹/₄; c fertiler Sproßabschnitt mit Schwimmblättern, × ¹/₃ (a—c frei nach verschiedenen Quellen)

EHRICHT

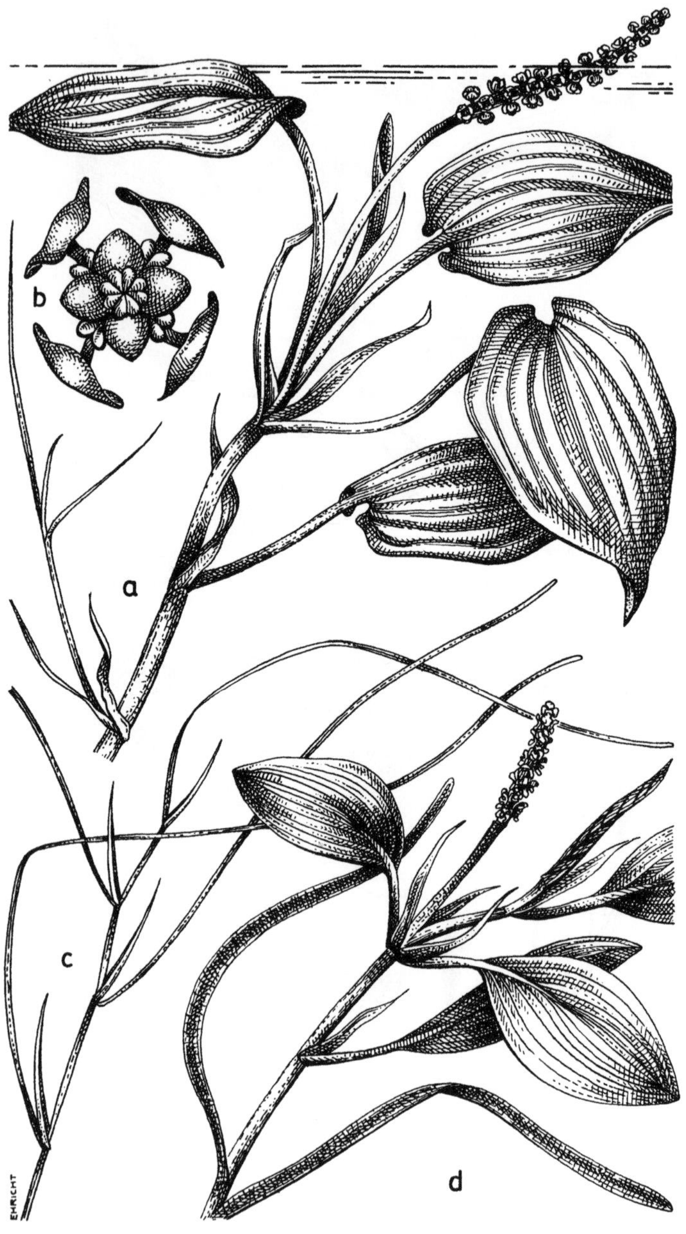

bis Kleinasien, Iran, Nordindien und Formosa; in Nordamerika von den arktischen Küsten südwärts bis Kalifornien, Mexiko und New Jersey; Grönland; weiter angegeben aus Südamerika, Südafrika, Madagaskar. — Im Gebiet weit verbreitet und überall häufig. — euras (subozean), circ.

Verbreitungskarten: Hultén 1962, 1971; Meusel et al. 1965; Postovalova 1969; Eloranta 1970; Uotila 1971; Tomačev 1974.

Anmerkungen: Nach Dandy (1937) gehören alle Angaben aus dem tropischen und südlichen Afrika zu *P. nodosus*. — Die Angaben aus Australien und Tasmanien beziehen sich auf *P. tricarinatus*. — In sehr schnellfließendem Wasser kommen die Schwimmblätter nicht zur Entfaltung. Die Pflanzen blühen nicht; die binsenartigen, bis 50 cm langen, bis 5 mm breiten Tauchblätter bilden dann große, oft lebhaft grüne, flutende Massen („*P. sparganiifolius*"). Erreichen die Tauchblätter die Wasseroberfläche, entwickelt sich oft an ihrer Spitze eine lederige Spreite. — Bemerkenswert sind die in Heidegräben und Tümpeln auftretenden Zwergformen mit nur 1,5 mm dickem Stengel und 2,5 cm breiten, 5 cm langen Schwimmblättern. — Die Landform entwickelt keine Tauchblätter; die Spreiten ihrer Schwimmblätter sind 1,5—2,5 cm lang gestielt, 1,5 cm breit, 4 cm lang, sehr hart, lederartig, dicht gedrängt stehend und liegen dem Grund auf.

7. **Potamogeton epihydrus** Rafinesque (Fig. 22 d)

P. nuttallii Chamisso et Schlechtendal; *P. pensylvanicus* Chamisso et Schlechtendal

Pflanzen habituell an *P. natans* erinnernd, weit kriechend. Stengel zusammengedrückt, am Grunde nicht oder schwach verzweigt, an der Spitze manchmal gegabelt. Tauchblätter dünn, flach, bandförmig, 5—22 cm lang, (1) 5—10 mm breit, (3) 5—13nervig. Schwimmblätter meist gegenständig; Spreite lederartig, undurchsichtig, elliptisch bis breit länglich-lanzettlich, stumpf oder abgerundet, (2) 3—8 cm lang, (0,4) 1,5—3,5 cm breit, (7) 11—33 (41)nervig, in den abgeflachten Stiel verschmälert, Mittelnerv mit deutlichem Mittelstreifnetz; Übergangsblätter oft vorhanden. Ährenstiel 1,5—16 cm lang, dicklich, aus der Achsel von Schwimmblättern entspringend. Fruchtende Ähre 1,8—4 cm lang. Früchte seitlich abgeplattet, grubig, kugelig bis verkehrt eiförmig, 3—4,5 mm lang, 3—3,6 mm breit, mit (0,2) 0,6—1,2 mm breitem Rückenkiel; auf der Spitze des Bauchrandes kurz geschnäbelt.

In Europa: var. *ramosa* (Peck) House. Tauchblätter (1) 2—8 mm breit, (3) 5—7nervig; Spreiten der Schwimmblätter 2—7,5 cm lang, 0,4—2,5 cm breit, (7) 11—33nervig; Früchte 2,5—3,5 mm lang, mit 0,2—1 mm breitem Kiel. — Blütezeit: VI—VIII. — $2n = 26, 52$.

Vorkommen: In flachen, stehenden oder langsamfließenden Gewässern, hauptsächlich in kleinen, mäßig kalkhaltigen Tümpeln in Dünengebieten der Küste, ferner in Seen und Kanälen. — L: hyd G rhiz/Nymph.

Verbreitung: In Europa nur auf den Britischen Inseln: Einheimisch auf den Äußeren Hebriden, ferner eingeschleppt in SW-Yorkshire, im River Calder und in Kanälen in der Nähe von Halifax. Weit verbreitet in Nordamerika (von Quebec bis New York und West-Virginia, westlich bis Minnesota und Iowa, ferner im westlichen Nordamerika von Washington bis Idaho und Kalifornien). — Seit dem 2. Jahrzehnt des 20. Jahrhunderts als Fremdling in SW-Yorkshire bekannt, aber um 1958 als einheimische Pflanze auf den Äußeren Hebriden entdeckt. Die Verbreitung der Art erinnert an *Eriocaulon aquaticum*. — Im Gebiet fehlend. — Europa: atl.

Verbreitungskarten: Fernald 1932; Hultén 1941, 1968.

8. **Potamogeton variifolius** Thore

P. octandrus Graebner

Ausdauernd; Stengel verzweigt, walzlich. Alle Blätter lang gestielt; Tauchblätter phyllodienartig rückgebildet, mit durchscheinenden Nerven, lang gestielt, unterseits rinnig; Schwimm-

Fig. 22. a—c *Potamogeton natans* L. — a fertiles Sproßstück mit Schwimm- und Primärblättern, $\times^1/_4$; b offene Blüte; c untergetauchtes, steriles Sproßstück, $\times^1/_4$. d *Potamogeton epihydrus* Rafinesque, fertiles Sproßstück mit Schwimm- und Tauchblättern, $\times^1/_2$ (a—b nach Suessenguth 1935; c nach Glück 1936; d nach Muenscher 1944).

blätter dünn lederartig, elliptisch, 1,5—2 cm breit, stumpf und zugespitzt oder spitz, am Grunde abgerundet, an der Ansatzstelle des Stieles ohne Falte, aber mit Gelenk. Ährenstiel deutlich gebogen, etwas dicker als der darunterliegende Abschnitt des Stengels. Ähren kurz, walzlich, dünn, dicht; fruchtende Ähren dünn, stark unterbrochen infolge Fehlschlagens der meisten Früchte; diese selten entwickelt, 2,5—3 mm lang, eikugelig, schwach zusammengedrückt, grünlich mit sehr stumpfen Schnabel. — Blütezeit: VI—VIII.
Vorkommen: In Bächen und Flüssen. — L: hyd G rhiz/Nymph.
Verbreitung: Südwestfrankreich (Gironde, Landes), Irland (West Mayo). — Im Gebiet fehlend.
Anmerkungen: Vielleicht Bastard *P. berchtoldii* × *P. natans*? Auch an Beziehungen zu dem in Afrika, Asien und Australien heimischen *P. javanicus* (vgl. Synonymie) ist gedacht worden. — Stets steril; die Schwimmblätter ähneln denen von *P. natans*, sind kleiner und besitzen an der Stielspitze einen Gelenkansatz; die zahlreichen Tauchblätter sind schmal-lanzettlich und haben offene Stipeln wie die von *P. berchtoldii*.

9. Potamogeton lucens L. (Fig. 29 a—h)

Rhizom tief im Boden kriechend, kräftig, bis 1 cm dick; im Herbst Glieder und Enden knollig verdickt, verzweigt. Stengel 2—6 m lang, 1—4 mm dick, meist ästig verzweigt; Internodien unten etwa 20 cm lang, oben kürzer. Blätter alle untergetaucht (nie besondere Schwimmblätter vorhanden); Primärblätter pfriemlich-binsenförmig, mäßig lang, die oberen mit kleiner Spreite (Übergangsblätter); Spreite der Folgeblätter häutig, durchsichtig, oliv- bis gelbgrün, in der Jugend sehr glänzend, oval bis länglich-lanzettlich, mit aufgesetzter, feiner, harter oder weicher Spitze, groß (3) 10—25 (30) cm lang, 1—6 cm breit, $2^1/_2$ bis 4mal so lang wie breit (größte Tauchblätter unserer Arten!), am Rande wellig, fein gezähnelt (Zähne unter 0,1 mm hoch), oft in einen kurzen 1 (3) cm langen Stiel verschmälert; 9—11 (15-)nervig, Mittelnerv deutlich rippig, mit ansehnlichem Mittelstreifnetz; Seitennerven nach und nach vom Blattgrund an bis fast zur Blattmitte hinauf aus der Mittelrippe entspringend und sich mit ihr unterhalb der Spitze wieder vereinigend. Blatthäutchen stark entwickelt, meist bleibend, 4—7 (8) cm lang, 10—12 mm breit, sehr derb, ausgebreitet fast blattartig, manchmal geflügelt 2kielig, oft wenigstens in der oberen Hälfte sehr dünnhäutig, vorn fast immer abgerundet, breit umfassend. Ährenstiele bis 30 cm lang, 4—8 mm dick, gegen die Ähre hinauf allmählich und deutlich verdickt, dann dicker als der Stengel. Ähre 3—6 cm lang, dicht-(15—72)-blütig. Früchtchen schief verkehrt eiförmig, 2,5—4 mm lang, auf dem Rücken undeutlich stumpf gekielt, mit sehr kurzem, stumpfem Spitzchen. — Blütezeit: VI—VIII. — $2n = 52$.
Vorkommen: Meist gesellig in tiefen, stehenden oder langsamfließenden, kalkreichen, mehr oder weniger nährstoffreichen meso- bis eutrophen Gewässern; in Seen, Teichen, Altwassern und Kiesgruben; auf humosen Schlamm- und Muddeböden in 50—350 cm Wassertiefe; kann sich rasch auf neuen Standorten einstellen und scheint sich stellenweise als fakultativer Therophyt zu verhalten; konkurrenzschwache Art, abgedrängt auf tiefe Gewässerstellen, wo sie den anderen Arten überlegen ist; durch Eutrophierung bis zu einem gewissen Grade gefördert, in stärker belasteten Gewässern jedoch ausfallend; planar bis montan, selten subalpin (in den Alpen bis 1900 m); Kennart des Potametum lucentis, auch in anderen Laichkraut-Gesellschaften, vor allem im Myriophyllo-Nupharetum, die Fließwasser-„Formen" in Wasserhahnenfuß-Gesellschaften stark strömender Flüsse und Bäche. — L: hyd G rhiz/Pot.
Verbreitung: In Europa nordwärts bis zum Polarkreis (nicht auf Island), südwärts bis Nordafrika (auf der Iberischen Halbinsel selten); durch Asien nördlich von 25° nB (vor allem Zentralasien) ostwärts bis ins Amurgebiet; Südchina. — Im Gebiet im Tiefland und in mittleren Gebirgslagen verbreitet und meist häufig, in Silikatgebirgen selten. — euras-smed.
Verbreitungskarten: Samuelsson 1934; Hultén 1958, 1971; Meusel et al. 1965; Postovalova 1969; Tolmačev 1974.
Anmerkungen: Der obere Teil der Mittelrippe bleibt (besonders im Herbst oder bei Gipfelblättern von Tiefwasserpflanzen) meist mehr oder weniger spreitelos, oder die Spreitenbildung unterbleibt ganz oder wird auf eine schmale Zone rechts und links der Mittelrippe

beschränkt. Dadurch entstehen Phyllodien wie bei *P. natans* (als rundliche bloße Blattstiele = Mittelrippen oder als scheinbar schwach geflügelte Blattstiele = Mittelrippen mit ganz schmaler Spreite). — Die Narbe ist gegen Benetzung relativ unempfindlich. Die Ähren können unter Wasser blühen (Übergang zur Hydrophilie).

10. Potamogeton × zizii Koch ex Roth

P. gramineus × *lucens*; *P.* × *angustifolius* Berchtold et Presl; *P. gramineus* var. *major* Koch
In allen Teilen feiner und zarter als *P. lucens*, in der Tracht einem großen *P. gramineus* ähnelnd. Rhizom stark, 3—4 mm dick. Stengel 1—2 m lang, schlank, meist 2 mm dick, verzweigt, die Äste meist spitzwinklig entspringend. Primärblätter pfriemlich-binsenförmig, 5—7 cm lang, 1 mm dick. Tauchblätter meist lanzettlich bis länglich-lanzettlich, manchmal länglich-spatelig, dünn, durchscheinend, spitz bis zugespitzt, gelegentlich wellig oder kraus und nahe der Spitze klein gezähnelt, sitzend oder (meist) kurz gestielt, 7—17nervig. Schwimmblätter lederig, manchmal etwas glänzend; Spreite elliptisch, spitz, am Grund herablaufend, 10—14 cm lang, 2—3 cm breit, 13—21nervig; Stiele meist kürzer als die Spreite, die der oberen Blätter stets länger als die der unteren. Blatthäutchen bis 5 cm lang, meist allmählich scharf zugespitzt, manchmal am Grunde sehr breit, stumpf, 2kielig, locker und ausgebreitet wie bei *P. gramineus*. Ährenstiel meist bis 4 mm stark, vor allem oben ziemlich dick, dicker als der Stengel; meist gerade aufrecht, 5—7 (35) cm lang. Ähre ziemlich dicht, 3—4 cm lang, wenn länger (bis 7 cm), dann lockerer blütig. Früchtchen schief verkehrt eiförmig, etwa 2 mm lang, Bauchkante oft fast gerade, auf den Rücken 3kielig (reife, trockene Frucht) mit kurzem Schnabel. — Blütezeit: VI—VIII.
Vorkommen: In stehenden oder langsamfließenden, vorwiegend kalk- und nährstoffreichen, mäßig eutrophen Gewässern; in Seen, Altwassern, Weihern, Tümpeln und Bächen; auf humosen Schlamm- oder lehmigen Tonböden; in den Alpen bis 1800 m; im Potametum graminei und im Najadetum marinae, auch im Potametum lucentis und im Ranunculetum fluitantis. — L: hyd G rhiz/Nymph.
Verbreitung: Im westlichen und mittleren Europa, nordwärts bis Südskandinavien, ostwärts bis ins Pripet-polessische Sumpf-Wald-Becken, südostwärts in Ungarn, Montenegro, im Mittelmeerraum fehlend; in Asien im Himalaja-Gebiet, in Turkestan, China; in Nordamerika; in Australien. — Im Gebiet sehr zerstreut bis selten, vielfach übersehen. — euras (sub-ozean).
Verbreitungskarte: Perring 1968.
Anmerkung: Artfester, fertiler Bastard zwischen *P. gramineus* und *P. lucens*. Im Vergleich mit *P. gramineus* ist *P.* × *zizii* größer, die Tauchblätter sind stärker wellig und schärfer bespitzt, die Schwimmblätter dünner und laufen am Grunde weiter herab; im Vergleich mit *P. lucens* sind die Früchte kleiner. — Im fließenden Wasser unterbleibt die Bildung von Schwimmblättern.

11. Potamogeton gramineus L. (Fig. 24 a)

P. heterophyllus Schreber
Rhizom flach im Boden kriechend, dünn, 1—2 mm dick, weiß, stark gabelig verzweigt, an den Spitzen oft knollig angeschwollen (Vermehrungs- und Überwinterungssprosse). Stengel meist stark (scheingabelig) verzweigt, knickig hin- und hergebogen, nach oben sehr kurzgliederig, 80—120 (150) cm lang, etwa 1 (bei Landformen bis 2) mm dick. Spreite der Tauchblätter schmal-lanzettlich bis lanzettlich, (2) 4—8 (10) cm lang, 4—10mal so lang wie breit (4—10 mm breit), zum Grunde hin allmählich fast stielartig verschmälert, sitzend, nur die obersten gelegentlich undeutlich kurz gestielt, mit feiner, oft stacheliger Spitze, fein gezähnt (Zähne 0,1 mm lang); 3—7nervig. Schwimmblätter oft vorhanden (bei Formen auf Schlamm und im seichten Wasser; subsp. *heterophyllus*); Spreite lederig bis durchscheinend, oval oder elliptisch, 1—6 (7) cm lang, bis fast 3 cm breit (2—3mal so lang wie breit), spitz, flach, oft kürzer als der Blattstiel (bis 8 cm lang gestielt), 10—18nervig; Blatthäutchen an den Tauchblättern bis 15 mm lang, ausgebreitet linealisch oder fast linealisch, stengelumfassend und nach oben beidseits eingerollt, oft fadenförmig erscheinend. Ährenstiele meist 2—6

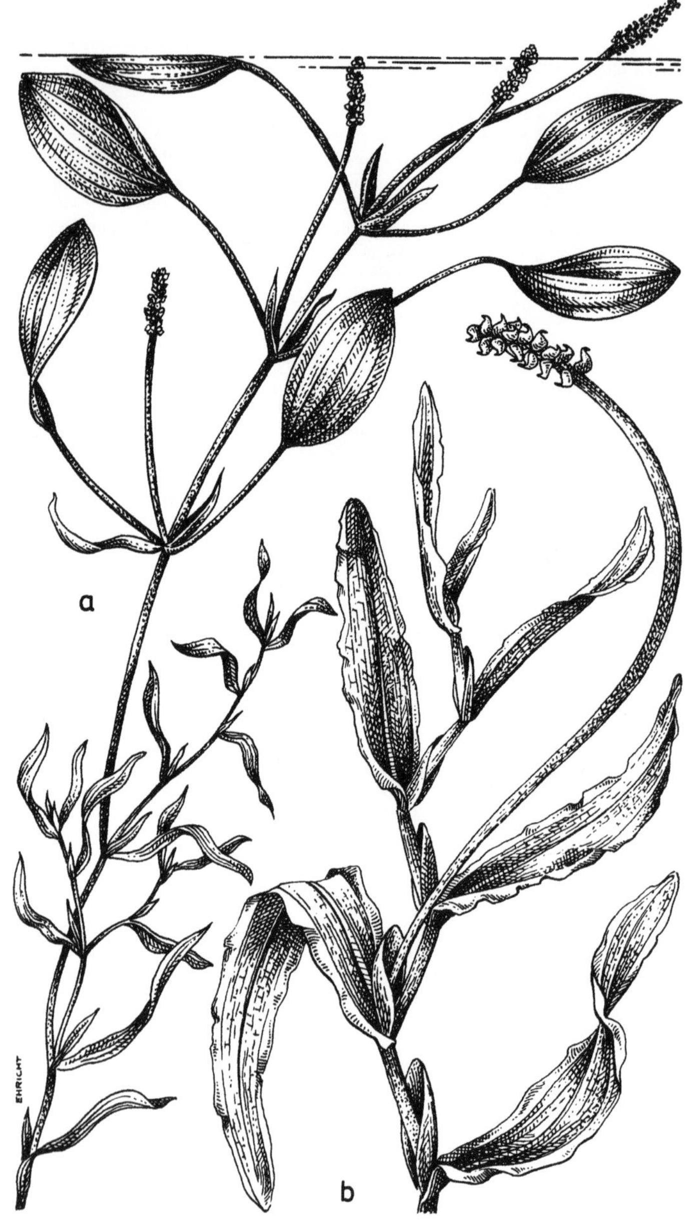

(10) cm lang, dicker als der Stengel (2—3 mm dick) nach oben verdickt, häufig der verkürzten oberen Stengelglieder wegen einander genähert. Ähren 2—3 cm lang, mäßig dicht. Früchtchen 1,5—2,5 (3) mm lang, 1,75—2 mm breit, rundlich-eiförmig, mit sehr kurzem, dikkem, wenig gekrümmtem Schnabel, auf dem Rücken sehr kurz stumpf gekielt. — Blütezeit: VI—VIII. — $2n = 52$.

Vorkommen: In untergetauchten, locker stehenden Kleinlaichkraut-Gesellschaften vorwiegend stehender, basenreicher, kalkarmer und -reicher, klarer, unverschmutzter, mesotropher Gewässer; in Seen, Altwassern, Gräben, Torflöchern, flachen Wiesengräben; auf oft wenig humosen, mäßig schlammigen Kies- und Sandböden in 20—120 cm Wassertiefe; planar bis subalpin (in den Alpen bis 2140 m); Kennart des Potametum graminei, auch im Zannichellietum, ferner in nassen Schlenken in Zwischenmoor- und Großseggen-Gesellschaften auf Torfschlamm- und Mudde-Böden in Wasserschlauch-Gesellschaften, außerdem in Strandling-Gesellschaften (z. B. im Deschampsietum rhenanae); in Südosteuropa Reisfeld-Unkraut. — L: hyd G rhiz/Pot-Nymph.

Verbreitung: In Europa nordwärts bis Island und Nordskandinavien, südwärts bis Südspanien, Korsika, Italien (nördlich des Po), Balkanhalbinsel (Jugoslawien, Nordwestbulgarien); in Asien vom Polarkreis südwärts bis Kaukasus, Pamir, nördliche Mongolei, Korea, Japan; in Nordamerika vom arktischen Gebiet südwärts bis Kalifornien und Florida, Bahamainseln; Westgrönland. — Im Gebiet im Tiefland meist häufig, im Mittelgebirgsraum, Alpenvorland und in den Alpen zerstreut, nicht häufig, an manchen Stellen im Rückgang (vgl. Philippi 1978). — no, circ.

Verbreitungskarten: Hultén 1927, 1962, 1968, 1971; Eloranta 1970; Uotila 1971; Tolmačev 1974; Philippi 1978 (Oberrheingebiet).

Anmerkungen: Es werden 2 Unterarten unterschieden:

1 a Schwimmblätter fehlend; Tauchblätter linealisch-lanzettlich, schlaff, die obersten kurz gestielt, am Grunde des Ährenstieles ohne oder mit sehr kleiner Spreite; in tieferen, fließenden Gewässern; auch im Brackwasser . . . . **11.1** subsp. **gramineus**

1 b Schwimmblätter vorhanden, lederartig, lanzettlich bis oval-lanzettlich, oft mit einem Spitzchen, lang gestielt; Tauchblätter steif, zurückgebogen, lanzettlich; in seichteren Gewässern, ziemlich häufig . . . . **11.2.** subsp. **heterophyllus** Fries

12. Potamogeton × nitens Weber

  P. gramineus × perfoliatus

In allen Teilen größer als *P. gramineus*. Tauchblätter (bei der Landform fehlend) länglich-lanzettlich bis lanzettlich, bis etwa 13 mm breit, mit abgerundetem, nicht verschmälertem Grunde halbstengelumfassend getrocknet stark glänzend, vorn oft scharf zugespitzt, meist mit kleinen, sehr früh abfallenden Zähnchen. Schwimmblätter selten entwickelt, Spreite klein, lederig, eilänglich, kurz und breit gestielt. Blatthäutchen bis 15 mm lang, etwas krautig, deutlich dreieckig, bleibend. Ährenstiel bis 30 cm lang, oft (nicht immer!) kürzer als bei *P. gramineus*, von der Mitte an aufwärts etwas verdickt. Früchtchen außen scharf gekielt, oft nicht entwickelt. — Blütezeit: VI—VIII.

Vorkommen: In stehenden oder langsamfließenden, basen- und kalkreichen, meist klaren und unverschmutzten meso- bis schwach eutrophen Gewässern; vorwiegend in Seen, aber auch in Altwassern, Teichen oder an ruhigen Flußufern; meist im flachen Wasser in 10—50 (100) cm Tiefe auf reinen und mehr oder weniger schlammigen Sandböden oder sandig-humosen Schlammböden; im Schweizer Jura bis 1000 m aufsteigend; konkurrenzschwach, Kennart des Potametum nitentis, auch im Potametum filiformis. — L: hyd G rhiz/Pot (Nymph).

Verbreitung: In Europa besonders im Westen, Norden und im Zentrum, bis ins nördliche und mittlere Osteuropa; südwärts bis ins Nördliche Alpenvorland. — Im Gebiet vor allem in

Fig. 23. a *Potamogeton gramineus* L., fertiles Sproßstück mit Schwimm- und Tauchblättern; $\times^1/_3$. b *Potamogeton praelongus* Wulfen, fertiles Sproßstück, $\times^2/_5$ (a nach Nordhagen 1948; b nach Heß et al. 1967).

den seen- und teichreichen Landschaften des Tieflands zerstreut, sonst selten, nicht außerhalb des Areals der Eltern; südwärts seltener (hier ist auch *P. gramineus* selten!), nordwärts häufiger (hier sind beide Eltern gemein). — no-subatl.

Anmerkungen: Außerordentlich variabel; aus Skandinavien sind über 100 „Formen" beschrieben worden. — Wenn der Einfluß von *P. perfoliatus* überwiegt, dann sind die Tauchblätter sitzend und mit länglich-ovalem Grunde halbstengelumfassend; überwiegt *P. gramineus*, dann sind die Blattstiele ziemlich lang (fast so lang wie bei *P. gramineus*).

Vorbereitungskarten: Militzer 1942; Luther 1951; Pankow & Rattey 1963; Perring 1968.

13. Potamogeton praelongus Wulfen (Fig. 23 b)

Rhizom kurz, dick, wenig verzweigt. Stengel 0,5—2 m lang, am Grunde ast- (im Alter blatt-)los, zwischen den Blättern meist auffallend knickig hin- und hergebogen, nach oben mehr oder weniger kurzästig verzweigt, weißlich (jung zart rötlich). Alle Blätter untergetaucht (nie besondere Schwimmblätter vorhanden); Spreite häutig, jung hellgrün, sehr durchsichtig, erwachsen etwas trübgrün und weniger durchsichtig, schmal oval bis länglich-lanzettlich, 5—15 cm lang, bis 10mal so lang wie breit (am Grunde 2—4 cm breit), ganzrandig, meist schwach gekräuselt (im Alter oft eingerissen), mit stumpfer, kapuzenartiger Spitze, am Grunde abgerundet bis seicht herzförmig, halbstengelumfassend; (5)—7nervig, mit deutlichem, breitem Mittelstreifnetz; alle Nerven durch Queradern verbunden. Blatthäutchen 2—6 cm lang, mit kapuzenförmiger Spitze, jung hellgelblich-grün, erwachsen strohfarben bis weißlich, derb, reichnervig, ausdauernd. Ährenstiele 5 —20 (40) cm lang, nur dicht unterhalb der Ähre deutlich verdickt. Ähre 2—4 (5) cm lang, ziemlich dicht oder häufig am Grunde locker, sich auf der Wasseroberfläche auf dem schrägen Stiel aufrichtend. Früchtchen 3—4 (5) mm lang mit fast gerader Bauchkante, zusammengedrückt, auf dem Rücken mit scharfem Kiel, mit etwa 1 mm langem Schnabel. — Blütczeit: VII—IX. — $2n = 52$.

Vorkommen: In stehenden oder langsamfließenden, kühlen, meist klaren, kalkreichen, aber mäßig nährstoffreichen (mesotrophen), unverschmutzten Gewässern; in Seen, Gräben und Bächen; auf humosen Sandböden, Mudde- oder Torfschlamm-Böden in 50—200 cm Wassertiefe; geringe Temperaturansprüche; planar bis subalpin (in den Alpen bis 2050 m); in Seen in ärmeren Laichkraut- und Schwimmblatt-Gesellschaften, z. B. zusammen mit *Potamogeton natans*, auch im Potametum filiformis, in Fließgewässern in Gesellschaft des Flutenden Hahnenfußes. — L: hyd G rhiz/Pot.

Verbreitung: In Europa von Island und Nordskandinavien südwärts bis Südfrankreich, Alpen, Karpaten, Kaukasus; in Asien zwischen 50 und 65° nB; in Nordamerika von Alaska südwärts bis etwa 35° nB. — Im Gebiet zerstreut bis sehr selten, streckenweise völlig fehlend; im Tiefland z. B. in den nordöstlichen Niederlanden, Dümmer, Juist, vor allem aber in den nordöstlichen Teilen; im Mittelgebirgsraum z. B. in den Vogesen, im Schwarzwald (Feldsee), bei Seeon, im Fränkischen Jura; in den Schweizer Alpen z. B. in den Kantonen Waadt, Wallis, Neuenburg, St. Gallen und Graubünden. — no (subozean), circ.

Verbreitungskarten: Hultén 1962, 1968, 1971; Kepczyński 1965; Postovalova 1969; Tolmačev 1974.

Anmerkung: Durch den knickig gebogenen, weißlichen Stengel, die langen Ährenstiele und die kappenförmigen Blattspitzen leicht erkennbar.

14. Potamogeton perfoliatus L. (Fig. 24 a—b)

Rhizom kriechend, hin- und her gebogen, wenig verzweigt, an den Knoten meist wurzelnd und hier einander parallele Stengel entwickelnd. Stengel in tiefem Wasser bis 6 m lang, oben verzweigt; Internodien oben 1—3 cm lang. Blätter alle untergetaucht (nie besondere Schwimmblätter vorhanden); Spreite häutig, durchscheinend, hell- bis dunkelgrün, rundlich

Fig. 24. a—b *Potamogeton perfoliatus* L. — a fertiles Sproßstück, $\times^1/_3$; b offene Blüte. c—d *Potamogeton crispus* L. — c fertiles Sproßstück, $\times^1/_2$; d Fruchtstand, $\times 3$ (a—c nach Suessenguth 1935; d nach Nordhagen 1948).

a
b
c
d
EHRICHT

bis eiförmig-länglich und eilanzettlich, 6—12 cm lang, 3,5—6 cm breit, mit abgerundetem bis tief breitherzförmigem Grunde sitzend, den Stengel halb bis ganz umfassend, am Rande häufig wellig gekräuselt und rauh (fein gezähnelt mit Zähnen von etwa 0,1 mm Länge), kräftig, 5—7 (10)nervig, Mittelnerv mit ziemlich undeutlichem Mittelstreifnetz, alle Nerven durch Queradern verbunden. Blatthäutchen auffallend dünn, glasig durchscheinend, weißlich, sehr vergänglich (sich bald zersetzend), nur an den obersten Blättern noch erhalten, stumpf, 1—2 cm lang. Ährenstiele 2—5 (6) cm lang, etwa doppelt so lang wie die Ähren, nicht dicker als der unten angrenzende Teil des Stengels. Ähre bis 3 cm lang, oben ziemlich dicht, unten locker. Früchtchen schief verkehrt-eiformig, bis 3 mm lang, Bauchkante erhaben, auf dem Rücken stumpf gekielt, seitlich etwa eingedrückt; Schnabel kaum 1 mm lang, stumpf, etwas hakig zurückgebogen. — Blütezeit: VI—VIII. — $2n = 52$.

Vorkommen: In stehenden und fließenden Gewässern mit Schwerpunkt in basen- und nährstoffreichen eutrophen Gewässern mit geringer Sichttiefe, jedoch auch in mäßig nährstoffreichen, mesotrophen Gewässern mit klarem Wasser, leichte Verschmutzung und Wellenschlag ertragend; planar bis subalpin (in den Alpen bis 1900 m); die Formen des stehenden Wassers in Seen, Teichen und Altwassern auf humosen Schlamm- und Mudde-Böden in einer Wassertiefe von 50—600 cm, bevorzugt im tieferen Sublitoral oft große Bestände bildend, meist in reicheren Ausbildungen des Potametum lucentis oder in eigenen Beständen zusammen mit *Ceratophyllum demersum*, *Myriophyllum spicatum* oder nur mit *Potamogeton pectinatus* („Potametum perfoliati"), z. T. auch im Myriophyllo-Nupharetum und im Najadetum; die Fließwasserformen in mehr oder weniger stark strömenden Flüssen, Kanälen und Bächen bis in Tiefen von 3 m auf meist sandigem, nicht zu steinigem und zu schlammigem Untergrund, meist im Ranunculetum fluitantis, auch in anderen Fließwasser-Gesellschaften, so im Ranunculo-Sietum potametosum in weniger tiefen, kalkreichen Bächen und Flüssen und im Callitricho-Myriophylletum kalkarmer Fließgewässer; in der UdSSR Reisfeld-Unkraut. — L: hyd G rhiz/Pot.

Verbreitung: In fast ganz Europa (in Spanien und Italien nur im Norden); in Asien von etwa 70° nB südwärts bis Kaukasus, Iran, Indien, südliches China; in Nordamerika nur im arktischen Gebiet [südwärts angrenzend eine sehr nahe verwandte Sippe: *P. richardsonii* (Bennett) Rydberg]; Guatemala; Australien (früher oft für *P. praelongus* gehalten); Nord- und Zentralafrika. — Im Gebiet verbreitet und meist überall häufig; in Silikatgebirgen selten. — no-euras, circ, ferner subtrop-trop.

Verbreitungskarten: Hultén 1927, 1962, 1971; Dandy 1937; Luther 1951; Miki 1961; Postovalova 1969; Eloranta 1970; Uotila 1971; Tolmačev 1974.

15. Potamogeton crispus L. (Fig. 24c—d)
Rhizom sehr dünn (1—2 mm dick), höchstens so dick wie die Stengel, kurz flach im Boden kriechend, stark verzweigt, kurzgliedrig, an den Knoten mit bis 10 cm langen Wurzelfasern, rötlich. Stengel 20—70 cm, im tiefen Wasser bis 200 cm lang, zusammengedrückt 4kantig, meist verzweigt, rötlich; Internodien 1—3 (5) cm lang. Alle Blätter untergetaucht (nie besondere Schwimmblätter vorhanden); Spreite durchsichtig, länglich bis länglich-lanzettlich, mit annähernd parallelen Blatträndern, 4—6 (10) cm lang, 5—10 (15) mm breit (5—10mal so lang wie breit), fein gezähnt (Zähnchen 0,1—0,3 mm lang), am Rande meist wellig kraus, vorn zugespitzt-stumpflich, selten spitz oder abgerundet, am Grunde abgerundet oder zum Grunde hin allmählich verschmälert, sitzend, den Stengel etwas umfassend; 3nervig, Mittelrippe deutlich, mit weitmaschigem Mittelstreifnetz; im randnahen Blattdrittel beiderseits 1 (—2) schwache Nerven, die kurz unter der Spitze in den Mittelnerv einmünden, zarte Quernervatur; junge und untere Stengelblätter in tiefem Wasser weniger gewellt und schwächer gezähnelt. Blatthäutchen (nur an den jüngsten Teilen sichtbar) 9—15 mm lang, sehr dünn, glasig durchscheinend, hinfällig, kurz und breit, die unteren mehr oder weniger weit mit der Spreite verwachsen. Ährenstiele etwa so dick wie der Stengel, bis 10 cm lang (so lang oder wenig länger als die Blätter). Ähren kurz, selten über 2 cm lang, locker, wenigblütig (2—10 Blüten). Früchtchen am Grunde miteinander verwachsen (nur bei dieser Art so!), fast kreisrund, samt hakig gebogenem Schnabel

5—6 mm lang (Schnabel etwa 2 mm lang; bei den anderen Arten Schnabel meist nicht über 1 mm lang), schief eirundlich, am Rücken mit 3 Kielen, oft kammartig und höckerig. — Blütezeit: VI—VIII. — $2n = 52$.

Vorkommen: In stehenden, auch langsamfließenden, basen- und nährstoffreichen, oft verschmutzten, eutrophen Gewässern tiefer Lagen; in Seen, Altwassern, Flüssen und Gräben in 30—300 cm Wassertiefe auf humosen Schlammböden; unempfindlich gegen organische Belastung und daher optimal in Gewässern wie Viehtränken und -schwemmen entfaltet, Nährstoffzeiger; planar bis montan, selten subalpin (Oberes Engadin); im Potametum lucentis, aber auch im Zannichellietum, im Myriophyllo-Nupharetum, im Ranunculetum fluitantis, im Glycerio-Sparganietum, ferner im Hydrocharitetum, im Ranunculetum peltatae und im Ceratophylletum demersi; in Südeuropa Reisfeld-Unkraut. — L: hyd G rhiz/Pot.

Verbreitung: In fast ganz Europa, nordwärts bis Mittelschweden und Südfinnland (fehlt im Norden der UdSSR), im Süden in Mittel- und Südgriechenland fehlend, in Asien von 50—60° nB, südwärts bis Indien, Java, ostwärts bis Japan; Australien, Neuseeland; kleinere Teilareale in Afrika (Nilgebiet, Ost- und Südafrika); im nördlichen Nordamerika zwischen 35 und 50° nB. — Im Gebiet verbreitet und ziemlich häufig. — euras-smed bzw. kosmopol.

Verbreitungskarten: Samuelsson 1934; Dandy 1937; Hultén 1962, 1971; Meusel et al. 1965.

Anmerkungen: Wenig variable Art; riecht widerwärtig süßlich.

16. Potamogeton compressus L. (Fig. 19a—b; Fig. 25a)

P. zosterifolius Schumacher

Rhizom ziemlich tief im Boden weit kriechend, verzweigt. Stengel bis 2 m lang, unten schwach zusammengedrückt, oben flach, fast so breit wie die Blätter, mit 2 wellig geflügelten Kanten (im Gebiet nur bei dieser Art so!); nach oben lang gegliedert und wenig ästig verzweigt; manche Pflanzen haben keine oder nur wenig geflügelte, andere fast nur flache Glieder; Glieder je nach dem Wasserstand bald kürzer, bald länger, (3) 5—7 (20) cm lang, 0,5—3 mm dick. Alle Blätter untergetaucht (nie besondere Schwimmblätter vorhanden); Spreite schmal bandförmig, 8—15 (21) cm lang, (2) 3—4 mm breit, vorn abgerundet (seltener zugespitzt) mit kurzer, austretender, weicher Stachelspitze; Nervatur aus Mittelrippe ohne Mittelstreifnetz, mit 2 Paar stärkeren und zahlreichen (auf jeder Seite bis zu 15) einander stark genäherten, schwachen randlichen Seitennerven; keine Blattgrunddrüsen. Blatthäutchen 2,5—3,5 (4) cm lang, unten 2kielig, nach oben flach ausgebreitet, nervenreich, jung grünlich, im Alter weißlich, schlaff, ausdauernd (wenigstens in der Ähre). Ährenstiele (2) 4—10 (20) cm lang, etwa 2 mm dick, nicht dicker als der unten angrenzende Teil des Stengels, 2—4mal länger als die Ähre, im Stiel einige ganz schwache subepidermale Bastbündel. Ähre 1 (2—3) cm lang, dicht- und reichblütig (10—15blütig), reich fruchtend. Früchtchen samt dem 1 mm langen Schnabel 3—4 mm lang, 2 mm breit, eiförmig, auf dem Rücken mit stumpfem Kiel, auf der Bauchseite erhaben, ohne Bauchhöcker. — Blütezeit: VI—VIII. — $2n = 26$.

Vorkommen: In Seen, Teichen, Altwassern und Kanälen; in vorwiegend stehendem, basen- und nährstoffreichem, z. T. leicht verschmutztem Wasser auf humosen Schlammböden; besonders in tieferen Lagen; planar bis montan, selten subalpin; meist im Potametum lucentis, auch im Najadetum, ferner im Myriophyllo-Nupharetum. — L: hyd G rhiz/Pot.

Verbreitung: In Europa nordwärts bis England, Fennoskandien, nördliches Osteuropa, südwärts bis Mittelspanien, Südfrankreich, Südjura, Nordschweiz, Donaugebiet; isoliert in Albanien; in Asien durch Südsibirien und Zentralasien ostwärts bis Kamtschatka; in Nordamerika durch *P. zosteriformis* Fernald vertreten. — Im Gebiet zerstreut bis selten, im südlichen Teil meist sehr selten; in den Alpen stellenweise in Gebirgsseen. — no-euras.

Verbreitungskarten: Hultén 1962, 1971; Postovalova 1969; Tolmačev 1974.

Anmerkungen: Die Winterknospen sind umgebildete Astspitzen; ihre Blätter sind von Scheiden eingehüllt, kürzer als die Astblätter, oben breit abgestumpft mit sehr kurzer

Stachelspitze. — Rhizom selten entwickelt; junge Pflanzen meist aus den selbst zur Fruchtzeit noch erhaltenen Winterknospen unmittelbar auswachsend.

17. Potamogeton acutifolius Link ex Roemer et Schultes (Fig. 19c—d; Fig. 25b)
Rhizom kriechend, verzweigt. Stengel 50—60 (200) cm lang, streckenweise zusammengedrückt bis rundlich, zum größeren Teil aber mehr oder weniger abgeflacht, 2kantig, die Kanten jedoch nicht geflügelt; dicht gabelästig verzweigt, besonders unter der Ähre. Blätter alle untergetaucht (nie besondere Schwimmblätter entwickelt); Spreite der unteren bandförmig, vorn völlig abgerundet, fast spatelig, die der mittleren und oberen lang und fein haarspitzig, am Grunde häufig mit 2 gelblichen (trocken schwärzlichen) Höckerchen (Blattgrunddrüsen); bis 15 cm lang, 1,5—4 cm breit; Nervatur aus Mittelnerv mit Mittelstreifnetz, 2 Hauptseitennerven und 2 wulstigen Randnerven; Zwischennerven 8—10, fein, in Höhe des Anfangs der Blattspitze endend. Blatthäutchen oben meist breit stumpf abgerundet, nervenreich, hinfällig (rasch zerfasernd), nur an den noch in geschlossenen Knospen verborgenen Blättern unversehrt wahrnehmbar; unten 2kielig; nicht selten bis zum Grund gespalten, 1,5—2,0 (2,5) cm lang, jung trübgrün, alt schmutzig grün. Ährenstiele meist gabelständig, 0,5—1,5 (3) cm lang, abgeflacht, etwa 1 mm dick, nicht oder nur wenig länger als die Ähre, im Stiel mehrere subepidermale Bastbündel. Ähre sehr kurz, anfangs in den Hüllblättern versteckt, wenig- (3—6) und lockerblütig, oft auch armfrüchtig. Früchtchen (ohne Schnabel) 2—3 mm lang, meist halbkreisrund bis $^3/_4$ mondförmig, auf dem Rücken deutlich gekielt, mit Bauchhöcker; Schnabel über 1 mm lang, rückwärts gekrümmt. — Blütezeit: VI—VIII. — $2n = 26$.
Vorkommen: In flachen, stehenden oder langsamfließenden, basenreichen Gewässern tieferer Lagen auf Schlammboden in 30—150 cm Wassertiefe, vor allem in Altwassern, Teichen und Gräben, meidet stark eutrophe Gewässer, auch salzertragend; planar bis kollin (montan); meist im Hydrocharitetum und im Hottonietum, auch im Potametum trichoidis, im Potametum lucentis, im Myriophyllo-Nupharetum und im Najadetum sowie in Wasserlinsen-Gesellschaften. — L: hyd G rhiz/Pot.
Verbreitung: In Europa nordwärts bis England, Südfennoskandien, ostwärts bis zum Ural, südwärts bis Südfrankreich, Norditalien, Donaugebiet. — Im Gebiet zerstreut bis selten, stellenweise auch sehr selten oder ganz fehlend; in der montanen Region der Alpen hin und wieder. — subatl.
Verbreitungskarte: Hultén 1971.
Anmerkung: Von Graebner (1907) werden in Europa 2 Unterarten unterschieden [in Ostasien außerdem subsp. *mandchuricus* (A. Bennett) Graebner]:
1a Ähre mehrfach kürzer als ihr Stiel; Früchtchen geflügelt-gekielt . . . .
. . . . **17.2.** subsp. **carinatus** (Kupffer) Graebner (S. 123)
1b Ähre etwa so lang wie ihr Stiel; Früchtchen oft fast kugelig, nicht geflügelt-gekielt
. . . . **17. 1.** subsp. **acutifolius** (S. 123)

17.1. subsp. **acutifolius**
Beschreibung siehe unter *P. acutifolius*

17.2. subsp. **carinatus** (Kupffer) Graebner
P. carinatus Kupffer
Stengel sehr ästig, zusammengedrückt, kaum geflügelt, 1—1,6 mm breit, 0,3—0,6 mm dick. Blätter linealisch, 4—10 cm lang, 1,5—3 mm breit, sehr spitz zugespitzt, mit 5 dickeren und zahlreichen feineren Längsnerven. Blatthäutchen bis 1,5 cm lang, bleich. Ährenstiel (2) 4—5 (7) cm lang; Ähre (0,6) 1 (1,3) cm lang, 10—15blütig. Früchtchen 4 mm lang, 3 mm

Fig. 25. a *Potamogeton compressus* L., fertiles Sproßstück, ×$^1/_2$; b *Potamogeton acutifolius* Link ex Roemer et Schultes, fertiles Sproßstück, ×$^1/_3$; c—d *Potamogeton obtusifolius* Mertens et Koch — c fertiles Sproßstück, d Fruchtstand, ×$2^1/_2$ (a, c nach Glück 1936; b nach Hagerup & Petersson 1956; d nach Nordhagen 1948).

breit, bespitzt, am Rücken halbkreisförmig, geflügelt-gekielt, bauchseits stumpfkantig, am Grunde oft warzig.

Vorkommen und Verbreitung: Bisher nur in einem Tümpel bei Riga („Kokenhusen") gefunden.

18. Potamogeton obtusifolius Mertens et Koch (Fig. 19i—j; 25c—d)
Rhizom flach im Boden kriechend, dünn, etwa 1 mm dick, ziemlich reich, aber oft kurz verzweigt. Stengel treiben regelmäßig aus den Winterknospen (noch zur Blütezeit erhalten!) aus, 30—100 cm lang, kaum 1 mm dick, oft fast fädlich, rund oder mit 2 stumpfen, nicht geflügelten Kanten (im Querschnitt elliptisch), meist dicht gabelästig, oft sehr sparrig verzweigt; unterer Stengelteil rhizomartig, geknickt verzweigt, ab und zu mit kriechenden Ausläufern; Stengelglieder 0,5—2 (3) cm, im tiefen Wasser 5—8 (10) cm lang, die unteren stets länger als die oberen. Blätter untergetaucht; Spreite 2—8 cm lang, 1—3 mm breit, bandförmig, meist stumpf, mit breit abgerundeter Spitze (sehr kurz stachelspitzig), am Grunde 2drüsig und ziemlich deutlich verschmälert, lebhaft grün, seltener etwas bräunlich mit gelblich-rötlichen Nerven, sehr schlaff und dünn, trotzdem kaum durchsichtig; mit 3, seltener 5 Längsnerven (nur bei recht breiten Blättern), nur der Mittelnerv derber, die 1. Seiten-nerven erst unmittelbar unter der Spitze in den Mittelnerv einmündend; Quernerven vor-handen. Blatthäutchen breit, zart, hinfällig, fast nie in der Mitte gespalten, weißlich-gelblich, bis 15 mm lang. Ährenstiele meist 10—15 (20) mm lang, so lang oder 2—3mal so lang wie die dicht- (5) 6—8 (15)-blütige, eiförmige Ähre. Früchtchen (meist gedrängt) schief verkehrt-eiförmig, 2—3,5 mm lang, 2 mm breit, am Rücken stumpf gekielt, etwas höckerig-runzlig, meist mit kaum 1 mm langem, geradem Spitzchen. — Blütezeit: VI bis VIII. — $2n = 26$.
Vorkommen: In Laichkraut- und Schwimmblattgesellschaften von Seen, Altwassern, Teichen, Tümpeln, Gräben und Torfstichen tieferer Lagen; in mäßig nährstoffreichem, oft kalk-armem und mesotrophem Wasser auf humosen Schlammböden; planar bis kollin; im Potametum lucentis und in ärmeren Ausbildungen des Myriophyllo-Nupharetum und des Ranunculetum peltatae, auch eigene Bestände bildend. — L: hyd G rhiz/Pot.
Verbreitung: In Europa nordwärts bis Schottland, Fennoskandien (im äußersten Norden fehlend), südwärts bis Nordspanien, Zentralfrankreich (?), Schweizerisches Mittelland, Jugoslawien, Bulgarien; fehlt im eigentlichen Mittelmeergebiet; vereinzelte und weit aus-einanderliegende Fundorte durch Osteuropa, Sibirien und Zentralasien ostwärts bis ins Amurgebiet; in Nordamerika vor allem im atlantischen Gebiet zwischen 40 und 60° nB; nicht in Australien (hier *P. ochreatus* Raoul). — Im Gebiet zerstreut bis sehr selten; im Tiefland zerstreut, in großen Teilen der Niederlande häufiger; im Voralpenraum z. B. in den französischen Dép. Jura und Doubs; in der Schweiz nur bei Bonfol; im Gebiet von Belfort; im Bodenseegebiet; in Ober- und Niederösterreich; Krain (?). — euras (subozean), circ.
Verbreitungskarten: Haynes 1964; Meusel et al. 1965; Hultén 1971; Tralau 1971; Tolmačev 1974.

19. Potamogeton mucronatus Schrader ex Sonder (Fig. 19g—h; Fig. 26a—b)
   P. friesii Ruprecht; *P. compressus* auct. non L.
Rhizom dünn, <1 mm dick, ziemlich lang kriechend, etwas verzweigt. Stengel im tieferen Wasser 50—100 (200) cm, im flacheren 30—60 cm lang, 0,5—1 mm dick, abgeflacht, im Querschnitt 3mal so breit wie hoch, mit 2 stumpfen, nicht geflügelten Kanten, unter-wärts wenig, oberwärts mäßig stark verzweigt, mit meist (2) 3—5 (10) cm langen Stengel-gliedern und meist zahlreichen, in den Achseln der Stengelblätter stehenden, büschelartigen Kurztrieben oder sparrigen Winterknospen. Blätter bandförmig, (2) 4—7 (10) cm lang,

Fig. 26. a—b *Potamogeton mucronatus* Schrader ex Sonder — a fertiles Sproßstück, ×$^1/_2$; b Fruchtstand, ×2. c—d *Potamogeton trichoides* Chamisso et Schlechtendal — c fertiles Sproßstück, ×$^1/_3$; d offene Blüte. e—f *Potamogeton rutilus* Wolfgang — e fertiles Sproßstück, ×$^1/_3$; f offene Blüte (a—b nach Nordhagen 1948; c—d nach Glück 1936; e—f nach Suessenguth 1935).

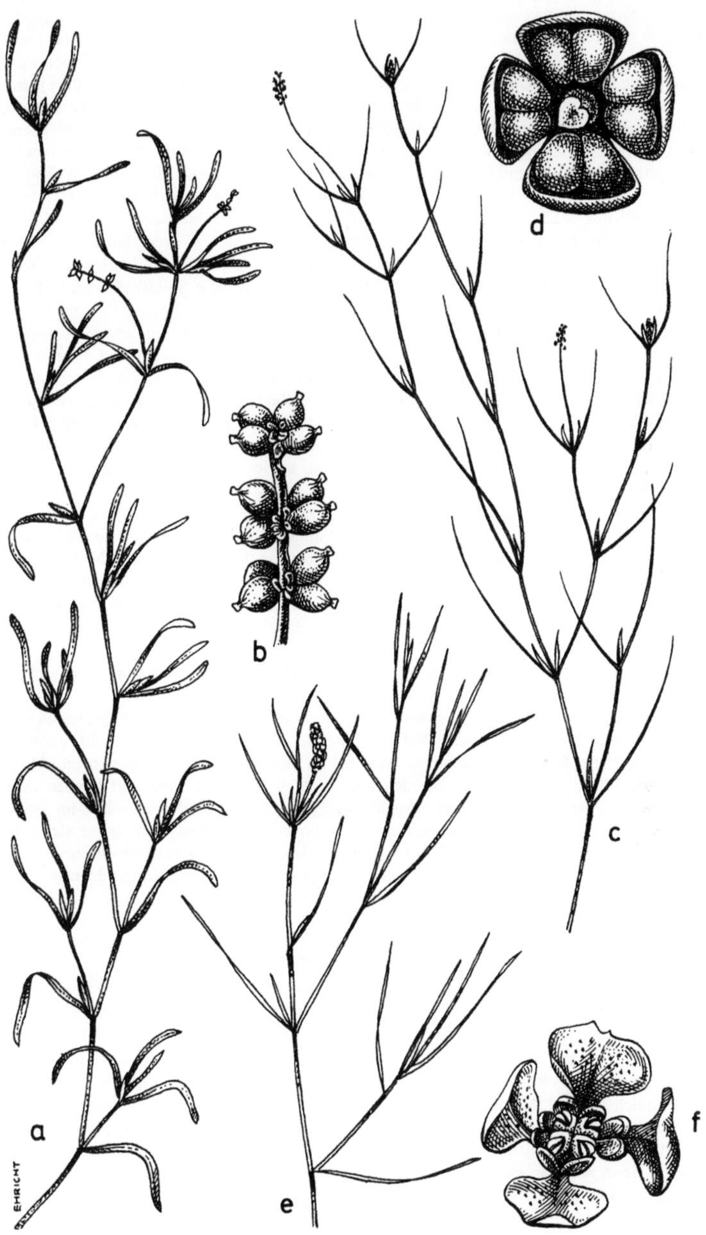

1,5—2,5 (3,5) mm breit, stumpf mit feiner, aufgesetzter Spitze (Lupe!), seltener zugespitzt, am Grunde mit 2 Drüsen; meist mit 3 oder 5 deutlich sichtbaren Nerven (Stengelblätter meist 5nervig, Ast- und Gipfelblätter mitunter auch nur 3nervig; die 1. Seitennerven münden kurz unterhalb der Blattspitze in den Mittelnerv, der 2. Seitennerv geht in die ersten über), mit meist undeutlichem, jedoch wenigstens in der Blattmitte erkennbarem Mittelstreifnetz; jung hellgrün, im Alter teils trüb-, teils gelblich-, teils dunkelgrün, immer etwas glänzend und gut durchsichtig. Blatthäutchen 5—15 (20) mm lang, ziemlich zart, röhrig verwachsen, an der Spitze ausgefranst und im Alter meist durch nachträgliches Zerreißen bis zum Grunde gespalten. Ährenstiele 2—3 (6,5) cm lang, zur Spitze hin meist schwach verdickt, etwas zusammengedrückt und kantig, im Querschnitt breit elliptisch. Ähren zur Blütezeit 3—10, zur Fruchtzeit höchstens 15 mm lang und mehrfach unterbrochen, wenigblütig, mit 3—4 (10) Blüten. Früchtchen schief-eiförmig bis eiförmig, glatt, (1,5) 2—3 mm hoch und 1,5 bis 2 mm breit, etwas zusammengedrückt, mit Rückenkiel, mit kurzem Spitzchen. — Blütezeit: VI—VIII. — $2n = 26$.

Vorkommen: In Laichkraut-Gesellschaften stehender und fließender, eu- bis mesotropher Gewässer mit gewissem Schwerpunkt im schwach eutrophen bis mesotrophen Bereich; in Seen und Altwassern, aber auch in seichteren Tümpeln, Gräben und Bächen; über humostorfigen Schlamm- und Mudde-Böden, auch auf Sandböden, kann Beschattung ertragen; planar bis kollin; im Potametum lucentis, Najadetum und Zannichellietum, stellenweise häufig im Hottonietum und im Ranunculetum peltatae, ferner im Ranunculetum fluitantis, im Myriophyllo-Nupharetum, im Hydrocharitetum sowie im Lemnetum gibbae. — L: hyd G rhiz/Pot.

Verbreitung: In Europa südlich des Polarkreises (nicht auf Island); südwärts bis in die Pyrenäen, Korsika, Norditalien; zwei isolierte Fundorte in Jugoslawien und Bulgarien; in Asien ostwärts bis ins Obgebiet; isolierte Fundorte in Kamtschatka; in Nordamerika zwischen 40 und 60° nB; isolierte Fundorte in Alaska. — In Mitteleuropa im Tiefland meist häufig, sonst zerstreut bis selten, streckenweise, z. B. in den Zentralalpen, fehlend. Verbreitungsgebiet unsicher, da oft mit anderen schmalblättrigen Laichkraut-Arten verwechselt. — euras (kont), circ.

Verbreitungskarten: Haynes 1964; Meusel et al. 1965; Hultén 1968, 1971; Postovalova 1969; Tralau 1971; Tolmačev 1974.

Anmerkungen: Im Vergleich mit *P. panormitanus* sind die Blätter immer etwas glänzend und gut durchsichtig. Durch die reiche Verzweigung der Grundachse häufig dicht verfilzte, schwer entwirrbare Bestände bildend. — Wie bei *P. compressus* entwickeln sich die Ähren auf bis etwa 10 cm langen Stielen, werden aber nicht über 15 mm lang und bleiben arm- (—10)blütig. Die Früchte reifen sehr schnell. Die Pflanze verschwindet oft schon im Frühherbst. — Im Vergleich mit *P. obtusifolius* sind Blätter und Blatthäutchen etwas steif; die Blätter sind schmäler, 5nervig, gut durchscheinend, das Blatthäutchen ist 2kielig und meist gespalten. Bei *P. obtusifolius* sind die Blätter 3-, selten 5nervig, wenig durchscheinend; das Blatthäutchen ist fast nicht gekielt, zart, hinfällig und nicht gespalten.

20. Potamogeton rutilus Wolfgang (Fig. 19e—f, Fig. 26e—f)
    P. caespitosus Nolte

Stengel meist 40—60 (<100) cm lang, schwach zusammengedrückt (einzelne Internodien mitunter auf der einen Seite etwas gewölbt, auf der anderen flach), meist nur am Grunde rasig-ästig. Sterile untere Sprosse mit sehr kurzen basalen Gliedern, von den 1—2 cm langen, ausdauernden, bräunlich bis gelb-strohfarbenen Blatthäutchen bedeckt oder überragt, die fertilen (vor allem oberen) 5—7 cm lang. Blätter untergetaucht; Spreite (4) 5—6 cm lang, ziemlich schmal bandförmig, 0,5—1 mm breit, lang und fein zugespitzt, die der basalen Blätter kurz-, aber scharfspitzig; dünn, hellgrün, gut durchsichtig, sehr widerstandsfähig, im Alter (auch getrocknet oder abgestorben) bleibend, nicht verfaulend, leicht ausbleichend, dann strohfarben bis weißlich; 3nervig, Mittelnerv erhaben, derb, zur Basis hin rotbraun, am Blattgrund von 2 feinen Bastfasern begleitet, an jungen Blättern kurz vor der Spitze verschwindend; Seitennerven fast immer gut sichtbar, schon 5 mm unterhalb der

Spitze spitzwinklig in den Mittelnerv einmündend (Spitze daher 1nervig); Mittelstreifnetz undeutlich oder fehlend; am Grunde der Blätter manchmal 2 Drüsen, meist nur ein etwas verdickter, um den Stengel laufender Ring. Blatthäutchen 1–2 cm lang, etwas derb, oft lange bleibend, meist spitz, an der Spitze nicht ausgefranst. Ährenstiel schlank, nach oben nicht oder kaum verdickt, länger als die Gipfelblätter und als die Ähren, 2–4 cm lang. Ähre eilänglich oder kurz walzlich (bis 1 cm lang), locker 6–8blütig, meist schon zur Blütezeit in knäuelartige Quirle unterbrochen. Früchte sich oft nur spärlich entwickelnd, 1,5–2 mm lang, bräunlichrot, glatt, fettglänzend, jung halboval bis sichelförmig, mit kurzem, geradem Spitzchen; am Rücken und an den Seiten abgerundet, ohne Kiel. — Blütezeit: VII–VIII. — $2n = 26$.

Vorkommen: In stehenden oder auch langsamfließenden, kalkreichen, klaren und unverschmutzten, meso- bis oligotrophen Gewässern; auf sandigem bis sandig-schlammigem Grund; vor allem in Characeen-reichen Seen, auch in Ausstichen, Teichen und Gräben; konkurrenzschwach, hauptsächlich in ärmeren Ausbildungen des Potametum lucentis sowie an flachen Sandufern z. T. zusammen mit *Potamogeton pectinatus* in artenarmen Klein-Laichkrautbeständen. — L: hyd G rhiz/Pot.

Verbreitung: In Europa nordwärts bis Schottland und auf den Äußeren Hebriden, vereinzelt bis Mittelschweden, Südfinnland und nordöstliches Osteuropa; auf dem Kontinent westwärts bis Dänemark, sehr vereinzelt bis Frankreich (Calvados); sonst im mittleren Osteuropa; ferner in Nordamerika. — Im Gebiet selten im nordöstlichen Tiefland; im Mittelgebirgsraum sehr selten (in Franken, bei Halle und Kraków; die Angaben aus dem westfälisch-niedersächsischen Raum, z. B. Münster, Jadebusen, sind falsch). — gemäßkont, circ.

Verbreitungskarten: Hultén 1971; Tralau 1971; Tolmačev 1974.

Anmerkungen: In der Tracht *P. panormitanus* ähnlich, aber oberwärts nur wenig ästig, zuletzt rotbräunlich überlaufen. Früchte im halbreifen Zustand halbmond- bis sichelförmig, an *Zannichellia*-Früchte erinnernd; im reifen Zustand denen von *P. panormitanus* gleichend. — Die ausdauernden, strohfarbenen Blattreste am Stengelgrund geben der Pflanze im Herbst ein charakteristisches Aussehen, Winterknospen werden in großer Zahl gebildet. Bei den aus diesen hervorgegangenen Jungpflanzen sind die unteren Blätter kürzer und stumpf.

21. Potamogeton panormitanus Bivona-Bernardi (Fig. 19 m—n; Fig. 25 d–f)
P. pusillus L. sec. Dandy et Taylor
Stengel 20–100 cm lang, 0,5 mm dick, fast stielrund oder etwas abgeflacht, stark verzweigt; Stengelknoten drüsenlos oder mit 2 winzigen Drüsen. Stengelblätter alle untergetaucht; Spreiten (5) 20–40 (60) mm lang, sehr schmal bandförmig bis borstlich, 0,3–1,5 (3) mm breit, stumpflich-zugespitzt, sitzend, hellgrünlich bis hellgelb-grünlich, durchscheinend; 3nervig, manchmal neben dem 1. Seitennerv noch ein 2. in jeder Blatthälfte, dann 5nervig, Mittelnerv ohne Mittelstreifnetz, Seitennerven etwa 2 mm unter der Blattspitze spitzwinklig in den Mittelnerv einmündend. Blatthäutchen 0,5–1 (1,5) cm lang, die die Triebspitze umschließenden wenigstens in der unteren Hälfte röhrig verwachsen, reichnervig und sehr dauerhaft, später oft einreißend, blaßbraun. Ährenstiel 10–20 (30) mm lang, etwa so dick wie der Stengel, etwa 2,5mal so lang wie die Ähren. Ähre 7–8 (10) mm lang, im Fruchtzustand etwa 4 mm dick, mit 2–8 Blüten in 2–3 Wirteln. Früchtchen bleich, olivgrün, schief ellipsoidisch, etwa 2 mm hoch, 1 mm breit, mit undeutlichem Rückenkiel, glatt (ohne Höcker). Winterknospen 0,5 mm breit, meist blattwinkelständig. — Blütezeit: VI–IX. — $2n = 26$.

Vorkommen: In klaren, mäßig nährstoffreichen, basenreichen, mesotrophen Gewässern, an nährstoffärmeren Standorten als *P. berchtoldii*; in Seen, Altwassern, Sandgrubenseen, Tümpeln, Teichen, Gräben und Bächen; auf mäßig humosen, schlammigen Sandböden, auch auf Torfschlamm-Böden; oft zusammen mit *P. mucronatus* und *P. trichoides*, im Potametum graminei, im Najadetum marinae, im Zannichellietum und im Potametum lucentis; in Südfrankreich Kennart des Potamo-Vallisnerietum. — L.: hyd G rhiz/Pot.
Verbreitung: Ähnlich wie *P. berchtoldii*; außerdem in Nord- und Südafrika. — Im Gebiet

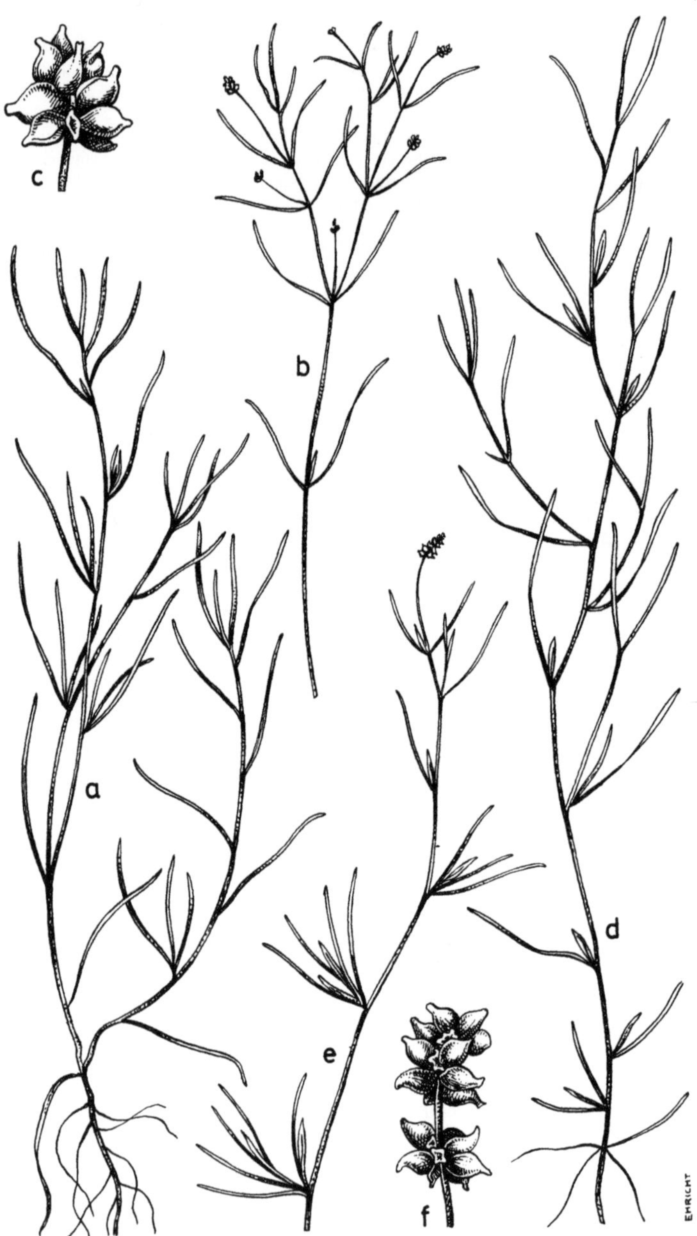

vom Tiefland (hier vor allem im Nordwesten) bis ins Alpenvorland zerstreut bis selten, vermutlich oft mit *P. trichoides* verwechselt. — (no) eurassubozean, circ.
Verbreitungskarten: Hultén 1962, 1971; Tralau 1971.

22. Potamogeton berchtoldii Fieber in Berchtold et Opiz (Fig. 19q—r; Fig. 27a—c)
   P. pusillus auct., *P. pusillus* L. em. Fries
Rhizom weit kriechend, verzweigt. Stengel bis höchstens 1 m lang, 0,5 mm dick, faden-förmig, fast stielrund, schlaff, meist sehr ästig und dicht beblättert; Stengelglieder meist 1,5—3 (7) cm lang, etwa so lang wie die Blätter; Stengelknoten stets mit 2 deutlichen Drüsen. Blätter untergetaucht (nie besondere Schwimmblätter vorhanden), sitzend, schlaff, bräun-lich-dunkelgrün, durchscheinend, schmal bandförmig oder borstlich, 20—55 mm lang, 0,5—1,5 (2) mm breit, am Grunde schmaler, kurz zugespitzt, 3nervig; Mittelnerv wenigstens in der unteren Blatthälfte mit deutlichem, aber wenig verbreitertem Mittelstreifnetz; Seiten-nerven oft randnah verlaufend, deshalb nur undeutlich sichtbar, 0,5—1 mm unter der Blattspitze fast rechtwinklig in den Mittelnerv mündend. Blatthäutchen 3—10 (15) mm lang, etwas rötlich, hinfällig, stengelumfassend, eingerollt, offen (Ränder in der ganzen Länge frei!). Ährenstiel 10—20 (30) mm lang, abgeflacht, 2—4mal so lang wie die Ähre, kaum dicker als der unten angrenzende Teil des Stengels. Ähre kurz, 5—10 (20) mm lang, etwa 4 mm dick, meist nicht über 5blütig, oft verkürzt und kopfig erscheinend. Früchtchen 2—2,5 mm lang, 1,5 mm breit, dunkel-olivgrün, schief-ellipsoidisch, stumpf gekielt und auf dem Rücken oft mit etwa 0,1 mm hohen Höckern; mit kurzem, breitem Schnabel. Winter-knospen etwa 1 cm lang, 1—1,5 (2,5) mm breit, einzeln endständig. — Blütezeit: VI—IX. — $2n = 26, 28$.
Vorkommen: In stehenden oder langsamfließenden, basen- und nährstoffreichen, eutrophen, oft verschmutzten Gewässern tieferer Lagen; vor allem in Kleingewässern wie Gräben, Tümpeln, Bächen und Altwassern, aber auch in flachgründigen Seen; auf humosen Schlamm-böden, stellenweise periodisch auftretend, wenig empfindlich gegen Wasserspiegelschwan-kungen; planar bis subalpin (im Engadin bis 2300 m); vor allem im Najadetum und im Zannichellietum, aber auch im Myriophyllo-Nupharetum und im Potametum lucentis, im Ceratophylletum demersi, im Ranunculetum peltatae und im Ranunculetum fluitantis, ferner im Hydrocharitetum und im Lemnetum gibbae. — L: hyd G rhiz/Pot.
Verbreitung: In ganz Europa verbreitet; in Nordafrika; in Asien von 55—60° nB südwärts bis Kaukasus, Turkestan, südliches China, Japan; in Nordamerika von Alaska südwärts bis Kalifornien und Pennsylvanien; nicht in Australien und Polynesien. — Im Gebiet ziemlich verbreitet und meist häufig, vor allem in den Tiefländern; in den Gebirgen nicht häufig. — (no) euras-smed bzw. kosmopol.
Verbreitungskarten: Hultén 1962, 1968; Uotila 1971; Tolmačev 1974.

23. Potamogeton trichoides Chamisso et Schlechtendal (Fig. 19k—l; Fig. 26c—d)
   P. monogynus Gay in Cosson et Germain
Rhizom fein fadenförmig, reich verzweigt, rasig. Stengel 40—75 (90) cm lang, fadenförmig-stielrund, etwa 0,5 mm dick, vom Grund an dicht oder weitläufig verästelt; untere Stengel-glieder in tieferem Wasser 5—10 cm, sonst 2—5 cm lang, oft mit verkürzten Zweigen (Blattbüscheln) in den Blattachseln; Winterknospen 1 cm lang, 1 mm dick, einzeln an den Seitenästen. Blätter alle untergetaucht, sitzend, hell- bis dunkelgrün, wenig durchscheinend, etwas starr, borstlich oder sehr schmal bandförmig, am Blattgrund ohne Spreite, 2—5 (8) cm lang, 0,1—1 mm breit, allmählich in eine feine Spitze verschmälert; 1—3nervig (Mittelnerv sehr dick, auffällig, am Blattgrund im Querschnitt halbkreisrund; Seitennerven undeutlich,

Fig. 27. a—c *Potamogeton berchtoldii* Fieber in Berchtold et Opiz — a steriles Sproßstück, × $^1/_2$; b fertiles Sproßstück, × $^1/_2$; c Fruchtstand, × $2^1/_4$. d—f *Potamogeton panormitanus* Bivona-Bernardi — d steriles Sproßstück, × $^1/_2$; e fertiles Sproßstück, × $^1/_2$; f Fruchtstand, × $2^1/_4$ (a—f nach Nordhagen 1948).

ziemlich weit unterhalb der Spitze einmündend). — Blatthäutchen 7—11 (20) mm lang, stengelumfassend, Ränder so weit übereinandergeschlagen, daß sie als engröhrig geschlossen erscheinen, oben quer abgeschnitten (ausgebreitet rund ohne Spitze), leicht ausfransend und dann scheinbar spitz, sehr hinfällig, braun. Ährenstiel haarfein, stielrund, 3—5 cm lang, 2—3mal so lang wie die Ähren. Ähren locker arm- (1) 4—6 (8)blütig, 5—15 mm lang. Früchtchen meist nur 1 je Blüte entwickelt, etwa 2,5 (3) × 2 mm messend, schief eirund bis halbmondförmig, auf dem Rücken gekielt, mit 1—2 auffallenden, bis 0,3 mm hohen Höckern. — Blütezeit: VI—VIII. — $2n = 26$.

Vorkommen: In seichten, stehenden bis schwachfließenden, basenreichen, meso- bis eutrophen Gewässern tieferer Lagen besonders in sommerwarmen Gebieten; insbesondere in Ausstichen, Gräben, Tümpeln, Teichen und Altwassern, selten in Seen und hier nur an Flachstellen; auf sandig-torfigen bis reinen Schlammböden; oft nur periodisch auftretend, sehr windscheu und daher meist in Buchten oder im Schutz von Röhrichtbeständen, konkurrenzschwach; planar bis montan; Kennart des Potametum trichoides, ferner vereinzelt im Myriophyllo-Nupharetum, im Potametum lucentis, im Najadetum und im Hydrocharitetum; in der Slowakei zusammen mit *Ceratophyllum submersum* in großen Massen auf tonhaltigen Böden, auch in den Kanälen der Reisfelder. — L: hyd G rhiz/Pot.

Verbreitung: Schwerpunkt in West- und Mitteleuropa außerhalb der Gebirge; im übrigen Europa nordwärts bis England, Südskandinavien, nordöstliches Osteuropa; in Frankreich durch die Motorschiffahrt stark zurückgegangen und fast überall verschwunden; südwärts bis Nordafrika (Algerien), Palästina; südostwärts vereinzelt in Südosteuropa bis ins Kaukasusgebiet und Kasachstan vordringend. — Im Gebiet nur stellenweise häufig, meist zerstreut oder selten, oft auf große Strecken hin fehlend, vielfach verschwunden. — subatl (-smed).

Verbreitungskarten: Meusel et al. 1965; Hultén 1971; Tolmačev 1974.

Anmerkung: Die Seitennerven sind fast nur unter dem Mikroskop wahrnehmbar und dann auch nur nach Aufhellung; Quernerven fehlen. — *P. trichoides* erscheint ziemlich dunkel, schwärzt auch beim Trocknen; die Blätter drehen sich korkzieherartig, sie sind im Ährengrund stumpf (ebenso die Niederblätter der Turionen). Ähnelt im blühenden Zustand sehr *P. berchtoldii*, hat aber größere Früchte.

24. Potamogeton pectinatus L. (Fig. 19 s—t; Fig. 28 b—c)
Rhizom kriechend, verzweigt, im Herbst mit knolligen Verdickungen (Winterknospen), fadendünn, bis 1,5 mm dick. Stengel reich verzweigt, (0,2) 2—3 (4) m lang, fadendünn, (0,2) 1 (2) mm dick; Stengelglieder unten kurz (2—5 cm), nach oben zu länger (5—10 cm). Blätter fadenförmig bis binsenförmig, nicht flach, (2) 5—15 (30) cm lang, meist 0,25—0,5 mm breit (var. „*pectinatus*", var. „*scoparius*"), seltener linealisch, 2,0—2,5 mm breit (var. „*interruptus*"), an ausgewachsenen Pflanzen allmählich in eine feine, lange, stachelige Spitze verschmälert (Lupe!), meist 3nervig (2 Nerven in der Nähe des Randes verlaufend, daher scheinbar 1nervig), an Jugendformen auch 5—7nervig (Blatt dann kurz zugespitzt oder abgerundet), mit deutlichen Quernerven. Blatthäutchen bis 1 cm lang, durchsichtig, hinfällig. Blattscheiden (0,5) 2—5 (6) cm lang, 0,3—3 (4) mm breit, den Stengel eng umschließend, selten etwas aufgeblasen. Ähre 2—5 cm lang, locker unterbrochen, meist 4—8blütig, in 4—5 Wirteln und die einzelnen Blüten weit voneinander abgerückt; auf sehr dünnem, fadenförmigem, (4) 10—25 cm langem Stiel; Stiel ungefähr so dick wie der Stengel; Stützblätter lang zugespitzt. Früchtchen 2,5—4 (5) mm lang, 2—3 mm breit, auf dem Rücken abgerundet oder mit 3 undeutlichen Kielen, gelbbraun, schief-breit-eiförmig, fast halbeirund bis fast kugelig, kurz stumpf geschnäbelt, Schnabel in der Verlängerung der geradlinigen Bauchkante. — Blütezeit: VI—IX. — $2n = 78$.

Fig. 28. a *Potamogeton vaginatus* Turczaninov, steriles Sproßstück, $\times \frac{1}{2}$; b—c *Potamogeton pectinatus* L. — b fertiles Sproßstück, $\times \frac{2}{5}$; c Blattscheide, $\times 3$. d—e *Potamogeton filiformis* Persoon — d fertiles Sproßstück, $\times \frac{2}{5}$; e Blattscheide, $\times 3$ (a nach Fassett 1960; b—e nach Nordhagen 1948).

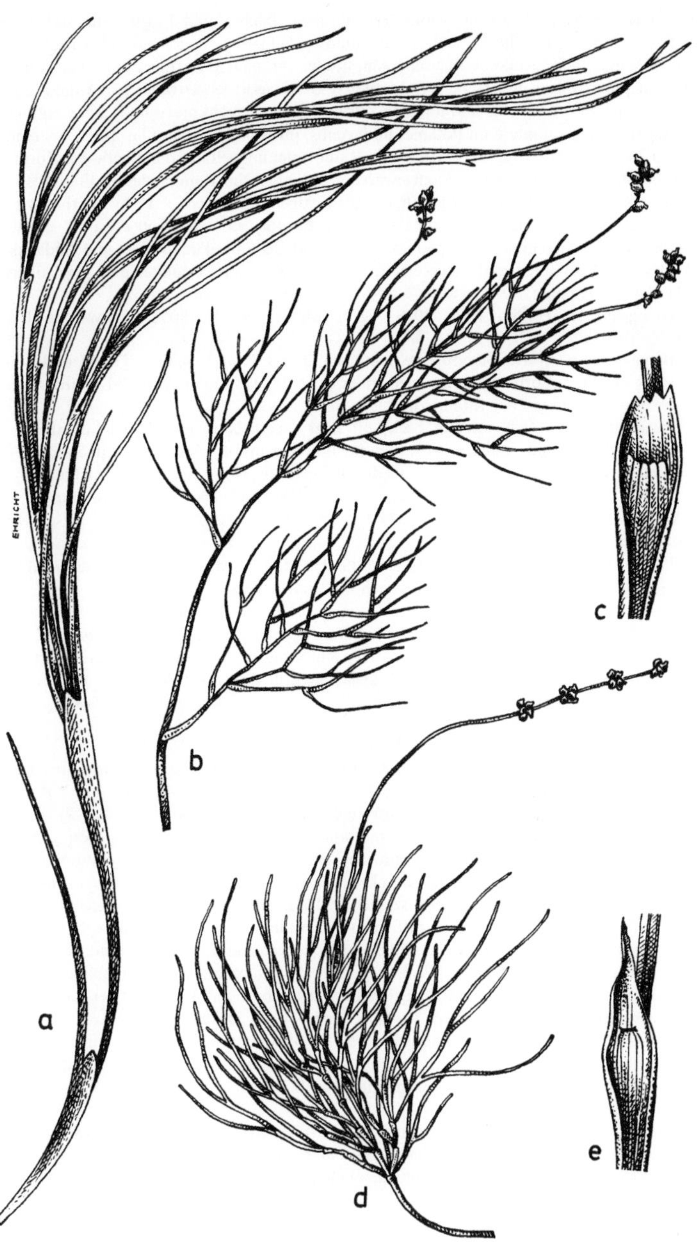

Vorkommen: In Seen, Tümpeln, Altwassern, Gräben, Bächen und Flüssen mit stehendem oder fließendem, kalkreichem Wasser; auf humosen Schlamm- und Sandböden in 20—270 (350) cm Wassertiefe; große ökologische Amplitude, von nährstoffarmen, kalk-oligotrophen bis hin zu polytrophen und stark verschmutzten Gewässern; salzertragend und daher auch im Brackwasser; planar bis montan; in verschiedenen Laichkraut- und Schwimmblatt-Gesellschaften, insbesondere im Potametum lucentis, im Najadetum und im Zannichellietum, auch im Myriophyllo-Nupharetum und im Ranunculetum peltati; die Fließwasserform in mäßig bis stärker verschmutzten Fließgewässern, vor allem im Ranunculetum fluitantis und (bei stärkerer Verschmutzung) in eigenen, oft nur 1artigen Beständen. — L: hyd G rhiz/Pot.

Verbreitung: Nahezu weltweit verbreitet; in ganz Europa; in Asien von etwa 70" nB süd-wärts bis Indien, Südchina, Südjapan; in Nord- und Südamerika; in Ost- und Südafrika; in Australien, Tasmanien und Neuseeland. — Im Gebiet weit verbreitet und wohl überall häufig (var. „*pectinatus*"). — euras-med bzw. kosmopol.

Verbreitungskarten: Hultén 1962, 1968, 1971; Meusel et al. 1965; Postovalova 1969; Tolmačev 1974.

Anmerkungen: Je nach den Standortsbedingungen ändert *P. pectinatus* in Tracht und Blatt-form stark ab. Die „Formen" gehen ineinander über. Ihr taxonomischer und soziologischer Wert ist sehr umstritten. Wir führen an:

1a Blätter oft über 1 (1,5—2) mm breit, oft über 10 cm lang, grasähnlich, deutlich mehrnervig; Jugend- und Herbstformen noch breiter und 5—7nervig; Blattscheiden etwas aufgeblasen, 2—3mal dicker als der Stengel; langästig; meist nicht fruchtend; in stark fließenden, aber auch in stehenden Gewässern (Teichen). — Verbreitungs-karte: Uhlig 1956 . . . . **24.3.** „var. **interruptus** Ascherson" (Fig. 19s, S. 102)

1b Blätter nicht über 1 mm breit **2**

2a Blätter deutlich mehrnervig, lang zugespitzt, 0,25—0,5 mm breit; Blattscheiden eng anliegend; in stehendem bis schwach fließendem Wasser . . . .
. . . . **24.1.** „var. **pectinatus**" (Fig. 19t. S. 102)

2b Blätter oft haarfein, borstlich, 1nervig, kurz abgerundet-zugespitzt; Pflanze kurz-ästig, daher dicht büschelig beblättert („besenförmig"); Ährenstiele oft verlängert; im Flachwasserbereich stehender Gewässer, nicht in fließendem Wasser; auf Sand- und Gerölluntergrund . . . . **24.2.** „var. **scoparius** Wallroth"

25. Potamogeton helveticus (G. Fischer) W. Koch in W. Koch et G. Kummer
P. vaginatus Turcz. subsp. *helveticus* G. Fischer in Baumann; *P. pectinatus* var. *helveticus* (G. Fischer et W. Koch) Glück; ? *P. helveticus* var. *balatonicus* Gams; ? *P. bala-tonicus* (Gams) Soó; *P. pectinatus* subsp. *balatonicus* (Gams) Soó

Pflanze untergetaucht, wintergrün, keine Winterknospen (Turionen) bildend. Rhizom gelblich-weiß, über meterlang, bis 8 mm dick, mit starken, dunkelbraunen Niederblättern besetzt, kriechend, bis 50 cm tief im Grund verankert. Stengel aufsteigend, im unteren Teil stark verholzt, ästig, 2—4 m lang; Epidermiszellen in der ganzen Länge des Stengels stark ver-längert, schmal rechteckig. Blätter straff, meist zugespitzt, nur die Frühjahrs- und Herbst-blätter stumpf, 3 (5)nervig, primäre seitliche Blattnerven nahe dem Blattrand verlaufend. Untere Scheiden kräftig, steif, 3—6 cm lang, 8 mm breit, grün, stark aufgeblasen, später breit klaffend und weißlich; unterste Scheiden ohne, obere mit kurzer, freier Ligula und kurzen Spreiten; mittlere Scheiden 3—4 cm lang, offen, locker, 2 (3) Äste umfassend. Ähre (2,5) 3—7 (8,5) cm lang; Blütenquirle (4) 5—6 (7), der unterste von den oberen oft etwas entfernt; Blüten meist untergetaucht. Früchte selten gebildet, 2—2,5 mm lang, mit rundem Rücken, gewölbten Seiten und warzenähnlichem Schnabel. — Blütezeit: VIII—XI. — $2n = 78$.

Vorkommen: In Seen und Flüssen; im (4—7 m) tiefen, nährstoff- und basenreichen, fließenden Wasser; auf humosen schlammigen Sand- und Kiesböden; meist reine Bestände bildend oder mit *P. pectinatus* zusammen, auch im Ranunculetum fluitantis. — L: hyd G rhiz/Pot.

Verbreitung: Im Gebiet zwischen Bodensee (Seerhein), Vierwaldstätter See, Genfer See und

Oberrheinischer Tiefebene; nach Boroś (1934) und Soó (1938) außerdem im Pannonischen Becken (Neusiedler See, Balaton, Velenceitó-Nádastó, Thermen von Obuda und Tatatóváros). — pralp.
Anmerkung: Die seltene Fruchtbildung und das Vorkommen von stumpfen und spitzen Blättern an einer Pflanze deuten auf die Bastardnatur der Sippe hin. Als Eltern kommen *P. pectinatus* und *P. filiformis* in Frage. — Wir haben unter Vorbehalt *P. balatonicus* (Gams) Soó zu *P. helveticus* gestellt, obwohl uns unklar bleibt, ob die westalpinen Populationen tatsächlich mit den pannonischen identisch sind. Die von Soó (1938) für „*balatonicus*" angegebenen quantitativen Merkmale passen gut zu *P. pectinatus*, weniger gut zu *P. helveticus*.

26. Potamogeton vaginatus Turczaninov (Fig. 28 a)
Pflanze wintergrün; Ausläufer 2—4 mm dick. Stengel verlängert, 50—100 cm lang, gegen die Spitze zu verzweigt; mittlere Internodien am längsten, 10—15 (20) cm lang; Epidermiszellen des Stengels kurz, fast quadratisch, nur in den untersten rhizomnahen Abschnitten sehr langgestreckt und schmal; Verzweigung sympodial: die mittleren Stengelscheiden umfassen (2) 3 (4) Äste 1. bzw. 2. Ordnung, die alle nach einer Seite hingerichtet sind und eine fächerartige Wuchsform erzeugen. Unterste Blattscheiden (2) 3—4 (5) cm lang, steif, kräftig, meist ohne Blatthäutchen und Spreite; Scheiden im Bereich der Stengelverzweigung mit gut entwickelten Blatthäutchen und Spreiten; Blatthäutchen dem Stengel enganliegend, im Alter trocken und weißlich. Stengelblätter kurz, 2—5 cm lang, die der Äste 10—45 cm lang, 1—3 mm breit, alle stumpf, meist 3nervig, oft graubraun. Ährenstiele 5—6 cm lang; Ähren (3) 4—6 (10) cm lang, 5—8 (12) wirtelig; Blütenquirle klein, unansehnlich, voneinander etwa gleich weit entfernt. Früchtchen 3—3,5 mm lang, 2—2,5 mm breit, stumpf. — Blütezeit: VII—VIII. — $2n = 78$.
Vorkommen: Im tiefen, schwach salzhaltigen Wasser (Brackwasser), auch im Süßwasser.
Verbreitung: In Europa um den Bottnischen Meerbusen herum südwärts bis Südosterbotten; nicht auf den Shetlands und nicht in Norwegen; außerdem in Sibirien und Nordamerika. — Im Gebiet fehlend. — no, circ.
Verbreitungskarten: Samuelsson 1934; Hultén 1941, 1962, 1968, 1971.

27. Potamogeton filiformis Persoon (Fig. 19o—p; Fig. 28d—e)
P. marinus L.
Rhizom kriechend, stärker als der Stengel, bis 1 mm dick; Glieder 1—4 cm lang. Stengel nur am Grunde dicht gabelästig (junge Pflanzen daher büschelig oder rasig erscheinend), 10—15 cm (steril) bzw. 30—40 (50) cm (fertil) lang. Blätter sehr schmal, 0,2—0,4 mm breit, fast haarförmig, meist (unter Lupenvergrößerung) 1nervig (neben den Rändern 2 feine Längsnerven, die sich unmittelbar unter der Spitze mit dem Mittelnerv vereinigen), nach oben verschmälert zugespitzt, aber immer abgerundet oder stumpflich. Blatthäutchen meist kurz, bis 7 mm lang, zart, hinfällig. Blattscheiden selten über 1,5 cm lang, zu einem geschlossenen Ring verwachsen, ihr dünner Vorderrand leicht einreißend und ältere Scheiden daher offen. Ähre locker, unterbrochen-quirlig, mit 2 Blüten je Quirl; auf verlängertem, fädigem, 5—10 (15) cm langem Stiel, die Ähre hoch über die dichte Blattmasse hebend. Früchtchen 2,5—3 mm lang, verkehrt-eiförmig, runzlig, ungekielt, mit sitzendem, über der Mitte liegendem, breitem Schnabel, grünlich. — Blütezeit: VI—VIII. — $2n = 78$.
Vorkommen: Im flachen Wasser oligotropher (meist kalk-oligotropher), kühler und klarer Seen; auf humosen Sand- oder Torfschlamm-Böden; seltener in Bächen mit langsam-fließendem, klarem Wasser; planar bis subalpin (bis alpin: in den Alpen vereinzelt bis etwa 2540 m); Kennart des Potametum filiformis; auch im Brackwasser. — L: hyd G rhiz/Pot.
Verbreitung: In Europa besonders im Norden (Island, nördliches Irland und England, Schottland, durch Skandinavien nordwärts bis zum Nordkap); im nordöstlichen Ost- und Mitteleuropa; südwärts bis Portugal, Nordostspanien, Alpen, Jugoslawien; durch Asien wenige und weit verstreute Fundorte zwischen 30 und 60° nB, ostwärts bis Japan und Kamtschatka; in Nordamerika von Alaska im Westen südwärts bis 30° nB, im Osten bis

40° nB; West- und Ostgrönland, nicht in Australien. — Im Gebiet im Tiefland haupt-sächlich ostwärts der Elbe im baltischen Moränengebiet des Ostseeraumes, westwärts verein-zelt bis Sandwater bei Emden und zum Dümmer, nicht in den Niederlanden, Belgien und Nordwestfrankreich; ferner im Alpenvorland und in den Alpen zerstreut, nicht häufig, teilweise selten; im Mittelgebirgsland weithin fehlend. — nosubozean, circ.
Verbreitungskarten: Meusel et al. 1965; Sculthorpe 1967 (Britische Inseln); Hultén 1968, 1971; Tolmačev 1974.
 Anmerkungen: *P. filiformis* ändert stark ab. Wir unterscheiden 2 Unterarten:
1a   Pflanzen meist nur am Grunde verästelt, selten mit einzelnen Kurztrieben an blü-
     henden Stengeln; Blätter schmal, scheinbar 1nervig; selten deutlich 3nervig;
     Früchtchen ohne Spitzchen, mit breiter, sitzender Narbe . . . .
     . . . . **27.1. subsp. filiformis** (S. 134)
1b   Pflanzen hochwüchsig, von unten bis oben ästig; Blätter bis doppelt so breit wie
     der Stengel (bis über 6 mm), am Grunde mit ziemlich weiter Scheide; Scheide in
     der Jugend geschlossen. 3nervig; Früchtchen mit sehr kurzem Spitzchen . . . . .
     . . . . **27.2. subsp. juncifolius** (S. 134)

27.1. subsp. filiformis
Pflanze 0,10—0,45 m lang. Stengel am Grunde dicht verästelt, Zahl der Rindenbündel (1) 2—3 (4); Zahl der Gefäßlücken 2 (4). Blätter und Blattscheiden kaum breiter als der Stengel, etwa 0,50—0,75 mm breit.

27.2. subsp. juncifolius (Kerner) Ascherson et Graebner
Pflanze hochwüchsig, über 40 cm lang. Stengel am Grunde wenig, oben reichlich bis sehr ästig; Internodien 4—6 cm lang; Zahl der Rindenbündel 4—8; Zahl der Gefäßlücken 4 (6). Blätter breiter, bis doppelt so breit wie der Stengel (über 6 mm breit), am Grunde mit ziemlich weiter Scheide; Scheide länger, in der Jugend geschlossen. Blatthäutchen kürzer und weniger abstehend als bei subsp. *filiformis*. Früchtchen mit sehr kurzem Spitzchen.
Verbreitung: Im ganzen Gebiet selten bis zerstreut.

2. **Groenlandia** J. E. Gay

Mit den Merkmalen der Art.
Die Gattung nimmt durch die paarigen, freien Blatthäutchen („stipulae laterales"), durch die Gegenständigkeit der Blätter, durch die eigentümliche Beschaffenheit der tellerschnecken-ähnlichen Früchte, durch die abweichende Chromosomengrundzahl ($n = 15$ gegenüber $n = 13$ bei *Potamogeton* L.), durch die Nichtkreuzbarkeit mit den anderen *Potamogeton*-Arten (keine Bastarde!) eine Sonderstellung unter den Potamogetonaceae ein. Ob ihr wirklich der Rang einer Gattung zukommt, müssen künftige Untersuchungen lehren.
Wichtigste Literatur: Löve & Löve 1961; Kohler 1971; Posluszny & Sattler 1973.

1. Groenlandia densa (L.) Fourreau (Fig. 29i—n)
   P. densus L.
Ausdauernde, untergetauchte Wasserpflanze. Rhizom kriechend, verzweigt, mit gebüschelten Wurzelfasern. Stengel 10—30 (40) cm lang, 1—2 mm dick, flutend oder kriechend, im oberen Teil verzweigt, im Blütenstand gabelästig; Internodien unten 1—3 (6) cm lang, oben sehr kurz. Alle Blätter untergetaucht (nie besondere Schwimmblätter vorhanden), sitzend, paarweise (selten zu dritt) gegenständig oder fast gegenständig, am Grunde eins das andere und den

Fig. 29. a—h *Potamogeton lucens* L. — a Sproßstück, $\times\,^1/_6$; b Blüte; c Kronblatt; d Fruchtstand; e—h Nüßchen. i—n *Groenlandia densa* (L.) Fourreau — i, k Sproßstücke, $\times\,^1/_4$; l Blüte; m Frucht; n Blattwirtel mit zur Fruchtzeit abwärts gebogener Frucht (b—n nach Reichenbach 1845; a nach Graebner 1908).

Stengel halb umfassend; Spreite (0,5) 1—3 (6) cm lang, 2—5mal so lang wie breit, 0,5—1,5 cm breit, eiförmig bis lineal-lanzettlich, gewöhnlich längsgefaltet und zurückgebogen, spitz oder stumpf, nie mit stacheliger Spitze, am Rand wellig, besonders spitzenwärts mit feinen, bis 0,1 mm langen Zähnen, 3—5 oder 7nervig, unten mit Mittelstreifnetz; durchscheinend. Blatthäutchen nur an den beiden der Ähre vorangegangenen Blättern entwickelt, eilänglich, häutig, weißlich, armnervig. Ährenstiel astwinkelständig und trugendständig, 0,5—1,5 (2) cm lang, meist kürzer als die Blätter, nicht dicker als der unten angrenzende Teil des Stengels; nach der Blüte zurückgekrümmt. Ähre kurz, unter 0,5 cm lang, wenigblütig (1—4 Blüten). Früchtchen 2,5—3 mm lang, 1 mm dick, kugelig bis verkehrt-eiförmig, stark zusammen-gedrückt, auf dem Rücken fein und blattartig dünn gekielt, mit hakenförmig gebogenem Spitzchen; Fruchthaut (Perikarp) sehr dünn, Samengehäuse dünn. — Blütezeit: VI—IX. — $2n = 30$.

Vorkommen: In mehr oder weniger starkfließenden, kühlen, basenreichen (kalkarmen- und -reichen), klaren, unverschmutzten Gewässern, in Gräben und Bächen tieferer und mittlerer Lagen in 20—100 cm Wassertiefe (Optimum 40—80 cm); auf humosen Sand- oder Kies-böden; planar bis montan, selten subalpin (in den Alpen bis 915 m); Kennart der *Groen-landia densa*-Gesellschaft, vereinzelt auch im Ranunculetum fluitantis, im Potametum lucentis, im Potamo-Vallisnerietum und im Myriophyllo-Nupharetum, im Najadetum marinae und im Zannichellietum. — L: hyd G rhiz — hyd T/Pot.

Verbreitung: In Europa nordwärts bis Irland, Schottland, Südskandinavien; im Schwarz-meergebiet; durch das Mittelmeergebiet ostwärts bis Kleinasien; Nordwestafrika, nach Amerika verschleppt. — Im Gebiet nur im Westen zerstreut bis häufig, sonst nur vereinzelt und oft nur unbeständig verschleppt, z. B. mit Fischbrut. — smed-atl.

Verbreitungskarten: Meusel et al. 1965; Hultén 1971; Kohler 1978.

Anmerkung: Winterknospen sind nicht bekannt.

Familie **Ruppiaceae**

Bis auf den Blütenstand untergetauchte, ausdauernde Brackwasserpflanzen mit kriechendem, stark verzweigtem, an den Knoten wurzelndem, mit dem Spitzenteil aufsteigendem Stengel. Blätter 2zeilig angeordnet, linear-fadenförmig, sitzend, am Grunde scheidenartig erweitert, an der Spitze schwach gezähnt, mit je 2 Achselschuppen. Blüten zwittrig, unscheinbar, nackt, in endständigen (scheinbar seitenständigen) 2blütigen, doldenartigen Ähren; diese vor dem Aufblühen zunächst kurz gestielt und von den bauchig erweiterten Scheiden der beiden ihnen vorausgehenden Blätter eingeschlossen, zur Zeit der Vollblüte Stiel kurz oder verlängert, nach der Bestäubung Stiel manchmal schraubig gewunden und die Blütenregion unter die Wasseroberfläche tauchend. Perianth fehlend oder unvollständig entwickelt. Staubblätter 2, mit fast sitzenden, 2fächerigen Staubbeuteln und sehr kurzen, durch die Staubbeutel verdeckten Anhängseln; Pollen nieren- oder bohnenförmig. Fruchtknoten oberständig; Fruchtblätter 4 (selten mehr), frei. Früchtchen steinfruchtartige, einsamige Nüßchen.
Die Familie ist monotypisch. Die rund 7 Arten (oder die 1 polymorphe Art) sind (ist) im Salz- und Brackwasser der gemäßigten und subtropischen Zonen fast über die ganze Erd-oberfläche verbreitet. *R. polycarpa* R. Mason aus Neuseeland kommt im Süßwasser vor.

1. **Ruppia** L.

Mit den Merkmalen der Familie.
Wichtigste Literatur: Ascherson & Graebner 1896—98, 1907; Hagström 1911; Fernald & Wiegand 1914; Setchell 1946; Luther 1947; Reese 1962a, b, 1963; Gamerro 1968; Dandy 1969; Den Hartog 1971.

Trotz zahlreicher und intensiver Untersuchungen aus fast allen Teilen der Erde ist die Bewertung der Sippen innerhalb der Gattung nach wie vor sehr umstritten. Bastarde sind noch nicht sicher nachgewiesen.

Bestimmungsschlüssel der Arten:

1a Fruchtender Ährenstiel 0,5—5 cm lang, höchstens doppelt so lang wie der Fruchtstiel, nach der Bestäubung nicht spiralig zusammengerollt; Früchte sehr asymmetrisch, auf der Bauchseite gewölbt, fast halbmondförmig, in einen langen Schnabel auslaufend, auf dem Rücken an der Basis stark höckerig; Fruchtstiel vielmals länger als die Früchtchen; Blüten proterogyn; Blätter etwa 0,5 mm breit, zugespitzt oder mit unregelmäßiger Spitze . . . . **1. R. maritima** (S. 137)

1b Fruchtender Ährenstiel sehr verlängert, meist länger als 10 cm, vielmals länger als der Fruchtstiel, gewöhnlich nach der Bestäubung spiralig zusammengerollt; Früchte nahezu symmetrisch, eiförmig mit etwas schiefem Schnabel; Fruchtstiel wenigstens 3—4mal so lang wie die Früchte; Blüten proterandrisch; Blätter etwa 1 mm breit. mit abgerundeter Spitze . . . . **2. R. cirrhosa** (S. 137)

1. Ruppia maritima L. (Fig. 30a—d)

    R. rostellata Koch; *R. brachypus* J. E. Gay ex Cosson; *R. maritima* var. *brevirostris* C. A. Agardh.

Pflanze fein, zierlich. Stengel fädlich, bis 20 cm lang. Blätter sehr schmal, bis 0,5 mm breit, zugespitzt oder mit unregelmäßiger Spitze, dünn, hellgrün; Scheiden am Grunde der Blätter schwach blasig aufgetrieben, unregelmäßig zugespitzt. Ährenstiel ziemlich kurz, (0,5) 1—3 (5) cm lang, gerade oder höchstens etwas zurückgekrümmt, nach der Befruchtung nicht spiralig eingerollt. Blüten proterogyn. Staubbeutel klein, rundlich-brötchenförmig, Staubbeutelhälften rundlich. Stiel der halbmondförmigen, deutlich geschnäbelten Früchtchen vielfach länger als diese. — Blütezeit: VI—IX. — $2n = 20$.

Vorkommen: In flachen, windgeschützten Buchten, Lagunen und Bodden der Meere sowie in Gräben und Tümpeln mit Brackwasser in der Nähe der Küsten und (seltener) in der Nähe von Salinen des Binnenlandes; im Solgraben bei Artern z. B. in dichten Beständen zusammen mit *Enteromorpha intestinalis* in etwa 70 cm tiefem, mäßig bis schnellfließendem Wasser mit einem Salzgehalt von $35—42^0/_{00}$ (in der Ostsee bis zu einem Salzgehalt von $5^0/_{00}$); Kennart des Ruppietum maritimae; bevorzugt schlammigen oder tonig-schlickigen Untergrund und sehr flaches, ruhiges und sich im Sommer stärker erwärmendes Wasser; vermag salzärmere Standorte zu besiedeln als *R. cirrhosa.* — L: hyd H rept/Pot.

Verbreitung: Gesamtverbreitung unsicher. — Im Gebiet an den Küsten der Nord- und Ostsee zerstreut, vereinzelt an Salzstellen des Binnenlandes, vielfach erloschen (z. B. Hannover, Frankenhausen: Numburg bei Kelbra, Mansfelder Seen, Staßfurt, Nienburg, Bad Sooden); bei Artern noch vorhanden.

Verbreitungskarten: Samuelsson 1934; Hultén 1950, 1962, 1971; Miki 1961; Reese 1963; Tolmačev 1974.

Anmerkungen: Von einigen Autoren wird eine noch feinere und zierlichere Sippe als var. *brevirostris* C. A. Agardh abgetrennt, bei der die Ährenstiele nach der Bestäubung abwärts gekrümmt bzw. zurückgebogen sind; sie erreichen nur eine Länge von 3—5 mm. Die Früchtchen sind kaum geschnäbelt, klein, so lang wie oder länger als ihr Stiel (bis 5 mm lang). Sie tritt selten im Küstengebiet der Ostsee auf (Verbreitungskarte: Reese 1963).

2. Ruppia cirrhosa (Petagna) Grande (Fig. 30e—l)

    R. spiralis L. ex Dumortier; *R. maritima* subsp. *spiralis* (L. ex Dumortier) Syme.

Pflanze meist kräftig, bis 40 cm lang. Blätter bis über 1 mm breit; dunkelgrün, an der Spitze mehr oder weniger abgerundet; Scheiden am Grunde der Blattstiele stark blasig aufgetrieben. Ährenstiele 4 bis über 25 cm lang, nach der Befruchtung spiralig-schraubig gewunden; die Früchtchen tief ins Wasser hinabziehend. Blüten proterandrisch; zur Zeit des männlichen Stadiums sind die Ähren noch völlig untergetaucht. Staubbeutel groß und länglich-

nierenförmig, Staubbeutelhälften länglich. Stiele der schief eiförmigen Früchtchen zur Fruchtzeit 5—12 mm lang, wenigstens 3—4mal so lang wie diese. — Blütezeit: VI—IX. — $2n = 40$.

Vorkommen: In Meeresbuchten und Küstengewässern mit Brackwasser; vor allem auf sandigem Grund; an der südlichen Ostseeküste meist zusammen mit *Chara baltica* und Kennart des Ruppietum cirrhosae; erträgt Wellenschlag und höhere Salzgehalte besser als *R. maritima*; meist zwischen 10 und 100 cm, stellenweise auch bis 450 cm Wassertiefe, im allgemeinen in etwas tieferem Wasser als R. maritima. — L: hyd H rept/Pot.

Verbreitung: Gesamtverbreitung unsicher; an den Meeresküsten fast über die ganze (?) Erdoberfläche. — Im Gebiet nur in der Nähe der Küste, zerstreut in den Küstengebieten der Nord- und Ostsee.

Verbreitungskarten: Samuelsson 1934; Hultén 1962, 1968, 1971; Reese 1963.

Anmerkungen: Die Staubbeutel platzen unter Wasser, der Pollen steigt in einzelnen Klumpen zur Wasseroberfläche auf; seltener lösen sich die ganzen Staubbeutel von den Konnektiven los, steigen als „Blasen" zur Wasseroberfläche auf und entlassen dort den Pollen, der dann oft massenhaft das Wasser bedeckt. Jetzt erst wachsen die Ährenstiele und erreichen, sich spiralig hin und her biegend, die Wasseroberfläche. Die sich nun entwickelnden Narben „fangen" die umherschwimmenden Pollenkörner ein.

Familie **Najadaceae**

1jährige, selten ausdauernde, völlig untergetauchte, reich pseudodichotom verzweigte, meist starre, zerbrechliche, krautige Wasserpflanzen im Süß- und Brackwasser. Stengel dünn, an den unteren Knoten wurzelnd, manchmal an den Internodien mit Stachelspitzen. Blätter gegenständig, sitzend, schmal lanzettlich, einander paarweise genähert und quirlständig erscheinend, am Grunde meist mit verbreiterter, oft stachelspitziger Scheide, 1nervig, am Rande deutlich buchtig „gezähnt" oder „gesägt", jede Stachelspitze aus einem aus dem Rand mehr oder weniger austretenden Postament (Fußteil) und einer gelb- bis rotbraunen Stachelspitze (Endzelle, „Dorn") bestehend, oft auch auf das Postament reduziert, manchmal mit 2 kleinen durchscheinenden Intravaginalschuppen. Pflanzen 1- oder 2häusig. Blüten 1geschlechtig, meist einzeln in den Blattachseln sitzend, grün, rötlich überlaufend, ohne Blütenhülle. Männliche Blüten aus 1 Staubblatt, außen von 1 schlauchartig-sackförmigen, an der Spitze schnabelartig verengten und dort gezähnten Hülle (Spatha) und innen vom 2lappigen, dem Staubbeutel angewachsenen „Perigon" umschlossen; Staubbeutel 1- bis 4fächerig. Weibliche Blüte aus 1 Fruchtknoten, mit oder ohne Hülle (im Gebiet alle Arten ohne Hülle), mit 2 oder 3 (4)fadenförmigen, manchmal (z. B. bei *N. flexilis*) stachelspitzigen Narben. Früchte nußartig, von den Blattscheiden etwa bis zur Mitte eingehüllt, 1samig. Samen spindelförmig, mit unterschiedlicher (artdiagnostisch wichtiger) Oberflächenstruktur.

Die Familie besteht nur aus der Gattung *Najas*, die mit etwa 40 Arten fast über die ganze Erde verbreitet ist; in den Gebirgsgewässern der temperierten Zonen fehlt sie völlig. Einige Arten als Aquarienpflanzen, z. B. *N. indica* (Willdenow) Chamisso (Tropisches Asien), *N. malesiana* De Wilde (Südostasien), *N. microdon* A. Braun (Südliche USA, Zentral- und Südamerika).

Fig. 30. a—d *Ruppia maritima* L. — a Blattspitzen, $\times 2$; b—c Fruchtstände, $\times^2/_3$; d Sproßspitze, fruchtend, $\times 1$. e—l *Ruppia cirrhosa* (Petagna) Grande — e Habitus, $\times^1/_2$; f Fruchtstand, $\times^2/_3$; g Blütenstand nach der Anthese, $\times 4$; h Blütenstand vor der Anthese mit 4 Fruchtblättern je Blüte, $\times 4$; i junger Blütenstand, $\times^2/_3$; j Fruchtblatt mit sitzender, schildförmiger Narbe, $\times 7$; k reife Frucht, $\times 2$; l Blattspitzen, $\times 2$ (a, l nach Luther 1947; b, c, e nach van Oostroom & Reichgelt 1964c; d nach Täckholm 1974; f—k nach Aston 1973).

Wichtigste Literatur: Braun 1864, 1868; Magnus 1870; Rendle 1899, 1900a, b, 1901; Baumann 1911; Clausen 1936; Miki 1937; Backman 1941, 1948, 1950, 1951; Chase 1947; Koch 1952; Tralau 1962; Lang 1967; Hilbig & Jage 1973; Haynes & Wentz 1974; Viinikka 1976; Haynes 1977, 1979; Casper 1979.

1. Najas L.

Mit den Merkmalen der Familie.

Viele Arten sind sehr polymorph; von einigen sind Populationen bekannt, die polyploide Reihen (bis dekaploid) bilden. — Bei der Bestimmung ist darauf zu achten, daß erwachsene bzw. fruchtende Pflanzen untersucht werden, da die Jungpflanzen habituell bedeutend abweichen können. Wichtigste diagnostische Merkmale sind die „Zähnelung" („Bewimperung") der Blattscheide und der Blattspreite (starke Lupe!) sowie die Beschaffenheit der Samen (10—12fache Lupenvergrößerung!).

Bestimmungsschlüssel der Arten:

1a Pflanzen mehr oder weniger zart, schlaff; Blätter mit feinen, unscheinbaren Stachelspitzen besetzt, die mit ihrem meist aus 2, höchstens aus 3 Zellen bestehendem, grünem Fußteil nicht oder nur wenig aus dem Rand vorspringen und in eine gelblichbraune Endzelle („Stachel", „Dorn") auslaufen **2**

1b Pflanzen steif, oft leicht zerbrechlich; Blätter mit größeren Stachelspitzen, die mit ihrem aus mehr als drei grünen Zellen bestehendem Fußteil deutlich aus dem Rand vorspringen und in eine 1- bis mehrzellige gelb- bis rotbraune Spitze auslaufen **4**

2a Blätter 7—12 mm lang, an beiden Rändern mit je etwa 8 kaum hervortretenden Stachelspitzen; Samen 2—3 mm lang, länglich-ellipsoidisch; Samenschale glatt, mit 25—30 meist in regelmäßigen Längsreihen angeordneten rechteckigen oder sechseckig-prismatischen, 2—7mal so langen wie breiten Maschen; Staubbeutel 1fächerig . . . . **6. N. tenuissima** (S. 149)

2b Blätter bis 40 mm lang, an beiden Rändern mit zahlreichen Stachelspitzen **3**

3a Blätter schmal linealisch, 10—25 mm lang, bis 1 mm breit; Blattgrund allmählich in die Scheide von doppelter Spreitenbreite übergehend; Scheide vor allem auf den Schultern mit je 6—12 Stachelspitzen; blattrandständige Stachelspitzen zahlreich, nur mit der 0,05—0,1 mm langen Endzelle aus dem Rand vorspringend; Samen eilänglich, 2—3,5 mm lang; Samenschale glatt, aus 30—40 Längsreihen rechteckiger oder sechseckiger Maschen bestehend; Staubbeutel 1fächerig **3. N. flexilis** (S. 145)

3b Blätter linealisch, im unteren Teil rinnig, 15—25 (40) mm lang, höchstens 1 mm breit, meist an kurzen Seitenzweigen büschelig gehäuft; wenigstens die äußersten Blätter eines „Büschels" am Blattgrund plötzlich in die breite Scheide mit 2 aufrechten, linealischen, stachelspitzigen Lappen („Öhrchen") verbreitert; Blattrand jederseits mit 20—50 Stachelspitzen, die aus einem 2zelligen grünen Fußteil, der etwas aus dem Rand vorspringt, und einer gelblichbraunen Endzelle bestehen; Mittelnerv stets ohne Stachelspitzen; Samen länglich-ellipsoidisch, 1,75—2,25 mm lang; Samenschale aus subquadratischen oder vieleckigen, in Längsreihen angeordneten Maschen bestehend; Staubbeutel 4fächerig . . . . **4. N. graminea** (S. 145)

4a Ältere Blätter sichelförmig zurückgekrümmt; Pflanzen einhäusig; Stengel und Mittelnerv des Blattes nicht stachelspitzig **5**

4b Ältere Blätter aufrecht abstehend bis schwach bogig aufwärts gekrümmt; Pflanzen 2häusig; Stengel und Mittelnerv des Blattes meist stachelspitzig **1. N. marina** (S. 141)

5a Maschen der Samenschale breiter als lang in 12—18 Längsreihen angeordnet . . . . **2. N. minor** (S. 144)

5b Maschen der Samenschale 5(—10)mal länger als breit, in mehr als 24 Längsreihen angeordnet . . . . **5. N. japonica** (S. 147)

1. Najas marina L. (Fig. 31a—l)

Einjährig. Stengel kräftig, 10—50 (300) cm hoch, steif, oft brüchig, gabelig verzweigt; Internodien des unteren Stengelabschnitts bis 10 cm lang, länger als die des oberen, zerstreut stachelig gezähnt, seltener ganz glatt. Blätter gegenständig, grob gewellt, steif, 10—40 mm lang, 1—1,5 mm breit, linealisch, Blattparenchym von einer kleinzelligen Epidermis umgeben; Blattrand gezähnelt, auf dem Mittelnerv des Blattrückens regelmäßig (subsp. *intermedia*) oder kaum bzw. gar nicht gezähnelt (subsp. *marina*). Zähne ansehnlich, 1—2 mm lang, so lang oder länger als die Blattspreite, waagerecht abstehend oder etwas nach vorn gerichtet, oft in dreizähligen Scheinquirlen, aus vielzelligem, aus dem Blattrand weit vorspringendem, grünen Fußteil und mehrzelliger, dunkelbrauner Spitze (Dorn); Blattgrund in eine deutlich abgesetzte, breitschultrig-gerundete, ganzrandige (subsp. *marina*) oder gezähnelte (subsp. *intermedia*) Blattscheide übergehend; mit Intravaginalschuppen. Männliche und weibliche Blüten auf verschiedenen Pflanzen, sitzend; männliche Blüten 3—4 mm lang, von einer flaschenförmigen Spatha umhüllt, Staubbeutel 4fächerig; weibliche Blüte nackt, mit 2 (3) Narben. 3—8 mm lang, 1,0—2,5 mm dick; Samenschale aus einem vielschichtigen Steinparenchym bestehend, matt, mit feiner, netziger Oberflächenstruktur aus meist 6eckigen Grübchen. — Blüte und Frucht: VI—IX. — $2n = 12$ (+ B-Chromosomen). — L: hyd T/Pot

Verbreitung: Weltweit verbreitet; subtropische und gemäßigte Zonen, vor allem der nördlichen Hemisphäre; nordwärts bis zum Polarkreis (allerdings nur nördlich des Bottnischen Meerbusens); in England (nur Mittelengland) und im Mittelmeergebiet selten.

Verbreitungskarten: Clausen 1936 (USA); Hultén 1962, 1971; Kepczyński 1965; Sculthorpe 1967 (Britische Inseln); Lang 1967 (Bodenseegebiet); Philippi 1971, 1978 (Rheingebiet); Wentz & Stuckey 1971; Haynes 1979 (Nordamerika).

N. marina zerfällt in 2 Unterarten:

1a Blattscheiden mit abgerundeten Schultern und Flanken, ohne oder selten (!) auf den Schultern mit 1 Stachelspitze; Stachelspitzen (3) 6—8 (10) auf jeder Seite des Blattes, in 2 Reihen angeordnet: in der Regel nur blattrandständig; blattrandständige Stachelspitzen etwas kürzer als oder so lang wie die Spreitenbreite, oberste randliche Stachelspitzen der spitzenständigen Stachelspitze genähert; Blätter breit linealisch, (10) 19—34 (45) mm lang, (0,8) 1—1,5 (2,5) mm breit, auf dem Mittelnerv des Rückens nicht oder kaum stachelspitzig; reife Samen (3,5) 4,5—6,5 (8) mm lang. . . . . **1.1.** subsp. **marina** (S. 141)

1b Schultern der Blattscheiden mit je 1—3 (4) feinen Stachelspitzen; Stachelspitzen in 3 Reihen angeordnet: blattrand- und rückenständig; blattrandständige Stachelspitzen in der Regel so lang wie oder länger als die Spreitenbreite, oberste randliche Stachelspitzen meist von der spitzenständigen Stachelspitze entfernt; reife Samen 3—5 mm lang; Blätter 12—20 mm lang . . . . **1.2.** subsp. **intermedia** (S. 143)

1.1. subsp. **marina** (Fig. 31a—g)

   N. major Allioni; *N. marina* subsp. *major* (Allioni) Viinikka

Vorkommen: In stehenden oder langsamfließenden, basenreichen, meist nährstoffreichen eutrophen, aber auch in etwas ärmeren mesotrophen Gewässern, in seichten, ruhigen Seebuchten oder Altwassern; auch in Kanälen, Teichen und Kiesgruben, oft zwischen lockerem Röhricht; auf mehr oder weniger humosen, sandigen oder reinen Schlammböden meist in Tiefen zwischen 0,1–0,6 m (2—3 m), nur selten an relativ nährstoffarmen Standorten; wärmeliebend und wärmezeitlich (Neolithikum) weiter verbreitet, stark wärmeabhängig und Auftreten daher schwankend, jedoch beständiger als *N. minor*, vermag rasch Sekundärstandorte zu besiedeln; Kennart des Najadetum marinae, auch in thermophilen Ausbildungen des Myriophyllo-Nupharetum, in Ceratophyllum-demersum-Beständen, im Potametum graminei und im Zannichellietum; salzertragend, an der Küste auch im Brackwasser.

Verbreitung: In großen Teilen Eurasiens (genaue Verbreitung nicht bekannt); in Europa

vor allem im Westen, Süden und Südosten; nicht in Fennoskandien. — Im Gebiet in den westlichen, mittleren und südlichen Teilen verbreitet, aber selten und stellenweise verschwunden; im Norden (im Elbe-Oder-Tiefland und im Baltischen Jungmoränen-Hügelland) selten. — euras-smed bzw. kosmopol.

1.2. subsp. intermedia (Wolfgang) Casper (Fig. 31 h—l)

N. intermedia Wolfgang ex Górski in Eichwald; *N. major* Allioni var. *intermedia* A. Braun; *N. m.* var. *angustifolia* A. Braun

Sprosse aus mehr oder weniger niederliegendem Grunde aufsteigend, an den unteren Knoten im Schlamm wurzelnd, gabelig verzweigt. Internodien stachelspitzig, unterhalb der Gabelungen dichter, an den oberen Sproßteilen größer und dichter, an den unteren Sproßteilen kleiner und spärlicher stachelspitzig bis fast ganz glatt. Blätter (4) 9—26 (38) mm lang, (0,2) 0,5—0,9 (1,1) mm breit zwischen den Stachelspitzen, schmal linealisch, auf dem Mittelnerv des Rückens deutlich stachelspitzig, ebenso an den Rändern (je Rand [2] 4—7 [12] einander mehr oder weniger gegenüberstehende Stachelspitzen); Stachelspitzen etwa so lang wie oder länger als die Spreitenbreite; Blattgrund in eine deutlich abgesetzte, an Schulter und Flanken gerundete, nahezu stengelumfassende, auf jeder Schulter mit 1—4 feinen, braunen bis farblosen Stachelspitzen versehene Blattscheide übergehend; Scheide seltener auf dem Rücken stachelspitzig. Früchte reichlich; Fruchthülle rötlich-grünlich, oben offen, leicht abziehbar, mit 2—3 Narbenästen, 7—9 mm (samt Narben) lang. Samen dunkelbraun, (2,3) 3—4 (4,8) mm lang.

Vorkommen: Im Süß- und Brackwasser (im ganzen Ostseegebiet ausgeprägte Brackwassersippe); im Sublitoral der überwiegend nährstoffärmeren (kalkmesotrophen) Binnenseen, insbesondere in *Chara*-reichen Klarwasserseen, in Lagunen und Bodengewässern der Ostseeküste oder in seichten, geschützten Meeresbuchten (nicht in Flußmündungen); auf weichen Gyttja- oder Lehmböden; bis in 2 m, selten bis in 3,5 m Wassertiefe; Kennart des Najadetum intermediae, ferner in Kleinlaichkrautgesellschaften (*Najas*-Subassoziation des Potametum graminei).

Verbreitung: Eurasien; von Mitteleuropa ostwärts bis Südwestasien; in Nordeuropa nur diese Sippe (nach Backman 1941). — Im Gebiet vor allem im Tiefland zwischen Elbe und Neman (Memel); im Mittelgebirgsland bei Halle (Salziger See); Alpenvorland östlich des Sempacher Sees bis ins Bodenseegebiet, im Jungmoränen-Alpenvorland; in den Alpen bei Klagenfurt und im Klopeiner See. — no.

Anmerkung: Außer subsp. *intermedia* wird von verschiedenen Autoren (z. B. Jage & Hilbig 1973) noch eine var. (oder subsp.) *brevifolia* Rendle unterschieden, die sich durch gestauchten Wuchs, durch stärker bestachelte Internodien, durch breitere Blätter, durch der spitzenständigen Stachelspitze genäherte randliche Stachelspitzen sowie durch etwas längere Samen (bis 4,5 mm lang) von subsp. *intermedia* unterscheiden soll. Sie wird vor allem aus der Brackwasserzone angegeben. Tatsächlich treten hier und da (z. B. im Saaler Bodden bei Barth, im Zingster Strom, im Schlonsee bei Heringsdorf — hier kaum von subsp. *intermedia* zu unterscheiden —, am Ausfluß des Hemmelsdorfer Sees bei Travemünde) solche Formen auf. Da sie in ähnlicher Ausprägung auch in Süßwasserseen (Seddinsee in Brandenburg, bei Robenhausen in der Schweiz) vorkommen, ist ihre ökologische Bindung offensichtlich

Fig. 31. a—g *Najas marina* L. subsp. *marina*. — a Habitus, × $^1/_2$; b Blattspitze, × 5; c Blattbasis mit Scheide, × 5; d Samen, × 6; e männliche Blüte im Längsschnitt; f männliche Blüte, aufgeplatzt, g weibliche Blüte. h—l *Najas marina* L. subsp. *intermedia* (Wolfgang ex Górski in Eichwald) Casper — h Blattbasis mit Scheide, × 8; i Blattspitze, × 8; k Samen, × 6; l Habitus, × $^1/_3$; m—t *Najas minor* Allioni — m Habitus, × $^1/_4$; n Blattspitze, × 5; o männliche Blüte; p weibliche Blüte; q Blattbasis mit Scheide, × 8; r Samen, × 12; s Zellen der Samenoberfläche, × 120; t Stachelspitze am Blattrand (a, e, f, m nach Graebner 1908; b, c, d, g, i, k, p, q nach De Wilde 1964; n, r, t nach Backman 1941; s, t nach Meriläinen 1968; h, l Original).

nicht absolut. Wir halten diese Formen für standortbedingte Modifikationen der subsp. *intermedia*. — Jungpflanzen zeichnen sich durch schwach entwickelte, sterile, nur 1—2mal gabelig verzweigte Sproßachsen mit schopfig gehäuften, relativ langen (bis 70 mm!), schmal-linealischen Blättern aus, die auf dem Mittelnerv des Rückens nicht oder kaum stachel-spitzig sind. Sie können unter Umständen leicht mit *N. minor* verwechselt werden, wenn nicht auf die Blattscheiden geachtet wird.

2. **Najas minor** Allioni (Fig. 31 m—t)

Pflanze einjährig, zart, besonders getrocknet sehr zerbrechlich, 5—25 (40) cm hoch, steif, gabelig verzweigt, dunkelgrün. Stengel nicht stachelspitzig; Internodien im unteren Stengel-abschnitt bis 5 cm lang. Blätter (0,5) 1—2 (3) cm lang, bis 0,5 mm breit, schmal linealisch, bogig zurückgekrümmt, gegenständig oder in 3zähligen Scheinquirlen (das 3. Blatt etwas höher als die beiden anderen), an der Stengelspitze büschelig gehäuft; auf dem Mittelnerv des Rückens nicht stachelspitzig; randständige Stachelspitzen 6—10, etwa 0,5 mm lang, so lang wie die Spreitenbreite, waagerecht abstehend oder nach vorn gerichtet, aus dem aus mehr als 3 grünen Blattrandzellen bestehenden, aus dem Rand etwas vorspringenden Fußteil und 1 gelbbraunen Endzelle zusammengesetzt; Blattspreite am Grunde deutlich von der Blatt-scheide abgesetzt, Scheide fast rechtwinklig von der Spreite abgehend, breitschultrig (bis 4mal so breit wie die Spreitenbreite), auf den Schultern unregelmäßig reich stachelspitzig (je 6—8 Stachelspitzen). Männliche und weibliche Blüten auf derselben Pflanze, einzeln. Staubbeutel 1fächerig, Narbenapparat 2- bis 3schenkelig, nicht stachelspitzig. Samen schlank-walzlich, zugespitzt, 2,2—2,8 (3,2) mm lang, etwa 0,6 mm dick, mit 12—18 feinen Längs-rippen, diese durch Querrippen (Abstand 0,02—0,03 mm) verbunden; die so begrenzten und quergestellten Oberflächenzellen („Maschen") sind breiter als lang. — Blüte und Frucht: VI—IX. — $2n = 12$ (24, 36).

Vorkommen: In stehenden oder langsamfließenden, basenreichen, eutrophen (seltener auch in mesotrophen) Gewässern, in seichten, ruhigen, sommerlich sich stark erwärmenden Seebuchten, Altwassern, Kiesgruben, Teichen, Tümpeln und Kanälen; auf mehr oder weniger humosen, oftmals sandigen oder auch tonigen Schlammböden bzw. schlammigen Sandböden in 30—200 cm Wassertiefe; sehr viel unbeständiger und wärmeliebender als *N. marina*; stark temperaturabhängig und nur in warmen Sommern reich entfaltet, kenn-zeichnet eine wärmeliebende Ausbildung des Najadetum marinae, die in Mitteleuropa haupt-sächlich im Oberrheingebiet auftritt; in Südosteuropa auch in thermophilen Ausbildungen des Myriophyllo-Nupharetum und im Nymphoidetum peltatae; Reisfeld-Unkraut. — L: hyd T/Pot.

Verbreitung: In den tropischen, subtropischen und gemäßigten Zonen; in Europa vor allem in West-, (Belgien, Frankreich) Süd- und Südosteuropa weit verbreitet, in Nordeuropa und auf den Britischen Inseln fehlend, seit 1860 (1878) nicht mehr in den Niederlanden; im Nordosten über Südost-Litauen bis in den Wolgaraum vorstoßend; Schwerpunkt der euro-päischen Verbreitung im südlichen Osteuropa; in Nordafrika; in Asien vom Iran über Indien und Südwestsibirien bis ins Amurgebiet und nach Südjapan; in den USA ein-geschleppt (New York); in der Wärmezeit wie *N. marina* weiter verbreitet. — Im Gebiet selten; im Tiefland, vor allem im Rheintal, im Mittelelbegebiet zwischen Pretzsch und Schönebeck, im Havelgebiet, im brandenburgischen und schlesischen Odergebiet, im Warthe-Netze-Weichsel-Tiefland, im masurischen Moränenland, im Pripetpolessischen Becken und in der Wolhynischen Senke, in Podolien; im Mittelgebirgsraum und Voralpenland im Schweizer Mittelland, im Bodenseegebiet, auf der Schwäbisch-Bayerischen Hochebene, im Fränkischen Keuper-Lias-Gebiet sowie im böhmischen Elbtal bei Melnik; in Südmähren und Niederösterreich; am Südostrand des Gebietes im Marchfeld, im Burgenland (an der Leitha und bei Eisenstadt) und auf der Großen Schüttinsel; im Alpenraum im Tessin, Waadt; vielfach unbeständig und viele der älteren Fundorte nicht mehr bestätigt. — euras-kont-smed-subtrop.

Arealkarten: Clausen 1936; Backman 1951; Meusel et al. 1965; Sculthorpe 1967; Meriläinen 1968 (USA); Philippi 1971, 1978 (Rheingebiet); Wentz & Stuckey 1971; Čornaja 1978 (UdSSR: URSR); Haynes 1979 (Nordamerika).

3. Najas flexilis (Willdenow) Rostkovius et J. K. Schmidt (Fig. 32g—s)

Caulinia flexilis Willdenow

Zarte, einjährige Pflanze mit niederliegendem oder aufsteigendem Stengel; Stengel schlaff, biegsam, (5) 10—30 cm lang, kaum 1 mm dick, reich verzweigt. Blätter schmal linealisch, 1—2 (2,5) cm lang, bis 1 mm breit, gerade, zugespitzt; randständige Stachelspitzen zahlreich, auf jedem Rand 25—30, nur 0,05—0,1 mm lang, nach vorn gerichtet, nur aus der Endzelle bestehend, ihre Basis nicht aus dem Blattrand vorspringend (Stachelspitzen einer Erweiterung zwischen zwei grünen Blattrandzellen entspringend), gelblichbraun; Blattgrund allmählich in die Scheide von doppelter Spreitenbreite übergehend, Scheidenschultern mit je 6—12 Stachelspitzen; keine Öhrchen; Blattspitze mit nur einer Stachelspitze. Männliche und weibliche Blüten auf derselben Pflanze. Staubbeutel 1fächerig. Narbenapparat 4schenkelig, stachelspitzig. Samen länglich-eiförmig bis kurz-walzlich, 2—3,5 mm lang, bis 1 mm dick, 3mal länger als breit. Samenschale glänzend dunkelbraun, glatt, aus 30—40 Längsreihen rechteckiger oder sechseckiger (Verhältnis Länge zur Breite wie 2—3:1) Maschen zusammengesetzt. — Blüte und Frucht: VII—VIII. — $2n = 24$ (12).

Vorkommen: In stehenden, basenreichen, mesotrophen Gewässern, in Seebuchten; meist im flachen, aber auch im tiefen Wasser (von 20 cm bis 200 cm, seltener bis 600 cm Tiefe) im oberen Sublitorial bis unteren Eulitorial; planar; im Najadetum marinae. — L: Hyd T/ Pot.

Verbreitung: In Nordwesteuropa (Irland, Nordengland, Schottland, Hebriden), vereinzelt in Südnorwegen (Jaeren), Südschweden, Südfinnland, Mitteleuropa, im nördlichen Osteuropa, ganz vereinzelt im südlichen Sibirien; häufiger als in Europa in Nordamerika, hier zwischen 50° und 30° nB von Britisch Kolumbien und Quebec im Norden südwärts bis Kalifornien und Florida; ob in Ägypten? Im Postglazial weiter verbreitet. In den Seen des Voralpenlandes tauchte sie bald nach dem Verschwinden der Gletscher in der borealen Zeit auf, erhielt sich in der atlantischen Zeit und erlosch in der subborealen (vgl. Paul 1925; Bertsch 1931, Backman 1948). — Im Gebiet sehr selten, in der neueren Zeit nur noch im Bodenseegebiet nachgewiesen; ältere Fundorte seit langem nicht mehr bestätigt und vielleicht erloschen, z. B. im Elbe-Oder-Tiefland: Paarsteiner See, Brodowiner See, Mahlendorf bei Lychen; im Baltischen Jungmoränen-Hügelland: Binowscher See bei Sczeczin (Stettin); im Warthe-Weichsel-Tiefland: Wakunter See bei Złotow (Flatow); im Masurischen Moränenland; See Dluszek bei Groß-Bartelsdorf (bei Olsztyn [Allenstein]); im Lubliner Hügelland; im Bodensee-Gebiet: im Untersee bei Gehrenmoos und Ermatingen, Rheinaltwasser bei Rüdlingen unterhalb Schaffhausen. — no-subozean, circ.

Verbreitungskarten: Samuelsson 1934; Backman 1948; Dausereau 1953 (Nordamerika); Hultén 1958, 1971; Perring & Walters 1960; Meusel et al. 1965; Sculthorpe 1967 (Britische Inseln, nordwestliches kontinentales Europa); Wentz & Stuckey 1971; Haynes 1979 (Nordamerika).

Anmerkungen: *N. flexilis* kann dichte, submerse Wiesen, aber keine eigentlichen Polster bilden. Sie liegt nieder, dabei locker ausgebreitet, im weichen Schlamm fast völlig vergraben, so daß nur die Triebspitzen hervorschauen. Leicht zu übersehen!

4. Najas graminea Raffeneau-Delile (Fig. 33a—j)

N. alagnensis (Pollini) Pollini; *Caulinia alagnensis* Pollini

Pflanzen ein- oder mehrjährig, zart. Sprosse über 50 cm lang, mehr oder weniger schlaff, spröde, stark verzweigt, buschig erscheinend. Blätter meist an kurzen Seitenzweigen büschelig gehäuft, hell-olivgrün; im Umriß linealisch, im unteren Teil breit rinnig, auf der Unterseite leicht gekielt, 15—25 (40) mm lang, höchstens 1 mm breit, meist mehr als 15mal so lang wie breit; wenigstens die äußersten Blätter eines „Büschels" am Blattgrund plötzlich in eine breite Scheide mit 2 aufrechten, öhrchenartigen Lappen verbreitet; an der Blattspitze allmählich verschmälert, in 1—3 Zähnchen endend; Blattrand mit (30) 40—60 (185) sehr kleinen, unscheinbaren, scharf zugespitzten Zähnchen besetzt, die aus einem zweizelligen grünen Fußteil

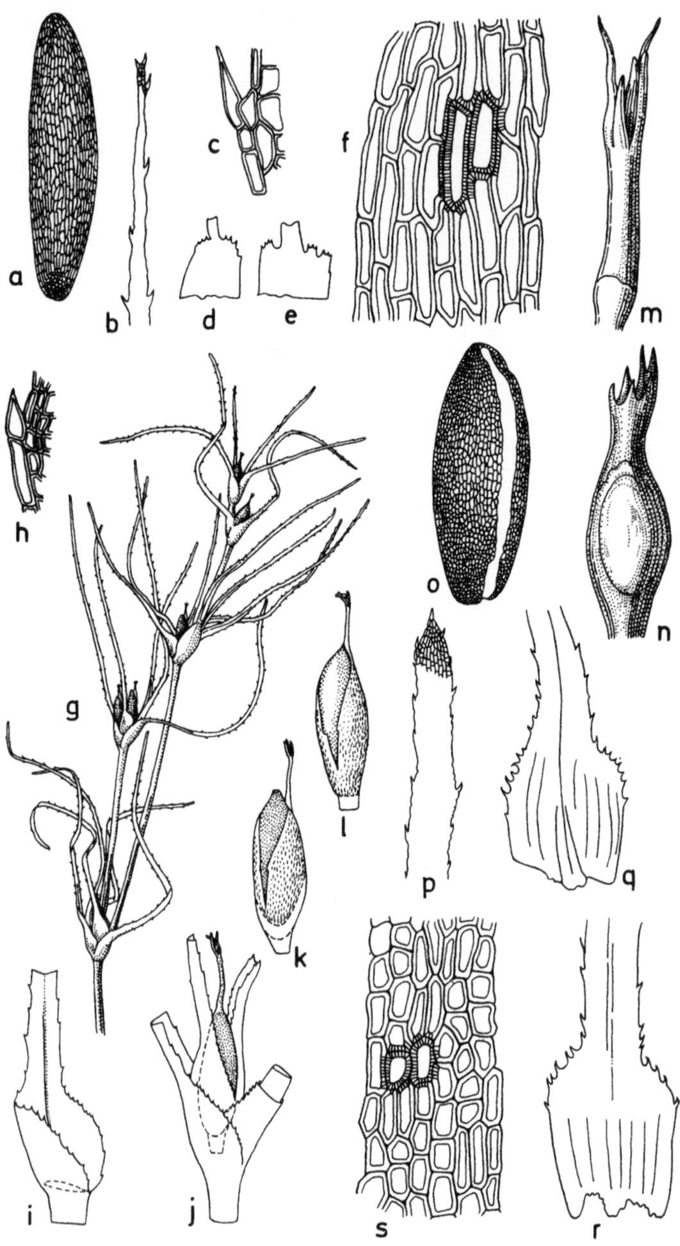

(aus Blattrandzellen), der etwas aus dem Blattrand vorspringt, und einer gelblichbraunen Endzelle besteht; Mittelrippe stets ohne Zähne. Blüten einhäusig, grünlich, weibliche und männliche Blüten oft gemeinsam in den Achseln des ersten Blattpaares eines Blattbüschels; männliche Blüten ohne Spatha, Staubbeutel 4fächerig; weibliche Blüten in einer flaschenförmigen Spatha (?); Narbenapparat 2schenkelig, nicht stachelspitzig. Frucht etwa 5 mm lang. Samen länglich bis länglich-ellipsoidisch, 1,75—2,25 mm lang; Samenschale aus kleinen, subquadratischen oder vieleckigen, in Reihen angeordneten Zellen (Areolen, Maschen) zusammengesetzt.

Vorkommen: Reisfeldunkraut und in Bewässerungskanälen; toleriert ziemlich hohe Wassertemperaturen (bis 33 °C), stark wärmebedürftig. — L: hyd T.

Verbreitung: In den Tropen und Subtropen der Alten Welt von Nordafrika und dem Mittleren Osten quer durch Asien bis Japan, in Malaysia, Westaustralien und Neukaledonien weit verbreitet; nicht in Neuguinea. In Europa (England: Lancashire 1884, erloschen [? — Im Interglazial in Südengland]; Bulgarien: bei Plovdiv; Rumänien: bei Bukarest, Norditalien), in Brasilien und Kalifornien eingeschleppt. — Im Gebiet fehlend; nahe dem Südrande in den Reisanbaugebieten Norditaliens (Poebene, Friaul). — trop-subtrop (-smed).

Verbreitungskarten: Kolesnikova 1965; Sculthorpe 1967; Haynes 1979 (Nordamerika).

Anmerkungen: Ähnelt *N. flexilis*, die aber keine Öhrchen an den Blattscheiden besitzt. In Malaysia möglicherweise hier und da mit *N. tenuifolia* R. Brown verwechselt. — Bei einigen Blüten treten Hüllen auf, die in ihrem Bau zwischen einer typischen Spatha und einem Laubblatt vermitteln. Sie sind sonst nackt (vgl. De Wilde 1960).

5. Najas japolina Nakai (Fig. 33 k—r)

    N. gracillima Miki non Magnus

Stengel schlank, 0,5 mm dick und stark verzweigt, die Stengelglieder 10—18 mm lang. Blätter fein und zart, schmal linealisch, (11) 15 (17) mm lang, leicht zusammengedrückt, 0,1—0,2 mm breit, jederseits mit 7—10 (12) Stachelspitzen; meist in 5zähligen Scheinquirlen zusammenstehend (einer der Seitenzweige entwickelt sich meist als Kurztrieb); Blattscheide kurz öhrchenförmig vorgezogen, gestutzt oder abgerundet, auf der Schulter mit 4—7 winzigen Stachelspitzen besetzt. Blüten eingeschlechtig, oft zu mehreren (meist zu 2—3) nebeneinander, oft je Knoten 1 männliche und 1—2 weibliche Blüte(n). Männliche Blüten von der Spatha umschlossen; Staubbeutel 1fächerig; Pollen ellipsoidisch, 20 × 30 µm messend. Weibliche Blüten nackt; Narbenapparat 2schenkelig. Samen walzlich-spindelig, 1,5—2,0 mm lang, 0,3—0,5 mm dick; Samenoberfläche mit 20(—40) Längsreihen von „Maschen", die 5(—10)mal länger als breit sind.

Vorkommen: Kennart des Ottelio-Najadetum, japonicae in den Lücken des in Reihen gepflanzten Reises, auch in größeren Lücken, teichähnlichen Erweiterungen oder in Gräben, ganz besonders häufig und fast stets dominierend, große und dichte Bestände bildend. — L: hyd T.

Verbreitung: Einheimisch in Ostasien (Japan, Korea); hier häufiges Reisfeld-Unkraut. — Unweit des Südrandes unseres Gebietes in den Reisfeldern Norditaliens in der Gegend von Novara und Vercelli 1952 entdeckt und jetzt häufiges Unkraut; vielleicht aus Ostasien eingeschleppt. — Im Gebiet fehlend. — In Europa: smed.

Fig. 32. a—f *Najas tenuissima* (A. Braun) Magnus — a Samen, ×15; b Blattspitze, ×6; c Blattrand mit Stachelspitze, ×90; d—e Blattscheiden, ×5; f Zellmuster der Samenoberfläche, ×120. g—s *Najas flexilis* (Willdenow) Rostkovius et J. K. Schmidt — g oberer Sproßabschnitt, ×2; h Blattrand mit Stachelspitze, ×90; i Blattscheide, Blüte entfernt; j Knoten mit weiblicher Blüte; k Frucht aufgesprungen, mit Samen; l Frucht aufgesprungen, Samen entfernt; m weibliche Blüte, ×15; n männliche Blüte kurz vor dem Aufspringen, ×20; o Samen, ×15; p Blattspitze, ×6; q, r Blattbasen mit Scheide, ×12; s Zellmuster der Samenoberfläche, ×120 (a—f, h, o, p, s nach Backman 1950; g, i—l nach Kers 1973; q, r nach Bailey 1884; m, n nach Graebner 1908).

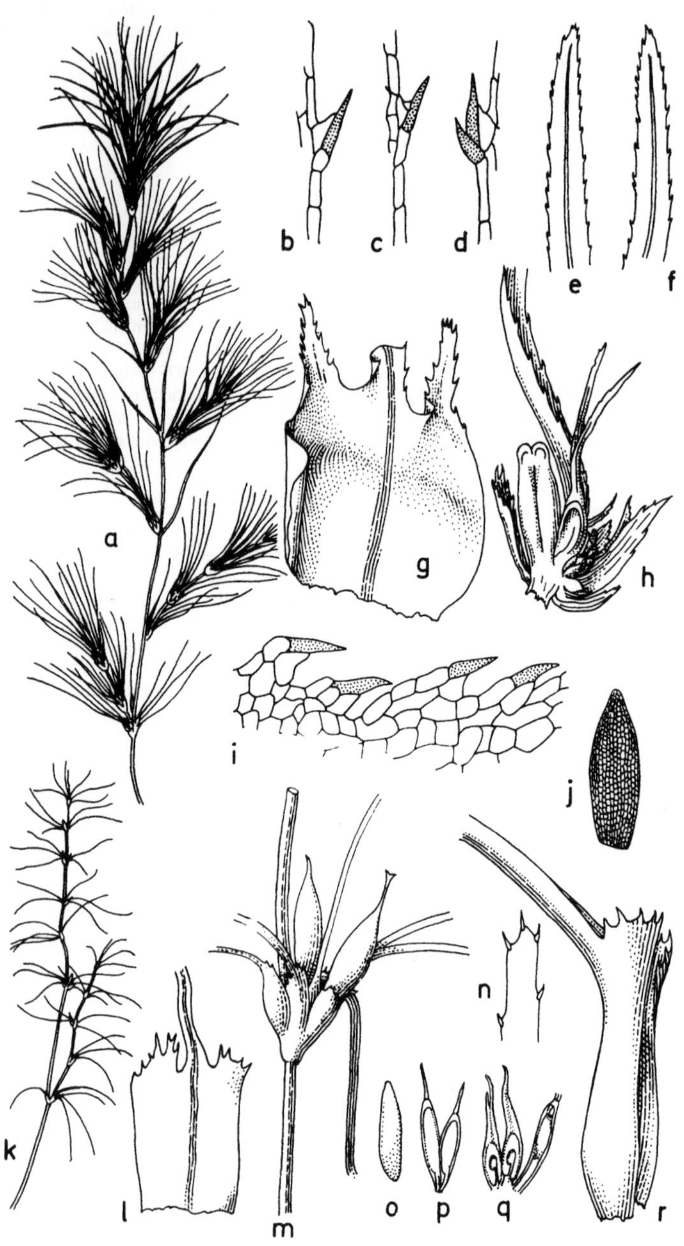

6. Najas tenuissima (A. Braun) Magnus (Fig. 32a—f)

  N. minor var. *tenuissima* A. Braun

Zarte, schlaffe Pflanzen. Blätter aufrecht bis schräg aufwärts, seltener fast waagerecht abstehend, nicht sichelförmig zurückgekrümmt, etwa 7—12 mm lang, bis 0,5 mm breit; beide Blattränder mit je 8—10 relativ weit voneinander entfernten Zähnchen, deren 2 Fußzellen nur wenig aus dem Rand vorspringen; Blattspitze mit 2 Zähnchen; Blattgrund meist plötzlich in eine relativ breitschultrige, unregelmäßig grob gezähnelte Scheide übergehend, die 3—4mal so breit wie die Blattspreite ist. Staubbeutel 1fächerig. Narbenapparat 3schenkelig. Samen (2,2) 2,5—2,8 (3,0) mm lang, 0,5—1,0 mm breit, 5mal länger als breit, länglich-ellipsoidisch; Samenschale glatt, glänzend, dunkelbraun, mit 25—30, meist in regelmäßigen Längsreihen angeordneten, rechteckigen oder sechseckig-prismatischen, (2) 4—7mal längeren als breiten Maschen. — Blütezeit: VII—VIII.

Vorkommen: In Süß- und Brackwasser; in Seen, auf lockerem Gyttja- oder Lehmgrund; in einer Wassertiefe von 30—100 (200) cm; oft zusammen mit *N. flexilis.* — L: hyd T.

Verbreitung: Endemit im südöstlichen Finnland (Ost-Åbo-Region), im südlichen Karelien und im Waldai- und Ilmensee-Gebiet (Kalinin-Distrikt); vertritt hier *N. minor.* — Europäisches Tertiärrelikt (vgl. Backman 1950, Gorlova 1960, Tralau 1962). — no (endem).

Verbreitungskarten: Backman 1950; Gorlova 1960; Tralau 1962; Kolesnikova 1965; Meusel et al. 1965; Hultén 1971.

Familie **Aponogetonaceae**

Monotypische Familien mit den Merkmalen der Gattung.
Wichtigste Literatur: Krause & Engler 1906; Bruggen 1968a, b; 1969; 1970a, b; 1973.

1. **Aponogeton** L. fil.

Ausdauernde, aquatische oder amphibische Kräuter mit knolligen oder rhizomartigen Sproßachsen. Blätter grundständig, gestielt; Tauchblätter länglich, linealisch oder lanzettlich, oft zarthäutig, manchmal durchscheinend, oft wellig kraus; Schwimmblätter mit meist kleineren, linealischen, länglich-elliptischen oder eiförmigen, ganzrandigen, ziemlich derbhäutigen Spreiten. Blüten zwittrig oder selten eingeschlechtig, in kolbigen Blütenständen; Kolben gestielt, einfach oder verzweigt, über die Wasseroberfläche gehoben, im Knospenzustand in eine hinfällige oder bleibende Spatha eingeschlossen. Perianth (0) 2 (3—6)blättrig, kron- oder tragblattähnlich, meist bleibend, seltener hinfällig, weiß, gelb, rot oder violett. Staubblätter 6 oder mehr. Fruchtknoten oberständig; Fruchtblätter (2) 3 (4—9), frei, meist sitzend; jeder Fruchtknoten in einen Griffel mit adachsialer Stigmaleiste verschmälert; Samenanlagen 1—8 pro Fruchtblatt. Früchte trocken, sich adachsial öffnend.

Die Gattung umfaßt rund 45 Arten, die in den warmen Gebieten der Alten Welt, vor allem in Afrika und Madagaskar, zu Hause sind. Viele Arten werden als Zierpflanzen gezogen, so daß mit neuerlichen Einschleppungen auch nach Europa zu rechnen ist. — In Europa nur 1 Art.

Fig. 33. a—j *Najas graminea* Delile — a Habitus, $\times \frac{2}{3}$; b—d Blattränder mit Stachelspitzen, $\times 100$; e—f Blattspitzen, $\times 10$; g Blattscheide, $\times 10$; h entwickelte männliche und weibliche Blüten an einem Knoten, $\times 12$; Öhrchen der Blattscheide mit Stachelspitzen, $\times 100$; j Samen, $\times 150$. k—r *Najas japonica* Nakai — k Habitus, $\times \frac{1}{2}$; l Blattbasis mit Scheide, ausgebreitet, $\times 10$; Knoten mit weiblichen Blüten, $\times 8$; n Blattspitze, $\times 20$; o Samen, $\times 5$; p junge Früchte, $\times 5$; q männliche und weibliche Blüten an einem Knoten, $\times 10$; r Blattbasis mit Scheide, natürliche Lage, $\times 20$ (a—i nach Bailey 1884; j nach Rendle 1901; k—m, r Original; n—q nach Miki 1935).

1. Aponogeton distachyon L. fil. (Fig. 34e—h)
Ausdauernde kahle Schwimmblattpflanze. Wurzelstock groß, etwa 3 cm im Durchmesser, schwarz, knollig, fest, reich an Stärkemehl, im Schlamm steckend. Blätter alle grundständig, von der Spitze der Knolle ausgehend. Schwimmblätter 9—25, lang gestielt, samt Stiel (30) 60—120 (220) cm lang; Stiel biegsam, am Grunde etwas scheidig verbreitert; Spreite oval, an beiden Enden stumpf abgerundet, schwimmend, 5—32 cm lang, 1,5—8,5 cm breit, lederig, oberseits glänzend und wasserabstoßend, hellgrün, oft dunkelgrün gefleckt, vielnervig, mit vielen feinen Quernerven. Blütenstände 1—6, endständig, lang gestielt, samt Stiel 30 bis 100 cm lang, etwas kürzer als die Blätter; Stiele 3—6 mm dick, von unten nach oben dicker werdend, direkt unter dem Kolben 3—4mal so dick wie am Stielgrund; im Knospenzustand von 1 „Kapuze" (Spatha) eingehüllt, die beim Aufblühen abgeworfen wird. Kolben in 2—6 cm lange Schenkel gegabelt, auf jedem Schenkel dorsal mit 12—14 zweizeilig angeordneten, duftenden Blüten. Perianth tragblattartig, aus 1 ovalem, weißem oder blaßrötlichem bis 1,5 cm langem und etwa 0,5 cm breitem Blatt („Kronschuppe"). Staubblätter 6—25 in 3—4zähligen Quirlen; Staubbeutel klein, schwarzpurpurn. Fruchtblätter (1) 3—6, bis 1,5 cm lang. Fruchtstand sich bis auf 9 cm verlängernd, die basalen Perianthblätter bis auf 3,5 cm. Balgfrucht mit (1) 2—4 (6) schmalen, flach-ellipsoidischen, etwa 8—10 mm langen Samen. — Blütezeit: VI—IX. — $2n = 24$.
Vorkommen: An den Ufern von sowie in Flüssen, Bächen und Teichen in 30—120 cm Wassertiefe; die Knollen bis 20 cm tief im Schlamm eingebettet. — L: hyd G rhiz/Isoët-Nymph.
Verbreitung: Einheimisch im extratropischen Südafrika (Kapprovinz: „Cape Flats"); eingebürgert in Südaustralien, Neuseeland und Tasmanien, im westlichen Südamerika und in Westeuropa, hier z. B. auf den Britischen Inseln und in Südfrankreich (z. B. im Lez bei Montpellier); häufige Aquarienpflanze, auch in Gartenteichen kultiviert. — Im Gebiet fehlend.
Anmerkungen: Die ersten 3—5 untergetauchten Blätter der aus Samen gezogenen Jungpflanzen sind zunächst nahezu spreitelos, pfriemlich, 12—32 (80) cm lang, die Folgeblätter verbreitern ihre Spitze, und schließlich entwickeln sich Blätter mit winzigen Spreiten. — Im vegetativen Zustand können Pflanzen von *Aponogeton distachyon* unter Umständen mit solchen von *Ottelia ovalifolia* verwechselt werden. Der knollige Wurzelstock von *Aponogeton* ist aber von dem faserigen von *Ottelia* gänzlich verschieden.

Familie **Zannichelliaceae**

Völlig untergetauchte, ausdauernde Wasserpflanzen mit kriechendem, zartem Rhizom. Blätter zweizeilig, wechselständig, gegenständig oder quirlständig, grasblattähnlich oder fadenförmig, schlaff, mit oder ohne Blattscheide und Blatthäutchen. Blüten immer unter Wasser, sehr klein, einzeln oder zu wenigen kopf- oder doldenartig in den Blattachseln, eingeschlechtig; männliche und weibliche Blüten gemeinsam von einer häutigen Spatha umschlossen. Perianthblätter 3 oder 0, häutig. Staubblätter 1 (—3); Pollen kugelig oder fadenförmig. Fruchtblätter 1—9, frei, jedes Fruchtblatt mit einer hängenden Samenanlage; Griffel meist mehrmals länger als die schildförmige oder trichterige Narbe. Geschnäbelte Steinfrüchte.
Die Familie umfaßt (unter Ausschluß der rein marinen Cymodoceae) 3 Gattungen mit etwa 10 Arten, die meist in wärmeren Gewässern, und zwar sowohl im Süß- als auch im Salzwasser vorkommen; in Europa nur 2 Gattungen: *Althenia* und *Zannichellia*.
Die hier vertretene Auffassung vom Aufbau der Blüten stimmt in den wesentlichen Zügen mit der von Singh (1965a) überein. Sie geht davon aus, daß von *Potamogeton* über *Ruppia* zu

Fig. 34. a—d *Scheuchzeria palustris* L. — a Grundachse mit Laubsproß, $\times^1/_2$; b fruchttragende Pflanze, $\times^1/_2$; c Blüte, $\times 2$; d reife Frucht, $\times 2$; e—h *Aponogeton distachyon* L. — e Habitus, $\times^1/_4$; f ein Ast des Blütenstandes, von außen gesehen, $\times^1/_3$; g Blüte mit Staubblättern und Fruchtblättern, auf der inneren Oberfläche eines Blütenstandsastes sitzend, $\times 2$; h Früchte, $\times^1/_2$ (a—d nach Loew 1908; e—h nach Aston 1973).

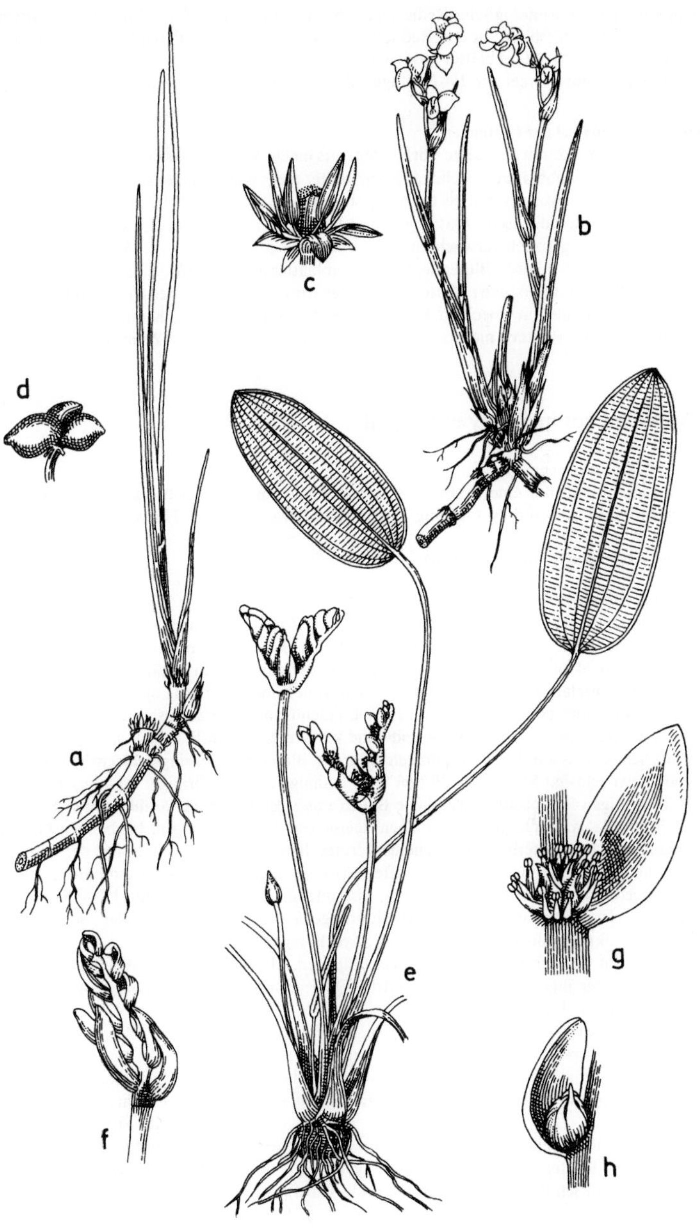

Zannichellia eine morphologische Reihe erkennbar ist, die sich im Übergang von zwittrigen zu eingeschlechtigen Blüten, in der Reduktion und im Verlust des Perianths sowie in einer Abnahme der Zahl der Staubblätter ausdrückt.

Wichtigste Literatur: Graebner 1907; Singh 1965a; Poluszny & Tomlinson 1977.

Bestimmungsschlüssel der Gattungen:

1a   Perianth der männlichen Blüte vorhanden, aus einem kleinen 3zähnigen Becher am Grunde der Staubblätter bestehend; Staubblätter mehr oder weniger sitzend, manchmal scheinbar gestielt (verlängerter Blütenstandsstiel); Staubbeutel 1fächerig; Pflanze monözisch oder diözisch; Blätter wechselständig, mit Basalscheiden, die mit den Blättern meist gänzlich verwachsen sind . . . . **1. Althenia** (S. 152)

1b   Perianth der männlichen Blüten fehlend; Staubblätter dünn gestielt; Staubbeutel 2fächerig; Pflanze monözisch; Blätter der sterilen Sprosse wechsel-, der fertilen scheingegenständig oder in unechten Quirlen, die Basalscheiden oder häutigen Nebenblätter mit den Blättern nicht verwachsen . . . . **2. Zannichellia** (S. 153)

1. **Althenia** Petit in Saigey et Raspail

Mit den Merkmalen der Art.

Die Gattung umfaßt nur eine westmediterrane Art; die australisch-neuseeländischen Sippen werden zur nahe verwandten Gattung *Lepilaena* J. Drummond ex Harvey in Hooker gerechnet.

Wichtigste Literatur: Onnis 1967a, b)

1. Althenia filiformis Petit (Fig. 14a—c)

Untergetauchte Wasserpflanze von der Tracht einer *Zannichellia*, aber viel zarter; Rhizom 3—5 (10) cm lang, oberflächlich oder im Boden kriechend, mit oder ohne häutige Schuppen. Stengel bis 50 cm hoch, verzweigt. Blätter meist wechselständig, selten gegenständig, fast pinselartig gedrängt oder 2—3 cm voneinander entfernt stehend, bis 40 mm lang und bis 0,5 mm breit, borstenartig, in eine fadenförmige Spitze ausgezogen, mit durchsichtiger, häutiger, bis 5 mm langer Scheide und kurzem geöhrtem Blatthäutchen, die oberen fast ohne Scheide, bis auf das Blatthäutchen reduziert. Blüten einzeln, eingeschlechtig, Pflanzen ein- oder zweihäusig. Männliche Blüten mit 3zähniger, becherförmiger Spatha, mit nur einem 1fächerigen Staubbeutel. Weibliche Blüten mit 3 getrennten Perianthblättern; Fruchtblätter 3, gerade, walzlich, gestielt, in einen deutlichen, 2—3 mm langen, bleibenden Griffel auslaufend; Narbe trichterig bis fast scheibenförmig; Samenanlage von der Spitze des Fruchtknotens hängend. Früchtchen (ohne Griffelrest) etwa 2 mm lang, fast 1 mm breit, etwas zusammengedrückt, geflügelt, derb lederig, eispindelig, glatt. — Blütezeit: IV—IX.

Vorkommen: In Brackwasserseen des Mediterrangebietes; auch im Süßwasser; sobald das Wasser austrocknet, sofort absterbend. — L: hyd H rept/Pot.

Verbreitung: Im westlichen Mittelmeergebiet (Algerien, Marokko, Sizilien, Apulien), in Südfrankreich, an der jugoslawischen Adriaküste (Quarnerische Inseln), in Vorderasien (Iran); in Südafrika (?). — Im Gebiet fehlend.

Verbreitungskarten: Camp 1947; Onnis 1967a, b.

Anmerkung: Es werden 2 Unterarten unterschieden:

1a   Rhizom oberflächlich kriechend, mit häutigen Schuppen; Blätter bauchseits flach, fast alle pinselartig gedrängt; Früchtchen an den Kanten deutlich geflügelt . . . . **1.1.** subsp. **filiformis**

1b   Pflanze in allen Teilen größer, Rhizom im Boden kriechend, ohne deutliche häutige Schuppen; Blätter bauch- und rückseits gewölbt; Früchtchen an den Kanten verdickt; endemisch in Südfrankreich (Hérault, Gard). . . . . **1.2.** subsp. **barrandonii** Duval-Jouve

2. Zannichellia L.

Blätter bis 1,5 mm breit, mit glattem Rand, an sterilen Sprossen wechsel-, an fertilen scheingegenständig oder (schein)quirlständig, mit großem Blatthäutchen und 2 kleinen Blattschuppen in der Blattachsel. Eine kurzgestielte männliche und 1—6 weibliche, die Hauptachse abschließende Blüten in einer Blattachsel, gemeinsam von einer häutigen, becherförmigen Spatha umgeben; keine Perianthblätter vorhanden. Männliche Blüte meist mit 1, selten 2 Staubblättern. Pollen kugelig. Weibliche Blüte mit 1 Fruchtblatt, mit kurzem, bleibendem Griffel und schild- oder trichterförmiger Narbe. Früchte sitzend oder kurz gestielt, flach, sichelförmig, warzig oder glatt, zweiklappig, an den Verwachsungsstellen gelegentlich geflügelt. Im Gebiet nur 1 Art.

Wichtigste Literatur: Camp 1947; Luther 1948; Reese 1963, 1967; Cvelev 1978.

Anmerkung: Die Bestäubung erfolgt unter Wasser, in der Regel autogam (geitonogam innerhalb des Blütenstands-„Wirtels"). — Die Pflanze bleibt im tiefen Wasser immergrün.

1. Zannichellia palustris L. (Fig. 35)

Pflanze über 50 cm lang, von der Tracht der schmalblättrigen *Potamogeton*-Arten; Stengel an den Knoten wurzelnd, im oberen Teil flutend, stark verästelt, Stengelglieder bis 2 cm lang. Blätter schmallinealisch, wechselständig, oft scheinwirtelig gestellt, 1—10 cm lang, bis 2 mm breit, fein zugespitzt, mit großem, häutigem, stengelumfassendem Blatthäutchen. Narbe schildförmig, trichterförmig vertieft. Früchte 1—4 (6) je Blattachsel, sitzend oder mit bis fast 1 mm langem Stiel, schwach gekrümmt, seitlich zusammengedrückt, zur Reifezeit 2—4 mm lang, mehr als doppelt so lang wie der bleibende Griffel (Schnabel). — Blütezeit: V—IX. — $2n = 12, 24$ (28, 32, 34, 36).

Vorkommen: In stehenden und fließenden, basen- und nährstoffreichen, eutrophen, oftmals verschmutzten, süßen und brackigen Gewässern (Verschmutzungszeiger); in Seebuchten, Teichen und Altwassern auf humosen, sandigen oder reinen Schlammböden in 50—250 cm Wassertiefe sowie in Bächen und Flüssen auf sandigem oder sandig-kiesigem Boden. — L: hyd H rept/Pot.

Verbreitung: Fast über die ganze Erde verbreitet; nicht in der Arktis und Antarktis; in Europa bis etwa 70° nB. — Im Gebiet zerstreut, an den Meeresküsten häufiger, im Binnenland zerstreut, vielfach auch selten und streckenweise völlig fehlend — kosmopol.

Verbreitungskarten: Potter 1932; Steyermark 1941; Hultén 1962, 1968, 1971; Reese 1963, 1967 (Schleswig-Holstein); Kepczyński 1965; Tolmačev 1974.

Anmerkungen: Die Veränderlichkeit der Art ist ziemlich groß, und die Auffassungen über den systematischen Rang und ökologischen Wert der Sippen sind sehr geteilt. Die Sippen lassen sich nur an den ausgereiften Früchten unterscheiden. Wir führen aus der „Fülle" der beschriebenen Formen und Varietäten 3 „Unterarten" an (Reese 1967; Cvelev 1978, vgl. S. 402).

Bestimmungsschlüssel der Unterarten:

1a	Früchtchen kaum oder sehr kurz (bis 0,5 mm lang) gestielt	**2**
1b	Früchtchen deutlich (1—2 mm lang) gestielt	**1.2.** subsp. **pedicellata** (S. 155)
2a	Früchtchen 2—4, meist sehr kurz (bis 0,5 mm lang) gestielt, 2—3 mm lang; Griffel bis 0,5 mm lang	**1.1.** subsp. **palustris** (S. 153)
2b	Früchtchen 5—8, dicht gestellt, kaum gestielt, 3,5—4,5 mm lang; Griffel 1—2 mm lang	**1.3.** subsp. **polycarpa** (S. 155)

1.1. subsp. palustris (Fig. 35 g—i, 1—m)

Zarte Pflanzen; Früchtchen 2—4, grüngrau oder gelbgrau, meist sehr kurz (bis 0,5 mm) gestielt, 2—3 mm lang; Griffel bis 0,5 (1) mm lang; Blätter schmal, etwa 0,5 mm breit; Griffellänge: Fruchtlänge = (0,2) 0,3 (0,4). — $2n = 24$ (34).

Vorkommen: Kennart des Zannichellietum, ferner im Najadetum marinae, in Fließgewässern hauptsächlich im Ranunculo-Sietum erecti, auch im Ranunculetum fluitantis. —

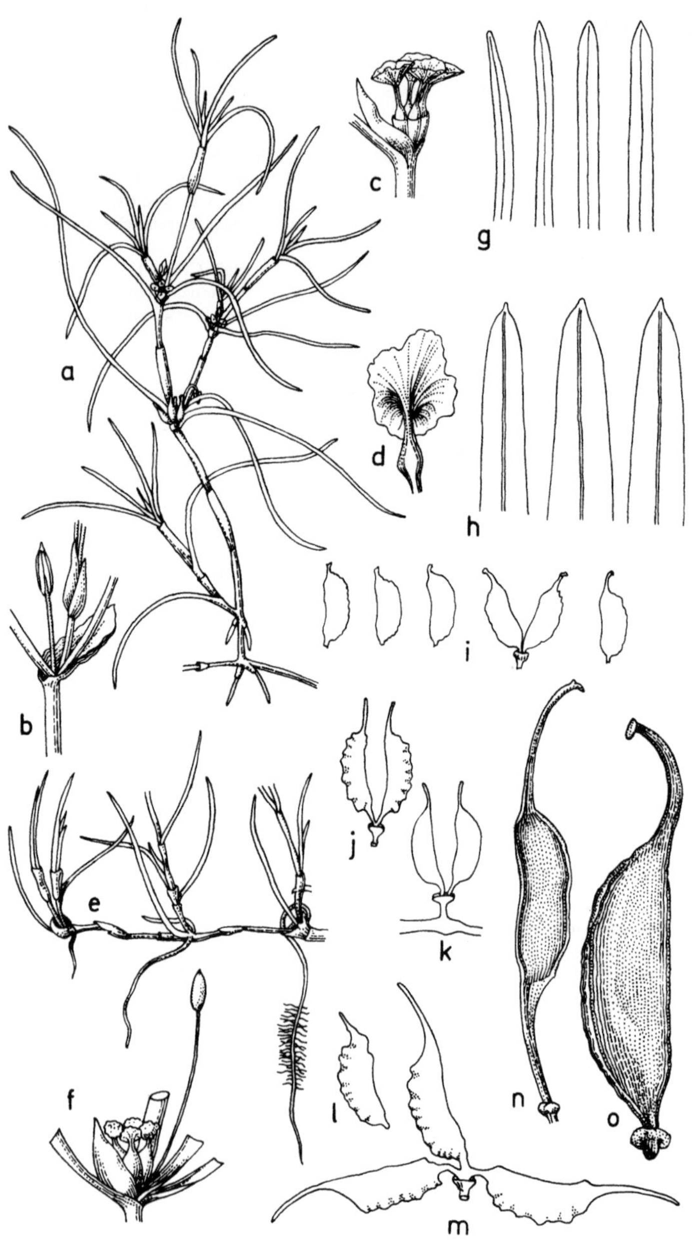

1.2. subsp. **pedicellata** (Wahlenberg et Rosén) Arcangeli (Fig. 35j—k, n)
Früchte 2—4, halbmondförmig gekrümmt, deutlich (1—2 mm lang) gestielt, häufig einem kurzen, aber deutlichen Fruchtstandsstiel entspringend, hell- oder weißbraun, 2,3—3,5 (4) mm lang, weniger als doppelt so lang wie der 1,5—2,5 mm lange Schnabel (bleibende Griffel), selten so lang wie dieser; Blattspreite 0,3—1,2 mm breit; hellgrün, fadenförmig, Mittelnerv undeutlich. Griffellänge: Fruchtlänge = 0,7 (0,6—1,0). — $2n = (24)$ 36.
Vorkommen: Im brackigen Wasser des Küstenbereichs, auch an Salzstellen des Binnenlandes; Kennart der Meersalde-Gesellschaften, in Südfrankreich im Ranunculetum baudotii in schwach salzhaltigen Gräben und Vertiefungen.
Verbreitungskarte: Reese 1963.

1.3. subsp. **polycarpa** (Nolte) K. Richter
Kräftige Pflanzen; Früchte meist 5—8, halbmondförmig, gerade oder kaum gekrümmt, dunkel braunrot, dicht gestellt, kaum gestielt, 3,5—4,5 (5) mm lang, etwa doppelt so lang wie der bleibende, 1—2 mm lange Griffel; Narben meist gezähnelt; Blätter 1 (2) mm breit, dunkelgrün, mit deutlichem Mittelnerv. — $2n = 32$.
Vorkommen: Im bewegten brackigen Wasser, an etwas tieferen Stellen.
Verbreitungskarte: Reese 1963.

Familie Scheuchzeriaceae

Ausdauernde, ausläufertreibende Moorpflanzen mit schmalen, scheidigen, rinnigen, grasähnlichen Blättern, mit Intravaginalschuppen und Apikalöffnung („Pore") an der Blattspitze. Blüten radiär, zwittrig, mit großen Tragblättern, ohne Vorblätter in lockeren Trauben. Perianthblätter 6, alle gleich, gelblichgrün, unscheinbar. Staubblätter meist 6, vor den Perianthblättern stehend. Fruchtknoten oberständig; Fruchtblätter 3 (—6), nur am Grunde leicht verwachsen; 2samige, aufgeblasene Balgfrüchtchen.
Monotypische Familie; von einigen Autoren mit den Juncaginaceae vereinigt. Singh (1965a) weist auf morphologische Ähnlichkeiten mit den Aponogetonaceae hin.
Wichtigste Literatur: Buchenau 1903.

1. Scheuchzeria L.

Monotypische Gattung mit den Merkmalen der Art.
Wichtigste Literatur: Tallis & Birks 1965.

1. Scheuchzeria palustris L. (Fig. 34a—d)
Ausdauernde, 10—20 cm hohe, aufrechte, lange unterirdische Ausläufer treibende Moorpflanze; Rhizom von verwitterten Blattscheiden umhüllt. Stengel oft deutlich zickzackartig hin und her gebogen, beblättert; Blätter grasblattartig, 10—30 (40) cm lang, hohlrinnig, am Grunde mit einer bis 3 cm langen, häutigen, zungenförmigen Scheide, an der Spitze mit grubenartiger „Pore" (Lupe!). Blüten klein, gelblichgrün, in 3—10blütiger, lockerer Traube;

Fig. 35. *Zannichellia palustris* L. — a Habitus, $\times^1/_2$; b männliche Blüte, $\times 8$; c weibliche Blüte, $\times 8$; d Fruchtknoten mit trichteriger Narbe, $\times 15$; e verzweigte Grundachse, $\times^1/_3$; f Zwitterblüte, $\times 8$; g Blattspitzen der subsp. palustris („*repens*"), $\times 3$; h Blattspitzen der subsp. *palustris* („*major*"), $\times 3$; i Früchtchen der subsp. *palustris* („*repens*"), $\times 6$; j—k Früchtchen der subsp. *pedicellata*, $\times 6$; l — m Früchtchen der subsp. *palustris* („major"), $\times 6$ n Früchtchen der subsp. *pedicellata*, $\times 10$; o Früchtchen der subsp. *palustris* („major"), $\times 10$ (a nach Reese 1967, b—e nach Graebner 1908; f nach Ostenfeld 1918; g—m nach Luther 1947; n—o nach van Ooststroom & Reichgelt 1964b).

Tragblätter der unteren Blüten groß, laubblattartig, die der oberen häutig, schuppenartig; Blütenstiele schief aufrecht, bis 1 cm lang; Perianthblätter lanzettlich, 2—3 mm lang, 0,8—1,5 mm breit; bleibend. Staubfäden aufrecht oder hängend, am Grunde der Perianthblätter eingefügt. Balgfrüchtchen 3 (4—6), gelbgrün, aufgeblasen kugelig bis schief-eiförmig, 5—7 mm lang, mit sitzender Narbe, 1- bis 2samig, auf der Bauchseite aufspringend, nur am Grunde verwachsen; Samen fast gerade. — Blütezeit: V—VI. — $2n = 22$.

Vorkommen: In Schwingrasen am Rande von Moorgewässern, in Hochmoor-Schlenken und Zwischenmooren; auf stets nassen, mitunter flach überschwemmten, basenarmen, mäßig sauren mesotrophen bis oligotrophen Torfschlamm-Böden; Torfbildner; Wasserverbreitung durch Schwimmfrüchte; planar bis subalpin (in den Alpen bis 1910 m). Kennart des Cuspidato-Scheuchzerietum palustris, auch in nassen Ausbildungen von Hochmoor-Bultgesellschaften. — L: G rhiz/Hel.

Verbreitung: Verbreitet im nördlichen Eurasien vor allem zwischen 40° und 60° nB; nordwärts bis Nordskandinavien unter 70° nB (auf den Britischen Inseln und auf Island nur noch je eine Fundstelle), im Ural bis zum Polarkreis, sonst in Sibirien nicht über 65° nB, südwärts bis Pyrenäen (nicht Iberische Halbinsel), Norditalien, nördliche Balkanhalbinsel (Karpaten), Kaukasus; in West- und Südeuropa seltener werdend, im Mittelmeergebiet fehlend; in Asien südwärts bis etwa 50° nB; in Nordamerika nur in einem kleinen Gebiet südlich der Mündung des St. Lorenz-Stromes [sonst von Alaska und Neufundland südwärts bis etwa 35° nB die subsp. *americana* (Fernald) Hultén]; nicht auf Grönland. — Im Gebiet im Tiefland und im nördlichen Alpenvorland zerstreut bis selten, sonst sehr selten und streckenweise völlig fehlend; infolge von Moormeliorationen im Rückgang. — no, circ.

Verbreitungskarten: Hultén 1962; Kepczyński 1965; Meusel et al. 1965; Tallis & Birks 1965; Sculthorpe 1967; Katz 1972; Tolmačev 1974; Fukarek 1975.

Anmerkungen: Die nordamerikanischen Pflanzen sind von den eurasiatischen wesentlich verschieden; sie haben größere Früchte und Samen. Die Fruchtschnäbel sind länger und stärker gekrümmt; von Fernald (1950) als Varietät (var. *americana*), von Hultén als Unterart (s. o.) bewertet. — Der anatomische Bau der „Blasenbinse" ist durchaus hydrophytisch: Das Durchlüftungsgewebe ist reichlich entwickelt. Die Pflanze gedeiht nicht an Standorten, die, auch nur vorübergehend, austrocknen.

Familie **Alismataceae**

Ansehnliche, meist ausdauernde, selten einjährige, milchsaftführende Sumpf- und Wasserpflanzen mit meist senkrechtem, kurzem, knolligem Rhizom; selten mit knolligen Ausläufern. Blätter meist grundständig, mit scheidigen Blattbasen, selten ganz untergetaucht, manchmal schwimmend oder aufrecht aus dem Wasser herausragend; sehr vielgestaltig; gitternervig. Blüten radiär, 3zählig, meist zwittrig (bei *Sagittaria* eingeschlechtig); in zusammengesetzten, reich verzweigten Blütenständen aus stockwerkartig übereinander angeordneten Scheinquirlen oder Scheindolden, von Tragblättern gestützt. Perianthblätter 6, die drei äußeren grün, kelchblattartig, bleibend, die drei inneren weiß oder rosa, kronblattartig, hinfällig, Staubblätter 6, in 3 Paaren (nur bei *Sagittaria* und einigen *Echinodorus*-Arten mehr). Fruchtknoten oberständig, frei, selten an der Basis verwachsen; (6) 1samig. Früchte nicht aufspringend (Nüßchen). Samen ohne Endosperm. Entomogamie, auch Autogamie. Die Familie umfaßt 10—13 Gattungen mit rund 100 Arten, die vor allem in den Tropen und Subtropen der Nordhemisphäre und Amerikas verbreitet sind; nicht im äußersten Südafrika und im pazifischen Raum. — In Europa 6 Gattungen mit 10 Arten; vor allem Bewohner der Teich- und Flußränder. Viele Aquarienpflanzen; so vor allem in der Gattung *Echinodorus* Richard ex Engelmann in A. Gray. Da sie vielfach unter falschen Namen gehalten oder gehandelt werden, seien einige der beliebtesten, zum Teil sehr dekorativen Arten aufgeführt: *Echinodorus latifolius* (Seubert) Rataj (*E. magdalenensis* auct. non Fassett; Westindien, Mittelamerika, Venezuela und Guayana); *E. quadricostatus* Fassett var. *xinguensis* Rataj [Brasilien; im Handel *E. intermedius* auct. non (Martius) Grisebach]; *E. maior* (Micheli) Rataj (Brasilien; fälschlich *E. martii* Micheli oder *E. leopoldina* Hort. genannt); *E. parviflorus* Rataj („*E. peruensis*" oder „*E. tocatins*"); *E. amazonicus* Rataj [*E. brevipedicellatus* auct. non (O. Kuntze) Buchenau], *E. horizontalis* Rataj (*E. de Witii* Van Graaf; *E. guianensis* Hort.) und *E. bleheri* Rataj („*E. paniculatus*" oder „*E. rangeri*") aus dem Amazonasbecken; *E. osiris* Rataj („*E. osiris rubra* Hort."; „*E. aureobrunneus* Hort.") mit dekorativen, goldbraun, rot und dunkelgrün gefärbten, großen Tauchblättern, aus Brasilien; *E. pellucidus* Rataj (*E. paniculatus* Hort. non Micheli) und *E. argentinensis* Rataj (*E. longistylis* auct. non Buchenau) aus Südbrasilien, Uruguay und Argentinien; *E. macrophyllus* (Kunth) Micheli („*E. grandiflorus*", „*E. muricatus*") aus Südamerika (Guayana bis Argentinien).

Wichtigste Literatur: Buchenau 1903; Glück 1905, 1906b, 1908, 1924; Johri 1935/36; Den Hartog 1957a, b; Beal 1960; Rataj 1975.

Die Alismataceae zeichnen sich durch die hohe Plastizität ihrer vegetativen Organe, d. h. durch einen weitgehenden Polymorphismus, bedingt durch stets wechselnde Standortsverhältnisse, aus. Viele Arten bringen im Laufe ihrer Entwicklung im regelmäßigen Wechsel unterschiedlich geformte „Primär"- („Band"-), „Übergangs"- und „Folge"- („Spreiten"-) blätter hervor, andere entwickeln diese in „Anpassung" an veränderte Standortsverhältnisse. Überhaupt hängen Abfolge und Ausformung der Blätter wesentlich von den jeweiligen Bedingungen (Wasser-, Luft- und Lichtzufuhr) ab. Zwischen den einzelnen Standortsmodifikationen gibt es mannigfaltige Übergänge. Ein und dieselbe Art kann gleichzeitig (oder eben auch nacheinander) Unterwasser-, Schwimm- und Überwasserblätter ausbilden, wobei der Übergang von der einen zur anderen Blattform so allmählich erfolgen kann, daß sich kaum zwei Blätter einer Pflanze gleichen. Es ist daher nicht verwunderlich, daß diese Vielgestaltigkeit im äußeren Erscheinungsbild zur Aufstellung einer Fülle infraspezifischer Taxa auf der Ebene der Varietät bzw. Form geführt hat. Wir halten die meisten der z. B. von Glück (1936) angeführten Formen (z. B. „f. *aquatica*", „f. *natans*", „f. *submersa*", „f. *terrestris*", „f. *spathulata*", „f. *graminifolia*", „f. *repens*" usw.) für bloße Standortsmodifikationen innerhalb der genetischen Reaktionsnorm ohne jeglichen taxonomischen Wert.

Bestimmungsschlüssel der Gattungen:

1a Überwasserblätter meist pfeilförmig; Blüten eingeschlechtig, einhäusig, untere weiblich, obere männlich, seltener zweihäusig; Staubblätter zahlreich, spiralig angeordnet; Früchtchen seitlich stark zusammengedrückt . . . **1. Sagittaria** (S. 158)

1b Überwasser- oder Schwimmblätter nie pfeilförmig, sondern oval, lanzettlich bis herzförmig; Blüten zwittrig; Staubblätter 6 (bei unseren Arten) **2**

2a Stengel flutend, beblättert, seltener auf dem Schlamme kriechend, an den Knoten Wurzeln, Schwimmblätter und Blüten treibend; Blüten einzeln (seltener zu 2—5), auf 5—10 cm langen Stielen in den Blattachseln, schwimmend; Fruchtblätter zahlreich, in einem Kreis angeordnet . . . . **2. Luronium** (S. 167)

2b Stengel aufrecht, unbeblättert; Blüten in quirligen Rispen oder Dolden **3**

3a Blütenachse kugelig; Blüten zu 3—12 in Dolden; Früchtchen klein, zahlreich, spindelförmig, 4—5kantig, spiralig, eine köpfchenartige Sammelfrucht bildend; Blätter lanzettlich . . . . **3. Baldellia** (S. 169)

3b Blütenachse flach; Blüten in quirligen Rispen; Früchtchen in einem Quirl; alle Blätter grundständig **4**

4a Früchtchen am Grunde verwachsen, kegelförmig, spitz, von oben gesehen einem sechszähligen Stern gleichend; Fruchtblätter mit je 2 oder mehreren Samenanlagen . . . . **4. Damasonium** (S. 173)

4b Früchtchen am Grunde frei, nicht kegelförmig und spitz; Fruchtblätter mit je einer Samenanlage **5**

5a Reife Früchtchen (Steinfrüchtchen) im Umriß oval, aufgeblasen, auf dem Rücken mit drei scharf vorspringenden Nerven, Fruchtwand immer holzig; spätere Schwimmblätter tief herzförmig; Quirläste einblütig . . . . **5. Caldesia** (S. 175)

5b Reife Früchtchen (Nüßchen) im Umriß oval, flach, auf dem Rücken 1—2furchig, Fruchtwand pergamentartig; keine tief herzförmigen Schwimmblätter; Quirläste mehrblütig . . . . **6. Alisma** (S. 176)

1. Sagittaria L.

Ausdauernde, selten einjährige, oft unterirdische Ausläufer (und Knollen) treibende Wasser- und Sumpfpflanzen; mit Milchsaft. Stengel aufrecht. Blätter grundständig, untergetaucht, schwimmend oder aus dem Wasser ragend, vielgestaltig; Tauchblätter ohne Spreite (Phyllodien); Schwimmblätter mit ungelappten oder herzförmigen Spreiten; Überwasser-(Luft-)-blätter mit herz-, spieß-, pfeil-, eiförmigen oder lanzettlichen Spreiten. Blüten eingeschlechtig (selten zweigeschlechtig), in Blütenständen aus 1—12 übereinanderstehenden, meist dreizähligen Quirlen; jeder Quirl gestützt von 3 wirtelig gestellten Tragblättern; oben nur männliche, unten männliche und weibliche Blüten; weibliche Blüten meist viel kürzer gestielt als die männlichen; Stiele aufrecht oder spreizend, die der weiblichen Blüten oft verdickt und zur Zeit der Fruchtreife zurückgebogen. Perianthblätter 6; äußere grün, kelchblattartig, zur Fruchtzeit angedrückt, spreizend oder zurückgeschlagen; innere kronblattartig, meist weiß, selten rosa, vergänglich. Staubblätter 6—∞. Früchtchen zahlreich, frei, seitlich sehr stark zusammengedrückt, im Umriß oval mit geflügeltem Rand und deutlichem Schnabel, einen kugeligen Kopf bildend.

Die Gattung umfaßt 20—30 Arten, die in Gewässern und Sümpfen vor allem Nord- und Südamerikas verbreitet sind; einige Arten sind beliebte Aquarienpflanzen, z. B. *S. graminea*, *S. subulata* (Nordamerika), *S. macrophylla* Zuccarini (Mexiko, Süd-USA). — In Europa sind nur 2 „Arten" einheimisch: *S. natans* in Fennoskandien und *S. sagittifolia* in fast ganz Europa; weitere 4—5 Arten eingebürgert oder vorübergehend eingeschleppt.

Wichtigste Literatur: Smith 1894; Stauffer 1954; Bogin 1955; Rataj 1972a, b; Pop 1973.

Bestimmungsschlüssel der Arten:

1a Überwasserblätter normalerweise nicht entwickelt; Unterwasserblätter lang, biegsam, bandförmig; Schwimmblätter vorhanden; weibliche Blüten mit ausgebreiteten, nicht zurückgeschlagenen Kelchblättern, ihre Stiele zurückgebogen, kaum verdickt . . . . **1. S. subulata** (S. 159)

1b Überwasserblätter normalerweise entwickelt; weibliche Blüten mit zurückgeschlagenen Kelchblättern **2**

2a Staubfäden behaart; Blätter normalerweise nicht pfeilförmig **3**

2b Staubfäden kahl; zumindest die zuletzt entwickelten Blätter („Überwasserblätter") pfeilförmig **5**

3a Stiele der weiblichen Blüten im Fruchtzustand bogig zurückgekrümmt; alle Blüten der unteren 3—4 Quirle weiblich; Staubfäden behaart; fruchtende Köpfchen 0,9 bis 1,4 cm im Durchmesser; Nüßchen schwammig-runzelig, 1,4—2 mm breit, Schnabel pfriemlich, länger als 0,3 mm . . . . **3. S. platyphylla** (S. 161)

3b Stiele der weiblichen Blüten stets aufsteigend, nicht bogig zurückgekrümmt **4**

4a Weibliche Blüten deutlich (1—3 cm lang) und dünn gestielt; Schaft mehr oder weniger aufrecht; Kopf der Fruchtblätter nicht stark bestachelt, sowohl in Blüte als auch Frucht glatt; Staubfäden verbreitert; Schnabel der gekielten oder geflügelten Nüßchen nur 0,1—0,6 mm lang, weniger als $^1/_4$ der Dicke des Nüßchens, unterhalb der Nüßchenspitze seitlich inseriert . . . . **2. S. graminea** (S. 159)

4b Weibliche Blüten nahezu sitzend (nur ausnahmsweise und dann kurz und dick gestielt); Schaft nahe dem untersten Blütenquirl gekniet; Kopf der Fruchtblätter stark bestachelt; Staubfäden pfriemlich; Schnabel des runzligen, fast kiellosen Nüßchens (0,8) 1—1,5 mm lang, an der Nüßchenspitze inseriert . . **4. S. rigida** (S. 161)

5a Pfeillappen der Überwasserblätter 5—12 cm breit, oft mit stumpfer Spitze; Kron-

blätter weiß; Früchtchen mit einem seitlich angehefteten, waagerecht abstehenden
Schnabel . . . . **5. S. latifolia** (S. 163)
5b Pfeillappen der Überwasserblätter schmal, nur 1—3 cm breit; Kronblätter weiß,
am Grunde rot; Früchtchen mit kurzem, aufrechtem Schnabel **6. S. sagittifolia** (S. 163)

1. Sagittaria subulata (L.) Buchenau (Fig. 36a—c)
S. natans Michaux non Pallas; *S. lorata* (Chapman) Small
Einjährige oder ausdauernde, sehr variable Wasserpflanze von niedrigem Wuchs, die
außer grundständigen, ganzrandigen und bandförmigen, am Ende meist lang zugespitzten,
dreinervigen (2) 5—12 (40) cm langen, 1—3 (8) mm breiten Unterwasserblättern (Phyllodien)
auch dünn gestielte Schwimmblätter entwickeln kann, deren 2—6 cm lange, 0,6—1,5 cm breite
Spreiten eilänglich bis breit-lanzettlich und manchmal sogar mit Zipfelrudimenten versehen
sind. Blütenstandsstiel schlank, bis über meterlang untergetaucht bleibend; Blütenstand
1—4 cm lang mit 1—10 Blütenquirlen. Tragblätter trockenhäutig berandet, am Grunde
verwachsen oder schief spathaartig, (2) 3—5 mm lang. Blüten dünn gestielt, auf der Wasseroberfläche schwimmend; weibliche Blüten mit verdickten, zurückgebogenen Stielen; Kelchblätter 0,2—0,5 cm lang, zur Reifezeit weit spreizend; Staubfäden pfriemlich, kahl. Frucht-
tende Köpfchen nickend, 4—6 mm im Durchmesser. Nüßchen verkehrt-eiförmig, 1,6—2,3 mm
lang, 0,7—1,4 mm breit, schmal flügelig berandet. Seitenflächen gekielt; Schnabel seiten-
oder fast endständig, pfriemlich, 0,3—0,4 mm lang, zurückgebogen. — Blütezeit: V—IX. —
$2n = 22$.
Vorkommen: Im Süß- und Brackwasser; in der Heimat vor allem im Uferbereich von
Flüssen, die der Einwirkung der Gezeiten unterliegen; unter Wasser oft grüne „Wiesen"
bildend; wärmebedürftig. — L: hyd-T H/Pot-Nymph.
Verbreitung: Einheimisch im östlichen Nordamerika von Massachusetts bis Alabama; in
Südamerika von Venezuela und Kolumbien bis Südbrasilien. — In Europa bei Eger (Ungarn);
außerdem 1968 und 1970 im Thermalwasser des Flüßchens Petea bei Oradea (Großwardein,
Rumänien; hier zusammen mit *Nymphaea lotus* beobachtet. — Im Gebiet bisher nicht auf-
getaucht.
Verbreitungskarten: Bogin 1955; Beal 1960; Sculthorpe 1967.
Anmerkungen: Unsere Beschreibung versucht, denjenigen Teil des *S. subulata*-Komplexes
zu erfassen, der von Bogin (1955) als var. *subulata* bezeichnet wird. Ausgeschlossen bleiben
die „var. *gracillima*" und die „var. *kurziana*". Wegen der (unsicheren) taxonomischen
Bewertung der Glieder des *S. subulata*-Komplexes vgl. Adams & Godfrey (1961).

2. Sagittaria graminea Michaux (Fig. 36d—f)
Ausdauernde (in Amerika auch einjährige), bis 70 cm hohe Sumpfpflanze mit grundständigen, ganzrandigen Blättern. Unterwasserblätter bandförmig, zarthäutig, 5—30 (50) cm
lang, 1,5—2 (4) cm breit, parallelnervig; Überwasserblätter bis 55 cm lang gestielt, Stiel
am Grunde scheidig verbreitert, mit linealischer, lanzettlicher, elliptischer (bei den nieder-
ländischen Pflanzen!) oder breit ovaler (2) 10—15 (25) cm langer, 2—4 (8) cm breiter Spreite,
ganz selten mit Basallappen (bei uns nicht beobachtet). Blütenstandsstiel 5—60 (120) cm
lang, aufrecht oder gebogen nach etwa $^1/_2$ seiner Länge, unverzweigt, mit 2—8 (12) 3zähligen
Blütenquirlen, die unteren 1—2 weiblich, 1—3,5 cm lang gestielt, Stiele aufsteigend (selten
zurückgebogen), der Rest männlich, ebenfalls lang gestielt. Tragblätter eiförmig, stumpf
oder spitz, 3—6 (15) mm lang, häutig, mehr oder weniger lang verwachsen. Männliche
Blüten etwa 3 cm im Durchmesser; innere Perianthblätter weiß oder rosa, etwa doppelt so
lang wie die äußeren; Staubblätter 12—∞; Staubfäden verbreitert, behaart, 0,4—1,0 mm
lang; Staubbeutel länglich-ellipsoidisch, 0,6—1,0 (1,7) mm lang, etwa so lang wie die Staubfäden. Weibliche Blüten weiß oder rosa. Fruchtköpfchen 4—8 (10) mm im Durchmesser.
Nüßchen schmal verkehrt-eiförmig, runzelig, 1,4—2,0 mm lang, 0,8—1,2 mm breit, Rücken
schmal gekielt, seitlich abgeflacht; Schnabel pfriemlich, klein, 0,1—0,3 mm lang, den
geraden ventralen Rand krönend, unterhalb der Nüßchenspitze inseriert (gelegentlich nahezu
unentwickelt). — Blütezeit: V—IX. — $2n = 22$.

Vorkommen: Im flachen Wasser, auf feuchtem Sand oder Schlamm. — L: hyd H (T)/Hel.
Verbreitung: Einheimisch im östlichen Nordamerika und auf Kuba; eingebürgert in Panama, auf Java und in Australien. — Im Gebiet zwischen 1955 und 1961 bei Dorst (Nordbrabant) in einem Graben beobachtet; beliebte Aquarienpflanze, daher wahrscheinlich Aquarienflüchtling.
Verbreitungskarten: Bogin 1955; Beal 1960; Sculthorpe 1967.

3. Sagittaria platyphylla (Engelmann) J. G. Smith (Fig. 37a—c)
   S. graminea var. *platyphylla* Engelmann in A. Gray
Ausdauernde Sumpfpflanze, (20) 30—50 (100) cm hoch, mit kurzen Ausläufern und knollenartigen Wurzelstöcken, Blattrosetten tragend. Untergetauchte Jugendblätter (Phyllodien) breit bandförmig, derb, mit breit gerundeter Spitze, 10—25 (45) cm lang, 1,5—3 cm breit; Spreite der Überwasserblätter lederartig, lanzettlich, elliptisch oder eiförmig, lang (bis 40 cm) gestielt, nicht pfeilförmig (höchstens herzförmig oder mit kurzen basalen Öhrchen), 8—15 cm lang, 3—5mal so lang wie breit (2,5—9 cm breit), die Blütenstände überragend. Blütenstandsstiele bis 30 cm lang, mit (3) 4—6 (8) Quirlen von je 3 weißen Blüten, auf 1—2,5 (3) cm langen, zur Fruchtzeit etwas verdickten und zurückgebogenen Stielen; die 4 unteren Blütenquirle weiblich. Tragblätter eiförmig, trockenhäutig, stark verwachsen, 3—8 mm lang, die freien Enden stumpf. Staubblätter 15—21, Staubfäden verbreitert, behaart, 0,8 bis 1,5 mm lang, so lang wie oder länger als die Staubbeutel. Fruchtköpfchen (8) 9—14 (15) mm im Durchmesser. Nüßchen keilig verkehrt-eiförmig, schwammig-runzelig, 1,2—2 mm lang, 0,8—1,2 mm breit, am Rücken gekielt; Schnabel pfriemlich, 0,3—0,6 mm lang, schräg aufsteigend, den geraden, ventralen Nüßchenrand krönend. — Blütezeit: VI—IX (X). — $2n = 22$.
Vorkommen: Im stehenden oder fließenden, wenig tiefen, nährstoffreichen Wasser über schlammigem Grund; in Röhrichtgesellschaften. — L: hyd G rhiz/Hel.
Verbreitung: In den Südstaaten der USA und in Mittelamerika weit verbreitet; in W-Java Unkraut in Reisfeldern. — Im Gebiet verwildert in Insubrien (Varese: Varano Borghi am Lago di Comabbio, zusammen mit *S. latifolia*).
Verbreitungskarten: Grossheim 1939 (Kaukasus); Bogin 1955; Beal 1960.
Anmerkungen: Bogin (1955) bewertet *S. platyphylla* lediglich als Varietät von *S. graminea*.

4. Sagittaria rigida Pursh (Fig. 37d—m)
   S. heterophylla Pursh; *S. heterophylla* var. *incana* Hiern
Ausdauernd, mit Ausläufern. Tauchblätter phyllodial, 30—70 cm lang; Schwimmblätter mit linealisch-lanzettlicher Spreite; Überwasserblätter mit linealischer bis eiförmiger oder ovaler, ungelappter oder (in der nordamerikanischen Heimat) mit 1—2 schmalen, gebogenen oder divergierenden Basallappen versehener Spreite; 5—15 cm lang, 0,5—12 cm breit; Blattstiele 15—105 cm lang. Blütenstandsstiele dünn, 15—80 cm hoch oder im tiefen Wasser einige Meter lang, biegsam, manchmal niederliegend, gewöhnlich unmittelbar unterhalb des untersten Blütenquirls gekniet; Blütenquirle 2—7, der unterste (selten noch der nächstfolgende) Quirl mit sitzenden bis kurz gestielten weiblichen Blüten; männliche Blüten länger gestielt. Tragblätter 0,4—0,6 cm lang, rundlich, stumpf, verwachsen. Kelchblätter zur Reifezeit zurückgeschlagen. Staubblätter 15—∞; Staubfäden behaart, am Grunde ziemlich breit, 1—2 mm lang, meist länger als die breit eiförmigen, 0,6—1,2 mm langen Staubbeutel. Reife Fruchtköpfe stachelig, 1—1,7 cm im Durchmesser. Nüßchen schmal keilig-eiförmig, runzelig, 2,5—4,0 mm lang, 1,3—2 mm breit, längs gerippt, der konvexe Rücken undeutlich dünn gekielt; Schnabel dicklich-pfriemlich, aufrecht oder gebogen, (0,8) 1,0—1,5 mm lang. — Blütezeit: VII—IX. — $2n = 22$.

Fig. 36. a—c *Sagittaria subulata* (L.) Buchenau — a Pflanze mit Schwimm- und Tauchblättern, $\times^1/_4$; b Achäne in Seitenansicht, $\times 10$; c Blüte, $\times 2$; d—f *Sagittaria graminea* Michaux — d fruchtende Pflanze mit Ausläufer, $\times^1/_3$; e Achäne in Seitenansicht, $\times 10$; f Pflanze aus flachem Wasser, heterophyll, $\times^1/_5$ (a—e nach Smith 1894; f nach Muenscher 1944).

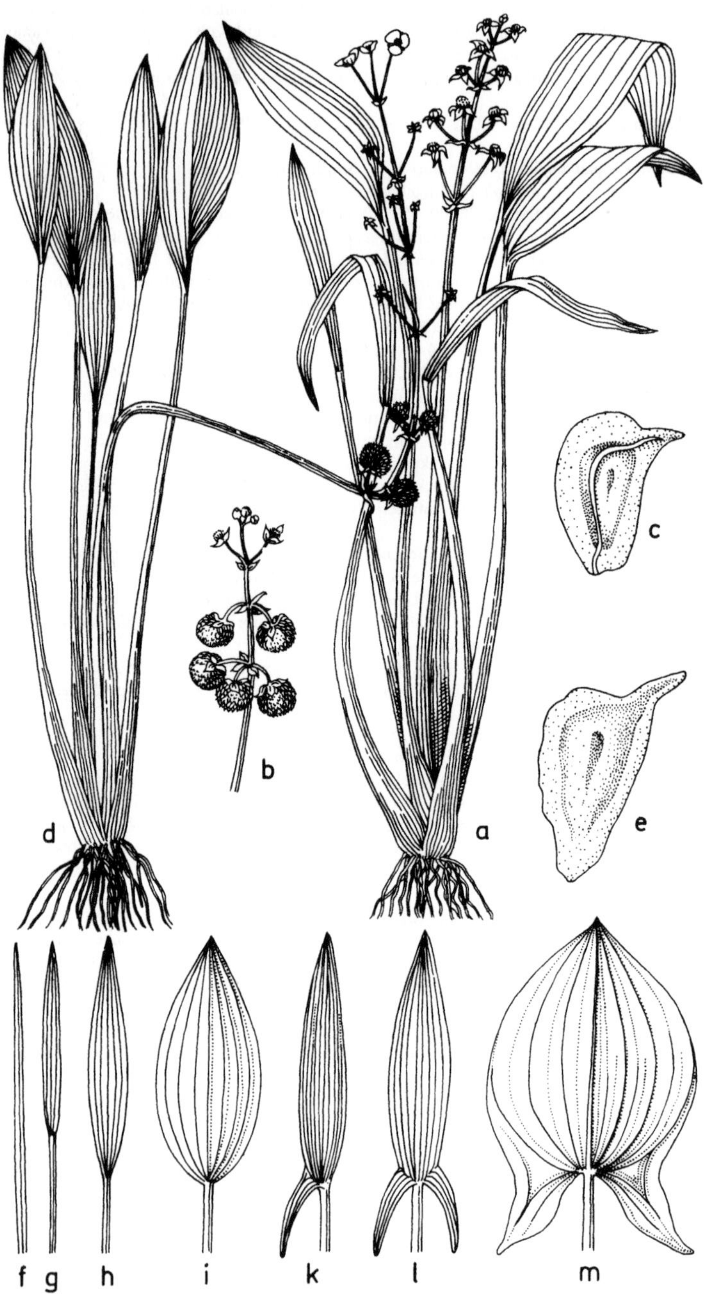

Vorkommen: In Seen und Flüssen des Gezeitenbereiches; im kalkhaltigen oder brackigen Wasser oder Schlamm. — L: (hyd) H rept/Hel.
Verbreitung: Einheimisch in Nordamerika von Quebec bis Tennessee und westwärts bis Minnesota. — In Europa seit 1908 in dem Flüßchen Exe in und bei Exeter in Südwestengland eingebürgert. — Im Gebiet bisher nicht nachgewiesen.
Verbreitungskarten: Bogin 1955; Perring & Walters 1962.

5. Sagittaria latifolia Willdenow (Fig. 38a—m)
   S. obtusa Mühlenbeck ex Willdenow
Ausdauernd; von der Tracht der *S. sagittifolia*, in allen Teilen größer und kräftiger. Primär-blätter (Phyllodien) ohne Spreite, bandförmig, bis 60 cm lang; die jüngsten Überwasserblätter linealisch bis eiförmig, meist pfeilförmig, oft stumpfspitzig, mit 5—12 cm breiten, dreieckig-eiförmigen oder auch linealischen Basallappen, $^1/_2$ so lang wie oder länger als die restliche Spreite; die ausgewachsenen Spreiten können 25—35 cm lang werden und ähneln dann den Schwimmblättern von *S. sagittifolia*. Blütenstandsstiel 10—150 cm hoch, kantig, der unterste oder mehrere der unteren Blütenquirle weiblich oder (oft) alle eingeschlechtig. Tragblätter dünn, kahnförmig, trockenhäutig, stumpf oder spitz, deutlich oder nur schwach verwachsen, 0,4—0,9 mm lang. Blütendurchmesser 3—4 cm; Stiele der weiblichen Blüten aufsteigend, sehr kurz, die der männlichen viel länger. Kronblätter ansehnlich, 15—20 mm lang, rein weiß. Staubblätter 21—∞, Staubfäden dünn, kahl, 1,0—3,7 mm lang, viel länger als die Staubbeutel; diese 1,5—2,0 mm lang, (auch getrocknet) gelb bis gelbbraun. Nüßchen verkehrt-eirund, 2,3—3,5 mm lang, 1,5—3,0 mm breit, randlich breit geflügelt, ohne Seiten-flächenkiele; Schnabel 0,5—2,0 mm lang, aus breitem Grunde fast waagerecht oder leicht gebogen nach außen abstehend. — Blütezeit: VI—IX. — $2n = 22$.
Vorkommen: Im flachen Wasser an Ufern eutropher Gewässer, im Rohrkolben- und im Wasserschwaden-Röhricht, meist etwas trockener als *S. sagittifolia* stehend. — L: H/Hel.
Verbreitung: Einheimisch in Nordamerika, dort weit verbreitet, von Neu-Schottland bis British Columbia, südwärts bis Florida, Mexiko, Kalifornien, auch im nordwestlichen Südamerika; in Europa als Zierpflanze in Gartenteichen und als Aquarienpflanze, an ver-schiedenen Stellen verwildert und fest eingebürgert, so z. B. in den östlichen Niederlanden (Brummen, 's-Gravenhage- ?), Dänemark; in Westfrankreich seit 1886 [Garonne, Dordogne; var. *obtusa* (Muehlenbeck ex Willdenow) Wiegand]; in Insubrien (Seen von Varese), Bulgarien. — Im Gebiet in der Havel bei Berlin (seit mindestens 1952), bei Darmstadt, im Messeler Hügelland, in Baden (Langenau bei Schopfheim), im Elsaß (Michelfelden), Schaff-hausen (Eschheimer Weiher und zwischen Beringen und Gutmadingen), an der Aare bei Brugg, im Rotsee bei Luzern; in Kärnten. — Im Gebiet offensichtlich in Ausbreitung begriffen; weitere Ansiedlungen sind zu erwarten (durch Eutrophierung gefördert).
Verbreitungskarten: Bogin 1955; Beal 1960; Sculthorpe 1967; Wooten 1971.
Anmerkung: Außerordentlich veränderliche Sippe; es werden zahlreiche Varietäten unter-schieden.

6. Sagittaria sagittifolia L. (Fig. 38n—o; Fig. 39a—k)
Pflanze mit unterirdischen, knollentragenden Ausläufern. Stengel aufrecht, dreikantig, (20) 30—75 (100), bei untergetauchten Pflanzen bis 200 cm hoch bzw. lang. Erste Blätter („Primär"-blätter, Unterwasserblätter) sitzend, bandförmig, zart, 0,3—1,5 (3) cm breit, 10—80 (250) cm lang; Übergangsblätter langgestielt, ganz untergetaucht oder schwimmend, mit eiförmiger,

Fig. 37. a—c *Sagittaria platyphylla* (Engelmann) J. G. Smith — a Pflanze mit Primär- und Folgeblättern, $\times^1/_3$; b Fruchtstand, $\times^1/_2$; c Achäne in Seitenansicht, $\times 10$; d—m *Sagit-taria rigida* Pursh — d Habitus (beachte den geknickten Verlauf des mittleren Abschnittes der Sproßachse), $\times^1/_4$; e Achäne in Seitenansicht, $\times 10$; f—m Blattspreiten, deren Variabilität zeigend (a—e, m nach Smith 1894; f—l nach Muenscher 1944).

ovaler oder pfeilförmiger, zarter Spreite; zur Blütezeit außer mit ovalen bis länglichen Schwimmblättern meist mit halbsubmersen, aus dem Wasser ragenden, bis 60 cm lang gestielten, 3teiligen, pfeilförmigen, in der Form und Größe sehr variablen Folgeblättern („Luftblättern"); Pfeillappen bis 10 cm lang, 1—3 cm breit, 3—5 (7)-nervig. Die untersten 1—3 (selten 4—5) Blütenquirle des Blütenstandes weiblich (selten zwittrig), die übrigen männlich. Blütendurchmesser 1,5—2 cm. Männliche Blüten mehr als doppelt so lang (bis 3 cm) gestielt wie die weiblichen; Kelchblätter elliptisch bis eirundlich, 5—9 mm lang, grün; Kronblätter 10—15 mm lang, 14—20 mm breit, nahezu doppelt so groß wie die Kelchblätter, weiß, mit rotem Grund. Staubbeutel etwa 1 mm lang, dunkelviolett. Nüßchen oval, plattgedrückt, 2,5—3,5 (5,5) mm breit, 4—5 mm lang, mit aufrechtem, kurzem, 0,2—0,8 mm langem Schnabel. — Blütezeit: (V) VI—VIII (IX). — $2n = 22$.

Vorkommen: An Ufern vorwiegend langsamfließender oder stehender, kalk- und nährstoffreicher (meso-eutropher) Gewässer; an Flüssen, Kanälen und in Gräben, an Seen, Altwassern, Teichen und Tümpeln; in Reisfeldern; meist an ruhigen Stellen am Gewässerrand auf flach überfluteten Schlammbänken mit humosen, sandigen oder reinen Schlammböden vor dem Schilfgürtel oder auf sommerlich trockenfallenden Schlammufern; starke Wasserstandsschwankungen ertragend, große Anpassungsfähigkeit an verschiedenartige Standorte; planar bis kollin, im Alpenvorland bis 700 m; vor allem im Pfeilkrautröhricht und Kennart des Sagittario-Sparganietum, auch in anderen Röhricht-Gesellschaften. — L: H scap (G rad)/Hel.

Verbreitung: In großen Teilen Eurasiens, nicht in den Gebirgen und in der Arktis (im Norden ausnahmsweise bei 67° nB), ostwärts bis zum Baikalsee (Angaben aus Indien, China und Japan beziehen sich auf *S. sinensis* Sims). — Im Gebiet im Tiefland verbreitet und vielfach häufig, im Mittelgebirgsland und Alpenvorland zerstreut; stellenweise im Rückgang begriffen — euras (-smed).

Verbreitungskarten: Samuelsson 1920, 1934 (Fennoskandien); Luther 1951; Bogin 1955; Uhlig 1956; Sculthorpe 1967; Postovalova 1969; Hultén 1971; Tolmačev 1974.

Anmerkungen: Im etwas tieferen Wasser kann das Schwimmblattstadium als definitive Blattform beibehalten werden („f. *natans*"). — Im bis 200 cm tiefen, schwachfließenden oder stehenden Wasser kann eine gänzlich untergetauchte Form, die nur bis 250 cm lange, bandförmige Blätter trägt, auftreten („f. *vallisneriifolia*"), eine Modifikation ohne systematischen Wert. Sie wird als Kennart von Fluthahnenfußgesellschaften betrachtet. Sie blüht selten. Die saftig grünen Bandblätter sind vorn abgerundet. Die Unterwasserpflanzen tragen Ausläuferknollen. — Zur Unterscheidung der Tauchblätter von *Sagittaria sagittifolia* von denen von *Vallisneria spiralis* vgl. S. 195.

Unsere Beschreibung bezieht sich auf die in unserm Gebiet allein vorkommende subsp. *sagittifolia*. Von ihr wird die subsp. *leucopetala* (Miquel) Hartog (= *S. leucopetala* Miquel) abgetrennt, die sich durch rein weiße Kronblätter, nach der Blüte zurückgeschlagene Kelchblätter und gelbe Staubbeutel auszeichnet. Ihr Areal erstreckt sich von der Südostküste des Schwarzen Meeres und Arabien ostwärts bis nach Japan und südostwärts bis nach Malesien. Sie wurde um 1930 in Mitteleuropa in einem Waldsumpf bei Hasloch (Bayern) neben *Hottonia* und *Pilularia* beobachtet; neuere Bestätigungen fehlen. — Im nördlichen Europa ist eine Sippe verbreitet, die der Schwimmblattform („f. *natans*") von *S. sagittifolia* oft täuschend ähnelt, aber durch die kurzen, abgerundeten Basallappen gut unterschieden sein soll (bei *S. sagittifolia* laufen die Basallappen stets spitz aus). Außerdem sind die Staubbeutel weißgelblich (bei *S. sagittifolia* dunkelviolett). Bogin (1955) spricht der Sippe den Artrang ab. Wir fügen ihre Beschreibung im folgenden an.

Fig. 38. a—m *Sagittaria latifolia* Willdenow — a blühende Pflanze, heterophyll (Blütenstand verkürzt und vereinfacht gezeichnet), $\times \frac{1}{5}$; b Blütenstand, $\times \frac{1}{2}$; c männliche Blüte, $\times 1$; d weibliche Blüte, $\times 1$; e Achäne in Seitenansicht, $\times 10$; f—l Blattspreiten, deren Variabilität zeigend; m Fruchtkopf, $\times \frac{2}{3}$; n—o *Sagittaria sagittifolia* L. — n Pflanze, heterophyll, $\times \frac{1}{4}$; o Achäne, seitlich, $\times 3$ (a—c, e—l nach Muenscher 1944; d Original; m nach Fassett 1960; n nach Heß et al. 1967; o nach van Ooststroom & Reichgelt 1964a).

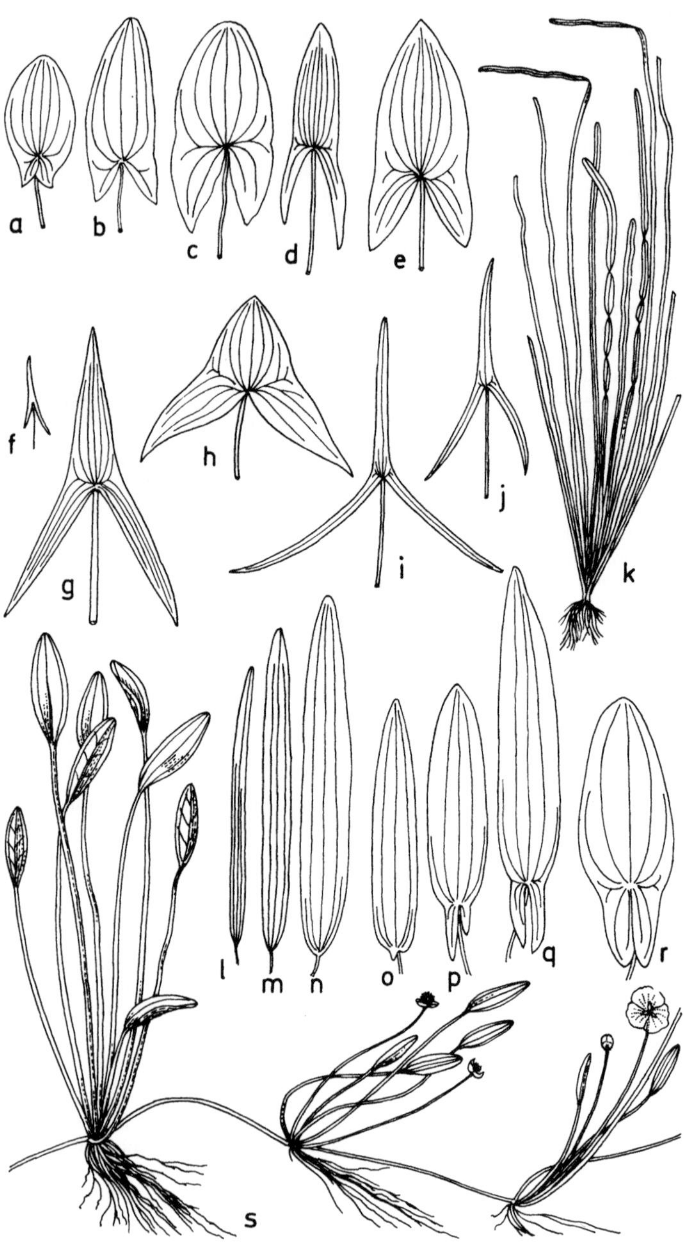

7. Sagittaria natans Pallas (Fig. 391—r)

S. alpina Willdenow; *S. sagittifolia β tenuior* Wahlenberg

Ausdauernde, submerse Wasserpflanze; aus kurzem, gedrungenem Rhizom knollentragende Ausläufer treibend; normalerweise ohne Überwasserblätter. Unterwasserblätter bandförmig, saftig grün, (5) 30—80 cm lang, 2—8 mm breit, zur Spitze zu verschmälert, stumpfspitzig. Schwimmblätter 4—15 cm lang, 0,5—4 cm breit, im Umriß länglich-elliptisch, am Grunde oft mit 2 rudimentären, stumpfen, schmal dreieckigen, manchmal ungleich langen Lappen, nicht typisch pfeilförmig. Blütenstand einfach, im Wasser schwimmend, 15—60 (80) cm lang, mit 1—2 Blütenquirlen. Weibliche Blüten 1—3, sitzend oder kurz (1—2 mm lang) gestielt, männliche Blüten 2—6, 7—20 mm lang gestielt. Äußere Perianthblätter grün, kelchblattartig, stumpf eiförmig; innere Perianthblätter weiß, am Grunde dunkel gefleckt, kronblattartig, fast kreisrund. Staubblätter zahlreich, mit weißlichgelben Staubbeuteln. Fruchtköpfe kugelig, 7,0—9,0 mm dick. Nüßchen abgeflacht, eikeilförmig, 2,5—2,8 mm lang (samt winzigem Schnabel), 1,5 mm dick. — Blütezeit: VII—VIII. — $2n = 22$.

Vorkommen: An ähnlichen Standorten wie *S. sagittifolia*, gelegentlich auch im Brackwasser; in Seen, Flußmündungen und ausgesüßten Meeresbuchten; bis in 2 m Tiefe, oft gänzlich untergetaucht (und nicht blühend), nur selten am Ufer außerhalb des Wassers.

Verbreitung: Im nördlichen Europa mit Schwerpunkt im Norden der UdSSR, westwärts bis Finnland und Nordostschweden, ostwärts bis Nordostasien. — Im Gebiet fehlend.

Verbreitungskarten: Samuelsson 1920, 1932; Minjaev 1965; Hultén 1971.

Anmerkungen: Aus Nordlappland wird ein Bastard *S. natans × sagittifolia* angegeben (Lohammar 1973) mit rötlichen Staubbeuteln, flutenden Blättern mit etwas ausgeprägteren Basallappen. Er ist steril und entwickelt Winterknospen.

2. **Luronium** Rafinesque

Elisma Buchenau

Monotypische Gattung mit den Merkmalen der Art.

Wichtigste Literatur: Ludwig 1959; Beal 1960.

1. Luronium natans (L.) Rafinesque (Fig. 40d—i)

Alisma natans L., *Elisma natans* (L.) Buchenau

Ausdauernd; Rhizom aufrecht, sehr dünn, eine Blattrosette hervorbringend und von unten her bald absterbend. Über der Blattrosette wächst die Hauptachse zu einem fadendünnen, auf dem Schlamm kriechenden oder auf der Wasseroberfläche schwimmenden Stengel aus, der an den Knoten Wurzeln, Schwimmblätter und Blüten treibt. Erste, grundständige, untergetauchte Blätter ganzrandig, bandförmig, allmählich zugespitzt, schlaff, 5—6 (40) cm lang, 2—3 mm breit, sitzend; spätere Blätter (mit Stiel) 25—70 cm lang, gestielt, mit länglich-elliptischer bis breit-ovaler, 2—3 cm langer, 1—1,5 cm breiter, ganzrandiger, auf der Wasseroberfläche schwimmender Spreite. Blütenstand flutend, 10—40 (80) cm lang, die Tragblätter der ein- oder wenigblütige Schraubeln tragenden Zweige laubartig, schwimmend. Blüten zwittrig, auf 5—10 (14) cm langen Stielen, Durchmesser 1—1,5 cm. Perianthblätter 6; Kelchblätter 3, oval-rundlich, 3—4 mm lang, etwa $^1/_3$ so lang wie die Kronblätter, grün; Kronblätter 3, etwa 10 mm lang, fast kreisrund bis nierenförmig, weiß, am Nagel gelb, kronblattartig. Staubblätter 6, je 2 vor einem inneren Perianthblatt stehend, etwa 2 mm lang. Früchtchen geschnäbelt, 6—9 (15), in einem Kreis angeordnet, länglich-ellipsoidisch, seitlich

Fig. 39. a—k *Sagittaria sagittifolia* L. — a—e Schwimmblattformen, a, d, e × $^1/_6$; b, c × $^1/_3$; f—j Überwasserblattformen, × $^1/_3$; k Bandblattform aus fließendem Wasser („forma *vallisneriifolia*"), × $^1/_6$. l—r *Sagittaria natans* Pallas, Schwimmblattformen, × $^1/_4$; s *Baldellia alpestris* (Cosson) Lainz, Habitus, × $^1/_4$ (a—k nach Glück 1906; l—r nach Glück 1936; s Original).

zusammengedrückt, 2—2,5 mm lang, mit 12—15 Längsrippen, braun; innere Fruchtwand hart; Fruchtstiele hakenförmig unter die Wasseroberfläche gebogen, Früchte unter Wasser reifend. — Blütezeit: V—VIII (IX). — $2n = 42$.

Vorkommen: Am Rande seichter, meso- bis oligotropher Seen, Teiche und Tümpel; im flachen, 20—60 cm tiefen Wasser; auf mäßig nährstoffreichen, kalkarmen, kiesig-sandigen oder sandigen, aber auch schlammigen Böden; planar bis kollin; in lückigen Pionier-Gesellschaften, vor allem im Isoëto-Lobelietum und im Littorello-Eleocharitetum. — L: H rept/Hel-Nymph.

Verbreitung: Vor allem in Westeuropa (in England nur Mittelengland) verbreitet, nordwärts bis Südnorwegen und Südschweden; kommt in Südeuropa nicht vor; ostwärts bis ins nordwestliche und westliche Osteuropa sowie in die Nordkarpaten. — Im Gebiet sehr selten und unbeständig, vielfach erloschen (so z. B. in Thüringen: Plothener Seenplatte, Walkenried) und auf große Strecken hin gänzlich fehlend; hauptsächlich in den Altmoränengebieten des nordwestlichen Tieflandes sowie der Lausitz; ostwärts vereinzelt bis zur unteren Wisła (Weichsel); im Mittelgebirgsland im Taunus bei Merzhausen (Meerpfuhlweiher), vorübergehend bei Freiburg i. Br., in den Südwestvogesen und in Lothringen, im äußersten Südwesten im Dép. Ain (Montbeliard Dombes); im östlichen Karpatenvorland; fehlt im Voralpen- und Alpenraum. — atl-subatl.

Verbreitungskarten: Militzer 1942, 1956; Fischer 1959; Pankow & Rattey 1963; Meusel et al. 1965; Hultén 1971; D'Hose & De Langhe 1977 (Belgien); Otto 1977 (Oberlausitz).

Anmerkungen: Bei sehr hohem Wasserstand sowie im Herbst und Winter werden nur bandförmige Unterwasserblätter gebildet, die höchstens 20 cm lang und 0,5—2,5 mm breit werden. Die Pflanzen bleiben steril. — Beliebte Aquarienpflanze („unechte *Blyxa*").

3. **Baldellia** Parlatore

Echinodorus L. C. Richard ex Engelmann pro parte

Einjährige oder ausdauernde Sumpf- und Wasserpflanzen von der Tracht einer *Sagittaria*. Blätter in grundständiger Rosette, lang gestielt; Spreite 2—4 cm lang, schmal lanzettlich bis elliptisch, spitz bis abgerundet. Blüten zwittrig, meist in doldenartigen Blütenständen oder seltener in 2 einfachen Quirlen oder einzeln. Perianthblätter 6, die inneren kronblattartig, blaßpurpurn. Staubblätter 6. Früchtchen zahlreich, etwa 2 mm lang, eiförmig, auf dem Rücken dreirippig, in einem kugeligen Kopf, den Griffelrest (Schnabel) an der Spitze tragend.

Gattung mit 1—2 Arten in Südeuropa und Nordafrika. Sie ist nahe verwandt mit *Echinodorus* Richard ex Engelmann (mit 47 neuweltlichen Arten) und *Ranalisma* Stapf (mit 2 altweltlichen Arten).

Wichtigste Literatur: Den Hartog 1959; Beal 1960; Rataj 1975.

Bestimmungsschlüssel der Arten:

1a Blütenstand endständig, vielblütig, doldenartig; Blüten groß, Stiele auch zur Zeit der Fruchtreife aufrecht; Nüßchen zahlreich, 15—45; Blattspreite lanzettlich, in den Grund verschmälert, vorn zugespitzt. . . . . **1. B. ranunculoides** (S. 170)

1b Blütenstand blattachselständig, wenigblütig (1—3 pro Quirl); Blüten kleiner, Stiele zur Zeit der Fruchtreife bogig herabgeschlagen; Nüßchen weniger zahlreich, 7—10; Schnabel relativ lang, gerade; Blattspreite elliptisch, am Grunde nahezu abgerundet, an der Spitze stumpf abgerundet . . . . **2. B. alpestris** (S. 172)

Fig. 40. a—c *Stratiotes aloides* L. — a Pflanze mit Ausläufer, $\times^1/_5$; b weibliche Blüte, $\times^2/_3$; c weibliche Blüte, seitlich, Spatha, Perianthblätter zum Teil entfernt, $\times^2/_3$; d—i *Luronium natans* (L.) Rafinesque — d untergetauchte Pflanze mit Blattrosette, $\times^1/_3$; e Blüte, $\times 1^1/_2$; f Fruchtköpfchen, $\times 2$; g Einzelfrucht, $\times 6$; h Flachwasserform, $\times^1/_3$; i Fließwasserform, $\times^1/_3$ (a—c nach Graebner 1908; d—i nach Nordhagen 1948).

1. Baldellia ranunculoides (L.) Parlatore (Fig. 41)

Alisma ranunculoides L., *Echinodorus ranunculoides* (L.) Engelmann ex Ascherson
Ausdauernd, aufrecht, (3) 20—60 (170) cm hoch mit kurzem, dünnem, vertikalem Rhizom.
Blätter grundständig; erste Blätter untergetaucht, bandförmig, zugespitzt, 5—30 (45) cm
lang, 2—4 (5) mm breit, hinfällig, zur Blütezeit bereits verschwunden; Folgeblätter (3)
4—10 (30) cm lang gestielt mit schmal-lanzettlicher bis lanzettlicher, 2—8 (10) cm langer,
(0,3) 0,5—1,0 (2,0) cm breiter Spreite, erste Blätter dieser Form schwimmend, die nachfolgenden aufrecht aus dem Wasser ragend. Blütenstand aus 1—2 (4) übereinanderstehenden, über
die Wasseroberfläche gehobenen Quirlen aus (6) 10—20 (30) Blüten; entweder mehr oder
weniger aufrecht, ohne Seitenstengel und an den Knoten nicht wurzelnd (subsp. *ranunculoides*)
oder in Form von 3—6 wurzelnden, zarten Ausläufern entwickelt, mit je 1—4 aufrechten
Blütenquirlen und zwischen den Blütenstielen stets den Grundblättern ähnliche Laubblätter
(subsp. *repens*). Blüten 2—6 (9) cm lang gestielt; Kelchblätter 3, eirundlich, 2—3 mm lang,
$^1/_2$—$^1/_3$ so lang wie die Kronblätter, grün; Kronblätter 3, fast kreisrund, 6—7 (9) mm
(subsp. *ranunculoides*) oder 9—12 mm (subsp. *repens*) lang, weiß oder blaßpurpurn, am
Nagel gelb; Staubblätter 6, etwa 1,5 mm lang. Fruchtknoten zahlreich, 15—45. Fruchtköpfchen kugelig, 4—8 mm im Durchmesser; Früchtchen 2—2,5 mm lang, fast spindelig,
mit 4—5 Längsrippen, entweder ohne (subsp. *ranunculoides*) oder mit Papillen (subsp.
repens); Narbe als kurzer Schnabel bleibend.
Die Sippe zerfällt in 2 Unterarten, die von einigen Autoren auch als selbständige Arten, von
anderen höchstens als Varietäten anerkannt werden. Glück (1924) konnte eine Kulturform
ziehen, „die eine schöne Mittelstellung" zwischen den beiden Sippen einnimmt.

Bestimmungsschlüssel der Unterarten:

1a Kronblätter 6—7 (9) mm lang; Fruchtknoten zahlreich (bis etwa 45); Fruchtköpfe
(4) 6—8 mm im Durchmesser; Früchte etwa 2,5 mm lang, ohne Papillen; Stengel
an den Knoten nicht wurzelnd und hier auch nicht beblättert . . . .
. . . . **1.1.** subsp. **ranunculoides** (S. 170)
1b Kronblätter 9—12 mm lang; Fruchtknoten weniger zahlreich, (15—20); Fruchtköpfe
4—5 mm im Durchmesser; Früchte etwa 2 mm lang, mit Papillen; Stengel an den
Knoten wurzelnd; zwischen den Blütenstielen Laubsprosse treibend . . . .
. . . . **1.2.** subsp. **repens** (S. 172)

1.1. subsp. **ranunculoides** (Fig. 41 a—e)
Pflanze in allen Teilen größer als subsp. *repens*. Blütenstand stets mehr oder weniger
aufrecht, der Blütenstandsstiel keine Seitenstengel bildend und daher nie kriechend und
wurzelnd. Blüten (8) 13—15 (18) mm im Durchmesser, etwas kleiner als bei subsp. *repens*;
Kronblätter 6—7 (9) mm lang, weißlich-rosa, am Nagel gelb. Fruchtknoten zahlreich,
etwa 25—45, zu einem mehr oder weniger dichten Köpfchen vereint; Fruchtköpfchen (4)
6—8 mm im Durchmesser; Fruchtstiele in einem mehr oder weniger spitzen Winkel nach
oben von der Achse abstehend. — Früchte etwa 2,5 mm lang, ohne Papillen. — Blütezeit:
VI—IX (X). — $2n = 14$, 16 (18, 22 ?).
Vorkommen: Auf zeitweise überschwemmten Ufern und in flachen Gräben mit nassen
bis feuchten, humosen Sand-, Ton- und Torfböden, in schwach salzwasserbeeinflußten
Dünentümpeln der Küstengebiete, auch im Binnenland gern in der Nähe von Salzstellen, oft
zusammen mit *Samolus valerandi*; planar bis kollin; Kennart des Litorello-Baldellietum,
auch im Pilularietum globuliferae, ferner in Zwergbinsen-Gesellschaften und lückigen Flutrasen, in der „f. *zosterifolia*" in meso- bis oligotrophen Seen in 0,6—1,2 m Wassertiefe; auch
in Reisfeldern — L: H/Hel.

Fig. 41. a—e *Baldellia ranunculoides* Parlatore subsp. *ranunculoides* — a Habitus, $\times ^1/_4$;
b Blüte, $\times ^2/_3$; c Samen, $\times 8$; d Landform, $\times ^1/_4$; e Tauchform, $\times ^1/_5$; f—h *Baldellia ranunculoides* Parlatore subsp. *repens* (Lamarck) Löve et Löve — f Habitus, $\times ^1/_3$; g Blüte, $\times ^2/_3$;
h Samen, $\times 8$ (a—c, f—h nach van Oostroom & Reichgelt 1964a; d—e nach Glück 1905).

Verbreitung: Vor allem in den Küstengebieten Westeuropas und Nordwestafrikas verbreitet, an der Mittelmeerküste ostwärts bis Dalmatien und Griechenland, nordwärts bis in die Küstengebiete Südnorwegens, auf Gotland; vereinzelt in Spanien. — Im Gebiet im Tiefland im Westen häufig, ostwärts im Binnenland ausklingend in der nördlichen Altmark bei Salzwedel und im Elbe-Havel-Gebiet um Brandenburg, Potsdam und Berlin (Rhinow: Gülper See; Brandenburg: Beetz-See; Pritzerber-See; Potsdam: Marquardt; Berlin: Bars-See im Grunewald), an der Ostseeküste bei Travemünde, Rostock, Stralsund, Hiddensee, Lübz, (Rügen, Usedom, Wollin); im Alpenvorland im westlichen Schweizer Mittelland ostwärts bis Solothurn. — subatl-med.

Verbreitungskarten: Lawalrée 1959 (Belgien); Müller-Stoll et al. 1962 (Mitteleuropa); Pankow & Rattey 1963 (Mecklenburg); Meusel et al. 1965.

Anmerkung: *B. ranunculoides* subsp. *ranunculoides* ist „vivipar". Gelangen Fruchtstände mit ausgereiften Samen unter Wasser, dann keimen sie auf der Mutterpflanze aus. Die 2—3 cm langen Keimlinge lösen sich später von ihr ab.

1.2. subsp. **repens** (Lamarck) Löve et Löve (Fig. 41 f—h)

 Alisma repens Lamarck; *B. repens* (Lamarck) van Ooststroom ex Lawalrée; *Echinodorus repens* (Lamarck) Kern et Reichgelt

Pflanze in allen Teilen bis auf die grundständigen Blätter kleiner als subsp. *ranunculoides*, Blütenstand in Form von kriechenden, wurzelnden, zarten, 5—20 (40) cm langen, 0,5—1 mm dicken Ausläufern entwickelt, mit je 1—2 (4) aufrecht stehenden Blütendolden; Dolden 1—5 (8)blütig, zwischen den Blütenstielen stets den Grundblättern ähnliche, meist kleinere Laubblätter (es kommen auch nichtblühende Ausläufer, die kleine, wurzelnde, sich später oft von der Mutterpflanze lösende Laubblattrosetten tragen, vor). Blüten 15—22 mm im Durchmesser; Kronblätter 9—12 mm lang, blaßlila mit gelbem Nagel. Fruchtknoten 15—20. Fruchtköpfchen 4—5 mm im Durchmesser; Fruchtkopfstiele einen mehr oder weniger rechten Winkel mit der Blütenstandsachse bildend, an den Spitzen aufwärts gebogen. Früchte etwa 2 mm lang, auf den Seitenflächen mit kleinen Papillen besetzt; sich nur in der Luft entwickelnd. — Blütezeit: (V) VI—IX. — $2n = 16$.

Vorkommen: Auf ähnlichen Standorten wie subsp. *ranunculoides*, jedoch mehr an küstennahe Gebiete und an geringe Wassertiefe gebunden; Kennart des Eleocharitetum multicaulis. — L: H rept/Hel.

Verbreitung: In Westeuropa (Portugal, Spanien, Frankreich, Belgien) verbreitet, nordwärts bis nach Südschweden und Rügen; außerdem aus Italien, Istrien, Algerien und Marokko angegeben. — Im Gebiet vereinzelt nur in den Küstengebieten der Nord- und Ostsee, z. B. in den Niederlanden, in Schleswig-Holstein und auf Rügen (Schmale Heide).

Verbreitungskarte: Lawalrée 1959 (Belgien).

2. Baldellia alpestris (Cosson) Lainz (Fig. 39 s)

 Alisma alpestre Cosson; *Echinodorus alpestris* (Cosson) Micheli in De Candolle; *E. ranunculoides* var. *alpestris* (Micheli) Willkomm

Rhizom sehr kurz, dicht bewurzelt. Stengel (Ausläufersprosse) fädlich, (4) 8—20 (30) cm lang, untergetaucht schwimmend oder niederliegend und an den Knoten mit Wurzeln, Blättern und Blüten. Grundständige Blätter (1,5) 2—4 cm lang, meist in Stiel und Spreite differenziert, seltener phyllodial; Spreite elliptisch oder länglich, am Grunde und an der Spitze stumpf abgerundet, 3nervig, 10—16 mm lang, 2—5 mm breit; 1—3 cm lang gestielt. Stengelblätter von gleicher Gestalt, aber viel kleiner und kürzer gestielt. Blüten klein; Blütenstiele blattachselständig, 12—16 mm lang, oft kürzer als die Blätter; Perianthblätter 6, die inneren kronblattartig, zart rosalila, etwa um $^1/_2$ länger als die äußeren. Fruchtblätter 7—10 (16), locker kopfig angeordnet; Fruchtköpfchen nickend. Nüßchen an der Spitze mit geradem Schnabel, länglich, beidseits verschmälert, seitlich zusammengedrückt, 4rippig. Samen länglich. — Blütezeit: V—VIII.

Vorkommen: In Bächen, an sumpfigen Bachrändern, an quelligen Stellen, auf Sumpfwiesen, planar bis montan, bis 1200 m aufsteigend; zusammen mit *Saxifraga stellaris, Drosera*

rotundifolia, Angelica pyrenaea; auch in Zwergbinsengesellschaften zusammen mit *Lythrum acutangulum.* — L: H rept/Hel.
Verbreitung: Endemit der Iberischen Halbinsel, in den Bergregionen von Asturien, Leon, Tres-os-Montes, Minho und in den Küstenregionen von Beira und Alto Alentejo.
Anmerkungen: Die von vielen Autoren hervorgehobenen Ähnlichkeiten mit *B. ranunculoides* subsp. *repens* beziehen sich auf das äußere Erscheinungsbild. Blattgestalt, Blütengröße, Anzahl der Früchtchen, Gestalt der Nüßchen und die gebogenen Fruchtkopfstiele scheiden beide Sippen deutlich. — *B. alpestris* tritt sowohl als Landform mit 40—80 mm langem Hauptsproß als auch als Wasserform mit 80—300 mm langem Hauptsproß auf.

4. **Damasonium** Miller

Ausdauernd oder einjährig. Blätter untergetaucht, flutend oder aufgetaucht; Tauchblätter linealisch. Schwimm- und Überwasserblätter lang gestielt, Spreite elliptisch bis eiförmig, am Grunde keilig bis herzförmig. Blütenstand aus 1 oder mehreren einfachen, in Etagen übereinanderstehenden Quirlen; Blüten zwittrig. Perianthblätter 6; äußere (Kelch)blätter 3, oval, kürzer als die Kronblätter, grün; innere (Kron)blätter 3, weißlich oder rosa, am Nagel gelb. Staubblätter 6, zu je 2 vor einem äußeren Perianthblatt. Früchtchen 6—10, auf dem verlängerten Blütenboden in 1 Quirl sternförmig angeordnet, am Grunde verwachsen, allmählich in den der Frucht an Länge gleichkommenden, stachelartig heranwachsenden Griffelrest („Schnabel") verschmälert.
Die Gattung umfaßt 4—6 in den Tropen und Subtropen verbreitete Arten, darunter das in Australien endemische *D. minus* (R. Brown) Buchenau. In Europa zwei Arten. — Im Fruchtzustande leicht durch die spitzen, nach außen sternförmig spreizenden, sternanisähnlichen Früchtchen erkennbar; sonst in der Tracht der Gattung *Alisma* sehr ähnlich.
Wichtigste Literatur: Beal 1960.

Bestimmungsschlüssel der Arten:
1a Kapselfrüchtchen kleiner, plötzlich zugespitzt, 1—2samig; Samen 1—2 mm lang; Blütenstände mit mehreren Dolden endend . . . . **1. D. alisma** (S. 173)
1b Kapselfrüchtchen größer, von unten nach oben allmählich zugespitzt, mit zahlreichen (8—25) Samen; Samen etwa 1 mm lang; Blütenstände stets mit einer einzigen Dolde abschließend . . . . **2. D. polyspermum** (S. 175)

1. Damasonium alisma Miller (Fig. 42 e—h)
     D. stellatum Persoon, *A. damasonium* L.; *D. bourgaei* Cosson
Ein- bis zweijährig. Rhizom walzlich, kurz gestaucht. Blätter grundständig, rosettig angeordnet; die ersten Primärblätter schmal, bandförmig, 3—17 (25) cm lang, 0,2—0,5 cm breit, schlaff, meist vergänglich; die Folgeblätter (Schwimm-, Sommerblätter) 15—30 (60) cm lang, gestielt; Spreite oval, (2) 3—6 (11) cm lang, 1—2 (3) cm breit, am Grunde abgerundet oder schwach herzförmig, mit stumpfer Spitze, fest, lederartig, schwimmend (bei Landformen aufrecht). Blütenstände aus dem Wasser ragend, 20—60 cm hoch, 1—7 pro Achse, mit 1 endständigen oder 2—3 übereinanderstehenden Blütenquirlen. Blüten 1—3 cm lang gestielt; äußere Perianthblätter breit eiförmig, an der Spitze etwas kappenförmig eingezogen; etwa 2 mm lang; innere Perianthblätter doppelt so lang wie die äußeren, oval, weiß, am Nagel gelb. Staubblätter 6, kurz. Fruchtknoten 6, sternartig angeordnet, in der Mitte untereinander verwachsen, Früchtchen 6, zweisamig, kegelförmig, bis 8 mm lang, vom Grunde an verschmälert, spitz. — Blütezeit: IV—V (im Süden), VI—IX (im atlantischen Gebiet).
Vorkommen: An Ufern von kalkarmen Gräben, Teichen und Tümpeln mit schwankendem Wasserstand und zeitweiliger Austrocknung; auf schlammigem oder sandig-kiesigem Grund; planar bis kollin; in Strandling-Gesellschaften, z. B. zusammen mit *Pilularia globulifera* und *Marsilea quadrifolia*, auch im Nymphoidetum peltatae. — L: T/Hel-Nymph.

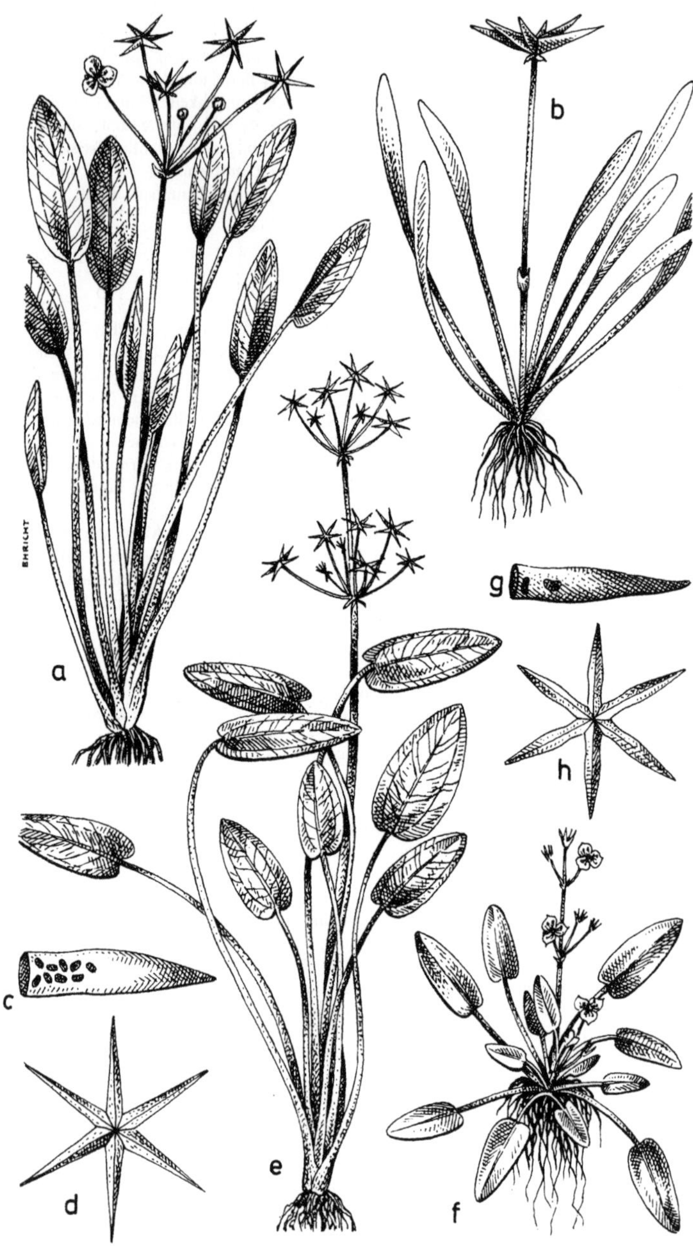

Verbreitung: Im gesamten Mittelmeergebiet, nordwärts bis Frankreich und England, ostwärts bis ins südliche Osteuropa und Iran. — Berührt unser Gebiet an der Westgrenze (Dép. Ain: z. B. in den „Pays des Dombes"; Dép. Jura: Bresse) — med-atl.

Verbreitungskarten: Grossheim 1939 (Kaukasus); Perring & Walters 1962.

Anmerkung: Den Landformen fehlen meist die bandförmigen Primärblätter (nur an ganz jungen Individuen vorhanden).

2. Damasonium polyspermum Cosson (Fig. 42 a—d)

Ein- bis zweijährig, von der Tracht des *D. alisma*. Primärblätter untergetaucht, bandförmig, 7—17 cm lang, 1—4 mm breit; Übergangsblätter (phyllodienartig) mit schwach angedeuteter Spreite; Tauchblätter in Stiel und Spreite differenziert, 15—18 cm lang, Spreite oval bis lanzettlich, zart, durchscheinend, 3,5—5 cm lang, 3,5—6 mm breit, Stiel abgeflacht; Schwimmblätter (Folgeblätter) 28—50 cm lang, Spreite 3—6,5 cm lang, 7—23 mm breit, länglich, nach beiden Seiten stumpf zugespitzt oder am Grunde abgerundet; Überwasserblätter schmal lanzettlich, zugespitzt, gestielt, Spreite 2,5—6 cm lang, 3—9 mm breit. Blütenstände je Rosette 1—6, 30—40 cm hoch, mit nur einer einzigen, 4—7 (11)-strahligen Dolde. Fruchtköpfe sternartig, größer als die von *D. alisma*; Fruchtkapseln 8—15 mm lang, doppelt so groß wie die von *D. alisma*; von unten nach oben allmählich zugespitzt; mit 8—25 kleinen, etwa 1 mm langen Samen. — Blütezeit: VI—IX.

Vorkommen: In kleinen, im Sommer austrocknenden Wasserlachen; in Südfrankreich Kennart des Elatinetum macropodae, das Tümpel („Maare") mit schwärzlichen, basaltischen, feinerde- und kalkarmen Böden von schwach basischer Reaktion einnimmt; außerdem dort spärlich im Preslietum cervinae.

Verbreitung: In Südwesteuropa (Südfrankreich, Iberische Halbinsel), auf Sizilien, in Algerien und in der Cyrenaica. — Im Gebiet fehlend.

Anmerkung: *D. polyspermum* wächst normalerweise im seichten Wasser. Mit dem raschen Eintrocknen der Tümpel verschwinden die Laubblätter sehr schnell. Es bleiben die dürren Fruchtstengel mit ihren stacheligen Fruchtköpfen stehen. Vermehrung und Überwinterung besorgen Samen; die im Sommer unter Wasser gebliebenen Keimlinge können den Winter submers überdauern. — Bei Zwergformen kann der Blütenstand auf einen einzigen terminalen Fruchtkopf reduziert sein.

5. **Caldesia** Parlatore

Pflanze von der Tracht eines *Alisma*, doch die am Ende der Entwicklung ausgebildeten Schwimm- oder Überwasserblätter oval, am Grunde herzförmig oder pfeilförmig. Blütenstand aus meist 3zähligen Quirlen von Ästen oder Blüten zusammengesetzt. Blüten zwittrig. Staubblätter 6 (11). Fruchtblätter 2—9 (20), frei, auf einem kleinen, flachen Blütenboden kopfig gehäuft. Griffel seitlich angeheftet, so lang wie die Fruchtknoten. Früchtchen trockensteinfruchtartig, reif aufgeblasen, in einem Köpfchen angeordnet.

Die Gattung umfaßt 4 Arten, die in Afrika, im tropischen Asien (Indien: *C. grandis* Samuelsson) und Australien [z. B. *C. oligococca* (F. v. Mueller) Buchenau] verbreitet sind; in Europa nur eine Art, *C. parnassiifolia*; allerdings fassen viele Autoren die afrikanisch-asiatisch-australische *C. reniformis* (D. Don) Makino als Unterart oder nur als Varietät von *C. parnassiifolia* auf.

Wichtigste Literatur: Glück 1910; Den Hartog 1957a.

Fig. 42. a—d *Damasonium polyspermum* Cosson — a Pflanze mit Schwimmblättern, $\times \, ^1/_3$; b terrestrische Zwergpflanze, $\times \, 1^1/_2$; c vielsamige Kapsel (Samen durchscheinend), $\times 2$; d Früchte, sternartig verbunden, $\times 2$. e—h *Damasonium alisma* Miller — e Pflanze mit Schwimmblättern, $\times \, ^1/_2$; f terrestrische Pflanze, $\times \, ^1/_2$; g 2samige Kapsel (Samen durchscheinend), $\times 3$; h Früchte, sternartig verbunden, $\times 3$ (a—d, f—h nach Glück 1924, 1936; e nach Heß et al. 1967).

1. Caldesia parnassiifolia (Bassi) Parlatore (Fig. 43a—h)
   A. parnassiifolium Bassi

Einjährig bis mehrjährig, aufrecht. Blätter grundständig; Primärblätter untergetaucht, bandförmig, 3—30 cm lang, 1—5 (8) mm breit, hinfällig; erste Folgeblätter („Übergangsblätter") lang gestielt, 3—9 cm lang, 1,5—6 cm breit, oval (größte Breite in der Mitte); ausgewachsene Folgeblätter (Schwimmblätter) oval, am Grunde tief herzförmig, 3—8 cm lang, 2—6 (7) cm breit (größte Breite unterhalb der Mitte) mit 5—15 parallelen, bogig verlaufenden Nerven. Blütenstand stets über die Wasseroberfläche gehoben, lang gestielt, 15 bis 90 cm hoch, reichblütig, mit 3—6 Stockwerken von Rispenästen. Blüten 5—7 mm im Durchmesser; Blütenstiele 1—2,5 cm lang; Perianthblätter 6; Kelchblätter 3, rundlich, etwa 3 mm im Durchmesser, grün; Kronblätter 3, oval, etwa 5 mm lang, kleiner bis wesentlich größer als die Kelchblätter, ganzrandig oder gezähnelt, weiß oder hellgelb. Staubblätter 6 oder 7—9. Fruchtknoten 6—10, frei. Früchtchen 1samig, eiförmig, 3—4 mm lang, 2—2,5 mm breit, aufgeblasen, auf dem Rücken mit 3 deutlichen Längswülsten, in einem Kreis angeordnet. Narbe etwa $^2/_3$ so lang wie das Früchtchen, bleibt als hakig gebogener Schnabel stehen. — Blütezeit: V—VIII. — $2n = 22$.

Vorkommen: Im Röhricht an stehenden, basen- und nährstoffreichen, meso-eutrophen, wenig tiefen (20—60 cm) Gewässern; an Teichen, kleineren Seen, Altwassern und in Gräben auf humosen sandigen Schlammböden; wärmeliebend, planar bis kollin; meist im Scirpo-Phragmitetum. — L: hyd H scap/Nymph-Hel.

Verbreitung: In Süd- und Südostasien, Japan, Madagaskar, im mittleren Afrika; in Europa außerhalb der arktischen und subarktischen Gebiete (nicht nördlich der Ostsee) ostwärts bis in den Ural; kein geschlossenes Siedlungsgebiet. — Im Gebiet selten und meist Jahre ausbleibend, offenbar wie *Wolffia arrhiza* und *Aldrovanda vesiculosa* durch Wasservögel verbreitet; die meisten der früheren Fundorte erloschen; heute noch im Tiefland, jedoch selten; nordostwärts vereinzelt bis ins Baltische Jungmoränen-Hügelland (in Mecklenburg erloschen) und ins untere Oder- und Weichselgebiet; im Voralpenland im Bodenseegebiet (Bühelweiher bei Lindau am Bodensee, Linthebene); Ossolatäler. Am Südwestrand des Gebietes bei Bourg und im Sundgau bei Ballersdorf. — In Europa: gemäßkont-smed.

Verbreitungskarten: Fukarek & Schneider 1968 (Gesamtareal, Mecklenburg).

Anmerkung: Pflanze blüht nur bei hohen Sommertemperaturen. Neben den Blütenständen trägt jede Achse 1—3 knospentragende aufrechte oder horizontal gestreckte Stengel von 5—50 cm Länge. Sie sind im oberen Teil in 1—8 Internodien gegliedert; an den Knoten sitzen je 3 quirlig gestellte, spindelförmige Turionen (vegetative Vermehrungsorgane), mit denen die Pflanze überwintert. — Verwechslung mit Zwergformen von *Alisma plantago-aquatica* möglich.

6. Alisma L.

Ausdauernde, bis 1 m hohe Sumpf- und Wasserpflanzen mit kurzem, oft sehr großem und dickem Rhizom; Stengel aufrecht. Alle Blätter grundständig, bandförmig, lanzettlich bis eiförmig. Blüten zwittrig, auf quirlig gestellten Blütenstielen; Perianthblätter 6; Kelchblätter 3; grün; Kronblätter 3, weiß oder rosa, am Nagel gelb. Staubblätter 6, zu je 2 vor einem Kronblatt stehend. Fruchtknoten zahlreich, frei, in einem Kreis angeordnet. Früchtchen mit flachen Seiten, im Umriß oval, mit Schnabel am inneren Rand; innere Fruchtwand weich; 1samig.

Die Gattung ist — je nach Auffassung — mit 6—9 Arten über die ganze Erde verbreitet; davon kommen in Europa 3 (4) Arten vor; in Nordamerika neben *A. gramineum* noch

Fig. 43. a—h *Caldesia parnassiifolia* (Bassi) Parlatore — a blühende Schwimmblattpflanze mit Turionenstand, $\times^1/_4$; b—h Variabilität der Schwimmblattspreiten (b—e erste Blätter), $\times^1/_4$. i *Hydrocharis morsus-ranae* L., Habitus, $\times^1/_3$ (a—h nach Glück 1910; i nach Nordhagen 1948).

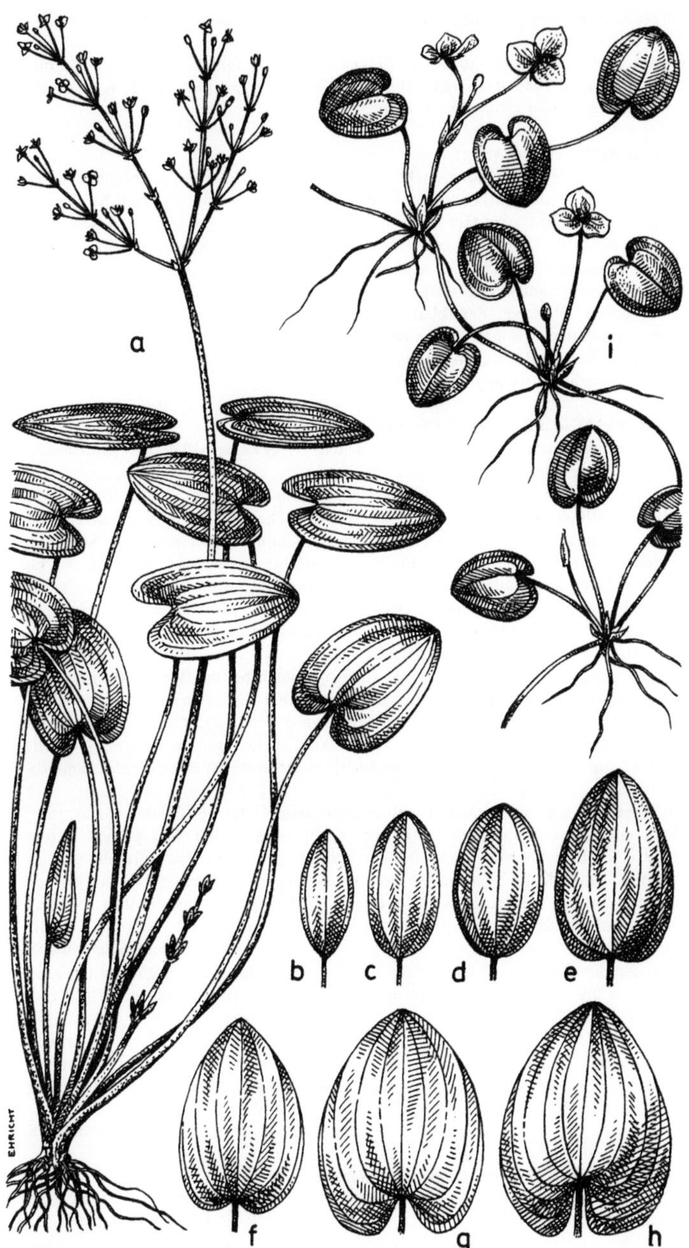

A. subcordatum Rafinesque und *A. triviale* Pursh [= *A. plantago-aquatica* L. subsp. *brevipes* (Greene) Samuelsson].

Wichtigste Literatur: Buchenau 1868; Čelakovský 1885; Glück 1905, 1908; Samuelsson 1932, 1933; Fernald 1946; Hendricks 1957; Voss 1958; Pogan 1962, 1963; Björkqvist 1967, 1968; Günther & Hilbig 1969; Cvelev 1978.

Bestimmungsschlüssel der Arten:

Vorbemerkungen: Zur einwandfreien Bestimmung der *Alisma*-Arten ist blühendes Material notwendig. Die Griffel-Narbenregion liefert die sichersten diakritischen Merkmale. Die Furchung des Fruchtrückens läßt sich am besten im Reifezustand erkennen. Die Blattform ist variabel. So kann *A. plantago-aquatica* lanzettliche bis ovale Schwimmblätter entwickeln, die den Überwasserblättern von *A. lanceolatum* sehr ähneln. — Keimlinge von *A. plantago-aquatica* können rosettenartig ausgebreitete, submerse Bandblätter besitzen, die später wieder vergehen; blühende Bandblattformen entwickelt es nie! Unter extrem ungünstigen Standortsbedingungen können aus Schwimmblättern ebenfalls Bandblätter hervorgehen. — Die Angaben über die Blühzeiten, in einigen Floren bis auf die Minute genau fixiert, können, wenn mit Vorsicht verwendet, durchaus nützlich sein.

Bestimmungsschlüssel für blühende Pflanzen:

1a Pflanzen nicht untergetaucht, mit gestielten (Überwasser-)Blättern; Blütenstand reichästig, über der Wasseroberfläche blühend **2**

1b Pflanzen untergetaucht, mit ungestielten bandförmigen (1) 2—13 (15) mm breiten Blättern; Blütenstand wenigästig, unter Wasser blühend . . **3. A. gramineum** (S. 182)

2a Blätter zunächst (Primärblätter) bandförmig, dann (Folgeblätter) in Stiel und Spreite gegliedert; Blüten früh am Morgen offen; Staubbeutel rundlich, 0,3 bis 0,5 mm lang; Staubfäden etwas über 1 mm lang, am Grunde 3—6mal breiter als unter dem Staubbeutel; Griffel höchstens so lang wie der Fruchtknoten, meist deutlich kürzer, hakig auswärtsgekrümmt; reife Früchte mit 2 dorsalen Furchen, alle in der Mitte der Blüte zusammenstoßend . . . . **3. A. gramineum** (S. 182)

2b Blätter der ausgewachsenen Pflanzen (fast) nie, auch bei den Wasserformen nicht, bandförmig; Blütenstand reichästig; Blüten erst ab 9 Uhr offen; Staubbeutel länger als breit, 1,0—1,3 mm lang; Staubfäden etwa 3 mm lang; Griffel zur Blütezeit so lang oder (meist) länger als der Fruchtknoten, fast gerade aufgerichtet; reife Früchte mit 1 (seltener 2) dorsalen Furche(n); in der Mitte der Blüte nicht zusammenstoßend **3**

3a Spreiten der Überwasserblätter am Grunde abgerundet bis deutlich herzförmig, breit eiförmig bis eilanzettlich, (Länge: Breite = 1,3—3,7) lang gestielt; Kronblätter rundlich bis breit oval, am Vorderrande ganzrandig bis unregelmäßig gezähnelt, nicht deutlich in ein Spitzchen ausgezogen, fast weiß; Blüten sich erst mittags öffnend (bis gegen 19 Uhr offen); Griffel gerade, lang fädlich, Narbenregion äußerst fein papillös (Lupe!), 0,7—1,4 mm lang, $^1/_3$—$^1/_8$ des Griffels einnehmend . . . . **1. A. plantago-aquatica** (S. 179)

3b Spreiten der Überwasserblätter mehr oder weniger in den Stiel verschmälert, schmal elliptisch bis eilanzettlich, (Länge: Breite = 3,2—6,7), relativ kurz gestielt; Kronblätter breit oval bis rundlich, am Vorderrande entfernt gezähnelt und häufig deutlich in ein Spitzchen ausgezogen, stets purpurrosa bis blaßviolett; Blüten vormittags geöffnet, ab 13—15 Uhr stark welkend; Griffel relativ kurz, im unteren Teil gebogen, mit ziemlich dicker Basis, Narbenregion sehr grob papillös (ohne Lupe sichtbar!), 0,3—0,8 mm lang, $^1/_2$—$^2/_3$ des Griffels einnehmend . . . .
. . . . **2. A. lanceolatum** (S. 181)

Bestimmungsschlüssel für nichtblühende Pflanzen:

1a Schwimmblätter kurzgestielt; Spreiten schmal-elliptisch, 2—8 cm lang, 1 bis 2,5 cm breit . . . . **1. A. plantago-aquatica** (S. 179)

1 b   Blätter nur ungestielt und bandförmig **2**
2 a   Pflanzen mit 5—20 Blättern, meist kräftig entwickelt   . . .   **3. A. gramineum** (S. 182)
2 b   Pflanzen mit 2—6 Blättern, gewöhnlich schwach entwickelt . . . .
. . . . **1. A. plantago-aquatica** (S. 179)

1. Alisma plantago-aquatica L. (Fig. 44a—f)
   A. plantago auct.; *A. major* S. F. Gray; *A. latifolium* Gilibert; *A. plantago-aquatica*
   A. A. *Michaletii* Ascherson & Graebner
Pflanze aufrecht, aus dem Wasser ragend, mit knolligem Rhizom. Blätter kurz bis lang (bis 80 cm) gestielt; Tauchblätter 3—6, bandförmig-linealisch, sehr dünn, 30—80 cm lang, 3—10 mm breit; Schwimmblätter 3—6, 20—55 cm gestielt; Spreiten schmal elliptisch, 2—8 cm lang, 1—2,5 cm breit (Länge: Breite = 2,0—6,0); Überwasserblätter 3—9 (12), rosettig angeordnet, 10—35 cm lang gestielt, Spreite eiförmig oder eielliptisch bis lanzettlich, (2,5) 4,5—15 (25) cm lang, 0,5—10 cm breit, spitz, am Grunde abgerundet, keilförmig oder herzförmig, 5—7nervig, Länge der Spaltöffnungen der oberen Epidermis (35) 39—51 (55) µm, hellgrün; Blätter der Landformen den Überwasserblättern ähnlich, oft am Grunde ausgeprägt herzförmig. Blütenstand deutlich höher als breit (bis über 100 cm hoch werdend), sehr reichblütig, aus (3) 4—6 (9) Quirlen zusammengesetzt, (36—1000 Blüten); Tragblätter des 1. Blütenquirls 14—30 mm lang; Blüten sich bei uns erst gegen (8—11) 12 Uhr öffnend und bis gegen 17 (19) Uhr offenbleibend. Blütenstiele 1—2 (3,5) cm lang. Kelchblätter elliptisch, zur Zeit der Anthese (1,7) 3 (4,5) mm lang. Kronblätter 2—3mal so lang wie die Kelchblätter, rundlich, (3) 4—6 (7) mm im Durchmesser, am Vorderrand abgerundet, meist unregelmäßig gezähnt, ohne deutliches Spitzchen, fast weiß bis schwach rosa (am Rande purpurrosa), am Nagel gelb; Staubblätter 6, 2—3mal so lang wie der Fruchtknoten; Staubbeutel länglich, (0,7) 1,0—1,3 (1,4) mm lang, 0,7—1,0 mm breit; Staubfäden etwa 3 mm lang, die verbreiterten Basen zu einem Diskusring vereinigt; Pollendurchmesser (19,5) 26,5 (35,5) µm. Griffel lang fädlich, (0,6) 0,8 bis 1,4 (1,5) mm lang, länger als der Fruchtknoten (meist doppelt so lang), fast gerade aufgerichtet (nicht hakig auswärts gebogen); Narbenregion kurz, $^1/_5$—$^1/_8$ der Griffellänge ausmachend, äußerst fein papillös, Fruchtknoten (12) 18—21 (28). Reife Frucht (1,7) 2—2,75 (3,1) mm lang; Rücken der Früchtchen meist mit einer (seltener mit zwei) Furche(n); Samen durchscheinend. — Blütezeit: VI—IX. — $2n = 14$.
Vorkommen: An Ufern von Seen, Teichen oder langsamfließenden Gewässern, insbesondere auf zeitweise flach (30—50 cm) überschwemmten Uferbänken, am Boden periodisch trockenfallender Tümpel und Fischteiche, in Gräben; auf nassen, basen- und nährstoffreichen, aber oft kalkarmen, milden bis mäßig sauren (meso-eutrophen) humosen, sandigen oder reinen Schlammböden; planar bis montan (bis 1000 m [1150 m?]); vor allem im Oenantho-Rorippetum amphibiae, aber auch in anderen Röhricht- und Großseggen-Gesellschaften, insbesondere im Glycerietum maximae und im Sparganio-Glycerietum fluitantis; in Südeuropa Reisfeld-Unkraut. — L: H scap/Hel.
Verbreitung: Weltweit verbreitet; in den subtropischen und gemäßigten Gebieten von Europa (in Skandinavien bis 70° nB), Asien (ostwärts bis Transbaikalien; Einzelfundorte in Kamtschatka und an der chinesischen Küste); Afrika (in Ostafrika südwärts bis zum Äquator), Nordamerika; in Australien, Neuseeland, Südafrika und Südamerika eingeschleppt. — Im Gebiet weit verbreitet und ziemlich häufig. — euras-smed bzw. gemäß-kosmopol.
Verbreitungskarten: Samuelsson 1933; Hendricks 1957; Hultén 1962, 1971; Meusel et al. 1965; Björkqvist 1967; Postalova 1969; Eloranta 1970; Tolmačev 1974.
Anmerkungen: In Europa und Afrika nur subsp. *plantago-aquatica*; in Ostasien subsp. *orientale* (Samuelsson) Samuelsson; in Nordamerika subsp. *brevipes* (Greene) Samuelsson (= *A. triviale* Pursh). — Die hier und da vertretene Ansicht, daß die Früchte von *A. plantago-aquatica* auf dem Rücken stets 1furchig seien, läßt sich nicht aufrechterhalten. Allerdings sind 1furchige Nüßchen häufiger als 2furchige. — Von den zahlreichen (30—1000) Blüten des aus mehreren Quirlen von meist je 3 Haupt- und 1—3 schwachen Nebenästen zusammengesetzten Blütenstandes sind gleichzeitig höchstens 3—60 geöffnet. Wenn sich die Kronblätter am Spätnachmittag oder Frühabend einrollen, sind die Staubblätter bereits verwelkt. — Die typische

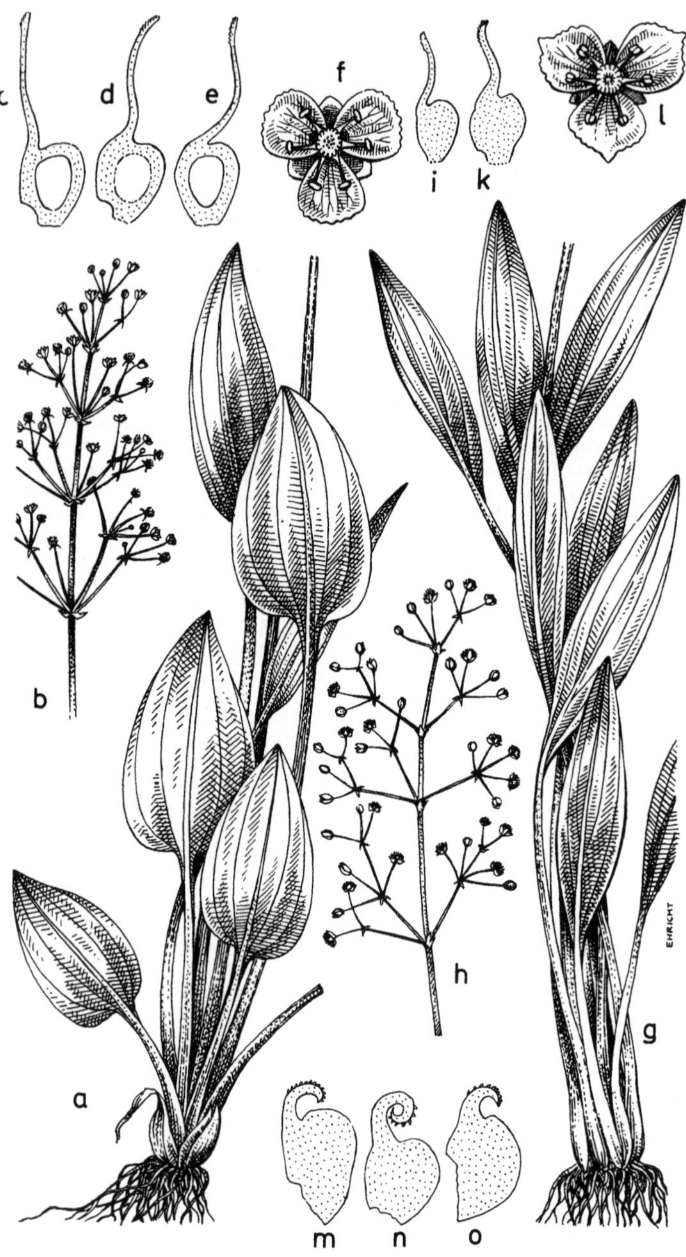

Gestalt wird erreicht, wenn sich Blätter und Blüten über der Wasseroberfläche entwickeln können. Die Landform zeichnet sich durch kurz gestielte, breit-eiförmige, am Grunde typisch herzförmige Blätter aus, die als grundständige Rosette dem Boden mehr oder weniger anliegen können. Wird der Standort überflutet, bilden sich zunächst lange, phyllodienartige Übergangsblätter, dann langgestielte Schwimmblätter mit eilanzettlicher Spreite und schließlich typische Überwasserblätter aus, so daß an einer Pflanze 4 Blatt„generationen" in Erscheinung treten können. — *A. plantago-aquatica* bildet niemals blühende Bandblattformen von stattlicher Größe, wie etwa *A. gramineum* Lejeune, aus. Das Rhizom ist kugelig- bis eiförmigknollig, 5 cm lang und 4 cm dick und entwickelt ähnliche Seitenäste. Bandblätter an Keimpflanzen haben stets (oft wenig hervortretende) Blattscheiden mit häutigem Rand. Untergetauchte Übergangsblätter mit Spreitenansatz treten früh auf.

2. Alisma lanceolatum Withering (Fig. 44g—l)

A. stenophyllum (Ascherson & Graebner) Samuelsson

In der Tracht *A. plantago-aquatica* ähneln, aber meist etwas kleiner und insgesamt nicht so kräftig. Blätter 4—10, dunkelgrün, (4) 6—15 (25) cm lang, (1) 1,5—4,5 (6,5— cm breit, Spreite stets in den 12—20 cm langen Stiel verschmälert, eilanzettlich (an sehr großen Exemplaren auch eiförmig), am Grunde nicht abgerundet oder herzförmig, sondern keilig verschmälert, vorn spitz (3) 5—7nervig; Länge der Spaltöffnungen der Blattoberfläche 59—69 µm. Blütenstand rispig, 20 bis 70 cm hoch, meist kaum höher als breit; mit 3—6 (7) Blütenquirlen. Tragblätter der 1. Verzweigung 7—17 mm lang. Blüten vormittags etwa zwischen (8) 9 und 14 (17) Uhr geöffnet, ab 13—15 Uhr stark welkend; Blütenstiele 12—32 mm lang; Kelchblätter elliptisch, 1,6—3,2 mm lang, 1,4—2,7 mm breit; Kronblätter rosa bis blaßviolett, am Vorderrande abgerundet, entfernt gezähnelt und meist mit deutlichem Spitzchen, 4—6,5 mm lang, 4,5—6,9 mm breit, doppelt so lang wie die Kelchblätter; Staubblätter 2—3mal so lang wie der Fruchtknoten, Staubbeutel länglich, 0,6—1,1 (1,4) mm lang, 0,3—0,7 mm breit, Pollendurchmesser (22) 31—32 (44) µm. Griffel relativ kurz, (0,5) 0,7—0,9 (1,3) mm lang, etwas länger als der Fruchtknoten, im unteren Teil der Narbenregion oder darunter etwas gekrümmt, ziemlich dick an der Basis, Narbenregion sehr grob papillös, 0,3—0,8 mm lang; Früchtchen 12—22, verkehrt eiförmig, stark abgeplattet, 2,0—2,9 mm lang und 1—1,5 mm breit, auf dem Rücken seicht 2- oder nicht selten 1furchig. — Blütezeit: V—VIII (IX). — $2n = 26$, 28.

Vorkommen: Ähnlich wie *A. plantago-aquatica*; besonders auf kalkreichem Boden, auch salzertragend; empfindlich gegen Beschattung, Schwerpunkt vielleicht in Initialstadien auf Uferbänken, in trockengefallenen Tümpeln in Überschwemmungsgebieten und auf Teichböden; planar bis kollin; in Südeuropa Reisfeld-Unkraut. — L: H scap/Hel

Verbreitung: In Eurasien verbreitet (Nordgrenze durch Schottland und Südskandinavien), ostwärts bis Zentralasien und Nordwestindien; Kanaren, Nordafrika; in Südaustralien und Südamerika eingeschleppt. — Im Gebiet zerstreut bis selten, stellenweise (so z. B. im Saale-Elster-Mittlere Elbe-Gebiet) ziemlich verbreitet, sicher noch vielfach übersehen. — smedgemäßkont.

Verbreitungskarten: Samuelsson 1933; Hendricks 1957; Pogan 1962; Pirola 1964; Kępczyński 1965; Meusel et al. 1965; Björkqvist 1967; Hultén 1971.

Fig. 44. a—f *Alisma plantago-aquatica* L. — a, b Habitus, ×¹/₅; c—e Fruchtknoten mit Griffel-Narben-Komplex im Längsschnitt; f Blüte, ×2; g—l *Alisma lanceolatum* Withering — g, h Habitus, ×¹/₅; i, k Fruchtknoten mit Griffel-Narben-Komplex im Längsschnitt; l Blüte, ×2. m—o *Alisma gramineum* Lejeune — m Fruchtknoten mit Griffel-Narben-Komplex im Längsschnitt, m—n subsp. *gramineum*, o subsp. *wahlenbergii* Holmberg (a—b, g—h nach Heß et al. 1967; c—e, i—k, m—o nach Samuelsson 1932; f, l nach Glück 1936).

Anmerkungen: *A. lanceolatum* unterscheidet sich durch seine leuchtend rosavioletten Blüten, die bereits vormittags geöffnet sind und sich am frühen Nachmittag wieder schließen, die lanzettlichen Blattspreiten, die bei amphibischen Formen meist lang, bei terrestrischen dagegen kurz gestielt sind, und den am Grunde ziemlich dicken, grob papillösen Griffel-Narben-Komplex von *A. plantago-aquatica*, mit dem es oft zusammen vorkommt, recht gut. Es blüht im mittleren und nordwestlichen Europa etwa 2—3 Wochen früher. — Übergänge zwischen beiden Arten dürften auf Bastardierung zurückzuführen sein. — Schwach entwickelte, jugendliche Pflanzen, die im Spätsommer an trockengefallenen Teich- oder Seeufern blühen, können habituell *A. plantago-aquatica* sehr ähneln. — In Submerskultur entwickelt *A. lanceolatum* nur kümmerliche Bandblätter (Primärblätter); in der Natur treten Schwimm- oder Tauchblätter fast nie auf. — Die zwei Karyotypen $2n = 26$ und $2n = 28$ unterscheiden sich morphologisch kaum. Sie sind ohne taxonomischen Wert.

3. Alisma gramineum Lejeune (Fig. 44 m—o; Fig. 45 a—c)

    A. loeselii Górski in Eichwald; *A. graminifolium* Ehrhart ex Steudel; *A. arcuatum* Michalet

Pflanze ausdauernd, ganz oder teilweise untergetaucht, mit kleinem, 0,3—1,5 cm dickem walzlichem Rhizom; untergetauchte Blätter (Primärblätter) 8—20, bandförmig, 15—100 cm lang, 1—2 (8) mm (subsp. *wahlenbergii*) oder (2) 3—13 (15) mm (subsp. *gramineum*) breit, flutend; Überwasserblätter (Folgeblätter) 8—15 (20), lang gestielt, Spreite 2—6 cm lang, 0,4—1,5 cm breit, oval bis schmal lanzettlich, in den 5—15 cm langen Blattstiel verschmälert (bei Landformen Blattstiel kurz, so lang oder kürzer als die Spreite), dunkelgrün. Blütenstand oft reich verästelt, (15) 20—50 (130) cm hoch. Tragblätter der 1. Verzweigung 5—13 mm lang. Untergetauchte Blüten kleistogam, auftauchende offen, bei uns vom frühen Morgen (7—8 Uhr) bis zum Abend (22 Uhr) blühend (13—16 Stunden lang!), ziemlich lang bleibend; Kelchblätter klein, 2—4 mm lang, Kronblätter purpurweiß, klein, etwa $1^{1}/_{2}$mal so lang. Staubblätter etwa so lang wie oder etwas länger als die Fruchtknoten; Staubbeutel eikugelig, 0,3—0,5 (0,6) mm lang, 0,3—0,7 mm breit; Staubfäden etwas über 1 mm lang; Pollendurchmesser (22) 27 (34) µm. Griffel-Narben-Komplex 0,3—0,6 (0,7) mm lang, höchstens so lang wie der Fruchtknoten, meist deutlich kürzer, meist hakig auswärts gekrümmt, grünlich, dann bräunlich. Früchtchen dünnwandig, 2,0—2,7 mm (subsp. *gramineum*) oder dickwandig, 1,5—2,0 mm lang (subsp. *wahlenbergii*), auf dem Rücken deutlich 2furchig (vereinzelt mit nur 1 Furche). — Blütezeit: VII—IX. — $2n = 14$.

Vorkommen: In Verlandungs-Gesellschaften an Ufern stehender oder langsamfließender, basen- und nährstoffreicher Gewässer; auf humosen, sandigen oder reinen Schlammböden, vor allem in warmen Tieflagen; planar bis kollin; verträgt Wassertiefen von 1 m; im Cypero-Limoselletum; im Bodensee bevorzugt im Potametum graminei an nährstoffarmen Standorten im oberen Sublitoral bis unteren Eulitoral; im Pfeilkraut-Röhricht, im Littorello-Eleocharitetum, im Potametum graminei, vereinzelt auch im Potametum lucentis; die „var. *angustissimum*" in langsam fließenden, auch stehenden Gewässern in Laichkraut-Gesellschaften; die „f. *pumilum*" (einblütige Zwergformen) in Schleswig-Holstein in der *Eleocharis parvula*-Assoziation auf dem Schlamm ausgetrockneter Brackwassertümpel; in Südwesteuropa in Reisfeldern (z. B. Portugal). — L: (hyd) H scap/Hel.

Verbreitung: Zerstreut in Europa (ohne Island, Irland); in Asien zwischen 40° und 60° nB; Nordafrika; in Nordamerika (Kanada und USA) eingeschleppt. — euras-smed (kont), circ.

Verbreitungskarten: Samuelsson 1933; Hendricks 1957; Hultén 1958, 1971; Meusel et al. 1965; Björkqvist 1967.

Anmerkungen: Land- und Seichtwasserformen können leicht mit *A. lanceolatum* verwechselt werden; man untersuche dann die Griffel-Narben-Partie in der Blüte (nicht an den Früchten!),

Fig. 45. a—c *Alisma gramineum* Lejeune subsp. *gramineum* — a Pflanze, halbuntergetaucht, mit Band- und Spreitenblättern, $\times^{1}/_{5}$; b Blüte, $\times 3$; c Achäne in Seitenansicht. d—f *Butomus umbellatus* L. — d Habitus, e Blüte, $\times^{3}/_{2}$; f Fruchtstand, $\times 2$ (a, b, d Original; c nach Samuelsson 1932; e—f nach Nordhagen 1948).

um sicher zu gehen. — Die untergetauchten Formen („f. *strictum*", „f. *semimersum*", „f. *submersum*") sind sofort an den bandförmigen Blättern zu erkennen. Die Landformen („f. *terrestre*", „f. *pumilum*") haben verhältnismäßig kurz gestielte Blätter mit kurz herablaufender Spreite (mit kurzer, oft abgerundeter Spitze) und einen relativ kurzen Blütenstand. — Optimal entwickelte Pflanzen haben sowohl Band- als auch Spreitenblätter. Sie können fast die Größe von *A. plantago-aquatica* erreichen (bei Glück 1936 nicht ausdrücklich erwähnt). Beachtenswert ist (was bereits Čelakovský 1885 festgestellt hat), daß bei kräftigen Exemplaren die Blütenstandsstiele am Grunde häufig gebogen sind und dann aufsteigen, oder daß wenigstens die stärkeren schief emporsteigen, oder daß besonders die jüngsten, schwächlicheren samt geschlängelter Rispe auf dem Schlamm oder im seichten Wasser niederliegen. Allerdings gibt es auch ziemlich gerade aufsteigende Blütenstandsstiele. Oft beginnt die Rispenverzweigung schon so dicht über der Basis, daß die Rispe oft doppelt so lang ist wie der kurze, die Grundblätter nur wenig überragende Blütenstandsstiel.

A. gramineum zerfällt in 2 Unterarten (von Björkqvist 1967 als Arten bewertet):

1a Untergetauchte Blätter 3—10 (15) mm breit; Nüsse 2—2,7 mm lang, Perikarp dünnwandig . . . . **3.1.** subsp. **gramineum** (S. 184)

1b Untergetauchte Blätter 1—2 mm breit (bei Landformen schmallanzettlich); Nüsse 1,5—2 mm lang, Perikarp dickwandig . . . . **3.2.** subsp. **wahlenbergii** (S. 184)

3.1. subsp. **gramineum** (Fig. 44m—n; Fig. 45a—c)
subsp. *arcuatum* (Michalet) Hylander
Untergetauchte Blätter 3—10 (15) mm breit; Nüsse 2—2,7 mm lang, Perikarp dünnwandig. — $2n = 14$.
Verbreitung: Im Gebiet nur subsp. *gramineum*; zerstreut bis selten; nicht im eigentlichen Alpenraum; im nördlichen Tiefland ostwärts bis zum Njemen, z. B. im Unterelbe-Tiefland und im nordwestlichen Baltischen Jungmoränen-Hügelland, im Gebiet der Mittleren Elbe, Saale und Weißen Elster, im Havelgebiet, in der Lausitzer Niederung; im Rheintal relativ häufig; im Süden bis in das Voralpenland (Bodenseegebiet).

3.2. subsp. **wahlenbergii** Holmberg (Fig. 44o)
A. wahlenbergii (Holmberg) Juzepczuk; *A. graminifolia* Ehrhart ex Steudel
Pflanzen niedrigwüchsig, zarter als subsp. *gramineum*. Untergetauchte Blätter grundständig, 10—40 cm lang, 1—2 mm breit, ganz schmal bandförmig, grasartig. Überwasserblätter und Blätter der Landformen mit 2—5 cm langen, 3—8 mm breiten, schmal-elliptischen bis lanzettlichen Spreiten (solche Blätter ganz selten entwickelt!). Blütenstände der untergetauchten Pflanzen 2—3mal kürzer als die Blätter, 4—15 (22) cm lang; die der aufgetauchten Pflanze mehr oder weniger herabgebogen-niederliegend, 5—10 cm lang. Blüten klein, innere Perianthblätter etwas länger als die äußeren, 1,5—2,5 mm lang. Staubblätter etwa 1 mm lang; Staubbeutel kugelig, etwa 0,4 mm lang. Nüsse 1,5—2 mm lang, 1,2—1,7 mm breit, dickwandig.
Verbreitung: Nur Fennoskandien um Stockholm und Uppsala, um Oulu; um Leningrad (Ladoga-See, Seliger See), südwärts bis Kalinin. — Nicht im Gebiet.
Verbreitungskarten: Samuelsson 1933, 1934; Hendricks 1957; Hultén 1958, 1971; Meusel et al. 1965; Björkqvist 1967.

Familie **Butomaceae**

Ausdauernde, aufrechte Sumpf- und Wasserpflanzen mit scharfkantigem oder rundem Stengel. Blätter grundständig mit 3kantiger oder flacher (schwertförmiger) Spreite. Blüten ansehnlich, zwittrig, in zymösen Scheindolden. Kelch und Krone dreiblättrig, selten (*Butomus*) 6 kronblattähnliche Perigonblätter. Staubblätter 3, 6, 9 oder ∞, (bei *Butomus* 9, davon 6 von den äußeren, 3 vor den inneren Perigonblättern). Fruchtblätter 6, selten mehr, frei oder am

Grunde verwachsen, mit 3, 6 oder ∞ Samenanlagen. Sammelfrucht aus bauchseitig aufspringenden Balgfrüchten.

Die Familie umfaßt vier bis fünf Gattungen mit 13 Arten; vier Gattungen (Unterfamilie Limnocharitoideae; auch als eigene Familie: Limnocharitaceae) kommen nur in den Tropen vor. Von ihnen wird *Hydrocleis nymphoides* (Humboldt et Bonpland ex Willdenow) Buchenau aus dem tropischen Amerika häufig als Aquarienpflanze kultiviert; er besitzt lederartige, eirunde Schwimmblätter, 4—5 cm große, gelbe Blüten und ähnelt in seiner Wuchsform *Hydrocharis morsus-ranae.*

Wichtigste Literatur: Buchenau 1903; Pichon 1946; Rao 1953; Pedersen 1961; Stuckey 1968; Anderson et al. 1974; Weber 1975, 1976.

1. Butomus L.

Die Gattung ist monotypisch; die Gattungsmerkmale sind in der Artdiagnose enthalten.

1. Butomus umbellatus L. (Fig. 45 d—f)

Ausdauernde Wasserpflanze mit fast horizontalem, dickem, pflugscharartigem, gelegentlich mit leicht abfallenden Brutknöllchen besetztem Rhizom. Blätter zahlreich, in grundständiger Rosette, 50—100 (120) cm hoch, (3) 6—8 (10) mm breit, von der breiten, scheidenartigen Basis nach oben verschmälert, spitz, 3kantig, steif aufrecht, dunkel- bis fast olivgrün, im oberen Teil flach, flutend; Nerven im oberen Blattdrittel eng zusammenliegend (ohne Lupe kaum zu erkennen), Quernervverbindungen verschwommen, unregelmäßig, meist gebogen und stets über mehrere Längsnerven hinwegziehend. Stengel 1, seltener 2—3, stielrund, (30) 50—150 cm hoch, die Blätter überragend. Blütenstand doldenartig (Endblüte und 3 Schrauben), (10) 20—50blütig, von meist 3 quirlständigen, 2—3 (4) cm langen, 7—8 mm breiten, schmallanzettlichen Hochblättern (Hüllblättern) umgeben. Blütenstiele 5—10 (12) cm lang, vielmals länger als die zwittrige, strahlige Blüte. Blütendurchmesser 2—2,5 cm. Perigonblätter 6, oval-eiförmig, nach der Blüte nicht abfallend; die drei äußeren kronblattartig, etwa 8 mm breit, (8) 10—12 (15) mm lang, etwa $^3/_4$ so lang wie die inneren, dunkelrot oder violett, mit hellem Rand, persistierend; die drei inneren 3—15 mm breit und lang, rosa und weiß, mit dunkelroten Adern. Staubblätter (6) 9, alle fruchtbar. Balgfrüchtchen 6 (9), fast 10 mm lang, reif schief verkehrt-eiförmig, vom bleibenden Griffelrest gekrönt, quirlständig, am Grunde leicht verwachsen, einfächerig, mit mehreren Samenanlagen. Samen zahlreich, rotbraun, walzlich, nach oben zugespitzt, am Grunde sehr kurz gestielt, längsrippig, etwa 1,75 mm lang und etwa 0,6 mm breit. — Blütezeit: VI—VIII. — $2n = 20, 26, 39$.

Vorkommen: An Ufern stehender oder langsamfließender, basen- und nährstoffreicher Gewässer, insbesondere an Seen, Altwassern, Tümpeln, Ausstichen und in Gräben mit schwankendem Wasserspiegel; im flachen Wasser auf humosen Schlammböden, verträgt vorübergehendes Austrocknen des Standortes, wärmeliebend; planar bis kollin mit Schwerpunkt in sommerwarmen Gebieten, nicht über 1000 m aufsteigend; bildet eine charakteristische artenarme und lockere, stellenweise dem Schilfröhricht vorgelagerte Röhricht-Gesellschaft (Butometum umbellati), ferner im Sagittario-Sparganietum, im Phalaridetum und im Glycerietum, seltener auch im Scirpo-Phragmitetum; in Siebenbürgen vor allem in nassen Großseggen-Gesellschaften; auf den Reisfeldern des Donaugebietes lästiges Unkraut; die allgemein seltene Fließwasserform („var. *vallisneriifolia*") in Gesellschaften des Fluthahnenfußes. — L: G rhiz/Hel.

Verbreitung: Verbreitet in weiten Teilen Europas und Asiens; im westlichen Mittelmeergebiet selten; nicht in Schottland und im nördlichsten Skandinavien; ostwärts durch Asien zwischen 40° und 60° nB bis zur Mandschurei, isoliert im Pamirgebiet und in Ostchina; in Nordamerika synanthrop, stellenweise die einheimische Vegetation verdrängend. — Im Gebiet im Tiefland und Mittelgebirgsland besonders in den großen Stromtälern (Stromtalpflanze!) vielfach häufig; im Alpenvorland seltener, z. T. (vor allem in der Schweiz) durch den neue Standorte schaffenden Stau der Flüsse in Ausbreitung begriffen. — euras-med.

Verbreitungskarten: Samuelsson 1834; Luther 1951; Meusel et al. 1965; Stuckey 1968; Postalova 1969; Hultén 1971; Tolmačev 1974; Otto 1977 (Oberlausitz).

Anmerkungen: In Schweden wurden triploide Klone gefunden, die im Blütenstand Bulbillen entwickeln und sterile Blüten haben. — Ändert ab in der Breite der Blätter und in der Größe der Blüten. Der wesentlich kleinere *B. junceus* Turczaninov (Zentralasien, Afghanistan, Himalaja, Ostsibirien, Ostasien) ist wahrscheinlich nur als Varietät (var. *junceus* Michaux) anzusehen. Er ist auch aus Nordamerika (St. Lawrence-Strom-Region) nachgewiesen (die übrigen nordamerikanischen Vorkommen — Region der Großen Seen, Snake River in Idaho — werden durch die Typussippe repräsentiert). — Die langen, schlaffen, bandförmigen Tauch-(Primär-)blätter sind im Querschnitt 3eckig wie die Überwasserblätter, bis 270 cm lang und (1,5) 3—8 mm breit. Man beachte die Nervatur im oberen Blattdrittel (s. o. S. 185).

Familie **Hydrocharitaceae**

Ausdauernde, selten einjährige, untergetauchte, seltener schwimmende oder teilweise aufgetauchte Wasserpflanzen im Süß- und Meerwasser; zum Teil im Herbst „Winterknospen" bildend. Blätter in grundständigen Rosetten oder den Stengel in der ganzen Länge schrauben- oder quirlständig besetzend; ungeteilt, sitzend oder gestielt; gelegentlich mit Nebenblättern an der Blattstielbasis (*Hydrocharis*); hier und da mit Intravaginal-(Achsel-)schüppchen (*Hydrilla, Blyxa*). Blüten meist eingeschlechtig (diözisch oder monözisch), selten zwittrig (*Ottelia, Blyxa*); entweder klein und unscheinbar (Wasserbestäubung) oder groß und ansehnlich (Insektenbestäubung); einzeln oder in Scheintrauben; vor der Entfaltung von einer aus 1—2 freien oder mehr oder weniger weit hinauf verwachsenen Hochblättern (Vorblättern) gebildeten, sitzenden oder gestielten, unauffälligen Blütenscheide (Spatha) eingeschlossen; in der Regel die Wasseroberfläche erreichend. Perianthblätter frei, meist 6zählig; meist aus 3 äußeren (kelchblattartigen) grünen und 3 inneren (kronblattartigen) oft gefärbten Blättern bestehend. Staubblätter 2— ∞; in 1—5 meist dreizähligen Kreisen, die inneren (*Hydrocharis*) bzw. äußeren manchmal nur staminodial. Fruchtknoten unterständig; aus mehreren (2—15), untereinander fast freien, durch die becherförmige Blütenachse miteinander vereinigten Fruchtblättern bestehend; Plazenten wandständig, oft weit ins Innere vorspringend; Narben so viele wie Fruchtblätter, oft tief zweiteilig; Samenanlage zahlreich. Früchte beerenartig, unter Wasser reifend.

Die Hydrocharitaceae gehören zu denjenigen Blütenpflanzen, bei denen hydrophile Pollenübertragung neben Entomophilie (*Stratiotes, Hydrocharis, Ottelia, Egeria*) häufig ist. Hydrophil sind — außer den marinen Sippen — *Vallisneria, Hydrilla, Lagarosiphon* und *Elodea*. Die Befruchtung findet an der Wasseroberfläche statt. Die männlichen Blüten steigen mit Hilfe einer Gasblase an den Wasserspiegel empor, wobei sie sich entweder von ihrer Achse loslösen oder mit ihr verbunden bleiben können. Die weiblichen Blüten wachsen mit Hilfe eines sich stark streckenden Hypanthiums („Hals"teil des Fruchtknotens; Wachstumsgeschwindigkeit bei *Vallisneria* 2 cm/h!) oder Blütenstiels zur Wasseroberfläche empor. Der Pollen wird durch die schwimmende männliche Blüte übertragen. Bei *Elodea* fällt der Pollen dabei aufs Wasser; bei *Hydrilla, Lagarosiphon* und *Vallisneria* kommt er mit dem Wasser nicht in Berührung.

Im Zusammenhang mit der Hydrophilie wird die Blütenhülle stark reduziert und umfunktioniert. Sie dient bei den schwimmenden männlichen Blüten als (oft glockenförmiger) Sockel, der die Staubblätter über die Wasseroberfläche emporhebt. Ähnliche Funktion erfüllen die Perianthblätter der weiblichen Blüten (z. B. Becherbildung bei *Lagarosiphon* als Schutz der Narben vor Benetzung). Die Antheren (bei *Hydrilla, Elodea canadensis*) und die Staminodien (bei *Lagarosiphon*) können als hochaufgerichtete „Segel" wirken. Die langen Stiele der männlichen Blüten von *Elodea canadensis* und der weiblichen *Vallisneria*-Blüten, die langen Halsteile der weiblichen Blüten von *E. canadensis, E. nuttallii, E. callitrichoides* und *Hydrilla* bringen die Narben an die Wasseroberfläche oder ziehen sie nach der Befruchtung durch spiralige Aufrollung (*Vallisneria*) wieder in die Tiefe zurück.

Die Familie umfaßt 15 Gattungen mit rund 100 Arten, die vor allem in tropischen Gewässern zu Hause sind; die marinen Arten aus den Gattungen *Enhalus*, *Thalassia* und *Halophila* leben hauptsächlich an den Küsten des Indischen und Pazifischen Ozeans bis Hawaii und Tahiti sowie in Westindien. — Im Gebiet zwei Unterfamilien: Vallisnerioideae (ohne echte Gefäße; Fruchtknoten aus 3 [2, 4, 5] Karpellen) und Stratiotoideae (mit echten Gefäßen; Fruchtknoten aus 6—15 Karpellen).

Wichtigste Literatur: Caspary 1858; Ascherson & Gürke 1889; Wylie 1904; Glück 1906; Graebner 1908; Wager 1928; Dandy 1934, 1935; Den Hartog 1957b, 1970; Kaul 1968, 1970.

Bestimmungsschlüssel der Gattungen:

1a Blätter (wenigstens bei adulten Exemplaren in Spreite und Stiel gegliedert, lanzettlich bis rundlich oder elliptisch **2**

1b Blätter nicht in Spreite und Stiel gegliedert **3**

2a Blätter rundlich, am Grunde tief herzförmig, lang gestielt, an der Basis mit 2 durchscheinenden Nebenblättern; Blattrosetten auf dem Wasser schwimmend, keine untergetauchten Blätter; Ausläufer vorhanden; Spatha nicht gerippt oder geflügelt; Blüten eingeschlechtig (zweihäusig), mehrere kurz gestielte männliche Blüten je Spatha, eine lang gestielte weibliche Blüte je Spatha . . . . **1. Hydrocharis** (S. 188)

2b Blätter schraubenständig, untergetaucht oder schwimmend; in Stiel und ganzrandige, oft wellige Spreite gegliedert, ohne Nebenblätter; ohne Ausläufer; Spatha gestielt, mit 6 Längsrippen oder 2—10 Flügeln; eine ungestielte zwittrige Blüte je Spatha . . . . **2. Ottelia** (S. 189)

3a Stengel (bei unseren Arten) nicht beblättert; Blätter in grundständigen Rosetten (bei unseren Arten) oder in durch Ausläufer verbundenen Büscheln **4**

3b Stengel beblättert; Blätter schraubenständig oder quirlständig **6**

4a Blätter der vollentwickelten Pflanze nicht bandförmig, steif, auffällig stacheliggesägt berandet, schwertförmig, im unteren Teil im Querschnitt 3eckig, oben flach, aufrecht, zur Blütezeit oft halb aus dem Wasser ragend, sonst ganz untergetaucht; Blüten zweigeschlechtig, 2häusig, weiß, ansehnlich, groß, Durchmesser etwa 4 cm; Pflanze frei schwimmend; Spatha zweiblättrig, weibliche Blüten in ihr sitzend . . . . **5. Stratiotes** (S. 196)

4b Blätter der vollentwickelten Pflanze bandförmig, flach, nicht steif, nicht auffällig stachelig-gesägt berandet. **5**

5a Blätter bandförmig, sehr dünn, schlaff, schwimmend, Rand in der oberen Hälfte fein gesägt; Blüten eingeschlechtig, zweihäusig; männliche Blüten klein, Durchmesser 2—3 mm, unscheinbar, sich ablösend, geöffnet auf der Wasseroberfläche schwimmend; Samenanlage direkt durch die Perianthsegmente überwölbt (kein Hypanthium dazwischen); weiblicher Blütenstiel lang, nach der Befruchtung spiralig eingerollt; Frucht nur im unteren Teil von der glatten Spatha eingeschlossen . . . . **3. Vallisneria** (S. 192)

5b Blätter rosettig oder einzeln schraubenständig an der Achse, bandförmig, mit hervorstehender Mittelrippe, allmählich in eine feine Spitze ausgezogen; Blüte zwittrig oder eingeschlechtig; Spatha röhrig; männliche Blüten vielblütig; recht ansehnlich, sich nicht ablösend; Samenanlage von den Perianthsegmenten durch ein dazwischen geschobenes Hypanthium entfernt; weibliche Blüte einblütig, Blütenstiele nicht eingerollt; Frucht ganz von der gerippten Spatha eingeschlossen. . . . . . **4. Blyxa** (S. 195)

6a Blattbasen den Stengel mehr oder weniger umfassend . . . . **4. Blyxa** (S. 195)

6b Blattbasen den Stengel nicht umfassend. **7**

7a Blätter schraubenständig, steif, stark zurückgebogen; in den Spathen entweder zahlreiche gestielte männliche Blüten oder 1—3 weibliche Blüten . **6. Lagarosiphon** (S. 197)

7b Wenigstens die mittleren und oberen Blätter quirlständig, in Quirlen zu 3—8, oder die unteren gegenständig an verlängerten, meist lang flutenden Stengeln, dünn, fast völlig ausgestreckt, nicht zurückgebogen, nicht über 2 cm lang; ein bis drei männliche Blüten in jeder sitzenden Spatha 8

8 a Blätter stachelspitzig-gezähnt, die Quirle meist 10—30 mm voneinander entfernt, Stengel am Grunde mit einem stengelumfassenden Vorblatt; Blüten eingeschlechtig; Staubblätter 3; männliche Blüte von ihrer kugeligen, dornigen Spatha sich ablösend, Hypanthium dabei nicht verlängert; weibliche Spatha aus einem Blatt gebildet; Narben 3, fadenförmig, nicht 2teilig . . . . **7. Hydrilla** (S. 199)

8 b Blätter sehr fein gesägt, die Quirle meist ziemlich dicht gehäuft (3—7 mm voneinander entfernt); Stengel am Grunde mit 2 nicht stengelumfassenden Vorblättern; Staubblätter 9 (—10); männliche Blüte meist von ihrer Spatha durch die Verlängerung des zarten Hypanthiums sich ablösend; Narben 3, breit, nach dem Grunde verschmälert, an der Spitze tief 2- bis 4lappig 9

9 a Blätter meist in 3zähligen (selten 4zähligen) Quirlen, meist 6—12 mm lang, spitz; Blüten zweihäusig; Staubblätter 9, die 3 inneren mit verbundenen Filamenten, die Filamente viel kürzer als die Antheren, alle glatt und nicht drüsig; „männliche" Spathen einblütig; „weibliche" Spatha an der Spitze gleichmäßig 2spitzig; Kronblätter ungefähr so lang und breit wie die Kelchblätter, nicht ansehnlich, etwa 5 mm lang in den männlichen, 2,5 mm lang in den weiblichen Blüten; Blüte ohne Nektarium; Wasserbestäubung nach „Explosion" der Antheren. . . **8. Elodea** (S. 201)

9 b Blätter meist in 4- bis 8zähligen Quirlen, meist 10—30 mm lang; Staubblätter 9 (—10), alle getrennt, die Filamente wenigstens dreimal so lang wie die Antheren, drüsigpapillös; „männliche" Spathen meist 2- bis 4blütig; „weibliche" Spathen auf einer Seite bis zur halben Länge gespalten; Kronblätter viel (etwa 3mal) länger und breiter als die Kelchblätter, ansehnlich; Blüte mit zentralem dreilappigem Nektarium; Insektenbestäubung . . . . **9. Egeria** (S. 206)

1. Hydrocharis L.

Ausdauernde Wasserpflanzen ohne untergetauchte Blätter, mit frei auf dem Wasser treibenden Schwimmblattrosetten, die während des Sommers Ausläufer treiben und an diesen ständig neue Rosetten erzeugen. Diese werden im Herbst durch Winterknospen ersetzt, die aus schuppenartigen Blättern bestehen, sich zuletzt ablösen und auf den Grund der Gewässer sinken. Wurzeln dicht mit Wurzelhaaren besetzt, die Pflanze meist nicht im Gewässergrund verankernd. Blattstiele mit zwei großen, länglich-lanzettlichen Nebenblättern; Blattspreite rundlich, am Grunde tief herzförmig. Blüten eingeschlechtig, 2- und einhäusig (?). Männliche Blütenknospen zu 1—4 von einer gestielten, zweiblättrigen Spatha umhüllt, Blüten aus der Spatha hervorwachsend; Perianthblätter 6, die äußeren kelchblatt-, die inneren kronblattartig; Staubblätter 12, am Grunde verbunden, die inneren 3 staminodial oder mit stark reduzierten Antheren; eine rudimentäre Samenanlage. Weibliche Blüte einzeln in der sitzenden, einblättrigen Spatha; Perianthblätter 6; mit 6 Staminodien; Fruchtknoten aus 6 Fruchtblättern; Narben 6, 2spaltig. Frucht beerenartig.

Die Gattung umfaßt wenigstens 4 Arten: *H. dubia* (Blake) Backer in Südostasien und Australien, *H. asiatica* Miquel in Ostasien, *H. chevalieri* Dandy in Afrika und *H. morsus-ranae* in Eurasien (in Nordamerika eingeschleppt).

Wichtigste Literatur: Graebner 1908.

1. Hydrocharis morsus-ranae L. (Fig. 43 i)

Ausläufer 5—20 cm lang, etwa 2 mm dick, im Herbst kaum 1 mm dick und dann mit 6—8 (20) mm langen, 3—4 (6) mm dicken, zwiebelartigen, außen hornartig festen, dünn behäuteten, dunkelgrünen Winterknospen (diese können sich auch direkt im Zentrum der Schwimmblattrosetten bilden). Beblätterte Stengel kurz, etwa 1 cm lang, mit 3—10 Blättern;

Blattspreiten auf der Wasseroberfläche schwimmend, fast kreisrund, (1,5) 2—7 (10) cm im Durchmesser, am Grunde mit enger Basalbucht, die beiden Abschnitte sich oft überlappend, oberseits glänzend, oft hellbräunlich-grün, auf der meist rötlichen Unterseite ohne weitmaschiges Grundgewebe; neben dem Mittelnerven beidseits je 2 Hauptnerven bogenförmig zur Spitze laufend, die inneren ein Oval einschließend; die gesamte Blattfläche von einem Gitterwerk feiner Nerven durchzogen. Blattstiele (3) 7—10 (20) cm lang, ziemlich dünn, am Grunde scheidig verbreitet; Nebenblätter oval bis lanzettlich, 2 cm lang, 1 cm breit, häutig, durchscheinend. Männliche Blütenknospen (2) 3 (4—∞), in einer 1—6 cm lang gestielten, etwa 2 cm langen, 2blättrigen, zarthäutigen Spatha; Blüten 1—5 cm lang gestielt; äußere Perianthblätter oval, (3) 5—6 mm lang, 2—3 mm breit, rosa oder grün; innere rundlich, 1—1,5 cm im Durchmesser, weiß, am Nagel gelb; Staubblätter 9—12, in 3—4 Kreisen, am Grunde verbunden, die 3 äußeren meist unfruchtbar; Staubbeutel eirund, seitlich mit einem Schlitz aufspringend. Weibliche Blüte 3—8 cm lang gestielt, Stiel 1—2 mm dick, mehr als doppelt so dick wie der der männlichen Blüte; Perianth wie bei der männlichen Blüte, aber kleiner; 3 drüsige Staminodien; 6 kurze Griffel mit zweispaltigen Narben. Frucht grün, kugelig, bis 1 cm im Durchmesser; Samen zahlreich, klein, von Gallerte umhüllt. — Blütezeit: VI—VIII (bei uns regelmäßig blühend, aber nur selten fruchtend). — $2n = 28$.

Vorkommen: In Schwimmdecken mit *Lemna*-Arten auf stehenden oder langsamfließenden, flachen, eu- bis mesotrophen, oft kalkarmen Gewässern in windgeschützter Lage, oft zwischen lockerem Röhricht; in Gräben, Torfstichen, Tümpeln und Altwassern, in Seebuchten und kleineren, stark verlandeten Seen (Weihern), nicht in periodischen Gewässern; etwas wärmeliebend, planar bis montan, nicht über 1500 m; Kennart des Hydrocharitetum morsus-ranae mit oder ohne *Stratiotes*, vereinzelt auch in nassen Ausbildungen von Röhricht-Gesellschaften, im Myriophyllo-Nupharetum, im Hottonietum und in eigentlichen *Lemna*-Gesellschaften. — L: k Hyd nat/Hydroch.

Verbreitung: In Eurasien weit verbreitet, aber nicht überall häufig, im äußersten Norden fehlend; auf der Iberischen Halbinsel nur sehr vereinzelt, im gesamten Mittelmeergebiet zerstreut, auch im kontinentalen Asien, ostwärts bis ins westliche Sibirien (Ob-Gebiet); in Kanada eingebürgert (Dore 1968). — Im Gebiet im Tiefland verbreitet und häufig, sonst zerstreut oder selten (z. B. in Thüringen nur im Werratal, bei Weimar — ob noch?, bei Stadtroda; im Rhein-Main-Gebiet verbreitet); oft auf größere Strecken hin (vor allem in den Alpen) gänzlich fehlend. — euras (-kont).

Verbreitungskarten: Luther 1951; Meusel et al. 1965; Dore 1968; Postovalova 1969; Hultén 1971; Tolmačev 1974.

Anmerkungen: Ab und zu mit *Nymphoides peltata* verwechselt; die 2 großen häutigen Nebenblätter am Grunde des Blattstieles kennzeichnen *H. morsus-ranae* auch im vegetativen Zustande hinreichend; außerdem fehlen die für *Nymphoides* charakteristischen „Höckerchen" auf der Blattunterseite und auf dem Blattstiel. — Die südostasiatisch-australische *H. dubia* (Bl.) Backer, oft für konspezifisch mit *H. morsus-ranae* gehalten, ist in allen Teilen kleiner; der Blattstiel trägt nur ein ligulaartiges, dünnes, häutiges Nebenblatt, das etwas oberhalb des Stielgrundes ansitzt.

2. **Ottelia** Persoon

Bootia Wallich; *Oligolobos* Gagnepin; *Xystrolobos* Gagnepin

Pflanzen ausdauernd, größtenteils untergetaucht, ohne Ausläufer, mit vielteiliger Faserwurzel. Blätter schraubenständig; linealisch, lanzettlich, breit eiförmig, kreisrund, herz- oder nierenförmig; ganzrandig oder stachelig, oft wellig, an der Spitze abgerundet, zugespitzt oder mit aufgesetzter Spitze; am Grunde stumpf, keil- oder herzförmig; 3—11 parallele, gerade oder gebogene, durch feine Queradern verbundene Nerven, oft ein charakteristisches Muster formend, die Mittelrippe manchmal hervortretend; Stiel am Grunde scheidig, oft allmählich in die Spreite übergehend. Blüten zwittrig oder eingeschlechtig. Spatha gestielt, elliptisch oder eiförmig, mit 6 mehr oder weniger hervortretenden Rippen oder 2—10 Flügeln, gelegentlich bestachelt. Weibliche und zwittrige Blüten sitzend, einzeln in den Spathen, männliche gestielt, zu mehreren. Äußere Perianthblätter drei, linealisch, länglich oder eiförmig, grün mit trockenhäutigem Rande, persistierend; innere Perianthblätter drei, länglich, breit-verkehrt-eiförmig oder kreisrund, 2—3mal so lang wie die äußeren, weiß oder gefärbt. Staubblätter 6—15, Staubfäden fädlich, abgeflacht; Staubbeutel linealisch oder länglich, sich seitlich öffnend. Samenanlage länglich, spitzenwärts verschmälert, unvollständig in 6 Fächer geteilt. Griffel 6—15, 2lappig (in der männlichen Blüte 3 Stylodien). Frucht länglich, spitzenwärts verschmälert; Perikarp verdickt. Samen zahlreich, klein, länglich oder spindelförmig, mit ziemlich dicker Samenschale.

Zur Gattung (in weiter Fassung) gehören etwa 40 Arten, die fast ausschließlich in den Tropen und Subtropen der Alten Welt, besonders in Zentralafrika und Südchina, zu Hause sind; eine Art in Brasilien; in Europa eingeschleppt in den Reiskulturen. — Verschiedene Arten eignen sich als Aquarienpflanzen; außer *O. alismoides* vor allem *O. ulvaefolia* Walpers aus Rhodesien und Westafrika mit weinroten Blättern und gelben Blüten.

Wichtigste Literatur: Koch 1952; Fenaroli 1952; Kaul 1969.

Bestimmungsschlüssel der Arten:

1 a Blattspreiten der Folgeblätter vollständig untergetaucht, breit eiförmig bis rundlich, dünn, durchscheinend; Spatha mit 5—10 auffälligen Längsflügeln (oder diese manchmal zu Rippen reduziert); Samen kahl . . . . **1. O. alismoides** (S. 190)

1 b Blattspreiten der Folgeblätter schwimmend, oval bis eiförmig, dick und nicht durchscheinend; Spatha gerippt, stets ohne Flügel; Samen behaart . **2. O. ovalifolia** (S. 192)

1. Ottelia alismoides (L.) Persoon (Fig. 46 a—f; Fig. 48)

    O. japonica Miquel

Jugendblätter bandförmig bis mehr oder weniger breit lanzettlich, 5—25 cm lang; Folgeblätter 10—25 cm lang gestielt, leuchtend hellgrün, im tieferen Wasser vollständig untergetaucht, im seichten Wasser teilweise auch auftauchend. Blattspreiten breit-eiförmig bis kreisrund bis stark herzförmig, stumpf, (5) 15—20 cm breit und lang, dünn, gewellt, blaßgrün, durchscheinend (an oberitalienischen Pflanzen rötlich, nicht durchscheinend); die Ränder einander stark genähert (Tutenbildung!); mit 7—11 deutlichen Längsnerven, die durch viele feine Quernerven verbunden sind; zwischen den Nerven Spreite gebuckelt. Spatha 2lappig, mit 5—10, etwas krausen, Längsflügeln, 2 von ihnen stärker entwickelt als die übrigen und bis 1 cm breit, seltener die Flügel reduziert und nur rippenähnlich. Blüten einzeln stehend, lang gestielt, vor dem Aufblühen über den Wasserspiegel gehoben; innere Perianthblätter 3, weiß oder grünlich (an oberitalienischen Pflanzen blaßblau), kronblattartig, am Nagel etwas gelblich, 1,5—3 cm lang, bis 2,5 cm breit, schwach duftend. Frucht untergetaucht, kugelig bis schmal birnenförmig, mit 6 geflügelten und gewellten Längsrippen. — $2n$ = (22), 44, 66 (52).

Vorkommen: Kennart des Ottelio-Najadetum japonicae im flachen, sich sommerlich oberflächlich sehr stark erwärmenden (bis 35 °C) Wasser der Reisfelder, auch in deren teichartigen Erweiterungen und in Gräben. — L: hyd T (in Europa, in den Tropen perennierend).

Verbreitung: Im nordöstlichen Afrika (Ägypten) und in Süd- und Ostasien (Vorder- und Hinterindien, China, Japan, Insulinde) verbreitet; im nördlichen Australien und auf den Salomon-Inseln; in Europa eingeschleppt. — Am Südrand des Gebietes in den Reisanbaugebieten Oberitaliens, z. B. nördlich Vercelli. — Eur: submed.

Anmerkungen: Hervorragende Aquarienpflanze, zum Teil als „*O. ranunculoides*" im Handel.

Fig. 46. a—f *Ottelia alismoides* (L.) Persoon — a Habitus, $\times \frac{1}{8}$; b Spatha, durchschnitten; c Blüte mit Spatha; d Spatha, vorn geöffnet; e Staubblatt; f Samen. g—k *Egeria densa* Planchon — g Sproßstück mit männlicher Blüte, $\times 1$; h männliche Blüte mit Spatha, $\times 2$; i Blattspitze, $\times 4$; k Blattfläche, Ausschnitt, $\times 8$ (a—f nach Ascherson & Gürke 1889; g nach Muenscher 1944 und De Wit 1971; h nach De Wit 1971 und Aston 1973; i nach De Wit 1971; k nach Aston 1973).

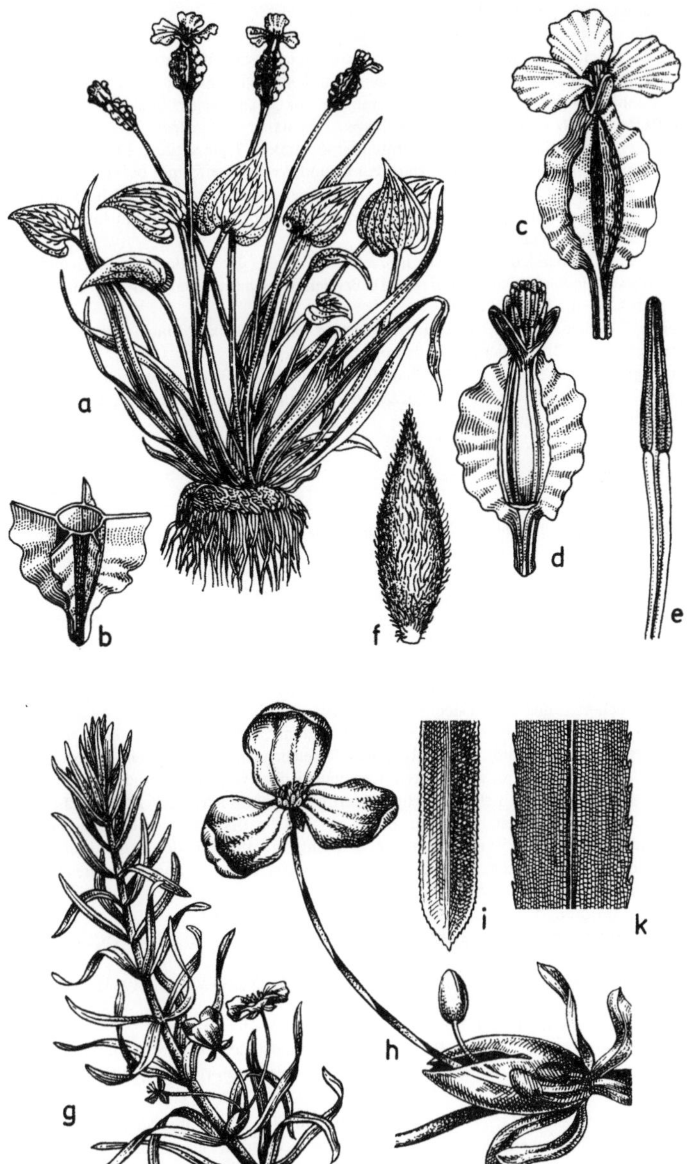

2. Ottelia ovalifolia (R. Brown) L. C. Richard

Blätter alle grundständig, mit 60—120 cm langen Stielen. Blattspreiten oval bis eiförmig, stumpf, 2—16 cm lang, flach auf der Wasseroberfläche schwimmend, dick, nicht durchscheinend. Blüten zwittrig, normal chasmogam und daneben kleistogam; chasmogame Blüten groß, ansehnlich, etwa 5 cm im Durchmesser, auf bis 38 cm langen Stielen über die Wasseroberfläche gehoben, jede in einer röhrigen, zweilappigen, grünen bis purpurgrünen, 3—6 cm langen Spatha sitzend; Perianthblätter 6; äußere 3 lanzettlich, 17—24 mm lang; innere 3 cremeweiß mit dunkelrot-purpurnem Grund, verkehrt-eiförmig bis rundlich. Staubblätter 6—12, gelb, ansehnlich, fädlich, etwa 1 cm lang. Frucht zusammengedrückt-spindelig, geschnäbelt, in der Spatha eingeschlossen. Samen spindelförmig, 2,5—3 mm lang, mit zahlreichen feinen, angedrückten Haaren.

Vorkommen: In stehenden Gewässern in Tiefen bis 60 cm über schlammigem Grund, aber auch in langsamfließenden, seltener in raschfließenden Flüssen (hier Blattstiele bis 120 cm lang); in Reisfeldern. — L: hyd H/Nymph.

Verbreitung: Einheimisch im tropischen Australien und in Neukaledonien; eingeschleppt in Neuseeland und in Oberitalien. — In Europa: submed.

Anmerkungen: Primärblätter schmal, bandförmig, denen von *Vallisneria spiralis* äußerlich ähnlich, Pflanze allerdings durch die ungezähnelten Blätter und das Fehlen von Ausläufern gut zu unterscheiden.

3. Vallisneria L.

Untergetauchte, ausdauernde, ausläufertreibende Wasserpflanze. Blätter grundständig, schmal, bandförmig, 5—100 (600) cm lang, am Grunde scheidig, am Rande glatt oder fein bis grob gesägt, an der Spitze stumpf, 3—9nervig (der Mittelnerv, vom Grunde bis zur Spitze deutlich dicker als die Seitennerven, die Blattspitze erreichend; die Seitennerven vereinigen sich mit ihm nacheinander unterhalb der Spitze), sehr dünn, schlaff, flutend. Blüten eingeschlechtig, zweihäusig; männliche Blüten vor der Entfaltung in dichten, kurz gestielten Knäueln von einer gestielten Spatha umschlossen; nach dem Öffnen der Spatha lösen sich die gasgefüllten Blütenknospen von den dünnen Stielen, tauchen auf, schwimmen auf der Wasseroberfläche frei herum und öffnen sich. Männliche Blüten weiß, sehr klein (Durchmesser 1 mm); Perianthblätter 3 (6), Staubblätter 2 (+1 Staminodium); weibliche Blüten einzeln in einer langgestielten, röhrigen, die Wasseroberfläche erreichenden Spatha; weiß (Durchmesser 2—3 mm); Perianthblätter 6, die äußeren 3 zu einer Röhre verwachsen, die kaum länger ist als die Spatha, die inneren 3 frei, schuppenartig; Perianth nach der Blüte nicht abfallend. Fruchtknoten walzlich, nach der Blüte aus der Spatha lang herauswachsend, vielsamig. Narben drei, herzförmig; nach der Befruchtung rollt sich der Fruchtstiel schraubig ein und zieht die Frucht zum Grund des Gewässers hinab. Samen zahlreich, länglich bis spindelförmig; Testa häutig.

Zur Gattung gehören — je nach Artauffassung und -abgrenzung — 1—10 Arten, die in den Tropen und Subtropen verbreitet sind; in Europa nur *V. spiralis* (?!); oft als Aquarienpflanzen kultiviert.

Wichtigste Literatur: Miki 1934; Witmer 1937; Wylie 1941; Marie-Victorin 1943; Ant 1970.

1. Vallisneria spiralis L. (Fig. 47)

Pflanze ausdauernd, untergetaucht; Blätter zu 5—20 grundständig, in bewurzelten Büscheln in kurzen Abständen längs der dünnen Ausläufer angeordnet; bandförmig, 5—200 (600) cm lang,

Fig. 47. *Vallisneria spiralis* L. — a weibliche Blüte auf der Wasseroberfläche schwimmend, umgeben von schwimmenden, geschlossenen und geöffneten männlichen Blüten, ×2; b weibliche Pflanze, ×1/3; c männliche Pflanze, ×1/3; d weibliche Blüten in der Scheide, ×1; e männlicher Blütenstand; f männliche Blüte; g männlicher Blütenstand mit Scheiden (a nach De Wit 1971; b—g nach Reichenbach 1845).

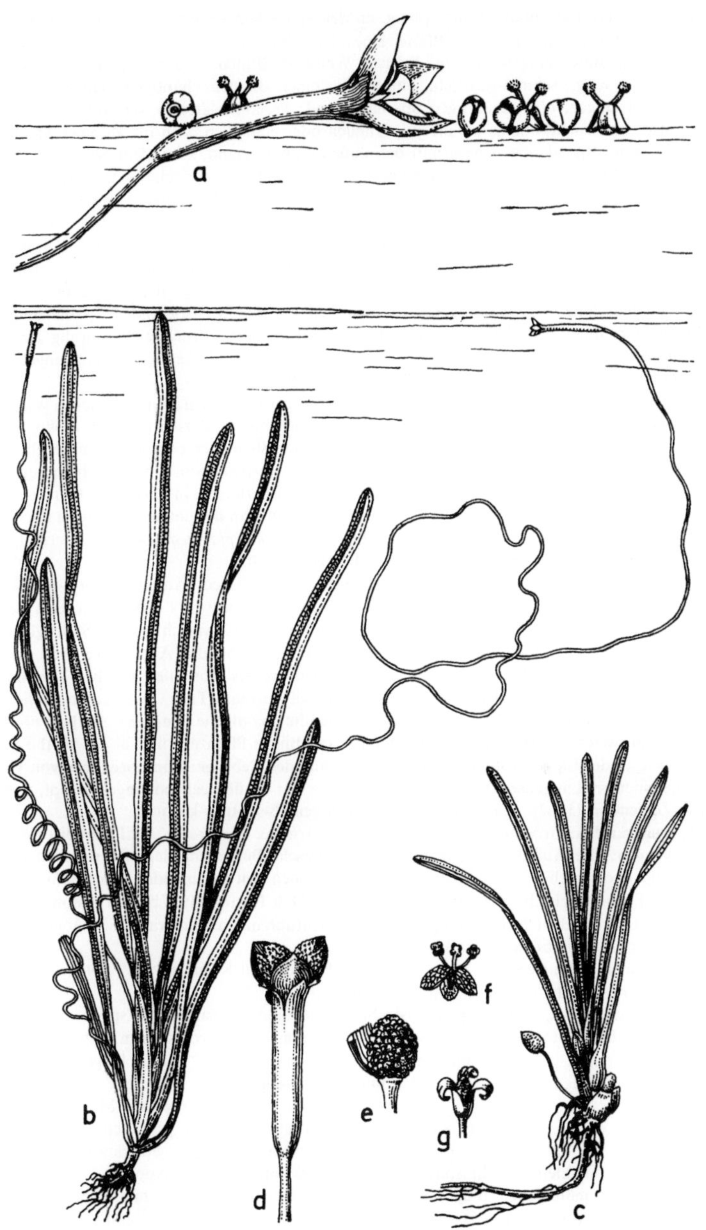

(0,2) 0,5—2,5 (7,0) cm breit, stumpfspitzig, an der Spitze fein gesägt, durchscheinend grün, manchmal rotbraun längsgestreift; Blätter eines jeden Büschels in einer Ebene dem Rhizom entspringend. Blüten eingeschlechtig, 2häusig. Weibliche Blüten 2—3 mm im Durchmesser, 1,5—2,5 cm lang, schmal-walzlich, einzeln in einer dünnen, häutigen, langgestielten, 0,5—1,5 cm langen, oben 2zähnigen Spatha sitzend; Perianthblätter 6, die äußeren direkt der Spitze des Fruchtknotens aufsitzend, länglich oder eilänglich, sich bis zu einer Spanne von 5—6 mm öffnend; die inneren mit den äußeren alternierend, sehr klein, schuppenartig und kaum sichtbar; Fruchtknoten unterständig, schmal-walzlich, einfächerig, mit zahlreichen Samenanlagen; Narben 3, sitzend, weißlichrosa, bis zur Hälfte ihrer Länge gespalten. Männliche Blüten weiß, sehr klein, im Durchmesser 1 mm, zu über 100 (—1000) in dichten Knäueln in einer häutigen, 6—9 mm langen, 16—70 mm lang gestielten Spatha; Perianthblätter 2, die äußeren eiförmig bis eilänglich, spitz, konvex, 2 größer als das dritte; innere fehlend. Frucht schmal walzlich, bis auf 3—9 (—13) cm Länge sich erstreckend, etwa 4 mm im Durchmesser, vielsamig, im unteren Teil von der persistierenden Spatha eingehüllt, an der Spitze mit den persistierenden Perianthblättern. Fruchtstiele spiralig eingerollt, bis 60 cm lang oder noch länger. Samen walzlich, am Ende keulig verdickt, ungefähr 1,5 mm lang. — Blütezeit: VII—X. — $2n = 20, 30, 40$.

Vorkommen: Beliebte Aquarienpflanze; in Mitteleuropa gelegentlich in nährstoffreichen Warmwasser-Gräben verschleppt und eingebürgert, zusammen mit *Elodea*-Arten, z. T. große, seegrasartige Bestände bildend; in Südeuropa am Grunde stehender oder langsamfließender, sich im Sommer stark erwärmender Gewässer bis in Wassertiefen von 3 m mit schlammigem Grund; in Südfrankreich z. B. Kennart des Potamo-Vallisnerietum; in Ungarn in thermophilen Ausbildungen des dortigen Myriophyllo-Potametum und an der unteren Donau in flachen Seen der Überschwemmungsaue zusammen mit *Ceratophyllum „platyacanthum"*; in Thermalgewässern bis zu einer Temperatur von 42°. — L: hyd H/Vall.

Verbreitung: In den Tropen und Subtropen beider Hemisphären: Amerika (nordwärts bis Neuschottland und Süddakota), Asien, Afrika; Südeuropa nordwärts über Frankreich (seit 1787), Belgien (seit 1940), Luxemburg und Niederlande (seit 1962) verschleppt bis Südengland. — Im Gebiet nicht einheimisch, stellenweise eingebürgert und das Areal erweiternd (vgl. Ant 1970); linkes Moselufer zwischen Trier und Pallien, rechtes Moselufer zwischen Trier und Wellen, Teich gegenüber Valwig, Altwasser der Mosel oberhalb Treis (hier auch männliche Pflanzen); Abwassergraben des Wasserwerkes Karlsruhe (männliche Pflanzen); Altrhein nördlich Neuburgweier; im Bassin der Ottilienquelle (weibliche Pflanzen) und in der Rothe bei Paderborn; in der Lippe westlich Hamm; am Südrand des Gebietes: Comersee, Seen von Varese, Luganersee, Langensee, Gardasee; hier und da nur vorübergehend eingeschleppt, z. B. Berlin-Zehlendorf (1962). — med-euras bzw. warm-gemäß-subtrop-kosmop.

Verbreitungskarten: Grossheim 1939 (Kaukasus); Perring & Walters 1962; El Hadidi 1968.

Anmerkungen: Die Auffassungen über die taxonomische Bewertung der offensichtlich sehr großen morphologischen Variabilität von *V. spiralis* gehen weit auseinander. Wir beschränken uns darauf, im Anschluß an Marie-Victorin (1943), Den Hartog (1957b) und Aston (1973) einige dieser fraglichen Sippen aufgeschlüsselt anzuführen, da immerhin die Möglichkeit besteht, hier und da auf sie zu stoßen.

Marie-Victorin (1943) trennt *V. neotropicalis* aus Florida und Kuba sowie *V. americana* aus Nordostamerika, Kuba und Haiti von *V. spiralis* ab:

1 a Kelchblätter 4—4,5 mm lang; Narben bis zum Grunde gespalten, mit spreizenden Lappen; Blätter 15—20 mm breit, an den Nerven mit dicken, rotbraunen, unterbrochenen Streifen, am Rande mit einzelligen, zahnförmigen, etwa 150 µm langen, einander genäherten Wimpern (etwa 2 je mm; Mikroskop!) . . . . **V. neotropicalis** Marie-Victorin

1 b Kelchblätter 2—3 mm lang; Narben bis zur Hälfte ihrer Länge gespalten; Blätter höchstens 10 mm, meist 5—6 mm breit, oft rotbraun gefleckt, ganzrandig oder höchstens mit kleinen, sehr spitzen, einzelligen Wimpern (Mikroskop!) 2

2 a Spatha der männlichen Blüten 6—9 mm lang, (getrocknet) 3—4 mm breit, auf 0,5—1,2 mm dünnen, 16—70 mm langen Stielen . . . . **V. spiralis** L.

2b Spatha der männlichen Blüten 10—23 mm lang, (getrocknet) 8—10 mm breit, eiförmig, auf 2—3 mm dicken, kurzen, nur 2—20 (45) mm langen Stielen . . . . . .
. . . . **V. americana** Michaux

Den Hartog (1957b) rechnet alle südostasiatisch-australischen Populationen zu *V. natans* (*V. gigantea* Graebner; einschließlich *V. asiatica* Miki; ob synonym mit *V. nana* R. Brown?):

1a Blätter (0,5) 1—2 cm breit, am Rande fein gesägt, mit 5—9 ziemlich gleich dicken Längsnerven; „weibliche" Spatha $^1/_2$—$^3/_4$ der Länge des Fruchtknotens einhüllend; äußere Perigonblätter stumpf; Narbe nicht gefranst; Blätter, „weibliche" Spatha und äußere Perianthblätter schwarz oder braun gestreift . . **V. natans** (Loureiro) Hara

1b Blätter bis 1 cm breit, gänzrandig, stets mit nur 5 Längsnerven, der Mittelnerv dicker als die Seitennerven; „weibliche" Spatha nur die Basis des Fruchtknotens einhüllend; äußere Perianthblätter spitz; Narbe gefranst; auf den Blättern der „weiblichen" Spatha und den äußeren Perianthblättern schwarze oder braune Flecken .
. . . . **V. spiralis**

Vallisneria und *Sagittaria* lassen sich im vegetativen Zustande nicht leicht unterscheiden. *Vallisneria* besitzt feine, dünne, bläulich schimmernde Wurzeln; die Längsnerven der Blätter laufen parallel fast bis in die Blattspitze hinein, die am Rande fein gezähnelt ist (Lupe!). *Sagittaria* besitzt grobe, dicke, weiße Wurzeln; die 2 äußeren Längsnerven biegen kurz vor der Spitze nach jeder Seite ab und verschwinden im Blattrand; die Blattspitze ist ungezähnt.

4. **Blyxa** Noronha ex Thouars

Untergetauchte, ausläufertreibende Wasserpflanzen, grundständig oder entlang eines 15 bis 60 cm langen Stengels schraubenständig beblättert. Blätter am Grunde scheidig, länglich verschmälert, 10—150 cm lang, 5—15 mm breit, am Rande fein gezähnelt, mit 5—11 Längsnerven, hervortretender Mittelrippe und vielen, feinen Quernerven. Blüten zwittrig oder eingeschlechtig, dann ein- oder 2häusig. Weibliche (oder Zwitter-)Blüten einzeln in einer Spatha sitzend, männliche zu mehreren (bis zu 10), gestielt. Spatha 4—10 cm lang, sitzend oder gestielt, röhrig; an der Spitze 2spaltig, mit 6 Längsnerven. Perianthblätter 6; äußere drei 6—15 mm lang, länglich-lanzettlich, persistierend; innere drei weiß, linealisch, 10—25 mm lang, länger als die äußeren, gefranst. Staubblätter 3, 6 oder 9. Fruchtknoten länglich, mit langem Griffel, im 3—10 cm langen Hypanthium; Narben 3, fädlich, Frucht länglich, 3—10 cm lang, in der Spatha eingeschlossen. Samen zahlreich, 1—2 mm lang, spindelförmig bis eiförmig.
Die Gattung umfaßt etwa 10 palaeotropische Arten (von West- und Zentralafrika und Madagaskar über Süd- und Ostasien und Malaysia bis nach Nordaustralien). Für ihre Bestimmung sind die Samen unentbehrlich. — Wichtige Aquarienpflanzen, z. B. die einjährige, grasartige, blattreiche Rosetten bildende *B. echinosperma* (Clarke) Hooker fil. aus Indien und Indonesien oder die einhäusige, durch rote äußere Perianthblätter auffällige *B. octandra* (Roxburgh) Planchon ex Thwaites aus Vorderindien, dem tropischen Südostasien und Nordaustralien. Oft werden bandblätterige, ausdauernde *Sagittaria*-Arten als *Blyxa*-Arten im Handel angeboten.
Wichtigste Literatur: Rangaswamy 1941; Koch 1952; Den Hartog 1957b; Vasconcellos & Franco 1958

1. Blyxa japonica (Miquel) Maximowitsch ex Ascherson et Gürke
Hydrilla? japonica Miquel; *Enhydrias angustipetala* Ridley
Pflanze einjährig, mit 15—60 cm langem, meist fast vom Grunde an verzweigtem Stengel, schraubenständig beblättert. Blätter kurzscheidig, sitzend, halbstengelumfassend, lang linealisch-lanzettlich, 1,5—5 cm lang, (1,0) 1,5—3,5 mm breit, mit 6 sehr feinen Längsnerven neben der Mittelrippe, am Rand fein gesägt. Spatha einzeln achselständig, sitzend, seltener sehr kurz gestielt, einblütig, 1,5—2,5 cm lang, walzlich, grün, mit 6 oft gesägten bis fein gezähnelten Längsrippen, an der Spitze sich 2zähnig öffnend. Blüten zwittrig oder 1geschlechtig, weiß,

mit langer Perianthröhre („Stiel") weit aus der Spatha hervortretend, sich an der Wasseroberfläche entfaltend. Perianthblätter 6; die äußeren kelchartig, länglich-lanzettlich, 3—4 mm lang, 0,75—1 mm breit, zugespitzt; die inneren weiß, schmallanzettlich, stark papillös, 6—10 mm lang, 0,5—1 mm breit, viel länger als die äußeren. Staubblätter unscheinbar, 3; Filamente 1—2 mm lang. Griffel 3, ungeteilt, spatelig verbreitert, länger als Kelch- und Staubblätter. Früchte lang spindelig, geschwänzt, grün, 1,5—2 cm lang, 2,5—4 mm breit; Samen zahlreich, spindelig, 2—2,5 mm lang, längs gestreift, manchmal papillös. — $2n = 42$.
Vorkommen: In 10—30 cm Wassertiefe bei Wassertemperaturen zwischen 25 und 28 °C; in den Reisfeldern Oberitaliens Kennart des Ottelio-Najadetum japonicae, zusammen mit *Ottelia alismoides*, *Najas japonica*, *Lemna paucicostata*. — L: hyd T.
Verbreitung: Einheimisch in Süd- und Ostasien von Bengalen und Nepal, nordwärts bis Korea und Japan, südwärts bis Neuguinea; in Malaysia selten. — Im Gebiet fehlend; in Europa nahe dem Südrande unseres Gebietes in der Poebene zwischen Novara und Vercelli eingebürgert; auch in Portugal (Grândolla, Comporta). — In Europa: submed.

5. Stratiotes L.

Mit den Merkmalen der Art. Außer *S. aloides* sind noch 8 fossile Arten beschrieben worden (vgl. Chandler 1923).
Wichtigste Literatur: Graebner 1908; Wesenberg-Lund 1912.

1. Stratiotes aloides L. (Fig. 40 a—c)
Ausdauernde, halb untergetauchte oder frei schwimmende oder im seichteren Wasser mit langen Wurzeln im Grunde verankerte, ausläufertreibende Wasserpflanze mit sehr kurzem, 1 bis mehrere cm dickem Rhizom. Blätter in großen, trichter- bis glockenförmigen Rosetten sitzend, schraubenständig, grundständig, normalerweise etwa bis zur Hälfte auftauchend, schwertförmig, (10) 15—40 (50) cm lang, 0,5—3 (4) cm breit, steif, lederig, im unteren Teil dreikantig, oben flach, breit-linealisch, allmählich zugespitzt, am Rande mit feinen, vorwärts gerichteten, hakigen, stacheligen Sägezähnen, vielnervig, über Wasser dunkelgrün, unter Wasser hellgrün. Blüten eingeschlechtig, zweihäusig. Männliche Blüten ansehnlich, auf 3 bis 10 cm langen, dünnen Stielen aus der 10—30 cm lang gestielten, 2—3 cm langen (mehrere Blüten einhüllenden), grünen, bleibenden, derben, 2,5—3 cm langen, am Rande stachelig gezähnten Spatha herausragend; Perianthblätter 6, die äußeren 3 oval, 1—1,5 cm lang, 0,6—1 cm breit, eilanzettlich, grün, kelchblattartig; die inneren 3 verkehrt-eirundlich, etwa 2—3 cm im Durchmesser, weiß; Staubblätter 12 (—25), von 15—30 hellgelben, pfriemlichen, drüsigen nektarienartigen Gebilden (Staminodien) umgeben. Weibliche Blüten nicht gestielt, der lang gestielten (nur 1—2 Blüten einhüllenden) Spatha aufsitzend; Perianth und Nektarium wie bei den weiblichen Blüten, Staminodien aber länger; Narben 6, 2spaltig. Frucht eine eiförmige, sechskantige, scheinbar sechsfächerige, von der Spatha umschlossene, fleischig-saftige Kapsel, hängend, grün, 6kantig. Samen nicht zahlreich, etwa 9 mm lang, braun. — Blütezeit: (V) VI—IX. — $2n = 24$.
Vorkommen: Meist gesellig untergetaucht unmittelbar unter der Wasseroberfläche schwebend, in stehenden, basen- und nährstoffreichen meso- bis eutrophen Gewässern; in windgeschützten Uferbuchten, in kleineren, stark verlandeten flachen Seen (Weihern), in Tümpeln, Altwassern, Torfstichen und Gräben über humosen Schlammböden; verlandungsfördernd, hohe thermische Ansprüche stellend und daher vorzugsweise in Gebieten mit höherer Sommerwärme, nicht abwasserverträglich und bei Wasserverschmutzung zurückgehend, empfindlich gegen stärkere Wasserstandsschwankungen; Kennart des Hydrocharitetum; außerdem in ärmeren, meso- bis oligotrophen (kalkoligotrophen), tieferen Klarwasserseen in ständig untergetaucht bleibenden (und auch unter Wasser blühenden) Formen („f. *submersa*") in Wassertiefen von 2—5 m in oft ausgedehnten Beständen, hier in ärmeren Ausbildungen des Potametum lucentis und des Myriophyllo-Nupharetum. — L: k Hyd nat/Strat.

Verbreitung: Verbreitet in Mittel- und Osteuropa, ostwärts bis Westsibirien (Ob-Gebiet), am Bottnischen Meerbusen nordwärts bis 63° nB; in Westeuropa zerstreut (westwärts bis England; in Schottland und Irland angepflanzt und stellenweise eingebürgert); in Frankreich und der Schweiz nirgends ursprünglich, ebensowenig im Mittelmeergebiet. — Im Gebiet im Tiefland verbreitet und vielfach häufig, stellenweise seltener (die einzige Fundstelle im Oberrheingebiet bei Maxau ist erloschen — ?); südwärts bis ins nördliche Bodenseegebiet, von hier ostwärts längs der Donau bis Südmähren, in die Slowakei und nach Ungarn; sich offensichtlich überwiegend vegetativ ausbreitend, daher die Populationen oft nur aus weiblichen (z. B. in Nordwest- und Nordeuropa) oder männlichen Pflanzen (z. B. in Teilen Mitteleuropas) bestehend — euras (kont).

Verbreitungskarten: Samuelsson 1934; Grossheim 1939 (Kaukasus); Meusel et al. 1965; Postovalova 1969; Hultén 1971; Tolmačev 1974.

Anmerkungen: Im Herbst sterben die ältesten Blätter der Rosette ab. Der restliche Blattschopf sinkt auf den Gewässerboden und überwintert im Schlamm. Mit der Erwärmung des Wassers im Frühjahr steigt die Rosette wieder zur Oberfläche auf. In tieferen Gewässern bleiben die Rosetten ständig am Grunde und grünen zu jeder Jahreszeit. Die Blätter solcher Unterwasserformen sind oft heller grün, schlaff, bandförmig und können bis 1 m lang werden. Sie haben keine Spaltöffnungen („f. *submersa* Glück"). Außerdem werden im Herbst echte ellipsoidische Turionen auf winzigen Stielchen gebildet, die sich sehr leicht von der Mutterachse loslösen und im Frühjahr zu Tausenden als kleine Rosetten in den mittleren Wasserschichten schweben. — Aus vegetativen Seitenzweigen (gestielten Knospen) gehen Pflanzen hervor, die sich von der Mutterpflanze nicht ablösen und die Bildung von *Stratiotes*-Teppichen initiieren. —

6. **Lagarosiphon** Harvey

Untergetauchte Wasserpflanzen von der Tracht einer *Elodea*, der Stengel jedoch in der ganzen Länge (unten locker, oben dichter) schraubenständig (in flachen Spiralen) beblättert. Blätter am Rande meist mit 1zelligen Zähnchen besetzt; mit 2 kleinen, eilänglichen Intravaginalschüppchen. Blüten 1geschlechtig, 2häusig. Männliche Blütenknospen in Büscheln bis zu 50 (bei *L. major*) in einer sitzenden, eiförmigen, achselständigen Spatha, nach deren Öffnung frei werdend, auf der Wasseroberfläche schwimmend und sich öffnend; Durchmesser der gestielten männlichen Blüte 2—3 mm; Perianthblätter 6, weiß, sich bei der Anthere plötzlich zurückbiegend und 1 Glocke bildend, die auf dem Wasser schwimmt; Staubblätter 3 (2); Staminodien 3, violett, dünn, länger als die Staubblätter, an der Spitze zusammenneigend, als „Segel" dienend. Weibliche Blüte einzeln (seltener zu 2—3) in einer sitzenden Spatha; ihr fadenförmiger, stielähnlicher Halsteil (Hypanthium) sich streckend (bei *L. major* bis 15 cm), bis an die Wasseroberfläche reichend und auf ihr flutend; Perianth dem der männlichen Blüte gleichend, auf der Wasseroberfläche eine flache Schüssel bildend; Staminodien 3; Narben 3, papillös, jede lang zweispaltig. Samenanlagen 6—30; Fruchtkapsel eiförmig oder walzlich, von der Spatha umschlossen, einfächerig, vielsamig, verschleimend.

Die Gattung umfaßt etwa 16 in den Tropen Asiens und Afrikas verbreitete Arten, davon 2 endemisch in Madagaskar, von denen die zierliche *L. madagascariensis* Caspary als Aquarienpflanze gehalten wird.

Wichtigste Literatur: Obermeyer 1964.

1. **Lagarosiphon major** (Ridley) Moss (Fig. 48 a—e)
  Elodea crispa hort., non *Lagarosiphon crispus* Rendle

Stengel bis 180 cm lang, wenig verzweigt, ziemlich spröde, bis 4 mm dick. Blätter dunkelgrün mit hellgrünem Mittelnerv, am Grunde 1—3 (5) mm breit, schmal lanzettlich, 1—1,6 (3) cm lang, lang zugespitzt, deutlich zurückgebogen, so daß die Spitzen die Blattbasen fast berühren, an gut entwickelten Pflanzen im Spätsommer steif, beim Herausziehen aus dem

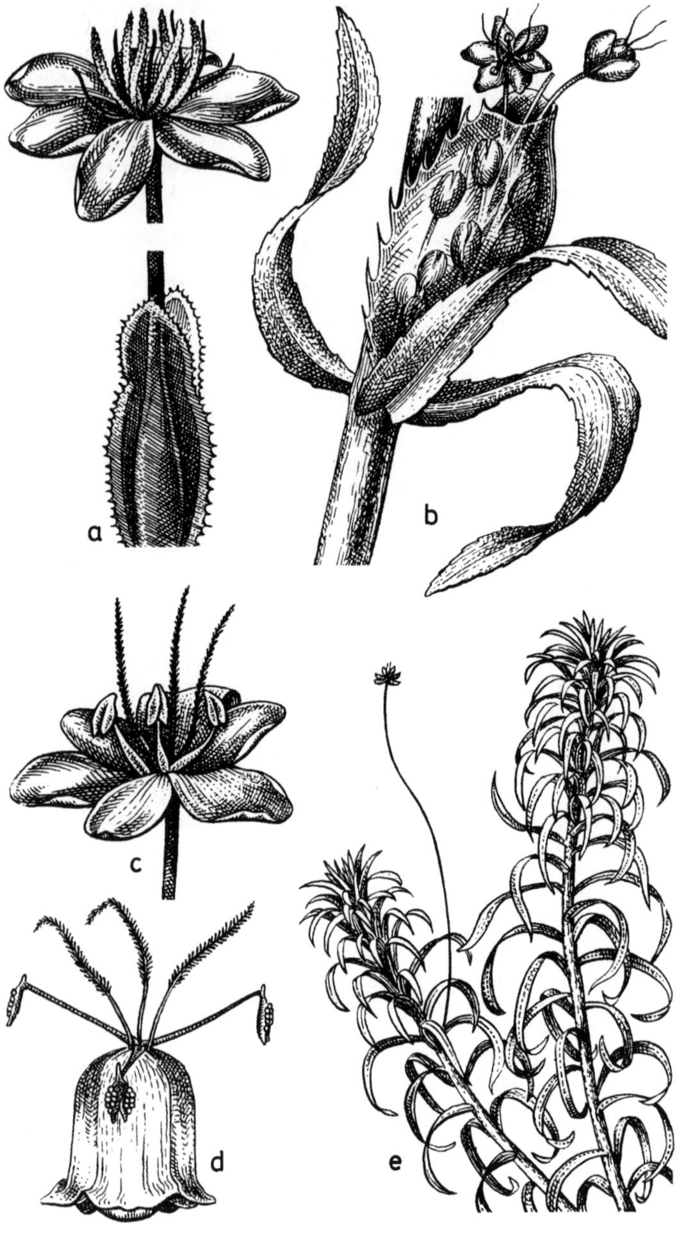

Wasser nicht zusammenfallend, am Rande gewellt, stumpf gezähnelt (18) 20—50 (55) Zähne. Kapsel eiförmig, etwa 5 mm lang. — Blütezeit: Blüht im Gebiet nicht. — $2n = 22$.

Vorkommen: Stehende, sich im Sommer stärker erwärmende, kalkarme Gewässer.

Verbreitung: Einheimisch in Südafrika; in verschiedenen Gebieten der Erde als Aquarienpflanze eingeführt, verwildert und eingebürgert, so z. B. in Neuseeland, in Oberitalien (in den Provinzen Mailand und Novara gegenwärtig verbreitet), in England, auf den Kanalinseln und in Nordwestfrankreich. — Im Gebiet im Nördlichen Alpenvorland: Feldhof bei Flaach (Kt. Zürich; vgl. Egloff 1974); außerdem am äußersten Südrand: Langensee, Seen von Varese (hier große Bestände bildend). — In Europa: submed-atl.

Anmerkungen: Verwechslung mit *Hydrilla verticillata* möglich; diese besitzt aber 2—3 cm weit voneinander entfernt stehende echte Blattquirle und einen meist rötlichen Mittelnerv.

7. **Hydrilla** L. C. Richard

Mit den Merkmalen der Art.
Wichtigste Literatur: Tomaszewics 1976.

1. Hydrilla verticillata (L. fil.) Royle (Fig. 49)
   H. lithuanica (Besser) Dandy; *Udora pomeranica* Reichenbach fil.; *Serpicula verticillata* L. fil.

Pflanze untergetaucht, reich verzweigt, ausdauernd. Stengel 1 mm dick, 15—300 cm lang, fadenförmig, mit (0,5) 1—3 (8) cm langen Internodien, die Zweige teilweise länglich-eiförmige, zugespitzte Winterknospen bildend. Blätter sitzend, (6) 10—20 (40) mm lang, etwa 1,5 (5) mm breit, linealisch bis lanzettlich, zugespitzt, scharf gesägt, einnervig, zu je (2) 4—8 (9) in jedem Quirl, am Grunde mit zwei länglichen, gefransten Achselschüppchen. Blüten eingeschlechtig, 2- (auch 1-?)häusig, unansehnlich, kaum 5 mm im Durchmesser; Perianthblätter 6, alle grünlich, die äußeren teilweise rötlich. Männliche Blüten (im Gebiet noch nicht beobachtet!!) 1—2 mm lang gestielt, eine je Spatha, ohne Hypanthium; äußere Perianthblätter breit eiförmig, konvex, 1,2—3 mm lang, anfangs die inneren und die Staubblätter vollständig einhüllend, zuletzt (nach der Anthese) zurückgeschlagen, am Grunde hellgrün, am Scheitel rot; innere Perianthblätter schmal-linealisch bis lanzettlich, viel schmaler und etwas kürzer als die äußeren, farblos; Staubblätter 3, mit sehr kurzen Filamenten, Staubbeutel 1 mm lang, 4fächerig; männliche Spatha fast sitzend, 1,5—3 mm lang, fast kugelig, am Scheitel mit 10 kleinen, höckerigen Anhängseln (Krönchen), zuletzt aufplatzend und die Blüte entlassend. Weibliche Blüte 1 (—2) je Spatha, mit einem schlanken, 1,5—10 cm langen Hypanthium; Perianthblätter 6, in Form und Größe einander ähnelnd, breit lanzettlich, die äußeren doppelt so breit wie die inneren. Fruchtknoten von der Basis des Hypanthiums umhüllt, 3—4 mm lang, walzlich; Griffel so lang wie das Hypanthium; Narben 3, fadenförmig, lang papillös, ganzrandig. Weibliche Spatha sitzend, etwa 5 mm lang, walzlich, an der Spitze 2spaltig. Frucht walzlich, grün, 5samig, 7 mm lang, 1,5 mm breit, unter Wasser reifend, Samen walzlich. — Blütezeit VII—VIII. — $2n = 16$ (♂), 24 (♀).

Vorkommen: In stehenden oder langsamfließenden, eu- bis mesotrophen Gewässern (vor allem in Characeen-reichen Seen); in 0,5—3,5 m tiefem Wasser auf schlammigem Boden; sommerwärmeliebend, konkurrenzschwach (nur bei uns?!) und vielfach durch *Elodea canadensis* verdrängt. — In Florida und Indonesien lästiges Unkraut in Wasserläufen und Bewässerungskanälen. — L: hyd H/Pot.

Fig. 48. *Lagarosiphon major* (Ridley) Moss apud Wager — a weibliche Blüte, geöffnet, mit Spatha; b Sproßstück mit „männlicher" Spatha, c männliche Blüte, geöffnet; d männliche Blüte als schwimmende „Glocke"; e Sproßstück (nach De Wit 1971, verändert).

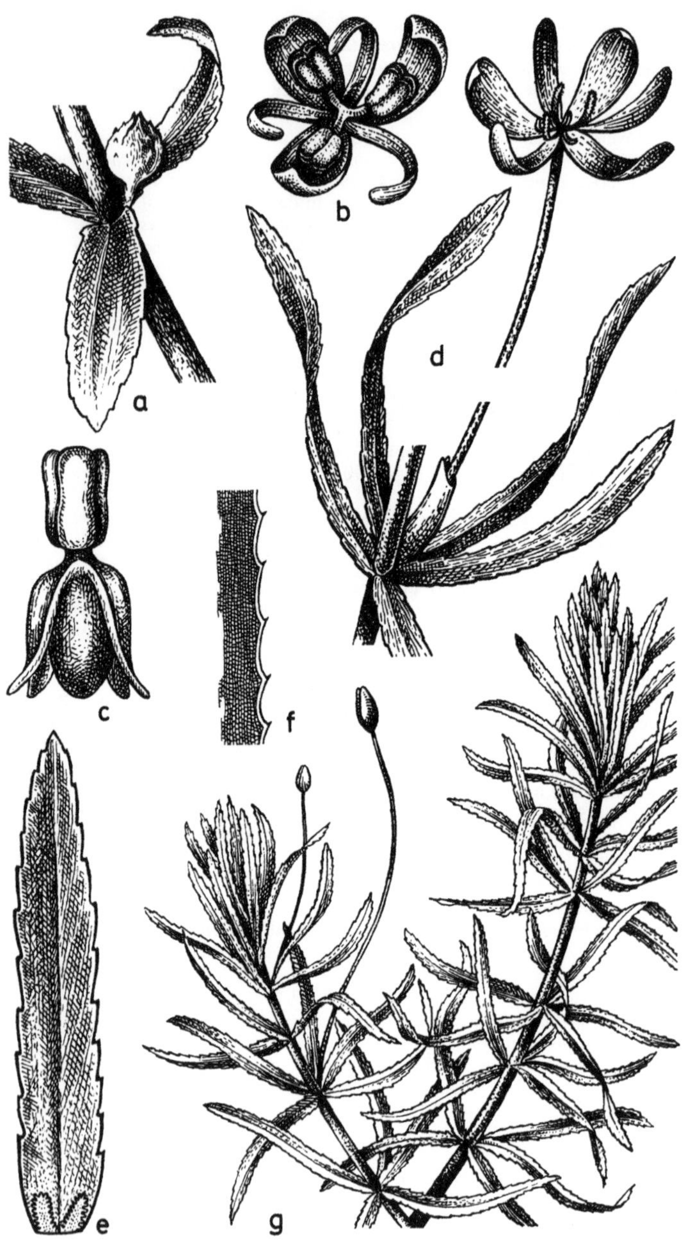
a
b
c
d
e
f
g

Verbreitung: Nordöstliches Mitteleuropa (Masuren), nordwestliches und westliches Osteuropa; in England in North-Lancashire und in West-Galway (?); fehlt im übrigen Europa. Ferner im oberen Nilgebiet, auf Madagaskar, Mauritius; in Süd- und Ostasien mit den Inseln nördlich bis zum Amur; Australien; im Südosten der USA (seit 1960) eingebürgert; Panamakanal. — Im Gebiet nur im nordöstlichen Tiefland zwischen Odermündung und Neman; 1907 im Müggelsee (Berlin) gefunden. — euras-subozean, ferner sübtrop-trop.
Verbreitungskarten: Wiśniewski 1935; Allen 1976; Tomaszewics 1976.
Anmerkungen: *Hydrilla* ähnelt habituell *Elodea* sehr. Daher sind beide oft verwechselt worden. So sollen die englischen Vorkommen (nach Clapham & al. 1959) auf *Elodea nuttallii* zu beziehen sein, was Scannell & Webb (1976) neuerdings wieder in Frage stellen. *Hydrilla* unterscheidet sich von dieser Sippe durch den Besitz von nur 3 Antheren, durch die bestachelte Spatha der männlichen Blüte, durch den wahrnehmbar rauhen Blattrand, durch den häufig etwas rötlichen Blattmittelnerv und die gefransten Achselschüppchen. — Die pommerisch-litauischen Populationen („*Udora lithuanica* Besser") verdienen keinen Artrang. — Die männlichen Blüten öffnen sich nur außerhalb der Spatha an der Wasseroberfläche. An sonnigen Tagen steigen sie in großer Zahl empor. Der 1—2 mm lange, glashelle Stiel löst sich von der Basis, die gaserfüllte Knospe drückt auf die Spatha und reißt sie auf. Jetzt steigt die Knospe auf und schwimmt. Die Perianthblätter spreizen, die äußeren legen sich mit den Antheren horizontal auf das Wasser, und die inneren stülpen sich nach außen herab. Danach schnellt die Anthere in vertikale Lage, öffnet die Pollensäcke und schleudert den Pollen aus. Das zugehörige äußere Perianthblatt stülpt sich nach unten um. Die offene Blüte schwimmt, wobei die Antheren als Segel wirken. Ist der Wasserspiegel höher als 20 cm, dann können die weiblichen Blüten nicht an die Oberfläche gelangen. Sonst bilden sie in die Wasseroberfläche eingesenkte breite Trichter. — Im Herbst zerfällt *Hydrilla* in zahlreiche überwinterungsfähige Sproßteile und bildet außerdem länglich-walzliche, etwa 1,5 cm lange und 3—4 mm dicke Winterknospen.

8. Elodea L. C. Richard in Michaux fil.
Anacharis L. C. Richard

Pflanze ausdauernd; Sprosse zart, einfach oder kaum verzweigt; im Boden wurzelnd. Blätter sitzend; die unteren wechselständig, gegenständig oder in Quirlen zu dreien; die mittleren und oberen gegenständig oder in Quirlen zu dreien bis sieben; linealisch oder länglich, vorn spitz oder stumpflich, am Rande scharf gesägt, einnervig; Blattachseln mit Intravaginalschüppchen. Blüten eingeschlechtig, zwei- oder einhäusig, oder selten zwittrig, ohne Nektarium. Spathen achselständig, eiförmig oder röhrig, an der Spitze seicht 2spaltig, mit einer (selten 3) männlichen oder einer weiblichen oder selten einer zwittrigen Blüte. Männliche Spatha mehr oder weniger sitzend, männliche Blüte (außer bei *E. nuttallii*) langgestielt, sich frühzeitig von der Mutterpflanze lösend und auf der Wasseroberfläche flutend. Staubblätter (3) 6 (9) im äußeren und 3 im inneren, zu einer Filamentsäule vereinigten Kreis; Antheren 2fächerig, sich septifrag öffnend. Weibliche Spatha sitzend, weibliche Blüte langgestielt; Zwitterblüte wie die weibliche Blüte, aber mit 3 Staubblättern; äußere Perianthblätter 3, kelchblattartig, elliptisch; innere Perianthblätter 3, kronblattartig, elliptisch oder linealisch, häutig, weiß bis purpurn, kürzer oder etwas länger als die äußeren. Samenanlage einfächerig; Griffel 3, 2spaltig oder (selten) ungeteilt, Frucht schmal eiförmig, mit 1—5 walzlichen oder spindelförmigen Samen.

Fig. 49. *Hydrilla verticillata* (L. fil.) Royle — a Sproßstück mit „männlicher" Spatha, ×4; b männliche Blüte, geöffnet, ×8; c männliche Blüte (Seitenansicht) schwimmend (Kelch- und Kronblätter glockig nach unten umgeschlagen, Staubbeutel aufgerichtet), ×8; d Sproßstück mit weiblicher Blüte und Spatha, ×5; e Blatt mit Stipulargebilden, ×3; f Blattrand, ×5; g Sproßstück, ×⁶/₅ (a—f nach Aston 1973; g Original).

Die Gattung umfaßt 17 Arten, die in den USA und Kanada sowie in Südamerika verbreitet sind; in Zentralamerika nicht ursprünglich; neophytisch in vielen Gebieten der Erde; ausgezeichnete Aquarienpflanzen.
Wichtigste Literatur: Marie-Victorin 1931; St. John 1962, 1963, 1964, 1965; Mühlberg 1963; Kent 1964; Wattendorff 1964; Perring 1976; Weber-Oldecop 1977; Bolman 1977.

Bestimmungsschlüssel der Arten:

1a Männliche Blüten sitzend, beim Aufblühen sich loslösend, zur Wasseroberfläche schwimmend und sich öffnend; mittlere und obere Blätter 0,5—1,5 (2) mm breit, schlaff, am Ende spitz . . . . **4. E. nuttallii** (S. 205)

1b Männliche Blüten durch die sich fadenförmig verlängernde Basis des Hypanthiums aus der Spatha hervorwachsend, sich nicht loslösend **2**

2a Mittlere und obere Blätter derb, kräftig grün, länglich-eiförmig, stumpf, 1—5 mm breit, 6—13 mm lang; Narben an der Spitze 2spaltig, 4 mm lang . . . .
. . . . **1. E. canadensis** (S. 202)

2b Blätter schlaff, grasgrün, linealisch, spitz, 0,7—1,9 mm breit, 7—20 (22) mm lang; Narben tief 2spaltig, 5—7 mm lang, viel länger als das Perianth **3**

3a Mittlere und obere Blätter in Wirteln zu zweien, seltener zu dreien; äußere Perianthblätter der männlichen Blüten linealisch-spatelig; Narben fadenförmig. . . . . . .
. . . . **2. E. callitrichoides** (S. 204)

3b Mittlere und obere Blätter in Wirteln zu dreien; äußere Perianthblätter der männlichen Blüten spatelförmig; Narben dicker (etwa 0,6 mm Durchmesser) . . . . .
. . . . **3. E. ernstiae** (S. 205)

1. Elodea canadensis L. C. Richard in Michaux fil. (Fig. 50f—i)
Anacharis alsinastrum Babington; *A. canadensis* (L. C. Richard) Planchon; *E. planchonii* Caspary

Untergetauchte, schwimmende oder kriechende, 30—300 cm lange, mäßig bis stark verzweigte Wasserpflanze. Blätter der männlichen Pflanzen (im Gebiet noch nicht beobachtet) sitzend, die unteren gegenständig, klein, eilanzettlich, die mittleren und oberen in 3zähligen Quirlen, 7—17 mm lang, 1—4 mm breit, linealisch bis länglich-lanzettlich, dünn, hellgrün, fein gezähnelt; die der weiblichen Pflanzen sitzend, die unteren gegenständig, die mittleren und oberen in 3 (4—5)zähligen Quirlen, an den Sproßspitzen dicht gedrängt stehend, (5) 6—13 (17) mm lang, 1—5 mm breit (größte Breite in oder unterhalb der Mitte), länglich-oval bis eilanzettlich, stachelspitzig, am Rande meist fein gezähnelt (Lupe!), manchmal ganzrandig, dunkelgrün. Blüten 1geschlechtig und 2häusig, sehr selten zwittrig, einzeln einer in den Achseln der oberen Blätter sitzenden Spatha entspringend. Männliche Blüte einzeln in 1—2 cm langer, an der Spitze 2spaltiger Spatha; Kelchblätter 3,5—5 mm lang, 2—2,5 mm breit, elliptisch; Kronblätter 5 mm lang, 0,3—0,7 mm breit, weiß, löffelförmig, zart; Staubblätter 9, die inneren 3 Staubfäden miteinander zu einem Säulchen verbunden; alle Staubbeutel 2—3,5 mm lang, 1 mm breit; zur Zeit der Anthese 5—10 cm lang gestielt, locker gedreht, im Wasser flutend. Weibliche Blüte einzeln in der walzlichen Spatha; stielartiger, fadenförmiger Halsteil (Hypanthium) 2—15 (30) cm lang; Kelchblätter 2—2,2 mm lang, 1,1 mm breit, länglich-elliptisch; Kronblätter 2,6 mm lang, 1,3 mm breit, weiß, breit elliptisch-spatelig, zart; Staminodien 3, fadenförmig, 0,7 mm lang; Fruchtknoten von der Basis des Hypanthiums umfüllt, mit meist 3 (1—5) sitzenden, selten kurz gestielten Samenanlagen

Fig. 50. a—e *Elodea nuttallii* (Planchon) St. John — a Sproßstück mit weiblicher Blüte, ×6; b Sproßstück mit „männlicher" Spatha, ×6; c männliche Blüte, schwimmend, ×8; d Blatt, ×5; e Sproßstück, ×⁶/₅; f—i *Elodea canadensis* L. C. Richard in Michaux fil. — f Sproßstück, ×0,5; g männliche Blüte, ×2; h Sproßstück mit weiblicher Blüte und Spatha, ×3; i Blatt (a, g, h frei nach St. John 1962; c nach Mühlberg 1963; d, i nach van Ooststroom & Reichgelt 1964a; e nach Muenscher 1944).

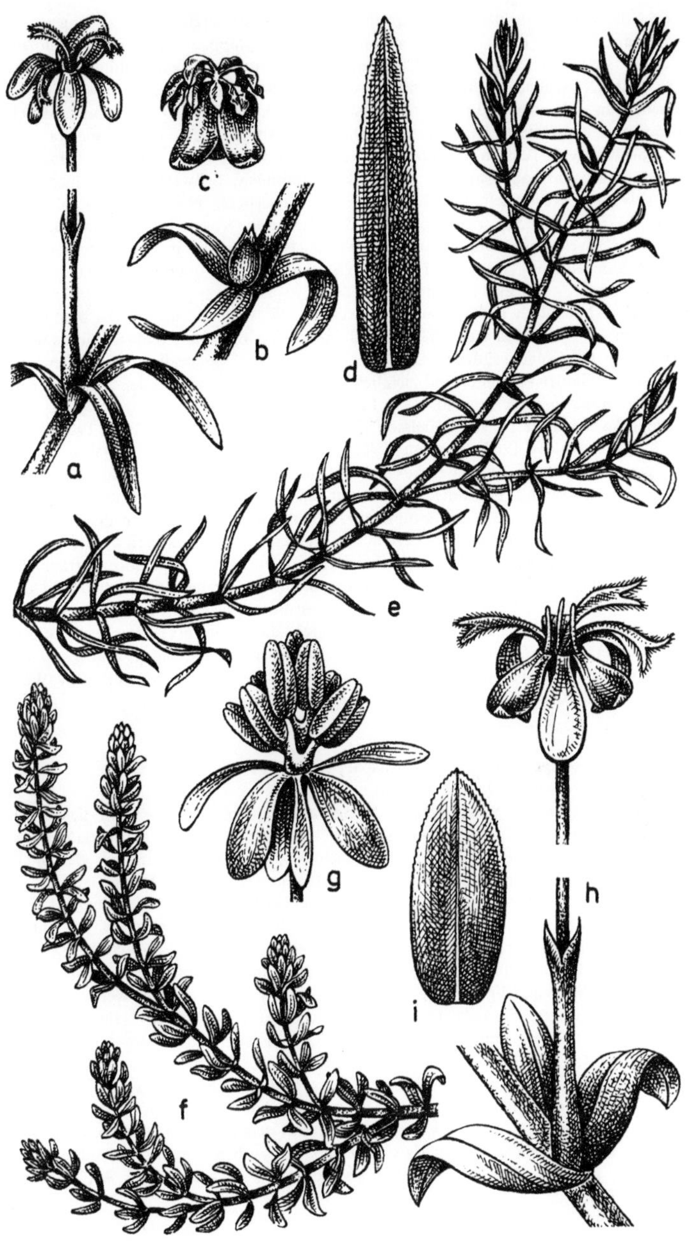

(falls ein Stiel vorhanden, dann dieser an der Spitze eingeschnürt); Griffel so lang wie das Hypanthium; Narben drei, 4 mm lang, an der Spitze 2lappig. Reife Frucht eiförmig, 6 mm lang, 3 mm dick. Samen 3—4, 4,5 mm lang, schmal walzlich, kahl. — Blütezeit: (V) VI—VIII (IX), (selten, nur in besonders warmen Sommern blühend). — $2n = 24, 48$.

Vorkommen: In stehenden und fließenden, basen- und nährstoffreichen eutrophen, spärlicher in mesotrophen Gewässern, kann bis zu einem gewissen Grad Verschmutzung ertragen; in ruhigen Seebuchten, Teichen, Tümpeln, Bächen und Gräben auf humosen Sand- und Kiesböden sowie auf sandigen oder reinen Schlammböden; Schwerpunkt in flachen Gewässern (bis 0,8 m Wassertiefe, jedoch auch bis 3 m Wassertiefe); planar bis montan, seltener subalpin; in verschiedenen Wasserpflanzen-Gesellschaften, vor allem im Ranunculetum fluitantis, im Myriophyllo-Nupharetum, im Potametum lucentis, im Najadetum marinae und im Zannichellietum, auch im Hydrocharietetum, vielfach auch Reinbestände („Elodeetum") bildend. — L: hyd H rept/Pot.

Verbreitung: Einheimisch in Nordamerika zwischen 25° und 60° nB, in Ausbreitung begriffen; Neophyt in Europa (seit 1836: Irland; nordwärts bis zum Polarkreis, ostwärts bis zum südlichen Ob-Gebiet, südwärts bis Nordafrika), Indien, Australien, Tasmanien, Neuseeland. — Im Gebiet verbreitet und ziemlich häufig; in den Niederlanden in jüngster Zeit gegenüber *E. nuttallii* zurückgehend. — In Europa: eurassubozean.

Verbreitungskarten: Ihne 1879; Samuelsson 1934; Luther 1951; St. John 1962, 1965; Hultén 1962, 1971; Postovalova 1969; Eloranta 1970; Tolmačev 1974; Kohler et al. 1974.

Anmerkungen: In Europa stets zweihäusig, meist nur weibliche Blüten (männliche nur aus England und Schottland bekannt); selten, nur an geschützten Stellen im vollkommen ruhigen, warmen Wasser (z. B. im Sommer 1973 häufig in den Altwassern der Oder, 1975 bis 1977 im Plothener Teichgebiet) regelmäßig blühend; in Nordamerika sind zwittrige Blüten beobachtet worden. Vermehrung bei uns rein vegetativ mit Hilfe von Astfragmenten oder besonderen, 3—12 cm langen Wintersprossen mit verkürzten Internodien und dicht gedrängten Blattquirlen. Verwechslungsmöglichkeiten mit *Hydrilla* sind gegeben, vor allem dann, wenn sich mehr als 3 Blätter im Quirl befinden; die hellere grüne Farbe und die fein gesägten Blätter, deren Zähne nur mit 1 Zelle über den Rand hinausragen, sind gute Unterscheidungsmerkmale. Außerdem bleibt *Elodea* bis in den Spätherbst, oft den Winter hindurch grün, während *Hydrilla* schon im August abzusterben beginnt.

2. Elodea callitrichoides (L. C. Richard) Caspary (Fig. 51 i—k)
    Anacharis callitrichoides L. C. Richard
Untergetauchte, verzweigte Wasserpflanze. Stengel spröde, 4 m lang, 1—3 mm dick. Blätter unten gegenständig, kurz eiförmig, 4—6 mm lang, 1,5—2,5 mm breit, in der Mitte und oben in 2 (3)zähligen Quirlen, hellgrün, linealisch, nach der Spitze zu sich ziemlich gleichmäßig verschmälernd und stumpflich bis scharf zugespitzt, 1nervig, 7—20 (25) mm lang, 0,7 bis 1,9 mm, am Grunde bis 2,5 mm breit; Blattrand mit 30—50 sehr feinen Zähnen (Lupe!). Blüten meist 2häusig, selten 1häusig. „Männliche" Spatha spindelig, meist am unteren oder mittleren Teil des Stengels, 10—13 mm lang, oben 3,2 mm breit; 2—9 cm lang gestielt; Kelchblätter 4—4,5 mm lang, 1,8—3 mm breit, elliptisch; Kronblätter 5—5,6 mm lang, 1 mm breit, linealisch-spatelig; Staubblätter 9, die 3 inneren 2,5 mm lang. Weibliche Blüten einzeln in einer häutigen, röhrigen, 14—16 mm langen Spatha meist in der Nähe der Stengelspitze; Halsteil 1—23 cm lang; Kelchblätter 3—3,5 mm lang, 0,8—1 mm breit, länglich-3eckig; Kronblätter 2,8—3,2 mm lang, verkehrt-eiförmig-spatelig, häutig, weiß; Staminodien 3; zur Blütezeit mit der Krone schwimmend, die 3 schmal-linealischen, bis auf $^1/_2$—$^2/_3$ ihrer Länge 2lappigen Narben sich dabei mit dem Wasserspiegel auf gleicher Höhe befindend.

Verbreitung: Argentinien, Chile. — Verschiedentlich aus dem Gebiet angegeben (z. B. Oberdorfer 1962), doch scheint es sich hierbei um *E. ernstiae* zu handeln. In England angeblich in Middlessex (Longbeach river), offenbar aber ebenfalls *E. ernstiae*. — Als Aquarienpflanze eingeführt.

Verbreitungskarte: St. John 1963 (Südamerika).

3. Elodea ernstiae St. John (Fig. 51 f—h)

Untergetauchte Wasserpflanze. Untere Stengelhälfte mit entfernten, obere mit gedrängten Knoten. Blätter unten gegenständig, 2—2,5 mm lang, lanzettlich, schuppenartig; in der Mitte und oben in 3zähligen Quirlen, blaßgrün, 7—15 mm lang, 0,9—1,7 mm breit, linealisch, spitz, fein gezähnelt, einander nicht deckend. Blüten 2häusig. Männliche Spatha 1 blütig, in den Achseln der mittleren und oberen Blätter; der obere Abschnitt 8 mm lang, 2,2 bis 2,5 mm im Durchmesser, vorn 2,7 mm breit, bis 3 mm herab gespalten, mit klaffender Mündung; der untere Abschnitt gegen den Grund verschmälert, 1,2 mm im Durchmesser an der Spitze, 0,4 mm im Durchmesser über der Basis, 8—19 mm lang; Halsteil 11 cm lang; Kelchblätter 5,5—6 mm lang, 2,6 mm breit, oval, grün; Kronblätter 6,2 mm lang, 1,1 mm breit, linealisch-spatelig, weiß, häutig; Staubblätter 9, alle auf einem zentralen Säulchen angeheftet. Weibliche Spatha 13—15 mm lang, fädlich-walzlich, an der Spitze tief 2zähnig. Weibliche Blüte auf 20—28 mm langem Halsteile; Kelchblätter 3,2 mm lang, 0,7 mm breit, länglich-3eckig, mit purpurnem Mittelstreifen; Kronblätter 3 mm lang, 0,25 mm breit, schmal länglich-elliptisch, weiß, häutig; Staminodien 3; Narben 3,5—5,5 mm lang, dicht behaart, bis zu $^2/_3$ 2lappig.

Vorkommen: An ähnlichen Standorten wie *E. canadensis*; im Ranunculetum fluitantis, im Myriophyllo-Nupharetum, im Spirodelo-Lemnetum und im Hydrocharitetum.

Verbreitung: Einheimisch in Argentinien; in Europa kultiviert (Bensheim-Auerbach). — Im Gebiet eingebürgert in der Ill bei Straßburg und im Altrhein bei Stockstadt; rheinabwärts sich allmählich ausbreitend; in Südwestfriesland mehrfach.

Verbreitungskarte: St. John 1963 (Südamerika).

Anmerkungen: Früher (vor 1963) nicht von *E. callitrichoides* unterschieden; hierher vielleicht die von Oberdorfer (1962) angeführte „*E. callitrichoides*" (vgl. Wattendorf 1964).

4. Elodea nuttallii (Planchon) St. John (Fig. 50 a—e)

   E. occidentalis (Pursh) St. John; *E. minor* Farwell; *E. canadensis* var. *angustifolia* (Mühlenbeck) Ascherson et Graebner; *Anacharis nuttallii* Planchon; *A. occidentalis* (Pursh) Marie-Victorin; *Serpicula occidentalis* Pursh

Wurzeln violett-weißlich. Mittlere und obere Blätter in 3—(4)zähligen Quirlen, 6—13 (15) mm lang, 0,3—2 mm breit, linealisch bis schmal lanzettlich, dünn, schlaffer als bei *E. canadensis*, meist blaßgrün, locker spreizend und sich nicht überlappend, oft in sich unregelmäßig gedreht; allmählich in 1 deutliche Spitze verschmälert; Internodien 0,2—3,7 mm lang; Knoten violett. Männliche und weibliche Pflanzen vegetativ nicht auffällig verschieden. Männliche Blüte sitzend oder kurz gestielt, einzeln in den Blattachseln, vor dem Aufblühen in einer eirundlichen, bis unter die Mitte 2geteilten, vorn 2spitzigen, durchscheinenden Spatha eingeschlossen; etwa 4 mm im Durchmesser; zur Reifezeit sich vom Stengel lösend, zur Wasseroberfläche schwimmend und sich dort öffnend; äußere Perianthblätter außen grün, innen dunkelbraun mit grünem Saum, 1,9—2,1 mm lang, 1,5—1,7 mm breit, eiförmig; innere viel kleiner, etwa 0,5 mm lang, eilanzettlich, oft fehlend; Staubblätter 9, 6 außen, 3 innen, 1—1,2 mm lang, 0,6 mm breit. Weibliche Spatha (9) 10—15 (25) mm lang, schmal walzlich, oben 2spitzig. Weibliche Blüten mit bis 9 cm langem, fadenförmigen Halsteil, kürzer als bei *E. canadensis*; äußere Perianthblätter 1,1—2 mm, 0,5 mm breit, verkehrteiförmig; innere 1,3 mm lang, 1 mm breit, weiß, zart; Staminodien 3; Griffel so lang wie der Halsteil; Narben 3, 2spaltig. Fruchtknoten mit meist 5 (3—7) gestielten Samenanlagen (Stiel an der Basis meist eingeschnürt). Kapsel 5—7 mm lang, sitzend. Samen 3,5—4,5 mm lang, walzlich, kurz geschnäbelt, behaart. — Blütezeit: VI—IX.

Vorkommen: In der Heimat in kalkarmen, manchmal auch brackigen Gewässern, gewöhnlich zusammen mit *Elodea canadensis*, verträgt jedoch Strömung und Wellenschlag weniger gut als diese; in den Niederlanden in süßen bis schwach salzigen, stehenden oder schwach strömenden, nährstoffreichen, auch verunreinigten, meist flachen Gewässern, vor allem in Gräben und Altwässern; im Vogtland in einem Teich; planar (bis kollin); vor allem in *Elodea*-reichen Laichkraut-Gesellschaften, ferner in Wasserlinsen- und Seerosen-Gesellschaften, auch in nassen Kleinröhrichten. — L: hyd H/Pot.

Verbreitung: Einheimisch in Südostkanada und den nördlichen Gebieten der Vereinigten Staaten von Nordamerika (von Maine bis Minnesota und Oregon, südlich bis Washington D.C., Montana und Nebraska); in Japan eingebürgert; in Europa in den Niederlanden (nur weibliche Pflanzen; seit 1941), Belgien (seit 1939), Irland und England stellenweise eingebürgert. — Im Gebiet 1961 und 1962 im Vogtland in einem Teich (nur männliche Pflanzen) westlich der Straße Lengenfeld-Rodewisch, 1965 in einem Teich zwischen Mylau und Reichenbach, 1975 im Mahlteich bei Knau (Plothener Teichgebiet); 1953 im Teich des Botanischen Gartens zu Münster; im Maschsee und Dreiecksteich (hier weiblich!) bei Hannover; zwischen Emden und Oldenburg und im Vechte-Gebiet zwischen Emmeln und Haren; in der Schweiz im Zürichsee (blühend; nur weibliche Pflanzen). — In Europa mit subatlantischer Ausbreitungstendenz.

Verbreitungskarten: St. John 1962 (USA); Perring & Walters 1962; Sculthorpe 1967 (England, Irland); Wiegleb 1979 (Niedersachsen).

Anmerkungen: Durch die meist schlaffen, in sich gedrehten, linealischen, spitzen Blätter auch im vegetativen Zustande gut zu erkennen.

9. Egeria Planchon

Im Habitus wie *Elodea*. Blüten stets zweihäusig, mit einem Nektarium; männliche Blüten zu 2—4, weibliche einzeln in einer sitzenden Spatha; weibliche Spatha auf einer Seite bis zur Hälfte der Länge hinab aufgeschlitzt. Perianthblätter 6, die äußeren deutlich etwa 3mal kürzer als die inneren; Staubblätter 9 (—10), frei; Filamente deutlich länger als die Staubbeutel, diese sich lokulizid öffnend; Narbenäste 3, 2- bis 3spaltig. Insektenbestäubung. Gattung mit 2 Arten im warm-gemäßigten Südamerika (Brasilien, Paraguay, Uruguay und Argentinien) beheimatet.

Wichtigste Literatur: St. John 1961, 1967.

Bestimmungsschlüssel der Arten:

1a Blätter am Rande fein gesägt, die unteren gegenständig, die oberen zu 4—5 in einem Wirtel; innere Perianthblätter der weiblichen Blüten 6—8 mm lang und 5—8 mm breit, die der männlichen Blüten 9,5—12 mm lang und 3,5—9 mm breit; Staubfäden keulig angeschwollen . . . . **1. E. densa** (S. 206)

1b Blätter am Rande rauh, entfernt spitz gesägt, zu 3—4 in einem Wirtel; *innere Perianthblätter der weiblichen Blüten etwa 4 mm lang und 2,8 mm breit, die der männlichen Blüten etwa 7 mm lang und 6 mm breit; Staubfäden schmal keilförmig* . . . . **2. E. najas** (S. 207)

1. Egeria densa Planchon (Fig. 46 g—k)

Elodea densa (Planchon) Caspary; *Anacharis densa* (Planchon) Marie-Victorin

Pflanze untergetaucht, reich verzweigt, flutend oder kriechend, dicht beblättert, ausdauernd; größte Art der Gattung. Stengel 2—3 mm im Durchmesser. Blätter sitzend, (10) 15—30 (40) mm lang, 2—5 mm breit, lanzettlich-länglich bis breit-linealisch, zugespitzt, fein gesägt (20—30 sehr feine einzellige Zähne), einnervig, die unteren gegenständig (oft eilanzettlich), die oberen zu (3) 4—5 (6) in einem Quirl; in den Blattachseln 2 nahezu runde Intravaginalschuppen. Blüten (in Europa nur männliche Blüten beobachtet) eingeschlechtig, diözisch, Spathen entspringend, jede mit einem fadenförmigen Hypanthium; Perianthblätter 6, die inneren 3 weiß, 2—3mal so lang wie die äußeren drei. Männliche Blüten (1) 2—4 (5) je Spatha, Hypanthium 2,5—7,5 cm lang; äußere Perianthblätter elliptisch, kahnförmig, 3 bis 4 mm lang; innere Perianthblätter verkehrt eiförmig bis rundlich, länger und breiter als die äußeren, 9,5—12 mm lang, 3,5—9 mm breit; Staubblätter 9 (—10) mit keulig angeschwollenen, drüsig-papillösen Filamenten, die inneren 3 aufrecht, die äußeren 6 in 2 Kreisen zu 3, aufgebogen; männliche Spatha 8—12 mm lang, sitzend, spindelförmig, an der Spitze kurz 2zähnig. Weibliche Blüte 1 je Spatha; Hypanthium 4—6 cm lang; äußere Perianthblätter eiförmig, etwa 3 mm lang; innere breit oval bis rundlich, stumpf, 6—8 mm lang, 5—8 mm breit, länger und breiter als die äußeren; mit 3 Staminodien; Fruchtknoten von der Basis des Hypanthiums umhüllt, 3,5 mm lang; Griffel so lang wie das Hypanthium; Narben 3, etwa 3 mm lang, breit, an der Spitze in 3—4 behaarte Lappen gespalten. Weibliche Spatha 10—12 (15) mm lang, sitzend, ähnlich der männlichen oder nicht gespalten. Früchte 7—8 mm lang, 3 mm im Durchmesser. — Blütezeit: (VIII) X—XI (in Westfrankreich). — $2n = 48$.

Vorkommen: Häufige und beliebte Aquarienpflanze für Warmwasserbecken; gelegentlich und meist nur vorübergehend verschleppt, fest eingebürgert nur in Warmwasser-Gräben; in den Heimatgebieten in stehenden oder langsamfließenden Gewässern dichte, flächendeckende, untergetauchte Massen entwickelnd; in den sommerlich sich stark erwärmenden Seen des Alpensüdrandes in stillen Buchten; planar bis kollin; in Westfrankreich in Flüssen, Kanälen und Gräben zusammen mit *Elodea canadensis, Vallisneria spiralis, Nymphoides peltata,* insbesondere *E. canadensis* verdrängend. — L: hyd H rept/Pot.

Verbreitung: Einheimisch im warm-gemäßigten Südamerika (Brasilien, Argentinien, Uruguay); von dort in Chile, Mexiko und den USA eingebürgert, heute in viele Länder eingeschleppt (Afrika: Algerien, Kenya; Japan; Australien, Neuseeland) bzw. als Aquarienpflanze eingeführt; in Europa in England, Frankreich [Normandie: Selune-Tal (seit 1960); Loire: Erdre-Tal (seit 1962), unteres Loire-Tal], in den Niederlanden (Dordrecht, Bussum); am Südrand des Gebietes im Langensee und Lago di Comabbio (Varano Borghi). — Im Gebiet bei Karlsruhe; vorübergehend eingeschleppt bei Leipzig (1910, Elster-Saale-Kanal) und Niers am Niederrhein (1914). — In Europa: submed-atl.

Verbreitungskarten: Grossheim 1939 (Kaukasus); St. John 1961 (Nordamerika).

2. Egeria najas Planchon (Fig. 51a—e)
  Elodea najas (Planchon) Caspary

Kleiner als *E. densa*; Stengel 0,3—1 mm Durchmesser. Blätter 8—25 mm lang, 0,7—1,3 mm breit, rauh, entfernt spitz gesägt, in Wirteln zu (3) 4. Innere Perianthblätter der weiblichen Blüten 4 mm lang, 2,8 mm breit, die der männlichen Blüten etwa 7 mm lang, 6 mm breit, weiß; Staubfäden keilförmig, schmal; weibliche Spatha etwa 6 mm lang, auf einer Seite bis fast zur Hälfte ihrer Länge gespalten.

Verbreitung: Brasilien (zentrales und östliches Minas Geraes), Paraguay, Uruguay, Argentinien (Corrientes, Entre Rios, Parana-Fluß). — Ob im Gebiet vielleicht eingeschleppt?

Verbreitungskarte: St. John 1961 (Südamerika).

Familie **Poaceae**

1—2jährige oder ausdauernde Kräuter (selten Sträucher oder Bäume), feste (sekundäre Triebe intravaginal wachsend) oder lockere (sekundäre Triebe extravaginal wachsend) Horste bildend; unterirdische, aus extravaginalen Trieben entstandene Ausläufer oft, oberirdische seltener vorhanden. Stengel (Halme) aufrecht, aufsteigend oder niederliegend und kriechend, bei den ausdauernden Arten oft sterile und fertile, bei den 1jährigen nur fertile Triebe vorhanden; über dem Boden meist nicht verzweigt, im Querschnitt meist rund, nie scharf 3kantig, in Knoten und Internodien gegliedert; Knoten meist nicht hohl, an niederliegenden Stengeln oft Wurzeln treibend; Internodien meist hohl (bei einigen tropischen Arten ausgefüllt). Blätter einzeln an den Knoten, manchmal am Stengelgrund gehäuft, wechselständig und 2zeilig angeordnet, aus Blattspreite (-fläche), Blattscheide und Blatthäutchen (Ligula) bestehend. Blattspreite meist schmal lanzettlich bis parallelrandig, mit stumpfer, kurzer oder allmählich verschmälerter Spitze, mit parallel angeordneten Nerven (Leitbündeln), in der Knospenlage gefaltet oder eingerollt; Blattscheide den Stengel umfassend, meist (bei $^{2}/_{3}$ der Arten) bis zum Grunde offen, sich mit den freien Rändern überlappend oder mehr oder weniger geschlossen, mit den Rändern verwachsen; Blatthäutchen am Übergang der Scheide in die

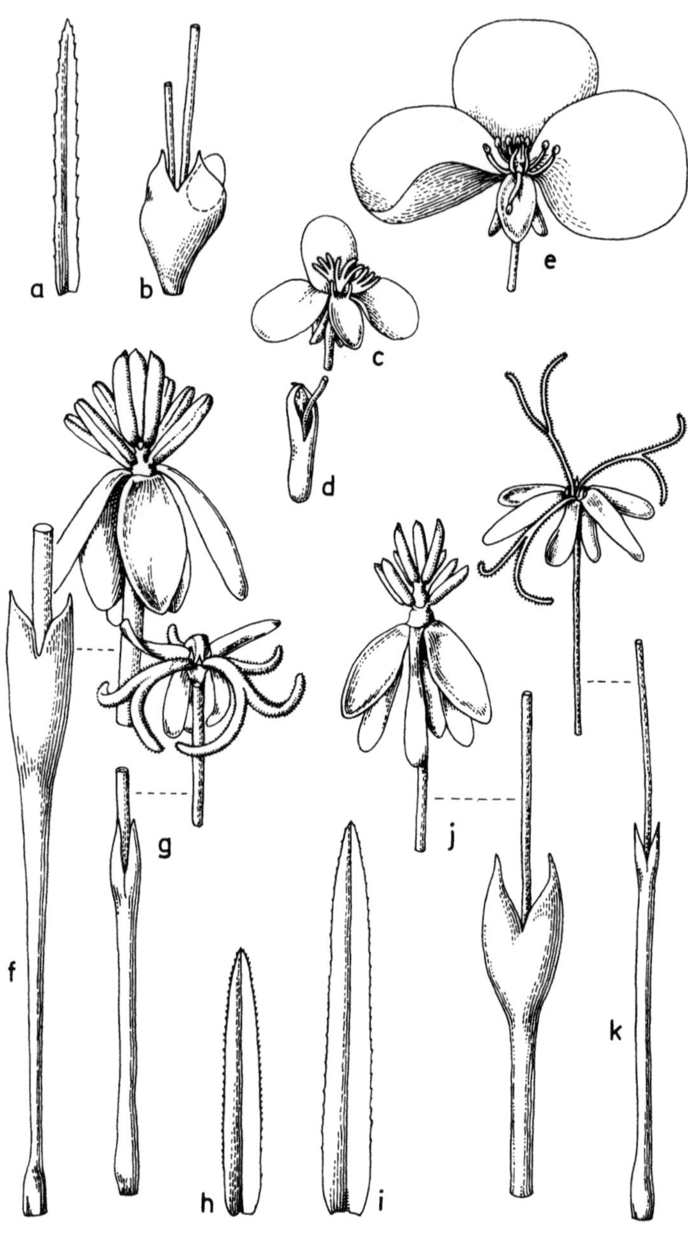

Spreite dem Stengel anliegend, häutig, gelegentlich durch einen Haarkranz ersetzt oder selten fehlend, hier und da abstehende oder den Stengel umfassende Zipfel (Öhrchen) vorhanden. Blütenstand aus Ährchen zusammengesetzt, als Rispe, Traube, Ährentraube, Fingerähre, Scheinähre oder selten echte Ähre entwickelt. Blüten in 1- bis mehrblütigen Ährchen vereinigt. Am Grunde der Ährchenachse (Rhachilla) befinden sich leere Hüllspelzen (Hochblätter, Glumae); ihre Zahl schwankt zwischen 0 (z. B. *Leersia*) und 4 (z. B. *Phalaris*); es folgt die Deckspelze (Lemma, Palea inferior), in deren Achsel ein Ästchen mit einer Vorspelze (Palea superior) und der meist zwittrigen Blüte aus (1) 2 (3) Schwellkörpern (Lodiculae), 1—6 Staubblättern sowie 1 Fruchtknoten entspringt. Staubbeutel auf dem Rücken mit dem Staubfaden verwachsen. Fruchtknoten 1, oberständig, 1samig, Frucht eine Karyopse (Fruchtwand und Samenschale verwachsen), zur Reifezeit meist von Vor- und Deckspelze umhüllt und mit diesen zusammen abfallend.

Familie mit etwa 700 Gattungen und etwa 8000 Arten, weltweit verbreitet. Sie enthält nur wenige echte Wasserpflanzen. Viele Gräser wachsen an Örtlichkeiten, die kurzzeitig überflutet werden, oder stehen an Flüssen, Bächen oder Wasserfällen, wo sie ebenfalls oft überspült oder übersprüht werden. Diese Gräser sind keine „Wassergräser". Daher fehlen in unserer Darstellung Arten der Gattungen *Eragrostis* Host, *Aira* L., *Heteranthoecia* Stapf, *Hubbardia* Bor, *Jardinea* Steudel, *Robynsiochloa* Jaques-Felix, *Sorghastrum* Nash und *Sorghum* Moench. Ausnahmen haben wir bei *Poa* L. und *Heleochloa* Host gemacht. Insgesamt sind von den etwa 55 Gattungen, in denen echte Wasserpflanzen vorkommen, 20 in unserer Flora vertreten.

Bestimmungsschlüssel der Gattungen:

Vorbemerkungen:

1. Zur Bestimmung ist eine starke Lupe notwendig.
2. Wir bezeichnen mit dem Terminus „Blüte" die Gesamtheit des Komplexes Deck-, Vorspelze, Schwellkörper, Staub- und Fruchtblätter.
3. Um die Art und Zahl der Spelzen bei 1blütigen Ährchen festzustellen, beginnen wir im Ährchen ganz oben: Die oberste Spelze ist die fast stets vorhandene (manchmal nur häutige) Vorspelze (bei *Alopecurus* und *Agrostis* fehlend). Auf sie folgt basalwärts stets 1 Deckspelze. Alle Spelzen darunter sind Hüllspelzen. Bei *Phalaris arundinacea* sind die 3. und 4. Hüllspelze sehr klein und pinselförmig.
4. Sind die Blätter in der Knospenlage gefaltet, verläuft der Mittelnerv in der Blattmitte, das Blatt ist längssymmetrisch; sind die Blätter in der Knospenlage eingerollt, verläuft der Mittelnerv nicht genau in der Mitte, das Blatt ist in der Längsrichtung etwas asymmetrisch.

1a Blütenstand eine endständige, walzliche oder kopfige, ährenähnliche, dichte Rispe (Scheinähre); Ährchen seitlich stark zusammengedrückt, 1blütig 2
1b Blütenstand eine langästige Rispe oder Traube, höchstens die Ähren am Ende längerer Rispenäste ährenähnlich geknäuelt 5
2a Deckspelze nie mit deutlicher Granne; Hüllspelzen am Grunde nicht verwachsen 3
2b Deckspelze auf dem Rücken mit deutlicher Granne 4
3a Blütenstand kopfig; Staubblätter 2 . . . . **12. Crypsis** (S. 240)
3b Blütenstand walzlich; Staubblätter 3 . . . . **11. Heleochloa** (S. 236)
4a Vorspelze und Schwellkörper fehlend; Hüllspelzen 3nervig; Ährchen im ganzen unter den Hüllspelzen abfallend . . . . **10. Alopecurus** (S. 233)

Fig. 51. a—e *Egeria najas* Planchon — a Blatt; b „männliche" Spatha und Knospe; c weibliche Blüte; d „weibliche" Spatha; e männliche Blüte. f—h *Elodea ernstiae* St. John — f männliche Blüte; g weibliche Blüte; h Blatt. i—k *Elodea callitrichoides* (L. C. Richard) Caspary — i Blatt; j männliche Blüte; k weibliche Blüte (a—e nach St. John 1961; f—k nach St. John 1963).

4b Vorspelze und Schwellkörper vorhanden; Hüllspelzen 1nervig; Ährchenstiel gegliedert, oberes Glied viel kürzer als das untere, mit dem Ährchen abfallend. . .
. . . . **9. Polypogon** (S. 232)

5a Blütenstand eine 1—5 cm lange Rispe, die aus 3—6 Knoten mit wirteligen, doldenartigen, gestielten und sitzenden Ährchenknäueln zusammengesetzt ist; Zwerggras auf Teichschlamm, mit liegendem, 2—8 cm langem Stengel; obere Blattscheiden sehr breit, scheidig aufgeblasen; Ährchen bis 1 mm lang . . . .
. . . . **19. Coleanthus** (S. 254)

5b Blütenstand und Pflanze anders gestaltet **6**

6a Rispe meist vollständig oder größtenteils von der obersten Blattscheide eingeschlossen; Blattspreiten auffallend hellgrün, überhängend, am Rande sehr stark widerhakig rauh; Ährchen 1blütig, seitlich zusammengedrückt, gekielt, 4—5 mm lang; Hüllspelze fehlend; Vorspelze mit Mittelnerv, den unbegrannten Deckspelzen ähnlich . . . . **20. Leersia** (S. 255)

6b Rispe nicht von der Blattscheide eingeschlossen **7**

7a Blütenstand eine große, bis 80 cm lange, seidig behaarte Rispe **8**

7b Blütenstand eine kleinere, nicht seidig behaarte Rispe **9**

8a Deckspelzen kahl, pfriemlich; Blatthäutchen in einen Haarkranz aufgelöst; Ährchenachse lang behaart; Ährchen (1) 2—7 (8)blütig, die unterste Blüte jedes Ährchens männlich oder steril, die übrigen zwittrig; Rhizom nicht knotig gegliedert, dick . . . . **14. Phragmites** (S. 241)

8b Deckspelzen fast vom Grunde an mit bis 1 cm langen Haaren besetzt, mit 2 kurzen Seitenspitzen und 1 längeren Mittelspitze; Blatthäutchen gewimpert, sehr kurz; Ährchenachse (fast) kahl; Ährchen 3—4blütig, Blüten alle zwittrig; Rhizom knotig gegliedert . . . . **15. Arundo** (S. 244)

9a Ährchen in Paaren angeordnet, 1 Ährchen sitzend, 1 Ährchen gestielt . . . . .
. . . . **17. Paspalum** (S. 252)

9b Ährchen nicht in Paaren angeordnet **10**

10a Blütenstand aus einigen aufsteigenden, dichtblütigen, ährenähnlich geknäuelten Rispenästen bestehend **11**

10b Blütenstand nicht so gebaut **13**

11a Ährchen auf dem Rücken stark gewölbt, auf der Bauchseite flach oder leicht eingedrückt; untere Hüllspelze kürzer als das Ährchen; Ährchen unterhalb der Hüllspelzen abfallend . . . . **16. Echinochloa** (S. 245)

11b Ährchen seitlich stark zusammengedrückt; Hüllspelzen so lang wie das Ährchen; Ährchen über den Hüllspelzen abfallend **12**

12a Hüllspelzen 4, die beiden oberen zu sehr kleinen, unbegrannten Schüppchen verkümmert; unterster Rispenast mit 1 grundständigen Zweig; Rispe daher auf der untersten Stufe scheinbar 2ästig; Blätter 8—20 mm breit . . . **13. Phalaris** (S. 240)

12b Hüllspelzen 2; unterster Rispenast mit mehreren grundständigen Zweigen; Rispe daher an ihrem Grunde scheinbar mehrästig; Blätter bis 10 mm breit . . . . . .
. . . . **6. Agrostis** (S. 223)

13a Blütenstand rispig, allseitig ausgebreitet **15**

13b Blütenstand aus mehreren ährenähnlichen, einseitswendigen Ährenrispen oder einseitswendigen Ähren entlang der Hauptachse **14**

14a Hüllspelzen 2, gleichgestaltet, so lang wie das Ährchen, kahnförmig, stachelspitzig; Ährchen 1—(2)blütig, zwittrig; Blatthäutchen häutig, 3—6 mm lang . . . . . .
. . . . **18. Beckmannia** (S. 252)

14b Hüllspelzen 1; Ährchen 2blütig, die unterste Blüte männlich oder steril (zu einer sterilen Deckspelze reduziert), die obere zwittrig . . . . **17. Paspalum** (S. 252)

15a Hüllspelzen fehlend (reduziert) oder deutlich kürzer als das Ährchen, Blüten daher deutlich 2reihig übereinander oder über den Hüllspelzen stehend **16**

15b Wenigstens 1 Hüllspelze (fast) so lang wie das gesamte Ährchen, Blüten daher scheinbar nebeneinander oder zwischen den Hüllspelzen stehend **24**

16a Ährchen mit 1geschlechtigen Blüten; untere Rispenäste mit hängenden männlichen
Ährchen; obere Rispenäste mit angedrückten weiblichen Ährchen   **22. Zizania** (S. 258)
16b Wenigstens einige Ährchen mit voll entwickelten zwittrigen Blüten **17**
17a Ährchen mit mindestens 3 (meist mehr) voll entwickelten zwittrigen Blüten . . . **18**
17b Ährchen nur mit 1 oder 2 (selten 3) voll entwickelten zwittrigen Blüten **22**
18a Ährchenachse lang behaart **19**
18b Ährchenachse kahl oder einseitig kurz rauh **20**
19a Deckspelze mit 7 Nerven, von denen 3 auslaufen und 4 vor dem Ende verschwinden;
Hüllspelzen fast so lang wie das Ährchen; Fruchtknoten rauhhaarig; Blätter in
der Knospe gerollt . . . . **3. Scolochloa** (S. 220)
19b Deckspelze mit deutlichem Kielnerv und rechts und links je 0--3 schwachen Seitennerven; Blätter in der Knospe gefalzt . . . .   **4. Arctophila** (S. 222)
20a Deckspelze mit V-förmigem Querschnitt, gekielt; Ährchen klein, stets unbegrannt; Spreiten oberseits in der Mitte mit mehr oder weniger deutlicher Doppelrille, sonst ungestreift („Schienenblatt") . . . .   **5. Poa** (S. 222)
20b Deckspelze mit abgerundetem Rücken, im Querschnitt flach bogig **21**
21a Ährchen sehr klein, 1—3 mm lang, 2—(3)blütig, seitlich zusammengedrückt;
Stengel, Scheiden, Spreiten und Rispenäste glatt; schlaffes Gras, Stengel am
Grunde liegend, an den unteren Knoten wurzelnd; Hüllspelze ohne Nerven; Deckspelze 3nervig . . . . **2. Catabrosa** (S. 218)
21b Ährchen 4—15 mm lang, mehrblütig, mit fast kreisrundem Querschnitt; Deckspelze stets unbegrannt, deutlich 7nervig; Blattscheiden fast bis zur Mündung
geschlossen; Blätter 5—15 mm breit; Hüllspelze 1nervig . . . . **1. Glyceria** (S. 211)
22a Meist 2 (3) voll entwickelte zwittrige Blüten; Ährchen über den Hüllspelzen abfallend; Hüllspelzen ungleich, kürzer als die unterste Blüte, ohne Nerven; Deckspelze 3nervig . . . . **2. Catabrosa** (S. 218)
22b Nur 1 voll entwickelte zwittrige Blüte; Ährchen unterhalb der Hüllspelzen abfallend **23**
23a Sterile Deckspelzen fehlend . . . . **20. Leersia** (S. 255)
23b Sterile Deckspelzen vorhanden, meist sehr klein, schuppenförmig   **21. Oryza** (S. 256)
24a Ährchen meist 1blütig, zuweilen mit einer 2. reduzierten Blüte . . **6. Agrostis** (S. 223)
24b Ährchen mindestens 2-, meist mehr als 3blütig **25**
25a Deckspelze mit geknieter Grundgranne, an der gestutzten Spitze gezähnelt; Frucht
von den Spelzen umschlossen; Ährchen 2—6 mm lang . .   **7. Deschampsia** (S. 227)
25b Deckspelze am Vorderrand stumpf 3lappig; Frucht frei; Ährchen sehr klein,
1,3—1,5 (2) mm lang . . . . **8. Antinoria** (S. 230)

1. Glyceria R. Brown

Ausdauernd, meist Ausläufer treibend. Stengel oft bis 1 (2,5) m lang. Blätter in der Knospenlage gefaltet; Spreiten 1,5—20 mm breit, flach oder gefaltet; Ligula dünn und meist hervortretend, bis 15 mm lang; Blattscheiden geschlossen. Blütenstand eine 4—45 cm lange, schmale
bis offene Rispe; Rispenäste einzeln, paarig oder zu dritt. Ährchen oberhalb der Hüllenspelzen
und zwischen den Blüten abfallend, 5—35 mm lang, bis 3,5 mm breit, (3) 5—10 (15)blütig,
grannenlos, im Umriß linealisch, länglich bis eiförmig. Hüllspelzen 2, häutig, 1nervig, die
untere kürzer als die obere und die obere kürzer als die Deckspelze, an der Spitze spitz bis
stumpf. Deckspelze breit, auf dem Rücken abgerundet, steif, mit (1) 5—9 (bei unseren Arten
mit 7) hervortretenden Nerven; an der Spitze spitz gerundet, abgestutzt oder stumpf oder
3zähnig. Vorspelze wenig kürzer bis wenig länger als die Deckspelze. Staubblätter 3 oder 2.
Samen eilänglich bis verkehrteiförmig, frei.
Gattung mit etwa 16 Arten, von denen die meisten halbaquatisch bis aquatisch leben; ver-

breitet in den gemäßigten und subarktischen Gebieten der Nordhalbkugel, außerdem in
Südamerika, Australien und Neuseeland.
Wichtigste Literatur: Walters 1948; Ludwig 1954; Borrill 1956, 1958; Holub 1960; Carlsson
1976.

Bestimmungsschlüssel der Arten:

1a Ährchen seitlich zusammengedrückt, (3) 5—8 (10) mm lang; Schwellkörper meist
getrennt **2**

1b Ährchen vor dem Aufblühen fast stielrund, (8) 10—25 (30) mm lang; Schwellkörper
verbunden **4**

2a Blätter sehr schmal, 2—6 mm breit; Ährchen 3—4 mm lang, 5—7blütig; Blatthäutchen 1—3 mm lang, spitz, zerschlitzt . . . .   **6. G. striata** (S. 217)

2b Blätter breiter, 10—20 mm breit **3**

3a Rispe gleichmäßig ausgebreitet (allseitswendig), mit aufrecht abstehenden starren
Ästen; Ährchen 5—9blütig; Deckspelze eilänglich, lederig, etwa 2mal so lang wie
die Staubbeutel; Blattscheiden stielrund; Pflanze meist über 1 m hoch (0,9—2,0 m)
. . . .   **1. G. maxima** (S. 212)

3b Rispe fast einseitswendig, mit haardünnen, abstehenden bis nickenden Ästen;
Ährchen 3—6blütig; Deckspelze lanzettlich, nicht lederig, am Ende deutlich hautrandig, etwa 5mal so lang wie die Staubbeutel; Blattscheiden etwas zusammengedrückt; Pflanze 30—80 cm hoch . . . .   **2. G. lithuanica** (S. 214)

4a Deckspelze vorn mit 3—5 deutlichen, spitzen Zähnen; Vorspelze tief in 2 sehr spitze
Enden gespalten, diese die Deckspelze deutlich überragend; Staubbeutel 0,5 (1) mm
lang, meist dunkelviolett überlaufen; Blätter stark blaugrün, plötzlich in eine kurze
Spitze zusammengezogen; Rispe armblütig, oft nur traubig, zur Fruchtzeit mit
(fast) anliegenden Ästen . . . .   **5. G. declinata** (S. 217)

4b Deckspelze vorn ganzrandig oder stumpf 3lappig; Vorspelze ausgerandet, die Deckspelze nicht überragend, oft ganz von ihr bedeckt; Staubbeutel 1—3 mm lang   **5**

5a Staubbeutel (1,5) 2—3 mm lang, 4—5mal so lang wie breit, meist purpurn; Deckspelze 6—7,5 mm lang, spitz bis stumpflich, vorn verschmälert, ganzrandig; Rispe
armblütig, Äste zur Fruchtzeit anliegend, ihr unterster Ast mit 1 viel kürzeren,
meist 1jährigen grundständigen Zweig; Blätter grasgrün, lang zugespitzt . . . . .
. . . .   **3. G. fluitans** (S. 214)

5b Staubbeutel 1—1,5 mm lang, 2—3mal so lang wie breit, meist gelb; Deckspelze
3,6—3,8 mm lang, vorn breit abgerundet oder stumpf 3lappig; Rispe reichblütig,
meist (auch zur Fruchtzeit) offen ausgebreitet mit zahlreichen abstehenden Ästen
. . . .   **4. G. plicata** (S. 215)

1. Glyceria maxima (Hartman) Holmberg (Fig. 52e—f)
  G. aquatica (L.) Wahlenberg non (L.) J. et C. Presl; *G. spectabilis* Mertens et Koch;
  Molinia maxima Hartman

Ausdauerndes, aufrechtes, 80—250 cm hohes, lange unterirdische Ausläufer treibendes
Gras; nicht wintergrün. Halm im unteren Teil etwa 10 mm dick. Blätter breit linealisch,
50—75 cm lang; Spreite 35—50 cm lang, 10—20 mm breit, oberseits meist glatt, am Rande
und unterseits rauh, kurz oder allmählich zugespitzt; Blattscheiden $^1/_2$—$^1/_3$ so lang wie die
Spreite, stielrund, geschlossen, rauh; Blatthäutchen 1—3 (4) mm lang, abgerundet oder
gestutzt. Rispe groß, 20—40 cm lang, dicht bis locker, mit sehr vielen Ährchen, offen gleichmäßig ausgebreitet; Rispenäste starr, allseitig schräg aufrecht abstehend, bis 10 cm lang,
mit 4—10 grundständigen Zweigen. Ährchen (4) 6—8 (10) mm lang, (4) 5—8 (9)blütig,

Fig. 52. a *Glyceria striata* (Lamarck) Hitchcock, Habitus, $\times^1/_4$. b—d *Glyceria lithuanica*
(Górski) Górski — b Habitus, $\times^2/_5$; c Vor- und Deckspelzen, $\times 8$; d Ährchen, $\times 6$. e—f
Glyceria maxima (Hartman) Holmberg — e Habitus, $^1/_6$; f Ährchen, $\times 5$ (a nach Heß et al.
1967; b—d nach Nordhagen 1948; e—f nach Hegi 1935).

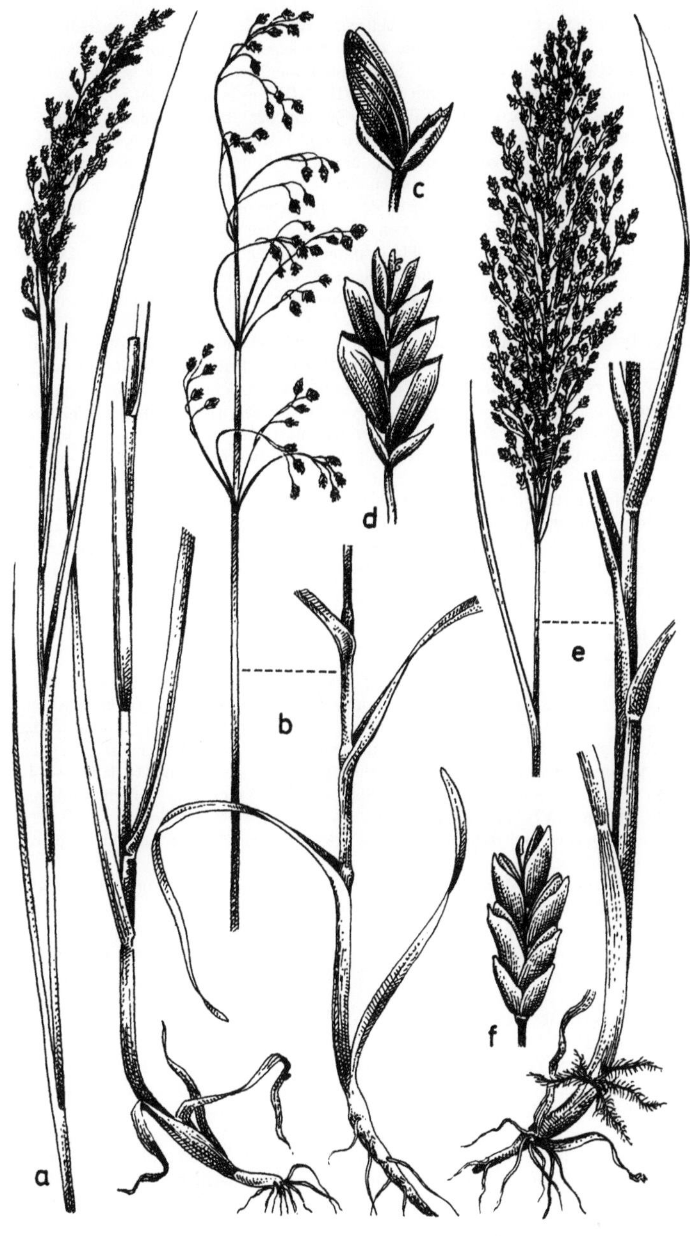

seitlich zusammengedrückt, ellipsoidisch, hellgrün, zuletzt bräunlich. Untere Hüllspelze 2—2,5 mm lang, $^2/_3$—$^3/_4$ so lang wie die obere. Deckspelze 3-3,5 mm lang, eilänglich, stumpf, lederig, etwa 2mal so lang wie die Staubbeutel, mit 7 teilweise stark hervortretenden Nerven. Vorspelze eilänglich. — Blütezeit: (VI) VII—VIII. — $2n = (28, 56)$ 60.

Vorkommen: An oder in größeren und kleineren stehenden oder langsamfließenden Gewässern mit stark wechselnden Wasserständen; an Ufern von Teichen, Seen, Weihern, Tümpeln, Altwassern, Flüssen, in Gräben, Reisfeldern, in nassen Flutmulden, auf Schlamm- und Uferbänken; auf nährstoff- und basenreichen, meist kalkhaltigen, eutrophen, mehr oder weniger mild-humosen Schlamm- und Torfböden, anspruchsvoll, charakteristisch für eutrophe Gewässer, auch an stärker verschmutzten Standorten; vor allem in den tieferen Lagen, kaum über 800 m aufsteigend, planar-kollin (montan); Kennart des Glycerietum maximae, auch im Bachröhricht und in reichen Ausbildungen des Scirpo-Phragmitetum, im Phalaridetum und anderen Röhrichtgesellschaften reicherer Standorte; oft reine Bestände bildend. — L: H/Hel.

Verbreitung: In großen Teilen Europas; nordwärts in Skandinavien bis 65° nB (nicht auf Island), südwärts bis Südfrankreich (nicht auf der Iberischen Halbinsel), Süditalien, Mazedonien; in Asien zwischen 50 und 60° nB ostwärts bis zum Baikalsee; im Kaukasusgebiet; in Nordamerika und Neuseeland eingebürgert. — Im Gebiet hauptsächlich im Tiefland verbreitet und vor allem in den Stromniederungen bestandsbildend auftretend, sonst ziemlich häufig; in Silikatgebirgen, im Alpenvorland und in den Alpen fehlend. — euras (subozean), circ (?).

Verbreitungskarten: Luther 1951; Hultén 1962, 1971; Meusel et al. 1965; Tomačev 1974.

Anmerkungen: Die nordamerikanischen Populationen werden als subsp. *grandis* (S. Watson) Hultén abgetrennt. — Vgl. aber Nachtrag S. 402. — Die niedrigwüchsige „Landform" blüht nicht; die ebenfalls nicht blühende, nicht häufige „Schwimmblattform" trägt 3—4 grundständige Schwimmblätter von 110—150 cm Länge.

2. Glyceria lithuanica (Górski) Lindman (Fig. 52b—d)

Poa lithuanica Górski in Eichwald

Ausdauerndes, 30—80 (120) cm hohes Gras. Blätter schlaff; Spreiten 10—30 cm lang, 5—10 mm breit, flach; Blattscheiden etwas zusammengedrückt. Rispe sehr locker, fast einseitswendig, 10—25 cm lang, mit 5—8 cm langen, haardünnen abstehenden bis nickenden Ästen. Ährchen 4—7 mm lang, seitlich zusammengedrückt, 3—6blütig, meist bräunlich. Deckspelze lanzettlich, häutig, am Ende deutlich hautrandig, etwa 5mal so lang wie die Staubbeutel. Vorspelze lanzettlich, häutig. Staubbeutel 0,5 mm lang. Frucht eiförmig, rotbraun. — Blütezeit: VI—VIII. — $2n = 20$.

Vorkommen: An Quellen und Bächen; in nassen Erlenbruch- und Quellerlenwäldern; planar bis kollin. — L: H/Hel.

Verbreitung: Im nördlichen Ostasien, in Südsibirien und im östlichen Europa, vereinzelt in Skandinavien (Süd- und Mittelfinnland, Mittelschweden, Südnorwegen). — Im Gebiet nur im äußersten Nordosten (Pregolja [Pregel], Wald von Białowieża). — euras-kont.

Verbreitungskarten: Grossheim 1939 (Kaukasus); Hultén 1950, 1971; Meusel et al. 1965; Tolmačev 1974.

3. Glyceria fluitans (L.) R. Brown (Fig. 53d—f)

Festuca fluitans L.

Ausdauerndes, 30—100 (150) cm langes, lange unterirdische Ausläufer treibendes Gras. Halm oft niederliegend, im Schlamm kriechend oder flutend, an den unteren Knoten wurzelnd, oder auch mehr oder weniger aufrecht; wintergrün. Blätter vorwiegend in die Luft erhoben, bis 60 cm lang; Spreite linealisch, 20—30 cm lang, 5—10 mm breit, besonders gegen die Spitze hin beiderseits rauh, allmählich zugespitzt; Blattscheiden 20—30 cm lang, zusammengedrückt, glatt; Blatthäutchen kurz, bis 10 mm lang, oft zerschlitzt. Rispe bis 50 cm lang, schmal, einseitswendig, oft unterbrochen, mit zahlreichen Ährchen; Rispenäste zur Blütezeit rechtwinklig abstehend, sonst der Hauptachse fast anliegend; die untersten Rispenäste mit einem kurzen, grundständigen Zweig, der nur 1 Ährchen trägt. Ährchen spindelig, 15—25 (30) mm lang, (5) 7—11 (14)blütig. Untere Hüllspelze 2—2,5 mm lang, $^1/_2-^2/_3$ so lang wie die obere, häutig; Deckspelzen (5) 6—7 (8) mm lang, länglich-lanzettlich, mit kurzer, undeutlicher Spitze und oft welligem oder undeutlich gezähntem Rand, mit 7 in ihrer ganzen Länge hervortretenden Nerven; Vorspelzen so lang wie die Deckspelzen, das Ende in 2 lange scharfe gleichlaufende oder spreizende Spitzen („Zähne") zugeschweift, die durch einen tiefen spitzen Einschnitt getrennt sind, Spitzen ohne Granne und außen schmal weißhäutig berandet. Staubbeutel violett, 1,7—3 mm lang, 2mal so lang wie die Vorspelzen breit. Frucht ellipsoidisch, etwa 3 mm lang, etwa 3mal so lang wie breit. — Blütezeit: (V) VI—IX. — $2n = 40$.

Vorkommen: In stehenden oder langsamfließenden, flachen Gewässern; im Bachröhricht, an Bächen, Gräben und Quellen, in nassen Flutmulden, auch in lichten Auenwäldern und Waldsümpfen; auf kühlen, sickernassen oder flach überfluteten, mäßig basenreichen, oft kalkarmen, neutralen bis mäßig sauren, mesotrophen anmoorigen Sand- oder Tonböden; unempfindlich gegen Wasserstandsschwankungen, jedoch empfindlich gegen ein zu rasches Steigen des Wasserspiegels und gegen zu starke Austrocknung des Standortes; von der Ebene bis ins Bergland, in den Alpen bis 2050 m aufsteigend; im Sparganio-Glycerietum fluitantis und anderen Bachröhrichten, auch in Quellfluren, in nassen Ausbildungen von Flutrasen; in Südosteuropa in *Beckmannia*-Gesellschaften. — L: (hyd) H/Hel.

Verbreitung: In ganz Europa, nordwärts bis zum Polarkreis, auch auf Island; in Asien ostwärts über West- und Südsibirien bis ins Obgebiet, isoliert am Baikalsee; vereinzelt in Kleinasien und Syrien; vereinzelt in Nordafrika (Marokko); ganz vereinzelt im nordöstlichen Nordamerika; eingeschleppt in Südamerika, Australien, Tasmanien und Neuseeland. — Im Gebiet verbreitet und überall häufig. — euras (subozean), circ.

Verbreitungskarten: Grossheim 1939; Hultén 1958, 1971; Meusel et al. 1965; Eloranta 1970; Tolmačev 1974.

Anmerkungen: Im Frühling und Herbst kommen sterile Schwimmblattformen im fließenden Wasser von Gräben und Bächen zur Entwicklung. Solche Formen können im tiefen und stehenden Wasser blühen; sie heben die Rispe über die Wasseroberfläche. — Die Früchte wurden früher gesammelt und als „Mannagrütze" gegessen.

Es werden 2 Unterarten unterschieden:

1a Blätter stark rauh, besonders gegen die Spitze; Rispenäste kurz, kräftig, anliegend, einseitswendig; Ährchen hellgrün; Deckspelzen 3mal so lang wie breit . . . . . .
. . . . **3.1.** subsp. **fluitans**

1b Blätter schwach rauh; Rispenäste länger, dünner, nach verschiedenen Seiten abstehend, an *G. plicata* erinnernd; Ährchen meist dunkler grün; Deckspelzen stumpf, nur etwa doppelt so lang wie breit; seltene Sippe der nordeuropäischen Küstengebiete . . . . **3.2.** subsp. **poiformis** Fries

4. Glyceria plicata (Fries) Fries (Fig. 53a—c)

 G. fluitans var. *integra* Dumortier; *G. fluitans β. plicata* (Fries) Grisebach

Ausdauerndes, 60—100 (150) cm langes Gras. Halm aufsteigend oder aufrecht. Blätter lang zugespitzt, Spreite 10—25 (45) cm lang, (3,5) 5—8 mm breit, jung gefaltet; Blattscheiden (3) 7—10 (18) cm lang, zusammengedrückt; Blatthäutchen 3—6 mm lang, häutig. Rispe 30—35 cm lang, reichblütig, nicht unterbrochen, auch zur Fruchtzeit mit abstehenden Ästen; unterste Rispenäste mit 1—4 grundständigen Zweigen, die meist mehrere Ährchen tragen. Ährchen (10) 12—17 (25) mm lang, 5—11blütig, vor dem Aufblühen stielrund. Untere Hüllspelze unter 2 mm lang. Deckspelze eilänglich, 3,5—3,8 mm lang, vorn breit abgerundet oder stumpf 3lappig, mit 7 stark hervortretenden, gleichstarken Nerven, von denen die 5 mittleren fast gleichlang sind. Vorspelzenende durch die zusammenneigenden unbegrannten Kielenden („Zähne") fast abgerundet stumpf und zwischen den Kielenden nicht oder nur flach ausgerandet. Staubbeutel 1—1,5 mm lang, gelb, etwa so lang wie die Vorspelze breit. Frucht etwa 2 mm lang, 1—1,2 mm breit, etwa 2mal so lang wie breit. — Blütezeit: VI—IX. — $2n = 40$.

Vorkommen: Im Bachröhricht an Bächen oder in Gräben, in Quellfluren; im frischen, klaren, unverschmutzten Wasser auf nährstoff- und basenreichen, kalkreichen und -armen, humosen Schlammböden oder auf kiesig-steinigem Untergrund; licht- und wärmeliebend; planar bis subalpin, in den Alpen bis 1500 m; Kennart des Glycerietum plicatae, auch in Zweizahn-Gesellschaften. — L: H/Hel.

Verbreitung: In fast ganz Europa mit Ausnahme Nordkareliens und des nördlichsten Skandinavien; im westlichen Asien, ostwärts bis ins Obgebiet und nach Zentralasien (bis Afghanistan); in Nordafrika. — Im Gebiet wohl überall verbreitet, stellenweise selten. — euras-smed.

Verbreitungskarten: Grossheim 1939; Perring & Walters 1962; Hultén 1971; Tolmačev 1974.

Anmerkung: Bildet sowohl im flachen als auch tieferen Wasser Schwimmblattformen aus. — Unklar ist uns der taxonomische Wert der var. *spicata* Lange [*G. spicata* Gussone; *G. fluitans* subsp. *spicata* (Gussone) Maire in Jahandiez et Maire], einer südeuropäisch-nordafrikanischen Sippe, die in mediterranen Zwergbinsengesellschaften (z. B. im Eryngietum corniculati) vorkommt. Sie ähnelt *G. plicata* durch die relativ kurze, 4—6 mm lange, sehr stumpfe Deckspelze und die ganz kurz 2zähnige Vorspelze. Die unteren Rispenäste stehen einzeln oder paarig (bei *G. plicata* in Büscheln zu 3—5).

5. Glyceria declinata Brébisson (Fig. 55 k—n)
Ausdauernd. Stengel 10—60 cm hoch, graugrün, oft violett angelaufen. Blätter blaugrün; Spreite über 10 cm lang, (4) 5—7 mm breit. Rispe einseitswendig, armblütig, oft nur traubig, mit zur Fruchtzeit fast anliegenden Ästen. Ährchen violett angelaufen oder grün. Obere Hüllspelze 3nervig, 3,2 mm lang, untere 2 mm lang. Deckspelze eilänglich, (3,5) 4—5 mm lang, vorn mit 3—5 deutlichen, spitzen Zähnen; Vorspelzenende in 2 scharfe, spreizende Spitzen („Zähne") ausgeschweift, zwischen den Kielen ziemlich tief eingeschnitten, Zähne die Deckspelze meist deutlich überragend. Staubbeutel 0,5 (1) mm lang, meist dunkelviolett überlaufen. Frucht 2,4 mm lang, rotbraun. — Blütezeit: VI—VIII. — $2n = 20$.

Vorkommen: In seichten Gewässern, an Bächen, Quellen, auf nassen Wald- und Wiesenwegen, an quelligen Weg- und Grabenrändern, auf austrocknenden Teichrändern, an Viehtränken und auf nassen Weiden; auf sickernassen, mäßig nährstoff- und basenreichen, kalkarmen, mäßig sauren, humosen sandigen Lehmböden; planar bis montan, im Böhmerwald bis 1000 m; vorwiegend in Pioniergesellschaften, Trittrasenart; z. B. im Juncetum tenuis und im Isolepidetum setaceae. — L: H/Hel.

Verbreitung: Im westlichen und nördlichen Europa von Südspanien (Algeciras) bis Südnorwegen und -schweden, im Binnenland ostwärts bis in die Karpato-Ukraine; in Nordamerika. — Im Gebiet zerstreut, im Nordwesten (?) häufiger; Verbreitung noch ungenügend bekannt. — subatl., circ.

Verbreitungskarten: Walters 1948; Holub 1960; Militzer 1961; Jage 1963; Hultén 1971.

Anmerkungen: Durch die blaugrüne Farbe der Blätter auffällig und sich deutlich von *G. fluitans* abhebend. — Auf austrocknenden Wiesenwegen ist *G. declinata* niedrigwüchsig, oft rasenbildend, grau, mit einfachem Blütenstand, violett angelaufenen Halmen und Ährchen. An Bächen und Teichen entwickeln sich stattliche, nur schwach graugrüne Pflanzen mit ausgebreitetem Blütenstand und grünen Ährchen.

6. Glyceria striata (Lamarck) Hitchcock (Fig. 52 a)
Poa striata Lamarck; *P. nervata* Willdenow
Ausdauerndes, aufrechtes, (30) 50—100 (120) cm hohes, unterirdische Ausläufer treibendes Gras. Blattspreiten (1) 2—6 mm breit, flach oder gefaltet, nur schwach rauh, kurz oder allmählich zugespitzt; Blattscheiden rückwärts rauh, zur Spitze zu geschlossen; Blatthäutchen 1,5

Fig. 53. a—c *Glyceria plicata* (Fries) Fries — a Habitus, $\times^2/_5$; b Ährchen, $\times 3$; c Deckspelze, $\times 4$. d—f *Glyceria fluitans* (L.) R. Brown — d Habitus, $\times^1/_3$; e Ährchen, $\times 2$; f Deckspelze, $\times 4$ (a—b, d—e nach Nordhagen 1948; c, f nach Hylander 1953).

bis 4 mm lang, spitz, zerschlitzt. Rispe 7—20 cm lang, locker ausgebreitet; Rispenäste abstehend oder aufsteigend; Ährchen 3—4 mm lang, (3) 5—7blütig, eiförmig bis ellipsoidisch oder verkehrt-eiförmig, grün oder purpurn. Untere Hüllspelze 0,6—1 mm lang, $^3/_4$—$^4/_5$ so lang wie die obere; diese 0,9—1,4 mm lang. Deckspelzen 1,4—2,1 mm lang, mit 7 hervortretenden Nerven, kahl oder auf den Nerven schwach rauh. — Blütezeit: VI—VIII (IX). — $2n$ = 20.

Vorkommen: Auf feuchten Wegen, in Fahrspuren in Wäldern; auf frischen bis wechselfeuchten, zeitweilig wasserstauenden, relativ sauren Böden, zusammen mit *Juncus bufonius*, *Polygonum hydropiper*, *Stellaria uliginosa*; auch in sumpfigen Weiden, in nassen Äckern und an sumpfigen Stellen, in Schweden am Rande von Seen auf im Frühling überschwemmten Standorten. — L: H/Hel.

Verbreitung: Einheimisch in Nordamerika von Neufundland und Britisch-Kolumbien südwärts bis Nordflorida, Texas, Arizona, Mexiko und Nordkalifornien; seit 1895 (Frankreich) in Europa. — Im Gebiet eingeschleppt und sich ausbreitend, z. B. im westlichen Voralpenland bei Genf, Unterwalden und Zürich, am Oberrhein (Rheinfelden); ferner in Kärnten.

Verbreitungskarten: Hitchcock & Chase 1950 (USA); Haeupler 1971.

2. **Catabrosa** Palisot de Beauvois

Monotypische Gattung, mit den Merkmalen der Art.
Wichtigste Literatur: Borrill 1953.

1. Catabrosa aquatica (L.) Palisot de Beauvois (Fig. 54a—f)
Glyceria aquatica (L.) J. et C. Presl non (L.) Wahlenberg
Ausdauernd oder (selten) 1jährig, grasgrün mit kriechendem, Ausläufer treibendem Rhizom. Halme (10) 20—50 (70) cm hoch, aufsteigend, schlaff. Blattspreiten flach, plötzlich in eine Spitze ausgezogen oder stumpf, weich, (2) 4—9 (13) mm breit, bis 17 cm lang, kahl; Blattscheiden kahl; Blatthäutchen eiförmig, spitz, groß, 2—4 (8) mm lang. Rispe 5—20 cm lang, ausgebreitet, Rispenäste dünn, weit abstehend, anfangs geschlängelt, erste Zweige halbwirtelig-büschelig. Ährchen über den Hüllspelzen abfallend, meist violett überlaufen, 4—4,7 mm lang, (1) 2 (3,5)blütig, zwittrig, ohne Granne, mehr oder weniger stielrund, die oberste Blüte hinfällig. Hüllspelzen 2, häutig, ohne Nerven, auffällig klein und breit, ungleich (die untere 0,7—1,5 mm, die obere 1,5—2,2 mm) lang, gestutzt und ausgefressen gezähnelt. Deckspelze 2,5—3 mm lang, häutig, grannenlos, mit 3 hervortretenden, nicht zusammenneigenden Nerven (dazwischen noch 2 schwache Nerven), vorn abgestutzt und gezähnelt. Staubblätter 3. Narben federig. Frucht 2 mm lang, spindelig. — Blütezeit: VI—IX. — $2n$ = 20.

Vorkommen: in Pioniergesellschaften an Quellen, Ufersäumen oder Gräben; auf sickernassen, oft quelligen, nährstoff- und basenreichen, mild-humosen sandigen oder reinen Ton- und Schlammböden. Nährstoffzeiger; planar bis subalpin, in den Alpen bis 2000 m aufsteigend; Kennart des Rorippo-Catabrosetum, auch im Glycerietum plicatae und anderen Bachröhricht-Gesellschaften. — L: H/Hel.

Fig. 54. a—f *Catabrosa aquatica* (L.) Palisot de Beauvois — a Habitus, ×$^1/_4$; b Blütenstand, ×$^1/_4$. c Teil eines Seitenzweiges eines Blütenstandes mit stehenbleibenden Hüllspelzen; d Ligula; e Teil von c, stärker vergrößert. f—i *Poa palustris* L. — f Deckspelze; g Sproßbasis, ×$^1/_4$; h Blütenstand, ×$^1/_4$; i Ligula, ×$^1/_4$; (a—b, d—e, g—h nach Weymar 1953; c, f, i nach Hegi 1935).

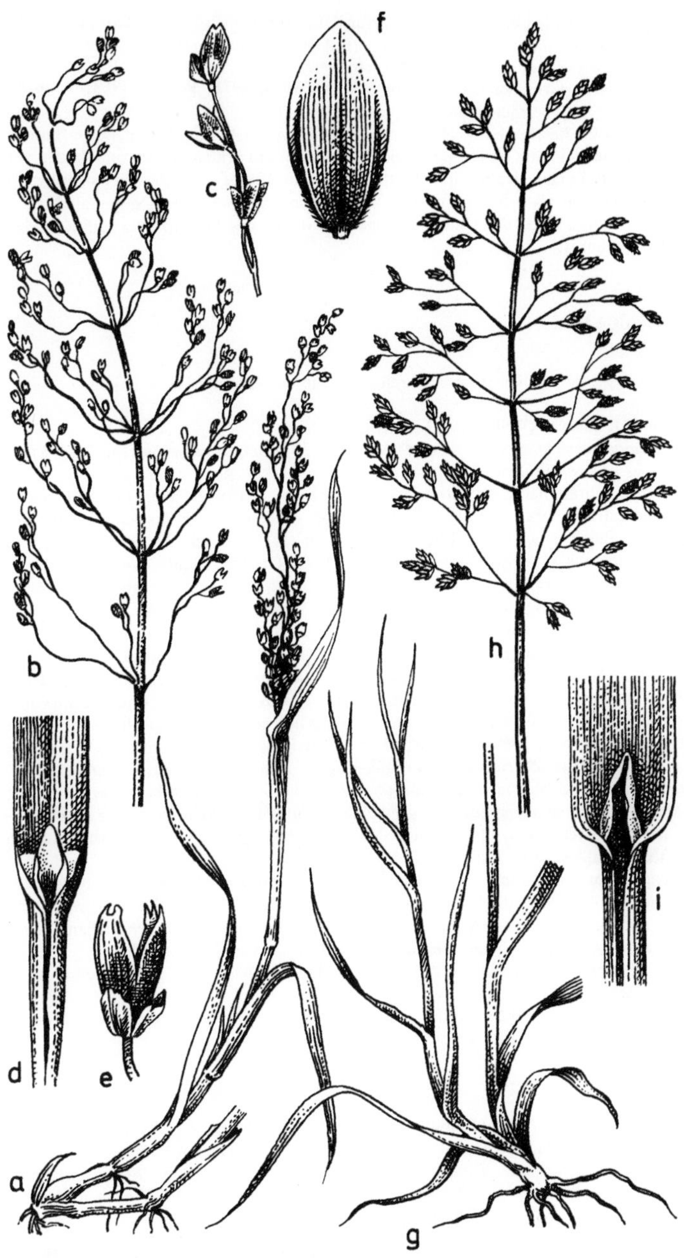

Verbreitung: In fast ganz Europa (nicht in Portugal und Südspanien); in Nordafrika; in Nord- und Westasien; in Nordamerika. — Im größten Teil des Gebietes zerstreut bis ziemlich selten; stellenweise im Rückgang. — no-eurassubozean (-smed), circ.
Verbreitungskarten: Grossheim 1939; Hultén 1958, 1968, 1971; Perring 1968; Tolmačev 1974; Philippi 1978 (Oberrheingebiet).
Anmerkung: Unsere Beschreibung schließt die subsp. *monantha* A. Haas [subsp. *minor* (Babington) Perrier et Sell] ein, die im Küstenbereich Britanniens auf armen, nassen Sandböden vorkommt und dort kürzere Halme und Blätter sowie nur 1blütige Ährchen hervorbringt. — Tzvelev (1976) trennt als subsp. pseudoairoides (Herrmann) Tzvelev eine Sippe mit $2n = 10$ Chromosomen ab, die von der Unteren Wolga über die Kaspische Senke bis zum Kaukasus und Iran verbreitet ist.

3. **Scolochloa** Link

Gattung mit 2 Arten; die Gattungsbeschreibung ist in der Artdiagnose enthalten.

1. Scolochloa festucacea (Willdenow) Link (Fig. 55g—i)
   Graphephorum arundinaceum (Liljeblad) Ascherson; *Fluminia arundinacea* (Liljeblad) Fries; *Arundo festucacea* Willdenow
Ausdauerndes, rohrähnliches Wassergras; mit kräftig entwickeltem, dickem, kriechendem Rhizom. Halme aufrecht, über 2 m hoch, 6—8 mm dick, an den unteren Knoten wurzelnd, oft einige sterile Halme entwickelnd. Blattspreiten 5—10 (12) mm breit, bis 55 cm lang, fest, allmählich in eine schlanke Spitze verschmälert, rauh, am Grunde braunfleckig; Blattscheiden offen; Blatthäutchen länglich, 2—6 mm lang, zerschlitzt. Rispe groß, oft über 30 cm lang, offen; Rispenäste aufsteigend, rauh. Ährchen gestielt, über den Hüllspelzen abfallend, 8 bis 11 mm lang, grannenlos, seitlich zusammengedrückt, dicht 3—4blütig. Blüten zwittrig. Hüllspelzen häutig-trockenhäutig, auf dem Rücken abgerundet, oft an der Spitze unregelmäßig gedreht; untere Hüllspelze 4—6 mm lang, kürzer als die unterste Blüte, 3nervig; obere Hüllspelze 6—8 mm lang, etwa so lang wie die unterste Deckspelze, 5nervig. Deckspelze etwa 6 mm lang, krautig, auf dem Rücken abgerundet, fest, vorn unregelmäßig gezähnelt (3spitzig), mit 5—7 zusammenneigenden Nerven, am Grunde stark bärtig-zottig. Vorspelzen den Deckspelzen gleichend. Staubblätter 3. Fruchtknoten rauhhaarig. — Blütezeit: VI—VII. — $2n = 28$.
Vorkommen: In Röhrichten an Ufern eutropher stehender oder langsamfließender Gewässer; auf nährstoffreichen, sandigen oder tonigen Schlamm- und Torfböden; vor allem im Phalaridetum und im Glycerietum, aber auch im Phragmitetum und in reicheren Ausbildungen des Erlenbruchwaldes. — L: H/Hel.
Verbreitung: Vom nordöstlichen Mitteleuropa über das mittlere Osteuropa bis (vereinzelt) ins südliche Sibirien und in die Mongolische Volksrepublik, nordwärts bis Südschweden und -finnland; im kontinentalen Nordamerika. — Im Gebiet nur im nordöstlichen Tiefland, meist selten, stellenweise etwas häufiger, westlich bis zur Elbe. — euraskont, circ.
Verbreitungskarten: Samuelsson 1934; Hegi 1935; Hultén 1958, 1968, 1971; Meusel et al. 1965; Tolmačev 1974.
Anmerkung: *S. festucacea* ähnelt in der Tracht sehr *Glyceria maxima*, von der sie sich durch die offene Blattscheide und das längere Blatthäutchen unterscheidet.

Fig. 55. a—f *Arctophila fulva* (Trinius) Andersson — a Habitus, $^1/_3$; b, c Ährchen, $\times^1/_4$; d Ligula, $\times 1$; e, f Blüte, $\times 1,4$. g—i *Scolochloa festucacea* (Willdenow) Link — g Habitus, $\times^2/_3$; h Fruchtknoten mit Vorspelze, $\times 8$; i Ährchen, $\times 8$. k—m *Glyceria declinata* Brébisson — k Habitus, $\times^1/_3$; l Vorspelze, $\times 7$; m Deckspelze, $\times 7$ (a—f nach Andersson 1852; g—i nach Hegi 1935; k—m nach Ghisa in Nyárády 1972.

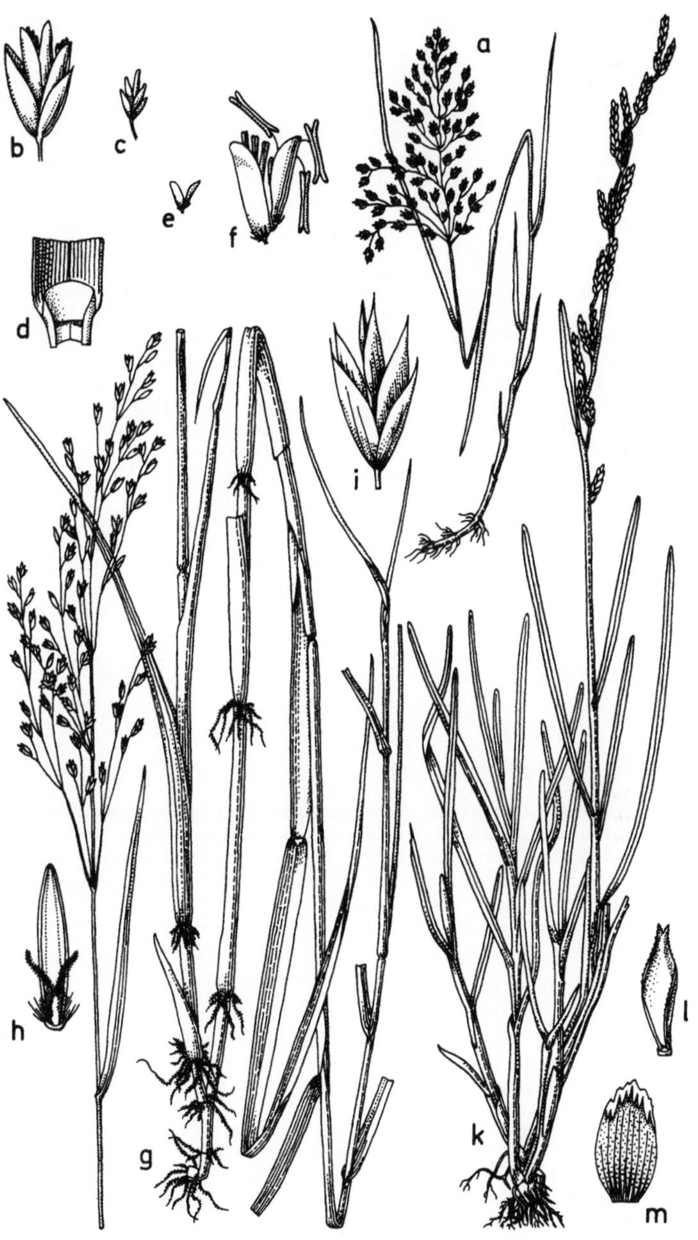

4. **Arctophila** Andersson

Monotypische Gattung mit den Merkmalen der Art. Im Gebiet fehlend.

1. Arctophila fulva (Trinius) Andersson (Fig. 55a—f)
Poa fulva Trinius; *Colpodium* fulvum (Trinius) Grisebach in Ledebour; *Glyceria pendulina* Laestadius

Ausdauerndes Wassergras; Wurzelstock kräftig, kriechend, ausläufertreibend. Stengel hohl, (10) 15—80 (90) cm hoch, 3—8 mm dick, einzeln, glatt. Blattscheiden nur nahe der Spitze offen; Spreiten bis 20 cm lang, 3—8 mm breit, flach, ohne Öhrchen; Blatthäutchen häutig, zerschlitzt und mehr oder weniger behaart. Rispe offen, pyramidenförmig, Rispenäste zurückgebogen oder nickend, 5—20 (30) cm lang, haarfein, grünlichpurpurn. Ährchen 2—5 (7)blütig, über den Hüllspelzen gegliedert, breit eiförmig, (3,5) 4—7 (8) mm lang. Hüllspelzen 1- oder undeutlich 3nervig, 3,0—3,7 (4) mm lang, kürzer als das Ährchen, stumpf, breit hautrandig, ohne Granne. Deckspelze 2,7—4 mm lang, undeutlich 3 (5)nervig, auf dem Nerv kahl, ohne Granne. Vorspelze kürzer als die Deckspelze. Kallus mit einem Büschel kurzer, steifer Haare. Schwellkörper 2. Staubbeutel 3, 2 mm lang, violett. — Blütezeit: VII—VIII. — $2n = 42, 63$.

Vorkommen: An den Rändern und im flachen Wasser von Seen, Teichen, Tundra-Tümpeln, an Flußufern, im Überschwemmungsbereich am Meeresstrand; bestandsbildend.

Verbreitung: In der arktischen Zone zirkumpolar verbreitet; in Europa von Spitzbergen und der Bäreninsel durch das östliche Fennoskandien (hier südwärts bis zum Nordende des Bottnischen Meerbusens) ostwärts bis Nowaja Semlja. — Im Gebiet fehlend.

Verbreitungskarten: Porsild 1957; Hultén 1962, 1968, 1971; Tolmačev 1974.

Anmerkungen: Als subsp. *similis* (Ruprecht) Tzvelev (*Poa similis* Ruprecht) ist eine niedrigwüchsige, nur 10—30 cm hohe Sippe ausgeschieden worden. — An der nördlichen Grenze des Verbreitungsgebietes oft steril, sich vegetativ fortpflanzend.

Erwähnt sei hier anhangsweise *Dupontia fisheri* R. Brown, ein hochpolyploides ($2n = 42, 44$, 88, 132) Gras, das in mehreren Unterarten über die ganze arktische Zone verbreitet ist. Es siedet auf Alluvialböden im Tidebereich an Flußmündungen und Rändern brackiger Lagunen, aber auch auf Wiesen in der Tundra.

5. **Poa** L.

Meist mehr-, selten 1jährige Gräser. Blattspreite in der Knospenlage gefaltet. Blattscheiden offen. Blütenstand eine Rispe; Rispenachse stielrund. Ährchen eiförmig bis elliptisch, 2- bis 10 (15)blütig, seitlich zusammengedrückt. Hüllspelzen spitz oder zugespitzt. Deckspelze gekielt, unterseits wollhaarig, unbegrannt; Frucht länglich-ellipsoidisch, stumpf 3kantig, auf der Vorspelzenseite flach, mit punktförmigen Nabelfleck.

Die Gattung umfaßt weit über 100 Arten; darunter keine echten aquatischen. Wir berücksichtigen nur *Poa palustris*.

1. Poa palustris L. (Fig. 54f—i)
P. serotina Ehrenberg; *P. fertilis* Host

Ausdauerndes, kleine Horste bildendes Gras, meist ohne Ausläufer. Halm aus niederliegendem Grunde aufsteigend, 30—80 (120) cm hoch, stielrund, unterwärts mit sterilen, 15—25 cm langen Seitenzweigen. Blätter laubgrün, 7—14 cm lang; Blattspreite linealisch-lanzettlich, allmählich zugespitzt, 4,5—6,5 cm lang, 2—4 mm breit; Blattscheiden stielrund; Blatthäutchen der obersten Stengelblätter länglich, spitz (1) 2—3 mm lang, außen fein bewimpert. Rispe gedrungen, 6—15 (30) cm lang; Rispenäste lang, oft geschlängelt, dünn, sehr rauh, am Grunde mit 2—8 (12) Grundzweigen, mit zahlreichen Ährchen. Ährchen 2—4 (5) mm lang, (2) 3—4 (7)blütig, gelblich, oft violett überlaufen. Hüllspelzen lanzettlich, 3 mm lang, 3nervig. Deckspelze am Rand und auf dem Rücken flaumhaarig, vorn mit rundlichem gelbem oder braunem Fleck, stumpflich, undeutlich nervig, etwa 2,5 mm lang. Staubbeutel 1—1,3 mm lang. — Blütezeit: VI—VII (VIII). — $2n = 21, 28$ (29, 30), 42.

Vorkommen: Im Röhricht und in Seggenwiesen, vor allem am Ufer strömender Gewässer, in Flutmulden und Gräben; auf nassen oder periodisch überfluteten, wechselnassen, nährstoff- und basenreichen, eutrophen, milden bis mäßig sauren, humosen, sandig-kiesigen oder reinen Schlamm- und Torfböden; recht unempfindlich gegen Spätfrost, mäßige Beschattung und schwache Bodenversalzung; planar bis montan, in den Alpen bis 1500 m aufsteigend; Kennart des Phalaridetum arundinaceae; auch in anderen Großseggen-Gesellschaften, in reicheren Flutrasen und Feuchtwiesen sowie im reicheren Erlenbruchwald. — L: H caesp/Hel.

Verbreitung: In großen Teilen des nördlichen Eurasien und Nordamerikas, in Europa südwärts bis Griechenland, sonst im Mittelmeergebiet fehlend; in England wohl nur synanthrop. — Im Gebiet verbreitet und meist häufig, vor allem in den Strom- und Flußtälern tieferer Lagen. — no-euras, circ.

Verbreitungskarten: Hultén 1962, 1968, 1971; Meusel et al. 1965; Vasiliuchina 1969; Tolmačev 1974.

6. Agrostis L.

Ausdauernd oder 1jährig, mit Ausläufern oder Rhizomen, auch rasig. Stengel 20—90 cm lang. Blattspreiten 5—40 cm lang, 3—10 mm breit, flach oder gefaltet, rauh, in der Knospe eingerollt; Blattscheiden offen, auf dem Rücken abgerundet. Blatthäutchen häutig, bis 8 mm lang. Blütenstand rispig, 8—30 cm lang, bis 10 cm ausgebreitet, im Umriß lanzettlich bis schmal eiförmig, zur Blütezeit offen, später zusammengezogen. Ährchen aus den (bleibenden) Hüllspelzen ausfallend, seitlich zusammengedrückt, 2—3 (3,5) mm lang, 1 (2)blütig, mit oder ohne Granne. Hüllspelzen bleibend, so lang wie das Ährchen, untereinander gleich oder fast gleich, schmal lanzettlich, spitz oder kurz zugespitzt, 1nervig, auf dem Kiel rauh. Deckspelzen etwa bis $^3/_4$ der Länge der Hüllspelzen erreichend, dünn, grannenlos oder mit kurzer, nahe der Spitze entspringender Granne, 5nervig, oft auf dem Blütengrund behaart. Staubblätter 3. Gattung mit 150—200 weltweit verbreiteten Arten, von denen die meisten terrestrisch leben; einige halbaquatische Arten kommen in Afrika vor. Von den Arten des Gebietes können *A. stolonifera* und *A. gigantea* halbaquatisch leben.

Wichtigste Literatur: Björkman 1960; Widén 1971.

Bestimmungsschlüssel der Arten:

1a Vorspelze höchstens 0,18 mm lang, nicht $^1/_5$ so lang wie die Deckspelze, oft fehlend; Hüllspelzen 2—3 mm lang; Deckspelze mit bis 3 mm langer Granne; Pflanze 1jährig . . . . **3. A. pourretii** (S. 226)

1b Vorspelze über $^1/_5$ so lang wie die Deckspelze, etwa 1 mm lang, gut entwickelt . . . 2

2a Hüllspelzen ohne oder mit nur sehr kurzer Granne; Pflanze ausdauernd 3

2b Hüllspelzen begrannt, Granne länger als die Hüllspelze; Pflanzen 1jährig . . . . **4. A. semiverticillata** (S. 226)

3a Extravaginale Rhizome mit mehr als 3 Schuppenblättern fehlend . . . . **1. A. stolonifera** (S. 223)

3b Extravaginale Rhizome mit mehr als 3 Schuppenblättern vorhanden . . . . **2. A. gigantea** (S. 224)

1. Agrostis stolonifera L. (Fig. 56f—i)
  A. alba auct. (saltem pr.pte.) non L.; *A. alba* subsp. *stolonifera* (L.) Jirasek in Dostál; *A. maritima* Lamarck; *A. palustris* Hudson; *A. vinealis* Schreber
Ausdauernd, grasgrün, Horste oder Teppiche bildend, manchmal untergetaucht. Vegetative Triebe intra- oder extravaginal; die extravaginalen stets fast sofort aufsteigend und mit höchstens 3 Schuppenblättern versehen. Stengel aufrecht oder am Grunde gebogen oder niederliegend und gekniet aufsteigend, dabei oft verzweigt und an den Knoten wurzelnd, (5) 15—100

(150) cm hoch, 1—3 mm dick, 2—5knotig. Blätter in der Knospenlage gerollt, später meist flach, nie gefaltet; Blattspreite 1—25 cm lang, 0,5—8 mm breit, 10—30nervig; Blattscheiden glatt; Blatthäutchen spitz bis breit stumpf oder fast gestutzt, 1—7 mm lang, bis doppelt so lang wie breit, oft vorn zerschlitzt. Rispe (1) 5—15 (25) cm lang, eilänglich, nach dem Abblühen oft zusammengezogen; Rispenäste und Ährenstiele rauh oder ganz glatt. Ährchen 1,5—3,5 mm lang, 1blütig, blaßviolett. Hüllspelzen 2—3 mm lang, elliptisch-lanzettlich, spitz bis zugespitzt, 1nervig. Deckspelze 1,2—2,5 mm lang, etwas kürzer als die Hüllspelzen. Eiförmig bis breit lanzettlich, vorn gestutzt bis stumpf, 5 (3)nervig, seitliche Nerven nicht oder nur sehr undeutlich begrannt. Vorspelze $^1/_2$—$^3/_4$ so lang wie die Deckspelze, undeutlich 2nervig. Staubbeutel 3, gelb oder purpurn, 1—2,3 mm lang, etwas kürzer als die Deckspelze. — Blütezeit: (IV) VI—VII. — $2n = 28, 35, 42, 56 (30, 32, 33, 41, 44, 46)$.

Vorkommen: An Ufern und im Überschwemmungsbereich fließender und stehender Gewässer, auch im flachen Wasser, in vernäßten Äckern und auf nassen Wegen; auf wechselnassen, meist zeitweise überfluteten, nährstoff- und basenreichen, oft humusarmen Schlamm-, Ton- (Schlick-), Lehm-, Sand- und Kiesböden, nicht auf leicht austrocknenden oder zu armen und sauren Böden, unempfindlich gegen Nässe, Kälte, Beweidung und Tritt, schatten- und salzertragend, wertvoller Bodenfestiger an Uferböschungen und Dämmen (Teppichpflanze); planar bis subalpin, in den Alpen bis 2700 m aufsteigend; Hauptbestandteil der Flut- und Kriechrasen der Fluß- und Stromauen, in Pionierrasen von Sand- und Kiesbänken, Uferabrissen, Flutmulden und Ausstichen, in Salzwiesen des Binnenlandes und der Meeresküsten, in lückigen Röhrichten, die Fließwasserform in Fluthahnenfuß-Gesellschaften. — L: H/Hel.

Verbreitung: Im nördlichen Eurasien weit verbreitet; in Nordamerika, in Afrika. — Im Gebiet häufig vom Tiefland bis ins Hochgebirge. — no-euras (-med), circ.

Verbreitungskarten: Hultén 1968, 1971; Tolmačev 1974.

Anmerkungen: Sehr vielgestaltige Art. Da uns insbesondere im südeuropäischen Teilareal die vorgeschlagenen Gliederungen nicht überzeugend erscheinen, andere Gliederungen keine scharfe Trennung zu *A. gigantea* vornehmen, verzichten wir auf eine Vorstellung der umstrittenen Sippen und folgen Widén (1971), dessen Auffassungen sich nicht mit denen in den gängigen mitteleuropäischen Floren oder Cvelevs (1976; Gliederungsversuch für das Gebiet der UdSSR) decken, sowie Garcke (1972). — Die im 40—200 cm tiefem, stehendem oder fließendem Wasser wachsenden Formen können völlig untergetaucht vegetieren. Sie entwickeln bis 40 cm lange Halme, 9—12 cm lange Blätter mit 6—8 cm langen und 15—30 mm breiten Spreiten und bleiben im allgemeinen steril. Sie können sich vom Grunde lösen und schwimmende Teppiche bilden. Auch Schwimmblattformen sind bekannt. — *A. stolonifera* blüht und reift in der limosen und terrestrischen Phase.

2. Agrostis gigantea Roth (Fig. 56 a—c)

A. alba subsp. *gigantea* (Roth) Jirasek in Dostál; *A. stolonifera* subsp. *gigantea* (Roth) Janchen; *A. nigra* Withering; *A. alba* auct. non L.; *A. stolonifera* auct. mult. (pr.pte.).

Ausdauernd, meist lockere Horste bildend. Vegetative Triebe extra- oder intravaginal; die extravaginalen zunächst unterirdisch, mit mehr als 3 Schuppenblättern, dann aufsteigend und aufrechte vegetative Luftsprosse bildend. Stengel (15) 40—150 cm hoch, (3) 4—6knotig, meist aufrecht, manchmal gekniet aufsteigend, sehr selten niederliegend, am Grunde verzweigt und dann aufsteigend. Blattspreite flach oder manchmal eingerollt, bis 20 cm lang, 3—12 mm breit, 15—35nervig; Blattscheide glatt oder rauh; Blatthäutchen gewöhnlich stumpf, manchmal spitz oder fast gestutzt, oft vorn zerschlitzt, 1,5—8 mm lang (an den unteren Stengelblättern nur 1,4—3 mm lang). Rispe ziemlich groß (4—40 cm lang), eilanzettlich, locker, reich verzweigt, bräunlich bis grün; Rispenäste desselben Knotens ungleich lang, nach der Blüte waagerecht abstehend oder etwas aufgerichtet. Ährchen 2—3,5 mm lang. Hüllspelzen eilanzettlich, auf dem

Fig. 56. a—e *Agrostis gigantea* Roth — a Sproßbasis, $\times^1/_3$; b Blütenstand, $\times^1/_2$; c Ligula, $\times 1$; d Blüte, $\times 7$; e Korn, $\times 7$. f—i *Agrostis stolonifera* L. — f Sproßbasis, $\times^1/_3$; g Blütenstand, $\times^1/_3$; h Blüte, $\times 6$; i Ligula, $\times^2/_3$ (a—e nach Bor 1968; f—i nach Weymar 1953).

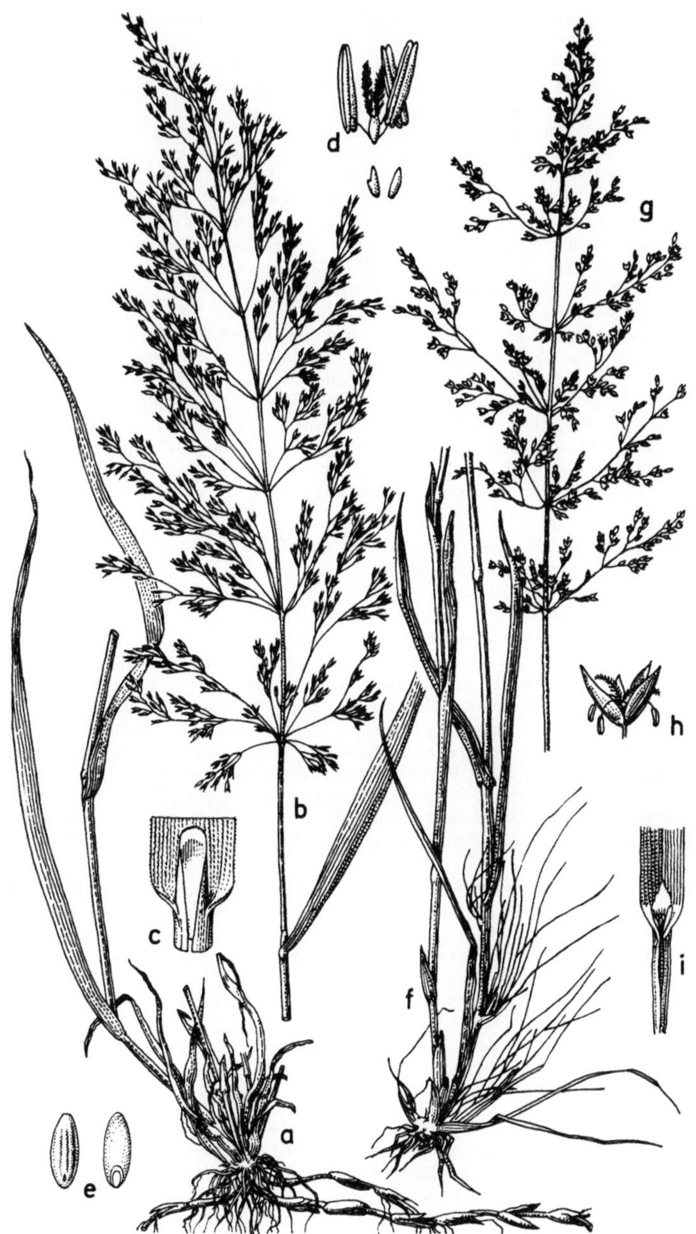

Rücken rauh. Deckspelze eiförmig, stumpf, 1,5—2,8 mm lang, meist 3nervig mit kurz auslaufenden seitlichen Nerven, selten 4- oder 5nervig, oder mit 3 kräftigen, längeren und 2 schwächeren, kürzeren Nerven, unbegrannt oder selten sehr kurz begrannt, Vorspelze etwa $(^1/_2)$ $^2/_3$—$^3/_4$ so lang wie die Deckspelze. Staubbeutel etwas kürzer als die Deckspelze, gelb oder purpurn. — Blütezeit: VI—VII. — $2n = 42$ (28, 46).

Vorkommen: An Ufern, auf feuchten bis nassen Wiesen, in Verlichtungen von Bruch- und Auenwäldern, auf grund- bis sickerfeuchten, nährstoff- und basenreichen, neutralen bis mäßig sauren, mehr oder weniger humusreichen Lehm- und Tonböden sowie auf Moorböden, schattenertragend; planar bis montan; Schwerpunkt in bewirtschafteten Feuchtwiesen, ferner vielfach in Staudensäumen, Röhrichten und Großseggenriedern. — L: H/Hel.

Verbreitung: Gesamtverbreitung noch nicht vollständig bekannt; in Eurasien weit verbreitet, in Nordamerika, Grönland, Australien und Neuseeland eingeschleppt (?). — Im Gebiet verbreitet. — euras (-smed), in temperierten Zonen heute kosmopol.

Verbreitungskarten: Hultén 1968, 1971.

Anmerkungen: *A. gigantea* ähnelt hochwüchsigen Formen von *A. stolonifera* sehr. Das einzige durchgreifende diagnostische Merkmal ist das Auftreten von extravaginalen, unterirdischen vegetativen Trieben mit mehr als 3 Schuppenblättern bei *A. gigantea*. Die ähnliche *A. capillaris* L. unterscheidet sich durch die kürzere Vorspelze und glatte Rispenäste und Ährchenstiele. — *A. gigantea* zerfällt in mehrere infraspezifische Sippen, deren Charakter, Vorkommen und Verbreitung erst in Ansätzen bekannt sind (vgl. Widén 1971). Die Typusvarietät scheint eine westeuropäische Sippe zu sein (vgl. dagegen Cvelev 1976, der noch eine subsp. *maeotica* (Klokov) Cvelev aus dem Schwarzmeergebiet mit $2n = 28$ Chromosomen ausscheidet).

3. Agrostis pourretii Willdenow

A. pallida DeCandolle; *A. salmantica* (Lagasca) Kunth; *Trichodium salmanticum* Lagasca
1jährig. Pflanzen sehr zart, grün oder schwach blaugrün, niedere Rasen bildend; ohne Ausläufer, mit intravaginalen vegetativen Stengeln. Stengel (10) 15—30 (50) cm hoch, einzeln oder in Büscheln; aufrecht oder gekniet aufsteigend, kahl, glatt. Blätter 1,3—5 (8) cm lang; Blattscheide angedrückt, kahl, glatt, etwa so lang wie oder kürzer als die Spreite; Blattspreite 1—3 (5) cm lang, 0,3—1,5 mm breit, rauh; Blatthäutchen bis 4 mm lang. Rispe eiförmig oder breitellipsoidisch, nach der Blüte etwas zusammengezogen, grünlich oder hellpurpurn; Rispenäste haarfein, rauh. Hüllspelzen papierartig, lanzettlich, 1nervig kahl, gelb oder mehr oder weniger violett. 1,7—2,2 mm lang. Deckspelze häutig, durchscheinend, oval, 1—1,3 mm lang, etwa $^1/_2$ so lang wie die Hüllspelzen, vorn abgestutzt, 5nervig, mit 4 seitlichen, vorn in Zähnchen (davon 2 länger und grannenartig) auslaufenden Nerven, der mittlere Nerv dorsal in eine gekniete, bis 3 mm lange Granne auslaufend. Vorspelze fehlend oder extrem kurz (0,18 mm lang), 2spaltig. Staubbeutel 3, gelb oder violett, kahl, 0,8 mm lang. — Blütezeit: IV—VI. — $2n = 14$.

Vorkommen: An Ufern, in kleinen Wasserlachen in (winterlichen) Überschwemmungsbereichen, im Bett der nur im Winter oder Vorfrühling Wasser führenden Regenbäche, auch auf vernäßten Äckern; in mediterranen Zwergbinsengesellschaften, z. B. im Isoëto duriei-Nasturtietum asperi, im Preslietum cervinae und im Lythro-Agrostietum pourretii („pallidae", „salmanticae"). — L: T.

Verbreitung: Im westlichen Mittelmeergebiet von der Iberischen Halbinsel ostwärts bis Mittelitalien; auch in Nordwestafrika. — Im Gebiet fehlend. — wmed.

Anmerkungen: *A. pourretii* kann Schwimmblattformen ausbilden. Der Halm trägt dann nur 14—42 cm lange, 0,3—1 mm breite Schwimmblätter, aber keine Rispe. Im Frühling bedeckt sie mit ihren Schwimmblättern oft zu vielen Hunderten den Wasserspiegel.

4. Agrostis semiverticillata (Forskål) Christensen (Fig. 58 a—d)

A. verticillata Villars; *Phalaris semiverticillata* Forskål); *Polypogon semiverticillatus* (Forskål) Hylander; *P. viridis* (Gouan) Breistroffer
1jährig bis ausdauernd, blaugrün, rasig, oft Ausläufer treibend. Stengel 10—80 cm hoch, am Grunde niederliegend, dann aufsteigend, oft an den unteren Knoten wurzelnd und verzweigt,

kahl, an den Knoten braunschwarz oder braunpurpurn. Blätter in der Knospe eingerollt; Blattspreiten bis 15 cm lang, 2—8 mm breit, flach, spitz, am Rande und auf den Oberflächen rauh; Blattscheiden angedrückt, kahl, glatt; Blatthäutchen (1,5) 2—4 (5) mm lang, gestutzt oder stumpf, mehr oder weniger gezähnt. Rispe etwa 15 cm hoch, ellipsoidisch, dicht, gelappt; Rispenäste gebüschelt, ungleich lang, kahl. Ährchen 1,5—2 mm lang, 0,2 mm lang gestielt. Hüllspelzen 2—2,5 mm lang, untereinander fast gleich, papierartig, lanzettlich, spitz, 1nervig, grün oder verwaschen violett, auf dem Kiel und dem Rücken rauh. Deckspelze etwa $^1/_2$ so lang wie die Hüllspelzen, oval, abgestutzt, häutig, 5nervig, oft vorn in sehr kurze Zähne auslaufend. Vorspelze so lang wie die Deckspelze, 2nervig. Schwellkörper lanzettlich, 0,5 mm. Staubbeutel 3, gelb, 0,5—0,7 mm lang. — Blütezeit: IV—IX. — $2n = 14, 28, 42$.

Vorkommen: In Gräben auf von Süßwasser überspülten Marschen; auf entblößten Böden im Überschwemmungsbereich abgelassener Fischteiche; in süd- und südosteuropäischen Alkalischlamm-Zwergbinsengesellschaften (z. B. im Fimbristylido-Heleochloetum schoenoidis); in Griechenland in einer *Cyperus laevigatus-Polypogon monspeliensis*-Gesellschaft; auch in Reisfelder eindringend (Spanien). — L: T, H.

Verbreitung: Paläotropisch. Im gesamten Mittelmeergebiet verbreitet; außerdem auf der Krim, im Kaukasus und Zentralasien; eingebürgert in beiden Amerikas, in Südafrika, Australien und Neuseeland, so auch in der Bretagne und in Schweden. — Im Gebiet fehlend.

Verbreitungskarten: Hitchcock & Chase 1950 (USA); Perring & Walters 1962 (Großbritannien).

Anmerkung: Einige Autoren stellen *A. semiverticillata* zu *Polypogon*, vielleicht mit Recht, da auch bei ihr die Ährchenstiele, die an ihrem Ansatzpunkt abbrechen, zusammen mit der Frucht abfallen.

7. **Deschampsia** Palisot de Beauvois

Ausdauernde, horstbildende, mäßig hohe Gräser mit schlanken, aufrechten Stengeln. Blätter flach oder borstlich. Ährchen in abstehenden, lockeren Rispen; Rispenäste meist hin- und hergebogen, rauh. Ährchen (1) 2 (3)blütig; Ährchenachse behaart. Hüllspelzen 2, untereinander fast gleich lang, so lang oder etwas länger als die Blüte, häutig, 1 (3)nervig. Deckspelze an der gestutzten Spitze gezähnelt, nahe über dem Grunde begrannt, undeutlich 5nervig. Vorspelze so lang wie die Deckspelze. Frucht vom Rücken her zusammengedrückt, an der Vorspelzenseite nicht gefurcht, lose von Deck- und Vorspelze eingeschlossen.
Die Gattung umfaßt etwa 250 Arten, die fast über die ganze Erde verbreitet sind.
Wichtigste Literatur: Baumann 1911; Hagerup 1939; Lang 1967.

Bestimmungsschlüssel der Arten:

1a Granne der Deckspelze deutlich gekniet und gedreht, etwa am Deckspelzengrunde abgehend, diese weit überragend, am Grunde bräunlich. Ährchen 2blütig; Grundblattspreiten 0,1—0,3 mm dick, gefalzt, zuweilen mit 5 niedrigen Rippen; Stengelblätter mit 1,5 mm breiter, flacher Spreite; Blatthäutchen 3—8 mm lang, allmählich zugespitzt . . . . **1. D. setacea** (S. 228)

1b Granne der Deckspelze nicht oder undeutlich gekniet und schwach gedreht, weißlich-gelblich; Ährchen 1—4blütig **2**

2a Granne nahe dem Grunde der Deckspelze abgehend; Rispe groß, mit vielen Ährchen   **3**

2b Granne meist in oder über der Mitte der Deckspelze abgehend. Ährchen 6—8 mm lang, oft zu Brutknospen umgebildet und zu Laubsprossen auswachsend; Blattoberseite wenig rauh . . . . **4. D. litoralis** (S. 230)

3a Unterste Deckspelze des Ährchens 4—5 mm lang; Granne fast doppelt so lang wie die Deckspelze, die 6—7 mm langen Hüllspelzen um 2—3 mm überragend; Blätter oberseits meist glatt; Ährchen 6—7 mm lang . . . . **3. D. bottnica** (S. 228)

3b Granne die Hüllspelzen höchstens um 1 mm überragend; Blätter oberseits schwach rauh; Ährchen (4) 5—6 mm lang . . . . **2. D. wibeliana** (S. 228)

1. Deschampsia setacea (Hudson) Hackel (Fig. 57e—g)
Pflanze weiche, dichtrasige Polster bildend, 30—70 cm hoch. Blätter gefaltet, borstlich pfriemlich, zugespitzt; Blatthäutchen 3—8 mm lang, allmählich zugespitzt. Rispe ausgebreitet, Rispenäste geschlängelt, jeder mit 1 (2) grundständigen Zweigen. Ährchen 2blütig, grünviolett, an der Spitze gelblich. Granne der Deckspelze deutlich gekniet, am Grunde bräunlich, die Spelzen weit überragend. — Blütezeit: VII—VIII. — $2n = 14$.
Vorkommen: An Teichufern und auf Teichböden, auf Heidemooren und in nassen Dünentälern; auf nassen, nährstoff- und basenarmen, oligotrophen, mäßig sauren humosen Sandböden und sandigen oder reinen Torfschlammböden; gern zusammen mit *Juncus bulbosus* L.; in Strandling-Gesellschaften; vor allem im Eleocharitetum multicaulis. — L: H/Hel.
Verbreitung: Im westlichen Europa, südwärts bis Nordwestspanien, nordwärts bis zu den Shetland-Inseln und nach Südskandinavien. Im Gebiet vor allem im westlichen Tiefland; Ostgrenze auf Rügen, in der nördlichen Oberlausitz, im Bayerischen Wald und in Südwestböhmen. — atl.
Verbreitungskarten: Militzer 1942; Buschmann 1952; Dupont 1962; Meusel et al. 1965; Hultén 1971.

2. Deschampsia wibeliana (Sonder) Parlatore
Aira paludosa Wibel; *Deschampsia paludosa* Richter; *Aira wibeliana* Sonder
Pflanze meist lockerrasig, aber ohne Ausläufer, 40—125 cm hoch. Blätter flach, auf der Oberseite ziemlich schwach rauh, ihre Rippen (außer Rand- und Mittelrippe) am Scheitel abgerundet oder gestutzt; Blatthäutchen bis 4 mm lang. Rispe meist ausgebreitet; Rispenäste schlank, rauh, nicht geschlängelt, jeder mit mindestens 2 grundständigen Zweigen. Ährchen (4) 5—6 mm lang, dunkel. Granne die Hüllspelze höchstens 1 mm überragend. Apomixis fehlt. — Blütezeit: V—VI (VIII—IX). — $2n = 26 + (0—4B)$.
Vorkommen: Im Gezeitenbereich von Flußmündungen mit stark wechselndem Wasserstand und Brackwassereinfluß; auf sandig-lehmigen und schlammigen oder kiesigen Böden; an der Unterelbe im Bolboschoenetum maritimi. — L: H/Hel.
Verbreitung: Endemisch im Tidegebiet der Eider, Oste und Elbe, südwestwärts bis zur Unterweser.
Verbreitungskarten: Dupont 1962; Meusel et al. 1965; Weihe & Reese 1968.

3. Deschampsia bottnica (Wahlenberg) Trinius (Fig. 57a—d)
Aira bottnica Wahlenberg
Stengel 50—70 (100) cm hoch, aufrecht oder etwas knickig aufsteigend, ganz glatt. Blattspreiten lang, meist zusammengefaltet, auch oberseits glatt; Blattscheiden anliegend. Rispe sehr schlank; bis über 20 cm lang; Rispenäste bis 11 cm lang, anliegend oder aufrecht abstehend, glatt oder schwach rauh, mit 6—10 sehr kurzen, grundständigen Ästchen. Ährchen bis 20 pro Rispe, 6—7 mm lang (ohne Granne), grünlich, ganz schwach violett überlaufen, oberwärts goldgelb, insgesamt gelb erscheinend; Ährchenachse lang behaart. Granne der Deckspelze lang, gerade, gelb, die Hüllspelze um 2—3 mm überragend. Staubbeutel 2 mm lang, violett. — Blütezeit: VII. — $2n = 26 + (0—2B)$.
Vorkommen: An Meeresküsten im Brackwasser.
Verbreitung: Endemisch an den Küsten des Bottnischen Meerbusens. — Im Gebiet fehlend.
Verbreitungskarten: Hultén 1950, 1971; Meusel et al. 1965; Weihe & Reese 1968.
Anmerkung: Stark an *D. wibeliana* erinnernd.

Fig. 57. a—d *Deschampsia bottnica* (Wahlenberg) Trinius — a Habitus, $\times \frac{1}{2}$; b_1, b_2 Ährchen, $\times 5$; c Deckspelze mit Granne, $\times 5$; d Deckspelzen-Vorspelzenkomplex, $\times 5$. e—g *Deschampsia setacea* (Hudson) Hackel — e Habitus, $\times \frac{3}{5}$; f Ährchen, $\times 5$; g Blatthäutchen, $\times 2$. h *Deschampsia litoralis* (Gaudin) Reuter-Ährchen, $\times 5$. (a, b_2, c—d nach Andersson 1852; b_1 nach Komarov 1934; e—g nach Nordhagen 1948; h nach Heß et al. 1967).

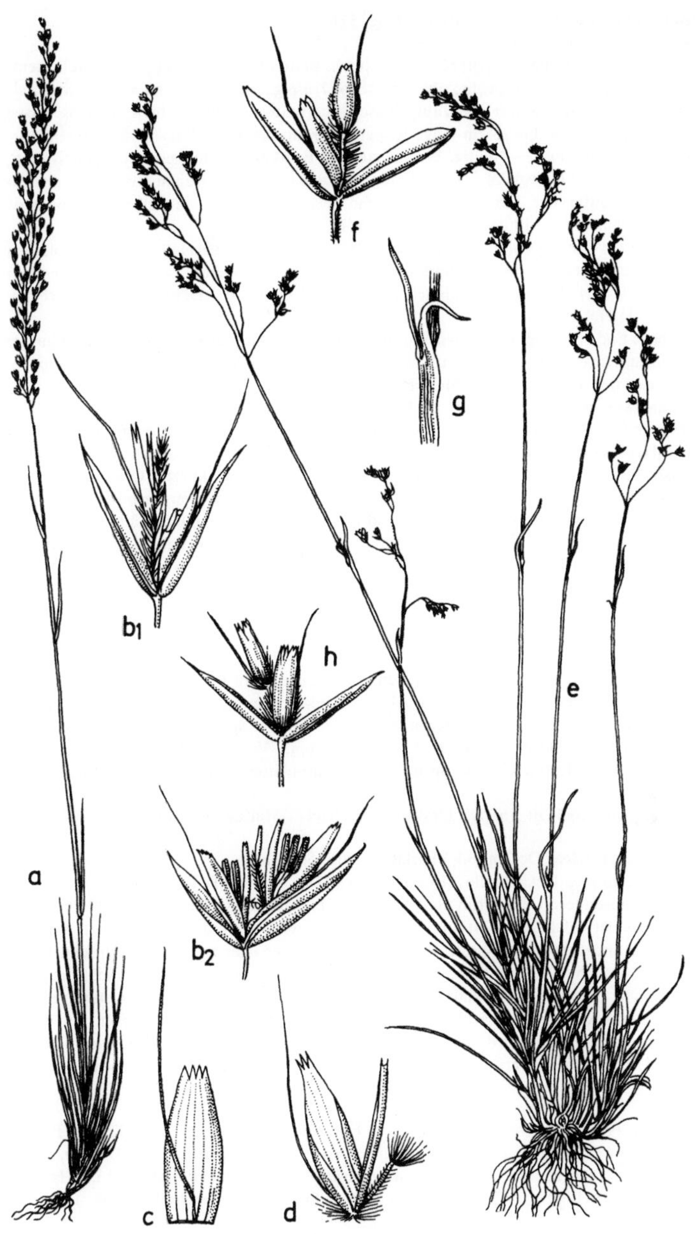

4. Deschampsia litoralis (Gaudin) Reuter (Fig. 57h)
   (incl. *D. rhenana* Gremli).

Pflanze dichtrasig, ansehnlich, (20) 60—80 cm hoch. Blätter 9—25 cm lang, wenig rauh, ziemlich kurz, steif, oft etwas eingerollt; oberseits stark 7rippig, alle Rippen mit spitzem Scheitel; Blattscheide der oberen Blätter etwas aufgeblasen; Blatthäutchen 3eckig, bis 4 mm lang. Rispe mit bis 8 (10) Ährchen, bis 15 cm lang; Rispenäste rauh bis ganz glatt, bis fast 10 cm lang. Ährchen 6—8 mm lang, 3—4blütig, bei uns stets zu Brutknospen umgebildet, dunkelviolett, oben gelblich. Obere Hüllspelze 5—6 mm lang; Granne die Hüllspelze um etwa 2 mm überragend, in der Mitte der Deckspelze abgehend, etwas gebogen, dunkelbraun. Apomixis (teilweise) vorhanden. — Blütezeit: (VI) VII—VIII. — $2n = 56$.

Vorkommen: An Ufern voralpiner Flüsse und Seen, so z. B. („*D. rhenana*") gesellig am offenen nährstoffarmen Kiesufer des Bodensees, vor allem in der oberen Zone des sommerlich kürzere Zeit (5—21 Wochen überfluteten Ufers; hier Kennart des Deschampsietum „rhenanae". — L: H/Hel.

Verbreitung: Endemisch im westlichen Voralpengebiet, z. B. am Lac de Joux, am Neuenburger See (Yverdon), an der Saane (Chateau Cotiers); im Engadin (Silsersee), am See von Poschiavo, am Bodensee und Hochrhein von Stein bis Schaffhausen. — präalp (endem).

Verbreitungskarten: Meusel et al. 1965; Bresinsky 1965; Lang 1967.

Anmerkung: Die Populationen vom Bodensee und vom Hochrhein werden als var. *rhenana* (Gremli) Hackel abgetrennt (als Art: *D. rhenana* Gremli). Die morphologischen Unterschiede gegenüber *D. litoralis* sind gering: niedrigerer Wuchs (20—60 cm), kürzere Grannen (Granne die Hüllspelze nur selten überragend; bei *D. litoralis* meist um 2 mm überragend); Ährchen gedrängt, stets in einen Laubsproß auswachsend (vivipar). Die Pflanze lebt während der Sommermonate normalerweise unter Wasser. Nur in trockenen Perioden werden normale Blüten und manchmal auch Früchte erzeugt.

8. Antinoria Parlatore

1jährige oder ausdauernde Kräuter. Ährchen 2blütig, die obere Blüte von der unteren durch einen Zwischenknoten auf verlängerter Ährchenachse getrennt. Hüllspelzen untereinander fast gleich, gewölbt-gekielt, zur Blütezeit mehr oder weniger spreizend. Deckspelzen kürzer als die Hüllspelzen, häutig, 3nervig, gestutzt, fast 3lappig. Vorspelze 2zähnig. Schwellkörper 2, lanzettlich. Griffel vom Grunde an gefiedert. Staubblätter 3. Karyopse frei, fast birnenförmig.

Die Gattung wird auch zu *Airopsis* Desvaux gerechnet. — Im Gebiet fehlend.

1. Antinoria agrostidea (DeCandolle) Parlatore (Fig. 58e—h)
   Airopsis agrostidea DeCandolle; *Aira agrostidea* (DeCandolle) Loiseleur
1jährig oder ausdauernd, blaugrün; mit kriechender Grundachse. Stengel 15—30 cm hoch, büschelig, gekniet aufsteigend, oft an den unteren Knoten wurzelnd. Scheiden glatt, auf dem Rücken abgerundet, etwas erweitert oder die unteren mehr oder weniger angedrückt. Blatthäutchen lanzettlich, 2—3 mm lang, stumpf oder mehr oder weniger spitz, oft mehr oder weniger zerrissen; Spreite flach, schlaff, bis 12 cm lang, bis 2,5 mm breit, in eine stumpfe oder spitzliche, etwas kapuzenförmige Spitze verschmälert, oberseits auf den Nerven mit wellig gekräuselten, rauhen Leisten; Rispe lange Zeit am Grunde von der obersten Scheide umhüllt, locker, im Umriß eiförmig, grün oder violett, 10 cm hoch, 7 cm breit; Rispenachse gerade oder

Fig. 58. a—h *Agrostis semiverticillata* (Hudson) Forskål — a Habitus, $\times^4/_9$; b Teil des Blütenstandes, $\times 8$; c Ährchen, $\times 10$; d Vorspelze, $\times 12$; e Deckspelze, $\times 12$; f Blüte, $\times 12$; g Ligula, $\times^3/_2$; h Korn, $\times 12$. i—l *Antinoria agrostidea* (DeCandolle) Parlatore — i₁i₂ Habitus, $\times^1/_3$; j Blatt mit Ligula; $\times 2$; k Ährchen, $\times 6$; l Spelze (a—h nach Bor 1968; i—l nach Coste 1937)

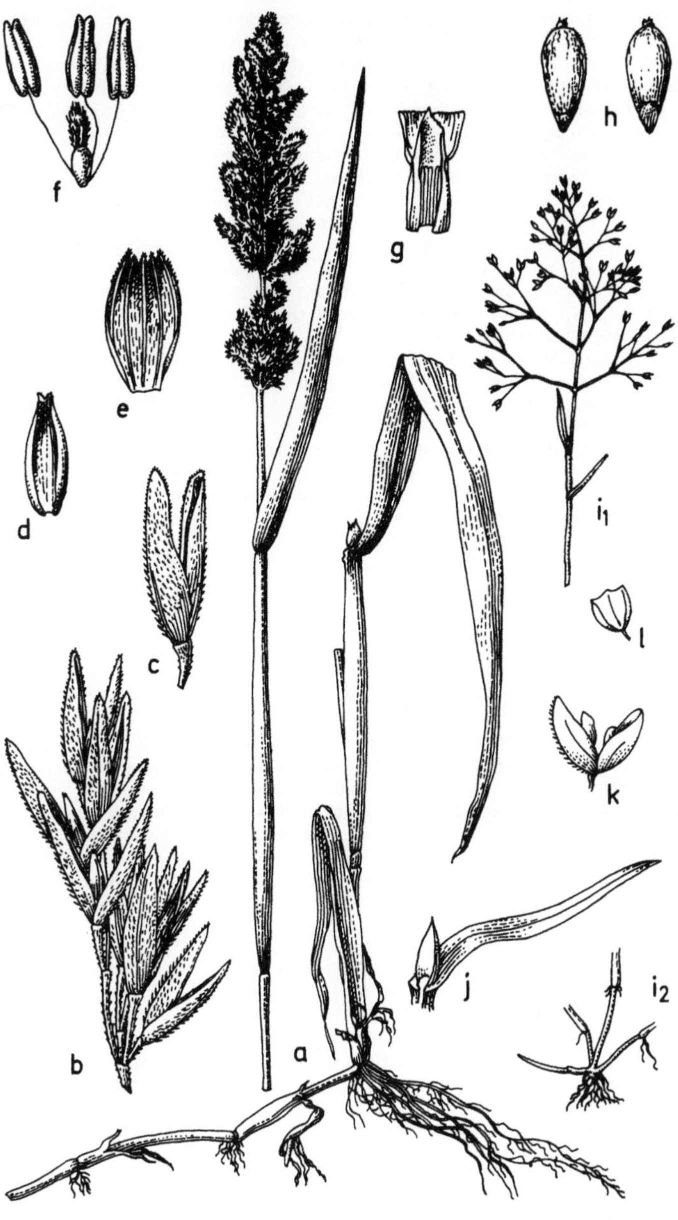

im oberen Teil zickzackförmig hin- und hergebogen, mit zahlreichen Ährchen; Rispenäste haarfein. Ährchen gestielt, Stiel 1—3mal so lang wie das Ährchen; eiförmig, 1,3—1,5 (2) mm lang, glänzend, grün, violett überlaufen; Ährchenachse kahl. Hüllspelzen die Ährchen überragend, oval-kahnförmig, (1) 3nervig, gekielt, häutig, zur Blütezeit spreizend. Deckspelze häutig, durchscheinend, verkehrteilänglich, 0,75 mm lang, 3nervig, an der Spitze mehr oder weniger stumpf 3lappig. Vorspelze 0,5 mm lang, 2zähnig, 2kielig. Schwellkörper 2, lanzettlich oder linealisch-lanzettlich, 0,25 mm lang. Staubblätter 3; Staubbeutel violett, länglich-linealisch, 0,3—1,25 mm lang; — Blütezeit: III—VI.

Vorkommen: Auf nassen Wiesen, in Sümpfen; auch im Wasser stehend; in mediterranen Zwergbinsengesellschaften. Kennart des Antinorio-Cicendietum. — L: T.

Verbreitung: Südwesteuropa (von Italien über West- und Mittelfrankreich bis Portugal); auch auf Kreta; Nordafrika. — Im Gebiet fehlend (in Ostflandern eingeschleppt).

Anmerkung: *A. agrostidea* kann Schwimmblattformen entwickeln. Die Schwimmblätter besitzen 7 cm lange, 1,5 mm breite Spreiten, die durch einen bis 15 cm langen, fadenförmigen Stiel mit den Blattscheiden verbunden sind.

Es werden mehrere Sippen in sehr wechselnder Fassung unterschieden, die von einigen Autoren auch als selbständige Arten aufgefaßt werden:

1a Pflanzen ausdauernd; die Typussippe . . . . **1.1.** var. **agrostidea**

1b Pflanzen 1jährig **2**

2a Pflanzen bis 30 cm hoch; Staubbeutel 0,9—1 mm lang; Karyopse $^1/_3$ so lang wie die Hüllspelze; Hüllspelzen 1,3—1,8 mm lang; westliche Iberische Halbinsel . . . . .
. . . . **1.2.** var. **annua** Lange in Willkomm et Lange

2b Pflanzen niedrigerwüchsig; Staubbeutel 0,3—0,5 mm lang; Karyopse $^1/_2$ so lang wie die Hüllspelze; Hüllspelzen 1—1,2 mm lang; Kreta, Unteritalien, Sizilien, Sardinien, Südkorsika . . . . **1.3.** var. **insularis** (Parlatore) Maire

Außerdem sei noch *Airopsis globosa* Thore [*A. tenella* (Cavanilles) Cosson et Durieu] erwähnt, ein westmediterran-atlantisches, 1jähriges Gras, das auf etwas feuchten, sandigen Standorten als Kennart des Isoëtetum duriei gilt.

9. **Polypogon** Desfontaines

1jährige Gräser mit Scheinähre. Blätter rauh, in der Knospenlage gerollt. Ährchen klein, 1blütig, seitlich zusammengedrückt; Ährchenachse kahl. Hüllspelzen zusammengedrückt, gekielt, bewimpert, größer als die Deckspelze, am Vorderrande ausgerandet oder 2lappig, 1 endständige Granne tragend. Deckspelze durchscheinend, oft mit 1 kurzen, unter der Spitze eingefügten Granne. Vorspelze etwas kürzer. Schwellkörper 2, kahl. Staubblätter 3. Narben fast sitzend. Karyopse frei.

In Europa 2 Arten (vgl. aber Anmerkung zu *Agrostis semiverticillata*). — Im Gebiet hier und da eingeschleppt; keine echten Wasserpflanzen.

Bestimmungsschlüssel der Arten:

1a Blattscheide mäßig rauh; Ährenrispe walzlich, etwas unterbrochen; Hüllspelze etwas ausgerandet, am Rande kurz bewimpert, am Grunde nicht schuppenhaarig . . . .
. . . . **1. P. monspeliensis** (S. 232)

1b Blattscheide glatt oder ganz schwach rauh; Ährenrispe walzlich, nicht oder undeutlich unterbrochen; Hüllspelzen vorn tief zweispaltig, am Rand lang bewimpert, am Grunde schuppenhaarig . . . . **2. P. maritimus** (S. 233)

1. Polypogon monspeliensis (L.) Desfontaines (Fig. 59j)
  Alopecurus monspeliensis L.
1jährig, grün. Stengel einzeln oder gebüschelt, aufrecht oder aufsteigend, am Grunde niederliegend und wurzelnd, 10—100 cm hoch, oft verzweigt, an den Knoten rußbraun. Blattscheiden angedrückt, rauh; Blatthäutchen 8—10 mm lang, stumpf, oft eingerissen; Blatt-

spreite flach, bis 30 cm lang, 9—13 mm breit, an den Rändern sehr rauh, allmählich in eine feine Spitze verschmälert. Ährenrispe lang gestielt, eilänglich, 12—16 cm lang, 2—4 cm dick, etwas unterbrochen, hellgrün; Rispenachse rauh; Rispenäste büschelig, die einen am Grunde nackt, die andern auch am Grunde mit Ährchen. Ährchen mit einem ganz kurzen, stumpfen Kallus meist abfallend; Ährchenstiele stehenbleibend. Hüllspelzen fast gleich, linealisch-länglich, 1—2 mm lang, 1nervig, weißlich, grünnervig, auf dem Rücken unterhalb der Mitte kurz und dick behaart, hier am Rande ziemlich lang gewimpert, vorn stumpf ausgerandet, in der Ausrandung mit bis 7 mm langer Granne. Deckspelze durchscheinend, kurz, 1 mm lang, oval, stumpf oder gezähnelt, undeutlich 5nervig, der mittlere Nerv unmittelbar unter der Spitze in eine Granne auslaufend, die etwa so lang oder länger als die Deckspelze ist. Vorspelze durchscheinend, 2nervig, 2zähnig. Staubbeutel 3, hellgelb. — Blütezeit: IV—VI (VIII). — $2n = 28$.

Vorkommen: In Sümpfen und in Mulden, die im Winter überflutet sind, am Rande von Bächen und Gräben; auch auf (kultiviertem und unkultiviertem) Alkalischlammboden; in süd- und südosteuropäischen Alkalischlamm-Zwergbinsengesellschaften, so in Griechenland in einer *Cyperus laevigatus-Polypogon monspeliensis*-Gesellschaft. — L: T.

Verbreitung: Paläotropisch; von Makaronesien über das Mittelmeergebiet und Afrika ostwärts bis Ost- und Südasien; auch im Kaukasus, auf der Krim, im mittleren Dneprgebiet sowie im Donaudelta; in beiden Amerikas und in Tasmanien eingebürgert. — Im Gebiet in den Niederlanden und Belgien eingebürgert, auch sonst hier und da eingeschleppt.

Verbreitungskarten: Hultén 1962, 1968; Perring & Walters 1962.

2. Polypogon maritimus Willdenow (Fig. 59a—i)

Alopecurus maritimus (Willdenow) Poiret

1jährig; Stengel 10—30 cm hoch aufrecht oder gekniet aufsteigend, manchmal am Grunde niederliegend und rötlich überlaufen. Blattspreite bis 5 cm lang, bis 4 mm breit; Blattscheide glatt oder ganz schwach rauh; Blatthäutchen bis 6 mm lang, stumpf, meist vorn zerschlitzt. Ährenrispe walzlich, bis 5 cm lang, bis 1 cm dick, nicht oder undeutlich unterbrochen, oft rötlich-violett. Ährenstiele verdickt, mit kurzen, vorwärts gerichteten borstlichen Haaren, sich zur Zeit der Fruchtreife am Grunde oder nahe dem Grunde abgliedernd, als über 1 mm langer, spitzer Kallus am Grunde des Ährchens sitzenbleibend. Hüllspelzen lanzettlich, 2—3 mm lang, 1nervig, am Grunde mit durchsichtigen Schuppenhaaren, vorn tief 2spaltig, aus der Spalte eine bis 7 mm lange Granne hervortretend. Deckspelze etwa 0,7 mm lang, oval, durchscheinend, vorn gestutzt oder gezähnelt, undeutlich 5nervig. Vorspelze 2nervig, mehr oder weniger 2zähnig. Schwellkörper lanzettlich, 0,15 mm lang. Staubbeutel 3, hellgelb. — Blütezeit: IV—VI (VIII). — $2n = 14, 28$.

Vorkommen: Meist in Küstennähe auf feuchtem, oft trockenfallendem Schlamm-, Sand- oder Kiesboden, auch auf salzhaltigen Triften. — L: T.

Verbreitung: Im Mittelmeergebiet von den Azoren an ostwärts; über das Gebiet der Unterwolga nach Westasien, hier ostwärts bis Südsibirien; im atlantischen Europa nordwärts bis in die Normandie. — Im Gebiet fehlend.

Verbreitungskarte: Grossheim 1939 (Kaukasus).

Anmerkung: Als Unterart mit aufgeblasener, die Ährenrispe am Grunde mehr oder weniger umschließender Scheide wird subsp. *subspathaceus* (Requien) Ascherson et Graebner ausgeschieden, die nur im Mittelmeergebiet vorkommen soll.

10. Alopecurus L.

Ausdauernd oder (selten) 1jährig, manchmal Ausläufer treibend. Halm oft aufsteigend, manchmal flutend, bis 80 cm lang. Blattflächen 2—15 cm lang, 2—7 mm breit, flach; Blatthäutchen häutig. Blütenstand eine walzliche, 1—7 cm lange Ährenrispe (Scheinähre). Ährchen unter den Hüllspelzen abfallend, 2—5 mm lang, seitlich stark zusammengepreßt, 1blütig, meist begrenzt (bei *A. aequalis* ist die Granne entweder von den Hüllspelzen eingehüllt

oder tritt nur sehr wenig hervor). Hüllspelzen gleich oder ungleich, ungefähr so lang wie das Ährchen, 3nervig, am Grunde mehr oder weniger verwachsen, vorn spitz oder stumpf, auf den Kielen und auf den Seitennerven behaart. Deckspelze etwas kürzer bis etwas länger als die Hüllspelzen, stark abgeflacht, nahe dem Grunde verwachsen, vom Rücken aus begrannt, undeutlich 3—5nervig; Granne gerade oder gekniet, kürzer als, gleichlang oder bis doppelt so lang wie die Hüllspelzen. Vorspelzen und Schwellkörper fehlend. Staubblätter 3.

Gattung mit 25 Arten, in den gemäßigten und kalten Gebieten der nördlichen und südlichen Hemisphäre verbreitet. 3 Arten leben aquatisch, einige halbaquatisch. Außer den von uns berücksichtigten beiden Arten ist noch *A. arundinaceus* Poiret bemerkenswert, der in Uferröhrichte eintreten kann, sonst aber vor allem nasse, salzhaltige Wiesen besiedelt.

Bestimmungsschlüssel der Arten:

1a Granne nahe dem Grunde der Deckspelze entspringend, etwa doppelt so lang wie das Ährchen, aus diesem weit herausragend (die Hüllspelzen um 1—3 mm überragend); Staubbeutel anfangs hellgelb oder schwach violett, später rost- bis kaffeebraun, 1,4—1,8 mm lang, schmal . . . . **1. A. geniculatus** (S. 235)

1b Granne etwa in der Mitte der stumpfen Deckspelze entspringend, etwa halb so lang wie das Ährchen, nicht aus ihm herausragend (die Hüllspelzen nicht oder höchstens bis 1 mm überragend); Staubbeutel erst gelblichweiß, dann ziegelrot, 0,8—1,2 mm lang, breit . . . . **2. A. aequalis** (S. 236)

1. Alopecurus geniculatus L. (Fig. 60g—i)

Ausdauernd oder 1jährig, (10) 30—40 (70) cm hoch, büschelig. Halm niederliegend bis gekniet aufsteigend, oft im Wasser flutend, an den Knoten wurzelnd. Blätter 2—8 mm breit, oberseits rauh, grün oder bläulichgrün; Blattscheiden glatt, die oberste spindelig erweitert (etwa 3 mm Durchmesser). Blatthäutchen bis 5 mm lang, elliptisch, stumpf, ganzrandig. Blütenstand eilänglich, (1) 2—5 cm lang, dünn, meist nicht über 4 (bis 7) mm dick, weichhaarig; Äste (1) 2 (4) Ährchen tragend, Ährchen 3 mm lang, Hüllspelzen 2,5—3 mm lang, nur am Grunde verwachsen, oben weit auseinanderstehend, nicht geflügelt, stumpf, auf dem Kiel in der ganzen Länge mit 0,3—0,5 mm langen Haaren. Deckspelze so lang wie die Hüllspelzen, im untersten Viertel der Ränder verwachsen, auf dem Rücken (im untersten Viertel) mit bis 3 mm langer, geknieter Granne (die kaum doppelt so lang wie die Deckspelze ist), die Deckspelze um etwa 2 mm überragend und aus dem Ährchen hervorragend. Vorspelze nicht vorhanden. Staubbeutel weißlich bis hellgelb oder schwach violett, später rost- bis kaffeebraun; 1,4—1,8 mm lang. — Blütezeit: V—VIII (IX). — $2n = 28$.

Vorkommen: In offenen Pioniergesellschaften an Ufern, in Flutmulden, in nassen Wiesen und besonders auf Weiden, auf nassen Triftwegen, an Grabenrändern und auf Teichböden; auf wechselnassen, z. T. zeitweise überfluteten, nährstoff- und basenreichen, mehr oder weniger humosen, milden bis mäßig sauren, sandig-kiesigen oder reinen Ton- und Schlickböden; bei Überschwemmung des Standortes im flachen Wasser flutend, salzertragend, Stromtalpflanze; planar bis kollin (montan), in den Alpen bis 1600 m aufsteigend; vor allem in Flutrasen; Kennart des Rumici-Alopecuretum geniculati. — L: H(T)/Hel.

Verbreitung: Fast ganz Europa (außer im südlichsten und südöstlichsten Mittelmeergebiet); Kaukasus, Afghanistan, Sibirien (bis ins Obgebiet); nach Japan, Neuseeland, Tasmanien, Australien. Nordamerika und Grönland verschleppt. — Im größten Teil des Gebietes verbreitet und meist häufig. — (no-)euras.

Verbreitungskarten: Hitchcock & Chase 1950 (USA); Hultén 1962, 1968, 1971; Tolmačev 1974.

Fig. 59. a—i *Polypogon maritimus* Willdenow — a Habitus, $\times ^2/_3$; b—c Korn, $\times 10$; d Ligula, $\times 2$; e—f Blüte, $\times 10$; g Deckspelze, $\times 10$; h Vorspelze, $\times 10$; i Ährchen, $\times 8$. j—o *Polypogon monspeliensis* (L.) Desfontaines — j Blütenstand, $\times ^1/_2$; k Sproßbasis, $\times ^1/_3$; l—m Korn, $\times 5$; n Ährchen, $\times 4$; o Ligula, $\times 1^1/_2$; p Blüte, $\times 4$ (a—p nach Bor 1968).

Anmerkung: Auch die schwimmenden „Formen" tragen aufrechte, 3,5—4,5 cm lange und 4—6 mm dicke, walzliche Blütenstände.

2. Alopecurus aequalis Sobolewski (Fig. 60 g—i)

  A. fulvus J. E. Smith

1- oder 2jährig oder ausdauerndes Horstgras. Halme aufsteigend, kahl, 25—55 cm lang. Blätter 10—20 cm lang. Blattspreite 4—12 cm lang, 4—6 mm breit; Blattscheiden hechtblau. Blütenstand elliptisch, 4—7,5 cm lang, 4—6 mm dick. Ährchen 2 mm lang. Hüllspelzen vorn zusammenneigend. Deckspelze begrannt, Granne auf deren Rücken wenig unterhalb oder über der Mitte eingefügt, die Deckspelze nicht oder nur um etwa 0,5 mm überragend, ebenso die Hüllspelzen nicht oder höchstens bis 1 mm überragend, im Ährchen eingeschlossen oder nur bis 0,5 mm herausragend. Staubbeutel anfangs gelblichweiß, dann ziegelrot, zuletzt bleich, 0,8—1,2 mm lang. — Blütezeit: V—VIII. — $2n = 14$.

Vorkommen: In Pioniergesellschaften an Ufern, auf Teichböden und in Gräben; auf nassen, zeitweise überschwemmten, nährstoff- (stickstoff-)reichen, humosen, milden, schlickigen bzw. schlammigen Sand- und Tonböden; oft im flachen Wasser flutend; planar bis montan (subalpin), in den Alpen bis 1700 m; in den tieferen Lagen meist zusammen mit *Bidens*- und *Polygonum*-Arten in Zweizahnfluren, auch in Zwergbinsen- oder Strandling-Gesellschaften, in den Alpen im Callitricho-Sparganietum. — L: T,H caesp/Hel.

Verbreitung: Fast in ganz Europa (im Mittelmeergebiet selten und stellenweise fehlend); im nördlichen Asien, ostwärts bis Kamtschatka und Japan, im Himalaja und in Südostasien; im nördlichen Nordamerika, auf Grönland. — Im Gebiet verbreitet und meist häufig, stellenweise, so vor allem im Alpenraum, ziemlich selten, zumindest seltener als *A. geniculatus.* — no-euras, circ.

Verbreitungskarten: Grossheim 1939; Hitchcock & Chase 1950; Hultén 1962, 1968, 1971; Tolmačev 1974.

Anmerkungen: *A. aequalis* bildet Land- sowie sterile und fertile Schwimmblatt„formen" aus, die im allgemeinen nicht selten sind.

11. **Heleochloa** Host

1jährig, am Grunde büschelig verzweigt. Stengel aus niederliegendem Grunde knickig aufsteigend oder niederliegend. Blätter kurz; Blattscheiden den Stengel locker umschließend, bei einigen Arten aufgeblasen; Blatthäutchen in einen Haarkranz umgebildet. Blütenstand eine sehr dichte, ährenartige, walzliche Rispe, am Grunde von einem Blatte gestützt. Ährchen 1blütig. Alle Spelzen häutig, teilweise graugrün, ohne Grannen oder Zähne. Hüllspelze 2, ungleich lang, stumpf. Deckspelze wenig länger als die Hüllspelzen, spitz, Vorspelze etwas kürzer als die Deckspelze, (1) 2nervig. Schwellkörper fehlend. Staubblätter 3.

Die Gattung umfaßt rund 10 Arten und ist durch Südeuropa bis Zentralasien verbreitet.

Bestimmungsschlüssel der Arten:

1a Blütenstand (Ährenrispe) meist 1—7 cm lang, 4—5 mm dick, walzlich, oft frei, deutlich gestielt, violett; Blattscheiden nicht oder kaum aufgeblasen; Ährchen 2 mm lang; Deckspelze etwa 2 mm lang, am Kiele borstig gewimpert; Stengel aufrecht, rund . . . . **1. H. alopecuroides** (S. 238)

Fig. 60. a—e *Coleanthus subtilis* (Trattinick) Seidl in Roemer et Schultes — a Habitus, $\times^4/_3$; b blühende Rispe, $\times 3$; c blühendes Ährchen, $\times 20$; d Vorspelze, $\times 20$; e Deckspelze, $\times 25$. f *Alopecurus aequalis* Sobolewski — Habitus $\times^1/_4$. g—j *Alopecurus geniculatus* L. — g oberer Sproßabschnitt, $\times^1/_3$; h Ährchen (auseinandergezogen), $\times 15$; i Ährchen, $\times 15$; j Ligula (a, c—e nach Conert 1968; b nach Volkart & Kirchner 1908; f nach Javorka-Csapody 1975; g—i nach Hegi 1935; j nach Weymar 1953).

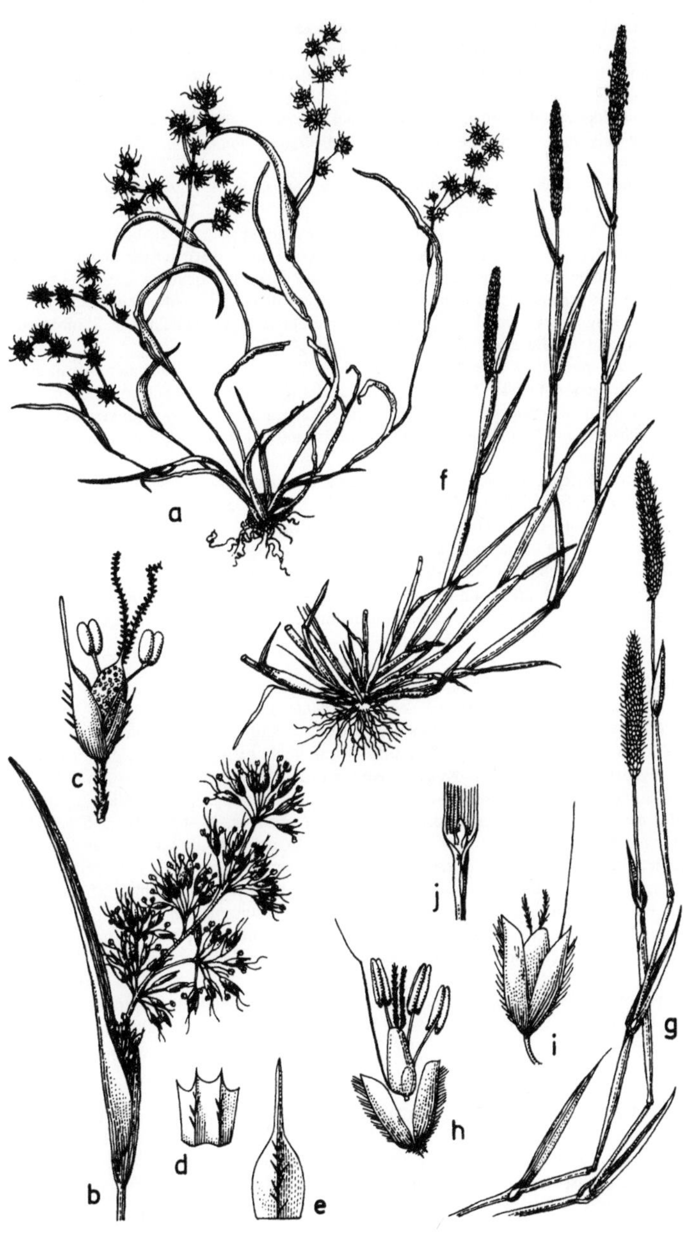

1 b Blütenstand meist 0,5—3 cm lang, 6—9 mm dick, eiförmig, am Grunde von der aufgeblasenen oberen Blattscheide umhüllt; Deckspelze fast 3 mm lang, weißlichhäutig,
am grünen Kiel gezähnt; Stengel niederliegend, abgeflacht .   **2. H. schoenoides** (S. 238)

1. Heleochloa alopecuroides (Piller et Mitterpacher) Host ex Roemer (Fig. 61 l—o)
   Crypsis alopecuroides (Piller et Mitterpacher) Schrader; *Phleum alopecuroides* Piller et
   Mitterpacher

1jährig. Stengel 5—40 cm hoch, knickig aufsteigend, am Grunde verzweigt, gut beblättert.
Blätter 8—10 cm lang, oberseits rauh, grün bis blaugrün. Oberste Blattspreiten meist nicht
über 2 cm lang, kürzer als die zugehörige Scheide, lanzettlich zugespitzt, hohlrinnig, selten
flach; Blattscheiden den Stengel sehr locker umschließend, nicht oder nur die obersten etwas
aufgeblasen. Scheinähre 1—7 cm lang, (3) 4—5 (6) mm dick, stets deutlich gestielt. Ährchen
2—3 mm lang. Hüllspelzen 1,5—2 mm lang, 1nervig, auf dem Kiel borstig bewimpert. Deckspelze 2,5 mm lang, 1nervig, kahl, durchscheinend, Vorspelze undeutlich 2nervig. Staubblätter
3, 1,5—2 mm lang. - Blütezeit: VII—X. — $2n = 18$.

Vorkommen: An periodisch überfluteten Ufern von Seen, in trockenfallenden Altwässern,
Teichen und Gräben; auf nassen bis feuchten, oft salzhaltigen Sand- und Schlammböden, auch
auf Sodaböden; in süd- und südosteuropäischen Alkalischlamm-Zwergbinsengesellschaften,
z. B. im Dichostylido-Heleochloetum alopecuroidis und im Fimbristylido-Heleochloetum
alopecuroidis. — L: T.

Verbreitung: Im Mittelmeergebiet verbreitet, nordwärts bis in die Bretagne, bis Paris, Lothringen, Saone- und Doubsgebiet, bis Niederösterreich, Südmähren, Siebenbürgen, ostwärts durch
das südliche Osteuropa bis ins Obgebiet und nach Zentralasien, in Mesopotamien und Nordafrika; in Nordamerika eingeschleppt. — Im Gebiet vereinzelt und unbeständig, so in Lothringen, im Oberrheingebiet, in Niederösterreich und Südmähren. — med-kont.

Anmerkung: *H. alopecuroides* kann große Flächen in oft dichten Beständen bedecken und bildet charakteristische Gesellschaften an Flußufern und auf entblößten Böden von Fischteichen;
tritt oft zusammen mit *H. schoenoides* auf.

2. Heleochloa schoenoides (L.) Host ex Roemer (Fig. 61 a—d)
   Crypsis schoenoides (L.) Lamarck; *Phleum schoenoides* L.

1jährig. Stengel am Grunde verzweigt, zahlreich, zunächst auf dem Boden niederliegend und
an den Knoten wurzelnd, dann aufsteigend, 5—30 cm hoch, kantig. Blattscheiden mehr oder
weniger angedrückt, kahl oder am Rande gewimpert, die oberen erweitert; Blatthäutchen bis
auf einen langen Wimpernkranz rückgebildet. Blattspreiten blaugrün, lanzettlich-zugespitzt,
flach oder mehr oder weniger eingerollt, stumpf, bis 6 cm lang, 2—4 mm breit. Scheinähre
dicht eiförmig bis ellipsoidisch, 5—30 mm lang, 6—9 (10) mm dick, am Grunde von 1 (2) aufgeblasenen Scheide(n) mit kurzer Spreite umgeben. Ährchen 3—4 mm lang. Hüllspelzen ziemlich gleich, die unterste linealisch spitzlich, 1nervig, am grünen Kiel gezähnt, 2,5 mm lang,
die obere elliptisch-spitz, 3 mm lang. Deckspelze elliptisch-spitz, länger als die Hüllspelzen,
bis 3,25 mm lang, weißlich häutig, am grünen Kiel gezähnt. 1nervig, spitzlich. Vorspelze oval,
2nervig, stumpf, etwa 2,7 mm lang. Staubbeutel 3, gelb, 1 mm lang. — Blütezeit: IV—X. —
$2n = 36$.

Vorkommen: An periodisch überfluteten Ufern von Seen, in sommerlich trockenfallenden Altwässern, Teichen und Gräben; auf nassem bis feuchtem, oftmals salzhaltigem Sand- und

Fig. 61. a—d *Heleochloa schoenoides* (L.) Host ex Roemer — a Habitus, $\times^1/_3$; b Ligula der
unteren Scheiden, $\times 2$; c Blüte, $\times 7$; d Ährchen, $\times 7$. e—k *Crypsis aculeata* (L.) Aiton —
e Habitus, $\times^1/_3$; f Blüte, $\times 6$; g Ährchen, $\times 5$; h Ligula, $\times 1^1/_2$; i stützende Scheiden,
$\times^1/_2$; j untere Hüllspelze, $\times 4$; k Infloreszenz, $\times 2$; l—o *Heleochloa alopecuroides* (Piller et
Mitterpacher) Host ex Roemer — l Habitus, $\times^1/_3$; m Ligula, $\times 1^1/_2$; n Blüte, $\times 5$; o Ährchen,
$\times 5$ (a—o nach Bor 1968).

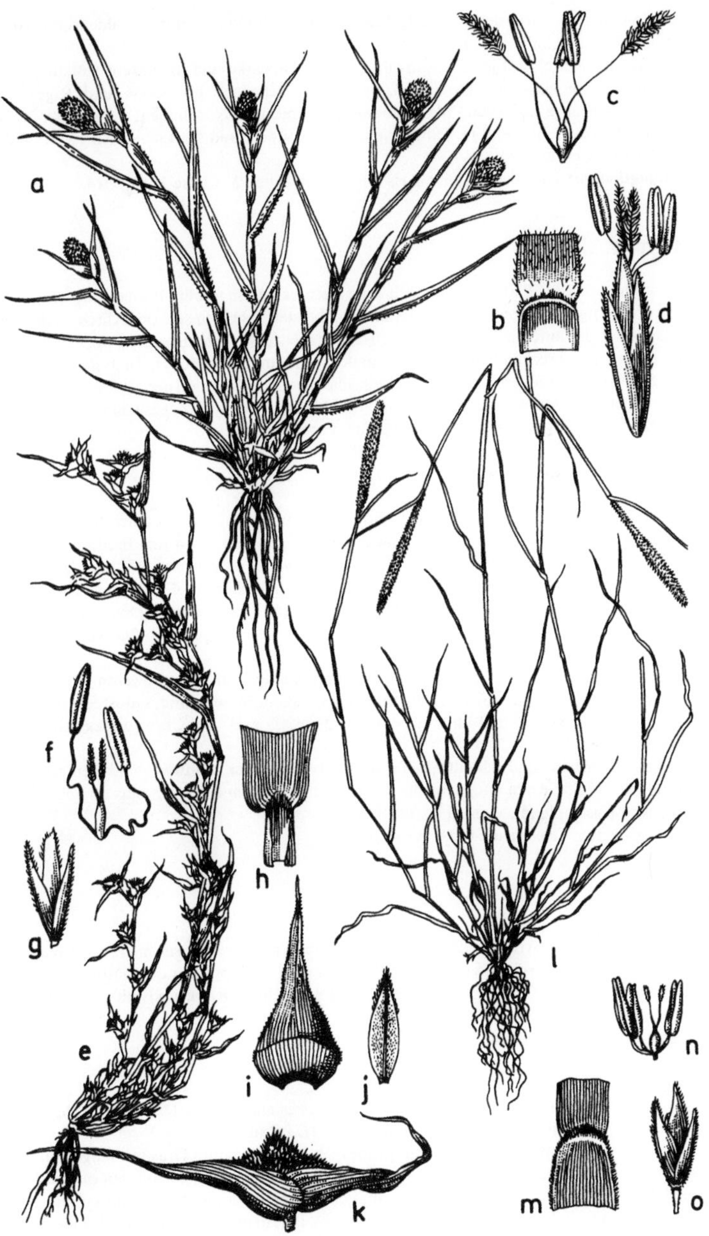

Schlammboden; im Crypsio-Heleochloetum schoenoidis und anderen südeuropäischen Zwergbinsen-Gesellschaften. — L: T.

Verbreitung: Im Mittelmeergebiet, nordwärts bis zur Bretagne und ins untere Donaugebiet; in Nordafrika; im südlichen Osteuropa (nordwärts vereinzelt bis Kursk und Riga); im westlichen Asien, in Südsibirien, Westafghanistan, Tibet und Nordindien; eingeschleppt im atlantischen Nordamerika und in Kalifornien. — Am Südostrand des Gebietes im Marchfeld und bei Nitra. — euras-med.

Verbreitungskarten: Grossheim 1939; Krist 1940; Hitchcock & Chase 1950.

12. Crypsis Aiton

1jährig, zwergwüchsig. Blattspreiten flach oder getrocknet eingerollt. Blütenstand eine sehr dichte, kopfig-kugelige ährenartige Rispe, in den obersten Scheiden sitzend. Ährchen 1blütig, alle gleich oder die unteren steril, seitlich zusammengedrückt; Ährchenachse über den Hüllspelzen auseinanderbrechend. Hüllspelzen ungleich, zusammengedrückt, 1nervig, spitz oder zugespitzt, die untere kürzer. Deckspelze durchscheinend oder häutig, 1nervig, spitz oder zugespitzt. Vorspelze so lang wie die Deckspelze. Staubblätter 2. Schwellkörper fehlend. Narben 2, federig. Karyopse länglich, zwischen Deck- und Vorspelze frei.

1. Crypsis aculeata (L.) Aiton (Fig. 61 e—k)
    Schoenus aculeatus L.

Stengel zahlreich, in Büscheln, oft am Grunde niederliegend, oberwärts aufrecht, bis 20 cm hoch, glatt und kahl. Blattspreite flach, blaugrün, bis 5 cm lang, 3—4 mm breit, lanzettlich, spitz, beidseits weichhaarig. Blütenstand dicht, kopfig, von 2 aufgeblasenen, 2zeilig gestellten Scheiden umhüllt; Spreite der Scheiden kurz stachelig. Ährchen 3—4 mm lang. Hüllspelze etwas ungleich, die obere länger und breiter als die untere. Deckspelze so lang wie die obere Hüllspelze; manchmal Hüll- und Deckspelze kurz begrannt. Vorspelze 1—2nervig. — Blütezeit: VI—VIII (IX). — $2n = 16, 18$ [59].

Vorkommen: An feuchten Ufern und auf Schlammbänken; im Überschwemmungsbereich der Flüsse; an Küsten; auf salzhaltigen Böden; vor allem in süd- und südosteuropäischen Zwergbinsengesellschaften und in feuchten Weiderasen, z. B. im Crypsio-Heleochloetum schoenoides. — L: T.

Verbreitung: In Mittel- und Südeuropa, ostwärts bis Kleinasien, Südwest- und Zentralasien; in Nordafrika; in Südafrika eingeschleppt. — Im Gebiet nur im Südosten (aus dem Pannonischen Becken einstrahlend). — med (-kont).

Verbreitungskarten: Grossheim 1939; Krist 1940.

13. Phalaris L.

Mit den Merkmalen der Art (von den rund 20 Arten kann nur eine, *P. arundinacea*, als Wasserpflanze angesprochen werden). Von einigen Autoren wird die Sippe aus der Gattung *Phalaris* herausgenommen, da sie die einzige Art mit einer knäueligen Rispe und mit ungeflügelten unteren 2 Hüllspelzen ist (vgl. Synonymie!).

Wichtigste Literatur: Anderson 1961.

1. Phalaris arundinacea L. (Fig. 66 a—b)
    Typhoides arundinacea (L.) Moench; *Baldingera arundinacea* (L.) Dumortier; *Digraphis arundinacea* (L.) Trinius; *Phalaroides arundinacea* (L.) Rauschert

Ausdauerndes, schilfähnliches, nicht wintergrünes, 50—300 cm hohes Gras mit langen, unterirdisch kriechenden Ausläufern. Halm rohrartig, derb, steif, aufrecht, bis auf den oberen Rispenbereich ganz glatt, am Grunde mit bräunlichen, spreitenlosen Niederblättern besetzt. Blätter in der Knospenlage eingerollt, blaugrün, (6) 8—15 (20) mm breit, allmählich zugespitzt, oberwärts und am Rande meist vorwärts schwach rauh; Blattscheiden weißhäutig berandet, meist glatt; Blatthäutchen 3—6 mm lang, gestutzt, meist stark zerschlitzt. Rispe groß, 10—20 cm lang, gelblich-grün, rot überlaufen, zur Blütezeit allseitig ausgebreitet, später zusammengezogen; Rispenäste bis 5 cm lang, die zahlreichen Ährchen in dichten Knäueln („gebüschelt") tragend. Ährchen 1blütig, sehr kurz gestielt. Hüllspelzen 4, stark 3nervig, die beiden unteren 4,5—5,5 mm lang, länglich-lanzettlich zugespitzt, rauh, auf dem Rücken ohne geflügelten Kiel; obere Hüllspelzen nur 0,5—1,5 mm lang, pinselförmig, zur Reifezeit mit der Frucht ausfallend, viel kürzer als die Deckspelze. Deckspelze 3—4 mm lang, eiförmig, glatt, hart, glänzzend, zerstreut, abstehend lang behaart, Vorspelze und Samen einschließend. — Blütezeit: VI—VIII. — $2n = (14)$ 28, 35, 42, 56.

Vorkommen: Im Uferröhricht an fließenden und stehenden Gewässern, in Weidengebüschen und Erlen-Eschen-Auenwäldern, an Quellen; auf mäßig feuchten bis nassen (wechselnassen) Standorten, bevorzugt den Flutbereich schlickreichen Wassers mit sommerlicher Absenkung bis etwa 50 cm unter Flur, empfindlicher gegen Dauernässe als die *Glyceria*-Arten; auf nährstoffreichen, mehr oder weniger humosen, neutralen bis milden eutrophen, sandig-kiesigen und tonigen Böden, auch auf tonigen Torfböden, tiefwurzelnd, in starkem Grade unempfindlich gegen Gewässerverschmutzung; planar bis montan (subalpin); in den Alpen bis über 1500 m; Kennart der planaren und montanen Ausbildungen des Phalaridetum arundinaceae, auch in reicheren Ausbildungen des Schilfröhrichts, im Bachröhricht und anderen Röhricht-Gesellschaften sowie in reicheren Ausbildungen von Großseggen-Gesellschaften, nassen Flutrasen und Auenwäldern. — L: H rept/Hel.

Verbreitung: In großen Teilen Eurasiens und Nordamerikas, nordwärts bis 71° nB, im Mittelmeergebiet selten, in Zentral- und Südasien fehlend oder nur sehr vereinzelt; in Südamerika, Südafrika, Australien und Neuseeland synanthrop. — Im Gebiet verbreitet und überall häufig, in Gebieten mit ärmeren Standorten seltener, im hohen Bergland meist fehlend. — no-euras, circ.

Verbreitungskarten: Hultén 1962, 1968, 1971; Meusel et al. 1965; Tolmačev 1974.

Anmerkungen: Im Unterschied zu *Phragmites australis* (Cavanilles) Trinius ex Steudel, der ein in einen Haarkranz umgebildetes Blatthäutchen besitzt, ist das Blatthäutchen bei *P. arundinacea* groß, weiß, gestutzt und zerschlitzt. — An Ufern und Gräben auf feuchtem Boden, aber auch auf sehr trockenen Standorten des Mittelmeergebietes wächst *Phalaris caerulescens* Desfontaines, die im Unterschied zu *Phalaris arundinaceae* Hüllspelzen mit geflügeltem Kiel besitzt. — Die in der freien Natur seltene (z. B. an der Saale) weißgebänderte Form („f. *picta*") ist eine häufige Gartenzierpflanze.

14. **Phragmites** Adanson

Ausdauerndes, hochwüchsiges Rohrgras mit kriechender Grundachse und langen, unterirdischen und oberirdischen Ausläufern. Blätter breit und lang, am Rande meist rauh; Blatthäutchen kurz, häutig, am Rande meist mit Haarkranz. Rispe groß, nickend, federig, oft purpurn überlaufen. Ährchen 3—7blütig, gestielt, über den Hüllspelzen und zwischen den Blüten abfallend; die unterste Blüte meist steril oder männlich (selten zwittrig), die oberen zwittrig. Hüllspelzen 2, auf dem Rücken abgerundet, fein zugespitzt, ungleich, die untere 3nervig, nur $^1/_2$ so lang wie die meist 5nervige obere. Ährchenachse lang behaart, nur der Teil unterhalb der männlichen Blüte kahl. Untere Deckspelzen des Ährchens 8—12 mm lang, doppelt so lang wie die oberen, 3nervig; obere Deckspelzen kürzer, aber in eine feine, lange Spitze ausgezogen. Vorspelzen etwa $^1/_3$ so lang wie die Deckspelzen. Staubblätter 2 oder 3. Körner frei, von der Griffelbasis gekrönt.

Gattung mit 4 Arten, über die ganze Erde verbreitet. Alle Arten siedeln in oder an Gewässern.

Wichtigste Literatur: Haslam 1958, 1971; Conert 1961; Rudescu, Niculescu & Chivu 1965; Björk 1967; Clayton 1967, 1968, 1970; Nikolajevskij 1971; van der Toorn 1972.

1. Phragmites australis (Cavanilles) Trinius ex Steudel (Fig. 66 g—h)

P. communis Trinius; *Arundo phragmites* L.; *A. australis* Cavanilles

Ausdauernd, bei uns nicht wintergrün; hochwüchsig, 1—4 (10) m hoch, mit bis zu 12 m langem, 10—25 mm dickem Rhizomsystem. Stengel steif aufrecht, glatt, kahl, 15—25 dick. Blattspreite unterseits graugrün, steif, in der Knospenlage gerollt, breit-lanzettlich, lang zugespitzt, 20—30 (50) cm lang. (3) 15—30 (45) mm breit; Blattscheiden fast glatt, Rand in Öhrchen ausgezogen, behaart; Blatthäutchen als Haarkrone aus mehrreihig angeordneten, kurzen, steifen, weißlichen Härchen ausgebildet. Rispe groß, vielblütig, 20—50 cm lang, während der Blütezeit ausgebreitet, sonst locker zusammengezogen und im oberen Teil nickend, gelblich bis dunkelpurpurn überlaufen; Rispenäste spiralig gestellt, dünn, glatt, am Grunde weich seidig behaart, schon wenig über dem Grunde Ährchen tragend. Ährchen (6) 10—15 mm lang, (1) 3—6 (8)blütig; Ährchenachse behaart. Hüllspelzen kürzer als die erste Blüte, lanzettlich, die oberen spitz bis zugespitzt, 5—7 mm, die unteren 3—4 mm lang. Deckspelzen der untersten Blüten etwa 10 mm, die der obersten etwa $^2/_3$ so lang, linealisch-lanzettlich. Vorspelze kürzer, im oberen Teil gewimpert. Staubblätter 1—3 in den untersten, 3 in den übrigen Blüten. — Blütezeit: VII—IX. — $2n = 36, 48, 54, 72, 84, 96$.

Vorkommen: Bestandbildend im Röhricht stehender oder langsamfließender Gewässer, auch in Quell- und Zwischenmooren, auf Moorwiesen oder in nassen Erlenbruch- und Auenwäldern; im flachen Wasser (bis 180 cm Wassertiefe) und am Ufer auf nassen, z. T. flach überschwemmten, nährstoff- und basenreichen, meso- bis eutrophen humosen Sand-, Schlamm- und Torfböden; optimal an eu- bis polytrophen Seen, auch an oligotrophen Gewässern, aber dort niedrig bleibend und nur lockere Bestände bildend; salzertragend, aber wenig weidefest und empfindlich gegen Mahd in der Vegetationsperiode, auch auf nassen Wiesen und Äckern als Entwicklungs-Relikt und Grundwasserzeiger, Wurzelkriech- und Verlandungspionier, Uferbefestiger und Torfbildner; etwas wärmeliebend, genutzt als Streu oder Rohr, im Donaudelta im großen Umfange zur Zelluloseproduktion; planar bis montan, in den Alpen bis über 1900 m aufsteigend; optimal entwickelt im Scirpo-Phragmitetum, aber auch in anderen Röhrichtgesellschaften, an der Küste auch in Brackröhrichten, ferner (oft weniger vital) in Großseggenriedern und anderen Gesellschaften nasser Standorte. — L: G rhiz/Hel.

Verbreitung: Fast weltweit verbreitet, nicht in der Arktis und Antarktis; scheint auch in den Tropen Indomalesiens und des Amazonasbeckens zu fehlen; in Skandinavien nordwärts bis 70° nB. — Im Gebiet verbreitet und überall häufig. — kosmopol.

Verbreitungskarten: Hitchcock & Chase 1960; Hultén 1962, 1971; Eloranta 1970; van der Toorn 1972; Tolmačev 1974.

Anmerkungen: *P. australis* ist sehr variabel, doch sind eine Reihe bisher als taxonomisch bedeutsam angesehener infraspezifischer Merkmale als das Resultat phänotypischer Plastizität erkannt worden (vgl. Rudescu, Niculescu & Chivu 1965). Conert (1961) unterscheidet nach Größe, Wuchsform, Farbmerkmalen, Blütenzahl je Ährchen, Behaarung usw. 11 Varietäten. Clayton (1967, 1968, 1970) anerkennt 2 Unterarten: subsp. *australis* und subsp. *altissimus* (Bentham) Clayton (Tropen, Subtropen). Van der Toorn (1972) nennt 2 Ökotypen: einen „peat-ecotype" mit kurzem Sproß und hoher Sproßdichte (var. *typica* Beck) und einen „riverian-ecotype" mit langem Sproß und begrenzter Sproßdichte (var. *latifolia* Horwood). Wir führen aus dem Gebiet aufgeschlüsselt 2 der bemerkenswertesten Abänderungen im Vergleich mit der Typussippe an, ohne mit ihrer Benennung irgendeine Stellungnahme zur noch strittigen Taxonomie zu verbinden.

Fig. 62. a—f *Arundo donax* L. — a Blütenstand, $\times^4/_9$; b Ährchen, $\times 1^1/_3$; c Blüte, $\times 3^1/_2$; d Sproßstück, die Blattbasen zeigend, $\times^2/_5$; e Teil des aufsteigenden Rhizoms, $\times^2/_5$; f Ligula, $\times^2/_5$. g—k *Phragmites australis* (Cavendish) Trinius — g Blütenstand, $\times^4/_9$; h Blüte, $\times 1^1/_2$; i Ligula, $\times 1$; j Ährchen, $\times 1^1/_2$; k Wurzelstock, $\times^4/_9$. (a—k nach Bor 1968).

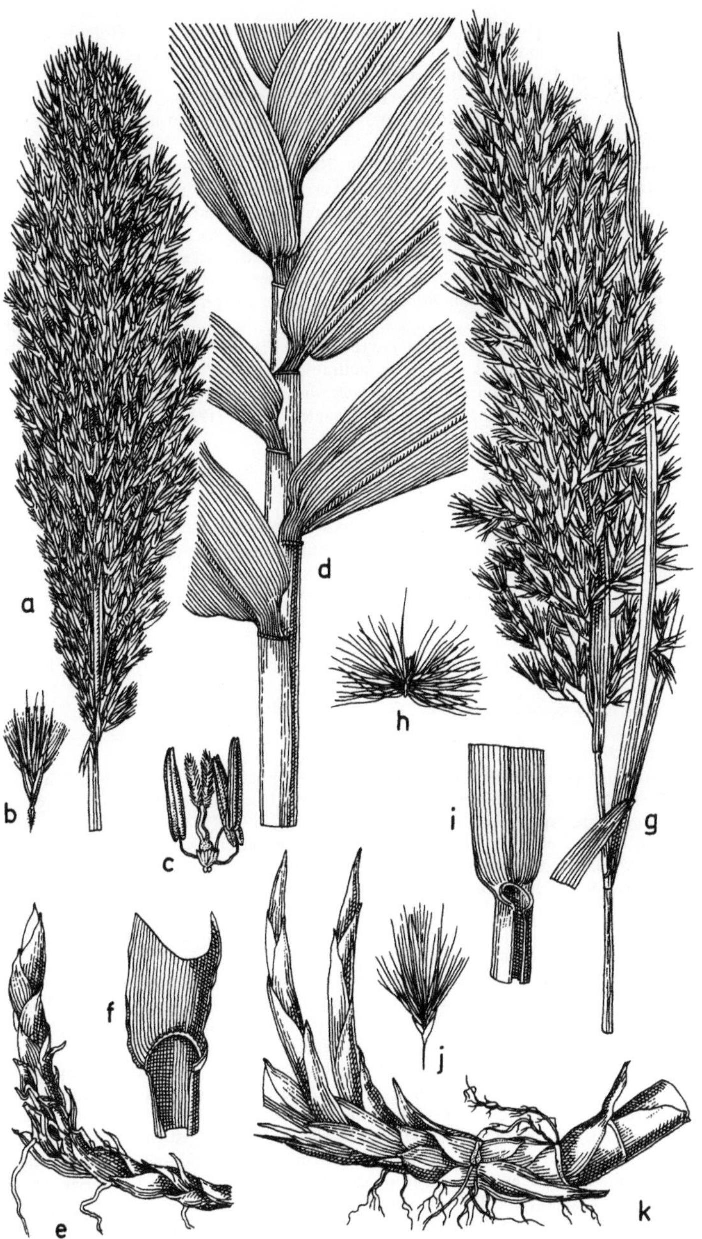
a
b
c
d
e
f
g
h
i
j
k

1a   Stengel bis 12 m hoch; Blätter bis 75 cm lang und 6 cm breit; Rispe 40—50 cm lang,
zur Blütezeit ausgebreitet; Ährchen hellbraun; $2n = 36$; Niederlausitz: Willmers-
dorf-Stöbritz bei Luckau; Kurtlinsee bei Aschchabad (?). . . . .
. . . . **1.2.** subsp. **pseudodonax** Ascherson et Graebner

1b   Stengel 50—400 cm hoch; Blätter (10) 30—50 cm lang, 2—3 cm breit; Rispe bis
40 cm lang; Ährchen meist dunkelbraun **2**

2a   Stengel 70—150 cm hoch; Blätter meergrün; Rispe bis 20 cm lang, auch zur Blütezeit straff zusammengezogen, steif aufrecht; Ährchen meist 7—8blütig, dicker; Hüllspelzen breiter, oft so lang wie die eine kurze Spitze auslaufenden Deckspelzen; auf
Salzboden . . . . . **1.3.** subsp. **humilis** (De Notaris) Ascherson et Graebner

2b   Stengel 1—4 m hoch; Rispe 20—40 cm lang, in der Mitte ausgebreitet, oben etwas
überhängend; Ährchen (1) 3—6 (7)blütig; Hüllspelzen lanzettlich, deutlich kürzer
als die in eine lange Spitze ausgezogenen Deckspelzen; allgemein verbreitet . . .
. . . . **1.1.** subsp. **australis**

Ob die tropisch-subtropische subsp. *altissimus* (Bentham) Clayton [var. *isiacus* (Delile) Cosson
et Durieu; *Arundo isiaca* Delile]. die z. B. in Südfrankreich im leicht brackigen Wasser (Scirpetum maritimi) vorkommt, mit subsp. *pseudodonax* in Verbindung gebracht werden kann, ist
unklar (**Verbreitungskarte:** Hultén 1962); vgl. besonders Cvelev (1976).

15.   Arundo L.

Große, ausdauernde Gräser mit dickem Wurzelstock. Blätter flach, breit. Rispen locker, feder-
buschartig. Ährchen vielblütig; Blüten zweigeschlechtig; obere Blüten oft reduziert; Ährchenachse kahl, über den Hüllspelzen und zwischen den Deckspelzen zerfallend. Hüllspelzen untereinander mehr oder weniger ungleich, häutig, 3—5nervig, feinspitzig, fast so lang wie die Ährchen, kahl. Deckspelzen winzig, 3nervig, am Grunde mit 2—6 zusätzlichen Nerven, vorn
begrannt, auf dem Rücken behaart, am Grunde lang seidenhaarig. Vorspelze sehr kurz, durchscheinend, 2kielig. Schwellkörper 2. Staubblätter 3. Griffel 2, zugespitzt. Karyopse länglich,
kahl, frei.
In unserer Fassung gehören 2 Arten zur Gattung; im Gebiet 1 Art.

Bestimmungsschlüssel der Arten:

1a   Pflanze 2—4 (6) m hoch; Blätter lanzettlich, 1—8 cm breit; Rispe länglich, sehr
breit, 40—60 cm lang; Ährchen (8)—12—15 mm lang; Deckspelze 3spaltig, ihre Haare
10 mm lang, so lang wie die Hüllspelzen . . . . **1. A. domax** (S. 244)

1b   Pflanze 1,5—2,5 m hoch; Blätter linealisch, 1—2 cm breit; Rispe dicht linealisch,
30—50 cm lang; Ährchen 6—9 mm lang; Deckspelze fast ganzrandig, spitz, ihre
Haare etwa 4 mm lang, kürzer als die Hüllspelzen . . . .
. . . . **2. A. plinii** (S. 245)

1. Arundo donax L. (Fig. 62a—f)

Donax donax Ascherson & Graebner; *Scolochloa donax* (L.) Gaudin

Ausauerndes, 2—4 (6) m hohes, schilfartiges Gras, knollig verdickte Ausläufer treibend.
Stengel starr aufrecht, hohl, vielknotig, (1) 2—3 (5) cm dick. Blätter grün; Blattspreiten
bis 100 cm lang, am Grunde 30—70 mm breit, lanzettlich, lang zugespitzt, glatt oder am
Rande rauh; Blattscheiden glatt anliegend; Blatthäutchen sehr kurz, etwa 2 mm hoch,
häutig, gestutzt, bewimpert. Rispe länglich, 30—60 (70) cm lang, bis 10 cm dick, federig, aufrecht oder etwas übergebogen, stark verzweigt, cremefarben oder braun; mit kantiger, sehr
rauher Achse; Rispenäste sehr rauh. Ährchenachse kahl. Ährchen gestielt, 2—7blütig, 8 bis
15 mm lang, über den Hüllspelzen und zwischen den Blüten abfallend, seitlich zusammengedrückt. Blüten zwittrig. Hüllspelzen 2, fast gleich, lanzettlich, zugespitzt, 3—5nervig, 11 bis
14 mm lang, etwa so lang wie das Ährchen; Spelzen der Blüten im Ährchen von unten nach
oben kleiner werdend; untere Hüllspelze ohne Granne etwa 6, mit Granne etwa 10 mm lang,

obere Hüllspelze etwa $^2/_3$ so lang. Deckspelze 3spaltig, mit bis 10 mm langen Seidenhaaren, 5—9nervig, 3 Nerven durchlaufend, Mittelnerv, in eine kurze Granne auslaufend; unterste Deckspelze des Ährchens etwa 10 mm lang. Staubbeutel 3. — Blütezeit: IX—XII. — $2n = 72, 108\ (110)$.

Vorkommen: An Flußufern und Teichrändern, an quelligen und sumpfigen Stellen, entlang kleiner Wasserläufe; meist eigene Bestände bildend, auch in Spülsäumen am Meeresufer. — L: G rhiz/Hel.

Verbreitung: Mittelmeergebiet; dort aber mutmaßlich nicht einheimisch, sondern aus Südwestasien eingeführt und infolge der schon seit dem Altertum stattfindenden Kultur stellenweise völlig eingebürgert, so in der Provence, an der Riviera und am Garda-See; überall in großen Beständen, bis in die Alpentäler; auf den Kanaren und Azoren, in Südafrika, Nord- und Südamerika angepflanzt. — Im Gebiet nur als Zierpflanze, hier nicht bleibend.

Verbreitungskarten: Grossheim 1939 (Kaukasus).

2. Arundo plinii Turra
    A. mauritanica Desfontaines

Ausdauerndes, 1,5—2,5 m hohes Gras, knollig verdickte Ausläufer treibend. Stengel aufrecht, hohl, 4—7 (18) mm dick; Blattspreiten breit linealisch, bis 40 cm lang, bis 20 mm breit, in eine lange stachelige Spitze verschmälert, auf beiden Oberflächen gestreift, am Rande rauh, am Grunde kurz braun geöhrt; Blattscheiden glatt anliegend; Blatthäutchen sehr kurz, etwa 1 mm hoch, papierartig, kurz bewimpert. Rispe länglich oder dicht linealisch, 30—50 cm lang, federartig. Rispenachse glatt, kaum rauh. Ährchen 6—9 mm lang, 1—2blütig, gelb oder braun. Hüllspelzen 2, linealisch-lanzettlich, kahl, glatt, spitz, etwa 7 mm lang. Deckspelze lanzettlich, ohne Granne 5 mm lang. 3nervig, am Grunde kahl, in der Mitte mit etwa 4 mm langen Seidenhaaren, diese kürzer als die Hüllspelzen, vorn kahl oder kurz 2spaltig mit 1 kurzen, 1,5 mm langen Spitze in der Ausrandung. Vorspelze undeutlich 2zähnig, 2kielig, an der Spitze auf den Kielen bewimpert, sonst kahl, etwas kürzer als die Deckspelze. Schwellkörper 2, keilförmig, vielnervig, 0,5—0,6 mm lang. Staubbeutel 3. — Blütezeit: (VI) VII—X (XII). — $2n = 72$.

Vorkommen: An kleinen Fließgewässern; in austrocknenden Flußbetten; auf feuchten, zeitweilig überschwemmten Böden in Küstennähe; auf sandigem oder kiesigem Boden. — L: G rhiz/Hel.

Verbreitung: Im gesamten Mittelmeergebiet. — Im Gebiet fehlend.

Verbreitungskarte: Corbetta 1967 (Italien).

Anmerkung: Von *A. donax* durch die kleineren Ährchen und die kaum rauhe Rispenachse leicht zu unterscheiden.

16. Echinochloa P. Beauverd

1jährige oder ausdauernde, ziemlich kräftige Gräser. Blattspreiten linealisch, oft schlaff, flach. Blatthäutchen fehlend oder durch einen dichten Haarkranz ersetzt. (Schein-)Rispe mit gedrängten oder locker gestellten ährenförmigen Ästen, die meist vom Grunde ab Ährchen tragen. Ährchen eiförmig bis eilanzettlich, sitzend oder sehr kurz gestielt, zugespitzt oder grannenspitzig, zu zweien oder zu Ähren gebüschelt, ganz abfallend, 2blütig. Hüllspelzen 2 (1. und 2. Spelze) ungleich, häutig; die 1. (untere) kürzer, eiförmig, 3—5nervig, oft zugespitzt; die 2. (obere) etwa so lang wie das Ährchen, stark konkav, 5—7nervig, zugespitzt oder kurz grannenspitzig. 3. Spelze ähnlich, aber oft länger grannenspitzig bis begrannt, mit häutiger, der 2. Spelze ähnlicher Vorspelze und männlicher Blüte (untere Deckspelze, unteres „Bälgchen") oder ohne solche („3. Hüllspelze"). Deckspelze (4. Spelze, oberes „Bälgchen") „zwittrig", eiförmig bis elliptisch, glatt, glänzend, spitzlich bis spitz, stark buckelig gewölbt, lederig oder papierartig; Vorspelze von gleicher Konsistenz. Staubblätter 3. Griffel 2; Narben federig, seitlich nahe der Spitze der Deckspelze hervortretend. Frucht ellipsoidisch, in Seitenansicht flach-konvex.

Die in den wärmeren Ländern beider Hemisphären weit verbreitete Gattung umfaßt etwa 20 Arten, darunter viele Unkräuter, Futtergräser, auch Getreide. Einige Arten wachsen an Naßstandorten oder im flachen Wasser, z. B. *E. stagnina* (Retzius) P. Beauverd aus dem tropischen Afrika und Indomalesien. Zahlreiche Reisfeldunkräuter, z. B. *E. oryzoides*, *E. phyllopogon*, von denen einige in den europäischen Reisanbaugebieten als eingebürgert gelten können. Sie kommen hier oft zusammen mit *Setaria*-Arten vor.

Wichtigste Literatur: Pollacci 1908, 1914; Hitchcock 1920, 1936; Vasinger 1934; Hitchcock & Chase 1950; Pignatti 1956; Hejný 1957; Pirola 1964, 1965; Yabuno 1966, 1968, 1970; Cvelev 1968; Bor 1970; Gould, Ali & Fairbrothers 1972.

Bestimmungsschlüssel der Arten:

1a Ränder der Blattscheiden lang borstig behaart; Knoten der Scheinrispe mit Haarbüscheln . . . . **5. E. phyllopogon** (S. 251)

1b Ränder Blattscheiden kahl; Knoten der Scheinrispe kahl **2**

2a Äste der Scheinrispe deutlich wirtelig angeordnet; Achse der Scheinrispe steif aufgerichtet . . . . **4. E. erecta** (S. 248)

2b Äste der Scheinrispe wechselständig; Achse der Scheinrispe nicht steif aufgerichtet　**3**

3a Untere (1.) Hüllspelze lang zugespitzt, etwa $^2/_3$ so lang wie das Ährchen; Ährchen (3,5) 4—4,5 (5,5) mm lang . . . . **6. E. oryzoides** (S. 249)

3b Untere (1.) Hüllspelze nicht oder wenig zugespitzt, höchstens $^1/_3$ so lang wie das Ährchen **4**

4a Scheinrispe weich und nach einer Seite gebogen; Ährchen am Rande borstlich; untere (1.) Hüllspelze ohne oder mit einigen Borstenhaaren auf dem Mittelnerv . . . . **3. E. crus-pavonis** (S. 249)

4b Scheinrispe steif, mehr oder weniger aufrecht; Ährchen auch auf dem Mittelnerv borstlich; untere (1.) Hüllspelze mit langen Borstenhaaren auf allen Nerven . . . **5**

5a Hüllspelzen auf den Nerven borstlich und warzig; Ährchen 3—3,6 (4) mm lang . . . . **1. E. crus-galli** (S. 246)

5b Hüllspelzen auf den Nerven rauh, zwischen den Nerven kurz angepreßt behaart; Ährchen 3—5 mm lang . . . . **2. E. frumentacea** (S. 248)

1. Echinochloa crus-galli (L.) P. Beauverd (Fig. 63 e—i)

E. muricata (P. Beauverd) Fernald; *Panicum crus-galli* L.; *Oplismenus crus-galli* (L.) Kunth

1jährig. Stengel 80—120 (150) cm hoch, zunächst am Grunde niederliegend, dann aufrecht, zart oder ziemlich kräftig, am Grunde verzweigt, kahl, glatt. Blattscheiden kahl, glatt, die unteren oft rötlich; Blatthäutchen fehlend; Blattspreiten linealisch, in eine Spitze verschmälert, flach, schlaff, kahl, an den Rändern rauh oder fast glatt, 30—50 cm lang, 5—15 (20) mm breit. (Schein-)Rispe steif aufrecht oder (selten) etwas überhängend, 10—25 cm lang, Rispenachse rauh; Rispenäste 2,5—5 cm lang, länger als die Internodien, aufsteigend oder angedrückt, die oberen kürzer. Ährchen dicht gehäuft, 3—4 mm lang, eiförmig-elliptisch, von der Seite gesehen plankonvex, blaßgrün und oft purpurn. Ährchenachse rauh, besonders am Grunde steifhaarig. Hüllspelzen 2, ungleich, häutig; die untere etwa 1 mm lang, etwa $^2/_5$ so lang wie das Ährchen, 3eckig, 3—5nervig; die obere so lang wie das Ährchen, 3nervig, auf den Nerven stark borstlich-haarig, kurz begrannt. Deckspelzen 2; die untere steril, so lang wie das Ährchen, flach, häutig, vorn in eine 5—10 (40) mm lange Granne ausgezogen oder grannenlos, die zugehörige Vorspelze kurz; die obere fertil, eielliptisch, spitz, blaßgelb, 3—3,5 mm lang, mit der zugehörigen Vorspelze zur Fruchtzeit lederartig verhärtend. Frucht 2,5—3 mm lang, ellipsoidisch, weißlich oder bräunlich. — $2n = 36, 54$. — Blütezeit: VII—X.

Fig. 63. a—d *Panicum repens* L. — a Habitus $\times^1/_2$; b Ährchen, Vorder- und Rückansicht, $\times 4$; männliche Blüte, $\times 7$; Deckspelze, $\times 7$. e—i *Echinochloa crus-galli* (L.) P. Beauverd — e Habitus, $\times^1/_2$; f Blüte, $\times 4$; g untere Hüllspelze, $\times 5$; h Ligula, $\times 1^1/_2$; i Teil der Infloreszenz, $\times 2^1/_2$ (a—i nach Bor 1968).

Vorkommen: Auf Hackfruchtäckern, an Teich- und Grabenrändern, an nassen Wegrändern, an Flußufern, am Rande periodischer Gewässer, auch auf Schuttplätzen, in Gärten und Weinbergen; auf frischen bis feuchten, nährstoff-(stickstoff-)reichen, neutralen bis milden humosen Sand- und Lehmböden, Nährstoff- und Frischezeiger, sommerwärmeliebend (Wärmekeimer); planar bis montan, im Alpenvorland bis 570 m; im Gebiet Schwerpunkt in Hackfrucht- und Schutt-Unkrautgesellschaften, auch in Zweizahnfluren, in Süd- und Südosteuropa auch massenhaft in den Unkrautgesellschaften der Reisfelder, so z. B. im Oryzo-Cyperetum difformis, in Zwergbinsen-Gesellschaften, in Unkraut-Gesellschaften der Stromauen und in Auenwäldern. — L: T.

Verbreitung: In den gemäßigten und wärmeren Gebieten (z. T. eingeschleppt) weltweit verbreitet, in Europa nordwärts bis Schleswig, in die Lettische SSR und in das nördliche Osteuropa. — Im Gebiet verbreitet und nahezu überall häufig, durch zunehmende Düngung gefördert, in Niedersachsen und Schleswig und in den höheren Mittelgebirgen ausklingend, auf den Ostfriesischen Inseln fehlend (jedoch noch auf Helgoland). — med-smed-euras, circ, in warmtemp-subtrop Zonen weltweit.

Verbreitungskarten: Hultén 1962; Militzer 1966.

Anmerkungen: Die in Reisfeldern verbreitete Sippe wird als subsp. *spiralis* (Vasinger) Tzvelev abgetrennt. Sie zeichnet sich durch kleinere, nur 2,3—3,2 mm lange Ährchen aus ($2n = 37, 36$). Sie ist in den Reisanbaugebieten im Süden der UdSSR, in Ungarn, der Slowakei und im Mittelmeergebiet (?) zu Hause. — Nicht so feuchtigkeitsbedürftig wie die übrigen *Echinochloa*-Arten.

2. Echinochloa frumentacea Link

E. crus-galli (L.) P. Beauverd var. *frumentacea* (Roxburgh) W. F. Wight; *E. c.-g.* var. *edule* (Hitchcock) Thellung; *Panicum frumentaceum* (Roxburgh) Trimen non Salisbury

1jährig. Stengel fest, gebüschelt, bis 150 cm hoch, rund, glatt und kahl, am Grunde verzweigt. Blattspreiten linealisch-lanzettlich, schlaff bis 60 cm lang, 1—2 cm breit, kahl, an den Rändern und gegen die Spitze hin rauh. Blatthäutchen fehlend. Rispe dicht, bis 15 cm lang; Rispenäste aufsteigend, oft gebogen, die unteren bis 2,5 cm lang. Ährenachse und Blütenstiele oft lang weißhaarig. Ährchen 3—5 mm lang, elliptisch oder eiförmig-elliptisch, prall. Hüllspelzen auf den Nerven rauh und zwischen den Nerven kurz angepreßt behaart; die untere kurz, 3nervig, zugespitzt; die obere so lang wie das Ährchen, 3—7nervig. Unteres „Bälgchen" steril; Deckspelze flach, der oberen Hüllspelze gleichend. Oberes „Bälgchen" zwittrig; Deckspelze auf dem Rücken abgerundet, lederartig, glänzend. — $2n = 36, 48, 54$. — Blütezeit: VII—X.

Vorkommen: In Reisfeldern; im Oryzo-Cyperetum difformis.

Verbreitung: In den wärmeren Gebieten Afrikas und Asiens; in Amerika eingeschleppt; in Europa im Süden des europäischen Teiles der UdSSR (z. B. Unteres Dongebiet) und in den Reisanbaugebieten Italiens.

Anmerkung: Auch als Kulturform von *E. colonum* (L.) Link betrachtet. — Die im Süden des europäischen Teils der UdSSR vorhandenen Populationen werden zur subsp. *utilis* (Ohwi et Yabuno) Cvelev gerechnet ($2n = 54$); von Cvelev (1976) als Art anerkannt.

3. Echinochloa erecta (Polacci) Pignatti (Fig. 64e)

E. crus-galli (L.) P. Beauverd subsp. *erecta* Ciferri et Giacomini; *Panicum erectum* Polacci

1jährig. Wurzeln zahlreich, braunrot. Halme am Grunde sehr stark verzweigt, aufrecht, kahl, ungefähr 150 cm hoch. Blattscheiden etwas zusammengedrückt, kahl, an der Insertionsstelle der Spreite auf dem Rücken mit einem 2lappigen, öhrchenförmigen, dicht behaarten Anhängsel; Blatthäutchen fehlend. Blattspreite linealisch, zugespitzt, kahl, blaßgrün, (Schein-)Rispe steif aufrecht, 10—15 cm hoch, mit rauhkantiger Achse; Ährenäste der Rispe deutlich wirtelig gestellt; am Ansatzpunkt der einzelnen Ähren Büschel steifer Haare. Hüllspelzen 3, ungleich; die untere 3nervig, eiförmig bis kreisrund, zugespitzt, etwa $^1/_4$ so lang wie das Ährchen, etwa 1 mm lang; die mittlere kahnförmig, zugespitzt-

begrannt, 5nervig; die obere elliptisch, zugespitzt-begrannt, auf dem Rücken flach. Deckspelze am Rande und vorn borstlich behaart, glänzend.
Vorkommen: Unkraut in Reisfeldern, im Oryzo-Cyperetum difformis.
Verbreitung: Endemisch (?) in Oberitalien in den Reisanbaugebieten um Pavia (Cascina Campomaggiore). — Im Gebiet fehlend.
Anmerkungen: Von Fiori (1923) als Varietät, von Ciferri & Giacomini (1950) als Unterart von *E. crus-galli* bewertet. Pignatti (1956) hält an Artrang fest. Von *E. crus-galli* nur durch die wirtelige Verzweigung der Rispe unterschieden.

4. Echinochloa oryzoides (Ardoino) Fritsch (Fig. 64c, g)
Panicum oryzoides Ardoino; *P. hostii* Marschall Bieberstein; *P. stagninum* Host; *Echinochloa hostii* (Marschall Bieberstein) Steven; *E. macrocarpa* Vasinger in Komarov; *E. coarctata* (Steven) Kossenko; *E. crus-galli* (L.) P. Beauverd subsp. *oryzoides* (Ardoino) Bolós et Masclans; *E. c.-g.* var. *hostii* (Marschall Bieberstein) Richter

1jährig, hellgrün, glänzend. Stengel aufrecht, vom Grunde an verzweigt, dick, fest, etwas zusammengedrückt, aufrecht, glatt und kahl, 50—150 cm hoch, an den Knoten aufgeblasen. Blattspreiten breit-linealisch oder lanzettlich-zugespitzt, bis 30 cm lang, 10—15 mm breit, beidseits kahl, an den Rändern und gegen den Vorderrand sehr rauh; Blatthäutchen fehlend. (Schein-)Rispe nickend, locker, mit aufsteigenden Ästen, 20—25 cm lang; Rispenachse zur Reifezeit gedreht, lang weißhaarig; untere Äste bis 5 cm lang. Ährchen 4—5,5 mm lang, eiförmig-spitz bis elliptisch. Hüllspelzen ungleich, auf den Nerven sehr rauhhaarig, zwischen den Nerven ganz schwach rauhhaarig; die untere etwa 1 mm lang, 3nervig, sehr kurz weichhaarig, $^1/_3$ so lang wie das Ährchen; bespitzt; die obere so lang wie das Ährchen, breit lanzettlich, mit aufgesetzter Spitze oder kurz begrannt. Deckspelzen 2; die untere steril oder männlich, verhärtet, flach, 5—7nervig, begrannt, Granne gebogen, bis 20 mm lang; die obere lederartig, buckelig gewölbt, glatt, glänzend. — $2n = 36, 48, 54 + (0—2B)$. — Blütezeit: VII—X.
Vorkommen: In Reisfeldern, auch an Flußufern; in 10—25 cm Wassertiefe; im Oryzo-Cyperetum difformis, im Cypero-Ammannietum coccineae, im Typho-Scirpetum mucronati.
Verbreitung: In Europa im Süden des europäischen Teils der UdSSR (z. B. Karpaten, Krim, Wolgagebiet), in der Slowakei und in Südmähren, in Ungarn, Südbulgarien, Oberitalien, Südfrankreich (z. B. um Arles), in Spanien (Delta des Ebro und Llobregat), Portugal. — Im Gebiet fehlend (?).
Anmerkung: Von einigen Autoren als Varietät oder Unterart von *E. crus-galli* bewertet. — *E. oryzoides* ist an die Bedingungen der Reiskultur angepaßt, kann aber auch außerhalb der Reisfelder vorkommen (Flußufer, Feldflur).

5. Echinochloa crus-pavonis (H. B. K.) Schultes (Fig. 64d)
Oplismenus crus-pavonis H. B. K.
1jährig. Stengel aufrecht oder manchmal am Grunde niederliegend, 50—110 (150) cm hoch, schlank, kahl. Blätter stark verlängert; die grundständigen 30—50 cm lang, ihre Scheide länger als die Spreite; die Scheide der oberen $^1/_3$ bis ebenso lang wie die Spreite; Blattscheiden kahl; die unteren etwa $^1/_3$ länger, die oberen so lang wie oder etwas länger als die Internodien, den Stengel einhüllend; Blatthäutchen fehlend; Blattspreite bis 45 cm lang, 5—9 (15) mm breit, etwas schlaff, in eine dünne Spitze verschmälert, hellgrün, an den Rändern rauh. Rispe schlank, unterbrochen, (10) 15—25 (35) cm lang, nach einer Seite überhängend; Rispenachse 1—1,5 mm dick; Rispenäste aufsteigend oder angedrückt, die unteren etwas entfernt, die oberen einander genähert. Ährchen 2—3 mm lang, zu zweien angeordnet, das eine fast sitzend, das andere 1 mm lang gestielt. Hüllspelzen 2, fast kahl, nur am Rande und auf den Hauptnerven mit einzelnen Haaren; die untere $^1/_3$ so lang wie das Ährchen, zugespitzt, am Rande trockenhäutig; die obere stark gewölbt, 2,5 mm lang, 2 mm breit, 5nervig. Deckspelzen 2; die untere steril, der oberen Hüllspelze ähnlich, fast kahl, 2—40 mm lang begrannt, die zugehörige Vorspelze kurz; die obere fertil, kahl, 2 mm lang, undeutlich 3nervig, in eine 0,7—1 mm lange Spitze auslaufend; die zugehörige Vorspelze ähnlich, aber

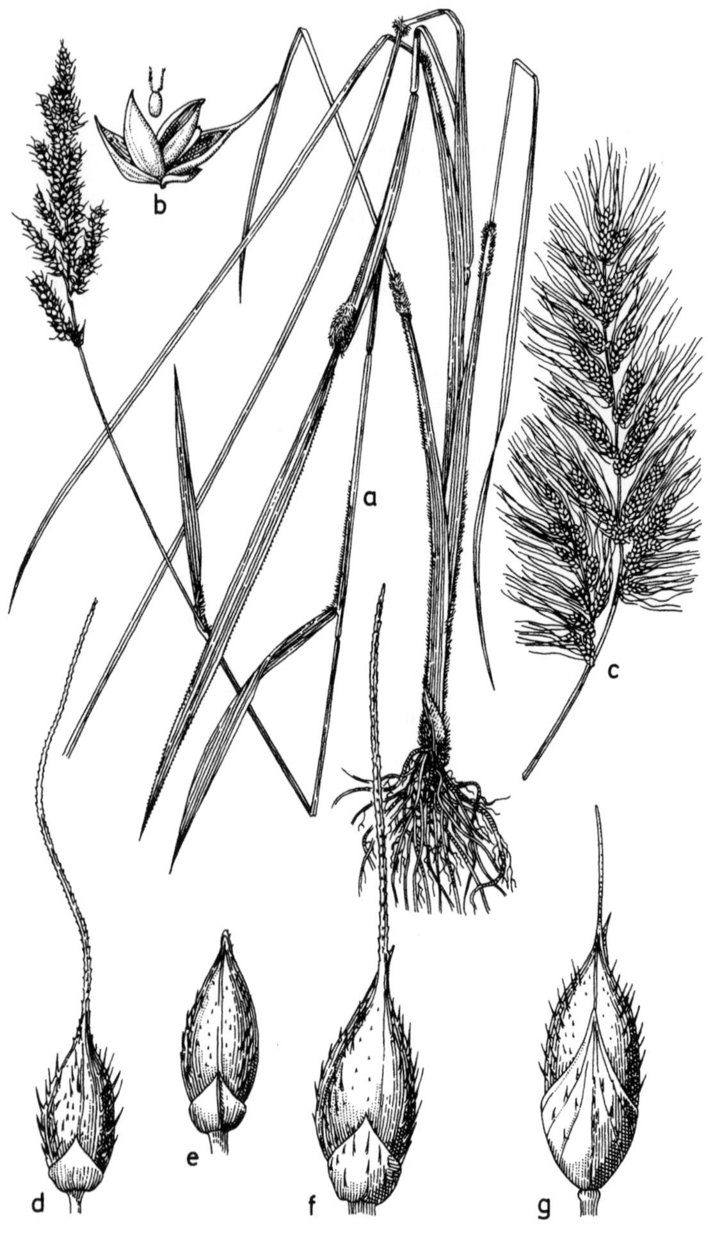

kleiner. Staubblätter 3; Staubbeutel 0,3—0,7 mm lang; Staubfäden sehr kurz. Griffel bis 2 mm lang, fädig; Narben 0,5—0,8 mm lang, federig. Frucht etwa 1,7 mm lang, etwa 2,5 mm dick. — $2n = 36, 54$.

Vorkommen: An Naßstandorten, z. B. in Gräben und Sümpfen, oft im Wasser; in Oberitalien Unkraut in Reisfeldern; im Oryzo-Cyperetum difformis.

Verbreitung: Einheimisch im tropischen und subtropischen Amerika (von Texas, Mississippi und Westindien südwärts bis Bolivien und Argentinien); in Oberitalien in den Reisanbaugebieten um Pavia eingebürgert (Cascina Cantugno; Cascine Pezzana; Carbonara Ticino). — Im Gebiet fehlend.

Verbreitungskarte: Muenscher 1944; Gould, Ali & Fairbrothers 1972 (USA).

Anmerkungen: Die Sippe wird von Hitchcock (1936) als neuweltliche Varietät der alt-neuweltlichen *E. crus-galli* aufgefaßt, die gelegentlich auch auf Naßstandorte übergeht und auch aus den oberitalienischen Reisanbaugebieten angegeben wird. *E. crus-pavonis* zeichnet sich durch die überhängende Rispe und die fast kahlen, nur am Rande und längs des Hauptnervs schwach bewimperten Hüllspelzen aus. Bei *E. crus-galli* sind die Hüllspelzen und die sterile Deckspelze auf der ganzen Oberfläche borstlich behaart, außerdem am Rand und auf den Nerven stark bewimpert.

6. Echinochloa phyllopogon (Stapf) Carvalho-Vasconcellos (Fig. 64a, b, f)
   Panicum oryzicolum Vasinger; *P. phyllopogon* Stapf; *P. phylloryzoides* Novelli; *Echinochloa oryzicola* (Vasinger) Vasinger; *E. phyllopogon* Stapf ex Kossenko; *E. p.* subsp. *oryzicola* (Vasinger) Kossenko; *E. oryzoides* subsp. *phyllopogon* (Stapf) Cvelev; *E. crus-galli* (L.) P. Beauverd var. *oryzicola* (Vasinger) Ohwi; *E. c.-g.* var. *hispidula* Honda

1jährig. Stengel aufrecht, vom Grunde an verzweigt, dicht rasig; von den Scheiden vollständig bedeckt. 50—100 (150) cm hoch, flach und kahl oder an den unteren Knoten behaart. Blattspreiten linealisch-lanzettlich, zugespitzt, 10—30 cm lang, 8—12 (15) mm breit, an den Rändern verdickt, sehr rauh, ziemlich steif (besonders die der unteren Blätter), am Grunde unterseits lang bärtig behaart, sonst kahl; Blattscheiden am Rande lang borstig behaart; Blatthäutchen fehlend. (Schein-)Rispe dicht, blaßgrün, 8—20 cm hoch, aufrecht; Rispenäste aufsteigend, untere Rispenäste bis 3 cm lang; Knoten der Rispe büschelig behaart. Ährchen (3,5) 4—5 mm lang, eielliptisch, von der Seite gesehen plankonvex. Hüllspelzen ungleich; die untere breit-eiförmig, 3—5nervig, (1) 1,6—1,8 (2,5) mm lang, $^1/_4$—$^1/_3$ so lang wie das Ährchen; die obere so lang wie das Ährchen, 3,5—5 mm lang; auf den Nerven sehr rauh, zwischen den Nerven kurz und angedrückt behaart. Unteres „Bälgchen" flach, 4—4,5 mm lang, so lang wie das Ährchen, 5—7nervig, grannenlos (var. *mutica*) oder begrennt (var. *aristata*), auf den Nerven kahl; oberes „Bälgchen" zwittrig, 3,5—4,5 mm lang, Deckspelze weiß, hart, glänzend. — $2n = 36$. — Blütezeit: VII—IX (X).

Vorkommen: An Naßstandorten; Unkraut in Reisfeldern; in Oberitalien im Oryzo-Cyperetum difformis.

Verbreitung: Einheimisch in Ostasien; in Europa in Reisanbaugebieten eingebürgert, z. B. im südlichen Osteuropa (u. a. Wolgagebiet), in Südbulgarien, Ungarn, in Oberitalien (um Pavia), in Portugal; auch in die USA eingeschleppt. -- Im Gebiet fehlend.

Verbreitungskarte: Grossheim 1939 (Kaukasus).

Anmerkung: Die Sippe ähnelt in der Tracht unreifen Reispflanzen so sehr, daß sie nur schwer von diesen zu unterscheiden ist. Allerdings besitzt der Kulturreis ein deutlich entwickeltes, langes Blatthäutchen. Gefürchtetes Reisfeldunkraut. — Charakteristisch sind das Haarbüschel an den Knoten der Scheinrispe und die lang borstig behaarten Ränder der Blattscheiden.

Fig. 64. a, b, f *Echinochloa phyllopogon* (Stapf) Carvalho-Vasconcellos — a Habitus, $\times ^1/_2$; b Blüte, auseinandergenommen, $\times 3$; f Spelze. c, g *Echinochloa oryzoides* (Ardoino) Fritsch — c Blütenstand, $\times ^1/_2$; g Spelze. e *Echinochloa erecta* (Polacci) Pignatti, Spelze. d *Echinochloa crus-pavonis* (H. B. K.) Schultes, Spelze. (a—c nach Morariu in Nyárády 1972; nach Pirola 1965).

17. Paspalum L.

Blütenstand aus (1) 2 bis vielen, einseitswendigen, ährenähnlichen Trauben zusammengesetzt, rispig auf allen Seiten der Hauptachse angeordnet; Rispenspindel abgeflacht und auf der abaxialen Seite gekielt. Ährchen entlang dem Kiel der Rispenspindel wechselständig, einzeln oder in ungleich gestielten Paaren, meist gehäuft, unterhalb der Hüllspelzen abfallend, grannenlos, vom Rücken her zusammengedrückt, am Grunde ohne Borsten. Hüllspelzen 1, selten 2; untere Hüllspelze (wenn vorhanden) klein, schuppenförmig; obere Hüllspelze und sterile Deckspelze gleich, so lang wie das Ährchen, oder obere Hüllspelze etwas kürzer. Fertile Deckspelze lederig, mit den eingerollten Rändern die Vorspelze vollständig einschließend, undeutlich 3—7nervig. Vorspelze so lang wie die Deckspelze, 2nervig, flach, häutig. Staubbeutel 3.
Gattung mit etwa 200 Arten, in den wärmeren Gebieten der Erde verbreitet; die meisten Arten in Amerika. Von ihnen leben z. B. *P. paspaloides* (Michaux) Scribner, *P. repens* Bergeret, *P. flaccidum* Nees und *P. scrobilatum* L. aquatisch oder semiaquatisch. — In Europa nur *P. paspaloides*.

1. Paspalum paspaloides (Michaux) Scribner (Fig. 65 e—h)
   P. distichum subsp. *digitaria* (Poiret) Ascherson et Graebner; *P. digitaria* Poiret
Ausdauernd, mit meterlangen Ausläufern, an allen Knoten stark wurzelnd. Stengel aufsteigend, 10—60 cm hoch. Blätter bis 12 mm breit, kurz, dicht am Fuß des Stengels. Scheinähren 2, an der Spitze des Stengels, 3—5 cm lang. Ährchen einzeln, eiförmig, spitz, schwach behaart, 2,5—3 mm lang. — Blütezeit: VIII—X (XI). — $2n = 40, 60$.
Vorkommen: An den Ufern und im Überschwemmungsbereich mediterraner Flüsse, auf feuchten, nur zeitweise überschwemmten Schlamm- und Tonböden; Schwerpunkt in mediterranen Flutrasen, z. B. in Spanien in der *Paspalum paspaloides-Agrostis semiverticillata*-Gesellschaft, ferner in süd- und südosteuropäischen Alkalischlamm-Zwergbinsengesellschaften, z. B. im Fimbristylido-Heleochloetum schoenoidis und im Dichostylido-Fimbristylidetum dichotomae. — L: H/Hel.
Verbreitung: Einheimisch in Nordamerika; im Mittelmeergebiet eingebürgert und verbreitet. — Im Gebiet nur gelegentlich adventio (z. B. Gardasee, Niederlande). — smed-med. circ.
Verbreitungskarten: Pinto da Silva 1940 (Portugal); Hitchcock & Chase 1950 (USA).

18. Beckmannia Host

1jährig oder ausdauernd, Halm aufrecht, ziemlich dick, bis 100 cm hoch. Blattflächen 7—20 cm lang, 5—10 mm breit; Blatthäutchen häutig, 3—6 mm lang. Rispe 10—35 cm lang, aus zahlreichen aufsteigenden, einseitswendigen, 1—5 cm langen „Ähren" zusammengesetzt. Ährchen dicht gehäuft, in 2 Reihen, unterhalb der Hüllspelzen abfallend, 3—4 mm lang, 1—2blütig; Blüten zwittrig, grannenlos. Hüllspelzen gleich, lederartig, so lang wie das Ährchen, kahnförmig, verkehrt-eiförmig, am Grunde etwas verwachsen, 3nervig, vorn mit aufgesetztem Spitzchen. Deckspelze schmal eiförmig, 5nervig, vorn zugespitzt oder mit aufgesetztem Spitzchen, schwach gekielt. Staubblätter 3. Korn frei, spindelig.
Gattung mit 2 halbaquatischen Arten. Im Gebiet nur *B. eruciformis*.
Wichtigste Literatur: Reeder 1953.

Fig. 65. a—c *Beckmannia syzigachne* (Streudel) Fernald — a Habitus, $\times \frac{1}{3}$; b Blütenstand, $\times \frac{1}{2}$; c Ährchen, $\times 10$. d *Beckmannia eruciformis* (L.) Host, Ährchen, $\times 10$. e—h *Paspalum paspaloides* (Michaux) Scribner — e Habitus, $\times \frac{1}{2}$; f—g Ährchen, $\times 2\frac{1}{2}$; h Ligula, $\times 1$ (a—b nach Fassett 1960; c—d nach Hylander 1953; e—h nach Bor 1968).

Bestimmungsschlüssel der Arten:

1a Staubbeutel (1,2) 1,7 - 1,8 mm lang; Ährchen 2blütig, etwa 2,5 mm breit . . . . .
. . . . **1. B. eruciformis** (S. 254)
1b Staubbeutel (0,4) 0,7 - 1,0 (1,4) mm lang; Ährchen 1blütig, bis 3,5 mm breit . . .
. . . . **2. B. syzigachne** (S. 254)

1. Beckmannia eruciformis (L.) Host (Fig. 65 d)

   B. erucoides Palisot de Beauvois; *Phalaris eruciformis* L.

Ausdauernd, mit kriechendem Wurzelstock. Stengel bis 150 cm hoch, durchbrechend, am Grunde von kurzen, derben Niederblättern umgeben. Rispe 10—30 cm lang, mit bis 20 Ährchen. Ährchen 2blütig, etwa 3 mm lang und fast so breit. Hüllspelzen abaxial mit sitzenden Drüsen besetzt. Staubbeutel 1,75 mm lang. — Blütezeit: VI—VII. — $2n = 14$.

Vorkommen: Auf überfluteten und spät austrocknenden Sumpfwiesen, in Wassergräben, an Fluß- und Seeufern, auch in Reisfeldern; auf nährstoffreichen, insbesondere lehmigen oder lehmig-sandigen, nassen (wechselnassen) und salzhaltigen Böden; wärmeliebend; eigene Gesellschaften auf Überschwemmungswiesen (Agrostio-Beckmannietum) oder in periodischen Altwässern und Flutmulden (Oenantho-Beckmannietum) bildend. — L: H/Hel.

Verbreitung: Im östlichen, südöstlichen und südlichen Europa, nordwärts ins nordwestliche Osteuropa (z. B. Volchov-Gebiet), bis Ungarn und ins slowakische Theißgebiet; im westlichen Asien, im Kaukasusgebiet und in Kleinasien, auch in Ostasien und Nordamerika. — Im Gebiet nur gelegentlich eingeschleppt und unbeständig. — euras-kont-smed, circ.

Verbreitungskarte: Hultén 1962.

Anmerkung: Neben der Typussippe wird noch subsp. *borealis* Cvelev unterschieden, eine Sippe, die vom arktischen Europa ostwärts bis ins Baikalseegebiet verbreitet sein soll; die Gliederung der Art und ihre Abgrenzung gegenüber *B. syzigachne* ist kontrovers.

2. Beckmannia syzigachne (Steudel) Fernald (Fig. 65 a—c)

   Panicum syzigachne Steudel; *B. baicalensis* (Kusnetzov) Hultén; *B. eruciformis* subsp.
   syzigachne (Steudel) Breitung

Ausdauernd, meist büschelig wachsend. Stengel (25) 30—60 (100) cm hoch. Blattspreiten 2—10 mm breit, rauh; Blatthäutchen 4—10 mm lang, zerschlitzt, oft rückwärts gefaltet; Rispe schmal, 6—26 (30) cm lang. Ährchen rundlich, 1blütig, 2,0—3,2 mm lang, bis 3,5 mm breit, in kompakten, einseitswendigen Ähren zusammenstehend. Staubbeutel (0,4) 0,7 bis 1 (1,4) mm lang. — Blütezeit: VI—IX. — $2n = 14, 28$.

Vorkommen: In Sümpfen und Gräben, flachen Teichen und Flüssen. — L: H/Hel.

Verbreitung: In Nordamerika, im östlichen und zentralen Asien und in Südsibirien, westwärts bis in den Ural und das Wolga-Kama-Gebiet; sonst in Europa gelegentlich eingeschleppt. — Im Gebiet fehlend.

Verbreitungskarten: Hultén 1942; Hitchcock & Chase 1950; Koyáma & Kowano 1964; Tolmačev 1974.

19. **Coleanthus** Seidl

Monotypische Gattung mit den Merkmalen der Art.

Wichtigste Literatur: Schorler 1904; Uhlig 1939; Woike 1963, 1968, 1969; Jage 1964, 1967; Conert 1968; Hejný 1969; Nečajev & Nečajev 1972.

1. Coleanthus subtilis (Trattinick) Seidl in Roemer et Schultes (Fig. 60 a—e)

   Schmidtia subtilis Trattinick; *Zizania subtilis* Raspail, *Wilibaldia subtilis* Roth

1jähriges, nur schwach prostrates, rasenbildendes Gras mit kurzen, zarten, faserigen Wurzeln. Stengel (3) 5 - 8 (11) cm hoch, fadenförmig, niederliegend bis aufsteigend, drehrund, schwach gerieft, kahl, 2—3knotig; Knoten schmal, braun; Zahl der Halme 10—15 (50), Blattscheiden, vor allem die oberste, stark aufgeblasen, an den Rändern verwachsen, viel kürzer als die Internodien, kahl, den Halm tütenförmig einhüllend. Blatthäutchen 0,5 bis 0,8 mm lang, häutig, durchscheinend, am oberen Rande gerade abgestutzt. Blätter 1 bis

2 cm lang, linealisch, 1—2 mm breit, gefaltet, sichelförmig nach hinten gebogen, schwach nervig, kahl. Rispe 1—3 cm lang, unterbrochen, aus mehreren (3—20) büschelig angeordneten Ährchengruppen zusammengesetzt. Ährchenstiele 0,6—1,2 mm lang, mit kurzen, einzelligen Borstenhaaren. Ährchen 0,7—1 mm lang, seitlich etwas zusammengedrückt, 1blütig; Hüllspelzen fehlend. Deckspelze häutig; Mittelnerv kurz behaart. Vorspelze 2nervig, 0,4 bis 0,5 mm lang, 0,7 mm breit, breit rechteckig, zarthäutig, kahl, mit eingeschlagenen Seitenflächen, Nerven in je eine kurze Spitze auslaufend. Schwellkörper fehlend. Staubblätter 2, Fäden 0,5 mm lang, am Grunde der 0,3 mm langen Staubbeutel ansitzend. Frucht 0,7 bis 0,9 mm lang, walzlich, am oberen Ende etwas zugespitzt, runzelig; Narben 1,2 mm lang, kurz-zerstreut federig, oben aus den Spelzen hervortretend. — Blütezeit: (V) VII—X (XI). — $2n = 14$.

Vorkommen: Auf trockengefallenen Schlammbänken an Bach- und Flußufern, Altwasserrändern, an Talsperrenufern, am Ufer oder auf dem Grunde abgelassener Teiche und Tümpel; in Sümpfen; planar bis submontan (in der Slowakei bei 900 m, am Ritten bei Bozen um 1150 m); in Zwergbinsen- und Schlammlingsgesellschaften, z. B. im Eleocharito-Caricetum bohemicum, im Peplido-Eleocharitetum ovatae und im Cypero-Limoselletum. — L: T/Hel.

Verbreitung: In Europa disjunkt verbreitet, zerstreut, unbeständig und selten; Verbreitungsschwerpunkte in Nordwestfrankreich (Bretagne), in Mitteleuropa; im Nordwesten der UdSSR (am Ilmen-See und am Volchov) offenbar erloschen; isoliertes Vorkommen in Südnorwegen (bei Oslo — gilt als erloschen); außerdem in Westsibirien (Ob-Bassin — wahrscheinlich erloschen) und im Gebiet des mittleren und unteren Amur (z. B. zwischen Chaborovsk und Nikolajevsk) und am Sungari; in Nordamerika (Columbia-River — eingeschleppt?). — Im Gebiet selten. Im Tiefland im mittleren Elbtal bei Wittenberg (Bleddin, Wartenburg, Pratau) und Roßlau (Klieken). Im Mittelgebirgsraum in der Westerwälder Seenplatte (Steinen-Schmidthalm: Dreifelder Weiher), im Erzgebirge (zwischen Freiberg, Olbernhau und Lengefeld); am Erzgebirgssüdrand (Malý Kamenný [Kleiner Steinteich] bei Chomutov [Komotau]); Slavkovský les [Kaiserwald] bei Mariánske Lázně [Marienbad]; Jihlavské vrchy [Iglauer Berge]; Žďárské vrchy [Saarer Berge]; Podbrdsko [Brdywald-Vorland]; Českomoravské vysočina [Böhmisch-Mährische Höhe]; Jihočeský rybniční okres [Südböhmischer Teichbezirk]: 51 Fundorte um České Budějovice [Böhmisch Budweis] — Vodňany-Třeboň [Wittingau] — Nové Hrady [Gratzen]; Plzeňsko [Pilsener Bezirk]; Křivoklátská pahorkatina [Pürglitzer Hügelland] — hier locus classicus: Teiche bei Osek [Wossek]; Vltavsko-sázavské údolí [Moldau-Sasau-Tal]; Jevanská plošina [Jevany-Platte]; Pražská plošina [Prager Platte]; um Náměšt'; Moravský kras [Mährischer Karst]; Západobeskydské Karpaty (Westbeskidische Karpaten); Západní Beskydy (Westbeskiden); in Niederösterreich bei Zwettl, Heidenreichstein, Schrems und Hoheneich (erloschen?). Im Alpenraum im Wolfsgruber See am Ritten bei Bozen in Südtirol (1852 — seither erloschen?!). Offenbar weiter verbreitet, als bisher angenommen (vgl. Hejný 1969) — euras, circ (?).

Verbreitungskarten: Hegi 1935; Uhlig 1956; Hultén 1962, 1971; Meusel et al. 1965; Hejný 1969; Woike 1969.

Anmerkungen: Die Variabilität ist gering. Die hier und da beschriebenen „formae" sind Milieumodifikationen („f. *typica*", „f. *nana*", „f. *luxurians*", „f. *laxa*" usw.) ohne systematischen Wert. — Die Sippe ist hygrophil. Sie vermag sich auf nacktem Schlamm nur so lange zu halten, wie dieser genügend feucht ist. Sie tritt plötzlich und meist massenhaft nach dem Zurückweichen des Wassers auf, entwickelt sich rasch und verschwindet ebenso schnell wieder. Das Gras wächst entweder in dichten, geschlossenen oder in lockeren, aufgelösten Rasen oder auch einzeln.

20. **Leersia** Swartz

Ausdauernd oder 1jährig. Ausläufer treibend. Halme aufsteigend, 20—150 cm lang (länger bei flutenden Formen). Blattspreiten lang, schmal, flach; Blatthäutchen gut entwickelt, häutig. Blütenstand eine lockere Rispe. Ährchen 1blütig, seitlich zusammengedrückt, 1,5 bis 8,5 mm lang, meist ohne Granne, dem Stiel fast immer horizontal aufsitzend. Hüllspelzen verkümmert, bis auf einen ganzrandigen oder (sehr selten) undeutlich 2lappigen, etwas verdickten Rand reduziert. Sterile Deckspelzen fehlend; fertile Deckspelze meist steifhaarig gewimpert oder fast kahl, breit, häutig bis hart, 5nervig (äußerste Nerven randlich verlaufend, starker Nerv auf dem Kiel, übrige 2 Nerven oft undeutlich), meist ohne Granne. Vorspelze ohne Granne, gelegentlich grannenspitzig, steifhaarig gewimpert oder fast kahl, schmaler als die Deckspelze, 3nervig, mit den Rändern die eingerollten Ränder der Deckspelze umfassend. Staubblätter 1, 2, 3 oder 6. Korn flach oder seitlich leicht zusammengedrückt.

Gattung mit rund 15 Arten (davon 9 in Afrika), vor allem in warmen und gemäßigten Gebieten verbreitet. Sie ähnelt sehr der Gattung *Oryza*, von der sie sich nur durch das Fehlen steriler Deckspelzen unterscheidet. — Im Gebiet nur 1 Art.

Wichtigste Literatur: Launert 1965.

1. Leersia oryzoides (L.) Swartz (Fig. 66 g—h)

    Oryza oryzoides (L.) Brand; *Oryza clandestina* (Weber ex Wiggers) A. Braun; *Phalaris oryzoides* L.

Ausdauernd; lange, dünne, verzweigte unterirdische Ausläufer treibend. Halm am Grunde oft niederliegend und bogig (knickig) aufsteigend, 50—150 cm hoch, glatt, nur an den Knoten abstehend behaart, oft ästig und mehrere Blütenstände tragend. Blätter groß, bis 20 cm lang, 4—8 (10) mm breit, allmählich zugespitzt, sehr rauh, gelbgrün; Blattscheiden rauh. Blatthäutchen 1 mm lang, breit abgerundet. Rispe bis 20 cm lang, weit ausladend; Rispenäste dünn, ziemlich stark geschlängelt; Rispe oft z. T. in den oberen Blattscheiden eingeschlossen bleibend und nur wenig herausragend (diese Rispen kleistogam). Ährchen 4—5 mm lang, 2 mm breit, halbeiförmig. Deck- und Vorspelze ohne Granne. Staubblätter 3. — Blütezeit: VIII—IX. — $2n = 48$.

Vorkommen: In Pionierrasen an Bachufern und in Gräben, vor allem in Dorfbächen und Abwässergräben, an Viehtränken und Altwässern, an Quellen und Waldtümpeln; auf flach überschwemmten, nährstoffreichen, eutrophen, milden, humosen, sandig-kiesigen oder reinen Schlammböden; Verschmutzungszeiger, sommerwärmeliebende Stromtalpflanze; planar bis kollin, vor allem in warmen Tieflagen, selten montan, in den Alpen bis 1070 m aufsteigend; Kennart des Leersio-Bidentetum, auch im Uferröhricht und im Bachröhricht; in Südeuropa lästiges Unkraut in Reis und Mais. — L: H/Hel.

Verbreitung: In Europa nordwärts bis Südengland, Südskandinavien, ostwärts bis zum Ural, südwärts bis ins nördliche Mittelmeergebiet; vereinzelt in Kleinasien, im Kaukasusgebiet, im Pamirgebiet und in Ostasien; in Nordamerika vom südlichen Kanada südwärts bis Kalifornien und Florida; in Westindien und Südamerika. — Im Gebiet verbreitet, aber selten. — euras(-kont)-smed, circ.

Verbreitungskarten: Hitchcock & Chase 1950; Hultén 1958, 1971; Meusel et al. 1965; Pyrah 1969; Bakker 1978 (Niederlande).

21. Oryza L.

1jährig oder ausdauernd, mit Wurzelstock und Ausläufern. Halm 1—2 m lang. Blattspreite lang, schmal, flach; Blatthäutchen gut entwickelt, häutig. Rispe offen oder zusammengezogen, gewöhnlich überhängend, 15—40 cm lang. Ährchen gestielt, über den Hüllspelzen abfallend (nicht beim Kulturreis!), 1,5—10 mm lang, 3—4 mm breit, meist seitlich stark zusammen-

---

Fig. 66. a—b *Phalaris arundinacea* L. — a oberes Sproßstück mit Blütenstand, × $^1/_4$; b Ährchen, 1 blutig. c—f *Oryza sativa* L. — c, d Ligula und Öhrchen; e Blütenrispe, × $^1/_4$; f Frucht. g—h *Leersia oryzoides* (L.) Swartz — g Habitus, × $^2/_3$; h Ährchen, 1blütig, mit Deck- und Vorspelze. (a—h nach Hegi 1935).

gedrückt, meist begrannt, dem Stiel horizontal oder schief aufsitzend, 3blütig, die unteren 2 Blüten bis auf die sterilen Deckspelzen verkümmert, die eine obere zwittrig. Hüllspelzen sehr klein, schuppenförmig, selten fehlend oder bis auf einen zweilappigen Rand verkümmert. Sterile Deckspelzen 2, meist sehr klein, verschieden gestaltet, entweder schuppenartig oder linealisch, schmal eiförmig bis eiförmig, meist kürzer als die fertile Deckspelze; fertile Deckspelzen trockenhäutig oder trockenhäutig-hart, gekielt, 5nervig, Nerven hervortretend, zusätzliche Kiele bildend; Ränder und Rücken der Nerven meist steifhaarig, Deckspelzenspitze meist in eine gerade Granne verlängert. Vorspelze so lang wie die fertile Deckspelze, schmaler, gekielt, 3—5nervig. Staubblätter 6. Korn in Deck- und Vorspelze eingeschlossen, schmal länglich.

Gattung mit fast 20 Arten in den warmen Gebieten der Erde; die meisten Arten aquatisch oder semiaquatisch. Im Gebiet nur der Kulturreis *Oryza sativa*.

Wichtigste Literatur: Sokolova 1970; Sharma & Shastry 1971.

1. Oryza sativa L. (Fig. 66c—f)

1jährig; Rhizom oft reich verzweigt. Halm 50—100 cm hoch, hohl, aufrecht beblättert. Blätter am Grunde lang scheidig, bis 100 cm lang; Blattspreite bis 60 cm lang, 15 mm breit, am Grunde jederseits mit linealischen, borstig gewimperten (an den oberen Blättern oft verkümmerten oder fehlenden) Öhrchen; Blatthäutchen bis über 20 mm lang, ungleich 2spaltig, weiß. Rispe 10—30 cm lang, zusammengezogen. Ährchen abgeflacht, bis 3 mm lang gestielt, länglich, bei kultivierten Formen nicht abfallend. Untere Hüllspelzen verkümmert, obere schmal lanzettlich, zugespitzt. Deckspelzen 7—9 mm lang, jederseits mit 5 deutlichen vorspringenden Nerven, gitterartig punktiert, mit rückwärts etwas rauher, ganz kurzer oder bis 8 mm langer, heller oder schwarzroter Granne oder ohne sie. Frucht bis 8 mm lang, bis 4 mm breit, seitlich zusammengedrückt, von der Deck- und Vorspelze fest umschlossen. Staubblätter 6. — Blütezeit: VII—IX. — $2n = 24$.

Vorkommen: Kultiviert in den Reisfeldern des südlichen Europa. — L: T.

Verbreitung: Einheimisch in Südostasien (Indien, tropisches Australien) und im tropischen Afrika; in China schon im Neolithikum angebaut; seit dem Mittelalter in den wasserreichen Niederungen Oberitaliens kultiviert, später in Spanien, Südportugal, vereinzelt auch im Maritzabecken, in Ungarn und Rumänien; früher (bis 1840) auch in der Herzegowina (Jugoslawien); nach 1945 Reisanbau in der südlichen Slowakei (Donau- und Theißgebiet) und im südlichen Osteuropa (z. B. Don-Wolga-Gebiet, Krim).

22. Zizania L.

1jährige oder ausdauernde Wassergräser. Stengel aufrecht, meist 1—3 m hoch. Blattspreiten fest, groß, flach, bis 5 cm breit; Blatthäutchen gut entwickelt, auffallend, häutig. Blütenstand rispig, 30—50 cm lang; untere Äste ausgebreitet oder aufsteigend, hängende männliche Ährchen tragend; obere Äste aufsteigend und zur Reifezeit aufrecht, dicht büschelig, weibliche Ährchen tragend. Ährchen 1blütig, 1geschlechtig, sich vom oben verdickten Stiel ablösend; Hüllspelzen und sterile Deckspelzen bis auf einen kleinen kragenartigen Wulst an der Spitze des Stieles reduziert. Männliche Ährchen frühzeitig abfallend, 7—12 mm lang, nicht verhärtend, lanzettlich, fast drehrund, seitlich etwas zusammengedrückt; Deckspelze linealisch, häutig, 5nervig, gespitzt oder grannenspitzig; Vorspelze etwa so lang wie die Deckspelze, 3nervig; Staubblätter 6. Weibliche Ährchen nicht frühzeitig abfallend, verhärtend, drehrund, reif kantig, nicht zusammengedrückt, meist 3—4 cm lang oder (mit Granne) länger; Deckspelze papierartig, in eine lange, dünne (meist etwa 2 cm) Granne auslaufend, 3nervig; Vorspelze 2nervig, eng von der Deckspelze umfaßt. Frucht walzlich.

Die Gattung umfaßt etwa 4 Arten, die im flachen Wasser von Sümpfen, Flüssen, Seen und Teichen vorkommen und in Nordamerika sowie Ostasien heimisch sind. In Europa 2 Arten; im Gebiet *Z. aquatica* hier und da kultiviert und vorübergehend verwildert.

Wichtigste Literatur: Chambliss 1940; Dore 1969.

Bestimmungsschlüssel der Arten:

1a   Ausdauernde Pflanzen mit unterirdisch kriechendem Wurzelstock; Stengelknoten
kahl; Blattspreite 15—35 mm breit; die becherförmige Erweiterung an der Spitze
des Ährchenstiels randlich bewimpert; Granne der weiblichen Ährchen 15 bis
25 mm lang . . . . **1. Z. latifolia** (S. 259)
1b   1jährige Pflanzen mit zahlreichen faserigen Wurzeln; Stengelknoten mit kurzen
Haaren besetzt; die becherförmige Erweiterung an der Spitze des Ährchenstiels
nicht bewimpert; Granne der weiblichen Ährchen 40—70 mm lang . . . .
. . . . **2. Z. aquatica** (S. 259)

1. Zizania latifolia (Grisebach) Stapf (Fig. 791—m)

   Z. caduciflora (Turczaninov) Handel-Mazzetti; *Hydropyrum* latifolium Grisebach in
   Ledebour; *Limnochloa caduciflora* Turczaninov apud Trinius

Ausdauerndes, kräftiges Wassergras mit dickem, kriechendem Wurzelstock und Ausläufern.
Stengel fest, 1—2,5 m hoch, schwammig, kahl. Blattspreiten blaugrün, schmal lineal-lanzettlich, 50—100 cm lang, 2—3 cm breit, kurz zugespitzt oder mit kurzer, geschwänzter Spitze,
gegen den Grund verschmälert, am Rande rauh; Mittelrippe im unteren Teil unterseits verdickt;
Blattscheiden gerippt, schwammig verdickt, auf dem Rücken stumpf, kahl; Blatthäutchen
weiß, länglich-3eckig, vorn spitz oder abgerundet. Rispe (30) 40—50 (60) cm hoch, schmal
pyramidenförmig. Äste aufsteigend, kahl, fast quirlständig, in den Achseln mit einem Büschel
langer, weißer Haare; Ährenstiel etwa 3 mm dick, mit erweiterter, bewimperter Spitze. Untere
Äste mit hängenden, 8—12 mm langen, meist purpurnen, spitzen oder kurz begrannten
männlichen Ährchen; Staubblätter 6, Staubbeutel linealisch, 6—10 mm lang. Obere Äste mit
angedrückten, blaßgrünen, linealischen, (15) 18—25 mm langen, sehr rauhen weiblichen Ährchen mit aufrechten, 15—25 mm langen, rauhen Grannen. — $2n = 30, 34.$ — Blütezeit:
VIII—X.

Vorkommen: An Flußufern, an und in Seen und Teichen, in Sawah-Kulturen (China); in Europa
z. B. am Dnepr-Staudamm bei Kremenčug im Uferröhricht u. a. zusammen mit Phragmites
australis, Typha angustifolia, Glyceria maxima, Sagittaria sagittifolia und *Butomus umbellatus.*
Verbreitung: Einheimisch in Ost- und Südostasien, westwärts durch Sibirien bis nach Osteuropa
ins Gebiet des Ladoga- und Ilmen-Sees, der Wolga-Kama, des Wolga-Don und des Dnepr. —
Im Gebiet fehlend.

2. Zizania aquatica L. (Fig. 79g—k)

   Z. clavulosa Michaux; *Z. effusa* Munro; *Hydropyrum esculentum* Link; *Ceratochaete
   aquatica* Lunell

1jähriges Wassergras mit dünnen, faserigen Wurzeln. Stengel 1—3 m hoch, hohl, schwammig,
dick, glatt. Blattspreiten 4—6, 60—120 cm lang, (0,3) 1—4 (5) cm breit, ziemlich rauh, mit dicker
Mittelrippe; Blattscheiden 20—60 cm lang, kahl; Blatthäutchen dünnhäutig. Rispe 30—60 cm
lang; obere Äste aufrecht, untere weit ausgebreitet. Männliche Ährchen purpurn bis strohfarben, auf haarfeinen Stielen; Deckspelzen zugespitzt oder grannenspitzig, etwa 1,5 cm lang,
5nervig; Vorspelzen 3nervig. Weibliche Ährchen linealisch, auf an der Spitze becherartig erweiterten Stielen. Deckspelzen mehr oder weniger, besonders vorn steif behaart, 1—1,5 cm lang,
5nervig, mit bis 4 cm langer Granne; Vorspelzen schmaler, 3nervig, grannenspitzig.
Frucht 10—14 mm lang, 1,5 mm dick, dünn walzlich, von beiden Spelzen umschlossen, pur-
purschwarz. — $2n = 30.$ — Blütezeit: VI—X.

Vorkommen: In Sümpfen, an und in Seen und Teichen, an den Ufern langsamfließender Flüsse,
auch im Gezeitenbereich; meist im flachen, aber auch bis 3 m tiefen Wasser über Schlamm;
oft große Bestände bildend; hier und da als Fisch- bzw. Wasservogelfutter gebaut; oft zusammen mit *Sagittaria-* und *Bidens-Arten* sowie *Typha latifolia.*
Verbreitung: Einheimisch im nordöstlichen Amerika vom Lake Winnipeg südwärts bis zum
Golf von Mexiko, von den Rocky Mountains ostwärts bis zur Atlantikküste; in Europa (die
Typussippe?) vielerorts an Fischteichen gebaut und vorübergehend verwildert; in Osteuropa

im Ilmenseegebiet, im Wolga- und Wolga-Don-Gebiet, im Dnepr-Gebiet, in Moldawien. — Im Gebiet nicht fest eingebürgert.

Verbreitungskarten: Fassett 1931; Steeves 1932 (Nordamerika).

Anmerkung: Die osteuropäischen Populationen rechnet Cvelev (1976) zur subsp. *angustifolia* (Hitchcock) Cvelev.

Familie **Cyperaceae**

Grasartige, oft rasenbildende, ausdauernde oder gelegentlich 1jährige Kräuter, oft an feuchten und nassen Standorten, auch im Wasser flutend. Aus der unterirdischen Grundachse einzeln oder büschelig meist markhaltige, selten hohle, im Querschnitt scharf 3kantige, selten runde, nur manchmal knotig gegliederte Stengel (Halme) entspringend. Blätter fast stets 3zeilig gestellt, meist grundständig. Spreiten schmal linealisch oder borstenförmig, grasartig, flach oder rinnig gefaltet, am Rande oft rauh, oft bis auf die Scheide reduziert; Blattscheiden meist in der ganzen Länge verwachsen (geschlossen); Blatthäutchen (Anhängsel der Blattscheide gegenüber dem Spreitenansatz) manchmal (meist nicht) als häutiger Saum entwickelt. Blütenstand ährig, traubig, kopfig, rispig oder spirrig, oft von blattartigen Hüllblättern (Hochblättern) umgeben; aus 1 bis vielen Ährchen (Teilblütenständen) bestehend; Ährchen wenig- bis vielblütig, 1- oder 2geschlechtig; Blüten oft bis auf 1 steril. Blüten 1geschlechtig oder in zwitterblütenartigen Synanthien, einzeln in der Achsel einer Spelze (Trag-, Deckblatt), in den Ährchen 3zeilig (*Dichostylis*), 2zeilig (*Cyperus*) oder schraubig angeordnet. Perigon (bei Zwitterblüten) zu hypogynen Haaren (Fäden), Borsten oder Schuppen verkümmert (*Scirpus, Eleocharis, Schoenoplectus*), bei 1geschlechtigen Blüten fehlend. Staubblätter 3 (2—1); Staubbeutel am Grunde mit den Staubfäden verwachsen. Fruchtknoten oberständig, 2—3kantig; Griffel 1, Narben 2—3, Frucht eine 1samige Nuß, entweder 3kantig (bei 3 Narben) oder bikonvex (bei 2 Narben), oft mit bleibendem Schnabel, frei oder von 1 Fruchtschlauch („Utriculus" bei *Carex*) umschlossen.

Fig. 67. Cyperaceen-Früchte (ohne *Carex* und *Fimbristylis*) — a *Scirpus radicans* Schkuhr; b *Schoenoplectus lacustris* (L.) Palla; c *Schoenoplectus litoralis* (Schrader) Palla; d *Schoenoplectus triqueter* (L.) Palla; e *Schoenoplectus americanus* (Persoon) Volkart; f *Schoenoplectus mucronatus* (L.) Palla; g *Schoenoplectus supinus* (L.) Palla; h *Holoschoenus romanus* (L.) Fritsch; i *Bolboschoenus maritimus* (L.) Palla in Koch; j *Eleocharis parvula* (Roemer et Schultes) Link ex Bluff et al.; k *Eleocharis quinqueflora* (F. X. Hartmann) O. Schwarz; l *Eleocharis ovata* (Roth) Roemer et Schultes; m *Eleocharis atropurpurea* (Retzius) K. P. Presl; n *Eleocharis olivacea* Torrey; o *Eleocharis obtusa* (Willdenow) Schultes; p. q *Eleocharis mamillata* (Lindberg fil.) Lindberg fil. ex Dörfler; r *Eleocharis uniglumis* (Link) (Schultes); s *Eleocharis palustris* (L.) Roemer et Schultes; t *Dichostylis micheliana* (L.) Nees; u *Eleocharis uniglumis* subsp. *sterneri* Strandhede; v *Eleocharis multicaulis* (J. E. Smith) J. E. Smith; w *Eleocharis acicularis* (L.) Roemer et Schultes; x *Eleocharis carniolica* Koch; y *Eleogiton fluitans* (L.) Link; z *Isolepis* setacea (L.) R. Brown; aa *Isolepis cernua* (Vahl) Roemer et Schultes; bb *Dichostylis hamulosa* Nees; cc *Cyperus longus* L.; dd *Cyperus glomeratus* L.; ee *Cyperus glaber* L.; ff *Cyperus eragrostis* Lamarck; gg *Cyperus fuscus* L.; hh *Cyperus difformis* L.; ii *Cyperus serotinus* Rottboell; jj *Cyperus flavescens* L.; kk *Cyperus pannonicus* Jacquin; ll *Cyperus congestus* Vahl; mm *Cyperus squarrosus* L.; nn *Cladium mariscus* (L.) Pohl; oo *Rhynchospora alba* (L.) Vahl; pp *Rhynchospora fusca* (L.) Aiton fil. (a—b, d, f—i, k—l, s—t, w—x, z, gg, jj, kk, nn—pp nach Soják 1958; c, p, q, r, bb, dd nach Fedorov 1935; e, v, y, aa, ff, ll nach Reichgelt 1956; j, o nach Fassett 1960; m nach Heß et al. 1967; n nach Muenscher 1944; u Original; cc, ii, mm nach Kükenthal 1936; ee, hh nach Şerbănescu & Nyárády in Nyárády 1966).

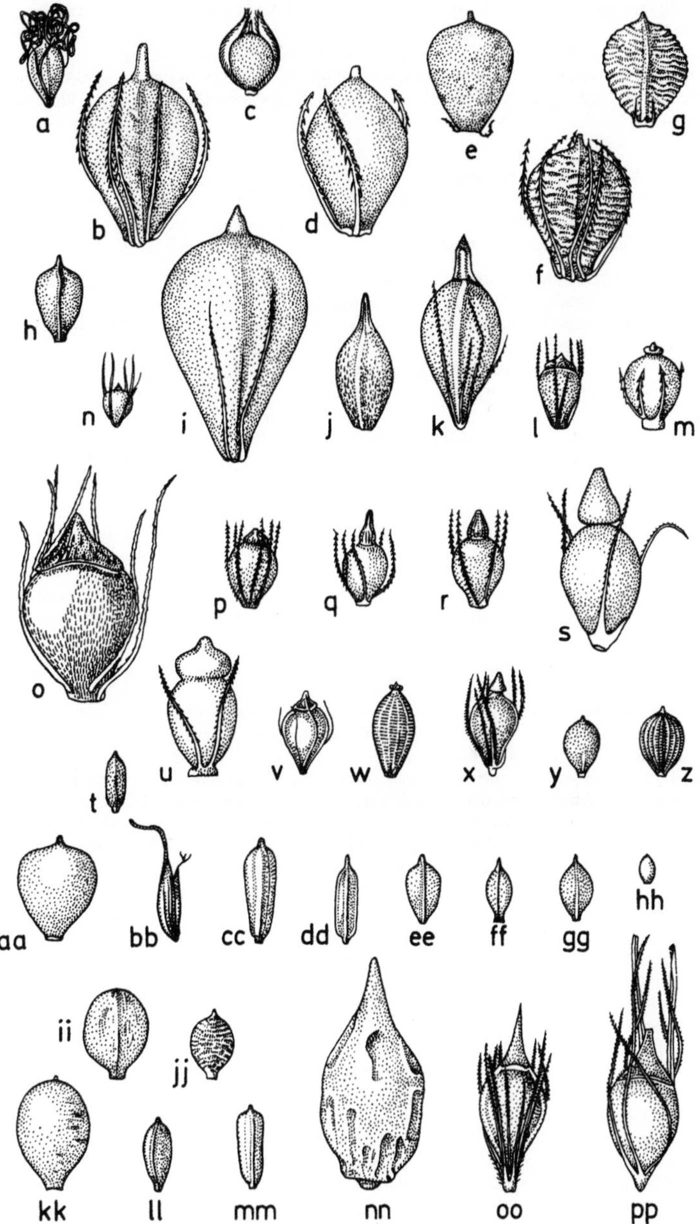

Die Familie umfaßt etwa 70 Gattungen mit über 3700 Arten und ist über die ganze Erde mit Schwerpunkt in den gemäßigten Zonen beider Hemisphären verbreitet. In rund 35 Gattungen finden sich echte Wasserpflanzen, darunter auch zahlreiche Reisfeldunkräuter.

Wichtigste Literatur: Clarke 1909; Kükenthal 1909, 1938—1952; Šiškin et al. 1935; Holttum 1948; Soják 1958; Schultze-Motel 1959, 1966—1969; Koyama 1961; Żukowski 1969; Kern 1962, 1974.

Bestimmungsschlüssel der Gattungen:

Zur Bestimmung sind reife Früchte unerläßlich (*Eleocharis*, *Cyperus*, *Carex*). Die Nüsse sind 4—8 Wochen nach der Blüte reif. Beim Sammeln ist darauf zu achten, daß auch die unterirdischen Teile mitgenommen werden.

1a Blüten stets 1geschlechtig; Fruchtknoten und Frucht von einer ei-, krug- oder flaschenförmigen Hülle („Schlauch", Utriculus) umschlossen, aus deren an der Spitze gelegenen Öffnung 2 oder 3 Narben herausragen . . . . . . **13. Carex** (S. 322)

1b Blüten in zwitterblütenartigen Synanthien; Fruchtknoten und Frucht nicht von einer Hülle umschlossen, in der Achsel eines Deckblattes mit freien (höchstens am Grunde verwachsenen) Rändern und von ihm höchstens mehr oder weniger lose eingehüllt **2**

2a Spelzen 3zeilig an der Ährchenachse angeordnet, weißlich mit grünem Mittelstreif, in eine fast grannenartige Spitze verschmälert; Zwergpflanze auf nacktem Uferschlamm . . . . **9. Dichostylis** (S. 301)

2b Spelzen an der Ährchenachse 2zeilig oder schraubig angeordnet **3**

3a Spelzen 2zeilig angeordnet; Ährchen rispig oder büschelig, reichblütig, linealisch . . . . **10. Cyperus** (S. 303)

3b Spelzen schraubig angeordnet **4**

4a Unterste Spelzen jedes Ährchens so groß wie oder größer als die oberen; Ährchen meist mehr als 3blütig (bei einigen Eleocharis-Arten manchmal nur 2—3blütig) . **5**

4b Am Grunde jedes Ährchens 3—6 kleinere, blütenlose Spelzen vorhanden; Ährchen 1—3 (6)blütig **13**

5a Blütenstand endständig **6**

5b Blütenstand scheinbar seitenständig, das größte, senkrecht aufgerichtete, kahnähnliche Hüllblatt den Stengel geradlinig fortsetzend oder Blütenstände seitenständig auf Stielen in den Blattachseln **9**

6a Blütenstand aus nur einem einzelnen, aufrechten Ährchen bestehend; Spelzen sehr klein, das Ährchen nie überragend; Perigonborsten kürzer als die Spelze, zur Zeit der Fruchtreife im Ährchen versteckt; fast alle Blattscheiden ohne Spreite (nur die oberste mit 3—15 (30) mm langer Spreite) . . . . **5. Eleocharis** (S. 277)

6b Blütenstand aus mehreren endständigen Ährchen zusammengesetzt **7**

7a Perigonborsten nicht vorhanden; Griffel auffallend mit Fransen besetzt . . . . **8. Fimbristylis** (S. 295)

7b Perigonborsten vorhanden; Griffel nicht auffallend mit Fransen besetzt **8**

8a Ährchen 4—6 mm lang; Blütenstand (Spirre) von den Hüllblättern nicht oder nur wenig überragt, sehr ährenreich, weit ausgebreitet . . . . **1. Scirpus** (S. 263)

8b Ährchen 10—20 mm lang; Blütenstand von den Hüllblättern weit überragt, doldig bis kopfig . . . . **3. Bolboschoenus** (S. 273)

9a Blütenstände seitenständig; aus den Blattachseln in der ganzen Länge des Stengels einzelne Stiele mit endständigem, 3—4 mm langem Ährchen; Stengel verzweigt, im Wasser flutend . . . .

9b Blütenstand scheinbar seitenständig, von einem halmähnlichen Hüllblatt überragt; Stengel unverzweigt und Pflanze aufrecht oder bogig aufsteigend **10**

10a Gesamtblütenstand aus meist 3 kugelig-kopfigen, sehr dichten, aus zahlreichen Ährchen zusammengesetzten Teilblütenständen bestehend . . **4. Holoschoenus** (S. 274)

10b Blütenstand aus 1 bis mehreren, eiförmigen Ährchen bestehend **11**

11a Pflanze 30—400 cm hoch, meist mit kriechendem Rhizom; ausdauernd . . . . .
. . . . **2. Schoenoplectus** (S. 265)
11b Pflanze 2—15 cm hoch, mit Faserwurzeln; 1jährig **12**
12a Ährchen 2—3 mm lang; Hüllblatt des Blütenstandes mehrmals kürzer als der
Stengel, Ährchen daher scheinbar im oberen Stengelteil stehend; Staubblätter (1)—2
. . . . **7. Isolepis** (S. 292)
12b Ährchen 5—12 mm lang; Hüllblatt des Blütenstandes fast so lang wie der Stengel,
Ährchen daher scheinbar in der Stengelmitte stehend; Staubblätter 3 . . . . . .
. . . . **2. Schoenoplectus** (S. 265)
13a Blätter am Rande und am Rückenkiel schneidend scharf und deutlich sägezähnig,
7—15 mm breit, starr, graugrün; Perigonborsten fehlend . . . **11. Cladium** (S. 318)
13b Blätter nicht stachelig gesägt, borstenförmig schmal, meist nicht über 1 mm breit;
Perigonborsten vorhanden . . . . **12. Rhynchospora** (S. 319)

1. Scirpus L.

Ausdauernde, kräftige Pflanzen mit beblättertem Stengel. Blütenstand endständig, ausgebreitet, mit mehreren bis sehr vielen Ährchen, von mehreren stengelblattähnlichen Hüllblättern umgeben. In jedem Ährchen die untersten Spelzen so groß wie oder größer als die oberen. Ährchen mehr als 5blütig. Blüten zwittrig, schraubig angeordnet. Perigonborsten vorhanden, braun, mit feinen, rückwärts gerichteten, ca. 0,1 mm langen, starren Haaren (rauh oder glatt). Staubblätter 3. Griffel am Grunde nicht verdickt oder, wenn verdickt, dann zur Zeit der Fruchtreife oberhalb der Verdickung abbrechend; Narben 2—3. Frucht 3kantig oder bikonvex.

Im Gebiet nur 1 Art auf wassernahen Standorten.

Die Umgrenzung (und Gliederung) der Gattung ist ziemlich kontrovers. Wir schließen uns aus praktischen Gründen dem in den Floren von Heß et al. (1967), Garcke (1972) und Rothmaler (1972 geübten Brauch an, *Scirpus* in mehrere kleinere Gattungen aufzuteilen, obwohl uns die Gegenargumente von Schultze-Motel (1966—1969) nicht ohne Gewicht zu sein scheinen.
Wichtigste Literatur: Beetle 1940; Koyama 1958; Schultze-Motel 1966—1969.

1. Scirpus radicans Schkuhr (Fig. 67a; Fig. 68f—h)
Ausdauernd, lockere Rasen bildend. Stengel 40—90 (100) cm hoch, 2—5 mm dick, meist scharf 3kantig; sterile Triebe zur Blütezeit viel länger als die fertilen, nach der Blütezeit oft stark verlängert, sich bogig zur Erde krümmend, an der Spitze Wurzeln und neue Sprosse treibend. Blätter flach, breit linealisch, bis 12 mm breit, am Kiel und an den Rändern rauh; Scheiden locker stengelumfassend. Blütenstand eine lockere, reich verzweigte, von 2—3 laubblattartigen Hüllblättern gestützte Spirre. Ährchen meist einzeln, seltener zu 3, meist gestielt, (4) 5—8 mm lang, länglich-rautenförmig. Spelzen eilänglich, etwa 2 mm lang, an der Spitze breit abgerundet, nicht ausgerandet und ohne Stachelspitze, schwärzlich, Mittelnerv hellgrün. Perigonborsten 6, geschlängelt, miteinander schraubig verdreht, glatt oder nur mit einzelnen, nach rückwärts gerichteten, steifen Haaren, 2—3mal so lang wie die Frucht. Staubblätter 3. Narben 3. Frucht 3kantig, verkehrteiförmig, mit kurzer, aufgesetzter Spitze, 1 mm lang, gelblich, oft fehlschlagend. — Blütezeit: (V) VI—VII (VIII). — $2n = 56, 58$.
Vorkommen: In Pionier-Gesellschaften an Ufern und an feuchte Wegrändern, oft im Wasser wachsend; auf sicker- bis staunassen, nährstoffreichen, humosen Schlammböden; vor allem in Zwergbinsengesellschaften; Kennart des Cyperetum flavescenti-fusci; auch im Kontakt mit Zweizahn- und Flutrasen-Gesellschaften. — L: G rhiz/Hel.
Verbreitung: Vom östlichen Mitteleuropa über das mittlere Osteuropa bis zum Amurgebiet und Nordjapan; in Europa westwärts bis in die Lothringischen Hochflächen, nordwärts bis Südfennoskandien, südwärts bis ins Pannonische Becken und in die Poebene (Vercelli). —

Im Gebiet zerstreut bis selten, im Tiefland westwärts bis ins östliche Unterelbe- und Elbe-Oder-Tiefland (z. B. Schönebeck, Jessen/Elster); im Mittelgebirgsland westwärts bis ins Saar-Nahe-Bergland (hier vielfach nicht mehr) und in die Untermainsenke (Aschaffenburg); südwärts bis ins Jungmoränen-Alpenvorland (Stafflangen bei Biberach); am häufigsten in den Sudetenländern. — euraskont.

Verbreitungskarten: Meusel et al. 1965; Żukowski 1969 (Polen); Hultén 1971.

2. Schoenoplectus Palla

1jährig oder ausdauernd; mit kriechendem Rhizom. Blütenstand scheinbar seitenständig, da ein meist senkrecht aufgerichtetes (bei *S. mucronatus* zuletzt fast waagerecht abstehendes) Hüllblatt den Stengel fortsetzt; aus 1 bis vielen, eiförmigen, mehr als 5blütigen Ährchen bestehend. Untere Spelzen so groß oder größer als die oberen. Perigonborsten meist vorhanden, rückwärts rauh (bei *S. litoralis* fransenartig zerschlitzt). Staubblätter 3, Narben 3 oder 2. Früchte 3kantig oder flach, meist glatt (bei *S. supinus* und *S. mucronatus* querrunzelig).

Wichtigste Literatur: Palla 1900—1901; Beetle 1944.

Bestimmungsschlüssel der Arten:

1a Pflanzen höchstens bis 30 cm hoch, 1jährig; Hüllblätter mindestens so lang wie der Stengel **2**

1b Pflanzen 30—400 cm hoch, kräftig; Hüllblätter meist viel kürzer als der Stengel . . **3**

2a Ährchen sitzend oder kurz gestielt, kopfig gedrängt; Frucht stark wellig, querrunzelig; Stengel im Wasser aufrecht, auf dem Land die mittleren aufrecht, die seitlichen niederliegend . . . . **7. S. supinus** (S. 271)

2b Ährchen in gestielten Köpfchen, eine Rispe bildend, die am Grunde ein besonders großes Köpfchen hat . . . . **7a. S. prolifer** (S. 273)

3a Stengel bis oben stielrund . . . . **1. S. lacustris** (S. 266)

3b Stengel wenigstens in der oberen Hälfte 3kantig **4**

4a Spelzen nicht ausgerandet, fein längsfurchig, stachelspitzig, weißlich mit grünem Kiel und rotem Rand; Narben 3; Pflanzen ohne Ausläufer, Horste bildend; Früchte fein querrunzelig . . . . **6. S. mucronatus** (S. 271)

4b Spelzen ausgerandet, nicht längsfurchig, in der Ausrandung begrannt, rotbraun; Narben 2; Pflanzen mit Ausläufern; Früchte glatt **5**

5a Stengel bis zur Mitte stielrund, darüber stumpf 3kantig; Blütenstand meist aus 2—5 etwa 2 cm langen Ästen mit je 1—4 sitzenden Ährchen; Perigonborsten doppelt so lang wie die Frucht . . . . **5. S. kalmussii** (S. 269)

5b Stengel scharf 3kantig **6**

6a Perigonborsten 4—6, oberwärts spatelig verbreitert, am Rande zerschlitzt; Spelzen fein gezähnelt; Frucht glatt; Staubbeutelenden stumpf, gewimpert . . . . .
. . . . **2. S. litoralis** (S. 267)

6b Perigonborsten 0—6, rauh, oberwärts nicht spatelig verbreitert und am Rande nicht zerschlitzt **7**

7a Ährchen sämtlich ungestielt, zu 2—6kopfig gedrängt; Spelzen breit elliptisch, ziemlich tief ausgerandet, an der Spitze mit 2 spitzen Seitenlappen; Perigonborsten viel kürzer als die gelbe, matte Frucht, oft fehlend; oberste Blattscheiden mit Spreite . .
. . . . **4. S. americanus** (S. 268)

Fig. 68. a—b *Schoenoplectus lacustris* (L.) Palla subsp. *lacustris* — a Pflanze mit „Strömungsblättern", ×¹/₅; b Blütenspirre, ×²/₃. c—e *Schoenoplectus lacustris* (L) Palla subsp. *glaucus* (Smith) Becherer — Blütenspirre, ×²/₃; d Blüte; e Spelze (von innen). f—h *Scirpus radicans* Schkuhr — f Stengel mit Blütenspirre (das Hochblatt zu kurz gezeichnet, überragt die Spirre!), ×¹/₂; g Spelze; h Blüte (a—h nach Hegi 1939).

7b Ährchen mehr oder weniger gestielt; Spelzen länglich seicht ausgerandet, stumpf
2lappig; Perigonborsten etwa so lang wie die braune, glänzende Frucht; Blattscheiden
oft ohne Spreite . . . . **3. S. triqueter** (S. 268)

1. Schoenoplectus lacustris (L.) Palla (Fig. 67b; Fig. 68a—e)
   Scirpus lacustris L.
Ausdauernde, dunkel gras- bis gelblichgrüne (subsp. *lacustris*) oder graublaugrüne (subsp.
glaucus) Pflanzen, mit unterirdisch kriechenden, langen Ausläufern; Wasserformen (nur bei
subsp. *lacustris*) oft Büschel von untergetauchten, im Wasser flutenden, bandartigen Blättern
bildend. Stengel (50) 80—300 (400) cm hoch, 3—15 mm (am Grunde bis 50 mm) dick, in seiner
ganzen Länge stielrund, aufrecht oder etwas übergebogen, blattlos; am Grunde von 4—5 Blättern umgeben, die 8—46 cm lang sein können. Blätter mit sehr langer Scheide und oft mit einem
linealen, rinnigen Spreitenrudiment, $^1/_3—^1/_2$mal so lang wie die Scheide (manchmal statt der
Spreitenrudimente 80—260 cm lange Blattflächen: submerse Bandblätter: „f. *fluitans*"). Untere
Blattscheiden braun, oft purpurn überlaufen, oberste grün. Blütenstand eine aus zahlreichen
(30—100 und mehr) Ährchen bestehende, bis 12 cm breite Spirre; Ährchen zur Fruchtzeit
6—15 mm lang, 2—5 mm dick, am Ende von bis 7 (10) cm langen Ästen sitzend. Hüllblatt der
Spirre 1, am Grunde rinnig, oberwärts stielrund, allmählich zugespitzt (stechend), 2—11 cm
lang, etwa so lang oder nur wenig länger als die Spirre, gleichsam den Stengel fortsetzend.
Spelzen eirundlich, ausgerandet, rotbraun, in der Ausrandung mit grannenartig aufgesetzter
Spitze, glatt (subsp. *lacustris*) oder auf der Außenseite mit rotbraunen, warzigen Punkten
(subsp. *glaucus*). Perigonborsten 4—6, so lang oder kürzer als die reife Frucht. Narben 3
(subsp. *lacustris*) oder 2 (subsp. *glaucus*). Früchte zusammengedrückt, undeutlich 3kantig,
linsenförmig, gelbbraun, 2—3 mm lang, 1,5—2 mm dick, matt.
Wir fassen *Schoenoplectus lacustris* als polymorphe, weltweit verbreitete Sippe auf (vgl. Kern
1974), die in mehrere Unterarten zerfällt. Die Typusunterart ist in ihrer Verbreitung auf den
europäischen Raum beschränkt. Die zirkumpazifischen Populationen gehören zur subsp.
validus (Vahl) *Koyama* (= *Scirpus validus* Vahl), die europäisch-westasiatischen zur subsp.
glaucus (= *Scirpus tabernae montani* C. C. *Gmelin*). Wir können uns nicht entschließen, die
„intermediäre" subsp. *flevensis* Bakker (vgl. Bakker 1954; bisher nur aus den Niederlanden
bekannt) aufzunehmen.

Bestimmungsschlüssel der Unterarten:
1a Narben 3; Stengel dunkel-grasgrün; Spelzen glatt, nicht oder nur auf dem Mittelnerv sparsam erhaben rot punktiert; Wasserformen bildend **1.1.** subsp. **lacustris** (S. 266)
1b Narben 2; Stengel grau- bis bräunlichgrün; Spelzen meist auf der ganzen Fläche
dicht erhaben rot punktiert; keine Wasserformen bildend **1.2.** subsp. **glaucus** (S. 267)

1.1. subsp. lacustris (Fig. 68a, b)
Wurzelstock hart, brüchig, gelbbraun, rotbraun oder tiefrot. Stengel fast stets dunkel-grasgrün, aufrecht, 80—300 (400) cm hoch, 10—15 mm dick; am Grunde nicht knotig verdickt. Vor und während der Blütezeit meist 2—12 Blätter mit deutlichen Spreiten entwickelt. Ährchen eilänglich. Spelzen braun, glatt oder nur auf dem Mittelnerv mit roten
Wärzchen. Staubfäden an der Spitze bärtig. Früchte stumpf 3kantig, 2,5—3,0 mm lang. —
Blütezeit: VI—VIII (X). — $2n = 38, 40, 42, 44$.
Vorkommen: Gesellig im Röhricht stehender oder langsamfließender Gewässer, an Ufern und
in Gräben; auf nährstoffarmen bis nährstoffreichen Sand- und Schlammböden; planar bis
montan, selten subalpin, in den Alpen bis 1780 m; Verlandungspionier, am weitesten in das
offene Wasser vordringend, stellenweise bis 3 m Wassertiefe, hier lockere Herden bildend,
die z. T. als eigene Gesellschaft (Schoenoplectetum [Scirpetum] lacustris) aufgefaßt werden;
sonst Bestandteil des Schilfröhrichts, oft faziesbildend; verträgt von allen Röhrichtarten Austrocknung am schlechtesten, dagegen sehr gut Schwankungen des Wasserspiegels; in Südeuropa Reisfeld-Unkraut. — L: G rhiz/Hel.

Verbreitung: In fast ganz Europa und in Sibirien (nicht in den arktischen Bereichen). — Im Gebiet verbreitet und meist häufig. — (no) euras-med.

Verbreitungskarten: Hultén 1962, 1971; Żukowski 1969 (Polen); Eloranta 1970.

Anmerkungen: In stehenden und fließenden Gewässern, in 50—300 cm Tiefe, kann sich eine Wasserform („f. *fluitans*") mit 2zeilig gestellten, bandförmigen, 25—160 (240) cm langen und (1,5) 3—9 mm breiten Blättern entwickeln. Sie blüht selten; am besten im Frühjahr entwickelt.

1.2. subsp. **glaucus** (Smith) Becherer (Fig. 68 c—e)

Scirpus lacustris subsp. *glaucus* (Smith) Hartman; *S. tabernae montani* C. C. *Gmelin*; *S. lacustris* subsp. *tabernaemontani* (C. C. Gmelin) Syme; *S. lacustris* var. *tabernaemontani* (C. C. Gmelin) Doell; *S. glaucus* Smith; *Schoenoplectus tabernaemontani* (C. C. Gmelin) Palla.

Pflanze fast immer blau- oder graugrün, unterirdisch kriechend. Wurzelstock weich und zäh, gelbbraun. Stengel meist nur 50—150 (275) cm hoch, dünn, stielrund oder selten oberwärts etwas kantig; zur Blütezeit nur 1 Stengel vorhanden; bei gut entwickelten Pflanzen am Grund knotig verdickt. Vor und während der Blütezeit nur 1 Blatt mit Spreite; Scheiden häufig ohne Spreiten. Spirren meist kleiner, kürzer und dichter; Ährchen eiförmig oder eilänglich. Spelzen rotbraun (vor allem die untersten im Ährchen), auf der Außenseite überall, besonders dicht vor allem am Mittelnerv mit zahlreichen rotbraunen Wärzchen besetzt, am Rande fein bewimpert. Staubfäden an der Spitze sehr kurz bärtig, Staubbeutel meist kahl. Perigonborsten wenig länger als die Frucht, oft ziemlich breit. Narben 2 (in einzelnen Blüten 3). Früchte zusammengedrückt, 2—2,5 mm lang, oft ziemlich dunkel. — Blütezeit: VI – VII. — $2n = 38, 40, 42, 44$.

Vorkommen: In Brackwasserröhrichten an Ufern und Gräben; auf nährstoffreichen, salzhaltigen, humosen Sand-, Schlick- und Torfböden; an den Küstengewässern, aber auch an den Binnensalzstellen; Kennart des Schoenoplectetum (Scirpetum) glauci, auch in halophilen Ausbildungen des Schilfröhrichts und von Bachröhrichten, auf Salzwiesen mit herabgesetzter Vitalität; im Binnenland jedoch auch auf salzfreien Standorten, und zwar besonders auf jungen, offenen Standorten mit hohem Kalkgehalt, insbesondere an den Rändern von Kiesgruben und Schürfstellen, aber auch an meso- bis eutrophen Süßwasserseen, hier meist in kleineren, artenarmen Beständen im flachen Wasser; planar bis montan, in den Alpentälern bis 1520 m aufsteigend. — L: G rhiz/Hel.

Verbreitung: Von Westeuropa bis Ostasien, südwärts bis Nordwestafrika; in Skandinavien im allgemeinen nur an den Küsten, nordwärts bis zum Nordrand des Bottnischen Meerbusens. — Im Gebiet in den Küstengebieten und an den Binnensalzstellen häufig, sonst im Tiefland zerstreut, in den übrigen Teilräumen selten und streckenweise fehlend. — euras-med.

Verbreitungskarten: Samuelsson 1934; Luther 1951; Bakker 1954; Hultén 1962, 1971; Meusel et al. 1965; Kepczyński 1965; Żukowski 1969 (Polen); Philippi 1969, 1978.

Anmerkungen: Glück (1923, 1936) betont, daß die Sippe keine Wasserformen bildet; Neilreich (1859) hält sie für die Landform des typischen *Schoenoplectus lacustris*. Die zahlreichen Varietäten und Formen (vgl. Bakker 1954) sind ohne taxonomischen Wert.

2. Schoenoplectus litoralis (Schrader) Palla (Fig. 67 c; Fig. 69 a—b)

Scirpus litoralis Schrader; *S. l.* var. *thermalis* Trabut in Battandier et Trabut; *S. subulatus* Vahl

Ausdauernd; Wurzelstock kurz, manchmal dünne Ausläufer treibend. Stengel ziemlich kräftig, aufrecht, 60—150 cm hoch, 3—10 mm dick, wenigstens unmittelbar unter dem Blütenstand 3kantig, blaugrün. Scheiden blattlos oder mit kurzen Spreitenrudimenten. Blütenstand wenigbis vielährig, 2—8 cm lang; Hüllblatt aufrecht, den Halm verlängernd, steif, 2—5 (10) cm lang. Ährchen einzeln, eiförmig bis eilänglich, spitz, dicht und vielblütig, bräunlich, 8—15 mm lang, 3—4 mm dick. Spelzen trockenhäutig, elliptisch bis länglich, stumpf oder leicht ausgerandet, an der Spitze winzig gewimpert, sonst kahl, 3,5—4 mm lang, 2 mm breit; die Mittelrippe hervortretend, in eine kurze, $^{1}/_{3}$—$^{1}/_{2}$ mm lange Granne auslaufend. Perigonborsten (3) 4 (6), rotbraun, flach, im oberen Teil spatelig verbreitet und am Rande fransenartig zerschlitzt, etwa so lang wie die Frucht. Staubfäden mit einem faserigen Anhängsel. Griffel mit 2 Narbenästen. Frucht ungleichseitig bikonvex, dorsiventral stark zusammengedrückt, ellipsoidisch bis verkehrteiförmig, spitz, kahl, kastanienbraun bis schwarz, etwa 2 mm lang, 1,25—1,5 mm breit. — $2n = 10$. — Blütezeit: V—VIII.

Vorkommen: Am Rande brackiger Gewässer, in Salztümpeln in Meeresnähe, auch in Thermen; im Mittelmeergebiet Kennart des Bolboschoenetum (Scirpetum) maritimi-litoralis, am Ufer der Teiche und Flüsse im Küstengebiet auf feinem Schlamm; z. B. auf Kephallinia (Griechenland) und Kreta Bestandteil eines *Typha angustata-Bolboschoenus*-Röhrichts zusammen mit *Typha angustata* und *Bolboschoenus maritimus* am Rande von Brackwasserseen. — L: G rhiz/Hel.

Verbreitung: In den Tropen und Subtropen der Alten Welt, vom Mittelmeergebiet durch Südasien bis nach Australien; in Afrika; auf der Balkanhalbinsel nordwärts bis ins Pannonische Becken (Héviz; Tertiärrelikt?) — Im Gebiet fehlend. — med-subtrop-trop.

Verbreitungskarte: Stefanoff 1943 (Bulgarien).

Anmerkung: Ähnelt *Schoenoplectus lacustris*; Blütenstand aber lockerer und Perigonborsten flach und federig behaart.

3. Schoenoplectus triqueter (L.) Palla (Fig. 67d; Fig. 70i—n)

Scirpus triqueter L.; *S. mucronatus* Pollich non L.; *S. pollichii* Grenier et Godron

Ausdauernd; Wurzelstock 2—5 mm dick, dunkel oder lebhaft rot, oft sehr lang kriechend, weit voneinander entfernte Stengel treibend. Stengel (30) 50—100 (150) cm hoch, 2—6 mm dick, graugrün, starr aufrecht, kräftig, wenigstens im oberen Teil scharf 3kantig. Scheiden fast stets ohne Blattspreite (diese höchstens am obersten Blatt entwickelt, dann 2—6 (15) cm lang, am Grunde 2—4 mm breit), die unteren dunkelbraun, die oberen grün und braun berandet. Blütenstand eine bis 4 cm breite Spirre aus (1) 3—15 (35) Ährchen bestehend, selten kopfig zusammengezogen; wenigstens einzelne Ährchen gestielt. Hüllblatt bis 4mal so lang wie die Spirre, 2—7 cm lang, steif, 3kantig, scharf gekielt, allmählich zugespitzt, den Stengel fortsetzend. Ährchen zur Fruchtzeit 5—12 (15) mm lang, 3—5 mm breit. Spelzen breit elliptisch, 3,5 mm lang, 2,5 mm breit, vorn flach ausgerandet, mit 2 stumpfen, seitlichen Lappen, rotbraun, mit grünem, in der Ausrandung in eine kurze Granne verlängertem Mittelnerv, am Rande heller, gewimpert. Perigonborsten 4—6, so lang wie oder etwas kürzer als die Frucht. Staubblätter 3. Narben 2. Frucht linsenförmig plattgedrückt, glatt, gelb- bis rotbraun, glänzend, 2—2,5 mm lang, 1,5—2 mm breit, mit aufgesetzter Spitze. — Blütezeit: VI—VII (IX). — $2n = 40, 42, 44$.

Vorkommen: In Brackwasserröhrichten im Tidebereich der Flußmündungen; auf nährstoffreichen, salzhaltigen Schlickböden; wärmeliebend; planar bis kollin; an der Küste im Bolboschoenetum (Scirpetum) maritimi und halophilen Ausbildungen des Schilfröhrichts; im Oberrheingebiet in lockeren Pionierröhrichten, immer zusammen mit *Schoenoplectus lacustris* subsp. *glaucus*, im seichten Wasser; auch in Reisfeldern. — L: G rhiz/Hel.

Verbreitung: In West-, Mittel- und Südeuropa; im westlichen Asien; in Nord- und Südafrika; in Nordamerika. — Im Gebiet vor allem im Bereiche der Küsten, im Unterlauf von Weser, Ems, Elbe, Eider; im Binnenland nur vereinzelt, so in der Oberrheinischen Tiefebene, am Neckar, an der Lippe; in der Linthebene, im Aare- und Donaugebiet; früher in der Wetterau, an Main und Lahn und in Thüringen (Bendeleben); in Böhmen und Mähren vereinzelt; überall in starkem Rückgang (vgl. Philippi 1969). — smed-euras, circ (auch S-Afrika).

Verbreitungskarten: Stefanoff 1943 (Bulgarien); Hultén 1958; Perring & Walters 1962; Philippi 1969, 1978 (Oberrheingebiet); Żukowski 1969.

4. Schoenoplectus americanus (Persoon) Volkart (Fig. 67e; Fig. 69g—h)

Scirpus pungens Vahl; *S. rothii* Hoppe; *S. americanus* Persoon

Ausdauernd. Wurzelstock 2—5 mm dick, weithin kriechend, hell- oder dunkelbraun. Stengel (20) 30—60 (100) cm hoch, 1—6 mm dick, aufrecht, scharf 3kantig, glatt, am Grunde mit 1—2 (3) gras- bis graugrünen Blättern. Oberste Blätter mit 3—20 cm langer, 2—3 mm breiter,

3kantiger, meist rinniger oder zusammengefalteter, allmählich zugespitzter Spreite; untere Scheiden schwarz- bis gelbbraun. Blütenstand kopf-knäuelig, aus (1; „monostachys") 3—4 (5) sitzenden Ährchen bestehend; Hüllblatt 2—11 (15) cm lang, den Stengel scheinbar fortsetzend. Ährchen eirund bis eilänglich, 5—10 mm lang, 2—6 mm breit. Spelzen breit elliptisch bis eirundlich, 4 mm lang, 3 mm breit, an der Spitze tief eingeschnitten, mit 2 spitzen, seitlichen Lappen, der grüne Mittelnerv in eine bis 1 mm lange, glatte oder rauhe Granne verlängert, rotbraun glänzend mit graubraunem Hautrand, am Rande gewimpert. Perigonborsten 0—2, viel kürzer als die Frucht, 0,5—1,0 mm lang. Staubblätter 3. Narben 2. Frucht verkehrteiförmig, linsenförmig, zusammengedrückt, 2,5—3,0 mm lang, 2 mm breit, hell- bis dunkelbraun, matt, kurz geschnäbelt. — Blütezeit: VI—VIII. — $2n = 78$, (74, 76, 80, 100—128).

Vorkommen: In Brackwasserröhrichten an der Küste, insbesondere im Mündungsgebiet größerer Flüsse an Standorten mit häufigem Wechsel der Salzkonzentrationen des Wassers und starken Schwankungen des Wasserstandes; wirkt schlammfangend und verlandungsfördernd; planar bis kollin; Bestandteil des Bolboschoenetum (Scirpetum) maritimi, auch auf Salzwiesen; stellenweise auch in Strandlinggesellschaften oligohaliner, küstennaher Gewässer vordringend, z. B. im Scirpo-Lobelietum des Landes (Südwestfrankreich) und im Isoëtetum boryanae. — L: G rhiz/Hel.

Verbreitung: Einheimisch in Amerika, von dort vermutlich nach Europa eingeschleppt, hier jetzt zerstreute Einzelvorkommen in Mittel-, West- und Südeuropa; auch in Australien. — Im Gebiet an den Küsten der Nord- und Ostsee, insbesondere an den Mündungen von Rhein, Leda, Weser, Oste, Elbe, Schlei, Oder, ostwärts bis zum Pregel (Pregolja); auf Texel, Vlieland, Terschelling, Borkum, im Binnenland vereinzelt im nordwestlichen Tiefland. — In Europa: med-atl.

Verbreitungskarten: Hultén 1958, 1968; Koyama 1963; Meusel et al. 1965; Żukowski 1969 (Polen).

Anmerkung: Sehr nahe mit *Schoenoplectus triqueter* (L.) Palla verwandt und sehr polymorph. Nach Beetle (1947) sind 4 Varietäten (Unterarten?) zu unterscheiden, von denen nur var. *triangularis* in Europa vorkommt:

1a Blätter meist 3 oder mehr; Narben meist 3; in Nord-, Mittel- und Südamerika sowie in Tasmanien und Neuseeland . . . . **4.2.** var. **polyphyllus** (Boeckeler) Beetle

1b Blätter meist 1—2, nicht mehr als 3; Narben meist 2 . . . . **2**

2a Ährchen und Perigonborsten strohfarben; von Texas bis Guatemala verbreitet . . . . **4.3.** var. **longispicatus** Britton

2b Ährchen und Perigonborsten rotbraun **3**

3a Ährchen meist bis 4 mm dick; Spelzen meist klebrig-punktiert; in Nordamerika verbreitet . . . . **4.1.** var. **americanus**

3b Ährchen häufig bis 6 mm dick; Spelzen nicht klebrig-punktiert; in Europa verbreitet . . . . **4.4.** var. **triangularis** (Persoon) Beetle

Eine Zwergform (f. *arenosus* Vanden Berghen) von 20 cm Höhe und 1jährigem Blütenstand kann sich auf nicht regelmäßig überfluteten Standorten entwickeln.

5. Schoenoplectus kalmussii (Ascherson, Abromeit et Graebner) Palla
Scirpus kalmussii Ascherson, Abromeit et Graebner

Ausdauernd, gras- oder dunkelgrün. Halme 30—100 cm hoch, gänsekieldick, starr aufrecht, unten stielrund, von der Mitte an nach oben stumpf 3kantig. Grundständige Blattscheiden meist ohne oder mit bis 5 cm langer Spreite, Spirre mit 2—5 kurzen, fast ganz glatten Ästen, mit je 1—3 (4) sitzenden Ährchen; Hüllblatt glatt. Ährchen eiförmig bis eilänglich. Deckspelzen glatt, nur an oder auf der Mittelrippe erhaben rauh punktiert, seitlich mit stumpfen Lappen. Perigonborsten bis doppelt so lang wie die Frucht. Narben 2. Frucht flach zusammengedrückt. — Blütezeit: VII—VIII.

Vorkommen: Im Brack- und Süßwasser; an Ufern von Strandseen und an den Unterläufen von Küstenflüssen; auch auf feuchtem Boden außerhalb des Wassers. — L: G rhiz/Hel.

Verbreitung: In Europa (und im Gebiet) nur an der Ostseeküste zwischen Rügen und dem Pregel (Pregolja).

Verbreitungskarte: Piotrowska 1966.

Anmerkungen: Vielleicht Bastard *S. americanus* × *S. lacustris* subsp. *glaucus* (vgl. Schultze-Motel 1966—1969).

6. Schoenoplectus mucronatus (L.) Palla (Fig. 67h; Fig. 70a—d)

Scirpus mucronatus L.; *Isolepis mucronata* (L.) Fourreau

Ausdauernd, dichte Horste bildend, aber keine Ausläufer treibend. Stengel 40—100 cm hoch, 2—6 mm dick, starr aufrecht, wenigstens im oberen Teil scharf 3kantig; Scheiden ohne Blattspreiten, die unteren bräunlich, die oberen grün und braun berandet. Blütenstand dicht, kopfig, aus 3—10 (40) sitzenden Ährchen; Hüllblätter 3kantig, mehrmals länger als die Spirre, plötzlich zugespitzt. Ährchen zur Fruchtzeit 4—10 mm lang, 2—5 mm dick. Spelzen verkehrteiförmig, 3 mm lang, 2,5 mm breit, ganzrandig, weißlich mit grünem Kiel, rotbraun berandet, fein gestreift, mit aufgesetzter Spitze. Perigonborsten 6, so lang oder etwas länger als die Frucht. Staubblätter 3. Narben 3 (2). Frucht verkehrteiförmig, zusammengedrückt 3kantig, fein querrunzelig, 1,5—2 mm lang, 1,5 mm breit, schwarzbraun, matt. — Blütezeit: VII—X. — $2n$ = 42.

Vorkommen: Im Röhricht an Teichrändern, Ufern und in Gräben niederer Lagen; auf nährstoffreichen Schlickböden mit wechselndem Wasserstand; wärmeliebend; in Südeuropa charakteristisches und häufigstes Unkraut der Reisfelder; in Reisfeld-Zwergbinsengsellschaften, z. B. im Oryzo-Cyperetum difformis, im Eleocharito-Lindernietum procumbentis und im Cypero-Ammannietum coccineae. — L: H caesp/Hel.

Verbreitung: In den wärmeren Gebieten der Alten Welt, von Südeuropa bis Japan und durch Südasien bis Australien; im tropischen Afrika selten; synanthrop in Kalifornien. — Im Gebiet nur sehr vereinzelt, vor allem im Süden (Bodenseegebiet); nicht im mittleren und westlichen Tiefland (in den Niederlanden bei Gorinchem adventiv); nicht in Böhmen und Mähren; vielerorts erloschen. — med-euras ferner subtrop-trop.

Verbreitungskarten: Hultén 1958; Žukowski 1969 (Polen).

Anmerkungen: Sehr polymorphe Sippe. Im Vergleich mit den südostasiatischen Populationen besitzen die europäischen kurze Griffel und Staubbeutel sowie deutlich runzelige Nüßchen.

7. Schoenoplectus supinus (L.) Palla (Fig. 67g; Fig. 70e—h)

Scirpus supinus L., *Isolepis supina* (L.) R. *Brown*; *Schoenus junceus* Willdenow

1jährig, büschelig-dichtrasig. Stengel stielrund, 5—15 (30) cm hoch, 0,5—1,5 mm dick, auf dem Lande die mittleren aufrecht, die seitlichen ausgebreitet bis niederliegend, im Wasser meist aufrecht. Blattspreiten nur an den 1—2 oberen Blättern entwickelt, bis 4 cm lang, 0,5—1 mm breit, rinnig. Blütenstand aus 1—5 (10) sitzenden Ährchen, kopfig zusammgenzogen; Hüllblatt meist gerade, steif aufrecht, etwa so lang wie der Stengel, mehrmals länger als der Blütenstand, dieser anscheinend in oder unter der Mitte des Stengels entspringend. Ährchen länglich bis eilänglich, zur Fruchtzeit 5—10 mm lang, 2—3 mm dick, Spelzen buckelig gewölbt, 2—3 mm lang, 1—1,5 mm breit, eirundlich, braunrot, grün gekielt, die unteren oft mit aufgesetzter, rauher Stachelspitze. Perigonborsten meist fehlend. Staubblätter 3. Frucht 3kantig, wellig querrunzelig, braunschwarz, 1—1,5 mm lang, 1 mm dick, kurz geschnäbelt. — Blütezeit: VI—X. — $2n$ = 28.

Vorkommen: In Zwergbinsen-Gesellschaften an Ufern von Tümpeln; auf nassen, zeitweise überschwemmten, nährstoff- und basenreichen, feinsandig-lehmigen bis kiesigen Böden oder Schlickböden; planar bis kollin; im Oberrheingebiet lokale Kennart des Cyperetum flavescenti-fusci, sonst optimal in Teichbodengesellschaften kalkarmer Böden; in den slowakischen

Fig. 69. a—b *Schoenoplectus litoralis* (Schrader) Palla, Habitus, × $^1/_3$. c—f *Bolboschoenus maritimus* (L.) Palla in Koch — c, d Habitus, × $^1/_3$; e Blüte; f Spelze. g—h *Schoenoplectus americanus* (Persoon) Volkart, Habitus, × $^1/_3$ (a—c, g—h nach Reichenbach 1846; d—f nach Hegi 1939).

Tiefebenen besonders in den Reisfeldern, hier in Reisfeld-Zwergbinsengesellschaften, z. B. im Eleocharito-Schoenoplectetum supini; in süd- und südosteuropäischen Zwergbinsengesellschaften auf Alkalischlammböden, z. B. im Cyperetum fusci-pannonici; außerdem in südeuropäischen Zyperngrasfluren, z. B. im Lythro-Gnaphalietum luteo-albi. — L: T-H/Hel.

Verbreitung: In Europa nordwärts bis etwa 54° nB, nicht in Großbritannien, Dänemark, Fennoskandien, im nordwestlichen und nördlichen Osteuropa, im übrigen Gebiet vereinzelt, ostwärts durch das mittlere Osteuropa bis zum Südural; in Kleinasien und im Kaukasus; in Nordafrika; in Nordamerika. — Im Gebiet selten und sehr zerstreut, meist nur an vereinzelten Fundorten, so z. B. im Oberrheingebiet; meist unbeständig und hier und da wieder völlig verschwunden. — smed-euraskont, circ.

Verbreitungskarte: Żukowski 1969.

Anmerkungen: Die ost- und südostasiatischen Populationen gehören zur var. *latiflorus* (Gmelin) Koyama, die auch als eigene Art (Basionym: *Scirpus latiflorus* Gmelin) angesehen wird. Sie zeichnen sich unter anderem durch einen sehr dünnen, schlaffen Stengel, der über dem Grunde knotig ist, durch in der Regel 2 Hüllblätter, den stets kopfigen Blütenstand und die vielstreifigen Spelzen aus. Vielleicht sind auch die Populationen aus dem südlichen Osteuropa, dem Kaukasusgebiet, aus Westsibirien und Zentralasien, die oft als var. *melanospermus* (C. A. Meyer) Schmalhausen geführt werden, als eigene Art — *Schoenoplectus melanospermus* (C. A. Meyer) Grossheim — zu bewerten.

8. Schoenoplectus prolifer (Rottboell) Palla

Scirpus prolifer Rottboell; *Isolepis prolifera* R. Brown

1jährig; Stengel niederliegend, rund, zusammengedrückt, gestreift, blattlos. Blütenstände zusammengesetzt; Hüllblätter scharlachrot, spitz, den Grund der Äste umschließend. Ährchen endständig, lineallanzettlich, zahlreich zu Köpfchen zusammentretend, sich dachziegelförmig deckend. Spelzen sehr klein, eiförmig, konkav. Perigonborsten fehlend. Narben 3. Frucht 3kantig.

Verbreitung: Einheimisch in Südafrika und Australien; in Europa eingeschleppt bei Bayonne (Frankreich). — Im Gebiet fehlend. — Wahrscheinlich zu *Schoenoplectus* gehörig.

3. **Bolboschoenus** Palla

Ausdauernde Pflanzen; Rhizom mit holzigen Knollen. Stengel beblättert. Hüllblätter des Blütenstandes laubblattartig, viel länger als dieser. Blütenstand endständig, ausgebreitet oder zusammengezogen. Ährchen groß. Perigonborsten meist vorhanden. Staubblätter 3. Narben 2—3. Frucht 3kantig oder bikonvex.

Wichtigste Literatur: Palla 1900—1901; Beetle 1942; Hejný 1960; Robertus-Koster 1969; Żukowski 1969.

1. Bolboschoenus maritimus (L.) Palla in Koch (Fig. 67i; Fig. 69c—f)

Scirpus maritimus L.; *S. macrostachys* Willdenow; *Schoenoplectus maritimus* (L.) Lye

Ausdauernd; Rhizom an der Spitze unterirdische, walnußgroße, knollig verdickte Ausläufer treibend. Stengel 30—100 (150) cm hoch, im mittleren Teil 4—5 mm, am Grunde bis 15 mm dick, meist ziemlich starr aufrecht, im oberen Teil häufig übergebogen, scharf 3kantig, besonder oberwärts mehr oder weniger rauh, fast bis zur Spitze beblättert. Untere Blattscheiden braun bis braunschwarz; Blattspreiten flach, linealisch, schmal, (2) 3—8 (10) mm breit, allmählich in eine lange, 3kantige Spitze verschmälert. Blütenstand mehr oder weniger ge-

Fig. 70. a—d *Schoenoplectus mucronatus* (L.) Palla — a Habitus, $\times^1/_3$; b Ährchen; c Blüte; d Spelze. e—h *Schoenoplectus supinus* (L.) Palla — e Habitus, $\times^1/_3$; f Ährchen; g Blüte; h Spelze. i—n *Schoenoplectus triqueter* (L.) Palla — i Habitus, $\times^1/_4$; k Spirre, $\times^1/_3$; ältere Blüte; m jüngere Blüte mit Spelze; n Ährchen (a—n nach Hegi 1939).

drängt kopfig („compactus") oder aus mehreren gestielten Köpfen zusammengesetzt („maritimus") oder aus 1 einzigen Ährchen bestehend („monostachys"), viel kürzer als die 1—4 aufrechten, bis 30 cm langen, blattartigen Hüllblätter. Ährchen eilänglich, spitz, 10—20 (30; „macrostachys") mm lang, 4—8 mm dick, vielblütig. Spelzen eiförmig, 7 mm lang, 4 mm breit, braun, fein behaart, vorn ausgerundet, in der Ausrandung eine 2—3 mm lange, rauhe Granne (als Fortsetzung des Mittelnervs). Perigonborsten meist 6, selten fehlend, rückwärts rauh. Staubblätter 3, Narben 3 (2; „digynus"). Frucht verkehrteiförmig, fast 3 mm lang, 3kantig, dunkelbraun bis schwarz, glänzend; Griffelfuß nicht verdickt. — Blütezeit: VI—VIII (X). — $2n = 76—77, 80, 86, 104, 110$.

Vorkommen: Am Ufer von Seen, Teichen, Altwassern und Küstengewässern, in Gräben, Senken und Flutmulden mit wechselndem Wasserstand sowie auf gestörtem Kulturland in Forstkulturen, Wiesen und Äckern; auf flach überfluteten, z. T. kurzzeitig trockenfallenden, nassen, nährstoffreichen, kalkreichen und -armen, meist salzhaltigen (brackigen) Schlick-, Ton- und Sandböden; nur planar, kaum über 600 m aufsteigend; in brackigen Gewässern an der Küste und im Binnenland (hier auch auf nicht salzhaltigen Standorten; vgl. die Angaben bei den Unterarten) ein charakteristisches Röhricht (Bolboschoenetum [Scirpetum] maritimi) bildend, ferner im Schilf-Röhricht; auf Kreta z. B. im stehenden oder langsamfließenden Wasser brackiger Flußmündungen zusammen mit *Phragmites australis, Juncus heldreichianus* usw.; in Südeuropa sonst lästiges Reisfeldunkraut. — L: G rhiz/Hel.

Verbreitung: Fast über die ganze Erde (nicht in den arktischen Gebieten) verbreitet. — Im Gebiet an den Küsten häufig, sonst zerstreut, stellenweise fehlend (z. B. in Teilen der östlichen Alpen). — kosmopol.

Verbreitungskarten: Backman 1941; Luther 1951; Hultén 1962, 1971; Żukowski 1969 (Polen); Philippi 1969.

Die Sippe wird von vielen Autoren für taxonomisch uneinheitlich gehalten (vgl. Ascherson & Graebner 1903). Im Anschluß an Hejný (1960) und Robertus-Koster (1969) führen wir 2 Unterarten auf, obwohl wir uns nicht völlig von dem Zweifel an der taxonomischen Wertigkeit des entscheidenden diakritischen Merkmals — verkürzte (subsp. *compactus*) bzw. verlängerte (subsp. *maritimus*) Ährchenstiele — freimachen können (vgl. Schultze-Motel 1966—1969; Norlindh 1972). Auch bei anderen Arten, z. B. bei *Schoenoplectus lacustris* subsp. *glaucus*, treten derartige Köpfchenbildungen im Blütenstand auf. Mit Hejný weisen wir darauf hin, daß Gestalt und Farbe der Frucht sowie die Beschaffenheit der Fruchtoberfläche für die Kennzeichnung der Sippen weniger wichtig sind. Von den aus dem Gebiet sonst angegebenen Varietäten bzw. Formen sind einige in der Artbeschreibung enthalten.

Bestimmungsschlüssel der Unterarten:

1 a Blütenstand aus 4—6 gestielten Köpfchen, Ährchen lang gestielt; Frucht im Umriß verkehrt lanzettlich, im oberen Drittel am breitesten, Rücken stets gekielt, grauschwarzbraun, Oberfläche nicht wabig gemustert; Narben 3; im Süßwasser, insbesondere in kalkarmen Teichen (Oberpfalz, Böhmen) . . . . **1.1. subsp. maritimus**

1 b Blütenstand aus 0—2 (4) gestielten Köpfchen, Ährchen dicht gedrängt, fast sitzend; Frucht im Umriß verkehrt eiförmig bis elliptisch, wenig über der Mitte am breitesten, Rücken meist rund, selten und dann meist schwach gekielt (Übergangsformen?), gelbbraun bis braun, Oberfläche fein wabig gemustert; Narben oft 2; im Salz- und Brackwasser . . . . **1.2. subsp. compactus** (G. F. Hoffmann) Hejný in Dostál

4. **Holoschoenus** Link

Ausdauernd. Halm nur am Grunde beblättert. Gesamtblütenstand scheinbar seitenständig, das unterste aufgerichtete Hochblatt bildet die Fortsetzung des Stengels; aus meist mehreren, kugeligen, in einer Spirre angeordneten, sehr dichten, aus zahlreichen, kleinen Ährchen bestehenden Teilblütenständen; in jedem Ährchen die untersten Deckspelzen so groß oder

größer als die obersten. Blüten zwittrig, in den Ährchen schraubig angeordnet. Perigonborsten meist fehlend. Staubblätter 3. Narben 3 (2). Griffelfuß nicht verdickt. Frucht 3kantig.
Im Gebiet nur 1 Art; nach Becherer (1929) kommt *H. globifer* (L. fil.) Reichenbach in Europa nicht vor (Kanaren, Nordafrika); im Bestimmungsschlüssel aufgeführt (S. 275).
Wichtigste Literatur: Becherer 1929; Fischer 1976.

Bestimmungsschlüsel der Arten:

1a Blütenstände aus 1 bis etwa 20 Köpfchen von wechselnder Größe zusammengesetzt
. . . . **1. H. romanus** (S. 275)
1b Blütenstände aus bis etwa 200 stets kleinen Köpfchen zusammengesetzt; Hüllblätter kurz, die Blütenstände nicht überragend . . . . **(2.) H. globifer**

1. Holoschoenus romanus (L.) Fritsch em. Becherer (Fig. 67h; Fig. 71)
    H. vulgaris Link; *Isolepis holoschoenus* (L.) Roemer et Schultes; *Scirpus holoschoenus* L. em. Becherer; *Scirpoides holoschoenus* (L.) Soják
Ausdauernd, dichte Rasen bildend; Wurzelstock kräftig, unterirdisch kriechend, in dichter Reihe Stengel treibend. Stengel rund, gestreift, glatt, aufrecht, 30—100 (250) cm hoch, 1—4 (8) mm dick, grau- bis grasgrün. Untere Blattscheiden ohne Spitze, eiförmig, bis 8 cm lang, braun, zugespitzt; obere mit fadenförmiger, rinniger, 1—2 mm breiter Spreite. Blütenstand scheinbar seitenständig, aus 1 bis vielen kugeligen, mehr oder weniger gestielten, bis 15 mm breiten Köpfen; Hüllblätter 1—2, das unterste aufrecht, oft bogig gekrümmt, 1—2mal so lang wie der Blütenstand. Ährchen verkehrt-eiförmig, stumpf, 2—4 mm lang, 2—3 mm dick. Spelzen verkehrt-eiförmig, stumpf, seicht ausgerandet, stachelspitzig, gewimpert, 1,5—3 mm lang, 1—2 mm breit, braun bis schwarzrot, mit weißem Hautrand. Perigonborsten fehlend. Staubblätter 3. Narben 3, Frucht scharf 3kantig, verkehrt-eiförmig, 1 mm lang, 0,5 mm dick, glatt, bräunlich weiß, kurz geschnäbelt. — Blütezeit VI—VII. — $2n = 164$; ca. 42?
Vorkommen: Gesellig an sandigen oder nährstoffreich-tonigen Ufern größerer Flüsse und Seen, an nassen Gräben oder auf Naßweiden; auf wechselfeuchten, gelegentlich überschwemmten Standorten; in Mitteleuropa meist in lückigen Flutrasen; planar bis montan, in den Alpen bis 1200 m; im Mittelmeergebiet Kennart des Holoschoenetum. — L: G rhiz/Hel.
Verbreitung: Im atlantischen Europa von Südwestengland südwärts bis Portugal; vom Mittelmeergebiet ostwärts bis Iran, nordwärts über das untere Donaugebiet bis ins südöstliche und östliche Mitteleuropa vordringend; außerdem in Afghanistan, im Pandschab; durch das mittlere und nördliche Osteuropa ostwärts bis Westsibirien und Zentralasien; auf den Kanarischen Inseln. — Im Gebiet nur an sehr vereinzelten (vielleicht auf Einschleppung beruhenden) Fundorten; so z. B. im mittleren Elbegebiet zwischen Burg und Zerbst, an der Havel bei Brandenburg und Werder, im Gebiet der mittleren Oder (z. B. Biegener Helle bei Frankfurt/Oder), auch an der Glatzer Neiße („Nysa"; „Lünette"); in Böhmen, Mähren, Niederösterreich und der Steiermark; in der Oberrheinebene; in der Schweiz und in den Italienischen Alpen, in Südtirol. — med (euras).
Verbreitungskarten: Perring & Walters 1962; Żukowski 1969 (Polen).
Die Art zerfällt in mehrere infraspezifische Sippen, deren Rang noch immer umstritten und deren Verbreitung recht unvollständig bekannt ist. Im Gebiet kommen nur subsp. *australis* (am häufigsten), subsp. *romanus* und subsp. *holoschoenus* vor.

Bestimmungsschlüssel der Unterarten:
1a Spirre aus 5—22 ziemlich großen Köpfen bestehend; Hüllblatt oft länger als der Blütenstand, oft sehr lang; Blattscheiden stark netzfaserig; Pflanzen kräftig, meist 100 bis 250 cm hoch; Stengel bis federkieldick (Fig. 71 f—g, S. 276) . . . .
. . . . **1.1.** subsp. **holoschoenus** (L.) Greuter
1b Spirre aus höchstens 3 Köpfen bestehend; Pflanze meist nicht über 50 cm hoch . .   **2**

2a Spirre aus nur einem bis 15 mm dicken Köpfchen bestehend, selten daneben noch 1—2
viel kleinere, gestielte; Blattscheiden mäßig stark netzfaserig (Fig. 71 a—b, S. 276)
. . . . **1.2.** subsp. **romanus**

2b Spirre aus 1—3 kleinen, bis 8 mm dicken Köpfchen bestehend **3**

3a Spirre meist aus 3 kleinen Köpfchen, von denen eines sitzt, 2 gestielt sind, bestehend;
Blattscheiden schwächer netzfaserig; Stengel dünn, meist gebogen (Fig. 71 c—e,
S. 276) . . . . **1.3.** subsp. **australis** (L.) Greuter

3b Spirre auf 1 einziges Köpfchen reduziert . . . .
. . . . **1.4.** subsp. **panormitanus** Ascherson et Graebner

5. **Eleocharis** R. Brown

Ausdauernd oder 1jährig, oft mit einem kriechenden Rhizom, Horste bildend oder in Herden.
Stengel rund oder selten 4(3)kantig, aufrecht oder niederliegend, bis 2 m hoch bzw. lang; im
Querschnitt mit zahlreichen annähernd gleichen Luftkanälen. Blätter meist bis auf 2 Scheiden
am Stengelgrunde· reduziert, meist ohne Spreite; wo Spreite vorhanden, diese dem Stengel
ähnlich; untere (äußere) Scheide ziemlich kurz und fest, obere (innere) Scheide röhrenförmig
verwachsen, dem Stengel dicht anliegend. Blütenstand aus 1 einzigen, endständigen, wenig- bis
vielblütigen Ährchen bestehend. Blüten zwittrig, schraubig angeordnet. Spelzen (Deckblätter,
-schuppen, Hüllspelzen) schraubig angeordnet, die unterste meist steril oder wenigstens in
Gestalt und Größe von den übrigen verschieden. Perigonborsten fast immer vorhanden, meist
6, selten 12 oder fehlend, kürzer oder nicht viel länger als die Nuß. Staubblätter 3 oder 2. Narben 3 oder 2; Griffelfuß (-basis, Stylopodium, Tuberkel) meist in charakteristischer Weise verdickt, nicht mit dem Griffel abfallend, sondern auf der Spitze des reifen Nüßchens persistierend. Nuß 3- bis 2kantig oder drehrund.
Die fast über die ganze Erde verbreitete Gattung umfaßt etwa 200 Arten (Schwerpunkt in der
Neuen Welt), von denen viele in flachen Gewässern und Sümpfen vorkommen; einige sind als
Reisfeldunkräuter bekannt geworden. Als Aquarienpflanzen sind *E. acicularis*, *E. parvula*
und *E. vivipara* Link eingeführt.
Wichtigste Literatur: Svenson 1929, 1932, 1934, 1937, 1939; Walters 1949; Marek 1958;
Żukowski 1965; Strandhede 1961, 1965a, b, c, 1966, 1967, 1968; Thiébaud 1971a, b;
Foerster 1972.

Bestimmungsschlüssel der Arten:
Die Gattung ist im blütenlosen Zustand am völligen Fehlen jeder Blattspreite zu erkennen.
Das oberste Blatt ist als röhrenförmig verwachsene, dem Halm dicht anliegende Scheide aus-
gebildet. Die meisten Arten können im nichtblühenden Zustand unterschieden werden. Einige
Sippen lassen sich allerdings ohne reife Nüßchen nicht bestimmen. Dabei sind Gestalt und
Größe des persistierenden Griffelfußes für die Unterscheidung der Arten bzw. Unterarten
von großer Bedeutung. Ein Schlüssel zur Bestimmung der Arten mit Hilfe der Fruchtanatomie
findet sich bei Marek (1958; polnisch).

1a Narben 2; Früchte drehrund bis 2kantig **2**

1b Narben 3; Früchte 3kantig **10**

2a Pflanzen 1jährig, dichte Rasen bildend; Ährchen mehr oder weniger eirundlich   **3**

2b Pflanzen ausdauernd, mit kriechendem Rhizom; Ährchen meist eilänglich bis länglich **5**

3a Perigonborsten weiß, kürzer als die meist schwarzglänzende, verkehrtdreieckig-rund-
liche Frucht; Griffelfuß $^1/_5$—$^1/_3$ so breit wie die 0,5—0,8 mm lange Frucht; Stengel

Fig. 71. *Holoschoenus romanus* (L.) Fritsch em. Becherer — a, b subsp. *romanus*, Habitus,
× $^1/_2$; c—e subsp. *australis* (L.) Greuter — c, d Habitus, × $^1/_2$; d Blüte mit Spelze; f—g
subsp. *holoschoenus* (L.) Greuter, Habitus, × $^1/_3$ (a—d, f—g nach Reichenbach 1846; e nach
Hegi 1939).

   fast fädlich, deutlich gerieft; oberste Blattscheide mit sehr schräg gestutzter Mündung . . . . **6. E. atropurpurea** (S. 283)

3b Perigonborsten gelbbraun, etwas länger als die Frucht, manchmal fehlend; Griffelfuß mindenstens $^1/_2$ so breit wie die 0,7—1,1 mm lange Frucht **4**

4a Griffelfuß mehr als $^2/_3$ so breit und mehr als $^1/_4$ so hoch wie die Frucht; Perigonborsten länger als der Griffelfuß oder fehlend . . . . **5. E. obtusa** (S. 283)

4b Griffelfuß $^1/_2$—$^2/_3$ so breit und etwa $^1/_4$ so hoch wie die Frucht; Perigonborsten meist länger als der Griffelfuß . . . . **4. E. ovata** (S. 281)

5a Pflanze dichte Rasen oder Horste bildend, ohne oder mit kurzen unterirdischen Ausläufern **6**

5b Pflanze lange unterirdische Ausläufer treibend **8**

6a Perigonborsten meist 6, länger als die Frucht **7**

6b Perigonborsten 2—4, rückwärts rauh, bald abfallend, kürzer als oder so lang wie (manchmal länger als) die scharfkantige, gelbbraune, glänzende Frucht . . . . **12. E. carniolica** (S. 290)

7a Pflanze dichtrasig; Frucht glatt, schwarz . . . . **14. E. boissieri** (S. 291)

7b Pflanze locker, horstbildend; Frucht feingrubig punktiert, glänzend, oliv-dunkelbraun . . . . **3. E. olivacea** (S. 281)

8a Ährchen am Grunde nur mit 1 sterilen, den Ährchengrund (fast) ganz umfassenden Spelze; das Ährchen dadurch oft schief auf dem Halm sitzend; auch das Ährchenrudiment an der Spitze steriler Stengel 1spelzig; Stengel fest, dünn, 0,5—1,5 (2,5) mm im Durchmesser, oft glänzend, grasgrün; Perigonborsten (3) 4 (8), den Griffelrest nicht überragend, oft fehlend; Spelzen 4—5 mm lang, in 4—6 Schrägreihen; Griffelrest auf der Frucht meist breiter als hoch . . . . **9. E. uniglumis** (S. 287)

8b Ährchen am Grunde mit 2 sterilen, den Ährchengrund nur halbumfassenden Spelzen, die unterste gegenüber der nächsthöheren scheinbar gegenständig; auch das Ährchenrudiment an der Spitze steriler Stengel 2spelzig; Stengel dünn oder dick, (1) 2—3 (5) mm im Durchmesser; Perigonborsten 4—6, selten fehlend; Spelzen 2 bis 3 mm lang, in 8—11 Schrägreihen **9**

9a Stengel stielrund, steif, fest und ziemlich derb, nicht leicht zusammendrückbar, matt dunkel- oder graugrün, undurchsichtig, trocken glatt oder sehr fein gefurcht, mit etwa 20 Leitbündeln; Perigonborsten (3) 4, bisweilen verkümmert oder fehlend, den Griffelfuß nicht überragend. Griffelfuß kegelig, etwa so breit wie hoch, durch starke Einschnürung von der Nuß abgesetzt; Spelzen bis zur Fruchtreife bleibend . . . . **8. E. palustris** (S. 286)

9b Stengel weich, leicht zusammendrückbar, lichtgrün, durchscheinend, trocken deutlich gefurcht, mit 8—16 Leitbündeln; Perigonborsten nie fehlend, den Griffelfuß überragend; Griffelfuß der Frucht breit aufsitzend, am Grunde nicht eingeschnürt; Spelzen bei Fruchtreife abfallend . . . . **7. E. mamillata** (S. 284)

10a Perigonborsten meist 6, bleibend; Frucht nicht rippig. **11**

10b Perigonborsten 2—4, rückwärts rauh, bald abfallend, kürzer als die längsrippige Frucht **13**

11a Ährchen viel- (7—30)blütig, eiförmig; Perigonborsten länger als die Frucht; Frucht scharf 3kantig, etwa 1,5 mm lang, mit breit aufsitzendem Griffelfuß; Pflanze ausdauernd, dichtrasig . . . . **10. E. multicaulis** (S. 288)

11b Ährchen 3—7blütig **12**

12a Ährchen 5—8 mm lang, braunrot, 3—7blütig; Stengel kräftig, am Grunde mit derben, mäßig schief abgeschnittenen Blattscheiden; Spelzen braunrot bis schwarzbraun . . . . **2. E. quinqueflora** (S. 279)

12b Ährchen sehr klein, meist kürzer als 3 mm lang, 3—5blütig; Stengel sehr zart, borstlich, ohne oder mit zarthäutigen Blattscheiden; Spelzen bleich . . . . **1. E. parvula** (S. 279)

13a Stengel 4 (3)kantig, 2—10 (20) cm hoch, sehr fein und zart; Ährchen 2—7 mm lang; Frucht gelblich oder weißlich . . . . **11. E. acicularis** (S. 290)

13b Stengel rund, 20—80 cm hoch, ziemlich dick; Ährchen 6—12 mm lang; Frucht
braun . . . . **13. E. striatula** (S. 291)

1. Eleocharis parvula (Roemer et Schultes) Link ex Bluff, Nees et Schauer in Bluff et
Fingerhut (Fig. 67j; Fig. 72d—g)
E. pygmaea Torrey; *Scirpus parvulus* Roemer et Schultes; *S. pusillus* Vahl; *Limnochloa
parvula* (Roemer et Schultes) Reichenbach
Ausdauernd, rasenbildend; haardünne, kriechende Ausläufer mit an den Spitzen kommaartig
gekrümmten, weißgelben Knospen treibend; oft untergetaucht. Halme sehr zart, 2—8 cm
hoch, 0,3—0,5 mm dick, grün, oft durchscheinend, borstlich, aufsteigend, einzeln oder in
Büscheln, zuweilen miteinander verklebt und niederliegend. Blattscheiden, wenn vorhanden,
zarthäutig. Ährchen 3—5blütig, meist kürzer als 3 mm, zur Reifezeit breit eiförmig; Spelzen
bleich, stumpf oder fein stachelspitzig, die unteren (1,0) 1,3—2,0 (2,2) mm lang, 0,8—1,4 mm
breit, $^3/_4$ so lang oder so lang wie das Ährchen, dieses völlig einhüllend, blütenlos; die
oberen fertil, eiförmig, (1,5) 1,7—2,5 mm lang; Perigonborsten (3) 6, länger als die Frucht.
Narben 3. Frucht scharf 3kantig, im Umriß birnenförmig bis verkehrt-eiförmig, mit deutlicher
Spitze, gelblichweiß, sehr klein, 0,9—1,2 mm lang, 0,6—0,7 mm dick; Griffelfuß schwach entwickelt, 3eckig, 0,1—0,2 mm lang und breit, vom Nüßchen nicht abgesetzt. — Blütezeit: VI
bis IX. — $2n = 10$.
Vorkommen: In flachen Brackwassertümpeln und an Flußufern mit schwankendem Wasserstand; auf mehr oder weniger schlammigem, salzhaltigem Sand- und Schlickboden; Kennart
des Eleocharitetum parvulae. — L: H caesp/Hel.
Verbreitung: In Europa an den atlantischen und mediterranen Küsten; nordwärts bis Irland,
England, südliches Fennoskandien (Nordgrenze thermisch bedingt); nordostwärts bis Lenin-
grad; außerdem in Nord- und Südafrika, Japan, Amerika. — Im Gebiet ziemlich selten, aber
meist gesellig an der Küste der Nord- und Ostsee; früher auch an Salzstellen des Binnenlandes
(Eisleben: Süßer und Salziger See). — med-smed-subatl, circ.
Verbreitungskarten: Samuelsson 1934; Hultén 1950, 1962, 1971; Luther 1951; Żukowski 1969.
Anmerkungen: Im tiefen Wasser oft rein vegetativ oder mit rückgebildeten Ährchen.

2. Eleocharis quinqueflora (F. X. Hartmann) O. Schwarz (Fig. 67k; Fig. 72a—e)
Scirpus quinqueflorus F. X. Hartmann; *S. paucifloris* Lightfoot; *E. pauciflora* (Lightfoot)
Link; *E. vierhapperi* Bojko
Ausdauernd, in kleinen Büscheln wachsend; im Herbst dünne, unterirdische, kurze Ausläufer
mit angeschwollenen Endknospen treibend; aus den Knospen im Frühjahr neue Büschel treibend (Ausläufer vergehend). Halm (3) 5—20 (30) cm hoch, 0,3—0,5 mm dick, ziemlich kräftig,
glatt, nicht kantig und nicht gerillt; zuweilen alle Halme nach einer Seite bogig gekrümmt.
Unterste Blattscheiden mäßig schief abgeschnitten, braunrot, oft glänzend, die obersten nicht
zarthäutig, zuweilen grün. Ährchen wenig- (3—7)blütig, eilänglich, 4—8 mm lang. Spelzen
eiförmig, gekielt, stumpf, braun bis schwarzbraun; die unterste 2,5—5 mm lang; 1,5—3 mm
breit, meist das ganze Ährchen umfassend. Perigonborsten (0) 4—6 (8), etwa so lang wie oder
kürzer als die Frucht. Staubblätter 3, Staubbeutel blaßgelb, 1,5—2,5 mm lang; Narben 3. Frucht
3kantig, etwa 2 mm lang, grauweiß, wenig glänzend, ohne geschwollenen und deutlich abgesetzten Griffelfuß. — Blütezeit: V—VI. — $2n = 132, 134$ ($n = 66, 67$), 136.
Vorkommen: In Quell- und Flachmooren, an Ufern und Quelläufen; auf nassen, basen- und
kalkhaltigen, neutralen bis mäßig sauren, humosen und moosigen Torf- und Tuffböden; auch
im Brackwasser; planar bis alpin, bis 2800 m (in Nordafrika bis 3500 m) aufsteigend;
Schwerpunkt in lückigen und schlenkenartigen Anfangszuständen von Kalkflachmooren;
Kennart des Eleocharitetum quinqueflorae. — L: H caesp/Hel.
Verbreitung: In ganz Europa; in Nordafrika; im gemäßigten Asien; in Nordamerika; in
Chile. — Im Gebiet zerstreut, vielfach selten und im Rückgang begriffen. — no-euras, circ.
Verbreitungskarten: Svenson 1934; Stefanoff 1943; Hultén 1958, 1971; Meusel et al. 1965.

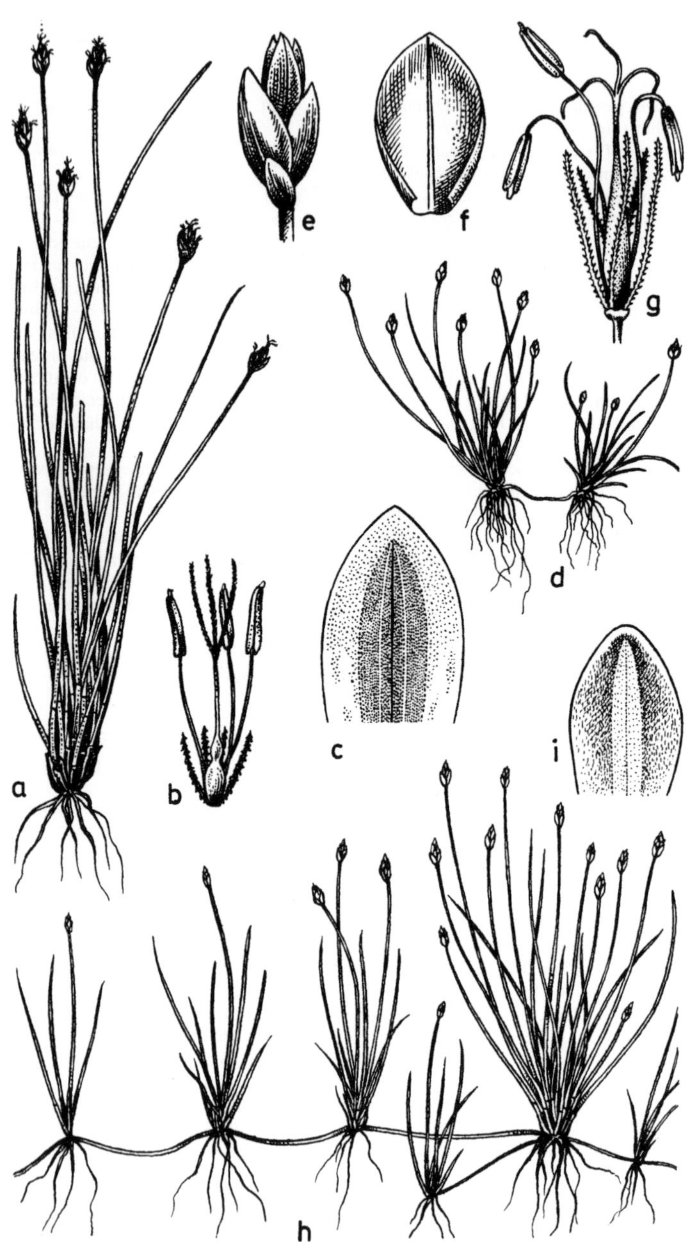

3. Eleocharis olivacea Torrey (Fig. 67n; Fig. 104i—j)

Lockere Horste bildend, die Halmbüschel durch weiche Rhizomstücke getrennt, manchmal seitlich Ausläufer treibend, die mit einzelnen Halmen besetzt sind. Stengel hellgrün, weich, durchscheinend, im Querschnitt elliptisch (zusammengedrückt), 15—25 cm hoch, 1 mm dick, mit 7 weiten Lufthöhlen und 7 wandständigen Gefäßbündeln. Grundständige oberste Scheide unten purpurn, nach oben verblassend und farblos werdend, mit sehr schief abgeschnittener Mündung und weißer, zarthäutiger Spitze. Ährchen bis 8 mm lang, eiförmig, stumpf bis spitzlich. Unterste Spelze halb umfassend; Spelzen eiförmig, stumpflich, mit breitem, grünem Mittelnerv und purpurn gefärbten Flächen, die gegen den Rand verblassen. Perigonborsten 6; Staubblätter 2; Narben 2. Frucht mit Griffelfuß ~1,2 mm lang, von den Perigonborsten weit überragt, reif oliv-dunkelbraun, glänzend, fein grubig-punktiert, der schmale Griffelfuß an der Basis etwa $^1/_4$ der Fruchtbreite einnehmend, aus dem verbreitertem Grunde plötzlich in eine konische Spitze zusammengezogen.

Vorkommen: Im seichten, 10—30 cm tiefem Wasser der Reisfelder Oberitaliens; vor allem in Reisfeld-Zwergbinsen-Gesellschaften, z. B. im Cypero-Lindernietum procumbentis und im Elatini-Lindernietum dubiae. — L: H caesp/Hel.

Verbreitung: Einheimisch in Nordamerika von Neuschottland bis Maryland, binnenwärts örtlich bis Minnesota; in Europa im Pogebiet bei Vercelli und Novara eingebürgert. — Im Gebiet fehlend. —

Verbreitungskarten: Svenson 1939; Muenscher 1944.

Anmerkung: Erkennbar an der weißhäutigen, lang ausgezogenen Spitze der obersten Blattscheide.

4. Eleocharis ovata (Roth) Roemer et Schultes (Fig. 67 1; Fig. 73a—d)

E. soloniensis (Dubois) Hara; *Scirpus ovatus* Roth

1jährig, rasig wachsend. Stengel (3) 5—35 (50) cm hoch, etwa 1 mm dick, glatt, stielrund, trocken fein gerillt, sehr weich, fast durchscheinend, leicht knickend. Blattscheiden purpurn, selten gelbgrün, die oberste grün, schief abgeschnitten, ohne verbreiterten Mittelnerv. Ährchen anfangs eikugelig, später walzlich verlängert, (2) 3—7 (8) mm lang, stumpf, vielblütig; an der Spitze noch blühend, während am Grunde bereits Früchte und Spelzen ausfallen; Spelzen breit abgerundet, stumpf, rotbraun, mit breitem, weißem Hautrand und grünem Mittelstreifen, die unterste Spelze den Ährchengrund umfassend. Perigonborsten viel länger als die Frucht, gelbbraun. Narben 2. Frucht mit Griffelfuß 1—1,3 mm lang; drehrund, mit 2 vorgewölbten Seiten, glatt, gelbbraun, glänzend, verkehrteiförmig; Griffelfuß der Frucht breit kegelig aufsitzend, $^1/_2$ bis $^2/_3$ so breit wie die Frucht, so hoch wie breit. — Blütezeit: VI—VIII. — $2n = 10$.

Vorkommen: Meist gesellig und oft in großen Mengen auf trockengefallenen Teichböden, an Ufern von Altwassern und periodischen Gewässern; auf periodisch überschwemmten, sommerlich trockenliegenden, nassen, nährstoffreichen aber kalkarmen, humosen Schlammböden; planar bis kollin, bis etwa 700 m aufsteigend; Kennart der mitteleuropäischen Teichboden-Zwergbinsen-Gesellschaften; gelegentlich auch in Flußufer-Zwergbinsen-Gesellschaften; auch Reisfeld-Unkraut. — L: T/Hel.

Verbreitung: Zerstreut in Mittel-, Süd- und Osteuropa, in Asien ostwärts bis Ostasien, in Transkaukasien und Indien; in Nordamerika; auf Hawaii. — Im Gebiet in den Teichgebieten der Lausitzer und Niederschlesischen Heiden und des Oberlausitzer Berg- und Hügellandes sowie Böhmens häufig, sonst selten und oft nur vorübergehend. — euraskont, circ.

Verbreitungskarten: Svenson 1939; Uhlig 1956; Żukowski 1965; Hultén 1971.

Fig. 72. a—c *Eleocharis quinqueflora* (F. X. Hartmann) O. Schwarz — a Habitus, ×$^1/_2$; b Blüte; c Spelze, ×6. d—g *Eleocharis parvula* (Roemer et Schultes) Link — d Habitus, ×$^2/_3$; e Ährchen; f Spelze; g Blüte. h—i *Eleocharis acicularis* (L.) Roemer et Schultes — h Habitus, ×$^1/_2$; i Spelze, ×9 (a, d, h nach Reichenbach 1846; b, e—g nach Hegi 1939; c, i nach Reichgelt 1956).

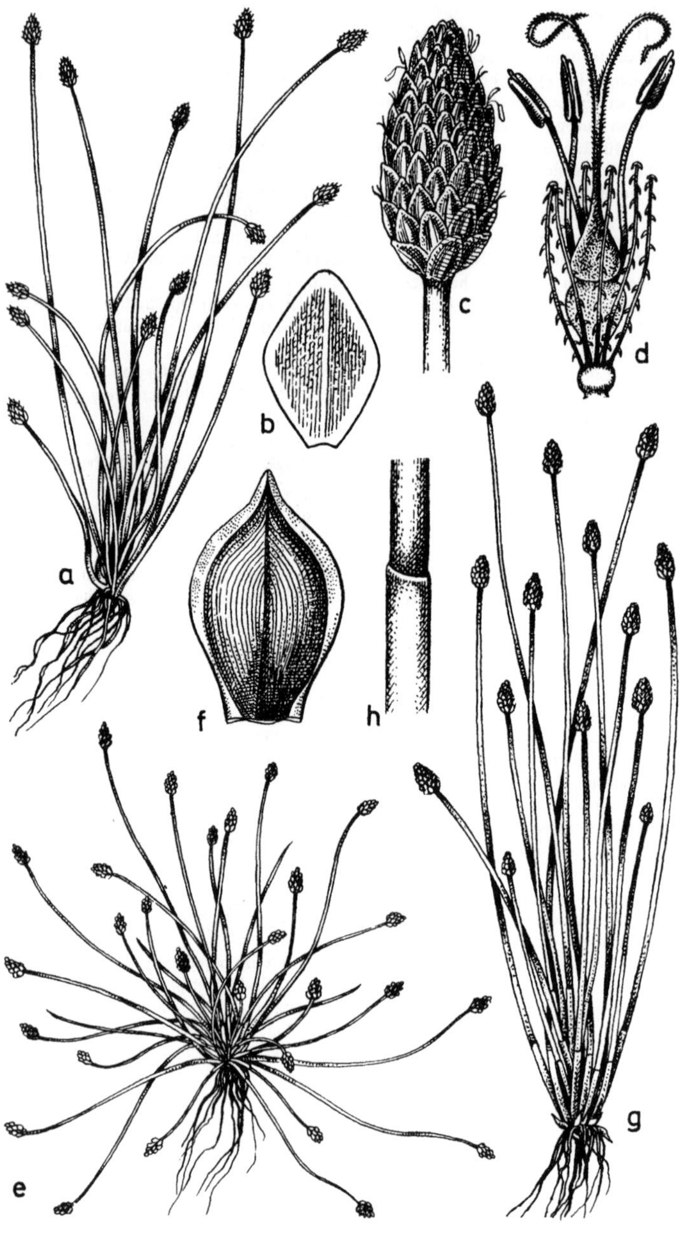

5. Eleocharis obtusa (Willdenow) Schultes (Fig. 670; Fig. 73g—h)

Scirpus obtusus Willdenow

1jährig, rasig wachsend, unterirdisch kurze Ausläufer treibend. Stengel hellgrün mit leicht blaugrünem Schimmer, weich, durchscheinend, im Querschnitt kreisrund bis leicht zusammengedrückt, (5) 20—35 (50) cm hoch, 1,2—1,5 mm dick, mit 3 großen, zentralen und etwa 12 engeren, randständigen Luftkanälen und 18 wandständigen Gefäßbündeln. Grundständige Scheiden unten leuchtend purpurn, im oberen Teil hellbraun, mit schief abgeschnittenem Saum, der etwas verdickt und dunkler gefärbt ist und ein kleines, höchstens 0,5 mm langes Spitzchen trägt. Ährchen (2) 5—10 (16) mm lang, eiförmig, selten länglich, stumpf bis spitz. Unterste Hüllspelze halbumfassend; Spelzen breit-eiförmig, oben sehr stumpf gerundet, mit etwas gekielt-vorspringendem, grünem Mittelnerv und rehbraunen Flächen. Perigonborsten 6 (7); Staubblätter 3; Narben 2 (3). Frucht hellbraun, stark glänzend, zusammengedrückt (kaum 3kantig, da 3. Kante stark abgerundet), im Durchschnitt 0,9 mm lang, 0,8 mm breit, von den 6 oder 7 Perigonborsten überragt, mit sehr breitem und niedrigem Griffelfuß, der nach oben in ein Spitzchen ausläuft und seitlich scheinbar in die stumpfgekielten Fruchtränder hinabläuft. Frucht samt Griffelfuß etwa 1,2 mm lang. — Blütezeit: VII—IX. — $2n = 10$.

Vorkommen: In kleinen Herden im seichtem, 10—30 cm tiefem, sich sommerlich stark erwärmendem Wasser der oberitalienischen Reisfelder; vor allem in Reisfeld-Zwergbinsen-Gesellschaften, z. B. im Cypero-Lindernietum procumbentis und im Elatino-Lindernietum dubiae. — L: T/Hel.

Verbreitung: Einheimisch in Nordamerika von Neuschottland bis Wisconsin und Nebraska, südwärts bis zum Golf von Mexiko, von Britisch Kolumbien bis Kalifornien, auf Hawaii; in Europa eingebürgert im Reisanbaugebiet der Poebene bei Vercelli und Novara; auch aus Portugal angegeben (Grândola, Comporta). — Im Gebiet fehlend.

Verbreitungskarte: Svenson 1939.

Anmerkung: Wahrscheinlich früher mit *E. ovata* (Roth) Roemer et Schultes verwechselt; zerstreut auftretend, häufiger als *E. olivacea* Torrey. Allerdings halten einige Autoren *E. obtusa* für konspezifisch mit *E. ovata* (Roth) Roemer et Schultes. Als einzige Differentialmerkmale können das Breitenverhältnis von Griffelfuß zu Frucht und die Länge der Perigonborsten gelten:

1a Griffelfuß mehr als $^2/_3$ so breit wie die Frucht; Perigonborsten länger als der Griffelfuß oder fehlend . . . . **5. E. obtusa** (S. 283)

1b Griffelfuß $^1/_2$—$^2/_3$ so breit wie die Frucht; Perigonborsten meist länger als der Griffelfuß . . . . **4. E. ovata** (S. 281)

Nach dieser Auffassung ist *E. ovata* nur eine Varietät von *E. obtusa*: *E. obtusa* var. *ovata* (Roth) Drapalik et Mohlenbrock.

6. Eleocharis atropurpurea (Retzius) K. B. Presl (Fig. 67m; Fig. 73e—f)

E. zanardinii Parlatore; *Scirpus atropurpureus* Retzius

1jährig, vielstengelige Büschel bildend. Halm 3—6 (12) cm hoch, 0,2—0,4 mm dick, stielrund, trocken mit meist 4 tiefen Rillen, lebhaft grün, oft mehr oder weniger bogig gekrümmt. Blattscheiden dunkelschwarzrot. Ährchen eikugelig, nicht spitz, 2—4 (8) mm lang, vielblütig. Spelzen breit eirundlich, stumpf, rotbraun, mit oft deutlichem, weißem Hautrand und grünem Mittelstreifen. Perigonborsten weiß, durchscheinend, etwas kürzer als die Frucht, gelegentlich fehlend. Narben 2. Frucht mit Griffelfuß 0,5—0,8 mm lang, mit 2 vorgewölbten Seiten, fast kugelig, schwarz glänzend; Griffelfuß sehr schmal, etwa $^1/_5$—$^1/_3$ so breit wie die Frucht, niedrig, etwa 0,05 mm hoch. — Blütezeit: VIII—X. — $2n = 20$.

Fig. 73. a—d *Eleocharis ovata* (Roth) Roemer et Schultes — a Habitus, $\times ^1/_2$; b Spelze; c Ährchen; d Blüte. e—f *Eleocharis atropurpurea* (Retzius) K. B. Presl — e Habitus, $\times ^4/_5$; f Spelze. g—h *Eleocharis obtusa* (Willdenow) Schultes — g Habitus, $\times ^2/_5$; h Scheidensaum, $\times 7$ (in Wirklichkeit noch etwas schiefer als in der Zeichnung). — a—d, f nach Hegi 1939; e nach Reichenbach 1846; g—h nach Fassett 1960).

Vorkommen: An Ufern stehender Gewässer und an ähnlichen Naßstandorten; auf feuchtem Sandboden. — L: T/Hel.

Verbreitung: In den tropischen und subtropischen Gebieten der Erde weit verbreitet; in Europa nur im zentralen Mediterrangebiet (disjunkt in Italien: Pogebiet, Apulien). — Im Gebiet früher nur im äußersten Südwesten: Genfer See (erloschen), Langensee (Locarno, erloschen). — trop-med.

7. Eleocharis mamillata (Lindberg fil.) Lindberg fil. ex Dörfler (Fig. 67 p, q; Fig. 74 g—h)
Rhizom ziemlich dünn und schwach. Halme 10—60 cm hoch, ziemlich dick, weich und leicht zusammendrückbar, hell- bis gelbgrün. Untere Blattscheiden gelblich-graubraun oder blaß-rötlich oder grünlich; Mündung gerade oder etwas schief, oft mit deutlichem Rand; Spaltöffnungen mit konvexen Enden, (38) 42—52 (65) μm lang. Basale Spelzen halbstengelumfassend, 1—2, blütenlos; fertile Spelzen 3—3,5 mm lang, braun bis graubraun, später mehr oder weniger durchscheinend, mit mehr oder weniger deutlicher, grüner Mittelrippe und ziemlich breiten, durchscheinenden Rändern. Perigonborsten (4) 5—6 (8), länger als oder so lang wie die Nüßchen. Staubbeutel weißlich-gelb, kürzer als 1,8 mm; Pollen fast kugelig, 29—42 μm lang, 25—37 μm breit. Nüßchen kugelig bis verkehrt-eiförmig, sehr selten birnenförmig, gelb bis gelbbraun, mit ziemlich glatter Oberfläche; Griffelfuß sitzend, deutlich entwickelt, von variabler Gestalt. — Blütezeit: V—VIII. — $2n = 16$.

Vorkommen: An Ufern von Moorseen, an Torfstichen und in Zwischenmoor-Schlenken (Schwingrasen); auf untergetauchten, mehr oder weniger offenen, mäßigsauren Schlammböden; z. B. im Caricetum lasiocarpae, auch im Caricetum rostratae oder in Schlammpionier-Gesellschaften zusammen mit *Eleocharis ovata* und anderen Zwergbinsen-Arten. — L: H rhiz/Hel.

Verbreitung: Noch ungenügend bekannt. — Im Gebiet disjunkt und selten, streckenweise fehlend, vielfach auch noch übersehen. — no.

Zerfällt in 2 Unterarten:

1a Griffelfuß mehr oder weniger zitzenförmig, niedriger als breit; Perigonborsten mehr
als 5 . . . . **7.1.** subsp. **mamillata** (S. 284)

1b Griffelfuß mehr oder weniger kugelig, höher als breit; Perigonborsten 5 (4). . . . .
. . . . **7.2.** subsp. **austriaca** (S. 286)

7.1. subsp. **mamillata** (Fig. 74 g—h)
E. palustris subsp. *mamillata* (Lindberg fil.) P. Beauverd
(30) 36—48 (56) Blüten pro cm der Ährchenspindel; Nüßchen fast kugelig, 1,2—1,4 mm lang, 1—1,3 mm breit, gelblich bis graubraun; Griffelfuß zitzenförmig, breiter als lang, 0,3 bis 0,6 mm lang, 0,4—0,8 mm breit; Perigonborsten (5) 6 (8). — $2n = 16$ (—18).

Vorkommen: In kleinen, stehenden Gewässern; auf mehr oder weniger oligotrophen, nicht kalkhaltigen Standorten.

Verbreitung: Im Tiefland des nördlichen Europa; nicht in den nördlichsten Teilen Fennoskandiens und auf Island, nicht in Südeuropa; ostwärts durch die Sowjetunion und Asien. — Im Gebiet selten, nicht westlich des Rheins.

Verbreitungskarten: Hultén 1950, 1971; Strandhede 1961 (Fennoskandien); Żukowski 1965; Eloranta 1970.

Fig. 74. a—b *Eleocharis multicaulis* (J. E. Smith) J. E. Smith — a Habitus, $\times ^1/_4$; b Spelze, $\times 8$. c—f *Eleocharis palustris* (L.) Roemer et Schultes — c Habitus, $\times ^1/_3$; d Ährchen, subsp. *vulgaris*, e Ährchen, subsp. *palustris* var. *palustris*, f Ährchen, subsp. *palustris* var. *lindbergii*. g—h *Eleocharis mamillata* (Lindberg fil.) Lindberg fil. ex Dörfler — g Habitus, $\times ^1/_4$; h Ährchen, $\times 3$ (a, c nach Hegi 1939; b nach Reichgelt 1956; d—h nach Strandhede & Dahlgren 1968).

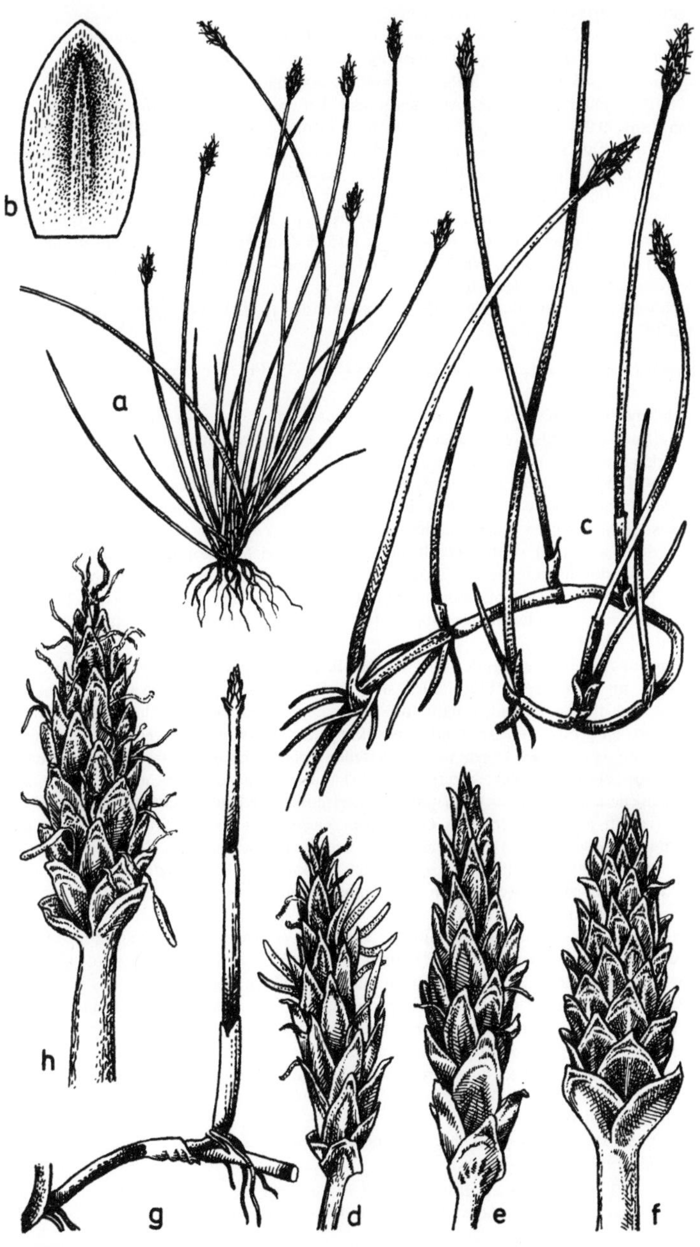

7.2. subsp. **austriaca** (Hayek) Strandhede

> *E. austriaca* Hayek; *E. benedicta* P. Beauverd; *E. palustris* subsp. *austriaca* (Hayek)
> Podpěra; *E. leptostylopodiata* Zinserling; *E. ussuriensis* Zinserling

Stengel meist 2—3 mm dick, hellgrün. Basale Spelze blütenlos, halbstengelumfassend. (40) 50—75 (95) Blüten pro cm der Ährchenspindel. Perigonborsten (4) 5 (6). Nüßchen 1,2 bis 1,5 mm lang, 0,9—1,3 mm breit, oft verkehrt-eiförmig, braun bis dunkelbraun, selten rotbraun; Griffelfuß schmal kegelig, etwa doppelt so hoch wie breit, 0,5—0,8 mm hoch. 0,3—0,5 mm breit, etwa $^1/_3$ so breit wie das Nüßchen. — $2n = 16$—18.

Vorkommen: In flachen Altwassern, Flußschlingen, selten an Seeufern; oft im Röhricht.

Verbreitung: In Europa in den Gebirgen (Pyrenäen, Jura, Alpen, Tatra, Karpaten), im Norden in Großbritannien und Norwegen; ostwärts disjunkt über das mittlere Wolgagebiet bis in den Ural; außerdem in Westsibirien und im Altai. — Im Gebiet verbreitet im südlichen Mittelgebirgsland und in den Alpen.

Verbreitungskarten: Strandhede 1961 (Fennoskandien); Żukowski 1965; Perring 1968; Hultén 1971.

8. Eleocharis palustris (L.) Roemer et Schultes (Fig. 67 s; Fig. 74 c—f)

> *Scirpus palustris* L.

Rhizom oberflächlich, dick, gut entwickelt, dunkel, mehr oder weniger glänzend. Halm niedrig- (5 cm) bis hochwüchsig (über 100 cm), nicht leicht zusammendrückbar, meist 2—3 mm dick, graugrün glatt oder fein gefurcht. Untere Blattscheiden rot bis schwarzrot oder grünlich; Mündung gerade oder etwas schief, oft mit deutlichem Rand; Spaltöffnungen mit konkaven Enden und von variabler Länge. Basale Spelzen halbstengelumfassend, (1) 2, blütenlos; fertile Spelzen von variabler Länge, braun bis schwarzrot, später oft mehr oder weniger durchscheinend, oft mit ziemlich deutlicher, grüner Mittelrippe, oft vor und während der Blüte mit durchscheinenden Rändern. Perigonborsten 4, länger als die halbe Nuß, oder fehlend (subsp. *palustris*). Staubbeutel rein gelb, über 1,6 mm lang; Nüßchen braun bis dunkel rotbraun, mit punktierter Oberfläche; Griffelfuß deutlich entwickelt, mit Hals. — Blütezeit: V—VIII.

Vorkommen: An Ufern stehender oder langsamfließender Gewässer (z. B. Altwasser, Seen), in Gräben, an Kanälen, in Flutmulden, auch auf Naßwiesen; auf flach überschwemmten, zeitweise auch trockenfallenden, nährstoff- und basenreichen Sand-, Schlamm- und Schlickböden; verträgt größere Wasserstandsschwankungen; unempfindlich gegen Tritt und Verbiß, daher oft an beweideten Ufern und Badestellen; planar bis subalpin, in den Alpen bis 2000 m; Wurzelkriechpionier; salzertragend und an der Küste auch in Brackwasserröhrichten [Bolboschoenetum (Scirpetum) maritimi]; Schwerpunkt in Kleinröhrichten und Kennart des Eleocharitetum palustris, ferner in Großseggen-Riedern, weniger in Großröhrichten; auch in Strandling-Gesellschaften von Heidekolken und Torfstichen und am Ufer meso- bis oligotropher Weiher und Seen; in Südeuropa Reisfeld-Unkraut. — L: G rhiz/Hel.

Verbreitung: Nahezu weltweit. — Im Gebiet überall häufig. — no-euras, circ (kosmopol).

E. palustris zerfällt in 2 Unterarten:

1a Nüßchen 1,2—1,4 mm lang; mittlere Spelzen 2,7—3,5 mm lang, hellbraun, erst zur Zeit der Fruchtreife einen farblosen Hautrand entwickelnd; Stengel oft graugrün, schwach rippig; Spaltöffnungen kürzer als 52 µm; Pollen kleiner als 42 mal 31 µm; Ährchen mit etwa 40 Blüten pro cm . . . . . . **8.1.** subsp. **palustris** (S. 286)

1b Nüßchen 1,5—2 mm lang; mittlere Spelzen 3,5—4,5 mm lang, dunkelbraun mit grüner Mittelrippe, jung meist mit ziemlich breitem, farblosem, silbrig-schimmerndem Hautrand; Stengel meist grün, glatt; Spaltöffnungen länger als 52 µm; Pollen größer als 40×31 µm; Ährchen mit etwa 20 Blüten pro cm   **8.2.** subsp. **vulgaris** (S. 287)

8.1. subsp. **palustris** (Fig. 74 e—f)

> *E. p.* subsp. *microcarpa* S. M. Walters; *E. nebrodensis* Parlatore; *E. uniglumis* (Link) Schultes subsp. *gracilis* Hayek

Stengel 5—40 cm hoch. Spaltöffnungen (35) 39—49 (56) µm lang; Ährchen variabel, über 40 Blüten pro cm der Ährchenspindel; sterile basale Spelzen 2; fertile Spelzen gewöhnlich kürzer als 3,5 mm, mit deutlicher oder fehlender Mittelrippe; farblose Hautränder während der Vor- und Blütezeit schmal oder fehlend. Perigonborsten 4 (0), ziemlich dünn. Pollen (30) 34—42 (46) µm lang, (23) 27—30 (34) µm breit; Nüßchen glänzend braun bis dunkel rotbraun, birnenförmig (Nordeuropa) bis verkehrt-eiförmig (Mittel- und Südeuropa), (1,1) 1,2—1,5 (1,6) mm lang, (0,8) 0,9—1,1 (1,2) mm breit; Griffelfuß oft kegelig und länger als breit, (0,3) 0,4—0,8 (1,0) mm lang, (0,4) 0,5—0,6 (0,7) mm breit. — $2n = 16$.

Verbreitung: Weit verbreitet in Eurasien; in Europa nordwärts bis Island (nicht auf den Färöer-Inseln); auf den Britischen Inseln nur im Süden; selten im Mittelmeergebiet. — Im Gebiet ziemlich verbreitet.

Verbreitungskarten: Svenson 1939; Walters 1949; Strandhede 1961 (Fennoskandien); Hultén 1962, 1968; Žukowski 1965; Eloranta 1970.

Anmerkungen: Einige fennoskandische Populationen an den Küsten des Bottnischen Meerbusens werden als var. *lindbergii* Strandhede abgetrennt; bei ihnen fehlen meist die Perigonborsten; die dicken Halme sind im Frühsommer stark anthozyanhaltig (Fig. 74f).

8.2. subsp. **vulgaris** S. M. Walters (Fig. 74d)

Scirpus intermedius Thuillier

Halme dunkel gelbgrün bis grün, dick, 10—45 cm hoch; Spaltöffnungen (50) 54—70 (77) µm lang. Ährchen dick, 20—38 (45) Blüten pro cm der Ährchenspindel; sterile basale Spelzen 2 (1); fertile Spelzen meist länger als 3,5 mm, mit ziemlich deutlicher Mittelrippe und ziemlich breiten, farblosen, zur Blütezeit silbrig-schimmernden Hauträndern. Perigonborsten 4, etwa so lang wie die Nüßchen. Pollen (35) 41—53 (59) µm lang, (27) 31—38 µm breit. Nüßchen glänzend braunoliv, birnen- bis verkehrt-eiförmig, (1,3) 1,4—1,8 (1,9) mm lang, (1,0) 1,1—1,3 (1,5) mm breit; Griffelfuß aufgewölbt oder kegelig, selten eingedellt, oft etwas breiter als hoch, (0,4) 0,5—0,7 (0,9) mm hoch, (0,5) 0,6—0,8 (0,9) mm breit. — $2n = 38$ (39 bis 41).

Verbreitung: In Europa im Norden, Westen und im Zentrum weit verbreitet; in Finnland im Südwesten und auf Åland; in Island an einer Stelle (warme Quelle!), gemein auf den Färöer-Inseln und in Großbritannien; durch Mitteleuropa ostwärts bis ins nordwestliche Osteuropa, südostwärts bis Nordjugoslawien; westwärts durch Südfrankreich bis in den Westen der Iberischen Halbinsel. — Im Gebiet verbreitet.

Verbreitungskarten: Strandhede 1961 (Fennoskandien); Žukowski 1965.

9. Eleocharis uniglumis (Link) Schultes (Fig. 75a—d)

Scirpus uniglumis Link; *E. palustris* subsp. *uniglumis* (Link) Hartman

Rhizom deutlich glänzend, schwarzrot, ziemlich zart, aber extrem biegsam; Internodien 1—3 cm lang. Halm dünn, 0,5—2,5 mm dick, meist niedriger als 70 cm, glänzend, grasgrün, ziemlich steif. Untere Blattscheiden glänzend, rotschwarz bis hellrot oder grünlich; Mündung gerade oder etwas schief, oft mit deutlichem Rand; Spaltöffnungen mit konkaven Enden, 50—65 µm lang. Basale Spelze stengelumfassend, blütenlos, kürzer als das halbe Ährchen; fertile Spelzen von variabler Länge, glänzend dunkelrot, später durchscheinend, Mittelrippe schmal, normalerweise undeutlich, Ränder durchscheinend, schmal, oft etwas gelblich. 20 bis 39 Blüten pro cm der Ährchenspindel. Perigonborsten (0) 4 (8), die Spitze des Griffelfußes meist nicht erreichend. Staubbeutel rein gelb, über 1,9 mm lang. Pollen 40—51 µm lang, 32—39 µm breit. Nüßchen gelb bis dunkelbraun, mit mehr oder weniger netziger Oberfläche (oft mit dunklen, unregelmäßigen Adern), verkehrt-eiförmig bis birnenförmig, ohne Griffelfuß 1,4—1,75 mm lang, 1,1—1,4 mm breit; Griffelfuß deutlich entwickelt, mit Halsteil, (0,3) 0,4—0,7 (0,9) mm lang, 0,5—1,0 mm breit, etwa $^1/_2$ so breit wie das Nüßchen. — Blütezeit: IV—VI (VIII).

Vorkommen: Im oberen Litoral von Seen, in Großseggen-Gesellschaften, in Flachmoor-Stadien und Flachmoor-Schlenken; auf wechsel- und staunassen, basenreichen Torf- und Schlickböden; als Pionier in nassen Gräben und auf Wegen; planar bis montan, in den Alpen bis 1930 m; in Mitteleuropa hauptsächlich in Großseggen-Riedern und Kalkflachmooren, z. B. im Caricetum elatae; salzertragend und daher im Norden vor allem in Kleinröhrichten

im Brackwasserbereich von Flußmündungen und dort Kennart eines Eleocharitetum uniglumis; auch in Salzwiesen. — L: G rhiz/Hel.

Verbreitung: In weiten Teilen Europas; in Nordafrika; in Vorder- und Ostasien; Australien; Amerika. — Im Gebiet zerstreut, in Küstennähe häufiger; Verbreitung im Binnenland oft noch wenig bekannt. — euras-med, circ (kosmopol).

Verbreitungskarten: Walters 1949; Hultén 1962, 1968; Żukowski 1965.

E. uniglumis ist morphologisch und zytologisch heterogen. Im Anschluß an Strandhede (1966) erwähnen wir 2 Unterarten:

1 a Junge Ährchen bunt; basale Spelze mit breitem, silbrig durchscheinendem Rand; Spaltöffnungen (52) 63—78 (85) μm lang; Perigonborsten 4, gut entwickelt; $2n = 74$—82; Pflanze der kleinen, flachen, ephemeren Tümpel („vätar") und der Kalk-moore auf Öland und Gotland (Verbreitungskarte Strandhede 1961); vgl. Fig. 75c, S. 289 und Fig. 67u, S. 261 . . . . **9.2.** subsp. **sterneri** Strandhede

1 b Junge Ährchen ziemlich dunkel; basale Spelze normalerweise mit mehr oder weniger schmalem, oft etwas gelblichem, durchscheinendem Rand; Spaltöffnungen (40) 50—63 (76) μm lang; Perigonborsten 0—8, von variabler Länge; $2n = 46$; in ganz Europa verbreitet (Verbreitungskarte Strandhede 1961); vgl. Fig. 75a, b, d, S. 289 . . . . **9.1.** subsp. **uniglumis**

10. Eleocharis multicaulis (J. E. Smith) J. E. Smith (Fig. 67v; Fig. 74a—b)
   Scirpus multicaulis J. E. Smith

Ausdauernd, unterirdische Ausläufer treibend und dichte Rasen bildend. Halm (10) 15—40 (50) cm hoch, 0,5—1 mm dick, ziemlich derb, fein gerillt, stielrund, aufrecht oder oft zurück-gebogen oder (im Herbst) bogig niederliegend (dann an der Spitze wurzelnd), vivipare Ährchen tragend. Oberste Blattscheide sehr schief abgeschnitten, durch den verbreiterten Mittelnerv sehr spitz ausgezogen. Ährchen eilänglich oder spindelig, spitz, 5—13 mm lang, vielblütig. Spelzen eiförmig, abgerundet, stumpf oder spitz, rotbraun, mit weißem Hautrand und grünem Mittelstreifen, doppelt so lang wie die Frucht, die unterste Spelze das ganze Ährchen umfassend, bleibend. Perigonborsten 4—6, etwas länger als die Frucht. Narben 3. Frucht mit Griffelfuß 1,5—2,5 mm lang, scharf 3kantig, verkehrt-eiförmig, ohne netzige Oberfläche, matt; Griffelfuß breit pyramidenförmig der Frucht aufsitzend, $^1/_3$—$^2/_3$ so breit wie die Frucht, durch einen Rand deutlich von der Frucht getrennt. — Blütezeit: (IV) VI—VIII (X). — $2n = 20$.

Vorkommen: An den Ufern nährstoffarmer (meso- bis oligotropher) Seen, Teiche und Heidetümpel, in Zwischenmoorschlenken und Torfstichen; im flachen Wasser oder im feuchten, zeitweise überfluteten Uferbereich, auf staunassen, humosen Sandböden oder mäßigsauren Torfschlamm-Böden; planar bis kollin; in Strandling-Gesellschaften meist im Kontakt mit dem Rhynchosporetum, Kennart des Eleocharitetum multicaulis, ferner in westeuropäischen *Lobelia*-Gesellschaften. — L: H caesp/Hel.

Verbreitung: Im westlichen Europa einschließlich der Azoren, nordwärts bis Südskandi-navien; auf Korsika, Sardinien, in Norditalien und Jugoslawien; in Nordwestafrika. — Im Gebiet hauptsächlich in den Altmoränenlandschaften des nordwestlichen Tieflands, hier zerstreut, ostwärts im Nieder- und Oberlausitzer Heidegebiet ausklingend; im Südwesten nur im Saar-Nahe-Bergland (Kaiserslautern: Vogelwoog). — atl.

Verbreitungskarten: Militzer 1942, 1957; Müller-Stoll & Krausch 1962; Meusel et al. 1965; Żukowski 1965, 1967; D'Hose & De Langhe 1977 (Belgien).

Fig. 75. a—d *Eleocharis uniglumis* (Link) Schultes — a Habitus, $\times^1/_3$; b subsp. *uniglumis* var. *fennica* (Palla) Hylander, Ährchen; c subsp. *sterneri* Strandhede, Ährchen; d subsp. *uniglumis*, Spelze, ×7. e—g *Eleocharis carniolica* Koch — e Habitus, $\times^1/_2$; f Blüte; g Spelze. h *Eleocharis striatula* E. Desvaux in C. Gay, Habitus, $\times^1/_2$ (a, e nach Reichenbach 1846; b, c nach Strandhede & Dahlgren 1968 b; d nach Reichgelt 1956; h Original).

Anmerkung: Oft findet sich in der Achsel der basalen Spelze des Ährchens 1 Sproß, der sich aus einer Adventivknospe entwickelt hat. Diese Adventivsprosse erreichen oft den Grund und bilden neue fertile Pflanzen, die noch mit der Mutterpflanze zusammenhängen. — Die sterile Wasserform entwickelt an Stelle des Ährchens oft ein endständiges „Deckblättchen".

11. Eleocharis acicularis (L.) Roemer et Schultes (Fig. 67w; Fig. 72h—i)
Scirpus acicularis L., *Isolepis acicularis* Schlechtendal; *Limnochloa acicularis* (L.) Reichenbach

Ausdauernd oder 1jährig, kurze, unterirdische Ausläufer treibend und sehr dichte Rasen bildend. Halm 2—10 (20) cm hoch, 0,1—0,4 (0,5) mm dick, zart fadenförmig, 4 (3)kantig; stets zahlreiche sterile Halme vorhanden; submers flutende, sterile Halme bis 50 cm lang. Oberste Blattscheide sehr dünn und zart, oft kaum erkennbar; untere Blattscheiden oft purpurn gefärbt. Ährchen eilänglich-spindelig, spitz, 3—8 (11) blütig, 2—5 (7) mm lang. Spelzen eiförmig, stumpf oder mit undeutlicher Spitze, rotbraun, mit schmalem, weißem Hautrand und grünem Mittelstreifen; die unteren nicht größer. Perigonborsten 2—4, hinfällig, viel kürzer als die Frucht, oft nicht vorhanden. Staubblätter 3, Narben 3. Frucht mit Griffelfuß 7—12 mm lang, spindelig, im Querschnitt rund, mit 10 feinen Längsrippen, die untereinander durch Zellwände verbunden sind, so daß ein oberflächliches Maschennetz entsteht, weißlich-gelblich bis gelblichbraun, glänzend; Griffelfuß klein, $^1/_3$—$^1/_2$ so breit wie die Frucht, auf einer deutlichen Einschnürung sitzend. — Blütezeit: VI—X. — $2n = 20$ (30—38, 50—58, 56).

Vorkommen: Gesellig als lebhaft grüner Zwergrasen an flachen, untergetauchten oder periodisch trockenfallenden Uferpartien von Seen, Teichen, Tümpeln, Flüssen, Altwassern und Grubengewässern; vorzugsweise auf kalkarmen, mäßig nährstoffreichen, meso- bis oligotrophen, mehr oder weniger schlammigen Sand-, Kies- und Tonböden: bis 1,5 m unter Mittelwasser; planar bis subalpin, bis etwa 1700 m; Schwerpunkt in Strandlinggesellschaften des subkontinentalen bis kontinentalen Bereichs, ferner in Zwergbinsen-Gesellschaften, z. B. im Eleocharito-Caricetum bohemicae und im Cypero-Limoselletum; im südlichen Europa vielfach auf Reisfeldern, z. B. am unteren Gran, im Theiß- und Pogebiet, hier zusammen mit *Schoenoplectus lacustris*; in Mittelasien und im Fernen Osten häufiges Reisfeldunkraut; kann sich rasch an neugeschaffenen Standorten einstellen. — L: H rept/T/Isoët.
Verbreitung: In fast ganz Europa (auch auf Island); im südlichen Mittelmeergebiet fehlend (aber in Nordafrika: Atlas, Rif); im nördlichen Asien; auf Sumatra; in Australien; in Nord- und Südamerika. — Im Gebiet häufig bis zerstreut. — (no) euras, circ, auch S.-Am. und Australien.
Verbreitungskarten: Svenson 1939; Porsild 1957; Hultén 1962, 1968; Žukowski 1965; Eloranta 1970; Young 1971 (Nordamerika); D'Hose & De Langhe 1977 (Belgien).
Anmerkungen: Eine ökologisch sehr plastische Art, die langfristige Überflutung durch (20) 30 (100) cm hohes Wasser erträgt und sich dann vor allem vegetativ vermehrt. Die untergetauchten dünnen Sprosse können 30—53 cm lang (1—10mal so lang wie die Landform; „f. *longicaulis* Desmazière", „var. *fluitans* Döll") und mit *Eleogiton fluitans* verwechselt werden. Diese Rasen können den Winter überdauern und, wenn der Standort nicht austrocknet, viele Jahre ausdauern (vgl. Pietsch 1963). — Auf vom Wasser entblößten Standorten bilden sich sehr dünne, kleine Nadelbinsenrasen, so auf Pionierstandorten auf Teichböden, an Waldwegen, Grabenrändern und Ausschachtungen. Die Pflänzchen bleiben niedrig (1—6 cm hoch), zierlich, blühen und fruchten intensiv und verschwinden bei zu starker sommerlicher Austrocknung („f. *annua*"; vgl. Pietsch 1963). — Im arktischen Teilareal fast stets steril und untergetaucht („f. *inundata* Svenson", „f. *submersa* Hj. Nilsson").

12. Eleocharis carniolica Koch (Fig. 67x; Fig. 75e—g)
Scirpus carniolicus Neilreich
Ausdauernd, dichte Rasen bildend, größer und kräftiger als *E. acicularis.* Halm (5) 10—20 (30) cm hoch, etwa 0,5 mm dick, fein gerillt, aufrecht oder niederliegend und wurzelnd. Ährchen 1 (2), 3—13 mm lang, spindelig, am Grunde meist abgerundet, vielblütig. Spelzen

breit eiförmig, stumpf oder spitz, rotbraun, mit hellerem Rand und grünem Mittelstreifen. Perigonborsten die Spitze des Griffelfußes erreichend. Narben 2 (3). Früchte mit Griffelfuß 12—15 mm lang, mit 2 vorgewölbten Seitenflächen, glatt, oliv- bis gelbbraun, glänzend; Griffelfuß schmal kegelig, etwa $^1/_3$ so breit wie die Frucht, auf einer deutlichen Einschnürung der Frucht sitzend. — Blütezeit: VII—VIII. — $2n = 20$.

Vorkommen: An schlammigen Ufern stehender und fließender Gewässer; auf vernäßten, zeitweise überschwemmten, spärlich bewachsenen Äckern und Weideflächen; kollin bis subalpin, bis etwa 1000 m; in südosteuropäischen Zwergbinsen-Gesellschaften, z. B. in Dalmatien im Fimbristylidetum dichotomae. — L: H rept/Hel.

Verbreitung: Im Berg- und Hügelland des südöstlichen Europa, westwärts bis in die Lombardei (Groane nördlich Mailand); auch in den Alpen; ziemlich vereinzelt. — Im Gebiet in den südöstlichen Alpen vereinzelt (zwischen Comersee, Steiermark und Slowenien). — smedpann.

13. Eleocharis striatula E. Desvaux in C. Gay (Fig. 75h)

Heleocharis oxyneura Durieu; *H. amphibia* Durieu

Wurzelstock dünn, lang kriechend. Stengel 20—80 cm hoch, rund, glatt, ziemlich dick, in großen Büscheln stehend. Spelzen stumpf, abgerundet, blaßfahlrot. Ährchen 6—12 mm lang. Perigonborsten 3, länger als die Frucht. Frucht braun, längs- und quergestreift, oberflächlich wabig-runzlig; Griffelfuß kegelig.

Vorkommen: Auf schlammigen Flußufern. — L: H rhiz/Hel.

Verbreitung: Einheimisch in Südamerika (Chile); in Südfrankreich (Garonne, Dordogne; auch bei Bordeaux) eingebürgert. — Im Gebiet fehlend.

14. Eleocharis boissieri Podpěra

Ausdauernd, dicht rasig, mit kurzen, unterirdischen Ausläufern. Halme steif, aufrecht, blaugrün, im trockenen Zustand tief rinnig, am Grunde von schief abgeschnittenen, gestutzten Scheiden umschlossen. Ährchen eiförmig, wenig- (8—12)blütig. Spelzen eiförmig, vorn abgerundet, braunschwarz, am Rande weißlich-trockenhäutig, auf dem Rücken schmal grün, alle fast das Ährchen umfassend, die unterste steif, gekielt, auf dem Rücken grün, am Rande schwarzbraun. Narben 2; Griffelfuß eikegelig, bleibend. Perigonborsten rückwärts steifhaarig, $^1/_3$ länger als das Nüßchen. Nüßchen birnenförmig, zusammengedrückt, glatt, schwarz.

Vorkommen: In warmen Quellen; auf Trachytboden. — L: H caesp/Hel.

Verbreitung: Bisher nur aus den Thermen von Haskovo (Bulgarien) angegeben.

Anmerkung: Erinnert habituell an *E. ovata*, von der sie sich durch den perennierenden, kriechenden Wurzelstock unterscheidet. *E. uniglumis* ähnelt sie durch die ährchenumfassenden Spelzen; doch ist die unterste Spelze steif entwickelt.

6. **Eleogiton** Link

Pflanzen ausdauernd. Halme verzweigt, beblättert. Ährchen einzeln an der Spitze langer, achselständiger Stiele. Perigonborsten fehlend. Staubblätter 3. Narben 2. Frucht bikonvex.

Wichtigste Literatur: Glück 1911.

1. Eleogiton fluitans (L.) Link (Fig. 67g; Fig. 76a—d)

Scirpus fluitans L., *Isolepis fluitans* (L.) R. Brown; *Schoenoplectus fluitans* (L.) Palla in W. D. J. Koch

Ausdauernd; Stengel im Wasser flutend oder niederliegend und im Schlamm kriechend, 16—60 (130) cm lang, 1 mm dick, oberwärts stark ästig, beblättert; ährchentragende Stengel scheinbar seitenständig, länger als die Blätter, meist 2—10 cm lang. Blattscheiden geschlossen, wenig aufgeblasen; Blattspreiten 2—10 cm lang, 0,25—1 mm breit, schmal fadenförmig bis fast borstig, stumpf, 3nervig, hellgrün. Blütenstand verzweigt, mit einzelnen, an den

Zweigen endständigen Ährchen. Ährchen eiförmig bis ellipsoidisch, 3—4 (5) mm lang, 1,5—2,0 mm breit, mit 6—8 schraubig angeordneten Blüten. Spelzen 2,5—3 mm lang, 2 mm breit, eirund, stumpf, vielnervig, gelbgrün, braun gesprenkelt; in jedem Ährchen die unterste Spelze so groß wie oder größer als die oberen; Perigonborsten fehlend. Staubblätter 3. Narben 2. Frucht vom Rücken her zusammengedrückt, im Umriß verkehrt-eirund, vorn mit kurzer Spitze, zum Grunde hin plötzlich zusammengezogen, 1—1,2 mm lang, 0,3 mm breit, ungefähr halb so lang wie die Spelzen, glatt, hellbraun. — Blütezeit: VI—IX. — $2n = 60$.
Vorkommen: In flachen Heidegewässern und Moorgräben, in Torfstichen und Hochmoorschlenken; auf sandig-schlammigem oder torfigem Untergrund im meso- bis oligotrophen oder dystrophen Wasser; kalkfliehend; im Hyperico-Potametum oblongi und im Eleocharitetum multicaulis, auch in anderen Strandling-Gesellschaften; in Südafrika Hauptbestandteil von Gesellschaften hochgelegener Moorseen mit ziemlich saurem Wasser. — L: hyd H/Pot.
Verbreitung: Im atlantischen Europa von Portugal nordwärts bis Südschweden; vereinzelt im zentralen Mitteleuropa und in Norditalien; Süd- und Ostafrika, Madagaskar; Südasien, Australien und Tasmanien. — Im Gebiet in den nordwestlichen Teilräumen ziemlich häufig, südwärts bis ins Niederrheinische Tiefland (Köln), ostwärts bis Prignitz, Schwarze Elster und Niederlausitz; isoliert bei Poznań (Posen): Dziewiczej Góry. — atl (ozean).
Verbreitungskarten: Hultén 1950, 1971; Perring & Walters 1962; Meusel et al. 1965; Žukowski 1969.
Anmerkung: Kann sehr leicht mit einer vegetativen Wasserform von *Eleocharis acicularis* (var. *fluitans* Döll) verwechselt werden. Die „Landform" („f. *terrester* G. F. W. Meyer") ist eine Standortsmodifikation mit gedrängterem Wuchs sowie strafferen Stengeln und Blättern ohne systematischen Wert.

7. Isolepis R. Brown

Pflanzen 1jährig oder ausdauernd. Stengel unverzweigt, binsenartig, nur am Grunde beblättert. Blütenstand scheinbar seitenständig, aus (1) 2—3 (10) sitzenden oder fast sitzenden Ährchen bestehend; das unterste Hüllblatt den Stengel scheinbar fortsetzend. Ährchen klein, 2—4 mm lang. Perigonborsten fehlend. Staubblätter 2 oder 3. Narben 3. Frucht mehr oder weniger 3kantig, Griffelrest als kleine Spitze persistierend.
Wichtigste Literatur: Eschenburg 1928.

Bestimmungsschlüssel der Arten:
1 a Frucht deutlich 3kantig, mit konkaver, feinwarziger Vorderfläche . . . .
. . . . **3. I. pseudosetacea** (S. 295)
1 b Frucht stumpf 3kantig, mit konvexer Vorderfläche **2**
2 a Hüllblätter meist länger als der Blütenstand. Staubblätter 2. Frucht längsgerippt,
fein quergestreift, mit langen Epidermiszellen . . . . **1. I. setacea** (S. 294)
2 b Hüllblätter meist kürzer als oder gerade so lang wie der Blütenstand. Staubblätter 3.
Frucht nicht längsgerippt, punktiert, mit isodiametrischen Epidermiszellen . . . . . .
. . . . **2. I. cernua** (S. 294)

Fig. 76. a—d *Eleogiton fluitans* (L.) Link — a Habitus, $\times \frac{1}{4}$; b Spelze, $\times 8$; c Ährchen, d Blüte. e—h *Isolepis setacea* (L.) R. Brown — e Habitus, $\times \frac{1}{2}$; f Blüte (ohne Perigonblätter); g Blütenstand aus 2 Ährchen, $\times 7$; h Spelze, $\times 15$. i—k *Isolepis cernua* (Vahl) Roemer et Schultes — i Habitus $\times \frac{1}{4}$; k Spelze, $\times 12$. l—m *Isolepis pseudosetacea* (Daveau) Vasconcellos — l Habitus, $\times \frac{1}{2}$; m Blütenstand mit 1 Ährchen (a, c, d, f nach Hegi 1939; b, g, h, k nach Reichgelt 1956; e, i nach Reichenbach 1846; l, m nach Maire 1957).

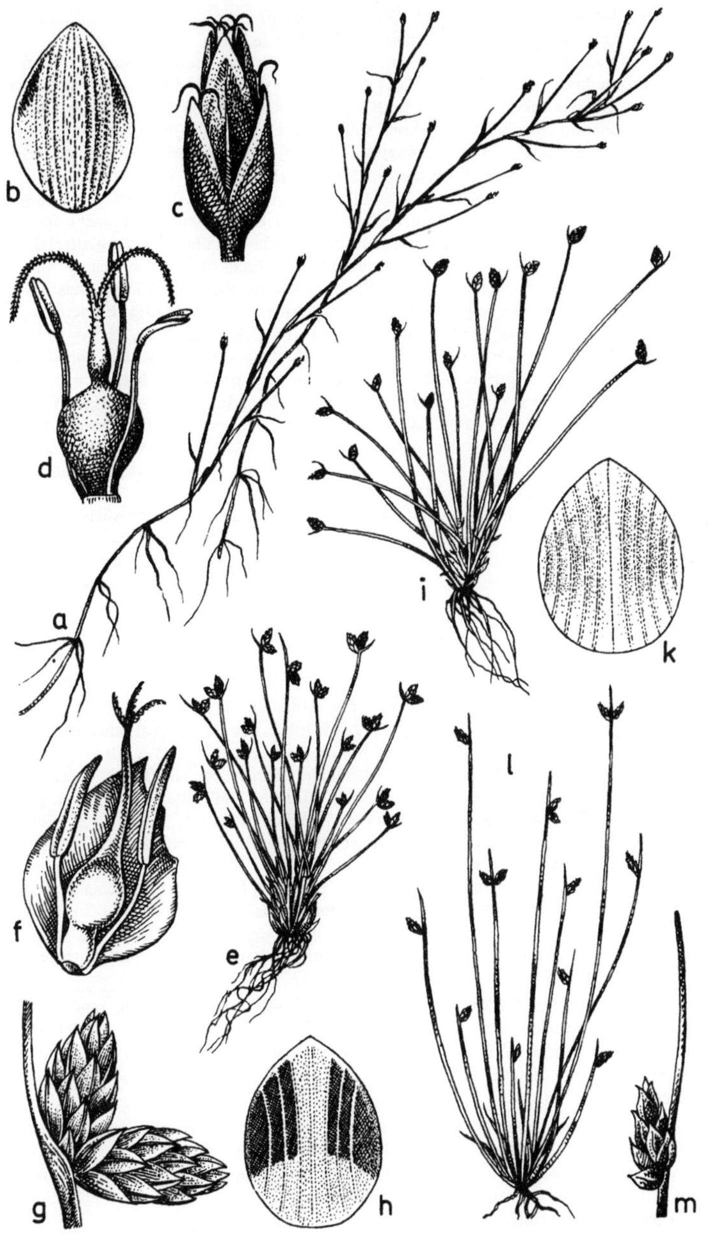

1. Isolepis setacea (L.) R. Brown (Fig. 67z; Fig. 76e—h)

Scirpus setaceus L.; *Schoenoplectus setaceus* (L.) Palla in W. D. J. Koch

1- oder mehrjährig, dicht rasig oder mit kurzen Ausläufern etwas kriechend. Halm (2) 5—15 (30) cm hoch, 0,25—0,5 mm dick, fadendünn, stielrund, gerade oder säbelförmig gebogen, am Grunde beblättert. Blattscheiden rot, die oberen (bis 5) mit deutlichen Spreiten; Spreiten 10—90 mm lang, bis 0,5 mm breit, viel kürzer als der Halm, borstlich. glatt. Blütenstand aus 1—3 sitzenden, dicht gedrängten Ährchen, scheinbar seitenständig durch das 3—30 mm lange, den Stengel fortsetzende Hüllblatt (Hochblatt). Ährchen eiförmig, 2—4 (5) mm lang, 1,25—2,0 mm breit, 10—40blütig. Spelzen eilänglich-elliptisch, 1,25 mm lang, 1 mm breit, 7nervig, rotbraun mit sehr breitem grünem Kiel (seltener ganz grün) und sehr schmalem durchscheinendem Hautrand, mit der Frucht abfallend. Staubblätter 2 (3); Staubbeutel blaßgelb, 0,4—0,5 mm lang. Narben 3. Frucht 0,8—1,2 mm lang, 0,5 bis 0,8 mm dick, etwa halb so lang wie die Spelze. 3kantig, verkehrt-eiförmig, mit 15—18 scharfen Längsrippen, fein quergestreift, rotbraun, vorn kurz stachelspitzig; Epidermiszellen wenigstens 4mal so lang wie breit. — Blütezeit: VI—IX (X). — $2n = 26, 28$.

Vorkommen: In Zwergbinsen-Gesellschaften auf feuchten Sandufern innerhalb von lückigen Röhricht-Beständen und Flutrasen, in Erstbesiedlungen auf nassen Waldwegen, auf sandig-lehmigen, mäßig frischen, oft zeitweise durchsickerten Wegrändern, an moorigen Grabenrändern; auf stets nassem, mäßig nährstoffreichem, kalkarmem, mäßig saurem Lehm-, Sand- oder Torfboden; planar bis montan, in den Vogesen bis 1200 m; Kennart des Stellario-Isolepidetum setacei. Ursprüngliche Vorkommen an von Wild gestörten Quellstellen und Tränken. — L: T oder H caesp/Hel.

Verbreitung: In fast ganz Europa, nordwärts bis Südfennoskandien, südostwärts vereinzelte Vorposten; in Klein- und Vorderasien, im Kaukasusgebiet, in Kasachstan und im Himalajagebiet; in Nord- und Südafrika; in Australien (synanthrop?). — Im Gebiet zerstreut, in den westlichen Teilen häufiger, im östlichen Tieflandgebiet zwischen Oder und Weichsel zerstreut, nicht in Masuren. — eurassubozean.

Verbreitungskarten: Hultén 1950, 1971; Meusel et al. 1965; Žukowski 1969.

2. Isolepis cernua (Vahl) Roemer et Schultes (Fig. 67aa; Fig. 76i—k)

I. savii (Sebastiani et Mauri) Fourreau; *I. sicula* Presl; *Scirpus cernuus* Vahl; *S. filiformis* Savi non Lamarck; *S. savii* Sebastiani et Mauri; *S. pygmaeus* (Vahl) A. Gray

Ausdauernd, in der Tracht *I. setacea* ähnlich. Halme dünner und schlaffer, 3—30 cm hoch. Blattscheiden gelbbraun bis braun, die unteren purpurn. Hüllblätter kürzer oder gerade so lang wie der Blütenstand, selten etwas länger. Ährchen oft einzeln, selten 2—3; eiförmig, 1,5—5 mm lang, 4—20blütig; Ährchenachse etwas geflügelt. Spelzen blasser, 9—11nervig, grünlich, oft mit 1 fahlbraunen oder rotbraunen Fleck auf jeder Seite der Mittelrippe; die unterste oft in 1 kurze, grüne Spreite verlängert und so ein 2. Hüllblatt vortäuschend, aber mit 1 Blüte in ihrer Achsel. Staubblätter 3 (2). Staubbeutel blaßgelb, 0,6 mm lang. Frucht breit 3eckig-verkehrt-eiförmig, plattgedrückt, 0,7—0,9 mm lang, 0,6—0,8 mm dick, rotbraun, ohne Längsrippen und Querstreifen, punktiert, mit isodiametrischen Epidermiszellen. — Blütezeit: (III) VI—VIII. — $2n = 48$.

Vorkommen: An nassen Stellen, vor allem auf mehr oder weniger offenen, sandigen oder torfigen Standorten nahe dem Meer, selten außerhalb des Tidebereiches; in mediterran-atlantischen Zwergbinsen-Gesellschaften, z. B. im Laurentio-Anthocerotetum dichotomi; bildet in Irland eine eigene *Isolepis cernua*-Gesellschaft auf nassem Sandboden aus. — L: H caesp/Hel.

Verbreitung: Im mediterran-atlantischen Europa, nordwärts bis zu den Britischen Inseln; in Nord-, Süd- und Ostafrika; in Amerika, Australien und Neuseeland. — Im Gebiet in den Niederlanden (Dordrecht) adventiv, sonst fehlend; gelegentlich als Zimmerpflanze gezogen. — med-atl, in warmen Zonen fast weltweit.

Verbreitungskarte: Perring & Walters 1962.

3. Isolepis pseudosetacea (Daveau) Vasconcellos (Fig. 76 l—m)

Scirpus pseudosetaceus Daveau

Ausdauernd; Wurzelstock dicht rasig; Pflanze grün. Blühende Stengel dicht büschelig, aufrecht oder aufsteigend, 2—15 cm hoch, am Grunde mit häutigen, hellbraunen Blattscheiden. Hüllblätter 1—2, das unterste begrannt, scheinbar den Stengel fortsetzend, bis 15 mm lang, viel länger als der Blütenstand, das obere kurz, fast völlig schuppenförmig, hinfällig. Blütenstand auf 1—3 sitzende Ährchen rückgebildet. Ährchen eiförmig bis eilänglich; Ährchenachse nicht geflügelt. Spelzen häutig, durchscheinend, oval zugespitzt, kahnförmig, gekielt, 5nervig. Staubblätter 1; Staubbeutel hellgelb, 0,3 mm lang. Frucht $^1/_2$ bis $^2/_3$ so lang wie die Spelzen, 0,9 mm lang, 0,8 mm dick, im Umriß eirundlich, scharf 3kantig mit etwas konkaven Seitenflächen, reif mattschwarz, fein, dicht und regelmäßig warzig. — Blütezeit: IV—IX.

Vorkommen: An Flußmündungen, in Lagunen; auf zeitweise überschwemmten Standorten; planar bis montan, in Nordafrika bis 1100 m aufsteigend; in iberischen Zwergbinsengesellschaften, Kennart eines Gnaphalio-Isolepidetum setacei, ferner im Laurentio-Juncetum, im Antinorio-Cicendietum und verwandten Gesellschaften. — L: H caesp/Hel.

Verbreitung: Auf der Iberischen Halbinsel (Zentral- und Südspanien, Portugal), in Nordwestafrika. — Im Gebiet fehlend.

8. **Fimbristylis** Vahl

Gussonea Presl; *Iria* Hedwig

1jährig oder ausdauernd, mit kurzem Wurzelstock. Stengel meist zart, büschelig, aufrecht oder schräg aufgerichtet, selten niederliegend, meist nur am Grunde beblättert. Blätter fadenförmig bis schmal linealisch oder breit, kahl bis behaart, flach oder eingerollt, mit oder ohne Blatthäutchen; Scheiden geschlossen oder teilweise offen (am ausgewachsenen Blatt). Blütenstand eine endständige (sehr selten scheinseitenständige) Spirre mit 2—4 kleinen, blattähnlichen, aber oft stark reduzierten Hüllblättern. Ährchen im Umriß lanzettlich, länglich, eiförmig, rund, einzeln oder in Knäueln am Ende der Äste, wenig- bis vielblütig; Ährchenspindel meist persistierend, oft geflügelt. Spelzen schraubig gestellt (selten distich), die unteren 1—3 steril oder alle fertil, so groß wie oder größer als die oberen. Perigonborsten fehlend. Staubblätter 1—3; Narben 2—3. Griffel fransig, behaart oder kahl, vom Fruchtknoten abgesetzt, zusammen mit seinem nicht auffallend verdickten, kappenförmig die Spitze des Fruchtknotens bedeckenden Griffelfuß abfallend, keinen „Knopf" oder „Schnabel" auf der Frucht zurücklassend. Frucht 3kantig oder linsenförmig.

Gattung mit über 200 Arten, vor allem in den Tropen beider Hemisphären verbreitet; einige Arten in die wärmeren Teile der gemäßigten Zonen vordringend (in dieser Fassung [nach Kern 1974] unter Ausschluß von *Bulbostylis* Kunth, aber mit Einschluß von *Abilgaardia* Vahl). Viele Arten besiedeln nasse Standorte wie Sümpfe, Reisfelder, See- und Flußufer, aber nur wenige sind wirklich hydrophil.

Wichtigste Literatur: Ohwi 1938; Koyama 1961; Blake 1969; Gordon-Gray 1965, 1971; Kral 1971; Kern 1974.

Bestimmungsschlüssel der Arten:

1a Narben 3, selten in einzelnen Blüten 2. Nüßchen 3kantig oder 3eckig, wenn dorsiventral zusammengedrückt, dann mit einem erhabenen rückenständigen Winkel; Ränder der Spelzen lang bewimpert . . . . **5. F. hispidula** (S. 299)

1b Narben 2; Nüßchen dorsiventral stark zusammengedrückt, bikonvex oder plankonvex **2**

2a Blattscheiden auf der Innenseite allmählich in die Spreite übergehend (Blatthäutchen fehlend); Griffelfuß mit einem Ring rückwärts gerichteter Haare, die fast so lang wie die Frucht sind . . . . **3. F. squarrosa** (S. 298)

2b Blattscheide und -spreite voneinander durch einen kurzhaarigen Rand (Blatthäutchen) getrennt; Griffelfuß ohne lange Haare **3**

3a Spelzen behaart, rostfarben; Früchte glatt (sehr fein punktiert), nicht längsgefurcht.
Hüllblätter meist kürzer als der Blütenstand . . . . **6. F. ferruginea** (S. 299)

3b Spelzen kahl; Früchte längsgefurcht bzw. -gerippt **4**

4a Ährchen deutlich kantig, 1—1,5 mm dick; Spelzen häutig, scharf gekielt, mit kurzer,
aufgesetzter Stachelspitze . . . . **7. F. bisumbellata** (S. 301)

4b Ährchen nicht kantig, 2—5 mm dick **5**

5a Spirre einfach; Ährchen höchstens 10 pro Spirre, 7—8 (15) mm lang; Frucht
1—1,2 mm lang, 0,7—0,9 mm breit, jederseits mit 8—11 Längsrippen **2. F. annua** (S. 296)

5b Spirre zusammengesetzt, mit mehr als 10 Ährchen **6**

6a Ährchen lanzettlich bis kurz walzlich, zugespitzt, 10—15 mm lang . . . .
. . . . **4. F. adventitia** (S. 298)

6b Ährchen eilänglich bis lanzettlich-spitz, 2—5 (7) mm lang; Frucht 0,7—0,8 mm
lang, 0,5 mm breit, jederseits mit 5—6 (12?) Längsrippen) . . **1. F. dichtotoma** (S. 296)

1. Fimbristylis dichotoma (L.) Vahl (Fig. 77e—f)
Scirpus dichotomus L.; Fimbristylis diphylla (Retzius) Vahl
1jährig oder ausdauernd, mit sehr kurzem Wurzelstock. Stengel büschelig, kantig, 10—75
(100) cm hoch, 1—2 mm dick, mit grundständigen Blättern. Blätter kürzer als bis höchstens
so lang wie der Stengel. Spreite flach, plötzlich zugespitzt, grün oder blaugrün, 1,5—5 mm
breit; Scheiden angedrückt behaart; Blatthäutchen als horizontale Haarreihe vorhanden.
Blütenstand mit 1 sitzenden Ährchen, an dessen Grunde meist 5—8 Äste entspringen, von
denen die einen nur 1 gestieltes Ährchen tragen, die anderen wieder doldig verzweigt sind und
1 sitzendes und 1 bis mehrere gestielte Ährchen tragen; daher meist mehr als 10 Ährchen;
bis 20 cm lang; Hüllblätter 2—5, viel kürzer bis (das längste) etwas länger als der Blütenstand. Ährchen einzeln oder mehr oder weniger gedrängt, eiförmig bis eilänglich, spitz,
dicht viel- (18—21)blütig, rot- bis kastanienbraun, (4) 5—10 (20) mm lang, 2,5—3 (5) mm
breit. Spelzen schraubig gestellt, breit eiförmig bis eilänglich, stumpf, kaum gekielt, 2—3
(4,5) mm lang. Griffel flach, breit, am Fuß etwas verbreitert, wenigstens in der oberen Hälfte
bewimpert, 2—2,5 (4) mm lang; Narben 2. Frucht 0,7—0,8 mm lang, 0,5 mm breit, gelblichweiß, jederseits mit 5—6 (12?) fast stets warzenlosen Längsrippen, die aus den schmalen
Seiten der reihig angeordneten Epidermiszellen gebildet werden. — Blütezeit: VII—IX. —
$2n = 10, 12, 20, 30$.
Vorkommen: In der Uferzone fließender und stehender Gewässer auf sommerlich trockenfallendem, nassem Schlamm oder Sand; in süd- und südosteuropäischen Zypergrasfluren,
z. B. im Cypero-Fimbristylidetum dichotomae und im Fimbristylido-Heleochloetum; in Nord-
ostgriechenland in *Juncus acutus*-Wiesen im Marschengebiet der Küste. — L: T-H/Hel.
Verbreitung: In allen wärmeren Gebieten der Erde, gemein in Süd- und Ostasien; in Europa
im Mittelmeergebiet einschließlich der Balkanhalbinsel; — Am äußersten Südrand des
Gebietes im Aostatal (Bollengo). — med-subtrop-trop.
Verbreitungskarten: Grossheim 1940 (Kaukasus); Kral 1971 (westliche Hemisphäre).
Anmerkung: *F. dichotoma* ist eine außerordentlich polymorphe Art, mit der einige Autoren
F. annua und *F. bisumbellata* vereinigen.

2. Fimbristylis annua (Allioni) Roemer et Schultes (Fig. 77a—d)
Scirpus annuus Allioni; *F. dichotoma* (L.) Vahl f. *annua* (Allioni) Ohwi
1jährig, büschelig verzweigt. Stengel 5—20 cm hoch, stumpf oder etwas scharf 3kantig.
Blätter 1—2 mm breit, flach. Blütenstand aus 2—10 Ährchen; an 1 grundständigen, sitzenden

Fig. 77. a—d *Fimbristylis annua* (Allioni) Roemer et Schultes — a Habitus, $\times^1/_2$; b Spelze;
c Fruchtknoten mit 2 Staubblättern; d Ährchen. e—f *Fimbristylis dichotoma* (L.) Vahl —
e Habitus, $\times^1/_3$; f Fruchtknoten. g—h *Fimbristylis squarrosa* Vahl — g Habitus, $\times^1/_2$;
h Fruchtknoten (a, e—h nach Reichenbach 1846; b—d nach Hegi 1939).

Ährchen entspringen 3—6 Äste mit meist nur 1 (selten 2) endständigen Ährchen. Ährchen 4—7 (8) mm lang, eiförmig zugespitzt, 12—15blütig. Spelzen dunkelbraun, mit hellerem, in eine kurze, grüne Stachelspitze auslaufendem Mittelnerv. Perigonborsten 0—6. Staubblätter 2. Griffel mit wenig verdicktem Fuß dem Fruchtknoten aufsitzend; Narben 2. Frucht 1 bis 1,2 mm lang, 0,7—0,9 mm breit, flach, gelblich bis braun, jederseits mit (7) 8—9 (11) Längsrippen, die aus den schmalen Seiten der reihenartig angeordneten Epidermiszellen gebildet werden. — Blütezeit: VII—X. $2n = 20, 30$.

Vorkommen: An feinsandig-schlammigen, bis in den Hochsommer flach überschwemmten Ufern von Seen und Tümpeln, auch an nassen Felsen und anderen Naßstandorten; salzertragend; planar bis kollin; in süd- und südosteuropäischen Zypergrasfluren, Kennart des Fimbristylidetum annuae. — L: T/Hel.

Verbreitung: Weltweit verbreitet in den Tropen und Subtropen; in Europa im Mittelmeergebiet, nordwärts bis Oberitalien. — Im Gebiet am äußersten Südrand im Tessin (Aostatal, im Maggiadelta bei Locarno, Ponte Brolla, Gordola, Magadinoebene bei Quartina); Lago Maggiore; Südtirol (zwischen Bozen und Meran; Gardasee) — ob überall erloschen? — med-subtrop-trop.

Verbreitungskarten: Grossheim 1940 (Kaukasus); Kral 1971 (westliche Hemisphäre).

Anmerkung: *F. annua* wird von einigen Autoren (z. B. Koyamá 1961, Ohwi 1938, Schultze-Motel 1966—69) als mit *F. dichotoma* konspezifisch betrachtet; sie ist aber stets 1jährig, von zwergigem Wuchs, fast völlig kahl; der dünne Griffel ist nur halb so breit und die Spelzen sind typisch eiförmig (vgl. Kral 1971; Kern 1974); die Ährchen sind größer und weniger zahlreich.

3. Fimbristylis squarrosa Vahl (Fig. 77g—h)

Pogonostylis squarrosa (Vahl) Bertoloni; *Scirpus gracilis* Savi; *Isolepis hirta* H. B. K. 1jährig; am Grunde büschelig verzweigt, meist sehr zahlreiche, aufrechte oder schräg aufrechte Stengel treibend. Stengel meist 5—10 (40) cm hoch, stumpf 3kantig. Untere Blätter mit brauner bis graubrauner, ziemlich dicht behaarter Scheide und schmaler, borstlicher, meist nicht die Länge des Stengels erreichender, dicht behaarter Spreite; Blatthäutchen fehlend. Spirre mit 1 sitzenden Ährchen, an dessen Grunde bis über 10 Äste entspringen, deren schwächere nur ein gestieltes Ährchen tragen und deren (meist 2—3) kräftige 1 sitzendes und (1) 3 (4)doldig um dasselbe gestellte gestielte Ährchen besitzen. Spirrenhüllblätter blattartig, das oder die untersten so lang bis viel länger als die Spirre. Ährchen 18—21blütig, meist 5 mm lang, lanzettlich bis kurz zylindrisch. Spelzen eiförmig bis eiförmig-lanzettlich zugespitzt, mit langer, grannenartiger, (stark zurückgekrümmter) Stachelspitze, Ährchen daher von sperrigem („*squarrosus*") Aussehen. Griffelfuß mit langen, waagerechten oder zurückgekrümmten Haaren. Früchte breit verkehrt-eiförmig, flach kaum 0,5 mm lang, hellgelb, glänzend, nicht gestreift. — Blütezeit: VII—X (XI). — $2n = 20$.

Vorkommen: An Seeufern, an sumpfigen Standorten; auf nassem Sandboden. — L: T/Hel.

Verbreitung: Weit verbreitet in den tropischen und warm gemäßigten Regionen Asiens (nicht in Malesien), in Afrika, Zentral- und Südamerika und Südeuropa. — Im Gebiet fehlend; unweit der Südgrenze bei Vercelli (Piemont).

Verbreitungskarte: Grossheim 1940 (Kaukasus).

Anmerkung: Von Koyama (1961) als var. *squarrosa* zu *F. aestivalis* (Retzius) Vahl gestellt.

4. Fimbristylis adventitia Cesati

1jährig; meist kräftig, bis über 20 cm hoch. Stengel meist ziemlich starr aufrecht. Blätter bis fast 2 mm breit, ziemlich kurz, mit ziemlich dicht behaarter Scheide und Spreite. Spirre (der von *F. dichotoma* ähnlich) mit 1 sitzenden Ährchen, an dessen Grunde meist 8 bis über 10 (selten nur 4—7) Äste entspringen, deren schwächere nur 1 gestieltes Ährchen tragen, deren (bis 5) kräftigere wieder doldig verzweigt sind, und außer 1 sitzenden Ährchen meist 2—4 gestielte Ährchen tragen, die ganze Spirre daher mit zahlreichen Ährchen. Spirrenhüllblätter ziemlich zahlreich, aber meist keines oder doch nur das unterste die Spirre überragend. Ährchen meist 1—1,5 cm lang, lanzettlich bis kurz zylindrisch, zugespitzt. Spelzen braun,

mit grünem, zuletzt dunkelbraunem Mittelstreifen, stachelspitzig. Früchte klein, verkehrt-eiförmig, etwas längsfurchig, grau.
Vorkommen: An feuchten Standorten, an Ufern. — L: T.
Verbreitung: Heimat unbekannt. — In Italien bei Vercelli, am Ufer der Sesia; eingeschleppt (?!) — Im Gebiet fehlend.
Anmerkung: Vielleicht Bastard zwischen *F. squarrosa* und *F. bisumbellata*.

5. Fimbristylis hispidula (Vahl) Kunth (Fig. 78 i—l)
Scirpus hispidulus Vahl; *Isolepis exilis* Kunth in H. B. K.; *F. preslii* Kunth; *F. cioniana* Savi; *F. exilis* (Kunth in H. B. K.) Roemer et Schultes; *Bulbostylis pubescens* (Presl) Svenson; *B. hirta* (Thunberg) Svenson?; *Abilgaardia pubescens* Presl

1jährig. Stengel dicht büschelig, borstenartig, kantig, glatt oder rauhhaarig direkt unter dem Blütenstand. 5—30 cm hoch, 0,25—0,5 mm dick. Blätter grundständig, viel kürzer als die Stengel, fadenförmig, aufrecht, steifhaarig, 0,3—0,5 mm dick; Ligula fehlend, Scheiden strohfarben, behaart. Blütenstand mit 1—5 (manchmal mehr) Ährchen, die Äste, wenn vorhanden, 1—1,5 cm lang. Hüllblätter 1—2, spelzenartig, mit aufgesetzter Spitze, oder fadenförmig und dann bis 2 cm lang. Ährchen einzeln, aufrecht, lanzettlich, rundlich, 4—12blütig, 4—10 mm lang, 2—3 mm dick; Ährchenspindel geflügelt. Spelzen spiralig gestellt, häutig, eilanzettlich spitz, dicht kurzhaarig, mit starkem Mittelnerv, der auf beiden Seiten von einem gelblichen Streifen berandet ist, rotbraun oder braun, mit dicht bewimperten Rändern, 3—4 mm lang. Staubblätter 1—3. Griffel 3kantig, am Grunde pyramidenförmig verdickt, fast kahl oder an der Spitze spärlich stachelig bewimpert, 1,75—2,5 mm lang; Narben 3, etwa so lang wie der Griffel. Griffelfuß schwärzlich, kahl. Nuß 3kantig mit hervortretenden Kanten, kreiselförmig, kurz gestielt, nicht warzig, auf jeder Seite mit bis 10 hervortretenden Querrippen, strohfarben bis bräunlich, (0,8) 1—1,25 mm lang und dick; Oberflächenzellen linealisch, in der Längsrichtung verlängert. — Blütezeit: VIII—XI. — $2n = 10, 20$.
Vorkommen: An sumpfigen Standorten; auch auf nassen Äckern.
Verbreitung: In den Tropen weit verbreitet, aber nur in Afrika häufig. — In Europa in der Toskana (eingeschleppt?). — Im Gebiet fehlend. — L: T.

6. Fimbristylis ferruginea (L.) Vahl (Fig. 78 a—d)
Scirpus ferrugineus L.
2jährig und ausdauernd, mit kurz kriechendem, holzigem Wurzelstock. Halme einander genähert, büschelbildend, gestreift, glatt, graugrün, 20—80 cm hoch, 1,5—3 mm dick. Stengelblätter viel kürzer als der Stengel, steif aufrecht, gefaltet oder 3kantig, 2—10 cm lang, 0,5—1,5 mm breit, diejenigen der sterilen Sprosse viel länger; untere Scheiden spreitenlos, obere Scheiden an der Mündung gewimpert; Ligula ein dichter Kranz von kurzen Haaren. Blütenstand einfach oder zusammengesetzt, meist zusammengezogen, mit (1) 5—10 (25) Ährchen, 3—5 cm lang. Hüllblätter 2—3 (5), die untersten kürzer, wenig länger als der Blütenstand, an der verbreiterten Basis trockenhäutig berandet. Äste 1. Ordnung zusammengedrückt, glatt, bis 2,5 cm lang. Ährchen einzeln, eiförmig-eilänglich, rund, spitz, dicht vielblütig, tiefbraun (5) 8—15 (20) mm lang, 3—4 mm dick; Ährchenachse schmal geflügelt. Spelzen spiralig gestellt, eiförmig-länglich, stumpf, kaum gekielt, mit grünem, 1nervigem Kiel und nervenlosen Seiten, an der oberen Kante gewimpert, 3—4,5 mm lang, 2,5—3 mm breit. Staubblätter 3 (2). Griffel flach, am Grunde schwach verbreitet, dicht gewimpert; 2—3 mm lang; Narben 2, 1 mm lang, kürzer als der Griffel. Nuß linsenförmig, stark zusammengedrückt, verkehrt-eiförmig oder verkehrt-eilänglich, glatt strohfarben-rotbraun. 1—1,25 mm lang, 0,75—1 mm dick; Oberflächenzellen isodiametrisch. — Blütezeit: V—XI. — $2n = 10$.
Vorkommen: An sandigen und lehmigen, nassen Standorten; oft an den Küsten unter dem Einfluß von Brackwasser, seltener im Binnenland, an Salztümpeln; auf Kreta z. B. an den Rändern eines Rinnsals zusammen mit *Mentha microphylla*, *Carex hispida* und *Cyperus flavidus*. — L: T, H/Hel.
Verbreitung: In allen tropischen und subtropischen Zonen der Erde; in Nordafrika; in Südeuropa. — Im Gebiet fehlend.
Verbreitungskarte: Kral 1971 (Panama, Westindien).

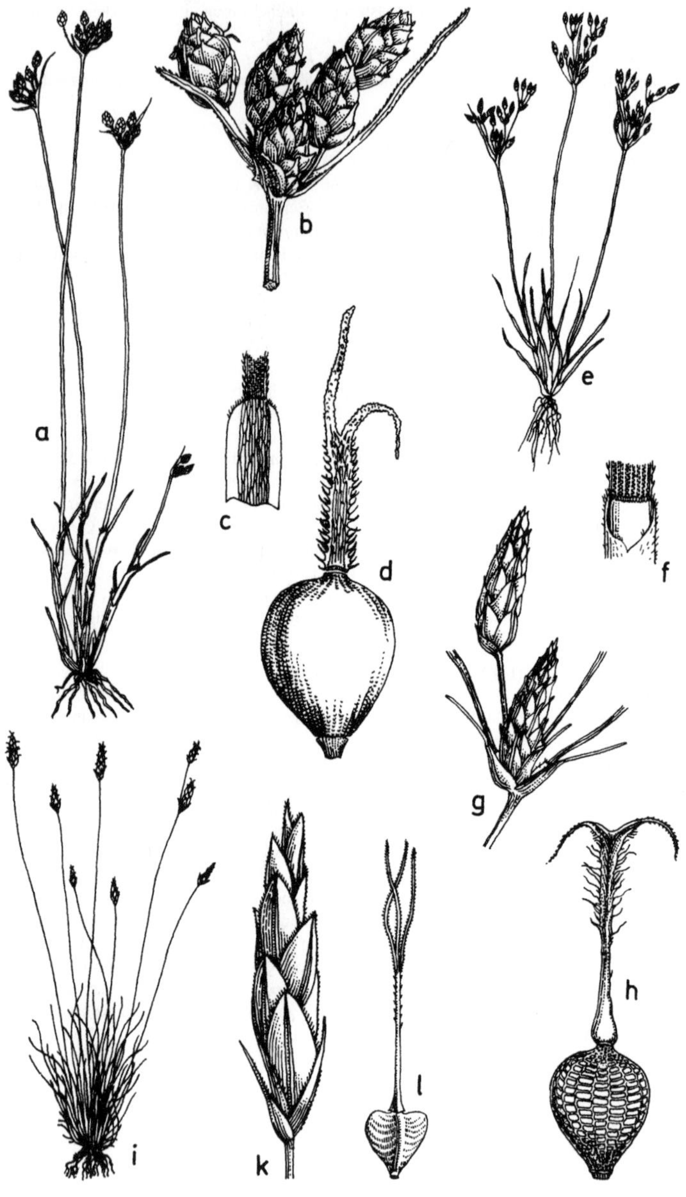

7. Fimbristylis bisumbellata (Forskål) Bubani (Fig. 78 e—h)

Scirpus bisumbellatus Forskål; *F. dichotoma* auct. non Vahl.

1jährig, mit faserigen Wurzeln. Stengel dünn, büschelig, 3kantig, glatt, 7—25 cm hoch, 0,5 bis 1 mm dick. Blätter kürzer oder etwas länger als der Stengel, plötzlich zugespitzt, kahl oder unten behaart, 1—2 mm breit; Scheiden häutig, strohfarben oder braunschwarz; Ligula vorhanden, kurzhaarig fransig. Blütenstand locker, mit vielen Ährchen, 2—6 cm breit; Hüllblätter 2—3, das unterste so lang wie oder länger als der Blütenstand; Äste 1. Ordnung 5—10, dünn, glatt, 1—3 cm lang. Ährchen einzeln, eilänglich bis schmal länglich, kantig, spitz, 3—8 mm lang. 1,5 mm dick. Ährchenspindel schmal geflügelt. Spelzen schraubig gestellt, häutig, kahl, breit eiförmig, mit kurzer Stachelspitze, scharf gekielt, bräunlich mit durchscheinenden Rändern, 1,5 mm lang, 1,25 mm breit. Staubblätter 1. Griffel dünn, flach, mit verbreitertem Fuß, in der oberen Hälfte gewimpert; Narben 2. Nüßchen breit eiförmig oder verkehrt-eiförmig, kurz gestielt, deutlich warzig, strohfarben, 0,6—0,7 mm lang, 0,4—0,5 mm breit; Oberflächenzellen eingedrückt, in 5—9 Reihen auf jeder Seite. — Blütezeit. VII—XI. — $2n = 10$.

Vorkommen: An Flußufern, auf Sandbänken; in Indien Reisfeld-Unkraut. — L: T.

Verbreitung: Vom Mittelmeergebiet ostwärts durch die Tropen der Alten Welt bis Australien. In Europa in Oberitalien (Gardasee, Verona, Friaul) und Slowenien (Küstenland). — Im Gebiet fehlend.

Anmerkung: Von einigen Autoren zu *F. dichotoma* gestellt, aber durch die deutlich kantigen Ährchen geschieden.

9. **Dichostylis** Palisot de Beauvois in Lestiboudois

Spelzen schraubig nach der Divergenz $^3/_8$ gestellt, ganz allmählich in eine schlanke, fast grannenartige Spitze verschmälert; Ährchenachse schmal geflügelt; Perigonborsten fehlend.

Nur 2 Arten; vielfach zur Gattung *Cyperus* gerechnet (vgl. Kükenthal 1935, Schultze-Motel 1966—1969, Kern 1974).

Bestimmungsschlüssel der Arten:

1a Blütenstand ein endständiges, kugeliges oder eiförmiges Köpfchen, 6—12 (15) mm im Durchmesser; Hüllblätter 3—5 (8) . . . . **1. D. micheliana** (S. 301)

1b Blütenstand 1—3ästig; Köpfchen eikugelig, 3—5 mm im Durchmesser; Hüllblätter 2—3 . . . . **2. D. hamulosa** (S. 303)

1. Dichostylis micheliana (L.) Nees (Fig. 67 t; Fig. 79 a—d)

Scirpus michelianus L.; *Cyperus michelianus* (L.) Delile; *Isolepis micheliana* (L.) Roemer et Schultes; *Fimbristylis micheliana* (L.) Reichenbach; *Eleocharis micheliana* (L.) Reichenbach

1jährig, kleine, dichte Rasen bildend. Stengel (2) 3—15 (20) cm hoch, 1 mm dick, zahlreich, aufrecht oder schräg aufsteigend oder aus niederliegendem Grunde aufsteigend, 3kantig, nur am Grunde beblättert. Blattscheiden der unteren Blätter purpurrot; Blattspreiten schmal, 1—2 mm breit, schlaff, allmählich fein zugespitzt, mindestens so lang wie die Stengel. Blütenstand aus einem kugeligen oder eiförmigen Kopf aus vielen, dicht gedrängten Ährchen bestehend; selten über 6—12 (15) mm lang und breit; Hüllblätter 3—5 (8), die unteren meist weit abstehend, bis über 10 cm lang, den Blütenstand weit überragend. Ährchen 3—4 mm lang, 1—2 mm breit. Ährchenspindel schmal geflügelt; 8—16blütig. Spelzen länglich, 3zeilig, ge-

Fig. 78. a—d *Fimbristylis ferruginea* (L.) Vahl — a Habitus, $\times^1/_4$; b Ährchenstand, $\times 4$; c Blattscheide, d Frucht mit Griffel und Narbe; e—h *Fimbristylis bisumbellata* (Forskål) Bubani — e Habitus, $\times^1/_3$; f Blattscheide; g Ährchenstand, $\times 4$; h Frucht mit Griffel und Narbe. i—l *Fimbristylis hispidula* (Vahl) Kunth — i Habitus, $\times^1/_3$; k Ährchen, $\times 6$; l Frucht mit Griffel und Narben (a—h nach Kral 1971; i—l nach Kern 1974).

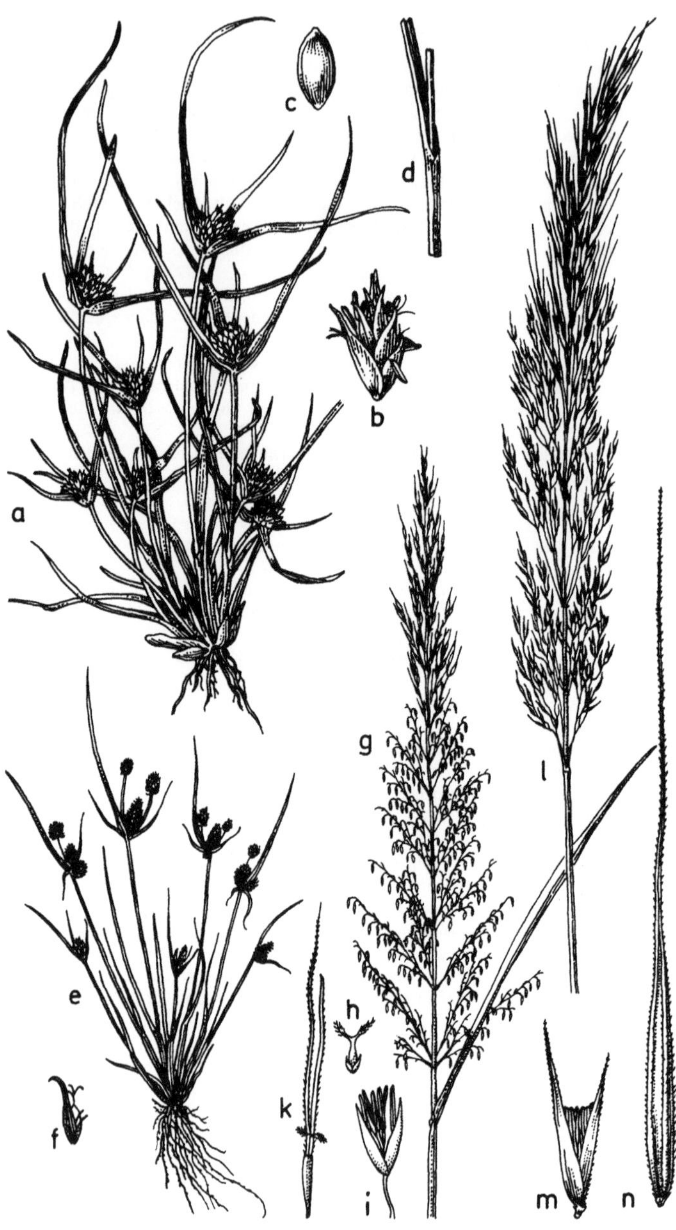

stellt, allmählich in eine grannenartige Spitze verschmälert. 1—2 mm lang, 0,5 mm breit, länger als die Frucht, gelblichweiß mit grünem, kielartig vorspringendem Mittelnerv. Staubblätter (1) 2 (3). Narben 2 (3). Frucht flach zusammengedrückt oder scharf 3kantig, hellbraun, etwa 1 mm lang, Oberfläche punktiert. — Blütezeit: (I) VII—IX.

Vorkommen: Auf winterlich überschwemmten, sommerlich trockenfallenden Ufern von Altwassern und Flüssen mit sandigem oder schlammigem Boden; an der mittleren Elbe charakteristisches Glied des Cypero-Limoselletum, hier Hauptentfaltung in *Limosella*-armen Beständen auf relativ trockenem, sandigem Standort; auf trockenfallenden Teichböden in Böhmen und Mähren, wo sie periodisch und ephemer in sehr großen Intervallen im Eleocharito-Caricetum bohemicae auftritt; Hauptentfaltung in süd- und südosteuropäischen Zwergbinsengesellschaften, z. B. im Dichostylido-Fimbristylidetum dichotomae und im Dichostylido-Heleochloetum alopecuroidis sowie im Crypsio-Dichostylidetum michelianae. — L: T/Hel.

Verbreitung: In Südeuropa von der Iberischen Halbinsel ostwärts bis ins südliche Osteuropa; von Kleinasien bis Japan; in Nordafrika; in Australien. — Im Gebiet im südöstlichen Mittelgebirgsraum, z. B. im unteren Marchbecken; nordwärts unbeständige Einzelvorkommen in Böhmen, an der mittleren Elbe bei Wittenberg, an der Oder z. B. bei Wrocław (Breslau), Głogow (Glogau) und Wołów (Wohlau). — euras-med.

Verbreitungskarten: Grossheim 1940; Stefanoff 1943; Żukowski 1969.

2. Dichostylis hamulosa Nees (Fig. 67b; Fig. 79e—f)

Cyperus hamulosus M. Bieberstein; *Scirpus hamulosus* Steven; *Isolepis hamulosa* Kunth

1jährig, rasenbildend. Wurzel faserig, duftend. Stengel zahlreich, 2—10 (15) cm hoch, zart, zusammengedrückt 3kantig, am Grunde beblättert. Blätter schmal linealisch, 1 mm breit, flach, so lang wie oder kürzer als der Stengel; Scheiden purpurn, an der Mündung erweitert. Hüllblätter 2—3, die Blütenstände überragend, seitwärts abstehend. Blütenstände einfach, 1—3ästig. Köpfchen eikugelig, klein, 3—5 mm im Durchmesser, ziemlich dicht stehend. Ährchen eilänglich, 3—4 mm lang, 1,5—2 mm breit, zusammengedrückt, 8blütig; Ährchenspindel kaum geflügelt. Spelzen locker, 3zeilig oder unregelmäßig 2zeilig gestellt, spatelig, der grüne Kiel in eine zurückgebogene, pfriemliche Stachelspitze auslaufend, etwa $^2/_3$ so lang wie die Spelze. Staubblätter 1. Narben 3. Nuß $^2/_3$ so lang wie die Spelze, verkehrt-eilänglich, 3kantig, dunkelbraun, dicht punktiert, sehr kurz zugespitzt.

Vorkommen: An Ufern von Flüssen, auf Sandbänken, in Sümpfen; auf feuchtem Sandboden. — L: T/Hel.

Verbreitung: Vom südlichen Zentralasien bis ins südliche Osteuropa und auf die Balkanhalbinsel, westwärts vereinzelt bis Oberitalien (erloschen). — Im Gebiet fehlend.

10. Cyperus L.

Juncellus C. B. Clarke; *Mariscus* Gaertner; *Pycreus* P. Beauverd; *Chlorocyperus* Rikli; *Duvaljouvea* Palla in W. D. J. Koch

1jährig oder ausdauernd, mit faseriger Wurzel und büschelig wachsend oder mit kriechendem und knolligem Wurzelstock. Stengel meist 3kantig, selten fast stielrund, gewöhnlich nur am Grunde, selten bis zur Mitte beblättert, bis 5 m hoch. Blätter 3zeilig gestellt, die Spreiten schmal linealisch, flach, grasartig, manchmal die untersten schuppenartig, selten alle Blätter bis auf schuppenartige Scheiden rückgebildet. Blütenstand entständig, oft die terminale „Ähre" oder

Fig. 79. a—d *Dichostylis micheliana* (L.) Nees — a Habitus, ×1; b Ährchen, ×4; c Frucht, ×10; d Blattscheide. e—f *Dichostylis hamulosa* Nees — e Habitus, ×$^2/_3$; f Blüte; g—k *Zizania aquatica* L. — g Blütenstand, ×$^1/_6$; h Fruchtknoten mit Narben; i männliches Ährchen; k weibliches Ährchen. l—n *Zizania latifolia* (Grisebach) Stapf — l Blütenstand, ×$^1/_5$; m männliches Ährchen; n weibliches Ährchen (a—d nach Weymar 1953; e—f nach Şerbănescu & Nyárády in Nyárády 1966; g nach Cook 1974; h—k nach Britton & Brown 1896; e—n nach Komarov 1934).

das terminale „Knäuel" von den seitlichen Teilblütenständen („Ähren") übergipfelt, einfach oder zusammengesetzt, doldenartig, nicht selten kopfig (durch Unterdrückung der Strahlen); Strahlen (Äste) von blattartigen Hüllblättern gestützt, die gewöhnlich einander soweit genähert sind, daß sie eine Hülle (Involucrum) bilden. Ährchen ährig, fingerig oder sternförmig angeordnet, mehr oder weniger zusammengedrückt, 4kantig oder fast rund, 1- bis vielblütig; Ährchenspindel (Rhachilla) oft durch die herablaufende Basis der Spelzen geflügelt, bleibend oder hinfällig (dann das Ährchen insgesamt abfallend). Spelzen 2zeilig angeordnet, meist die 2 untersten, selten 3 oder 4 blütenlos. Blüten zwittrig, die obersten des Ährchens oft männlich oder steril; Perigonborsten (hypogyne Borsten) fehlend. Staubblätter 1—3; Konnektiv als als apikales Anhängsel entwickelt. Griffel am Grunde nicht verbreitert, hinfällig, 3- oder 2spaltig, selten fast ungeteilt, auf der Frucht nur einen kurzen, dünnen „Schnabel" zurücklassend. Frucht sitzend oder kurz gestielt, 3kantig oder linsenförmig, nußartig.

Die Gattung umfaßt über 650 (nach Kükenthal) oder rund 900 (nach anderen Autoren) Arten; sie ist weltweit mit Schwerpunkt in den tropischen und subtropischen Gebieten verbreitet; viele Arten im Wasser oder auf wassernahen Standorten lebend. Im Gebiet 6 Arten verbreitet; außerdem noch zahlreiche Arten im übrigen Europa oder im Gebiet adventiv beobachtet, von denen wir einige aufgenommen haben (vgl. Schultze-Motel 1966—1969). Nicht berücksichtigt haben wir *C. rotundus* L. (in Europa im Mittelmeergebiet von Portugal bis Griechenland und Kreta; gelegentlich an Reisfeldern), *C. amuricus* Maximowicz (heimisch in Zentral- und Ostasien; in Europa in Italien eingeschleppt; gelegentlich an Reisfeldern) und *C. kalli* (Forskål) Murbeck (*C. capitatus* Vandelli; auf sandigem Boden an den Küsten des Mittelmeergebietes).

Die Gattung zeichnet sich durch die zweizeilige Stellung der Spelzen und das Fehlen der Perigonborsten aus. Wir haben uns an die Umgrenzung der Gattung durch Kükenthal (1935) gehalten, jedoch die beiden Arten *C. michelianus* und *C. hamulosus* mit schraubigen Spelzen nach $^3/_8$ Divergenz ausgeschieden (als Gattung *Dichostylis* Palisot de Beauvois), um den Anschluß an die gebräuchlichen heimischen Floren zu wahren (vgl. S. 301—303).

Bestimmungsschlüssel der Arten:

1a Nuß eine Kante der Ährchenspindel zuwendend, bilateral zusammengedrückt, 2seitig. Narben stets 2 . . . . **2**

1b Nuß die Bauchfläche der Ährchenspindel zuwendend, 3kantig oder, falls 2seitig, vom Rücken her zusammengedrückt (abgeflacht) **4**

2a Epidermiszellen des Nüßchens isodiametrisch, rundlich oder hexagonal; Nüßchen punktiert oder fein netzig (Lupe!); Staubblätter 2 (1) **3**

2b Epidermiszellen des Nüßchens langgestreckt, fein querrunzelig (Lupe!) durch die erhabenen kurzen Seiten der Epidermiszellen scheinend; Staubblätter 3; 1jähriges Zwergkraut mit büscheliger Wurzel; Spelzen eiförmig, 1,5—2 mm lang, meist gelblich . . . . **13. C. flavescens** (S. 315)

3a Blätter flach; Spelzen spitz; Ährchenspindel schmal geflügelt. Ährchen nach vorn allmählich zugespitzt; Nüßchen schmal länglich, an der Spitze etwas gestutzt, mit winzigem Spitzchen . . . . **12. C. polystachyos** (S. 315)

3b Blätter rinnig, oft fast fädlich. Spelzen stumpf. Ährchenspindel gerade, ungeflügelt; Ährchen mit parallel verlaufenden Rändern; Nuß verkehrt-eilänglich bis länglich-elliptisch, nicht gestutzt, mit ausgeprägter Spitze. . . . . **11. C. flavidus** (S. 314)

4a Narben stets 3; alle Nüßchen 3kantig **5**

4b Narben 2 oder nur in einigen Blüten 3; Nüßchen 2seitig oder einige 3kantig (stets mehrere Blüten untersuchen!) **13**

5a Ährchen in Ähren angeordnet, d. h. voneinander entfernt an einer mehr oder weniger verlängerten Ährenspindel **6**

5b Ährchen fingerig oder sternförmig angeordnet, d. h. praktisch auf derselben Höhe auf einer sehr kurzen Ährchenspindel, mehrere oder zahlreiche Knäuel oder einen kopfigen Blütenstand bildend **10**

6a Ährchenspindel breit geflügelt; Griffel lang oder mittellang **7**

6b   Ährchenspindel nicht oder kaum geflügelt, höchstens schmal durchscheinend berandet; Griffel kurz **9**

7a   Strahlen 1. Ordnung des Blütenstandes sehr zahlreich (30—100); Blütenstand doldigschopfig, viel länger als die Hüllblätter, blühende Stengel 200—500 cm hoch, stumpf 3kantig oder fast rund, blattlos, am Grunde nur von den spreitenlosen Scheiden umgeben; Flügel der Ährchenspindel gefärbt . . . . **1. C. papyrus** (S. 305)

7b   Strahlen 1. Ordnung weniger zahlreich; blühende Stengel wenigstens am Grunde spreitig beblättert; Flügel der Ährenspindel weißlich durchscheinend, bleibend . . **8**

8a   Pflanze ohne Ausläufer; Spelzen auffallend schmal (an der breitesten Stelle vom Kiel bis zum Rand 0,2—0,4 mm breit) und lang (2—2,5 mm lang) . . . .
. . . . **3. C. glomeratus** (S. 307)

8b   Pflanzen mit holzigen, oft über 3 mm dicken, unterirdischen Ausläufern; Spelzen breiter (an der breitesten Stelle vom Kiel bis zum Rand ~1 mm breit) . . . . .
. . . . **2. C. longus** (S. 306)

9a   Staubblätter 3; Spelzen stumpflich oder aus gestutzter Spitze ganz kurz stacheligspitzig, 7—9nervig . . . . **4. C. glaber** (S. 309)

9b   Staubblätter 1; Spelzen häutig, 1,5—3 mm lang, in eine 0,5—1,25 mm lange, zurückgebogene, dünne Granne verschmälert . . . . **15. C. squarrosus** (S. 316)

10a   Staubblätter 2 oder 3 (selten 1) **11**

10b   Staubblätter 1 . . . . **5. C. eragrostis** (S. 309)

11a   Spelzen deutlich mehrnervig; Staubblätter 3; Ährchenachse ziemlich breit geflügelt
. . . . **14. C. congestus** (S. 316)

11b   Spelzen klein, nicht oder nur undeutlich nervig; Staubblätter 2 . . . . **12**

12a   Deckspelzen gegen die Spitze hin verschmälert, mit kleiner, aufgesetzter Spitze . .
. . . . **6. C. fuscus** (S. 310)

12b   Deckspelzen gegen die Spitze hin nicht verschmälert, breit abgerundet, mit Hautrand . . . . **7. C. diffonnis** (S. 310)

13a   Stengel einzeln oder wenige, meist über 30 cm hoch; Blütenstand deutlich endständig
. . . . **9. C. serotinus** (S. 312)

13b   Stengel zahlreich, 10—30 (40) cm hoch; Blütenstand durch Verlängerung eines Hüllblattes scheinbar seitenständig **14**

14a   Früchte elliptisch, spitz; Ährchen linealisch bis linealisch-lanzettlich, spitz . . .
. . . . **10. C. laevigatus** (S. 314)

14b   Früchte eiförmig-linsenförmig, stumpf; Ährchen eilänglich, stumpf oder stumpflich . . . . **8. C. pannonicus** (S. 312)

1. Cyperus papyrus L.

Chlorocyperus papyrus Rikli

Ausdauernd; Wurzelstock verholzt, kurz dick. Stengel 2—5 m hoch, aufrecht, kräftig, fingerdick, 3kantig. blattlos (sterile Stengel mit grünen, bis 8 mm breiten Blättern). Hüllblätter 4—10, viel kürzer als der Blütenstand, trockenhäutig, braun, bis 15 mm breit, lanzettlich-zugespitzt. Blütenstände sehr weit ausladend, schopfartig, fast doldig, mit sehr zahlreichen, untereinander fast gleichen, 10—30 cm langen, stumpf 3kantigen Strahlen. Teilblütenstände 3—5strahlig, mit 3—5 mm langen, 1 mm breiten Hüllblättern. Ähren walzlich, 10—20 mm lang, 6—10 mm dick, mit vielen Ährchen. Ährchen 2zeilig gestellt, linealisch, 6—10 mm lang, kaum 1 mm dick, 6—16blütig; Spindel geflügelt. Spelzen sich ziemlich dicht dachziegelartig deckend; eiförmig-elliptisch oder elliptisch-stumpf, auf dem Rücken grün, gekielt 3nervig. Staubblätter 3; Narben 3. Frucht länglich bis verkehrt-eilänglich, 3kantig, vorn stumpf, schwarzbraungrau, fein punktiert, $^1/_2$—$^3/_5$ so lang wie die Spelze. — Blütezeit: VI—IX. — $2n = 102$.

Vorkommen: An Fluß- und Seeufern, in langsamfließendem oder stehendem Wasser, oft mit niedrigen Kräutern verfilzt dichte Horste schwimmender Inseln bildend, selten in stehenden, sumpfigen Gewässern; eigene Bestände im sich sommerlich stark erwärmenden Wasser. — Am Ciane-Flüßchen bei Syrakus u. a. zusammen mit *Cyperus longus, Equisetum telmateia,*

Iris pseudacorus, *Mentha aquatica*, *Damasonium alisma*, *Ranunculus ophioglossifolius*. — L: G rhiz/Hel.

Verbreitung: Einheimisch im tropischen Zentralafrika im oberen Stromgebiet des Weißen Nils, westwärts bis zum Tschadsee und zum Stromgebiet des Niger, ostwärts den Blauen Nil hinab bis Äthiopien, südwärts bis Mozambique, Madagaskar und Mascarenen, Rhodesien und Angola; in Unterägypten (Wadi Natroun); im Altertum nach Ägypten, Syrien-Palästina, im Mittelalter nach Südeuropa (Kalabrien, Sizilien, Malta) gebracht, hier heute nur noch bei Syracus an der Ciana, einem Nebenflusse des Anapo. — Im Gebiet nur in Gärten gepflanzt.

Verbreitungskarten: Rikli 1943 (Mittelmeergebiet); El Hadidi 1971 (Ägypten).

Anmerkungen: Sehr variable Sippe; auf Grund der unterschiedlichen Ausprägung des Stengelquerschnitts, des Blütenstandes, der Staubblätter, der Fruchtgröße und der geographischen Verbreitung werden einige Unterarten ausgeschieden (vgl. Chrtek & Slaviková 1977). — Die sizilisch-kalabresisch-maltesischen Populationen werden als subsp. *siculus* (Parlatore) Chiovenda (mit 8—20 mm langen, vielblütigen Ährchen und schmal elliptischen Spelzen; Flügel der Ährchen sehr zugespitzt; sehr breite Konnektivanhänge) abgetrennt.

2. Cyperus longus L. (Fig. 67cc; Fig. 83a—f)

    Chlorocyperus longus (L.) Palla

Audauernd, lebhaft grün; mit holzigem, oft über 3 mm dickem und gelegentlich knollig verdicktem, weit kriechendem Wurzelstock. Stengel (40) 70—90 (190) cm hoch, 3kantig, am Grunde bis 8 mm dick, von langen, bräunlichen Scheiden bedeckt. Blätter nur am Stengelgrund kürzer als der Stengel, 4—7 (10) mm breit, flach, allmählich lang verschmälert. Hüllblätter 3—6, den Blütenstand weit überragend, das unterste nicht selten 50—60 cm lang. Blütenstand groß, locker ausladend, aus 6—10 untereinander ungleich langen, bis 35 cm langen Ästen (Strahlen) 1. Ordnung bestehend; Äste an der Spitze oft nochmals verzweigt (Äste 2. Ordnung) und dort locker bis dicht 3—12 Ährchen tragend. Ährchen 2zeilig angeordnet, länglich, spitz, zusammengedrückt, 10—25 mm lang, 1—1,5 mm breit, 12—32blütig; Ährchenspindel geflügelt. Spelzen sich dachziegelig überdeckend, 2—2,5 mm lang, breit eiförmig oder elliptisch, braun, 5—7nervig, mit hellem oder grünem Mittelnerv und oft mit weißlichdurchsichtigem Hautrand, vorn stumpf-spitzlich. Staubblätter 3; Narben 3. Frucht verkehrt-eilänglich oder ellipsoidisch, scharf 3kantig, mit aufgesetzter Spitze, rotbraun bis schwarz, dicht und fein punktiert, $^1/_3$—$^1/_2$ so lang wie die Spelze, etwa 1 mm lang. — Blütezeit: (IV) V—X.

Vorkommen: In Röhrichten und Großseggenbeständen an Fluß- oder Teichufern, an Gräben, in Feuchtwiesen, auf nassen, zeitweilig überschwemmten, nährstoffreichen humosen, schlammigen Sand- und Tonböden; planar bis kollin; in Südeuropa bestandsbildend; in Südfrankreich insbesondere im Caricetum elatae; in Nordwestspanien Kennart des Cypero-Caricetum otrubae in feuchten bis nassen Gräben und Senken, besonders in feuchten Mulden der Wiesen und Weiden mit tonigen Böden (Staugley); in Nordostgriechenland in *Juncus acutus*-Salzwiesen. — L: G rhiz/Hel.

Verbreitung: In West-, Süd- und Südosteuropa; in Kleinasien, auf der Krim, im Kaukasusgebiet, in Zentralasien, Vorderindien (nicht in Südostasien) und Afrika. — Im Gebiet sehr selten, nur im Süden; im Voralpengebiet am Bodensee und in Niederösterreich; in den Alpen zwischen dem Genfer- und Luzerner See; südlich der Alpen von den Insubrischen Alpen bis zum Gardasee und Meran; selten in der Poebene (Kanal nördlich Balzola); sonst nur gelegentlich und meist nur vorübergehend eingeschleppt, z. B. Oberrheingebiet (Karlsruhe). — med-atl — subtrop.

Verbreitungskarte: Perring & Walters 1962.

Sehr polymorphe Sippe. Zerfällt in mehrere Unterarten:

1a Blütenstandsstrahlen untereinander ungleich, bis 10 cm lang; Zahl der Strahlen 3—10; Spelzen rostfarben, rötlich, blutrot oder kastanienbraun, mit Hautrand . . . **2**

1b Blütenstandsstrahlen kaum länger als 5 cm; Zahl der Strahlen 2—4; Spelzen intensiver und meist schwarzrot gefärbt, fast ohne Hautrand . . . . . **2.2. subsp. badius** (S. 307)

2a Blätter lebhaft grün, 4—7 mm breit; Strahlen 1. Ordnung bis 35 cm lang; Strahlen
2. Ordnung borstlich, bis 10 cm lang . . . .   **2.1.** subsp. **longus** (S. 307)
2b Blätter blaugrün, 3—4 mm breit; Strahlen 1. Ordnung bis 10 cm lang; 2 Ordnung
fadenförmig, 0,5—1 cm lang . . . . **2.3.** subsp. **tenuiflorus** (S. 307)

2.1. subsp. **longus**
vgl. Beschreibung der Art

2.2. subsp. **badius** (Desfontaines) S. S. Murbeck (Fig. 83 g)
  C. badius Desfontaines; *C. thermalis* Dumortier; *Chlorocyperus badius* (Desfontaines)
  Palla
Pflanze grün. Stengel am Grunde öfter verdickt, starr, meist 2—7 cm hoch, meist scharf
3kantig, seltener oberwärts zusammengedrückt. Blätter mit etwas starrer oder schlafferer,
meist nicht über 4 (selten bis über 6) mm breiter Spreite. Spirre mit meist nur wenigen (meist
nur 2—4) wenig verlängerten, d. h. höchstens 5 cm lang gestielten, meist aufrecht abstehenden
Ästen. Hüllblätter verlängert, das unterste oft vielmals länger als die Spirre. Ährchen
meist ziemlich genähert, schmal lanzettlich, meist nicht über 1,3 cm lang. Spelzen oft
breiter, mitunter fast rundlich, mit oft etwas deutlicher vorspringenden Nerven, schwach
stachelspitzig, mit schwächerem, oft ganz fehlendem, bleichem Rande, fast schwarzrot erscheinend. — Blütezeit: VI—IX.
Vorkommen: In und an Altwassern der Flüsse, in Gräben; in südeuropäischen Zwergbinsen-
gesellschaften, z. B. auf der Iberischen Halbinsel im Fimbristylido-Heleochloetum alopecuroidis, in Südfrankreich in Großseggenriedern, vor allem im Caricetum elatae; auch in anderen
Röhrichtgesellschaften; auf Kreta im Dorycnio-Caricetum otrubae. — L: G rhiz/Hel.
Verbreitung: Einheimisch im Mittelmeergebiet; verbreitet von der Iberischen Halbinsel bis
zur Krim und nach Vorderasien; in Vorderindien; in Nordafrika. — Im Gebiet früher an den
Thermen von Burscheid bei Aachen.
Verbreitungskarte: Grossheim 1940 (Kaukasus).
Anmerkung: Von subsp. *longus* durch die ganz kastanienbraun bis schwarzroten, hautrand-
losen Spelzen und die kleine Spirre mit wenig verlängerten Ästen unterschieden.

2.3. subsp. **tenuiflorus** (Rottboell) Kükenthal
  C. tenuiflorus Rottboell
Stengel 30—60 cm hoch; Blätter blaugrün, 3—4 mm breit; Strahlen 1. Ordnung untereinander ungleich, bis 10 cm lang; Strahlen 2. Ordnung 0,5—1 cm lang; Ährchen schief waagerecht abstehend, spitz, zusammengepreßt, 1—1,5 mm breit. Spelzen kastanienbraun oder
blutrot.
Verbreitung: Im außertropischen Afrika. — Im Gebiet fehlend.

3. Cyperus glomeratus L. (Fig. 67 dd; Fig. 80 a—c)
  Chlorocyperus glomeratus (L.) Palla
Ausdauernd, graugrün, z. T. dicht rasig. Wurzel faserig, ohne Ausläufer. Stengel (10) 30—50
(150) cm hoch, bis 3 mm dick, 3kantig oder etwas zusammengedrückt, aufrecht, starr. Blätter
kürzer oder länger als der Stengel, 3—8 (10) mm breit, flach, gekielt, allmählich lang zugespitzt;
untere Blattscheiden lang, braunrot, oft fein zerfasernd. Hüllblätter 3—6, die unteren den
Blütenstand weit überragend, bis 60 cm lang. Blütenstand weit ausladend, aus 3—9 ungleich
langen, 8—20 cm langen Strahlen bestehend (an Jungpflanzen Blütenstand kopfig). Strahlen
an der Spitze nochmals verzweigt. Teilblütenstände aus je 2—6 kugeligen bis eiförmigen oder
länglich-walzlichen, 8—16 (20) mm langen, 6—14 mm dicken Köpfchen. Ährchen sehr dicht,
zahlreich, 8—12 (15) mm lang, 1,5—2 mm dick, 8—20blütig; Ährchenspindel schmal geflügelt, zart. Spelzen länglich-lanzettlich, 2—2,5 mm lang, bis etwa doppelt so lang wie die
Frucht, auffallend schmal (an der breitesten Stelle vom Kiel zum Rand 0,2—0,4 mm breit),
stumpf zugespitzt, gelb- bis rotbraun mit hellem Kiel. Staubblätter 3; Narben 3. Frucht
länglich, 3kantig, schwärzlich, dicht erhaben punktiert, mit kurzem Spitzchen, $^1/_2$—$^3/_5$ so lang
wie die Spelze. — Blütezeit: VI—X.

Vorkommen: In Sümpfen, Reisfeldern, Maispflanzungen, an feuchten Ufern; auf feuchtem Sand- oder Schlickboden; planar bis kollin; Schwerpunkt in süd- und südosteuropäischen Zwergbinsengesellschaften auf Alkalischlamm, z. B. im Dichostylido-Heleochloetum alopecuroidis und im Crypsio-Dichostylidetum micheliani sowie in Reisfeld-Zwergbinsengesellschaften, so in Ungarn und Norditalien. — L: T-H/Hel.

Verbreitung: In Europa im östlichen Mittelmeergebiet, in Südosteuropa, im Kaukasusgebiet, in Zentralasien, von Sibirien bis ins Amurgebiet; Japan. — Im Gebiet im Süden vorübergehend eingeschleppt, so in Böhmen, bei Innsbruck; in Südtirol im Etschtal zwischen Bozen und Meran; am Comer- und Gardasee; an vielen Stellen erloschen. Nahe des Südrandes des Gebietes am Rande von Reisfeldern bei Vercelli und Mortara. — euras-submed.

Verbreitungskarte: Grossheim 1940 (Kaukasus)

4. Cyperus glaber L. (Fig. 67 ee; Fig. 81 b)
Chlorocyperus glaber (L.) Palla

Ausdauernd; Wurzel faserig; rasig wachsend. Halme 10—50 cm hoch, 3kantig, auf einer Seite rinnig, unten wenigblättrig. Halmblätter 2—4 mm breit, flach, gekielt, lang verschmälert; Scheiden rotbraun. Hochblätter 3—5 waagerecht abstehend oder zurückgebogen, den Blütenstand weit überragend. Blütenstand aus 3—8 Ästen, die höchstens 6 cm lang sind. Ähren dicht aus vielen Ährchen halbkugelig oder eiförmig, 1—2 cm im Durchmesser. Ährchen einander dicht genähert, linealisch-länglich, spitz, 7—15 mm lang, 2 mm dick, 16—24blütig; Spindel schmal geflügelt. Spelzen locker angeordnet, eiförmig, sehr kurz stachelspitzig, auf dem Rücken breit grün, an den Seiten braun oder bleich, 7—9nervig, Ränder mehr oder weniger weißlich durchscheinend. Staubblätter 3; Narben 3. Frucht verkehrt-eiförmig, 3kantig mit konkaven Seiten, zugespitzt, schwärzlichgrau dicht weißpunktiert, $^1/_2$—$^3/_5$ so lang wie die Spelzen.

Vorkommen: An Ufern und Gräben, auf Teichböden, auf zeitweise vernäßten Äckern; an feuchten, sommerlich trockenliegenden Standorten; in Zwergbinsen-Gesellschaften. — L: H caesp (T)/Hel.

Verbreitung: In Europa im Mittelmeergebiet ziemlich häufig, auch in Nordafrika; auf der Balkanhalbinsel (nordwärts bis Unterkrain und Ungarn) und in der Steppenzone des südlichen Osteuropa; in Klein- und Vorderasien, im Kausasusgebiet, in Transkaukasien und Turkestan; Indien; im tropischen Afrika. — Im Gebiet fehlend; gelegentlich als Adventivpflanze, vor allem auf Güterbahnhöfen, eingeschleppt. — euras-med (trop).

Verbreitungskarte: Grossheim 1940 (Kaukasus).

5. Cyperus eragrostis Lamarck (Fig. 67 ff)
C. vegetus Willdenow; *C. declinatus* Moench; *C. monandrus* Roth

Pflanze lebhaft grün, dicht rasenbildend. Stengel kräftig, 20—95 cm hoch, stumpf 3kantig, oft mehr oder weniger zusammengedrückt, am Grunde verdickt, unten beblättert. Blätter länger oder kürzer als der Stengel, mit 4—8 mm breiter, flacher, kaum gekielter, am Rande etwas rauher Spreite; Blattscheiden braun-purpurn. Blütenstand einfach oder zusammengesetzt, groß, vielstrahlig, Strahlen bis 12 cm lang. Hüllblätter 5—7, sehr stark verlängert. Ährchen an der Spitze der Äste ziemlich zahlreich, dort bis fast 2 cm dicke kugelige Köpfe bildend, lineal-lanzettlich, etwas spitz, meist 12—46blütig. Spelzen dicht anliegend, häutig, eiförmig-lanzettlich, auf dem Rücken schwach 3nervig, strohfarben, doppelt so lang wie die Frucht. Staubblatt 1, Narben 3. Frucht verkehrt-eiförmig, 3kantig, halb so lang wie die Spelze, am Grunde ganz kurz gestielt, dicht weißpunktiert, deutlich bespitzt. — Blütezeit: VIII—IX.

Fig. 80. a—c *Cyperus glomeratus* L. — a Habitus, $\times\,^1/_2$; b Blüte und Frucht (Querschnitt), $\times 7$; c Ährchen, $\times 3$. d—f *Cyperus squarrosus* L. — d Ährchenstand, $\times 1^1/_2$; e Ährchen, $\times 8$; f Ährchenachse, Ährchen teilweise abgefallen, $\times 6$. g *Cyperus polystachyos* Rottboell, Habitus, $\times\,^1/_3$. (a—c nach Şerbănescu & Nyárády in Nyárády 1966; d—f nach Kükenthal 1936; g nach Rottboell 1773).

Vorkommen: An Flußufern, Gräben, in Sümpfen und Tümpeln. — L: H caesp/Hel.
Verbreitung: Einheimisch in Südamerika; in Europa eingebürgert, so in Portugal, Spanien und Frankreich, außerdem auf den Azoren und Kanaren; sonst adventiv in Ungarn; in den USA und Neuseeland adventiv. — Im Gebiet an zahlreichen Orten vorübergehend eingeschleppt.
Verbreitungskarte: Denton 1978 (Amerika).

6. Cyperus fuscus L. (Fig. 67ff; Fig. 81c)
1jährig, grasgrün, büschelig wachsend. Wurzeln lebhaft schwarzrot. Stengel aus niederliegendem Grunde aufrecht, zusammengedrückt, 3kantig (2) 5—20 (45) cm hoch, 0,6—3,0 mm dick, unterhalb der Mitte mit 2—3 Blättern. Blätter meist ebenso lang wie der Stengel, 1—5 mm breit, flach, lang zugespitzt, untere Scheiden braun bis rotbraun. Hüllblätter 2—4 (8), die untersten blattartig, viel länger als der Blütenstand, die oberen kürzer und kleiner. Blütenstand gedrungen, kopfig, aus 3 bis vielen Ährchen bestehend, oft schirmartig, 3—8strahlig, 2—5 (7) cm breit. Teilblütenstände kopfig, 2—3 cm lang gestielt. Ährchen länglich-linealisch, 3—8 (10) mm lang, 1—2 mm dick, seitlich stark zusammengedrückt, 5—20blütig. Spelzen kreisrund bis eiförmig, stumpf, mit kurzer, rückwärts gebogener, aufgesetzter Spitze, 3nervig, schwarz- bis rotbraun mit grünem Mittelnerv, nicht viel länger als die Früchte. Staubblätter 2; Narben 3. Frucht im Umriß elliptisch bis verkehrt-eiförmig, oben mit aufgesetzter Spitze, 1 mm lang, 0,25 mm breit, so lang oder etwas kürzer als die Spelze, scharf 3kantig, gelbbraun. — Blütezeit: (V) VII—X. — $2n = 72$.
Vorkommen: An Ufern und auf Teichböden, auch auf feuchten Wegen, in nassen Jahren gelegentlich auch in Hackfruchtäckern; planar bis montan, in den Alpen bis 1250 m; auf nackten, sommerlich feuchten, nährstoffreichen, mehr oder weniger humosen, schlammigen, sandigen und feinsandig-lehmigen bis grobsandig-kiesigen Böden; in zahlreichen Zwergbinsen-, seltener in Zweizahn-Gesellschaften; stickstoffliebend; stellt sich rasch an neugeschaffenen Standorten ein; im südlichen Europa Reisfeld-Unkraut. — L: T/Hel.
Verbreitung: In Europa nordwärts bis Südengland, Südschweden, nordostwärts bis ins nordwestliche Osteuropa, in Mittel- und Südeuropa häufiger; außerdem im nördlichen und mittleren Osteuropa; in Asien, Nordafrika, Madeira; im atlantischen Nordamerika synanthrop. — Im Gebiet zerstreut und stellenweise häufig; streckenweise, so im größten Teil von Schleswig-Holstein, im Emsland und in Ostfriesland fehlend; in den Niederlanden selten. — euras-med.
Verbreitungskarten: Hultén 1950, 1971; Hempel 1960 (Schwarz-Elster-Gebiet); Perring & Walters 1962; Jage 1963 (Dübener Heide); Żukowski 1969 (Polen).

7. Cyperus difformis L. (Fig. 67hh; Fig. 81a)
1jährig, mit faseriger, rötlicher Wurzel, büschelig wachsend. Stengel (10) 20—40 (65) cm hoch, (1) 2—3 mm dick, ziemlich schwach, 3kantig, glatt. Stengelblätter 2—4 (5) mm breit, leicht rinnig, ziemlich plötzlich zugespitzt; untere Scheiden strohgelb bis braun. Hüllblätter 2—3, waagerecht abstehend, das unterste oft fast aufrecht und dann der Blütenstand scheinseitenständig, die 2 größten den Blütenstand weit überragend, bis 25 cm lang. Blütenstand ziemlich locker, einfach oder zusammengesetzt, 1,5—5 (7) cm breit; aus meist 5—9 bis 3 (5) cm langen Strahlen 1. Ordnung; die 2. Ordnung höchstens 1 cm lang; Teilblütenstände kugelig, sehr dicht, mit sehr zahlreichen Ährchen, (3) 8—15 mm im Durchmesser. Ährchen sternförmig spreizend, linealisch bis länglich, zusammengedrückt, aber leicht geschwollen, stumpf, 10—30blütig, 2,5—5 (8) mm lang, 1—1,5 mm dick; Ährchenspindel gerade, ungeflügelt, bleibend. Spelzen sehr klein, häutig, leicht gekielt, kreisrund oder verkehrteiförmig, sehr stumpf oder etwas ausgerandet, nach der Spitze hin nicht verschmälert, teilweise rotbraun, mit breitem, durchscheinendem Hautrand. Staubblätter (1) 2; Griffel sehr kurz, 0,1—0,5 mm lang, Narben 3. Frucht 3kantig, ellipsoidisch bis leicht verkehrt-eiförmig, kegelig zugespitzt, etwa

Fig. 81. a *Cyperus difformis* L., Habitus, $\times^1/_2$; b *Cyperus glaber* L., Habitus; $\times^1/_2$. c *Cyperus fuscus* L., Habitus, $\times^1/_4$. d—f *Cyperus serotinus* Rottboell — d Habitus, $\times^1/_5$; e Blüte mit Tragblatt; f Ährchen (a—c nach Reichenbach 1846; d—f nach Hegi 1939).

so lang wie die Spelze, strohfarben oder blaßbraun, 0,5—0,8 mm lang, 0,3 mm breit. — $2n$ = 34 (n = 18).

Vorkommen: An sehr nassen Standorten; an Flußufern; charakteristisches Reisfeld-Unkraut. Kennart des Oryzo-Cyperetum difformis, auch in anderen Zwergbinsen-Gesellschaften. — L: T.

Verbreitung: Einheimisch in den Tropen und Subtropen der Alten Welt; in Australien; in Europa mit dem Reisanbau eingeschleppt (z. B. Norditalien: Pavia, Novara, Vercelli), Südfrankreich (um Arles), Spanien (Valencia, Ebrodelta), Portugal. — Im Gebiet am äußersten Südrand am Tresa-Ufer bei Germignaga nahe Luino (Lago Maggiore).

Verbreitungskarte: Grossheim 1940 (Kaukasus).

8. Cyperus pannonicus Jacquin (Fig. 67kk; Fig. 82b)

Pycreus pannonicus (Jacquin) Reichenbach in Mössler; *Juncellus pannonicus* (Jacquin) C. B. Clarke; *Chlorocyperus pannonicus* (Jacquin) Rikli; *Acorellus pannonicus* (Jacquin) Palla in W. D. J. Koch

Ausdauernd, mit kurzem Wurzelstock, dicht rasig wachsend. Stengel aufrecht oder schräg aufsteigend, 4—15 (30) cm hoch, zusammengedrückt, 3kantig, am Grunde von rotbraunen Blattscheiden umhüllt; nur am Grunde beblättert. Obere Blätter in eine kurze, bis 4 cm lange, borstliche Spreite auslaufend. Hüllblätter 3, borstlich, am Grunde verbreitert, das untere den Stengel scheinbar fortsetzend und den Blütenstand weit überragend, das 2. seitlich abstehend, länger als der Blütenstand, das 3. kurz, schuppenförmig. Blütenstand scheinbar seitenständig, kopfig, aus 3 sitzenden, dicht gedrängten Ährchen bestehend. Ährchen eilänglich (10) mm lang, 2—2,5 mm dick, stumpf, etwas gekrümmt, 10—20blütig. Spelzen steif, eirund, etwa 2,5 mm lang und breit, stumpf, braunrot gefleckt, auf dem Rücken grüngestreift, mit sehr kurzer aufgesetzter Spitze. Staubblätter 3. Narben 2. Frucht etwas kürzer als die Spelze, bis 2 mm lang, etwa 1,3 mm breit, ellipsoidisch bis fast verkehrteiförmig, flach, braun, glänzend, dicht punktiert, vorn stumpf. — Blütezeit: VII—IX.

Vorkommen: Auf feuchten, zeitweilig überschwemmten Triften, an schlammigen See- und Flußufern, in Gräben, oft an Wegrändern, in lückigen Salzwiesen; in lückigen Brackwasserröhrichten und Zwergbinsenrasen; auf salzhaltigen, feinsandigen, ziemlich trittfesten Böden; planar bis kollin; im pannonischen Raum Kennart des Cyperetum fusci-pannonici. — L: H caesp/Hel.

Verbreitung: In Südosteuropa, im Kaukasusgebiet, in Zentralasien und im gemäßigten Ostasien (Nordchina). — Im Gebiet nur im äußersten Südosten aus dem pannonischen Raum einstrahlend: östliches Voralpengebiet, hier noch am Neusiedlersee; im Marchfeld erloschen. — euras-kont-smed.

9. Cyperus serotinus (Rottboell (Fig. 67ii; Fig. 81d—f)

Juncellus serotinus (Rottboell) C. B. Clarke in Hooker fil.; *Chlorocyperus serotinus* (Rottboell) Palla; *Duvaljouvea serotina* (Rottboell) Palla in W. D. J. Koch

Ausdauernd, graugrün, mit langen, unterirdisch kriechenden Ausläufern. Stengel (30) 50—120 (150) cm hoch, bis 5 mm dick, kräftig, zusammengedrückt 3kantig, im unteren Teile beblättert. Blätter etwa so lang wie der Stengel, 7—10 mm breit, am Grunde gefaltet, oberwärts flach, gekielt, lang zugespitzt; Scheiden schwarzbraun; untere Blätter zuweilen im Wasser flutend. Hüllblätter 3—5, die unteren sehr lang, den Blütenstand weit überragend. Blütenstand weit ausladend, aus 5—7 ungleich langen, 12—20 cm langen, verzweigten, zahlreiche Ährchen tragenden Strahlen bestehend; Strahlen am Grunde mit langem, röhrigem, an der Mündung schief abgeschnittenem Vorblatt. Ährchen 6—15 (20) mm lang, 2—3 mm dick, locker, aus 10—30 2zeilig angeordneten Blüten bestehend; Ährchenspindel aufrecht, steif, 4kantig, geflügelt. Spelzen locker angeordnet, breit eiförmig, stumpf, länger als die Frucht, bis über 2 mm lang, rotbraun,

Fig. 82. a *Cyperus flavidus* Retzius, Habitus, $\times^1/_3$. b *Cyperus pannonicus* L., Habitus, $\times 1$. c *Cyperus flavescens* L., Habitus, $\times^1/_2$. d *Cyperus laevigatus* L., Habitus, $\times^2/_3$ (a—d nach Reichenbach 1846).

5—7nervig, mit breitem, hellem Hautrand, Staubblätter 3. Narben 2. Frucht breit verkehrteiförmig, flach zusammengedrückt, fast linsenförmig, kurz zugespitzt, längsnervig, dicht punktiert, bis 2 mm lang, etwa 1,5 mm dick, etwa $^3/_4$ so lang wie die Spelze. — Blütezeit: VII—IX.
Vorkommen: An nassen, zeitweise überschwemmten Ufern, an und in Gräben, auf sumpfigen
Wiesen, in Reisfeldern; auf sandigem oder schlickigem, schwach salzhaltigem Boden, planar
bis kollin. Kennart des Cyperetum serotini, auch im Scirpo-Phragmitetum und im Cypero-
serotini-Lythretum tribracteati; Reisfeldunkraut. — L: G rhiz/Hel.
Vorbereitung: In Europa vor allem im Mittelmeergebiet, auch im atlantischen Südwestfrankreich; in der Steppenzone des südlichen Osteuropa; im Kaukasusgebiet, in Zentralasien, im
gemäßigten Ostasien (bis Japan). — Im Gebiet nahe des Südrandes in den Südalpen (am
Comersee; Vintschgau bei Meran); außerdem in der Poebene bei Vercelli und Novara sowie
in Slowenien. — euras-med.

10. Cyperus laevigatus L. (Fig. 82d)
   Chlorocyperus laevigatus (L.) Palla; *Pycreus laevigatus* (L.) Nees; *C. mucronatus* Rottboell;
   C. laevigatus var. *distachyos* (Allioni) Cosson et Durieu
Wurzelstock verholzt, kriechend, entweder kurz, mit einander genäherten Stengeln oder
länger mit voneinander entfernten Stengeln, von braunen Scheiden bedeckt. Stengel zahlreich,
10—15 cm hoch, ziemlich steif, zusammengedrückt 3kantig, tief gefurcht, am Grunde von
2—3 langen, dunkelbraunen, an der Mündung gestutzten Scheiden umgeben, deren oberste
in eine Stachelspitze oder in eine kurze, eingerollte, steife, strohgelbgrünliche Spreite auslaufend. Hüllblätter 2, das untere aufrecht, den Stengel scheinbar fortsetzend und den Blütenstand überragend, das obere viel kürzer, waagerecht abstehend. Blütenstände scheinseitenständig, kopfig, aus (1) 5—12 (40) dicht gedrängten Ährchen bestehend. Ährchen länglich-
lanzettlich, spitzlich, 4—10 (20) mm lang, 2 mm breit, 12—14blütig. Ährchenspindel gerade,
steif, 4kantig, stark geflügelt. Spelzen dicht, konkav, breit eiförmig, stumpf, selten stachelspitzig, weiß oder schmutzig strohfarben, bräunlich gestreift, auf dem Rücken mehrnervig.
Staubblätter 3; Staubfäden verbreitert; Staubbeutel linealisch, das Konnektiv in eine rote, lanzettliche, vorn grannenartige Spitze auslaufend. Griffel kurz; Narben 2. Nüßchen $^1/_2—^2/_3$ so
lang wie die Spelze, eiförmig oder verkehrt-eiförmig, stumpf, graubraun, dicht punktiert. —
Blütezeit: I—XII (im Hauptareal).
Vorkommen: An Ufern, auf Schwemmkegeln, auf sandigen, feuchten Standorten, besonders auf
salzhaltigem Boden und an brackigen Gewässern; wenig empfindlich gegen Salzgehalt, aber
an regelmäßige Überspülung mit Süßwasser gebunden; in Griechenland Kennart einer
Cyperus laevigatus („*distachyos*")-*Polypogon monspeliensis*-Gesellschaft. — L: G rhiz/Hel.
Verbreitung: In den Tropen und Subtropen weit verbreitet; in Europa nur im Mittelmeerge-
biet von Portugal bis Griechenland; auf den Kanarischen Inseln. — Im Gebiet fehlend.
Anmerkung: Zerfällt in mehrere Varietäten; die Typussippe in Europa nur auf Pantelleria und
Rhodos, dagegen die var. *distachyos* (Allioni) Cosson et Durieu [subsp. *distachyos* (Allioni)
Maire et Weiller] hier viel weiter verbreitet als die Hauptart. Sie zeichnet sich durch bis 20 mm
lange, linealisch-lanzettliche, oft gebogene Ährchen, die zu 1—6 stehen, durch eiförmige,
schwarzrote, auf dem Rücken grüne, 3nervige, oft stachelspitzige Spelzen und ellipsoidische
Nüßchen aus.

11. Cyperus flavidus Retzius (Fig. 82a)
   C. globosus Allioni; *Pycreus globosus* (Allioni) Reichenbach; *Chlorocyperus globosus*
   (Allioni) Palla
1jährig bis ausdauernd, graugrün, am Grunde büschelig verzweigt. Stengel meist steif aufrecht,
sehr dünn, 5—60 cm hoch, 1—1,5 mm dick, scharf 3kantig, glatt, nur am Grunde beblättert, länger oder etwa so lang wie die Blätter. Blätter starr, schmal, rinnig, oft fast borstlich, ganz allmählich zugespitzt, 1—2 (3) mm breit; untere Scheiden schwarz bis rotbraun.
Blütenstand einfach oder zusammengesetzt, ziemlich offen oder zu einem meist halbkugeligen
Köpfchen gedrängt, neben dem sich oft 2 ziemlich genäherte seitliche Köpfe finden, viel
kürzer als ihre Hüllblätter. Hüllblätter 2—4, sehr stark verlängert, die unteren 1—2 oft länger

als der Stengel, ihn scheinbar fortsetzend. Ährchen zu 5—20 , lanzettlich bis linealisch, spitz, 10—20 (30) mm lang, 2—3 mm dick, 20—40 (60)blütig; Ährchenspindel 4kantig, ungeflügelt, bleibend. Spelzen eiförmig bis eiförmig-lanzettlich, stumpf, strohfarben, rotbraun oder schwarz mit bleichem Hautrande und grünem Kiel, meist 1,5—2,5 cm lang, 1—1,5 mm breit. Staubblätter 2. Narben 2. Frucht länglich, bikonvex, seitlich zusammengedrückt, an der der Achse zugekehrten Seite oft fast flach, dunkel kastanienbraun, 0,8—1,5 mm lang, 0,4—0,7 mm breit. — Blütezeit: VI—XI. — $2n = 16, 20$.

Vorkommen: An offenen, nassen Standorten, an Ufern, in Sümpfen; in Reisfeldern. — L: T H/Hel.

Verbreitung: In den wärmeren Gebieten der östlichen Hemisphäre weit verbreitet; im tropischen Afrika, vom Mittelmeergebiet durch Zentral- und Südasien bis Australien; in Europa in Spanien und Südfrankreich. — Im Gebiet fehlend.

Anmerkung: Oft mit *C. polystachyos* verwechselt.

12. Cyperus polystachyos Rottboell (Fig. 80g)

Pycreus polystachyos (Rottboell) P. Beauverd; *Chlorocyperus polystachyus* (Rottboell) Rikli

1jährig oder ausdauernd; ohne Ausläufer. Stengel büschelig, 3kantig, dicht unter dem Blütenstand 3eckig, glatt, 5—60 (90) cm hoch, 1—2 (3) mm dick. Blätter flach oder rinnig, allmählich zugespitzt (1) 2—4 mm breit; untere Scheiden häutig, hellbraun bis purpurn. Blütenstand einfach oder zusammengesetzt, stark zusammengezogen (manchmal bis auf 1 Köpfchen) oder offen, 2—15 cm breit. Hüllblätter 3—6, die unteren länger als der Blütenstand (bis 20 cm lang). Strahlen 1. Ordnung 3—8, ausgebreitet, bis 7 cm lang; die 2. Ordnung sehr kurz. Ährchen 2—15 pro Teilblütenstand, linealisch-lanzettlich, stark zusammengepreßt; 8—50blütig, 0,5—2,5 cm lang, 1,5—2 mm breit; Ährchenspindel biegsam, schmal geflügelt, bleibend. Spelzen scharf gekielt, elliptisch-eiförmig, stumpflich oder winzig stachelspitzig, 1,75—2,5 mm lang, etwa 1 mm breit; blaß rotbraun, selten kastanienbraun, mit weißlichen, durchscheinenden Rändern. Staubblätter 2; Narben 2. Nüßchen 2seitig, seitlich zusammengedrückt, mit flachen oder leicht erhabenen Seitenflächen, länglich mit fast parallelen Rändern, mit kurzer Spitze, kastanienbraun bis schwarz, 1--1,5 mm lang, 0,4—0,5 mm breit. — Blütezeit: V—XII. — $2n = 54$.

Vorkommen: Auf offenen, feuchten Standorten; an Flußufern; an heißen Quellen; an Straßenrändern; an Reisfeldern; auch im salzhaltigen Schlamm an der Küste. — L: T, H/Hel.

Verbreitung: Weit verbreitet in den wärmeren Gebieten der Erde; auch in Australien; in Eurasien nordwärts bis Makaronesien, im Mittelmeergebiet, nach Südchina und Japan; in Europa auf Ischia (hier an den Fumarolen wachsend; vgl. Merola 1957). — Im Gebiet fehlend.

13. Cyperus flavescens L. (Fig. 67jj; Fig. 82c)

Pycreus flavescens (L.) Reichenbach in Mössler; *Chlorocyperus flavescens* (L.) Rikli

1jährig, büschelig. Stengel aufrecht, (1) 5—25 (50) cm hoch, 0,5—1 mm dick, stumpf 3kantig, glatt, unterhalb der Mitte mit 2—3 Blättern; untere Blattscheiden rötlich. Blätter kürzer oder gerade so lang wie der Stengel, Spreiten 0,6—1,5 mm breit, rinnig, gekielt, lebhaft grün. Hüllblätter 2—3, blattartig, 1—3 mm breit, das unterste oder die beiden unteren länger als der Blütenstand. Blütenstand gedrungen, kopfig, aus (1) 2 bis vielen Ährchen bestehend, selten schirmartig mit 2—4 kurz oder bis zu 2 cm lang gestielten Köpfchen, bis 4 cm breit. Ährchen länglich-lanzettlich, 5—12 (20) mm lang, 2—3 mm dick, seitlich stark zusammengedrückt, mit 5—25 zweizeilig gestellten Blüten; Ährchenspindel 4kantig, an den Kanten schmalhäutig geflügelt. Spelzen breit eirund-dreieckig, etwa so breit wie lang, 2 mm lang, vorn stumpf, scharf gekielt, 3nervig, strohgelb, Mittelnerv grün. Staubblätter 3; Narben 2. Frucht flach linsenförmig, kreisrund bis verkehrt-eirund, 1—1,3 mm lang, 0,8 mm breit, etwa $^1/_2$ so lang wie die Spelze, gelb- bis dunkelbraun bis schwarz, etwas glänzend. — Blütezeit: VII—X. — $2n = 50$.

Vorkommen: An Ufern, an Quellrändern, auf Wegen und Schweineweiden; als Pionier auf nackten, feuchten, zeitweilig überschwemmten, sehr nährstoffreichen (kalkarmen wie -reichen),

schlammigen Sand- und Tonböden; stellt sich an neuen Standorten nicht so rasch ein wie
C. *fuscus* oder *Isolepis setacea*; (planar) kollin bis montan, in den Alpen bis 1400 m; in Mittel-
europa unbeständig in Zwergbinsengesellschaften, hier vor allem im Cyperetum flavescenti-
fusci; Schwerpunkt in süd- und südosteuropäischen Zypergrasfluren, z. B. im Cyperetum flavescentis; in Jugoslawien Kennart des Dichostylido-Fimbristylidetum dichotomae; in der
Slowakei und in Siebenbürgen am häufigsten an feuchten, vom Vieh betretenen Ufern von
Quellen, auch am Rande von Reisfeldern. — L: T/Hel.
Verbreitung: In den tropischen und gemäßigten Zonen aller Erdteile; in Eurasien ostwärts bis
in den westlichen Himalaya (nicht in Indochina und Malesien); in Europa nicht im Norden und
auf den Britischen Inseln. — Im Gebiet selten und unbeständig; am häufigsten in der sub-
montanen Stufe, so z. B. im Alpenvorland. — trop bis smed, kosmopol.
Verbreitungskarten: Hultén 1962, 1971; Meusel et al. 1965; Żukowski 1969 (Polen).

14. Cyperus congestus Vahl (Fig. 67 ll)

Pflanze gras- oder graugrün. Wurzelstock kurz, holzig, bisweilen mit Ausläufern. Stengel
kräftig, 30—60 cm hoch, 3kantig, unten beblättert, die Blätter öfter überragend. Blätter ziemlich steif, lang zugespitzt, (2) 4—6 (7) mm breit, am Rande und Kiel rauh; Blattscheiden
braunpurpurn, vielnervig. Hüllblätter 3—6, die unteren länger als der Blütenstand. Blütenstand zusammengesetzt oder einfach locker, selten kopfig zusammengezogen, 2—7strahlig,
Strahlen bis 12 cm lang. Teilblütenstände eiförmig oder halbkugelig, 2—3 cm im Durchmesser, aus zahlreichen dicht gedrängten Ährchen bestehend. Ährchen lineal-lanzettlich, 6—18-
blütig; Ährchenspindel ziemlich breit geflügelt. Spelzen zuletzt abstehend, länglich-lanzettlich,
spitzlich, 9nervig, purpurn bis blaß-kastanienbraun mit grünem Kiel, mehr als doppelt so lang
wie die Frucht. Staubblätter 3; Narben 3. Frucht verkehrteiförmig, 3kantig, schwarzbraun
oder dunkelgrau, etwas glänzend, fein punktiert, kürzer als die Spelze.
Vorkommen: An feuchten Standorten, Gräben, Ufern. — L: H/Hel.
Verbreitung: Einheimisch in Südafrika und Australien; im östlichen Mittelmeergebiet und in
Transkaukasien vielleicht nur eingeschleppt; auch in anderen europäischen Ländern adventiv
(z. B. Ungarn). — Im Gebiet vorübergehend eingeschleppt.
Anmerkung: Sehr ähnlich C. *glaber*, aber durch schmalere, weniger deutlich zusammenge-
drückte Ährchen und längere Spelzen und Früchte verschieden.

15. Cyperus squarrosus L.

   C. *aristatus* Rottboell; C. *inflexus* Muehlenbeck; *Mariscus aristatus* (Rottboell) Cherme-
   zon; *Dichostylis aristata* (Rottboell) Palla

1jährig, niedrigwüchsig, mit starkem Geruch nach Steinklee. Stengel meist in Büscheln, 1 bis
10 cm hoch, sehr dünn, 0,5—1,5 mm dick, 3kantig bis fast 3flügelig. Blätter schwach, rinnig,
allmählich zugespitzt, 1—2 mm breit; untere Scheiden häutig, purpurrot. Blütenstand einfach,
oft bis auf 1 halbkugeligen Kopf reduziert, höchstens 1—3strahlig; Hüllblätter 2—4, wenigstens
1 den Blütenstand überragend, bis 7 cm lang. Strahlen 0—3, fadenförmig, 3—5 cm lang. Teilblütenstände (Ähren) sehr dicht, eilänglich bis fast kugelig, 5—20 mm dick. Ährchen,
spreizend, länglich-linealisch, flach, 4—30blütig. (2) 5—10 (15) mm lang, 3—4 mm dick;
Ährchenspindel gerade oder leicht gebogen, ungeflügelt. Spelzen häutig, 1,5—3 mm lang,
länglich, in eine 0,5—1,25 mm lange, zurückgebogene, dünne Granne verschmälert. Staubblätter 1; Narben 3. Nuß dünn, 3kantig, verkehrt-eiförmig, blaßbraun, 0,8—1 mm lang,
0,3—0,4 mm breit. — Blütezeit: VII—X.
Vorkommen: Feuchte Sande und Alluvionen; in Reisfeld-Zwergbinsen-Gesellschaften; Kennart des Cyperetum squarrosi („inflexi"). — L: T/Hel.

Fig. 83. a—f *Cyperus longus* L. — a Teilährenstand, ×²/₃; b Habitus, ×¹/₃; c Frucht mit
Tragblatt sowie Frucht im Querschnitt, ×7; d, e Ährchen, z. T. die unteren Schuppen
entfernt, ×4; f Schuppe, ×8. g *Cyperus longus* subsp. *badius* (Desfontaines) Murbeck,
Blütenstand, ×¹/₂ (a nach Weymar 1953; b—c nach Şerbänescu & Nyárády in Nyárády 1966;
d—f nach Kükenthal 1936; g nach Desfontaines 1798).

Verbreitung: Einheimisch im atlantischen und pazifischen Nordamerika; in Europa eingeschleppt, z. B. in Italien bei Mezzana am Ufer des Ticino und in den oberitalienischen Reisfeldern. — Im Gebiet fehlend.

Anmerkung: Die Sippe wird in der taxonomischen und soziologischen Literatur meist unter den Synonymen *C. inflexus* Muehlenbeck bzw. *C. aristatus* Rottboell geführt (vgl. Kern 1974).

11. **Cladium** R. Brown
Mariscus Zinn

Ausdauernde Kräuter mit kriechenden Ausläufern. Stengel aufrecht, hohl, über die ganze Länge beblättert. Blätter 3zeilig gestellt, flach, linealisch, mit langen, röhrigen Scheiden und dorsiventral zusammengedrückten Spreiten; Ligula fehlend. Blütenstand aus 1 endständigen und mehreren seitenständigen Spirren bestehend. Ährchen sehr zahlreich, am Ende der Äste in zahlreichen kopfigen Knäueln angeordnet. 2 (3)blütig; Blüten zwittrig oder 1 von ihnen (die unterste der obersten) männlich oder funktionell männlich; Ährchenachse bleibend. Spelzen schraubig angeordnet, die unteren 3—4 blütenlos. Perigonborsten fehlend. Staubblätter 2 (3); Konnektiv deutlich entwickelt. Griffelfuß verdickt, kegelig, an den unreifen Früchten durch eine Einschnürung mit der Frucht verbunden, auf der Frucht bleibend; Narben (2) 3 (4—6). Frucht steinfruchtartig, eiförmig oder kegelig.

Gattung mit (in dieser Fassung) 2 Arten; außer dem weitverbreiteten *C. mariscus* noch *C. mariscoides* (Muehlenbeck) Torrey aus Nordamerika. Alle übrigen Arten werden zu *Machaerina* Vahl gestellt. — Im Gebiet nur *C. mariscus*.

Wichtigste Literatur: Kükenthal 1938, 1942; Conway 1942; Blake 1943; Koyama 1956; Kern 1974.

1. Cladium mariscus (L.) Pohl (Fig. 67 nn; Fig. 83)

Schoenus mariscus L.; *Mariscus cladium* (Swartz) O. Kuntze; *C. martii* K. Richter

Ausdauernd, mit dickem, unterirdisch kriechendem Wurzelstock. Stengel kräftig, 80 — 200 (250) cm hoch, am Grunde 1—4 cm dick, hohl, stielrund, oben 3kantig. Blattscheiden gelblich, zuletzt schwarzbraun, derb, matt; Blattspreiten etwa so lang wie der Stengel, (6) 7—12 (15) mm breit, steif, flach, am Rande und unterseits auf dem Kiel dornig-gesägt, mit sehr scharf schneidenden Rändern, allmählich in eine lange, 3kantige Spitze verschmälert, graugrün, Gesamtblütenstand 30—50 (70) cm lang; Hüllblätter ziemlich kurz, am scheidenartigen Grunde braunhäutig. Ährchen zu 3—10 in kugelig-kopfigen Knäueln, jung länglich, zur Fruchtzeit eiförmig oder ellipsoidisch, 3—4 mm lang, 1,5—2 mm dick. Spelzen 5—7, häutig, stumpf oder undeutlich spitz, 1nervig, gelb- bis rotbraun, die oberen 3—4 mm lang, die unteren blütenlos, kleiner. Perigonborsten fehlend. Staubblätter 2 (3), Staubbeutel 2—3 mm lang; Konnektiv ansehnlich entwickelt. Narben 3 oder 2; Griffel fadenförmig, größtenteils abfallend. Frucht (2) 3—4 mm lang, 1,5—2,0 mm dick, eiförmig, kurz zugespitzt, glänzend dunkelbraun; Griffelbasis an jungen Früchten verdickt, an reifen Früchten geschrumpft. — Blütezeit: VI—VII. — $2n = 36 (\sim 60)$.

Vorkommen: Bestandsbildend in der Verlandungszone kalkoligotropher und mesotropher Gewässer; im flachen Wasser oder am Ufer auf meist noch sehr nassen, zeitweilig auch trockenfallenden, kalk- und sauerstoffreichen, neutralen bis mild-humosen Torf- und Schlickböden, gern auf Kalk-Gyttja, aber auch auf Sand; Verlandungspflanze, etwas wärmeliebend und wärmezeitlich weiter verbreitet; planar bis montan, in den Alpen bis 810 m; Kennart des Cladietum marisci, meist in Kontakt mit dem Schilfröhricht und Großseggen-Beständen sowie nachfolgenden Kalkflachmooren oder Zwischenmooren. — L: G rhiz/Hel.

Verbreitung: Weit verbreitet in den Tropen der ganzen Erde, auch im gemäßigten Asien, Afrika, Nordamerika und in Europa, hier nordwärts bis England und Südskandinavien. — Im Gebiet zerstreut bis selten, streckenweise völlig fehlend. — kosmopol.

Verbreitungskarten: Hultén 1958, 1971; Fijalkowski 1961; Meusel et al. 1965.

Anmerkungen: Sehr polymorphe Sippe (vgl. Kükenthal 1942; Blake 1943). Unsere Beschreibung bezieht sich allein auf die subsp. *mariscus* (*C. germanicum* Schrader), die in Europa, Ostasien und Teilen Afrikas zu Hause ist. Kükenthal (1942) unterscheidet außerdem noch die subsp. *jamaicense* (Crantz) Kükenthal aus Amerika, Ozeanien, Ostasien (bis Malesien) und die subsp. *intermedium* Kükenthal aus Südostaustralien. Die subsp. *mariscus* ist in Europa einheitlich; die Abtrennung von *C. martii* Richter (= *C. giganteum* Willkomm) durch südeuropäische Floristen scheint nicht gerechtfertigt. Kükenthal (1942) läßt die durch sehr ausgebreitete Gesamtblütenstände und durch nur wenige Ährchen enthaltende Köpfchen ausgezeichnete Sippe als var. *martii* (Roemer et Schultes) Kükenthal gelten, die im gesamten nördlichen Mittelmeergebiet einschließlich Klein- und Vorderasiens verbreitet ist. — Die abgestorbenen, starren Blätter legen sich um und bilden oft dicht über der Wasserlinie bis zu 20 cm mächtige Polster.

12. Rhynchospora Vahl

Ausdauernd, sehr selten 1jährig, meist büschelig wachsend. Stengel aufrecht, mehr oder weniger 3kantig, manchmal fast stielrund; beblättert. Blätter linealisch, flach oder rinnig; Ligula fehlend; Scheiden der Stengelblätter lang. Blütenstand aus einem einzigen Köpfchen, ährenartig oder traubig; Hüllblätter blattartig. Ährchen einzeln oder in Knäueln, eilänglich, sitzend oder gestielt, meist wenigblütig; Ährchenachse gerade. Spelzen 5—8, schraubig oder fast 2zeilig gestellt, sich deckend, 1nervig, die untersten 2—4 blütenlos, kürzer als die fertilen oberen. Blüten zwittrig oder die unterste zwittrig, fertil, die oberen männlich oder steril oder die untersten weiblich, die oberen männlich. Perigonborsten 3—6 (20), sehr selten fehlend. Staubblätter (1) 2—3. Griffel dünn, mit scharf von der Frucht geschiedenem, verbreitertem Griffelfuß, der auf der Nuß als „Schnabel" persistiert; Narben 2. Frucht sitzend oder kurz gestielt, bikonvex, verkehrt-eiförmig, elliptisch oder länglich.
Gattung mit mehr als 200 Arten, von denen die meisten in der Neuen Welt zu Hause sind. Die meisten Arten bevorzugen feuchte Standorte an Flußufern, Sümpfen und in Reisfeldern; einige wenige Arten leben auf trockenen Standorten. In Europa 3 Arten.
Wichtigste Literatur: Gale 1944; Kükenthal 1949, 1950, 1951; Kern 1958.

Bestimmungsschlüssel der Arten:

1 a Frucht glatt, höchstens undeutlich querwellig **2**

1 b Frucht durch tief eingegrabene, kräftige Querstreifen wellig-runzelig; Perigonborsten 6, kürzer oder länger als die Nuß; Hüllblätter höchstens so lang wie die Ährchenknäuel; Spelzen schwarzbraun; Staubblätter 1—3 . . . . **3. R. rugosa** (S. 322)

2 a Pflanzen horstbildend; Spelzen weißlich; Ährchen anfangs schneeweiß, später etwas rötlich; Perigonborsten 9—13, alle kürzer als die Frucht samt Schnabel, glatt oder durch nach hinten gerichtete Haare rauh. Fruchtschnabel glatt; Staubblätter 2; Hüllblätter die Ährchenknäuel meist nicht überragend . . . . **1. R. alba** (S. 319)

2 b Pflanze mit unterirdischen Ausläufern. Spelzen rotbraun; Ährchen gelblich- bis rötlichbraun; Perigonborsten 4—6, z. T. länger als die Frucht samt Schnabel, durch nach vorn gerichtete, kurze Haare rauh; Fruchtschnabel an den Kanten rauh; Staubblätter 3; Hüllblätter die Ährchenknäuel um das 2—4fache überragend . . .
. . . . **2. R. fusca** (S. 320)

1. Rhynchospora alba (L.) Vahl (Fig. 67 vv; 84 a—c)
Schoenus albus L.; *Mariscus albus* Gilibert
Ausdauernd, lockere Horste bildend; Wurzelstock ohne oder mit nur kurzen Ausläufern. Stengel (10) 15—40 (65) cm hoch, 0,5—1,5 mm dick, stumpf 3kantig, beblättert. Blattspreiten 1—2 mm breit, linealisch, rinnig oder borstlich, am Rande rauh. Teilblütenstände endständig und seitenständig, 0,5—1,0 cm lang; die endständige Spirre breiter als lang, etwa so lang wie das Hüllblatt. Ährchen schmal eiförmig, 4—5 mm lang, 1—2 mm dick, spitz, meist

2blütig. Spelzen eilänglich, 1nervig, anfangs schneeweiß, später rötlich bis bräunlich, die untersten 2—3 blütenlos; die fertilen 3,5 mm lang, 1,5 mm breit, die sterilen nur halb so lang. Perigonborsten 9—13, rauh (von rückwärts gerichteten, feinen, steifen, weniger als 0,1 mm langen Haaren), kürzer als die Frucht samt Schnabel. Staubblätter 2; Narben 2. Frucht bikonvex mit scharfem Rand, verkehrt-eiförmig, ohne Schnabel 1,5—2 mm lang, 1 mm dick, hellbraun; Griffelfuß (Schnabel) lang 3eckig, etwa 1 mm lang, kürzer als die Frucht, am Grunde halb so breit wie diese, kahl. — Blütezeit: VI—VIII. — $2n = 26, 42$.

Vorkommen: Meist gesellig in Torfmoos-Schwingrasen an Moorgewässern, in Hochmoorschlenken, in Zwischen- und Übergangsmooren; auf feuchtem Sand am Rande nährstoffarmer Heideseen und -tümpel; auf staunassen, mäßig sauren, annähernd mesotrophen Torf- und Sandböden; planar bis montan, selten subalpin; meist mit *Sphagnum*-Arten der *Subsecundum*- und *Cuspidatum*-Gruppe; Kennart des Rhynchosporetum albae, auch im Cuspidato-Scheuchzerietum palustris und in nassen Ausbildungen von Hochmoor-Bultgesellschaften. — L: H/Hel.

Verbreitung: In fast ganz Europa mit Ausnahme des äußersten Nordens und Südens; vereinzelt im Kaukasusgebiet, in West- und Ostsibirien; außerdem in Nordamerika. — Im Gebiet im nordwestlichen Tiefland häufiger, sonst zerstreut bis selten. — subatl., circ.

Verbreitungskarten: Gale 1944; Hultén 1958, 1968, 1971; Meusel et al. 1965; Rybniček 1970.

Anmerkung: Wenig veränderlich; als f. *laeviseta* Gale wird eine „Sippe" bezeichnet, bei der die Perigonborsten nur am Grunde mit nach vorn gerichteten Haaren besetzt, sonst aber völlig kahl sind.

2. Rhynchospora fusca (L.) Aiton fil. (Fig. 67 pp; 84 d—f)
Schoenus fuscus L.

Ausdauernd, mit kriechendem Rhizom, meist ziemlich lange unterirdische Ausläufer treibend. Stengel 10—25 (35) cm hoch, 0,5—1,0 mm dick, 3kantig, beblättert. Blattspreiten bis 1,5 mm breit, am Rande rauh. Spirren meist dichter als bei *R. alba*, länger als breit; Hüllblätter die Teilblütenstände um das 3—4fache überragend, bis 6 cm lang. Ährchen schmal eiförmig, 4 bis 6 mm lang, 1—2 mm breit, spitz. Spelzen gelb bis rotbraun, eiförmig bis lanzettlich, 1nervig; die untersten 2—3 blütenlos; die fertilen 5 mm lang, 2,5 mm breit, die sterilen nur halb so lang. Perigonborsten 4—6, durch nach vorn gerichtete, kurze, unter 0,1 mm lange Wimpernhaare rauh, z. T. länger als die Frucht samt Schnabel. Staubblätter 3; Narben 2. Frucht bikonvex, mit scharfen Rändern, verkehrt-eiförmig, ohne Schnabel 1—1,5 mm lang, 1 mm dick, glatt, rotbraun. Griffelfuß (Schnabel) lang 3eckig, 1 mm lang, kürzer als bis fast so lang wie die Frucht, an der Spitze behaart. — Blütezeit: VI—VIII. — $2n = 32$.

Vorkommen: Oft zusammen mit *R. alba* in Hochmoor-Schlenken und Übergangsmooren; auf nassen, zeitweise überschwemmten, sauren mesotrophen Torfschlamm-Böden; außerdem auf nassem Sand mit dünner Schlammschicht in Senken von Feuchtheiden und am Ufer oligo- bis mesotropher Heidegewässer; wächst auf etwas trockeneren Standorten als *R. alba*; Standort selbst im Frühsommer kaum von Wasser bedeckt und im Sommer völlig trockenfallend; in betont humider Klimalage; planar bis montan, selten subalpin, in den Alpen bis 2000 m; Kennart des Rhynchosporetum. — L: H/Hel.

Verbreitung: In Europa vor allem in den westlichen und mittleren Teilgebieten, ostwärts vereinzelt bis in die Ukraine, nordwärts bis ins südliche Fennoskandien; im Mittelmeergebiet nur sehr vereinzelt; außerdem im nordöstlichen Nordamerika. — Im Gebiet seltener als *R. alba*, im westlichen Tiefland zerstreut, sonst selten oder sehr selten, streckenweise fehlend. — atl, circ.

Verbreitungskarten: Gale 1944; Hultén 1958, 1971; Fischer 1959; Müller-Stoll et al. 1962; Meusel et al. 1965; Rybniček 1970.

Fig. 84. a—c *Rhynchospora alba* (L.) Vahl — a Habitus, $\times^2/_5$; b Ährchenköpfchen, $\times 2$; c Ährchen, $\times 5$. d—f *Rhynchospora fusca* (L.) Aiton fil. — d Habitus, $\times^1/_2$; e Ährchenköpfchen, $\times 1$; f Ährchen, $\times 5$. g *Rhynchospora rugosa* (Vahl) Gale, Habitus, $\times^1/_3$ (a—f nach Reichenbach 1846; g Original).

3. Rhynchospora rugosa (Vahl) Gale (Fig. 84g)

Schoenus rugosus Vahl; *R. glauca* Vahl; *R. laxa* R. Brown

Ausdauernd, mit sehr kurzem Wurzelstock; Ausläufer fehlend. Stengel dicht büschelig, dünn, 3kantig, am Grunde vielblättrig, darüber mit einigen (meist 3) entfernt stehenden Stengelblättern, 30—75 (100) cm hoch. Blätter kürzer als der Stengel, steif, flach oder rinnig, lang zugespitzt, mit starker Mittelrippe, 2—3 (5) mm breit, Blütenstand rispenartig, schmal aus 3—4 (6) entfernten, dicht oder ziemlich lockeren, doldentraubigen Teilblütenständen bestehend. Hüllblätter aufrecht, etwa so lang wie die Teilblütenstände in ihren Achseln. Ährchen einzeln oder in kleinen Knäueln zu 2—3, kurz gestielt, eiförmig bis eilanzettlich, 2—4blütig, (3) 4—5 (6) mm lang. Spelzen (5) 6—7 (8), häutig, bis 5,5 mm lang, eiförmig, kurz stachelspitzig, schwarzbraun, die 2—3 unteren kleiner und steril. Blüten zwittrig; die obere oft nur männlich. Perigonborsten (1) 5—6, kürzer oder deutlich länger als die Frucht. Staubblätter (1) 2 (3); Griffel bis zur Hälfte 2spaltig; Griffelfuß kegelig, kahl, $^1/_2$ so lang bis so lang und fast so breit wie die Nuß. Nuß breit verkehrt-eiförmig bis fast kugelig, bikonvex, dorsiventral zusammengedrückt, fein querrunzelig-wellig, 1,5—2 mm lang, 1—1,75 mm breit, hellbraun- bis kastanienbraun, glänzend. — Blütezeit: VI—X.

Vorkommen: An sumpfigen Standorten, an Flußufern; auch auf küstennahen Sandböden. — L: H/Hel.

Verbreitung: In den Tropen und Subtropen der Erde weit verbreitet; in Europa in Portugal (Douro bei Setubal) und Südspanien. — Im Gebiet fehlend.

Verbreitungskarten: Gale 1944 (Westindien); Raynal 1971.

Anmerkung: Leicht an den eingegrabenen, kräftigen, welligen Runzeln der kleinen und breiten, bräunlichen Nuß zu erkennen. Die Taxonomie und Nomenklatur der Sippe ist noch weitgehend unsicher (vgl. Kern 1974).

13. Carex L.

Ausdauernd, horstbildend oder Ausläufer treibend, 5—200 cm hoch. Grundständige, blattlose Scheiden meist vorhanden. Blätter grasblattähnlich, flach, rinnig gefaltet oder eingerollt (binsenartig), häufig rauh, kahl, selten behaart (nicht bei unseren Arten), am Stengel 3zeilig angeordnet. Stengel meist deutlich 3kantig, selten geflügelt (*C. crupina*, *C. vulpina*), oft rauh. Blüten in vielgestaltigen Blütenständen angeordnet: in einzelnen, endständigen Ähren oder in Rispen (sind die Rispenäste sehr kurz, ist der Blütenstand kopfig-kugelig, eiförmig oder walzlich). Blüten stets 1geschlechtig; männliche und weibliche Blüten bei unseren Arten fast immer auf derselben Pflanze (1häusig, monözisch); stets schraubig angeordnet, in 1blütigen Ährchen, jedes von einem Deckblatt gestützt. Oft sind die männlichen Blüten zusammen mit den weiblichen Blüten in denselben Ähren, dabei sind die männlichen Blüten entweder an der Spitze oder an der Basis jeder Ähre. Oft auch sind männliche und weibliche Blüten in verschiedenen Ähren, wobei die männlichen Blüten in 1 bis mehreren Ähren an der Spitze des Blü-

Fig. 85. *Carex*-Schläuche — a *Carex disticha* Hudson; b_1b_2 *Carex crupina* (Sándor ex Heuffel) Th. Nendtvich ex Kerner; c_1c_2 *Carex vulpina* L.; d *Carex vulpinoidea* Michaux; e *Carex appropinquata* Schumacher; f *Carex paniculata* Juslenius; g *Carex bohemica* Schreber; h *Carex mackenziei* V. Kreczetovicz; i *Carex aquatilis* Wahlenberg; j *Carex gracilis* Curtis; k *Carex omskiana* Meinshausen; l *Carex trinervis* Déséglise in Loiseleur-Deslongchamps; m_1m_2 *Carex elata* Allioni; n *Carex buekii* Wimmer; o *Carex paleacea* Wahlenberg; o *Carex recta* Boott in Hooker; q *Carex limosa* L.; r *Carex hispida* Willdenow in Schkuhr; s *Carex pseudocyperus* L.; t *Carex rostrata* Stokes in Withering; u *Carex rhynchophysa* C. A. Meyer; v *Carex vesicaria* L.; w *Carex acutiformis* Ehrhart; x *Carex riparia* Curtis; y *Carex melanostachya* Willdenow; z *Carex lasiocarpa* Ehrhart; aa *Carex atherodes* Sprengel (a, g, y, aa nach Fedorov 1935; b—f, i—j, l—m, q, t, v—x, z nach Kern & Reichgelt 1954; h, o—p, s, u nach Nordhagen 1948; k nach Stancevičius 1963; n Original; r nach Kükenthal 1909).

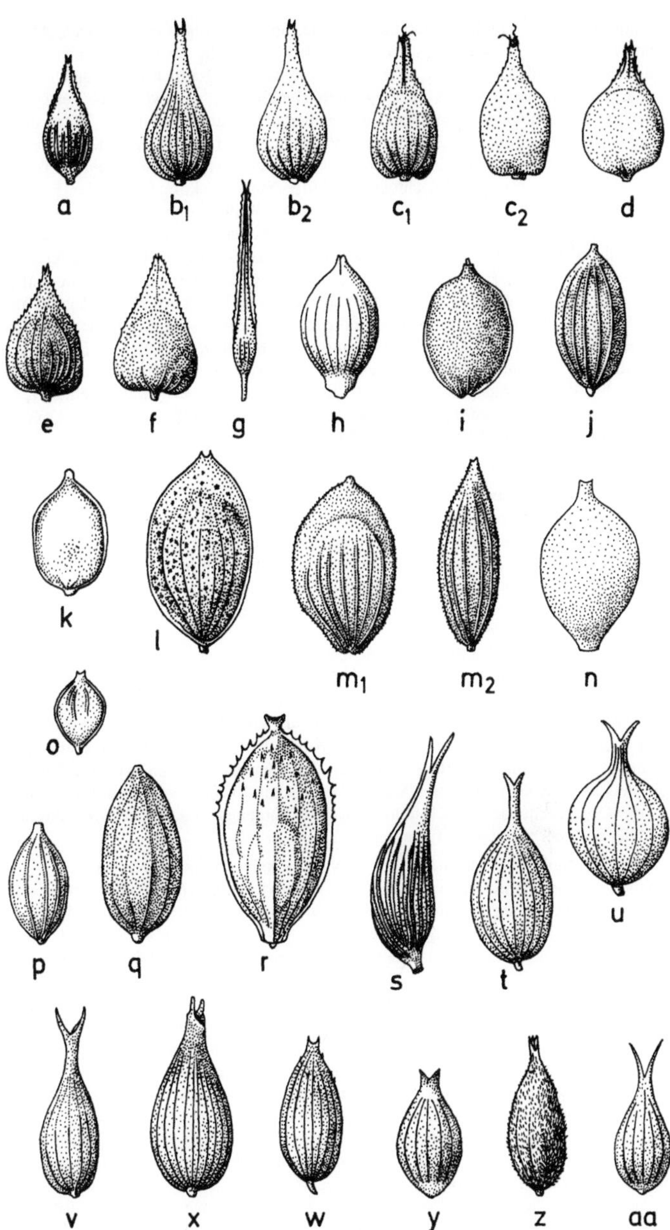

21*

tenstandes sind; bei dieser Trennung sind häufig an der Spitze der obersten weiblichen Ähren (1geschlechtige Ähren bezeichnen wir als männliche bzw. weibliche Ähren) noch mehr oder weniger zahlreiche männliche Blüten („acandra") zu finden; gelegentlich finden sich an der Basis der endständigen, männlichen Ähre einige weibliche Blüten („hypogyna"; die Verteilung der Geschlechter ist noch weitaus komplizierter, als hier angedeutet). Männliche Blüten ohne Vorblatt und Perigon, aus 2 oder 3 Staubblättern. Weibliche Blüten ohne Perigon, aus 1 Fruchtknoten, der (auch zur Zeit der Fruchtreife) von einem verwachsenen Trag-(Vor-)blatt (Fruchtschlauch, Utriculus, Perigynium) umschlossen ist (der Merkmalskomplex „reifer Fruchtschlauch" ist für die Bestimmung nahezu unentbehrlich). Reife Frucht (Nuß) den Fruchtschlauch oft nicht ausfüllend, linsenförmig (wenn 2 Narben) oder 3kantig (wenn 3 Narben).

Die Gattung ist außerordentlich artenreich und über die ganze Erde verbreitet. Kükenthal (1909) unterscheidet in seiner Monographie 793 Arten; heute rechnet man mit weit über 1000 Arten, von denen ungefähr $^3/_4$ dem eurasiatisch-nordamerikanischen Florenelement angehören. In den tropischen Gebieten gibt es verhältnismäßig wenig *Carex*-Arten; sie besiedeln dort vor allem die Gebirge. Viele Arten wachsen auf nassen bis feuchten Böden, wenige bevorzugen sehr trockene Standorte. Einige unserer Arten sind charakteristische Bestandsbildner in Sümpfen oder Verlandungspioniere in den Uferregionen von Seen und Teichen, z. B. *Carex elata, C. gracilis, C. rostrata, C. vesicaria* oder *C. pseudocyperus.*

Wichtigste Literatur: Kükenthal 1909; Schultze-Motel 1966—1969.

Bestimmungsschlüssel der Arten:
Bei der Bestimmung ist zu beachten:
1. Man sammle die Pflanzen nur, wenn reife oder nahezu reife Früchte vorhanden sind (Fruchtschläuche lösen sich ab, wenn Ähren zwischen den Fingern leicht gedrückt werden). 2. Man sammle die Pflanzen möglichst vollständig und achte darauf, daß auch evtl. vorhandene Ausläufer nicht abbrechen. 3. Man nehme von jeder Art mehrere Pflanzen mit wegen der Variabilität gewisser Merkmale.
Beim Bestimmen muß man zuerst die Verteilung der männlichen und weiblichen Blüten in den einzelnen Ähren und im ganzen Blütenstand genau untersuchen. Weiter muß die Zahl der Narben festgestellt werden. Da die Narben an den reifen Früchten meist abgebrochen sind, präpariert man Früchte aus den Fruchtschläuchen heraus. Sind die Früchte linsenförmig, im Querschnitt 2eckig oder oval, so sind 2 Narben vorhanden; sind die Früchte mehr oder weniger deutlich 3kantig, sind 3 Narben vorhanden. Die Merkmale an den Fruchtschläuchen prüfe man stets an mehreren Fruchtschläuchen (wenigstens 10fach vergrößernde Lupe und schräg auf das Objekt fallende Beleuchtung). Einen Bestimmungsschlüssel nach dem Bau der Nüßchen findet man bei Nilsson & Hjelmqvist 1967.

1a Alle Ährchen annähernd gleichgestaltet (jedenfalls kein abweichend gestaltetes, rein männliches Gipfelährchen vorhanden), größtenteils jedes sowohl mit männlichen als auch weiblichen Blüten; seltener einige Ährchen an der Spitze oder am Grunde des Gesamtblütenstandes 1geschlechtig; Ährchen kurz (bis 15 mm lang); seitliche Ährchen stets ungestielt, Gesamtblütenstand daher ährig oder rispig (Gleichährige, Homostachya). **2**

1b Ährchen getrenntgeschlechtig, männliche und weibliche Ährchen in Form und Farbe voneinander verschieden; gipfelständiges Ährchen meist rein männlich; oberstes weibliches Ährchen oft an der Spitze männlich; seitliche Ährchen oft kurz oder lang gestielt, Gesamtblütenstand nie rispig (Verschiedenährige, Heterostachya) . . **9**

2a Ährchen in kurzem, kopfigen Gesamtblütenstand, von ihren langen, laubartigen Hüllblättern weit überragt; Ährchen am Grunde männlich, an der Spitze weiblich, hellgrün. Schläuche lang geschnäbelt . . . . **7. C. bohemica** (S. 333)

2b Ährchen in einfachem ährigem oder zusammengesetztem rispigem Gesamtblütenstand, dann aber ohne laubartige Hüllblätter **3**

3a Grundachse lang kriechend, verzweigt; Pflanze Ausläufer treibend; Stengel meist bis zur Mitte beblättert; obere und untere Ährchen weiblich, mittlere männlich

Gesamtblütenstand daher zur Zeit der Fruchtreife in der Mitte eingeschnürt . . . . **1. C. disticha** (S. 327)

3b Pflanze dichtrasig oder horstig, selten lockerer (randliche Ausläufer öfter vorhanden) **4**

4a Ährchen an der Spitze weiblich, am Grunde männlich; Gipfelährchen keulig; Fruchtschläuche schnabellos, 3—3,5 mm lang, lederig, gelblich-bräunlich; Blätter 2—3 mm breit. . . . . **8. C. mackenziei** (S. 333)

4b Ährchen an der Spitze männlich, am Grunde weiblich **5**

5a Fruchtschläuche plankonvex (innen flach, außen gewölbt), mehr oder weniger waagerecht abstehend; Ährchen in einem mehr oder weniger langen, manchmal am Grunde unterbrochenen, ährigen Gesamtblütenstand **6**

5b Fruchtschläuche beidseits gewölbt, aufrecht, scharfkantig; Ährchen in einem mehr oder weniger dichten, rispigen Gesamtblütenstand **8**

6a Fruchtschläuche (3) 4—6 mm lang, nervenlos oder außen mit 2—3 undeutlichen Nerven; Schnabel am Rande fein gesägt, rauh . . . . **4. C. vulpinoidea** (S. 330)

6b Fruchtschläuche (1,7) 2—2,5 (3) mm lang, wenigstens außen mit (6) 8—12 (16) deutlichen Nerven; Schnabel am Rande nicht feingesägt **7**

7a Stengel deutlich geflügelt bis 3kantig, Flächen konkav; Blätter auch trocken rein grün; Bogen des Blatthäutchens 2—5 mm hoch, breiter als lang, stumpf; farbloser Rand der Blattscheiden drüsig oder quergefältelt; untere Scheiden schwärzlich, stark zerfasernd; Hüllblätter der Ährchen kurz, unauffällig, steif, borstlich, mit deutlichen, braunen Öhrchen; Spelzen dunkel- bis rostbraun, mit dunkelgrünem Mittelnerv; Fruchtschläuche rostbraun, nur auf dem Rücken deutlich nervig, matt; Schnabel auf der konvexen Seite des Fruchtschlauches tief gespalten, auf der flachen, achsenzugewandten Seite nur ausgerandet . . . . . . **3. C. vulpina** (S. 330)

7b Stengel undeutlich geflügelt, 3kantig, Flächen fast eben; Blätter trocken graugrün; Bogen des Blatthäutchens 10—15 mm hoch, länger als breit, spitz; farbloser Rand der Blattscheiden weder drüsig noch quergefältelt; untere Scheiden hellbraun, kaum zerfasernd; Hüllblätter der Ährchen länger, oft schlaff, mit unauffälligen, blassen Öhrchen; Spelzen grünlich bis hellbraun oder weißlich, mit hellgrünem Mittelnerv; Fruchtschläuche grünlich bis hellbraun, allseits deutlich nervig, lackglänzend; Schnabel beidseits ungefähr gleich tief gespalten . . . **2. C. crupina** (S. 329)

8a Grundständige Blattscheiden schwarzbraun, mit den schwarzen Resten der vorjährigen Blattscheiden einen schwarzen Faserschopf bildend; Fruchtschläuche eirundlich, matt hellbraun bis braun, mit 9—11 starken Nerven; Spelzen nicht oder höchstens schmal weißhautrandig; Blätter 2—3 mm breit, schmal-linealisch, mit etwa 7 Längsnerven pro Blatthälfte . . . . **5. C. appropinquata** (S. 331)

8b Stengel am Grunde ohne Faserschopf (Reste der vorjährigen Blattscheiden nicht oder nur in einzelne grobe Fasern zerfasert); Fruchtschläuche eiförmig, glänzend hell- bis dunkelbraun, am Grunde schwach streifig, sonst nervenlos; Spelzen breit weißhautrandig; Blätter 3—7 mm breit, linealisch, mit 8—10 Längsnerven pro Blatthälfte . . . . **6. C. paniculata** (S. 331)

9a Narben 2 . . . . **10**

9b Narben 3 . . . . **18**

10a Pflanzen ohne Ausläufer, dicht rasig oder horstig **11**

10b Pflanzen mit Ausläufern **12**

11a Blütenstand aus 4 Ährchen; das obere männlich, die unteren 3 weiblich (an der Spitze oft männlich). Spelzen der weiblichen Blüten lanzettlich, spitz, blaßbraun, 3nervig. Fruchtschläuche nervenlos oder undeutlich nervig, mit nur schwach entwickelter Randleiste . . . . **13. C. omskiana** (S. 340)

11b Blütenstand aus 4—6 Ährchen; die oberen 1—3 männlich, die unteren 2—4 weiblich (an der Spitze oft männlich); Spelzen der weiblichen Blüten stumpf oder spitzlich, schwarz oder rotbraun, mit hellem Mittelnerv; Fruchtschläuche auf dem Rücken

mit klar sichtbaren, dünnen Nerven, mit gut entwickelter Randleiste . . . . . .
. . . . **14. C. elata** (S. 340)

12a Spelzen der weiblichen Blüten Granne, nicht länger als die Fruchtschläuche **13**

12b Spelzen der weiblichen Blüten mehr oder weniger lang begrannt, deutlich länger
als die Fruchtschläuche **17**

13a Blütenstengel am Grunde nur mit spreitenlosen Scheiden, nur über diesen einige
Blätter; daneben zahlreiche halmlose Blatttriebe mit sehr stark netzfaserigen, rot-
bis schwarzbraunen Grundscheiden; Spreiten bis 1 cm breit; Fruchtschläuche etwa
2 mm lang, eiförmig, außen gewölbt, innen flach, nervenlos . . . **15. C. buekii** (S. 342)

13b Blütenstengel am Grunde mit ansehnlichen Blättern; grundständige Blattscheiden
nicht netzfaserig **14**

14a Stengel ganz glatt; Spreiten 1—2 (3) mm breit, borstlich gefaltet, beim Trocknen
die Ränder einwärts rollend, graugrün; Fruchtschläuche 3—4 mm lang, außen
gewölbt, innen flach, auf den Flächen deutlich 3nervig; weibliche Ährchen 2—3;
dichtstehend, aufrecht, fast sitzend . . . . **10. C. trinervis** (S. 335)

14b Stengel wenigstens oberwärts rauh; Spreiten (2) 3—9 mm breit; Fruchtschläuche
2—3 mm lang, undeutlich nervig oder nervenlos **15**

15a Fruchtschläuche außen gewölbt, innen flach, länger als die stumpfen Spelzen,
mit schwachen Nerven; Stengel nur oberwärts rauh; Pflanze 30—70 cm hoch,
schlank, dünn, dichtrasig; männliche Ährchen 1 (—2); Blätter schmal (2—5 mm
breit), durchweg gefaltet oder eingerollt, die unteren öfter mit rotbraunen, schwach
netzig zerfasernden Scheiden . . . . **11. C. juncella** (S. 337)

15b Fruchtschläuche beidseits gewölbt; Spelzen der weiblichen Blüten spitzlich;
Stengel meist weit herab rauh; Pflanzen (30) 60—140 cm hoch; männliche Ährchen
(1) 2—4 . . . . **16**

16a Stengel hohlseitig, 3kantig, beim Biegen knickend; Spreiten unterseits graugrün,
matt, oberseits grün, glänzend, doppelt gefaltet, frühzeitig überhängend, beim
Trocknen die Ränder zurückrollend; untere Scheiden braun; Blatthäutchen
2—3 mm lang; weibliche Ährchen mehr oder weniger nickend; Fruchtschläuche
schwach nervig . . . . **12. C. gracilis** (S. 337)

16b Stengel mit ebenen Seitenflächen, beim Biegen brechend; Spreiten unterseits grün,
glänzend, oberseits graugrün, matt, einfach gefaltet, lange aufrecht, beim Trocknen
die Ränder einwärtsrollend; untere Scheiden rot; Blatthäutchen 10 mm lang;
weibliche Ährchen aufrecht; Fruchtschläuche nervenlos . . . . **9. C. aquatilis** (S. 335)

17a Spelzen der weiblichen Blüten lanzettlich-zugespitzt, kastanienbraun bis schwarzpurpurn, 1—2nervig, stachelspitzig oder begrannt; Blätter 3—5 mm breit . . . .
. . . . **17. C. recta** (S. 343)

17b Spelzen der weiblichen Blüten länglich-lanzettlich, spitz oder an der gestutzten
Mündung ausgerandet, braun bis schwarzbraun, 3nervig, lang begrannt; Blätter
4—8 mm breit . . . . **16. C. paleacea** (S. 343)

18a Fruchtschläuche mit nur sehr kurzem, seicht ausgerandetem, nicht 2zähnigem
Schnabel **19**

18b Fruchtschläuche mit deutlich 2zähnigem Schnabel; wenigstens die unteren Hüllblätter laubblattartig **20**

19a Fruchtschläuche nervenlos, bleichgrün, oft braunpurpurn gefleckt; Spelzen der
weiblichen Blüten mit starrer, scharfer, rauher Granne; Stengel 40—150 cm hoch,
bis 5 mm dick; Blattspreite 4—8 (10) mm breit . . . . **18. C. hispida** (S. 345)

19b Fruchtschläuche mit 4—8 deutlichen Nerven, graugrün, matt; Spelzen der weiblichen Blüten plötzlich in eine feine Spitze verschmälert; Stengel 20—60 cm hoch,
kaum 1 mm dick; Blattspreiten 1—2 mm breit . . . . **19. C. limosa** (S. 345)

20a Nur 1 männliches Ährchen; Pflanze rasig, kahl, auffallend gelbgrün; weibliche
Ährchen 3—6, sehr dichtblütig, walzlich, 7—10mal so lang wie breit, auf langen,
dünnen Stielen überhängend; Spelzen lanzettlich, vorn gesägt; Fruchtschläuche

waagerecht abstehend und zuletzt schräg rückwärts gerichtet . . . .
. . . . **20. C. pseudocyperus** (S. 346)

20b Meist mehrere männliche Ährchen; Pflanzen kriechend; Schnabelzähne spreizend; Blattscheiden deutlich gitternervig **21**

21a Fruchtschläuche auf der ganzen Fläche mehr oder weniger behaart (bei *C. atherodes*
zuweilen fast kahl) **22**

21b Fruchtschläuche, Stengel und Blätter kahl. **23**

22a Spreiten sehr schmal (1—1,5 mm breit) und lang, rinnig, graugrün, wie die Scheiden
völlig kahl: Stengel oberwärts unbeblättert; Spelzen stachelspitzig oder kurz
begrannt; Schnabelzähne kurz. . . . . **27. C. lasiocarpa** (S. 352)

22b Spreiten 2—7 mm breit, flach, meist wie die Scheiden behaart; seltener ganze
Pflanze kahl; Stengel bis oben beblättert; Spelzen in eine lange, oft die Spelzenlänge
erreichende, gesägte Spitze verschmälert; Fruchtschläuche nur oberwärts und auf
den Nerven behaart, manchmal fast kahl . . . . **28. C. atherodes** (S. 352)

23a Reife Fruchtschläuche meist viel länger als die stumpflichen Spelzen, aufgeblasen,
hellgelbgrün; männliche Ährchen sehr schlank walzlich **24**

23b Reife Fruchtschläuche kaum länger als die meist zugespitzten Spelzen, allmählich
in den Schnabel verschmälert, olivgrün **26**

24a Stengel scharf-3kantig, oberwärts an den Kanten meist rauh; Fruchtschläuche
eikegelig, allmählich in den mäßig langen Schnabel verschmälert, grünlich- bis
bräunlichgelb, schief aufrecht abstehend . . . . **23. C. vesicaria** (S. 350)

24b Stengel stumpf-3kantig **25**

25a Pflanze graugrün; Stengel nur im Blütenstand rauh; Blätter mit schmaler, oft
eingerollter Spreite; Fruchtschläuche fast kugelig, plötzlich in den ziemlich langen
Schnabel verschmälert, zuletzt waagerecht abstehend, bräunlichgelb . . . . . .
. . . . **21. C. rostrata** (S. 346)

25b Pflanze auffallend grasgrün; Blätter mit flacher, breiter, sehr stark gitternerviger
Spreite; Fruchtschläuche verkehrteiförmig bis fast kugelig, undeutlich nervig,
braun . . . . **22. C. rhynchophysa** (S. 348)

26a Stengel stumpf 3kantig, nur unter dem Blütenstand rauh; Blattspreiten schmal,
2—3 mm breit, am Rande zurückgerollt; männliche Ährchen schmal walzlich;
Fruchtschläuche eikegelig, fein längsfurchig, nicht erhaben nervig; Spalzen lanzettlich, dunkelpurpurn . . . . **26. C. melanostachya** (S. 351)

26b Stengel scharf 3kantig; oberwärts rauh; Blattspreiten 4—15 mm breit; männliche
Ährchen dick walzlich; Fruchtschläuche mehrnervig **27**

27a Untere Blattscheiden stark netzfaserig; weibliche Ährchen 6—7 mm dick, meist
alle aufrecht; Spelzen der weiblichen Blüten 3—5 mm lang, zugespitzt, kurz
stachelspitzig; Spelzen der männlichen Blüten zugespitzt, 5—6 mm lang; Fruchtschläuche dunkelgrün, 3kantig oder etwas zusammengedrückt . . . .
. . . . **24. C. acutiformis** (S. 350)

27b Untere Blattscheiden häutig zerreißend; weibliche Ährchen 8—10 mm dick; die
unteren oft lang gestielt und nickend; Spelzen der weiblichen Blüten 7 mm lang,
mit langer, gezähnter Grannenspitze; Spelzen der männlichen Blüten stumpf,
8 mm lang; Fruchtschläuche graubraun, aufgeblasen, eikegelig   **25. C. riparia** (S. 351)

1. Carex disticha Hudson (Fig. 85a; 86a—c)

C. intermedia Goodenough; *C. multiformis* Thuillier

Ausdauernd, Grundachse ziemlich dick, lange, unterirdische, von schwarzbraunen, zerfaserten Schuppenresten umhüllte Ausläufer treibend. Stengel aus der Achsel jedes 5. Nieder-
blattes entspringend, oft am Grunde von schwarzbraunen, zerfaserten Scheidenresten umhüllt, aufrecht, (15) 20—50 (70) cm hoch, scharf 3kantig, rauh, bis hoch hinauf beblättert.
Blätter den Blütenstand meist nicht erreichend, die unteren abgestorben mit schwärzlicher,
die übrigen mit braungestreifter Scheide; Spreite 2—5 mm breit, flach, blaugrün, am Grunde
mit glatten Rändern; Blütenstand 2—6 cm lang, 1 cm dick, aus zahlreichen, (6) 8—12

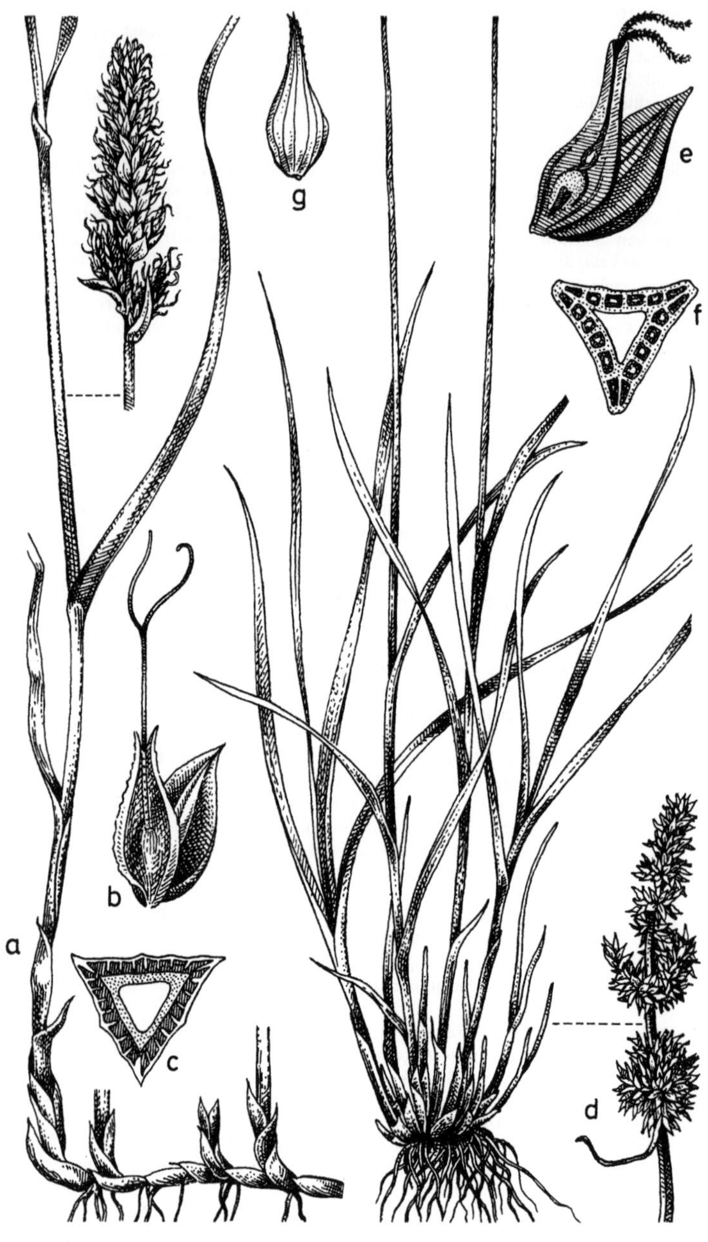

(20) dicht gedrängten, eiförmigen Ährchen bestehend; unterste und oberste Ährchen des Blütenstandes meist rein weiblich, mittlere rein männlich, deshalb Blütenstand zur Fruchtreife im mittleren Teil eingeschnürt, unteres Ährchen mit gelbem Hüllblatt, das etwa doppelt so lang ist wie die Ährchen. Spelzen $^2/_3 - ^3/_4$ so lang wie die Fruchtschläuche, stumpf oder spitz, hellrotbraun mit durchsichtigem Rand. Fruchtschläuche 4,5—5 mm lang, unter der Mitte am breitesten (1,5—2 mm), mit zahlreichen feinen Nerven, gelbbraun, allmählich in den spitz-2zähnigen Schnabel verschmälert. Narben 2. Frucht ovoid, zusammengedrückt. — Blütezeit: V—VI. — $2n = 62$.

Vorkommen: An stehenden und langsamfließenden Gewässern; auf stau- bis sickernassen, zeitweilig überschwemmten, nährstoff- und basenreichen, meist kalkhaltigen, mehr oder weniger mild-humosen bis mäßig sauren Torf-, Lehm- und Sandböden; etwas wärmeliebend; planar bis montan; vor allem in Großseggengesellschaften, so im Caricetum gracilis, im Caricetum elatae und im Phalaridetum, auch in nassen Ausbildungen von Feuchtwiesen und in Kleinseggenmooren; an Dämmen in Reisfeldern. — L: G rhiz/Hel.

Verbreitung: Vom westlichen und mittleren Europa nordwärts bis ins mittlere Fennoskandien (nicht in der arktischen Zone), ostwärts über das mittlere Osteuropa und den Baikalsee bis Ostsibirien, Tibet und China (Jünnan), südwärts vereinzelte Vorkommen in Nordspanien, Mittelitalien und Griechenland. — Im Gebiet in den Stromtälern meist häufig, sonst zerstreut, stellenweise selten. — euras.

Verbreitungskarten: Stefanoff 1943; Meusel et al. 1965; Hultén 1971.

Anmerkungen: In Oberitalien kommen niedrigwüchsige Pflanzen vor, deren obere Ährchen gänzlich männlich und deren mittlere am Grunde weiblich und an der Spitze männlich sind (*C. repens* Bellardi).

2. Carex crupina (Sándor ex Heuffel) Th. Nendtvich ex Kerner (Fig. 85 b$_1$, b$_2$; Fig. 86 d)

C. lamprophysa Samuelsson ex Nordhagen; *C. nemorosa* Rebentisch; *C. vulpina* subsp. *nemorosa* (Rebentisch) Maire; *C.* × *otrubae* Podpěra

Ausdauernd, horstbildend. Stengel 30—100 cm hoch, 3kantig, auffällig dick; Kanten deutlich geflügelt. Sterile Triebe mit recht- bis spitzwinkligen Blatthäutchen. Blätter 5—8 mm breit, meist kürzer als der Stengel, schlaff, graugrün, glänzend, Blütenstand walzlich, 2—8 cm lang, 1—15 cm dick, oft etwas aufgelockert, aus zahlreichen Ährchen bestehend, gelbgrün. Ährchen unten weiblich, oben männlich. Hüllblätter mit unauffälligen, blassen Öhrchen; unterstes Hüllblatt fadenförmig, 2—10 cm lang, abstehend. Spelzen etwa so lang wie die reifen Fruchtschläuche, gelbgrün bis hellbraun, mit hellgrünem Mittelnerv und grannenartiger Spitze. Fruchtschläuche bei der Reife nicht schnell ausfallend, ab Juli vorhanden; 4,5—5,5 mm lang, im untersten Drittel am breitesten (2—2,4 mm), beidseits mit zahlreichen (10—16) deutlichen Nerven (auf der Innenseite Nerven oft nur im untersten Drittel des Fruchtschlauches); oberflächlich lackartig glänzend, Epidermiszellen ohne Papillen, glatt, hellbraun bis grünlich, ganz allmählich in den Schnabel verschmälert; Schnabel mit 2 beidseits gleich tief eingeschnittenen, nicht spreizenden Zähnen, Narben 2. — Blütezeit: VI—IX. — $2n = 60$.

Vorkommen: In Naßwiesen und Flutrasen, in Gräben, an Straßenrändern, an Seen und Teichen, auch in Auenwäldern und außerhalb des Überflutungsbereiches, auf Salzwiesen; auf sickernassen bis feuchten, im Sommer oft austrocknenden, nährstoffreichen, oft kalkhaltigen, neutralen, humosen, sandigen oder reinen Lehm- und Tonböden; salz- und schattenertragend; vor allem in Großseggengesellschaften; in Spanien eine eigene Gesellschaft (Cypero-Caricetum otrubae) in feuchten bis nassen Senken und Gräben bildend,

Fig. 86. a—c *Carex disticha* Hudson — a Habitus, $\times^1/_2$; Blütenstand $\times 1$; b weibliche Blüte mit Spelze; e Stengelquerschnitt. d *Carex crupina* (Sándor ex Heuffel) Nendtvich ex Kerner, Habitus, $\times^1/_2$; Blütenstand $\times 1$. e—f *Carex vulpina* L. — e Fruchtschlauch mit Spelze; f Stengelquerschnitt; g *Carex vulpinoidea* Michaux, Fruchtschlauch (a, d nach Nordhagen 1948; b, c, e, f nach Hegi 1939; g nach Fassett 1960).

ebenso in der Dobrudscha; in Südfrankreich vor allem im Leucojo-Caricetum, auf Kreta im Dorycnio-Caricetum otrubae. — L: H scap/Hel.
Verbreitung: Vor allem im mediterran-atlantischen Raum (Nordafrika, Syrien, Libanon, Westfrankreich, Irland, Südengland). — Im Gebiet selten, nach Westen zu häufiger werdend, ostwärts ausklingend („atlantische Vikariante" von *C. vulpina*). — med-smed-atl.
Verbreitungskarte: Perring & Walters 1962.
Anmerkung: Auch als Bastard *C. muricata* × *vulpina* (*C.* × *otrubae* Podpĕra) aufgefaßt

3. Carex vulpina L. (Fig. 85c_1, c_2; Fig. 86e—f)
Ausdauernd, schwach wintergrün; Grundachse kräftig, von zahlreichen, faserigen, schwarzen Resten der Blätter bedeckt. Stengel starr aufrecht, ziemlich dick, etwas weich, scharfkantig-rauh, 30—90 cm hoch, so lang wie oder länger als die Blätter; sterile Triebe mit sehr stumpf-winkligen bis gestreckt-winkligen Blatthäutchen. Blätter dunkelgrün; Spreiten 4—8 mm breit, an den Rändern sehr rauh, die unteren mit schmutzig-braunen, leicht zersetzlichen, schwarze Fasern hinterlassenden Scheiden. Blütenstand aus 5—8 (12) eiförmigen Ährchen, länglich-walzlich, sehr dicht, am Grunde unterbrochen. Hüllblätter unauffällig, oft mit laubartiger Spitze und breiten, braunen Öhrchen. Spelzen rotbraun mit grünem Kiel, Blütenstand deshalb gelb- bis dunkelbraun erscheinend. Fruchtschläuche bei der Reife schnell ausfallend, nach Juli nicht mehr vorhanden; 5 mm lang, eiförmig, außen mit 6—12 Nerven, bauchseits nur am Grunde und undeutlich mit oder fast ohne Nerven, ober-flächlich mit sehr feinen, höckerigen Papillen besetzt, seidig (matt-)braun, plötzlich in den Schnabel verschmälert; Schnabel fast $^1/_3$ so lang wie die Spelze, 2zähnig, auf dem Rücken tiefer als auf der Bauchseite eingeschnitten. Narben 2. Frucht linsenförmig, 2 mm lang, etwas länger als dick. — Blütezeit: V—VI. — $2n = 68$.
Vorkommen: Auf Überschwemmungswiesen und in Flutmulden der Strom- und Talauen, vor allem im Überflutungsbereich; auf wechselfeuchten bis sickernassen, nährstoff- und basenreichen, milden bis mäßig sauren, humosen oder rohen sandigen oder reinen Lehm- und Tonböden; planar bis montan; Kennart des Caricetum vulpinae, auch im Phalaridetum und in Flutrasen. — L: H scap/Hel.
Verbreitung: In fast ganz Europa; in Frankreich und England selten, nordwärts bis Süd-fennoskandien; in Nordwestafrika, Kleinasien, Kasachstan, Südwestsibirien. — Im Gebiet in den großen Stromtälern meist häufig, sonst zerstreut, stellenweise selten, nach Westen hin seltener werdend („kontinentale Vikariante" von *C. crupina*). — euras (kont).
Verbreitungskarten: Meusel et al. 1965; Hultén 1971.

4. Carex vulpinoidea Michaux (Fig. 85d; Fig. 86g; Fig. 97c)
Ausdauernd; horstbildend. Grundständige Scheiden braun, z. T. fast ohne Spreite, nach dem Zerfall einen Faserschopf bildend; oberste Blätter länger als die Stengel. Spreiten 2—6 mm breit, flach, am Rande rauh, lang verschmälert, mit dicken Scheiden. Stengel (20) 50—70 (100) cm hoch, 3kantig (Kantenabstand im obersten Drittel 0,5—2,5 mm), fest, sehr rauh. Blütenstand zylindrisch, 2—15 cm lang, im Durchmesser 0,5—1 cm, aus zahl-reichen, meist dicht stehenden Ährchen gebildet. Alle Ährchen unten weiblich, oben männ-lich. Hüllblätter meist borstlich, gelbbraun, bis 5 cm lang, länger als die Ährchen. Granne der Spelzen die Spitze der Fruchtschläuche erreichend; Granne so lang wie die Spelze, diese eiförmig, weiß mit grünem Mittelnerv. Fruchtschläuche (1,7) 2—2,5 (3) mm lang, so lang wie die Granne der Spelze, zuletzt abstehend, eiförmig bis eilänglich, im untersten Drittel am breitesten (1—1,8 mm), beidseits flach, innen glatt, nervenlos oder außen mit 3—4 un-deutlichen Nerven, gelbbraun, matt, plötzlich in den am Rande fein gesägten, rauhen Schnabel verschmälert. Narben 2. Frucht breit eiförmig, zusammengedrückt, den Fruchtschlauch nicht ausfüllend. — Blütezeit: VI—VIII. — $2n = 52, 54$.
Vorkommen: An Ufern, auf Sumpfwiesen. — L: H caesp/Hel.

Verbreitung: Einheimisch im atlantischen Nordamerika (Kanada, östliche und mittlere Staaten der USA), Südamerika (Kolumbien); in West- und Mitteleuropa eingeschleppt (wenige Fundstellen). — Im Gebiet hier und da eingeschleppt.

5. Carex appropinquata Schumacher (Fig. 85e; Fig. 87a—f)
   C. paradoxa Willdenow non J. F. Gmelin
Ausdauernd; feste, halbkugelig-kopfige Horste bildend; Stengel ziemlich dünn, (20) 30—60 (100) cm hoch, ziemlich stark rauh, oft schlaff, stumpf 3kantig (Kantenabstand im obersten Drittel 0,5—2,5 mm), grundständige Blattscheiden schwarzbraun, glänzend, in grobe Fasern zerfallend und einen mehr oder weniger dichten, dunkelbraun bis schwarzen Faserschopf bildend. Blätter 2—3 mm breit, flach, etwas starr, sehr scharf rauh, den Blütenstand oft erreichend. Blütenstand zylindrisch, oft rispig, 2—6 (8) cm lang, 0,5—1,5 cm dick; aus zahlreichen, mehr oder weniger dicht stehenden Ährchen gebildet; Ährchen unten weiblich, oben männlich. Untere Hüllblätter mit Laubspitze; Spelzen rotbraun, meist mit schmalem, weißem Rand. Fruchtschläuche eikugelig, mit Schnabel kaum 3 mm lang, auf dem Rücken mit 10—14 deutlichen und regelmäßigen Nerven, auf der Bauchseite im unteren Teil mit 4—8 gleichmäßig hervortretenden Nerven, matt, nicht glänzend. Narben 2. Frucht kugelig, ziemlich hell. — Blütezeit: V—VI. — $2n = 64$.
Vorkommen: Bestandsbildend hinter dem Röhricht an stehenden, meso- bis schwach eutrophen Gewässern; auf nährstoffärmeren Niedermooren; auf nassen, z. T. zeitweise seicht überschwemmten, mäßig nährstoffreichen, aber meist kalkhaltigen Torfböden; planar bis montan, in den Alpen bis 1350 m; Kennart des Caricetum appropinquatae, oftmals in Kontakt mit Zwischenmooren, auch in ärmeren Ausbildungen des Erlenbruchwaldes. — L: H. caesp/Hel.
Verbreitung: In Europa weit verbreitet, nordwärts bis 68° nB, südwärts bis Oberitalien, Serbien, ostwärts bis ins Jenisseigebiet und in den Altai. — Im Gebiet im nordöstlichen Tiefland zerstreut, sonst ziemlich selten; infolge von Meliorationen im Rückgang. — no (kont).
Verbreitungskarten: Hultèn 1971.
Anmerkungen: Erinnert etwas an *Carex disticha*, von ihr leicht durch den schwarzbraunen, den Grund der Pflanze umgebenden Faserschopf zu unterscheiden. Im blühenden Zustand grasartig aussehend, zur Zeit der Fruchtreife durch die kleinen, eikugeligen Fruchtschläuche, die plötzlich in den Schnabel verschmälert sind, auffallend.

6. Carex paniculata Juslenius (Fig. 85f; Fig. 87g—l)
Ausdauernd; graugrüne, feste Horste bildend. Stengel 3kantig (Kantenabstand im obersten Drittel 0,5—2,5 mm), ziemlich dick, (20) 40—90 (100) cm hoch, länger als die Blätter. Grundständige Blattscheiden schwarzbraun, nicht oder nur wenig zerfasernd, keinen Faserschopf bildend. Blätter den Blütenstand oft erreichend und überragend. Spreite 3—7 mm breit, flach, sehr scharf rauh, glänzend, Blütenstand eine 2—10 cm lange Rispe; Rispenäste 1—5 cm lang, mit zahlreichen, meist locker stehenden Ährchen; alle Ährchen unten weiblich, oben männlich. Unterstes Hüllblatt meist den Spelzen ähnlich, selten blattähnlich. Spelzen hellbraun, mit breitem, weißlichem Hautrand, daher die Rispe anfangs weißlich, oft mit grannenähnlicher Spitze. Reife Fruchtschläuche 3 mm lang, eiförmig, ohne Nerven oder nur am Grunde mit undeutlichen Nerven, glänzend (unreife Fruchtschläuche haben weniger ausgeprägten Glanz und der Schrumpfung wegen oft deutlichere Nerven), allmählich (?!) in den schlanken, helleren Schnabel verschmälert. Narben 2. Frucht eiförmig, etwas flach. — Blütezeit: V—VI. — $2n = 60, 62, 64$.
Vorkommen: An Quellen und Gräben, auch im Erlenbruch; auf vorwiegend sickernassen, nährstoff- und basenreichen, mehr oder weniger neutralen Torfböden; Quellmoorsegge, aber auch in der Verlandungszone mäßig eutropher Gewässer; planar bis subalpin, in den Alpen bis 1750 m; Kennart des Caricetum paniculatae. — L: H caesp/Hel.
Verbreitung: In fast ganz Europa, nordwärts bis Südfennoskandien, ostwärts bis zur Wetluga und Sura, südwärts entlang der Atlantikküste bis Südspanien, außerdem in Mittel- und

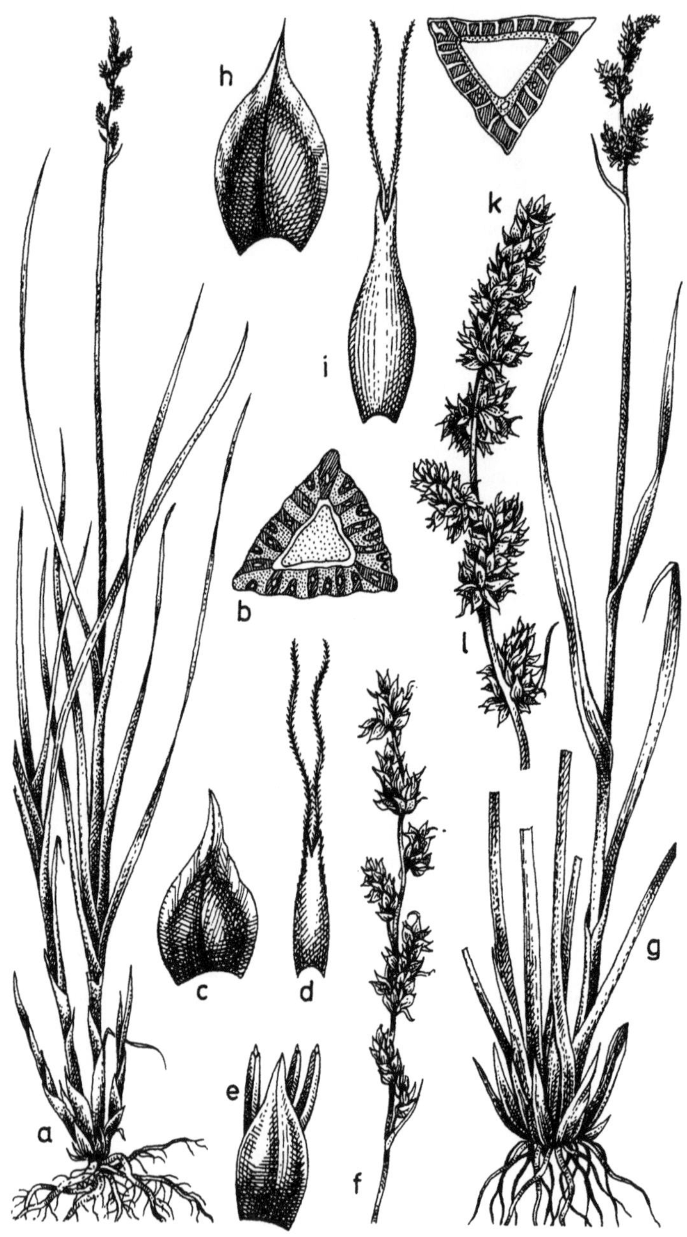

Süditalien, Albanien, Bulgarien, Griechenland; in Nordwestafrika. — Im Gebiet im Tiefland vielfach häufig, im Nordwesten seltener, sonst zerstreut; vor allem in Landschaften mit kalkreichen Böden. — euras-subozean.
Verbreitungskarten: Meusel et al. 1965; Hultén 1971.

7. Carex bohemica Schreber (Fig. 85g; Fig. 88c—g)
 C. cyperoides Murray ex L. (?)
Pflanze ausdauernd; horstbildend, wintergrün. Blätter 1—2 mm breit, flach, allmählich zugespitzt, am Rande rauh, schlaff, hellgrün, etwa so lang wie der Stengel; untere Blätter mit weicher, abgestorbener, hellbrauner, nicht fasernder Scheide, Stengel zahlreich, aufrecht, am Horstrand schräg aufsteigend, 10—30 (60) cm hoch, nur am Grunde beblättert, stumpf 3kantig, glatt. Ährchen einen kopfig gedrängten Blütenstand von 1—2 cm Durchmesser bildend; Blütenstand von 2—5 mehr oder weniger senkrecht abstehenden, 2—15 cm langen, blattähnlichen Hüllblättern umgeben, einen Kugelausschnitt bildend, meist bis 2 cm lang. Alle Ährchen verkehrt-eiförmig, gestutzt, unten mit weiblichen, oben mit männlichen Blüten. Spelzen lanzettlich, gesägt, rauh, grün, zuletzt hellgelb, etwa $^1/_2$ bis so lang wie die reifen Fruchtschläuche, allmählich in eine grannenähnliche Spitze ausgezogen. Fruchtschläuche ahlenförmig, 8—10 mm lang, im untersten Drittel am breitesten (0,8—1 mm) ohne Nerven, gestielt, grün, zuletzt gelbbraun, am Rand fein borstig gezähnt, allmählich in den Schnabel verschmälert; Schnabel lang, rauh, vorn in 2 fadenförmige Spitzen geteilt. Narben 2. Frucht klein, ellipsoidisch, zusammengedrückt, glänzend, hellbraun. — Blütezeit: V—IX. — $2n = 80$.
Vorkommen: An flachen, zeitweise überschwemmten, hochsommerlich trockenfallenden Ufern und auf Teichböden; auf offenen, nassen, nährstoffreichen, milden bis mäßig sauren, sowohl rein sandig-kiesigen als auch stark schlammigen bis schlammig-sandigen Böden; planar bis kollin; Schlamm-Pionierart; in Zwergbinsengesellschaften, Kennart des Eleocharito-Caricetum bohemicae, meist im Kontakt mit Zweizahn- oder Strandling-Gesellschaften; in Jugoslawien in der *Lindernia procumbens-Dichostylis micheliana*-Gesellschaft. — L: H/Hel.
Verbreitung: Aus Asien (hier auch in Ostasien) nach Europa einstrahlend, westwärts vereinzelt in Nordfrankreich und Portugal, nordwärts bis Dänemark und Südfinnland. — Im Gebiet in den Teichgebieten Böhmens, Sachsens, Schlesiens und der Ober- und Niederlausitz häufig, sonst selten und streckenweise völlig fehlend; hier und da adventiv. — euras (kont).
Verbreitungskarten: Militzer 1957; Meusel et al. 1965; Hultén 1971.
Anmerkung: Die wenig veränderliche Sippe kann als einer der ersten Ansiedler auf den trockengefallenen Teichböden umfangreiche Büsche bilden, die die anderen dort wachsenden Arten an Höhe weit überragen.

8. Carex mackenziei V. Kreczetovicz (Fig. 85b; Fig. 88a, b)
 C. norvegica Willdenow ex Schkuhr non Retzius
Pflanze rasig wachsend. Stengel 10—40 cm hoch. Blattscheiden strohfarben bis bräunlich; Spreiten der unteren Scheiden kurz, die der oberen verlängert, 1—3 mm breit, flach. Unterstes Hüllblatt 3—9 mm lang, schuppenartig oder mit einer kurzen, pfriemlichen Spreite. Blütenstand 15—45 mm lang, aufrecht. Ährchen 2—6, sitzend, aufrecht oder aufsteigend, das endständige keulenförmig, in der unteren Hälfte männlich. Weibliche Spelzen so lang oder länger als der Fruchtschlauch, eiförmig bis oval, stumpf bis abgerundet, braun oder gelblichbraun, hautrandig, in der Mitte grün bis strohfarben. Fruchtschlauch 2,5—3,5 mm

Fig. 87. a—f *Carex appropinquata* Schumacher — a Habitus, $\times^1/_3$; b Stengelquerschnitt; c weibliche Spelze; d Fruchtschlauch mit Narbe; e männliche Blüte mit Spelze; f Blütenstand, $\times^6/_5$; g—l *Carex paniculata* Juslenius — g Habitus, $\times^1/_3$ (die Blütenstandsachse ist verkürzt gezeichnet); h weibliche Spelze; i Fruchtschlauch mit Narbe; k Stengelquerschnitt; l Blütenstand, $\times^3/_2$ (f, g, l nach Nordhagen 1948; a, c—e, h—k nach Hegi 1939).

lang, 1,2—1,6 mm breit, ellipsoidisch bis eiförmig, flügellos, kahl, etwas gestielt, auf beiden Seiten mit Nerven, strohfarben bis grünlich; Schnabel 0,1—0,5 mm lang, gesägt. Narben 2. — Blütezeit: VII—IX. — $2n = 64$.

Vorkommen: In flachen Tümpeln, in Sümpfen und Mooren, im Küstenbereich; oft an brackigen Gewässern, hier im mittleren und oberen Geolitoral eine eigene Gesellschaft bildend (Caricetum mackenziei); in Schweden Kennart des Eleocharitetum uniglumis, auch in weniger stark versalzten Ausbildungen des Brackwasser-Kleinröhrichts. — L: H caesp/ Hel.

Verbreitung: Im nördlichen Nordamerika in Alaska und Kanada weit verbreitet, südwärts bis Maine und New Scotland; im nördlichen Eurasien; westwärts bis an die schwedische Westküste (Kattegat), südwärts bis Lettland. — Im Gebiet fehlend.

Verbreitungskarten: Minjaev 1965; Hultén 1968, 1971.

9. Carex aquatilis Wahlenberg (Fig. 89i; Fig. 89a—c)

Ausläufer treibend. Stengel (15) 80—100 (130) cm hoch, straff, lang aufrecht, gerundet bis 3kantig, unter dem Blütenstand glatt, leicht brechend. Blattscheiden meist rötlich bis schwarzpurpurn oder braun; untere Scheiden lappig-häutig aufreißend, ohne Spreiten; diese an den oberen vorhanden, 2—5 mm breit, flach oder am Grunde rinnig; Spreiten unterseits grün und glänzend, oberseits blaugrün und matt, durch einfache Faltung lange aufrecht, beim Trocknen mit den Rändern einwärts rollend. Unterstes Hüllblatt 7—35 cm lang mit laubblattartiger Spreite, den Blütenstand überragend; nur oberwärts übergebogen; Blütenstand 5—25 cm lang, aufrecht oder nickend. Ährchen 3—6, aufrecht, sehr dichtblütig; die oberen 1—3 männlich, das seitliche weiblich oder in der Mitte androgyn; sitzend oder das unterste 2 cm lang gestielt. Weibliche Spelzen kürzer oder fast so lang wie der Fruchtschlauch, eilanzettlich, spitz bis stumpf, schwärzlich, mit strohfarbener bis grünlicher Mitte. Fruchtschlauch (2) 2,5—3 mm lang, 1,2—1,8 mm dick, verkehrt-eiförmig, mit hervorspringenden Randkanten, kahl, etwas gestielt, nervenlos, grünlich; Schnabel 0,1 bis 0,3 mm lang, nicht gezähnt; Narben 2. — Blütezeit: (V) VI—VII (VIII). — $2n = 26$, 76, 84.

Vorkommen: Im Gebiet in den Randzonen verlandender Altwasser im Bereich größerer Niedermoore, in nassen Wiesen- und Straßengräben; im nördlichen Europa in oligotrophen Seen ausgedehnte Verlandungsgürtel bildend; im Gebiet Kennart des Lysimachio-Caricetum aquatilis; in Nordfinnland charakteristisch für oligotrophe „Carex-Seen", hier zusammen mit *Carex rostrata* und *Carex lasiocarpa*. — L: H/Hel.

Verbreitung: Zirkumpolar; in Europa südwärts bis Irland, Schottisches Hochland, Niederlande, Niedersachsen, Estland und Mittelrußland. — Im Gebiet im nordwestlichen Tiefland vereinzelt, z. B. in Südostfriesland längs der Flüsse Linde, Tjonger und Boorn, in Groningen, Norddrente und Nordwestoverijsel; im Emsland. — no subozean, circ.

Verbreitungskarten: Raup 1947; Perring & Walters 1962; Hultén 1962, 1968, 1971.

Anmerkung: Im Verbreitungsgebiet werden mehrere Unterarten unterschieden. *Carex aquatilis* ähnelt stark *Carex gracilis*.

10. Carex trinervis Déséglise in Loiseleur-Deslongchamps (Fig. 85l; Fig. 89d—f)

Ausdauernd; mit kräftiger, oft fast rotbrauner Grundachse lang kriechend, meist reich verzweigt. Stengel aufrecht, 10—20 (50) cm hoch, ganz glatt, am Grunde mehr oder weniger dicht (oft fast schopfig) von rötlich-hellbraunen, zerfaserten Scheidenresten eingehüllt. Untere Blattscheiden hellgrau, manchmal etwas rötlich; Spreite schmal linealisch, bis 2 mm breit, borstlich zusammengefaltet, zugespitzt, oberseits rauh, unterseits glatt, graugrün, steif.

Fig. 88. a—b *Carex mackenziei* V. Kreczetovicz — a Habitus, $\times^3/_{10}$; b Blütenstand, $\times 1$. c—g *Carex bohemica* Schreber — c Habitus, $\times^6/_7$; d männliche Blüte mit Spelze; e Ährchen, unten männlich, oben weiblich; f Stengelquerschnitt; g Spelze. h—k *Carex vulpina* L. — h oberer Sproßteil, $\times^1/_5$; i Blütenstand, $\times 1$; k Sproßbasis, $\times^1/_5$ (a—b, h—k nach Nordhagen 1948; c—g nach Hegi 1939).

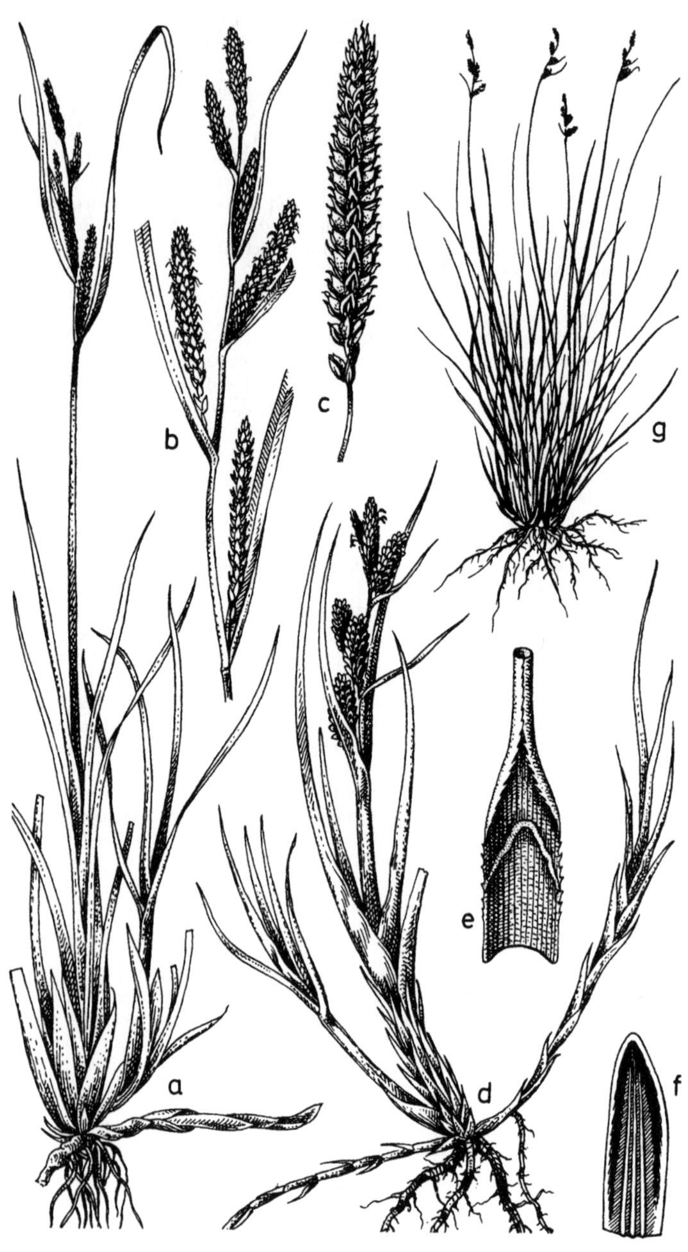

Blütenstand aus 2—3 weiblichen und 2—3 männlichen, ziemlich dicht stehenden Ährchen. Hüllblätter verlängert; die beiden unteren blattartig, den Blütenstand überragend. Weibliche Ährchen dick walzlich bis keulenförmig, 3—6 cm lang; Spelzen eilänglich, spitz, kastanienbraun mit grünem Mittelnerv und weißlichem Hautrand, zuletzt kürzer als die Fruchtschläuche. Wenigstens das endständige männliche Ährchen verlängert, schmal walzlich; Spelzen hell, rötlichbraun mit schmalem, grünem Mittelnerv und hellem Hautrand. Fruchtschläuche 3 mm lang, flach, eiförmig bis breit spindelförmig, auf der Außenseite gewölbt, 3nervig, zuletzt gelblich. Narben 2. Früchte linsenförmig, schwarz. — Blütezeit: VI—VII.

Vorkommen: In feuchten Dünentälern, in Windrißsohlen und alten Flutrinnen; auf sandigen, oligohalinen, den größten Teil des Jahres unter Wasser stehenden, anmoorigen Böden; an der Nordseeküste oft in Kontakt mit Kleinseggengesellschaften, z. B. Kennart des Caricetum trinervis-fuscae, ferner in der *Molinia caerulea-Lobelia urens*-Gesellschaft; in Südwestfrankreich auch in Strandlinggesellschaften, z. B. im Samolo-Littorelletum. — L: H/Hel.

Verbreitung: An der Atlantikküste von Portugal nordwärts bis Schleswig. — Im Gebiet nur an der Nordsee, vor allem auf den Inseln. — atl.

Verbreitungskarten: Dupont 1962; Hultén 1971.

11. Carex juncella (E. M. Fries) Th. Fries (Fig. 89g)
   C. vulgaris E. M. Fries subsp. *juncella* E. M. Fries

Ausdauernd; große, feste Horste (Bülten) bildend. Stengel 30—60 cm hoch, schlank, scharf 3kantig, rauh. Grundständige, blattlose Scheiden rotbraun, manchmal schwach netzfaserig, glänzend, nicht oder schwach gekielt, blättertragende Scheiden gelbbraun, matt, oft sehr fein gitternervig. Blätter schmal, 2—3 mm breit, steif, aufrecht, gelbgrün bis dunkelgrün, den Blütenstand oft erreichend. Blütenstand unten aus 2—3 walzlichen oder spindelförmigen, 1—4 cm langen weiblichen und 1—2 darüberstehenden männlichen Ährchen. Untere Hüllblätter blattähnlich, das unterste das endständige männliche Ährchen erreichend, aber nie überragend. Spelzen an der Spitze breit abgerundet. Fruchtschläuche 2,2—3 mm lang, in der Mitte am breitesten (1,3—1,5 mm), beidseits mit 5—7 mehr oder weniger deutlichen Nerven. Narben 2. — Blütezeit: V—VI (VII). — $2n = 74, 76, 84, 92$.

Vorkommen: In Mooren und Sümpfen, an stehenden und langsamfließenden Gewässern; auf entblößten Teichböden, auf schlammigen, torfigen, nur während des niedrigsten Wasserstandes nicht überfluteten Böden; wichtige Verlandungspflanze; planar bis subalpin. — L: H caesp/Hel.

Verbreitung: In Nordeuropa von England bis Fennoskandien häufig, ostwärts bis ins nordwestliche Osteuropa; in den Alpen (?); Verbreitung unvollständig bekannt. — Im Gebiet nur in den Alpen; ferner aus der Oberpfalz (Oberer Rollnhofweiher bei Tirschenreuth) angegeben (vgl. Anmerkung). — subarct-(alp).

Verbreitungskarte: Hultén 1971.

Anmerkungen: Vergleiche mit *C. juncella* aus Schweden haben Übereinstimmung mit dem Material aus dem Oberengadin ergeben. In Skandinavien scheint *C. juncella* recht einheitlich zu sein; im Gebiet ist sie polymorph. So gibt es auf kalkhaltigen Flachmooren und in Schmelzwasserrinnen in der subalpinen und alpinen Stufe horstbildende Sippen, die in verschiedenen Merkmalen wesentlich von der typischen *C. juncella* abweichen. Soweit bekannt, haben diese Sippen nur eine engbegrenzte Verbreitung (nach Heß et al. 1967).

12. Carex gracilis Curtis (Fig. 85j; Fig. 90a—f)
   C. acuta L. emend. Reichard non al.

Ausdauernd, sommergrün; mit langen, unterirdisch kriechenden Ausläufern. Stengel scharf 3kantig, steif aufrecht, (30) 40—100 (120) cm hoch, an der Spitze schon vor der Blütezeit

Fig. 89. a—c *Carex aquatilis* Wahlenberg — a Habitus, $\times^1/_3$; b Blütenstand, $\times^1/_2$; c Ähre, ×1. d—f *Carex trinervis* Déséglise — d Habitus, $\times^1/_2$; e Blattgrund; f weibliche Spelze, ×7. g *Carex juncella* (Th. Fries) Th. Fries, Habitus, $\times^1/_6$ (a—c nach Nordhagen 1948; d—f nach Kükenthal 1909).

nickend, rauh. Grundständige, blattlose Scheiden nicht zahlreich, (nicht netzfaserig), dunkel-braun, oft purpurn überlaufen, glänzend, ohne Gitternerven; blättertragende Scheiden braun, matt, stets mit deutlichen Gitternerven. Blattspreiten 4—8 (9) mm breit, allmählich zu-gespitzt, flach, den Blütenstand meist erreichend, oberseits grün und glänzend, am Grunde mit rauhem Rand. Blütenstand bis 30 cm lang, zur Fruchtzeit nickend, unten aus 2—6 zylin-drischen, 2—10 cm langen, locker- bis dichtfrüchtigen, aufrechten oder nickenden, sitzenden oder kurz gestielten weiblichen Ährchen und oben aus 1—4 bis 5 cm langen männlichen Ährchen. Hüllblätter blattähnlich, das unterste den Blütenstand weit überragend. Spelzen so lang wie die reifen Fruchtschläuche, meist spitz, schwarz oder rotbraun, mit hellem Mittelnerv. Fruchtschläuche aufrecht, eiförmig bis ellipsoidisch, 2,5—3 mm lang, in der Mitte am breitesten (1,2—1,8 mm), linsenförmig zusammengedrückt, beidseits schwach gewölbt, mehr oder weniger deutlich 3—12nervig, kahl, gelbbraun; Schnabel kurz, nicht gespalten. Narben 2. Frucht verkehrt-eiförmig, zusammengedrückt, 2 mm lang, 1,5 mm breit, braun. — Blütezeit: V—VI. — $2n = 84$.

Vorkommen: Bestandsbildend in nassen Wiesen und Flutmulden, meist in der Nachbarschaft von Fließgewässern mit periodischen Überflutungen; ziemlich hohe Überschwemmungen vertragend, aber empfindlich gegen zu starke Wasserstandsschwankungen, widerstandsfähig gegen Austrocknung; auf wechselnassen, nährstoff- und basenreichen, oft kalkhaltigen, milden bis mäßig sauren, torfigen bis anmoorigen Sand-, Lehm- oder Tonböden; planar bis montan, in den .Alpen vereinzelt bis 1600 m; Kennart des Caricetum gracilis, auch in reicheren Ausbildungen des Caricetum elatae und in anderen Großseggen-Gesellschaften; in nassen Ausbildungen von Feuchtwiesen und Flutrasen und in Auenwäldern. — L: G rhiz — H rept/Hel.

Verbreitung: In fast ganz Europa, nordwärts bis zum Polarkreis (nicht auf Island), ostwärts bis zum Ural und nach Kasachstan, südwärts bis ins Mittelmeergebiet (hier meist nur ver-einzelt); in Vorderasien und im Kaukasus. — Im Gebiet verbreitet, aber nicht überall häufig. — no-euras.

Verbreitungskarten: Meusel et al. 1965; Hultén 1971.

Anmerkung: Eine sehr vielgestaltige, schwer zu gliedernde Art, die kein Fasernetz besitzt und deren Blätter sich nicht einrollen. Nach Kükenthal (1909) lassen sich in Europa 2 Unterarten unterscheiden:

1a Spelzen meist deutlich länger oder doch so lang wie die Fruchtschläuche, spitz; Blätter meist bis 9 mm breit . . . . **12.1.** subsp. **gracilis** (S. 338)
1b Spelzen kürzer als die Fruchtschläuche, meist stumpflich, oft verdeckt; Blätter meist nicht über 5 mm breit . . . . **12.2.** subsp. **erecta** Kükenthal (S. 338)

12.1. subsp. **gracilis**

Vergleiche Beschreibung der Art.

12.2. subsp. **erecta** Kükenthal

C. gracilis subsp. *tricostata* (Fries) Ascherson ex Hegi; *C. acuta* L. subsp. *intermedia* Čelakovský

Stengel stets starr aufrecht, 20—60 cm hoch. Blätter meist nicht über 5 mm breit. Weib-liche Ährchen meist 2—3, dick, kurz, aufrecht, auch das unterste nur kurz gestielt. Spelzen kürzer als die Fruchtschläuche, meist stumpflich, oft fast verdeckt. Fruchtschläuche immer nur schwach gewölbt.

Vorkommen: Auf mäßig feuchten Wiesen und in lichten Wäldern; auf trockenerem Standort als die Typusunterart.

Fig. 90. a—f *Carex gracilis* Curtis — a Habitus, $\times^1/_4$; b Blütenstandsregion, $\times^2/_3$; c Fruchtähre, $\times 1$; d weibliche Blüte mit Spelze; e männliche Blüte mit Spelze; f Stengel-querschnitt. g—k *Carex paleacea* Wahlenberg — g, h Habitus, $\times^1/_3$; i Ähre, $\times 1$; k Spelze (a, c, g—k nach Nordhagen 1948; b, d—f nach Hegi 1939).

Anmerkungen: Im nördlichen Alpenvorland, z. B. am Obertrumer See (Salzburg), wurde eine Segge beobachtet, die im generativen Bereich genau mit *Carex gracilis* übereinstimmt, deren Blätter dagegen doppelt so breit, oberseits hellgrün und unterseits graugrün sind. Sie erinnert vegetativ an eine üppige *Carex acutiformis.* Sie wächst in den Flußtälern des mittleren nördlichen Alpenvorlandes (Salzach, Inn, Isar), in einer eigenen Großseggen-gesellschaft („Caricetum oenensis") an Bachufern des Auenwaldes, am Obertrumer See im Schilfröhricht der Stillwasserregionen in Ufernähe. Die „Sippe" wird unter dem ungültigen Namen „*Carex oenensis*" (vgl. Seibert 1962) in der soziologischen Literatur geführt. Ihre taxonomische Stellung ist noch unbekannt (vgl. Krisai 1975).

13. Carex omskiana Meinshausen (Fig. 85k)

    C. elata Allioni subsp. *omskiana* (Meinshausen) Jalas

Ausdauernd. Blühende Stengel 45—80 (100) cm hoch, aufrecht, steif, kantig. Blätter kürzer als der Stengel, gefaltet, 2—4 mm breit. Blütenstand aus 4 Ährchen; die oberen männlich, fadenförmig, fast sitzend, 3 cm lang; die unteren 3 weiblich (an der Spitze männlich), walz-lich, 2—4 cm lang, ziemlich dichtblütig, aufrecht, kurz gestielt. Hüllblätter blattartig, ohne Scheide, kürzer als der Blütenstand. Spelzen der weiblichen Blüten lanzettlich, spitz, etwa so lang wie die Fruchtschläuche, blaßbraun, 3nervig, mit aufgesetzter Spitze. Narben 2. Fruchtschläuche 2,5—3,5 mm lang, breit ellipsoidisch bis verkehrteirund, wenig zusammen-gedrückt, nervenlos oder undeutlich nervig, weißlich bis graugrün, oft dunkelrot getönt, an den Rändern schwach verdickt. Nuß verkehrt-eiförmig, locker eingeschlossen. — Blüte-zeit: V—VI.

Vorkommen: An See- und Flußufern, in Mooren und auf moorigen Wiesen; auf oligo- bis mesotrophen Standorten. — L: H caesp/Hel.

Verbreitung: Im nördlichen und nordöstlichen Europa (nicht auf der Kola-Halbinsel und in den arktischen Gebieten ostwärts von ihr) und Asien; ostwärts bis Ostsibirien und Nord-kasachstan; westwärts bis Finnland, ins Weichselgebiet und nach Siebenbürgen. — Im Gebiet nur im äußersten Osten zwischen Weichsel, Njemen und Bug; genaue Verbreitung noch nicht erfaßt. — no-kont.

Verbreitungskarten: Sonck 1964 (Finnland); Meusel et al. 1965.

Anmerkungen: Die äußerlichen Unterschiede gegenüber *Carex elata* Allioni sind gering; auch die blattanatomischen Unterschiede sind unbedeutend. Vielleicht verdient *C. omskiana* tatsächlich nur den Rang einer Unterart.

14. Carex elata Allioni (Fig. 55m$_1$, m$_2$; Fig. 91 a—f)

    C. stricta Goodenough non Lamarck; *C. reticulosa* auct., *C. hudsonii* A. Bennett

Ausdauernd; mächtige, feste, oft stockwerkartig aufgebaute Horste (Bülten) bildend; ohne Ausläufer. Stengel 20—100 (120) cm hoch, 1—3 mm dick, steif aufrecht, scharf 3kantig, oberwärts an den Kanten stark rauh, nur am Grunde beblättert. Grundständige, blattlose Scheiden hellgelbbraun (nie rotbraun), glänzend, gekielt, nicht zahlreich (bis 5), groß (bis 10 cm lang), meist mit Gitternerven, netzig zerfasernd (besonders an nassen Standorten); blättertragende Scheiden gelbbraun, stets mit deutlichen Gitternerven. Blätter 2—3,5 mm breit, allmählich zugespitzt, gekielt, steif, graugrün, trocken mit nach unten umgerollten Rändern, den Blütenstand nicht erreichend. Untere Hüllblätter blattähnlich, den Blütenstand nicht überragend, ohne Scheide, am Grunde mit 2 schwarzen Öhrchen; obere Hüllblätter kürzer, borstenförmig. Blütenstand 10—20 cm lang, aus 4—6 walzlichen, 2—6 (8) cm langen, 5—7 mm dicken, aufrechten Ährchen; untere 2—4 Ährchen sitzend oder kurz gestielt, rein weiblich (diese gewöhnlich nicht sehr dicht, nur 2—4 cm lang) oder an der Spitze mit männ-

Fig. 91. a—f *Carex elata* Allioni — a Stengelbasis mit zerfaserten Blattscheiden, $\times^2/_5$; b Blü-tenstand, $\times^2/_5$; c Ähre, $\times^1/_2$; d Fruchtschlauch; e Stengelquerschnitt; f Spelze; g—n *Carex buekii* Wimmer — g, h Habitus, $\times^1/_3$; i Fruchtschlauch mit Spelze; k Fruchtschlauch; l Fruchtknoten mit Narbe; m männliche Blüte mit Spelze; n Stengelquerschnitt (a—b, d—n nach Hegi 1939; c nach Nordhagen 1948).

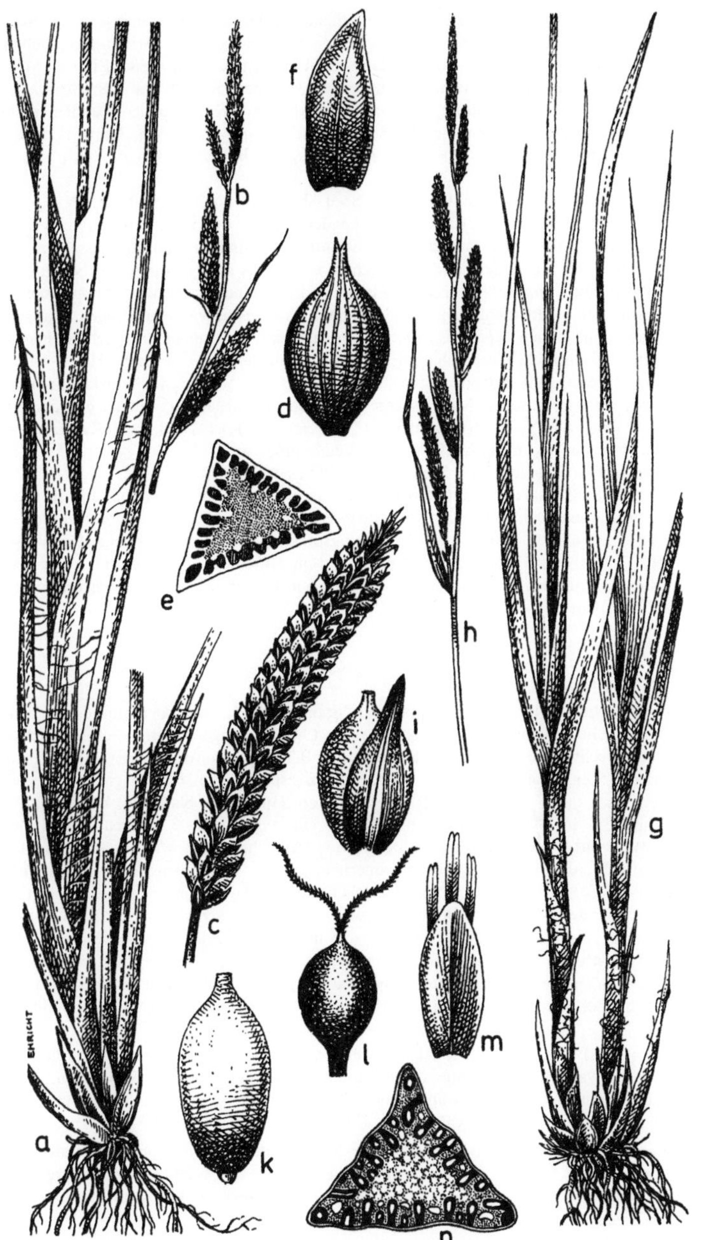

lichen Blüten; obere 1—3 Ährchen sitzend, rein männlich. Spelzen 2,5—4 mm lang, $^3/_4$ bis so lang wie die reifen Fruchtschläuche, stumpf oder spitzlich, schwarz oder rotbraun, mit hellem Mittelnerv. Fruchtschläuche 2,5—3,5 mm lang, breit bis schmal ellipsoidisch, in der Mitte am breitesten (1,5—1,8 mm), beidseits flach gewölbt, auf dem Rücken mit klar sichtbaren, dünnen Nerven, bläulich-graugrün, kahl, mit weißen, gestielten, kopfigen Papillen dicht besetzt, Randleiste meist gut entwickelt; Schnabel sehr kurz, undeutlich. Narben 2. Nuß linsenförmig, 2 mm lang, 1,5 mm breit, gelbbraun. — Blütezeit: IV—V (IX—X). — $2n = 74, 78, 80$.

Vorkommen: Bestandsbildend an Ufern von Seen, Teichen und Bächen, hinter dem Röhricht, in alten Flutmulden mit stark schwankendem Wasserstand, in abflußlosen Senken und in Tümpeln (Söllen) der Grund- und Endmoränenlandschaft; auf staunassen, mäßig nährstoff- (meso- bis eutrophen) und kalkreichen, milden bis mäßig sauren Torfböden oder torfig-sandigen Ton- und Schlickböden, tiefwurzelnde Verlandungspflanze, sommerwärmeliebend, kann unter den Großseggen die stärksten Wasserspiegelschwankungen ertragen; planar bis subalpin, in den Alpen bis 2100 m; Kennart des Caricetum elatae, auch in anderen Großseggen- und Röhricht-Gesellschaften; nicht auf Reisfeldern. — L: H caesp/Hel.

Verbreitung: In fast ganz Europa verbreitet; nordwärts bis Schottland, Südskandinavien, Südfinnland; im europäischen Mittelmeergebiet (auch in Nordafrika) selten; ostwärts bis ins östliche Polen (vom Weichselgebiet ab mit *C. omskiana* vermischt) und in den Kaukasus. — Im Gebiet verbreitet und meist häufig. — smed-eurassubozean.

Verbreitungskarten: Militzer 1957; Meusel et al. 1965; Hultén 1971.

Anmerkung: In Südfrankreich (Sumpf von Raphèl in der Crau) gilt *C. elata* als Eiszeitrelikt; sie wächst dort in sehr kühlen Quellen mit hohem Wasserstand während des ganzen Jahres. — *C. elata* ist eine typische Horst- und Verlandungspflanze der Seen und Teiche. Im Wasser entwickelt sie einzelne, bis 90 cm hohe und bis 1 m Durchmesser erreichende, sehr feste Bülten (Bulten, Kaupen). Die Blätter werden 1—1,5 m lang und hängen zuletzt braun und verwittert über dem Stock („Gigantenhaupt").

15. Carex buekii Wimmer (Fig. 95n; Fig. 91g—n)

   C. banatica Heuffel

Ausdauernd; sehr kräftig, Ausläufer bildend. Stengel 45—120 cm hoch, bis 3 mm dick, steif aufrecht, scharf 3kantig, oberwärts sehr rauh. Grundständige, blattlose Scheiden scharf gekielt, rot- bis schwarzbraun, sehr stark netzfaserig. Blätter steif aufrecht, oben überhängend, kürzer als der Stengel, 4—7 (10) mm breit, lang zugespitzt, grau- bis grasgrün, glänzend, trocken mit nach unten umgerollten Rändern. Untere Hüllblätter blattartig, kürzer als der Blütenstand, scheidenlos. Blütenstand bis über 25 cm lang, aus 1—3 (oberen) männlichen und 3—5 (unteren) weiblichen Ährchen bestehend; weibliche Ährchen fast sitzend bis kurz gestielt, aufrecht, die unteren später oft überhängend, 4—10 cm lang, etwa 4 mm dick, walzlich, dichtblütig, oft an der Spitze männlich; männliche Ährchen einander genähert, kürzer. Spelzen der weiblichen Blüten länger, stumpf, schwärzlich, mit grünem Mittelstreifen, kürzer als die Schläuche; Spelzen der männlichen Blüten dunkelrotbraun, mit hellerem Mittelstreifen. Schläuche eiförmig bis verkehrteiförmig, außen gewölbt, innen flach, 2—2,5 mm lang, nervenlos, gelbgrün (manchmal purpurn gefleckt), fein papillös, fast ungestielt; Schnabel kurz, ungespalten. Narben 2. Frucht verkehrt-eiförmig. — Blütezeit: IV—V.

Vorkommen: An Flußufern und auf Überschwemmungswiesen, an den Rändern von Lachen, Ausstichen, Altwassern, an Dämmen, auf sandigen bis sandig-tonigen, kalkarmen, nährstoffreichen Böden mit stark schwankendem Wasserstand, planar bis kollin; Kennart des Caricetum buekii; auch in Auenwäldern. — L: H-G/Hel.

Verbreitung: Vom östlichen und südöstlichen Mitteleuropa ostwärts bis zum Kaukasus; in Norditalien (?). — Im Gebiet nur im östlichen und südöstlichen Mittelgebirgsraum (z. B. im Naab-Regen-Gebiet), an der Elbe herabgeschwemmt bis Barby, an der Oder bis Wrocław (Breslau). — gemäß-kont.

Verbreitungskarten: Meusel et al. 1965; Vollrath & Mergenthaler 1967 (Bayern, West-böhmen, Oberösterreich).

Anmerkungen: Die Ährchen sind schlanker als die von *C. gracilis*. Das derbe, braune Faser-netz und die im Verhältnis zur Größe der Pflanze sehr kleinen Fruchtschläuche zeichnen *C. buekii* aus.

16. Carex paleacea Wahlenberg (Fig. 95n; Fig. 91g—n)

C. maritima O. F. Müller non Gunnerus; *C. paralia* Kreczetovicz

Wurzelstock mit dicken Ausläufern. Stengel (5) 20—50 cm hoch, kräftig an der Spitze überhängend, 3kantig, etwas geflügelt, am Grunde von blattlosen, rotbraunen, kaum netzig zerfasernden Scheiden bedeckt. Blätter kürzer als der blühende Stengel, 4—8 mm breit, steif, gelbgrün, an den Rändern eingerollt. Ährchen 5—7, die oberen 1—3 männlichen schmal walzlich, die unteren 3—5 weiblich (oder an der Spitze männlich), länglich-walzlich, oft keulig, 2—5 cm lang, alle lang gestielt, gebogen oder hängend. Hüllblätter blattartig, ohne Scheiden, den Stengel überragend. Spelzen der weiblichen Blüten länglich-lanzettlich, spitz oder an der gestutzten Mündung ausgerandet, braun oder schwarzbraun, aus 3nervig grünem Rücken in eine sehr lange Granne auslaufend. Narben 2. Fruchtschläuche kürzer, aber breiter, häutig, breit eiförmig oder verkehrt-eiförmig, 2teilig gewölbt, 3 mm lang, graugrün, dicht kleinpapillös, oft purpurn gefleckt, undeutlich streifig, mit kurzem, weißem, ausgerandetem Schnabel bespitzt. Nüßchen locker eingeschlossen, verkehrt-eiförmig. — Blütezeit: VI—VIII.

Vorkommen: An oft überschwemmten, windgeschützten Stränden mit hoher Bodenfeuchtig-keit; hinter dem Brackwasserröhricht Gürtel bildend, so z. B. im Eleocharitetum uniglumis, vielerorts in einer eigenen Gesellschaft (Caricetum paleaceae); auch in Brackwasser-Klein-röhrichten, z. B. im Caricetum mackenziei. — L: H/Hel.

Verbreitung: An den Küsten des nördlichen Atlantik; in Europa an der norwegischen Küste nordostwärts bis zur Weißmeerküste; außerdem an der schwedischen Westküste; im Ostsee-raum nur im äußersten Norden des Bottnischen Meerbusens; an der nordamerikanischen Atlantikküste von Grönland und Ostkanada südwärts bis Massachusetts. — Im Gebiet fehlend.

Verbreitungskarten: Raymond 1951; Tyler 1969; Hultén 1971.

Anmerkung: Die nordamerikanischen Populationen sollen sich von den europäischen unter-scheiden (var. *transatlantica* Fernald), doch scheinen wirklich tiefgreifende Unterschiede nicht vorhanden zu sein.

17. Carex recta Boott in Hooker (Fig. 85p; Fig. 92f—h)

C. kattegatensis Fries ex Kreczetovicz; *C. salina* auct. non Wahlenberg

Stengel 30—60 cm hoch; Blätter 3—5 mm breit; Ährchen walzlich, 3—5 cm lang; obere Ähr-chen (1—3) männlich, untere Ährchen (2—4) weiblich. Weibliche Spelzen lanzettlich zu-gespitzt, schwarzpurpurn oder schwarzbraun oder kastanienbraun, auf dem Rücken grün, 1—2nervig, stachelspitzig oder begrannt, viel länger als die Fruchtschläuche. — Blütezeit: VII—VIII. — $2n = 84$.

Vorkommen: An Meeresküsten und hier besonders auf Sandbänken an Flußmündungen; auf schwach salzhaltigen Torfböden; bestandsbildend an der schwedischen Westküste; Kennart des Caricetum rectae im Kontakt mit Salzwiesen. — L: H/Hel.

Verbreitung: In Europa auf Island, in Nordschottland und auf den Färöer, in Norwegen, Schweden und Nordwestfinnland (im Ostseeraum nur im äußersten Nordosten des Bott-

Fig. 92. a—e *Carex limosa* L. — a Habitus, $\times^1/_3$; b Spelze; c hängende Ähre, $\times^4/_3$; d Stengel-querschnitt; e Fruchtschlauch mit Spelze. f—h *Carex recta* Boott. — f Sproßbasis, $\times^1/_3$; g Blütenstand, $\times^1/_3$; h Spelze, $\times 7$; i Ähre, $\times 1$. k—m *Carex hispida* Willdenow in Schkuhr — k Sproßbasis, $\times^1/_3$; l Blütenstand, $\times^1/_3$; m Spelze, $\times 3$ (a—c, f—i nach Nordhagen 1948; b, d nach Hegi 1939; k—m nach Kükenthal 1909).

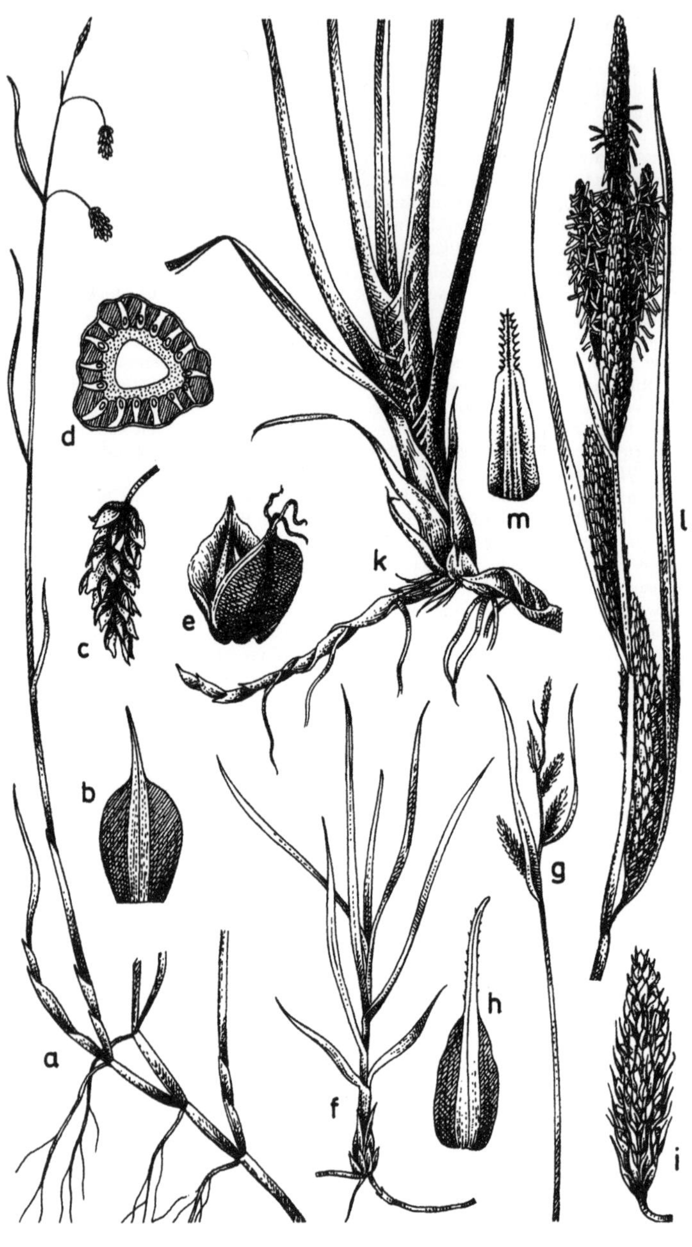

nischen Meerbusens), an der Eismeerküste ostwärts bis zur Lenamündung; außerdem an den atlantischen Küsten von Nordamerika von Labrador südwärts bis Massachusetts; überall nur sehr vereinzelt. — Im Gebiet fehlend. — no-arct, circ.

Verbreitungskarten: Hultén 1958; Perring & Walters 1962.

Anmerkung: Vielleicht Bastard zwischen *C. nigra* (L.) Reichard und *C. paleacea*.

18. Carex hispida Willdenow in Schkuhr (Fig. 85r; Fig. 92k—m)

C. echinata Desfontaines; *C. acuta* Poiret

Ausdauernd; Grundachse kräftig, dick, dunkelschwarzbraun, von braunen, faserigen Schuppenresten umhüllt. Stengel starr aufrecht oder etwas bogig aufsteigend, 40—150 cm hoch, bis 5 mm dick, scharf 3kantig. Äußere Blattscheiden schwarzbraun, innere rotbraun bis rot, netzfaserig; Spreite starr, rinnig, 4—8 (10) mm breit, oberwärts scharf rauh (an *Cladium mariscus* erinnernd). Blütenstand aufrecht, aus 2—5 (8) weiblichen und (1) 2—4 männlichen Ährchen. Unterstes Hüllblatt kaum oder manchmal bis 10 mm lang scheidig, meist (wie auch oft noch die nächsten) den Blütenstand erheblich überragend. Weibliche Ährchen über 10 cm lang, dick-walzlich (7—8 mm dick), aufrecht, dicht und vielblütig, meist alle sitzend; Spelzen oval-länglich, länglich oder lanzettlich, rötlichbraun, häutig, mit derbem, grünem oder bleichem Mittelnerv, der in eine starre, scharf rauhe Granne ausläuft, etwas länger als die Fruchtschläuche. Männliche Ährchen 3—10 cm lang, mehr oder weniger schlank walzlich; Spelzen verkehrt-eiförmig, häutig, dunkelrotbraun, mit derbem, die Spitze etwas überragendem, bleichem Mittelnerv. Fruchtschläuche bleichgrün, oft braunpurpurn gefleckt, breit eiförmig bis verkehrt-eiförmig, 4—5 mm lang, etwa 3 mm dick, flach gedrückt, mit rauhem, flügelartigem Rand, nervenlos, vorn ausgerandet, kaum geschnäbelt. Frucht klein, kaum 2 mm lang, verkehrt-eiförmig, 3kantig, dunkelbraun. Narben 3. — Blütezeit: III—VI. — $2n = 42$.

Vorkommen: An Bächen, an Seeufern, in Sümpfen, in brackigen Gewässern, oft in Küstennähe; gern auf Salzboden: bis 2200 m aufsteigend. — L: H, G/Hel.

Verbreitung: Im Küstenbereich des Mittelmeergebietes von Portugal ostwärts bis Griechenland; auch in Nordafrika. — Im Gebiet fehlend.

Verbreitungskarte: Negre 1959.

Anmerkung: Untergetauchte Formen entwickeln bis 8 mm breite, dünne, zugespitzte, schwach rauhe Blattspreiten, habituell an untergetauchte Formen von *Schoenoplectus lacustris* erinnernd.

19. Carex limosa L. (Fig. 85q; Fig. 92)

C. elegans Willdenow

Ausdauernd, sehr lange, ober- und unterirdische, im Schlamm kriechende, gelbbraun glänzende Ausläufer treibend. Stengel (10) 20—40 (60) cm hoch, unter 1 mm dick, 3kantig, nur oben rauh, sonst glatt, steif aufrecht, nur am Grunde beblättert. Grundständige Blattscheiden rotbraun. Blätter 1—2 mm breit, rinnig gefaltet, borstenförmig, steif aufrecht, rauh, graugrün, den Blütenstand oft erreichend. Hüllblatt des untersten Ährchens pfriemlich bis blattähnlich, meist kürzer als der Blütenstand. Blütenstand 3—6 cm lang, aus 1—2 seitlichen zylindrischen oder eiförmigen, vielblütigen, 1—2 cm langen, 10—25 mm lang gestielten (Stiel nur 0,1 mm dick), mehr oder weniger dichtblütigen, später stets nickenden, weiblichen Ährchen und 1 endständigen, männlichen Ährchen. Spelzen der weiblichen Blüten so lang wie oder wenig länger als die reifen Fruchtschläuche, 4—4,5 mm lang, 2 mm breit, plötzlich in eine feine Spitze verschmälert, braun, meist mit grünem Mittelstreifen; Spelzen der männlichen Blüten kleiner. Fruchtschläuche 3,5—4 mm lang, in der Mitte am breitesten (2—2,5 mm), ellipsoidisch, linsenförmig, flach, außen mit 4—8 deutlichen Nerven, graugrün, matt; Oberfläche dicht mit kleinen, keulenförmigen Papillen bedeckt; mit kurzem, etwas ausgerandetem Schnabel. Narben 3. Frucht verkehrt-eiförmig, 3kantig, 2—2,5 mm lang, 1 mm breit, grünlichgelb bis braun. — Blütezeit: IV—VI. — $2n = 56, 62, 64$.

Vorkommen: In Schwingmooren am Rande von Moorgewässern, in Hochmoorschlenken und Zwischenmooren; auf nassen, zeitweise flach überschwemmten, kalkarmen oder kalkreichen, mäßig nährstoffreichen und sauren Torfschlamm-Böden; planar bis alpin, in den Alpen bis 2250 m; meist mit Torfmoosen der *Sphagnum cuspidatum*-Gruppe; Kennart des Cuspidato-Scheuchzerietum, auch im Rhynchosporetum albae, ferner im Caricetum diandrae und im Caricetum lasiocarpae sowie in nassen Ausbildungen von Hochmoor-Bultgesellschaften. — L: H rept/Hel.

Verbreitung: Fast ganz Europa; in Norwegen nordwärts bis 71° nB; südwärts bis Pyrenäen, Norditalien, nördliche Balkanhalbinsel; ostwärts durch Nordasien (entlang von 70° nB); Ostasien (hier südwärts bis Korea und Japan); in Nordamerika von Alaska südwärts bis 40° nB. — Im Gebiet im Tiefland zerstreut, in moorarmen Gebieten weithin fehlend, sonst nur in den Hochgebirgsvorländern und den Gebirgen; infolge der Entwässerung der Moore selten geworden. — (arkt) no, circ.

Verbreitungskarten: Hultén 1962, 1968, 1971; Fischer 1959 (Prignitz); Ulbricht & Hempel 1965 (Sachsen); Piotrowska 1966; Fukarek 1975.

Anmerkungen: Wenig veränderliche Sippe; die zierlichen, überhängenden Ährchen verleihen ihr ein charakteristisches Aussehen, in alpinen Zwischenmooren durch *C. magellanica* Lamarck subsp. *irrigua* (Wahlenberg) Hiitonen vertreten.

20. Carex pseudocyperus L. (Fig. 85s; Fig. 93a—c)
Ausdauernd, horstbildend, zuletzt gelbgrün; wintergrün. Stengel aufrecht oder etwas schräg aufsteigend, (40) 50—90 (120) cm hoch, 2,5—3 mm dick, vom Grunde an scharf 3kantig, scharf rauh, an der Spitze meist mehr oder weniger übergebogen. Grundständige Blattscheiden braun, beim Aufreißen netzig zerfasernd, sich leicht und, ohne Faserreste zu hinterlassen, zersetzend; alle Scheiden mit deutlichen Gitternerven. Blattspreiten 0,6—1,2 cm breit, flach, gelbgrün, scharf rauh, meist länger als der Stengel. Blütenstand 5—10 cm lang, aus 3 bis 6 seitlichen, genäherten, zylindrischen, vielblütigen, 3—6 cm langen, bis 3 cm lang gestielten, zur Fruchtreife nickenden, weiblichen Ährchen und 1, selten 2 männlichen Ährchen an der Spitze. Hüllblätter blattähnlich, den Blütenstand weit überragend (bis 50 cm lang). Spelzen $^{1}/_{2}$—$^{3}/_{4}$ so lang wie die reifen Fruchtschläuche, schmal lanzettlich, allmählich in eine grannenartige Spitze verschmälert, gelblich, am Rande borstig bewimpert. Fruchtschläuche spindelig, weit abstehend, zur Reifezeit rückwärts gerichtet (bei keiner verwandten Art im Gebiet so!), 5—6 mm lang, im untersten Drittel am breitesten (1—1,3 mm) undeutlich 3kantig, mit zahlreichen, vortretenden Nerven, gelblich, glänzend, kahl, allmählich in den 2zähnigen zurückgekrümmten Schnabel verschmälert; Zähne etwa 1 mm lang, spreizend. Narben 3. Früchte klein, eiförmig, 2 mm lang, 3kantig, braun. — Blütezeit: V—VI. — $2n = 66$.

Vorkommen: An Ufern von Seen und Teichen, in Gräben und Erlenbrüchen; optimale Entwicklung auf Schwingkanten am äußersten seewärtigen Rand von Röhrichtbeständen auf ungefestigten, organischen Substratansammlungen (meso-eutropher Grobdetritus-Gyttja); etwas wärmeliebend und postglazial weiter verbreitet; planar bis montan, in den Alpen bis 1500 m; Kennart des Cicuto-Caricetum pseudocyperi, auch im Schilfröhricht und in Erlenbruchwäldern, oft zusammen mit *Thelypteris thelypteroides.* — L: H/Hel.

Verbreitung: In weiten Teilen Eurasiens (zwischen 40 und 60° nB); in Nordafrika, im nordöstlichen Nordamerika. — Im Gebiet im Tiefland vielfach häufig, sonst zerstreut oder selten. — euras (subozean)-submed, circ.

Verbreitungskarten: Stefanoff 1943; Hultén 1958, 1971; Meusel et al. 1965; Tralau 1971.

Anmerkungen: Weibliche Ährchen anfangs aufrecht und dann fast doldig genähert.

21. Carex rostrata Stokes in Withering (Fig. 85t; Fig. 94c—e)
   C. inflata auct. non Hudson; *C. ampullacea* Goodenough
Ausdauernd; lange, unterirdische Ausläufer treibend. Stengel stumpf 3kantig, glatt, steif, aufrecht. 30—60 (100) cm hoch. Grundständige Blattscheiden braun bis rotbraun, mit

Fig. 93. a—c *Carex pseudocyperus* L. — a, b Habitus, $\times^{1}/_{4}$; c hängende Fruchtähre, $\times 1$. d—f *Carex acutiformis* Ehrhart — d, e Habitus, $\times^{1}/_{4}$; f Fruchtähre, $\times 1$ (a—f nach Nordhagen 1948).

a
b
c
d
e
f

wellpappenweichem Luftgewebe, getrocknet mit deutlichen, frisch mit undeutlichen Gitternerven; Blatthäutchen spitzbogig. Blattspreite 2,5—5 (8) mm breit, flach oder rinnig gefaltet, steif, graugrün, den Blütenstand weit überragend. Blütenstand 5—25 cm lang, aus 1—5 seitlichen, zylindrischen, 2—10 cm langen, 7—9 mm dicken, sitzenden oder kurz gestielten, aufrechten weiblichen Ährchen und an der Spitze mit 2—4 (5) männlichen Ährchen. Hüllblätter blattähnlich, wenigstens das unterste den Blütenstand weit überragend (bis doppelt so lang wie der Blütenstand). Spelzen $^2/_3$ bis fast so lang wie die reifen Fruchtschläuche, schmal lanzettlich, spitz, braun mit hellem Mittelnerv und gelegentlich auch mit hellem, häutigem Rand. Fruchtschläuche 4—5,5 mm lang, etwas unterhalb der Mitte am breitesten (1,5 bis 2,5 mm), fast kugelig, die Frucht locker umschließend (aufgeblasen), außen mit 7 deutlichen Nerven, gelbbraun, glänzend, kahl, zuletzt waagerecht abstehend, plötzlich in den 2zähnigen bis 2 mm langen Schnabel verschmälert; Zähne 0,2—0,5 mm lang, parallel oder spreizend. Narben 3. Frucht meist fehlschlagend, klein, 2 mm lang, verkehrteiförmig, braun. — Blütezeit: VI—VII. — $2n = 60, 72—74, 76, 82$.

Vorkommen: Bestandsbildend an Ufern und in Mooren, in Moorgräben und Moorschlenken, in Gebirgsseen, Tagebau-Restgewässern, Heideweihern; auf nassen, mitunter schwach überschwemmten und z. T. wenig verfestigten, mäßig nährstoff- und basenreichen, meist kalkarmen, oft sehr sauren, meso-oligotrophen Torfschlamm-Böden; planar bis subalpin, in den Alpen bis 1700 m; häufiger Verlandungs-Pionier ärmerer Gewässer; Kennart des Caricetum rostratae, auch in anderen ärmeren Großseggengesellschaften und in *Sphagnum*-reichen Schwingrasen; auf Hochmooren Mineralbodenwasseranzeiger. — L: H/Hel.

Verbreitung: Im nördlichen Eurasien und in Nordamerika weit verbreitet; in Europa nordwärts bis Island, zum Nordkap, in Osteuropa und Sibirien nordwärts bis ca. 70° nB; südwärts bis Nordspanien, Süditalien, Peloponnes, Ukraine, Kaukasus. — Im Gebiet verbreitet und meist häufig. — arkt-no.

Verbreitungskarten: Raymond 1950; Hultén 1962, 1968, 1971; Meusel et al. 1965.

Anmerkungen: *C. rostrata* ist sehr vielgestaltig hinsichtlich Größe, Habitus (aufrechte und schlaffe Sippen), Blattbreite, Blütenstand (auch Sippen mit gestielten, nickenden Ährchen), Farbe und Form der Spelzen, Größe der Fruchtschläuche (bis 8 mm lang) und Stellung der Zähne des Schnabels.

22. Carex rhynchophysa C. A. Meyer (Fig. 85u; Fig. 94a—b)

C. laevirostris Blytt ex Blytt et Fries; *C. rostrata* var. *laevirostris* (Blytt) I. Şerbánescu

Ausdauernd; lebhaft grasgrün. Stengel 60—120 cm hoch, bis 3 mm dick, aufrecht, oberwärts rauh. Untere Blattscheiden gelb bis graubraun; Spreiten flach, 8—15 mm breit, sehr scharf rauh, sehr stark gitternervig, glasartig brechend. Blütenstand mit (2) 3 (4) weiblichen und 3—7 männlichen Ährchen; Hüllblätter sehr breit; die untersten den Blütenstand überragend, nicht (höchstens das unterste) scheidig. Weibliche Ährchen walzlich, 50—70 (80) mm lang, bis 12 mm dick, kurz gestielt bis fast ganz sitzend; Spelzen kürzer als die Schläuche, eilanzettlich, spitz, braun, weiß hautrandig. Männliche Ährchen 30—60 mm lang, am Grunde oft mit einigen weiblichen Blüten; Spelzen eiförmig, stumpf, braun, weiß hautrandig. Fruchtschläuche verkehrt-eiförmig bis fast kugelig, stark aufgeblasen, 5—6 mm lang, undeutlich nervig, ziemlich plötzlich in den schlanken, 2zähnigen Schnabel verschmälert, gelbgrün, glänzend. Narben 3. Früchte unter 3 mm lang, eilänglich. — Blütezeit: VI—VII. — $2n = 74, 80, 82$.

Vorkommen: An Grabenrändern, auf nassen Wiesen, im Bruchwald; in Großseggen-Gesellschaften; in Siebenbürgen bis in die montane Stufe aufsteigend, sonst nur im Tiefland. — L: H/Hel.

Fig. 94. a—b *Carex rhynchophysa* C. A. Meyer — Habitus, $\times^1/_4$; c—e *Carex rostrata* Stokes in Withering — c, d Habitus, $\times^1/_4$; e Fruchtähre, $\times 1$. f—h *Carex vesicaria* L. — f, g Habitus, $\times^1/_4$; h Fruchtähre, $\times^2/_3$; (a—h nach Nordhagen 1948; die Zeichnungen geben die überhängenden Blattenden nicht wieder).

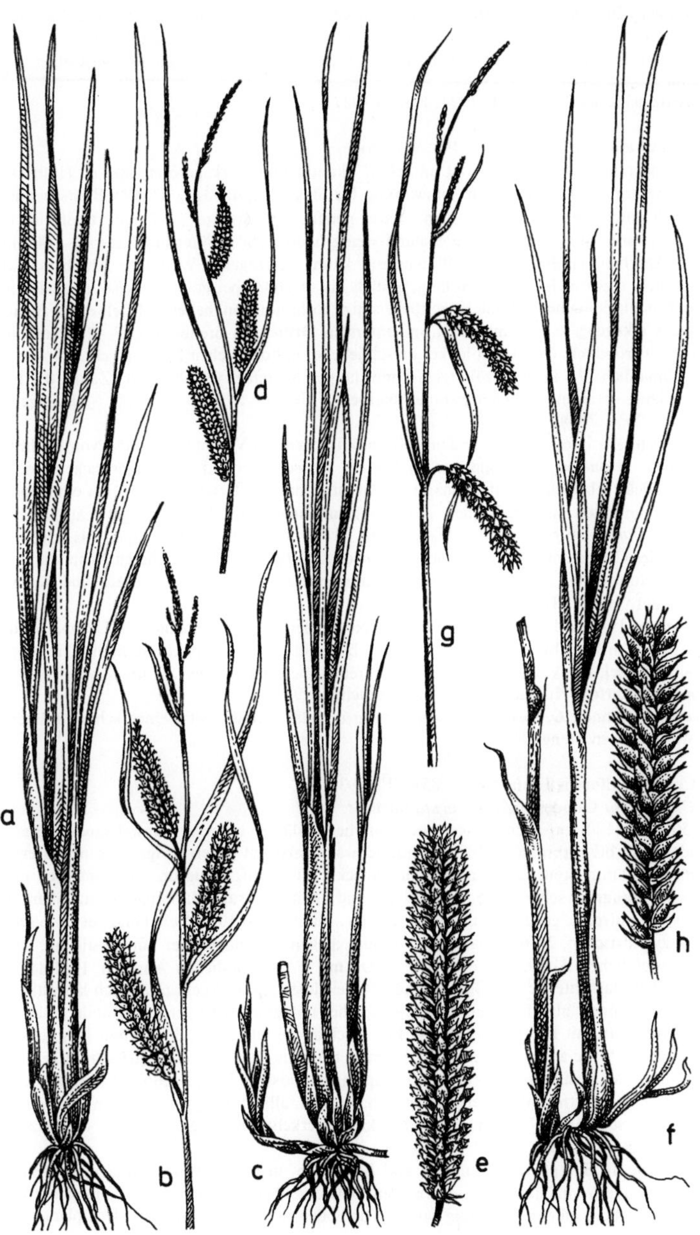

Verbreitung: Im nördlichen Eurasien weit verbreitet, ostwärts bis Japan, westwärts bis nach Siebenbürgen, ins nordöstliche Mitteleuropa und Nordschweden, isoliert bei Oslo. — Im Gebiet nur im äußersten Nordosten: Wisła (Weichsel-) und Pregolja- (Pregel)Gebiet. — no-kont.
Verbreitungskarten: Kulczyński 1924; Hultén 1927.

23. Carex vesicaria L. (Fig. 85v; Fig. 94f—h)

Stengel starr aufrecht, vom Grund an scharf 3kantig und stark gerötet; 30—60 (100) cm hoch; wintergrün. Blatthäutchen spitzwinklig bis länglich-spitzbogig. Untere Blattscheiden bräunlich, meist purpurn überlaufen, stark netzfaserig; Spreite 5—7 mm breit, flach, meist fein rauh, grasgrün, den Blütenstand wenig überragend. Blütenstand aus 12—14 mm dicken Ährchen, Hüllblätter den Blütenstand kaum überragend. Weibliche Ährchen oval bis walzlich, meist nicht über 4 cm lang, gestielt bis sitzend; Spelzen etwa $^1/_2$ so lang wie die reifen Fruchtschläuche, schmal lanzettlich, spitz, rotbraun, mit hellem Mittelnerv. Fruchtschläuche eikegelig, 6,5—8 mm lang, im untersten Drittel am breitesten (2,3—2,6 mm) im Querschnitt rundlich, die Frucht locker umschließend, mit deutlichen Nerven, gelb, glänzend, kahl, allmählich (?!) in den 2zähnigen, 2 mm langen Schnabel verschmälert; Zähne 0,8 bis 1,5 mm lang, spreizend, seltener parallel. Narben 3. Früchte fehlschlagend (?). — Blütezeit: V—VI. — $2n = 74, 82$.

Vorkommen: An Ufern von Seen, Tümpeln und Teichen, im Verlandungsgürtel von Bächen, in Gräben, in nassen Auenwäldern; im flachen Wasser oder auf stau- oder sickernassen, z. T. zeitweise überschwemmten, mäßig basen- und nährstoffreichen, meso- bis eutrophen Torfschlammböden; unempfindlich gegen Schwankungen des Wasserspiegels, anspruchsvoller als *Carex rostrata*; planar bis montan, selten subalpin, in den Alpen bis 2200 m; Kennart des Caricetum vesicariae, auch im Caricetum gracilis und in reicheren Ausbildungen des Caricetum elatae sowie in Überschwemmungswiesen, Kleinseggen-Riedern und nassen Auenwäldern. — L: H/Hel.
Verbreitung: Im nördlichen Eurasien und in Nordamerika weit verbreitet; in Europa nordwärts bis 70° nB (nicht auf Island), südwärts bis Südspanien, Korsika, Süditalien, mittlere Balkanhalbinsel, Kaukasus. — Im Gebiet verbreitet, meist nicht selten. — no-euras, circ.
Verbreitungskarten: Hultén 1962, 1971; Vasiliuchina 1969.
Anmerkung: Ähnelt *C. rostrata*, ist aber grasgrün gefärbt und besitzt einen scharfkantigen, oberwärts rauhen Stengel.

24. Carex acutiformis Ehrhart (Fig. 85w; Fig. 93a—c)

C. paludosa Goodenough; *C. acuta* auct. pr. pte.?

(30) 50—100 (120) cm hoch; lange, unterirdische Ausläufer treibend. Grundständige Blattscheiden gelb bis rotbraun, nicht oder nur schwach zerstreut gitternervig, stark netzfaserig. Blätter 4—10 mm breit, flach, am Rande zurückgerollt, steif, blaugrün; ausgewachsen nur unterseits graugrün, scharf rauh, den Blütenstand kaum überragend. Stengel scharf 3kantig, rauh, straff aufrecht, etwa so lang wie die Blätter. Blütenstand 10—25 cm lang, aus 2—6 seitlichen, zylindrischen, 2—6 cm langen, 7—8 mm dicken, sitzenden oder kurz gestielten, aufrechten weiblichen Ährchen und an der Spitze mit 2—6 männlichen Ährchen. Hüllblätter blattähnlich, das unterste den Blütenstand oft weit überragend. Spelzen länglich-lanzettlich, länger oder kürzer als die reifen Fruchtschläuche, mit grannenartiger, am Rande gesägter Spitze, rotbraun mit hellem Mittelnerv. Fruchtschläuche eilänglich, 3,5—4 mm lang, etwas unterhalb der Mitte am breitesten (1,6—1,8 mm) beidseits flach gewölbt (Querschnitt 2eckig) oder nur an der Basis stumpf 3kantig (die eng eingeschlossene Frucht jedoch scharf 3kantig) mit zahlreichen vortretenden Nerven, gelb, matt, kahl, allmählich in den kurzen, 2zähnigen Schnabel verschmälert. Narben 3. Früchte klein, verkehrt-eiförmig, 3kantig. — Blütezeit: V—VI. — $2n = $ ca. 38.

Vorkommen: In Sumpfwiesen, an See- und Bachufern, in nassen Wiesenmulden, in Bruch- und Auenwäldern; auf stau- und sickernassen, zeitweise überschwemmten, (mäßig) nährstoff- und basenreichen, milden bis mäßig sauren Torfböden oder humosen Tonböden; planar bis

montan, in den Alpen bis 1700 m; Kennart des Caricetum ripario-acutiformis, auch in reinen Beständen; in nassen Ausbildungen von Feuchtwiesen, in ärmeren Ausbildungen des Schilf-Röhrichts, im Erlenbruchwald und im Erlen-Eschenwald. — L: H (G)/Hel.
Verbreitung: In weiten Teilen Eurasiens, ostwärts bis ins Amurgebiet; in Nordafrika, Kleinasien, im Kaukasus; in Südafrika und in Nordamerika synanthrop; in Europa nordwärts bis 61° nB. — Im Gebiet verbreitet und überall häufig. — eurassubozean-smed, circ.
Verbreitungskarten: Militzer 1957; Meusel et al. 1965; Hultén 1971.
Anmerkung: Von *C. gracilis* durch die dicken, männlichen Ährchen, den 2zähnigen Schnabel und das rotbraune Fasernetz unterschieden.

25. Carex riparia Curtis (Fig. 85x; Fig. 95a—c)
Stengel (60) 80—120 (150) cm hoch; lange, unterirdische Ausläufer treibend. Grundständige Blattscheiden wie bei *C. acutiformis*, jedoch dicht gitternervig und netzfaserig. Blätter 8—15 (20) mm breit, flach, meist stark rauh, jung auffällig graugrün, den Blütenstand kaum überragend. Blütenstand aus 3—4 weiblichen und 3—5 männlichen Ährchen. Die Ährchen (mit reifen Fruchtschläuchen) jedoch dicker (11—14 mm) und oft länger (bis 10 cm), stets gestielt (bis 7 cm lang), zur Fruchtzeit nickend. Unterste Hüllblätter länger als der Blütenstand, lanzettlich, in eine feine, am Rande gesägte Spitze verschmälert, etwas länger als der Schlauch, hellpurpurbraun. Fruchtschläuche 5,5—7 mm lang, eikegelig, beidseits gewölbt, etwa in der Mitte am breitesten (2—2,5 mm), (die Frucht eng umschließend), mit zahlreichen vortretenden Nerven, gelb, glänzend, kahl, allmählich in den kurzen, 2zähnigen Schnabel verschmälert. Narben 3. Frucht eiförmig, braun, 3kantig. — Blütezeit: V—VI. — $2n = 72$.
Vorkommen: An Ufern stehender und fließender Gewässer, in nassen Wiesenmulden oder Gräben, auch in Bruch- und Auenwäldern; auf stau- oder sickernassen, zeitweise überschwemmten, nährstoff- und basenreichen, milden bis mäßig sauren humosen Torf- oder Tonböden; etwas wärmeliebend, wenig empfindlich gegen Wasserstandsschwankungen, verträgt ein regelmäßiges Austrocknen im Frühling; etwas salzertragend; planar bis montan; Kennart des Caricetum ripario-acutiformis, teilweise auch Reinbestände bildend, auch in anderen Großseggen-Gesellschaften; in Südfrankreich Kennart des Leucojo-Caricetum; auch in reicheren Ausbildungen des Erlenbruchwaldes und im Erlen-Eschenwald sowie im Schilfröhricht; in Südeuropa Reisfeld-Unkraut. — L: H/Hel.
Verbreitung: In Eurasien weit verbreitet, ostwärts bis in die Mongolei; in Nordwestafrika; in Europa nordwärts bis 61° nB. — Im Gebiet in den Tieflagen vielfach häufig, sonst zerstreut. — euras-subozean-smed.
Verbreitungskarte: Meusel et al. 1965.
Anmerkung: Größte und kräftigste einheimische Segge, durch die breiten, stark gitternervigen Blattspreiten und Blattscheiden ausgezeichnet; Blattscheiden beim Aufreißen regelmäßig, doch nicht so deutlich wie bei *C. acutiformis* fasernd.

26. Carex melanostachya Willdenow (Fig. 85y; Fig. 96a—b)
   C. nutans Host
Stengel aufrecht oder etwas schlaff, 30—60 cm hoch, meist etwas kürzer als die Blätter. Grundständige Blattscheiden hellbraun, purpurn überlaufen, netzfaserig; Spreiten meist nicht über 3 mm breit, am Rande eingerollt, ziemlich fein rauh. Blütenstand aus 2—4 ziemlich entfernten weiblichen und meist genäherten männlichen Ährchen. Hüllblätter scheidenartig, meist mit verlängerter, den Blütenstand überragender Spreite. Weibliche Ährchen oval bis länglich, bis 3 cm lang, sitzend oder gestielt, fast alle aufrecht; Spelzen länglich-lanzettlich, zugespitzt, dunkelpurpurn mit grünem Mittelstreifen, etwa so lang wie die Fruchtschläuche. Männliche Ährchen meist weit von den weiblichen entfernt; Spelzen länglich, die oberen fein zugespitzt, dunkelpurpurbraun, mit grünem oder braungelbem Mittelnerv; Fruchtschlauch eikegelig, 5 mm lang, beidseits gewölbt, grau- bis dunkelrotbraun. Narben 3. Früchte spindelig bis eiförmig, 3kantig, hellbraun. — Blütezeit: V—VI.
Vorkommen: An Grabenrändern, an Ufern, auf feuchten Wiesen, in Sümpfen; auf nährstoff-

und basenreichen, anmoorigen Böden mit stark schwankendem Wasserstand, auch auf Salz-
böden; in Großseggen-Gesellschaften. — L: H scap/Hel.
Verbreitung: Im südlichen Europa von Frankreich über die Balkanhalbinsel bis ins Gebiet
der unteren Wolga; von hier bis nach Westsibirien vordringend. — Im Gebiet an der mittleren
Elbe; in Böhmen und Mähren, in Niederösterreich und im Burgenland; in Slowenien
(Stajersko); im Vintschgau (Val Venosta) und im Pustertal (Val Pusteria). — (euras)-kont.
Verbreitungskarten: Hendrych & Chrtek 1964; Meusel et al. 1965.

27. Carex lasiocarpa Ehrhart (Fig. 85z; Fig. 96c—e)
    C. filiformis Goodenough
Lange, unterirdische Ausläufer treibend; sommergrün. Stengel 30—100 cm hoch, dünn,
rundlich, steif aufrecht, glatt oder oben rauh, blattlose Scheiden gelbbraun bis dunkelbraun,
ohne Gitternerven; beblätterte Scheiden mit deutlichen Gitternerven. Blätter 1—1,5 mm
breit, steif, hohlrinnig (binsenartig), am Grunde abwärts rauh, dunkelgrün, den Blütenstand
nicht erreichend. Blütenstand 8—20 cm lang, aus 1—3 seitlichen, zylindrischen oder eiförmigen, 1—3 cm langen, vielblütigen (über 10blütigen), aufrechten, sitzenden oder kurz gestielten, entfernt stehenden weiblichen Ährchen und an der Spitze mit 1—3 männlichen
Ährchen. Hüllblätter blattähnlich, das unterste den Blütenstand meist weit überragend.
Spelzen $^3/_4$ bis so lang wie die reifen Fruchtschläuche, spitz, braun, mit hellem Mittelnerv.
Fruchtschläuche eilänglich, aufgeblasen, 4—6 mm lang, etwa in der Mitte am breitesten
(2—2,5 mm) im Querschnitt rundlich oder undeutlich 3eckig, ohne Nerven, überall sehr
dicht behaart, graubraun, allmählich in den aus 0,5—2 mm langen, geraden oder gespreizten
Zähnen bestehenden Schnabel verschmälert. Narben 3. Frucht breit verkehrt-eiförmig,
3kantig, stumpf, gelbbraun, häufig fehlschlagend. — Blütezeit: V—VI. — $2n = 56$.
Vorkommen: An Ufern, in Zwischenmooren, an Hochmoorrändern, in mageren Sumpfwiesen,
in Gräben und Schlenken; im flachen Wasser und auf staunassen, z. T. zeitweise seicht
überschwemmten, mäßig nährstoff- und basenreichen Sand- und Torfböden; planar bis montan, selten subalpin, in den Alpen bis 1980 m; Kennart des Caricetum lasiocarpae, auch im
Caricetum diandrae und anderen Zwischenmoorgesellschaften, am Ufer nährstoffarmer Gewässer in eigenen Beständen oder in ärmeren Ausbildungen von lockeren Röhricht- und
Großseggen-Gesellschaften, vor allem im Cladietum marisci und im Caricetum elatae. — L:
H rept/Hel.
Verbreitung: Im nördlichen Eurasien und in Nordamerika weit verbreitet, in Europa nord-
wärts bis 71° nB, südwärts bis in die Pyrenäen, den Nordapennin und die nördliche Balkan-
halbinsel. — Im Gebiet im Tiefland häufig bis zerstreut, sonst zerstreut bis selten; infolge
Moormelioration im Rückgang begriffen. — no, circ.
Verbreitungskarten: Militzer 1957; Hultén 1962, 1971; Fukarek 1975.

28. Carex atherodes Sprengel (Fig. 85aa; Fig. 95d—f)
    C. aristata R. Brown in Richardson; *C. siegertiana* Uechtritz; *C. aristata* R. Brown var.
    siegertiana (Uechtritz) Ascherson; *C. aristata* R. Brown var. *kirschsteiniana* Ascherson in
    Lackowitz; *C. aristata* var. *cujavica* Ascherson et Spribille in Ascherson
Ausdauernd, rasig. Stengel aufrecht, (50) 60—120 (200) cm hoch, stumpf 3kantig. Grundständige Blattscheiden braun bis schwarzbraun, knotig-gegliedert, stark netzfaserig, ohne Spreiten.
Blattspreiten hellgrün, flach, (2) 3—7 (12) mm breit, oberseits glatt und kahl, unterseits gekielt und schwach behaart, am Rande rauh. Blütenstand 15—45 cm lang, aufrecht; unten
aus (2) 3—4 (5) voneinander entfernten weiblichen und oben aus (1) 2—4 männlichen Ährchen. Hüllblätter so lang wie oder länger als der Blütenstand; das unterste oft 20—30 (40) cm
lang, zuweilen mit bis 1 cm langer Scheide. Weibliche Ährchen walzlich, 40—80 (95) mm lang,

Fig. 95. a—c *Carex riparia* Curtis — a Habitus, $\times^1/_4$; b Fruchtähre, $\times$1; c „weibliche"
Spelze. d—f *Carex atherodes* Sprengel — d Habitus, $\times^1/_8$; e Blütenstand, $\times$1; f „weibliche"
Spelze (a—c nach Nordhagen 1948; d—f nach Kükenthal 1909).

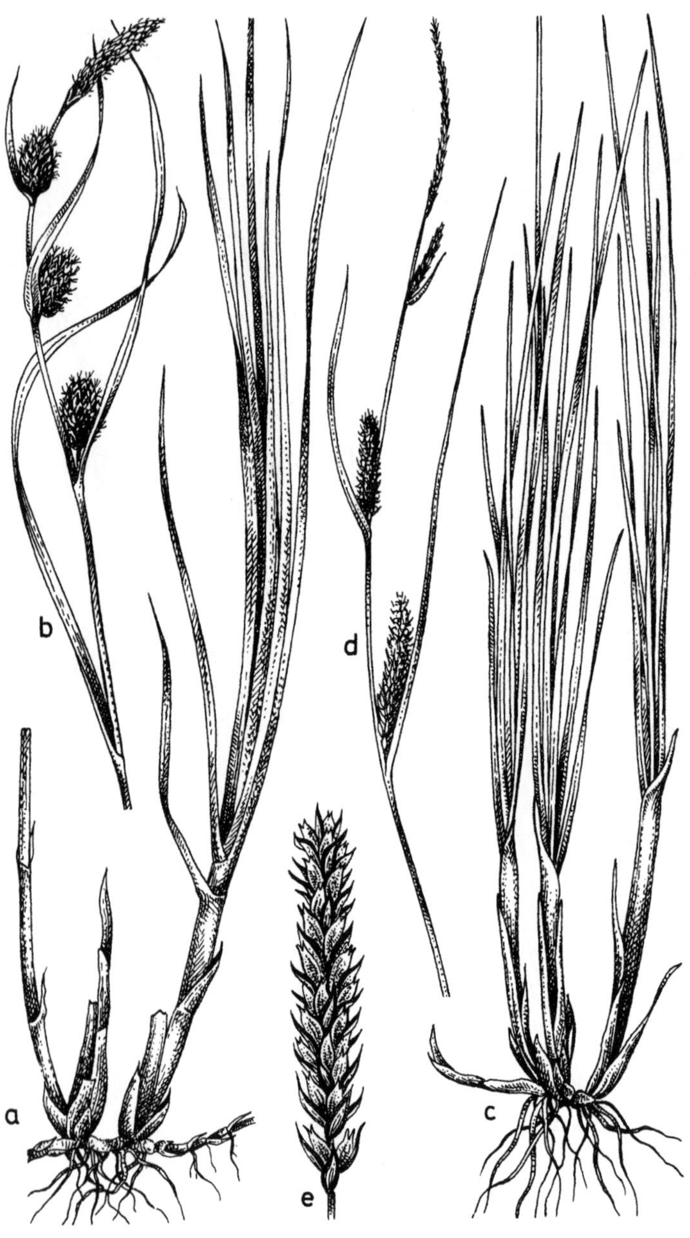

sitzend bis kurz gestielt, walzlich; Spelzen eiförmig, 6—7 mm lang, meist plötzlich in die lange, gezähnte Granne auslaufend, vorn gewimpert, in der Mitte bleichgrünlich, am Rande durchscheinend, meist kürzer als die Fruchtschläuche. Männliche Ährchen aufrecht, schlankwalzlich, 20—60 mm lang, genähert bis wenig entfernt; Spelzen eiförmig, wenigstens die oberen lang begrannt, gelb- bis rostbraun, weiß-hautrandig. Fruchtschläuche eilänglich, 6—8 (10) mm lang, 1—2 mm dick, bauch- und rückenseits deutlich 10—15nervig, strohfarben, nur in der oberen Hälfte auf den Nerven und am Grunde des Schnabels zerstreut behaart oder fast kahl; Schnabel schlank, tief 2zähnig; Zähne 1,2—2 (3) mm lang. Narben 3. Früchte ellipsoidisch, 3kantig, gelbbraun, oft fehlschlagend. — Blütezeit: V—VI.

Vorkommen: An Ufern, auf Niedermooren; in Großseggen-Beständen; am Kleinen Hüllpfuhl bei Klein-Behnitz im Havelland bildet *C. atherodes* eine eigene Großseggen-Gesellschaft am Ufer eines (mäßig) nährstoffreichen Grundmoränentümpels im flachen Wasser (bis 20 cm Wassertiefe) und auf nassem Schlamm. — L: H caesp/Hel.

Verbreitung: Im östlichen Nordeuropa verbreitet, westwärts bis zum Kemi-Fluß (Finnland), südwestwärts bis Lwow (Lemberg), außerdem vereinzelt bis Dolny Śląsk (Niederschlesien) und ins Havelland; ostwärts im gemäßigten Asien (disjunkt in großen Teilen Sibiriens); in Nordamerika ziemlich häufig. — Im Gebiet nur im nordöstlichen Tiefland östlich der Elbe bei Nauen (Kleiner Hüllpfuhl bei Klein-Behnitz); im Kreis Chelmno (Kuhn) zwischen Lisewo und Ostrowo; bei Inowrocław (Hohensalza); bei Wrocław (Breslau) und Canth (Kanth); im Waldgebiet „Puszcza Romincka" westlich Zytkiejmy (Wehrkirchen) in Masuren. — euraskont, circ.

Verbreitungskarten: Hultén 1962, 1968, 1971; Olesiński 1962; Porsild 1966.

Anmerkung: *C. atherodes* ist eine polymorphe Art, die von Ascherson & Graebner (1904) in auf das jeweilige Vorkommen beschränkte „Sippen" aufgegliedert wurde: var. *kirschsteiniana* (z. B. bei Klein-Behnitz, Hüllpfuhl), var. *siegertiana* (z. B. bei Canth) und var. *cujavica* (z. B. bei Inowrocław). Die zur Untergliederung verwendeten Merkmale (z. B. Rauhheit des Stengels, Zahl der männlichen und weiblichen Ährchen, Behaarung der Schläuche, Länge des untersten Hüllblattes und seiner Scheide) werden von Krawiecowa & Kuczyńska (1959) als sehr veränderlich und damit als wertlos für eine infraspezifische Gliederung angesehen (vgl. auch Schultze-Motel 1977).

Familie **Araceae**

Ausdauernde Kräuter, darunter auch schwimmende Wasserpflanzen (in den Tropen auch verholzte Schlingpflanzen), oft mit knolligem oder kriechendem Rhizom. Blätter meist grundständig, ungeteilt oder geteilt, langgestielt, herz-, pfeil- oder schwertförmig, parallelnervig, oft auch netznervig. Blüten sehr klein, 1geschlechtig und ohne Perigon oder zwittrig und mit oder ohne Perigon, in vielblütigen, meist unverzweigten Kolben. Kolben (Spadix) am Grunde meist von einem oft kronblattartig gefärbten, scheidenartigen Hochblatt (Spatha) ganz oder teilweise umhüllt. Frucht 1- bis mehrsamig, beerenartig.

Die Familie umfaßt ungefähr 115 Gattungen mit rund 1800 Arten; ihre Hauptverbreitung (~92% der Arten) liegt in den Tropen. Hier auch typische Wasserpflanzen (z. B. *Orontium* L., *Cryptocoryne* Fischer ex Wydler und *Lagenandra* Dalzell). Wir berücksichtigen *Acorus*, *Calla* und *Pistia*.

Fig. 96. a—b *Carex melanostachya* Willdenow — a Sproßbasis, $\times^1/_4$; Blütenstand $\times^1/_3$. c—e *Carex lasiocarpa* Ehrhart — c Habitus, $\times^1/_3$; d Blütenstand, $\times^1/_3$; e Ähre, $\times^4/_3$ (a—b nach Reichenbach 1846; c—e nach Nordhagen 1948).

Bestimmungsschlüssel der Gattungen:

1a Pflanzen frei schwimmend; Blätter keilförmig und sitzend . . . . . **3. Pistia** (S. 359)

1b Pflanzen im Untergrund wurzelnd oder kriechend; Blätter nicht keilförmig und sitzend **2**

2a Blätter grasartig, nicht in Stiel und Spreite gegliedert, schwertförmig, am Rande meist gewellt, stark aromatisch (zerreiben!); Spatha grünlich, laubblattähnlich, den Stengel über dem scheinbar seitlich ansitzenden, endständigen Kolben fortsetzend; Perigon kelchartig . . . . **1. Acorus** (S. 357)

2b Blätter in Stiel und Spreite gegliedert, rundlich herz- oder nierenförmig; Spatha mehr oder weniger flach ausgebreitet, eiförmig, außen grünlich, innen weiß; Perigon fehlend . . . . **2. Calla** (S. 359)

1. Acorus L.

Stauden mit grasähnlichen, steif aufrechten, nicht geteilten Blättern. Kolben scheinbar seitenständig. Spatha blattartig, die Stengelfortsetzung bildend, den Kolben nicht umhüllend. Kolbenachse bis zur Spitze mit zwittrigen Blüten besetzt, vom Grunde an aufblühend. Perigonblätter 6, frei, häutig, Staubblätter 6. Frucht eine rötliche Beere.
Die Gattung umfaßt 2 Arten. Der kleine, schmalblättrige *A. gramineus* Solander kommt in Südostasien und im nördlichen China vor und wird im südlichen Europa häufig als Zierpflanze gebaut. — Im Gebiet nur 1 Art.
Wichtigste Literatur: Engler 1905; Höck 1934; Wein 1939, 1940, 1948; Wulff 1954; Mathé 1959.

1. Acorus calamus L. (Fig. 98 d)
Rhizom lang, stark verzweigt, unterirdisch kriechend, fingerdick, aromatisch duftend. Stengel aufrecht, 3kantig, auf der Schmalseite rundrinnig, 2zeilig, beblättert. Blätter (50) 60—120 (185) cm lang, (0,5) 1—2 (3) cm breit. Kolben abstehend, (4) 6—8 (10) cm lang, 0,6—1,5 cm dick, walzlich, schwach gebogen, gelbgrün bis gelb, mit 700—800 Blüten. Spatha 2—10mal so lang wie der Kolben. Perigonblätter ~1 mm lang, verkehrt-eiförmig, stumpf, an der Spitze kapuzenförmig, gelbgrün. Fruchtknoten länglich, mit sehr kurzem Griffel und kleiner, sitzender, punktförmiger Narbe. Früchte in Europa nicht bekannt. — Blütezeit: VI—VII (nicht in allen Jahren blühend). — $2n = 36$ (in Europa und Vorderindien).
Vorkommen: An Ufern, in Teichen und Gräben; in stehendem oder langsamfließendem Wasser über nährstoffreichem, mehr oder weniger humosem Schlammgrund; verträgt Verschmutzungen; wärmeliebend; planar bis kollin, aber auch noch zahlreich in Fischteichen der submontanen Stufe, in den Alpen bis 1150 m; meist im Schilfröhricht oder eine besondere Gesellschaft bildend (Acoretum calami), auch in anderen Röhricht-Gesellschaften, besonders im Glycerietum maximae, und in reicheren Großseggen-Gesellschaften. — L: G rhiz/Hel.
Verbreitung: In Europa vor allem im Zentrum und im Osten, nordwärts bis England, Südskandinavien und Südfinnland; in Oberitalien, Ungarn, Jugoslawien und Rumänien, im eigentlichen Mittelmeergebiet selten oder fehlend; durch Asien nördlich und südlich des Himalaya ostwärts bis Japan; im atlantischen Nordamerika weit verbreitet. — Ursprünglich wohl nur in Südostasien; sonst synanthrop (seit 1557 in Europa). — Im Gebiet vor allem im Tiefland in den großen Stromtälern verbreitet, im Mittelgebirgsland besonders in den Teichgebieten, sonst zerstreut; durch Eutrophierung gefördert, sich weiter ausbreitend.
Verbreitungskarten: Marie-Victorin 1931; Parmelee & Savile 1954; Hultén 1962, 1968, 1971.

Fig. 97. a—b *Cladium mariscus* (L.) Pohl — a Habitus, $\times\,^1/_5$; b Ährchen, $\times\,3{,}5$. c *Carex vulpinoidea* Richard in Michaux, Habitus, $\times\,^1/_4$ (a—c nach Şerbănescu & Nyárády in Nyárády 1966).

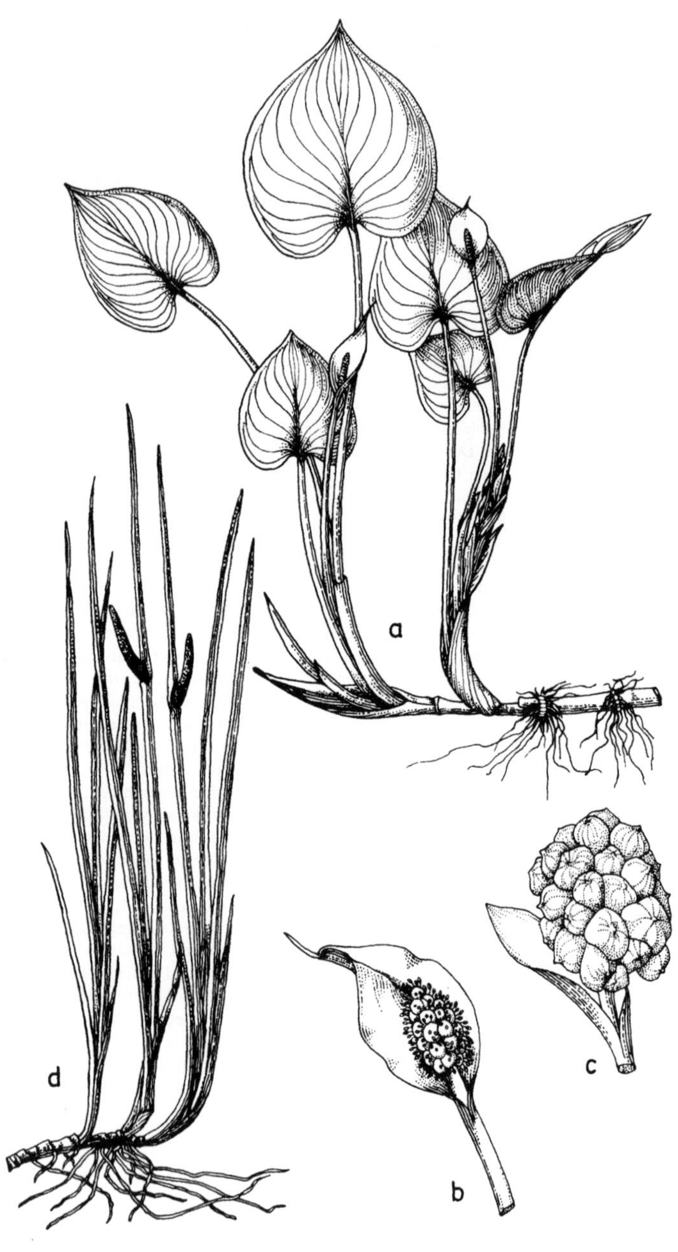

Anmerkungen: Die europäische Sippe ist triploid ($2n = 36$) und steril, vielleicht ein Bastard zwischen der diploiden ($2n = 24$) nordamerikanischen und der tetraploiden ($2n = 48$) asiatischen Sippe (Westsibirien bis Japan: „*A. triqueter*").

2. Calla L.

Die Gattung ist monotypisch; mit den Merkmalen der Art.
Wichtigste Literatur: Krause 1908; Höck 1934.

1. Calla palustris L. (Fig. 98 a—c)
Ausdauernde Sumpfpflanze; Rhizom kriechend, bis 50 cm lang, walzlich, ziemlich dick, mit einander meist genäherten Blättern; im Wasser und Moos bleich, oberirdisch grün. Blätter 2zeilig gestellt, bis 30 cm lang gestielt, mit 4—11 (12) cm breiten herzförmigen Spreiten, am Ende oft zugespitzt, glänzend. Stengel etwa so lang wie die Blattstiele. Spatha 3—7 cm lang, oval-rundlich mit aufgesetzter Spitze, weiß. Kolben länglich-walzlich, 2—3 cm lang, kürzer als die Spatha, bis zur Spitze dichtblütig. Blüten nackt, zwittrig, an der Spitze gelegentlich nur männliche Blüten mit 6 oder mehr Staubblättern. Frucht beerenartig, scharlachrot. — Blütezeit: V—VII (IX). — $2n = 36, 72\ (63, 69, 70)$.
Vorkommen: An Ufern von Tümpeln, Teichen und Seen, in Gräben, Torfstichen und Moorschlenken sowie in der nassen Randzone von Mooren, auch im ärmeren Erlenbruch; auf nassen, zeitweise überschwemmten, mäßig nährstoff- und basenreichen, neutralen bis mäßigsauren, meist noch wenig verfestigten, mesotrophen Torfschlamm-Böden, z. T. auch im Wasser flutend; in den Alpen bis 1270 m; vor allem in Großseggen-Gesellschaften, Kennart des Cicuto-Caricetum pseudocyperi bzw. eines eigenen Schwingrasens (Calletum palustris), auch in Caricetum rostratae, in nassen Ausbildungen von Kleinseggen-Mooren, Weidengebüschen und ärmeren Erlenbruchwäldern. — L: (hyd) G rhiz/Hel.
Verbreitung: In Europa westwärts bis ins Rheingebiet und in die Vogesen, nordwärts bis wenig nördlich des Polarkreises, nicht auf den Britischen Inseln (in Surrey seit 1861 eingebürgert) und Island; ostwärts zwischen 50 und 65° nB bis Ostasien (Japan); fehlt den größten Teilen Frankreichs und in ganz Südeuropa, in Südosteuropa nur vereinzelt in den Karpaten; in Nordamerika von Alaska (70° nB) südwärts bis 40" nB. — Im Gebiet vor allem im östlichen und mittleren Teil des Tieflandes, nicht auf den Friesischen Inseln, auf Bornholm, Gotland und Ösel. — no-kont, circ.
Verbreitungskarten: Hultén 1962, 1968, 1971; Meusel et al. 1965; Crow 1969; Tralau 1971; Fukarek 1975.

3. Pistia L.

Monotypische Gattung mit den Merkmalen der Art.

1. Pistia stratiotes L. (Fig. 100)
Freischwimmende Wasserpflanze mit zahlreichen zuerst hellen, später blauschwarzen Wurzeln und oft mit Ausläufern. Blätter in Rosetten, sich bis etwa 10 cm über den Wasserspiegel erhebend, sitzend, verkehrt-eiförmig bis keilförmig, dick, dicht weich seidenhaarig, unterseits samtartig blaugrün, oberseits blaßgrün, (10) 13—15 (20) cm lang, vorn bis 7 cm breit, mit 7 bis 15 parallelen Rippen (Längsnerven) vom Grunde bis zur Spitze. Blütenstand viel kürzer als die Blätter; Blütenscheide (Spatha) innen weißlich, außen grünlich, bauchig, behaart, 8—10 mm lang, zwischen den oberen männlichen Blüten und der unteren weiblichen Blüte eingeschnürt. Kolben (Spadix) teilweise mit der Scheide verwachsen, unten mit 1 weib-

Fig. 98. a—c *Calla palustris* L. — a Habitus, × $^1/_4$; b Spadix mit Blüten; c Spadix, fruchtend; d *Acorus calamus* L. — Habitus, × $^1/_8$ (a, d nach Fassett 1960; b—c nach Reichenbach 1845).

lichen Blüte, oben mit wenigen männlichen, aus 2 verwachsenen Staubblättern bestehenden Blüten. Blütenhülle fehlend. Staubblätter 2—8, am Kolben endständig in einem Ring (Kranz) erscheinend, mit den Stielen teilweise verwachsen. Weibliche Blüte flaschenförmig. Narbe mit dickem Stiel. Früchte dünnwandige, grüne, vielsamige Kapseln mit bleibendem Griffel.

Vorkommen: In zahlreichen stehenden oder sehr langsam fließenden Gewässertypen der warmen Gebiete; besonders gern in frisch gefüllten Wasserspeichern (Talsperren); gelegentlich riesige zusammenhängende Teppiche bildend und dann als „Wasserpest" von der Schifffahrt und der Hygiene (Lebensstätte von Moskitos der Gattung *Mansonia*) gefürchtet; Kennart eines Lemni-Pistietum, hier zusammen mit *Lemna paucicostata* und *Ludwigia*.

Verbreitung: In den Tropen und Subtropen der Erde fast überall; in Europa als Aquarienpflanze eingeführt und hier und da als Aquarienflüchtling (meist nur) vorübergehend auftretend, so in den Niederlanden (vgl. Mennema 1977) und in der Lausitz (Ostritz).

Verbreitungskarten: Smith 1962 (Brasilien); Mennema 1977 (Niederlande).

Familie **Lemnaceae**

Sehr kleine, 0,2—12 mm lange, grüne, ausdauernde Wasserpflanzen mit stark reduzierten vegetativen und generativen Organen, die frei auf oder einige cm unter der Wasseroberfläche schwimmen. Der Vegetationskörper ist flach oder gewölbt, linsenförmig oder gestielt-lanzettlich; aus ihm können einzelne Glieder hervorsprossen und oft miteinander verkettet bleiben. Wurzeln fehlend oder vorhanden, dann von der unteren Oberfläche des Vegetationskörpers ausgehend, unverzweigt. Blüten (Blütenstände) aus den randlichen, spaltenartigen Taschen des Vegetationskörpers austretend oder dessen Oberfläche durchbrechend, eingeschlechtig, hüllenlos, mit oder ohne Spatha, aus 1—2 Staubblättern (männlichen Blüten) bzw. (und) einem 1—7 Samenanlagen enthaltenden, einfächerigen, flaschenförmigen Fruchtknoten (einer weiblichen Blüte aus 1 Fruchtknoten) bestehend. Sehr selten blühend; die einheimischen Arten sich fast ausschließlich durch Sprossung vegetativ fortpflanzend. Frucht 1 zarthäutiger, nicht aufspringender, 1—7samiger Schlauch.

Die Familie umfaßt 6 Gattungen mit etwa 30 aquatischen Arten und ist fast kosmopolitisch verbreitet; fehlt in der arktischen Zone. Im Gebiet nur Vertreter der Gattungen *Lemna*, *Spirodela* und *Wolffia*. Es ist umstritten, ob die Assimilationsorgane als Blätter, als Sprosse oder als beides und die Geschlechtsorgane als Blüten oder Blütenstände aus 1—2 männlichen und 1 weiblichen Blüte anzusehen sind.

Wichtigste Literatur: Hegelmaier 1868, 1895; Landolt 1957, 1975; Daubs 1965; Den Hartog & van der Plas 1970; van der Plas 1971; Ivanova 1973; Kandeler & Hügel 1974; Riedl 1976; Landolt & Wildi 1977.

Bestimmungsschlüssel der Gattungen:

1a Sproßglied kürzer als 1,5 mm, straff aufgeblasen, körnchenartig, wurzellos; Blütenstand 1, rückenständig; die Oberfläche des Sproßgliedes durchstoßend, mit 1 weiblichen und 1 männlichen Blüte ohne Spatha; Staubbeutel 2fächerig, sich an der Spitze öffnend; Sproßstiel mit bloßem Auge nicht sichtbar . . . . . **3. Wolffia** (S. 369)

1b Sproßglied meist länger als 1,5 mm, bis 12 mm lang, mehr oder weniger blattartig abgeflacht, mit 1—18 Wurzeln (ältere Glieder oft ohne Wurzeln); Blütenstand aus einer der beiden Seitentaschen des Sproßgliedes entspringend, mit 1 weiblichen und 2 männlichen Blüte(n) in einer häutigen Spatha; Staubbeutel 4fächerig, sich quer öffnend; Sproßstiel vorhanden **2**

2a Sproßglied ohne Rücken- und Bauchschuppen, mit 1—3 oft undeutlichen Nerven; mit 1 Wurzel oder wurzellos; Stiel randlich angeheftet; Pflanze gewöhnlich kürzer als 5 mm . . . . **1. Lemna** (S. 361)

2b Sproßglied mit Rücken- und Bauchschuppen, mit 3—15 Nerven; mit Wurzelbüschel; Stiel bauchseits angeheftet; Pflanzen (ausgewachsen) länger als 5 mm . . . . .
. . . . **2. Spirodela** (S. 366)

1. **Lemna** L.

Kleine Wasserpflanzen, auf der Oberfläche schwimmend oder manchmal vollständig untergetaucht und nur zur Blütezeit auftauchend. Sproßglieder blattartig flach, bis 12 mm lang, meist mit einer gefäßlosen Wurzel auf der Unterseite, meist zu 2—10 bzw. vielen aneinanderhängend; die jungen Glieder sprossen aus zwei seitlich-randlichen, nach hinten gerichteten Taschen; 1—3 (5)nervig. Kleine Rücken- oder Bauschuppen. Blütenstand 1, in einer der beiden Seitentaschen, von 1 häutigen Spatha umgeben; aus 1 weiblichen und 2 männlichen Blüten bestehend. Staubblätter 2, sich nacheinander entwickelnd, mit verlängertem, nach oben gebogenen Filament und 4fächerigem Staubbeutel; Fruchtknoten 1, mit 1—7 Samenanlagen; Frucht mehr oder weniger abgeplattet, mit oder ohne Flügel. Samen längsrippig, selten glatt.
Die Gattung umfaßt 10 Arten, die kosmopolitisch verbreitet sind. Bastarde sind nicht bekannt. — Im Gebiet 3 Arten (vgl. Nachträge S. 402).
Wichtigste Literatur: Hegelmaier 1868; De Lange & Segal 1968; Kandeler & Hügel 1974; Landolt 1975; De Lange 1975; Landolt & Wildi 1977.

Bestimmungsschlüssel der Arten:

1a Vegetative, spaltöffnungslose Sproßglieder („Wassersprosse") unter der Wasseroberfläche schwebend, lanzettlich bis oval, am Rande gesägt-gezähnt, beidseits flach, dünn und durchscheinend, in einen deutlichen Stiel verschmälert, meist viele Glieder kreuzweise verkettet; generative, auf der Rückenfläche Spaltöffnungen tragende, eiförmige und etwas dickere Sproßglieder („Luftsprosse") zur Blütezeit auftauchend
. . . . **1. L. trisulca** (S. 362)
1b Sproßglieder („Luftsprosse") auf der Wasseroberfläche schwimmend, rundlich, meist dick und nicht durchscheinend, ohne sichtbaren Stiel; 2—10 Glieder zusammenhängend; keine untergetauchten „Wassersprosse' entwickelt **2**
2a Wurzelscheide ohne flügelartige Anhänge; Frucht symmetrisch; Samenanlagen amphi- oder anatrop **3**
2b Wurzelscheide mit flügelartigen Anhängen; Frucht asymmetrisch; Samenanlage 1, orthotrop **4**
3a Sproßglieder beidseits flach, oberseits etwas gekielt; netzartig angeordnete Hohlräume höchstens bei getrockneten Exemplaren durchscheinend; Wurzelhaube meist abgerundet-stumpf; Frucht ungeflügelt; Samenanlage 1, amphitrop; Spalt der Knospentasche mit dem Rand des Gliedes zusammenfallend . . . . **2. L. minor** (S. 362)
3b Sproßglieder oberseits flach, grün oder rötlich-bräunlich überlaufen, unterseits bauchig gewölbt (gelegentlich auch flach, dann aber unterseits meist auf der ganzen Fläche die netzartig angeordneten Hohlräume durchscheinend); Wurzelhaube meist deutlich zugespitzt; Frucht mit seitlichen Flügeln; Samenanlage 1, amphitrop, oder 2—4, anatrop; Spalt der Knospentasche bauchseits zum Gliedrand . . . .
. . . . **3. L. gibba** (S. 364)
4a Wurzelscheide mit breiten, flügelartigen Anhängen; Samen einheitlich bräunlich, länglich, auch zur Zeit der Vollreife fest von der Fruchtwand umschlossen; Samenschale grobrippig, mit 15—22 Längsrippen . . . . **4. L. paucicostata** (S. 364)
4b Wurzelscheide schmal geflügelt; Samen im feuchten Zustand in der oberen (Mikropylar-)Hälfte elfenbeinweiß, in der unteren Hälfte glasig-farblos, Nabel braun, tonnenförmig, zur Zeit der Vollreife bereits aus der Frucht herausgefallen; Samenschale feinrippig, mit 40—52 (60) Längsrippen . . . . **5. L. perpusilla** (S. 366)

1. Lemna trisulca L. (Fig. 99a—c)
Vegetative Sproßglieder („Wassersprosse") unter der Wasseroberfläche schwebend, blatt-artige Glieder meist zu vielen kreuzweise verkettet, lanzettlich bis oval, 2—6 (10) mm lang, 1—3 mm breit, flach, nicht pigmentiert, nervenlos oder 1nervig, durchscheinend, ohne Spalt-öffnungen; am Rande gesägt-gezähnt, deutlich gestielt, Stiel 1—13 mm lang; generative Glieder („Luftsprosse") schwimmend, eiförmig bis eiförmig-lanzettlich, 3nervig, die Blüten hervorbringend. Wurzel 10—40 mm lang oder fehlend; Wurzelscheide sehr kurz, meist undeut-lich, Wurzelhaube spitz. Frucht symmetrisch mit 1 tief 12—15rippigen Samen. Keine be-sonderen Ruheknospen; die Sproßglieder überwintern unveränderlich. — Blütezeit: V—VI (X). — $2n = 44$.

Vorkommen: In windgeschützten, flachen Gewässern, vor allem in Gräben, Torfstichen, Tümpeln, Altwassern und geschützten, stillen Seebuchten; in mehr oder weniger nährstoff-reichem, meso- bis eutrophem, mildem bis mäßig saurem Wasser, meist in nährstoffreicheren, aber auch in etwas ärmeren Gewässern; schattenertragend, aber etwas wärmeliebend und in manchen Gebieten häufiger als *L. minor*; planar bis kollin, meist nicht über 800 m; vor-zugsweise in Wasserlinsen-Gesellschaften und im Hydrocharitetum, aber auch im Hottonie-tum, in der *Ceratophyllum*-Gesellschaft und anderen Laichkraut-Gesellschaften, im Myrio-phyllo-Nupharetum und nassen Ausbildungen von Röhricht-Gesellschaften. — L: k Hyd nat/Wolff-Lemn.

Verbreitung: Im kühl- bis warm-gemäßigten Eurasien fast überall; nicht in der Arktis; (in Alaska und Nordwestkanada allerdings noch nördlich des Polarkreises: Umiat Lake, 69°23′ nB); im Mittelmeergebiet spärlich; Mauritius; Australien; in Nordamerika südwärts bis in die Gebirge Mexikos. — Im Gebiet im mitteleuropäischen Tiefland und Mittelgebirgsland ver-breitet und überall häufig, nicht im engeren Alpengebiet. — euras, circ.

Verbreitungskarten: Steyermark 1941; Hultén 1962, 1968, 1971; Daubs 1965; Lohammar 1965; Porsild 1966; Postovalova 1969.

Anmerkung: Zur Blütezeit ist der Vegetationskörper einzeln oder die hervorsprossenden Glieder sind noch ungestielt; diese bilden anfangs mit dem Mittelglied scheinbar ein spieß-förmiges Blatt.

2. Lemna minor L. (Fig. 99f—h)
Sproßglieder auf der Wasseroberfläche schwimmend, einzeln oder zu wenigen (2—6) zusam-menhängend, oval, (1) 2—4 (6) mm lang, 1—3 mm breit, flach, nicht bauchig gewölbt, hell-grün, nicht durchscheinend, oberseits gelegentlich etwas rötlich pigmentiert, 3—5nervig, ohne sichtbaren Stiel. Wurzeln 10—40 (110) mm lang, Wurzelhaube stumpf-abgerundet, 0,4—1,1 mm lang; Wurzelscheide ohne Flügel, walzlich, lang. Samenanlage 1. Frucht symmetrisch, ellip-soidisch, ungeflügelt, mit nur einem 12—15rippigen Samen. Keine besonderen Ruheknos-pen; überwinternde Sproßglieder klein. — Blütezeit: IV—VI (IX). — $2n = 40$.
Vorkommen: In Schwimmdecken auf stehenden oder langsamfließenden, windgeschützten Gewässern, vor allem auf Kleingewässern wie Dorfteichen, Tümpeln und Gräben mit mäßig bis stark nährstoffreichem Wasser; Verschmutzung ertragend; hinsichtlich Wärme, Nähr-stoffen und Alkalinität anspruchslos, daher auch in kaltstenothermen Limnokrenen, in Quell-bächen und in sehr nährstoffarmen Gewässern; in den Alpen bis 1800 m, vorwiegend jedoch

Fig. 99. a—e *Lemna trisulca* L. — a Habitus der untergetauchten Pflanze, ×4; b schwimmende Pflanze mit Blütenstand, Rückenansicht, ×4; c Sproßglieder mit Frucht, Bauchansicht, ×4; d Staubblatt, ×15; e Blütenstand, von Spatha eingehüllt, ×12. f—h *Lemna minor* L. — f Habitus, Bauchansicht, ×5; g Habitus, Seitenansicht, ×5; h Habitus, Rückenansicht; ×5. i—j *Wolffia arrhiza* (L.) Horkel ex Wimmer — i Habitus und Tochterglied, Seiten-ansicht, ×10; j dasselbe in Rückenansicht, ×10. k—o *Lemna gibba* L. — k Habitus, Rückenansicht, ×4; l Bauchansicht, die subepidermalen Lufthöhlen zeigend, ×4; m Habitus, Seitenansicht, ×4; n Frucht, 1samig, ×9; o Frucht, 2samig, ×9 (a—o nach van der Plas 1971).

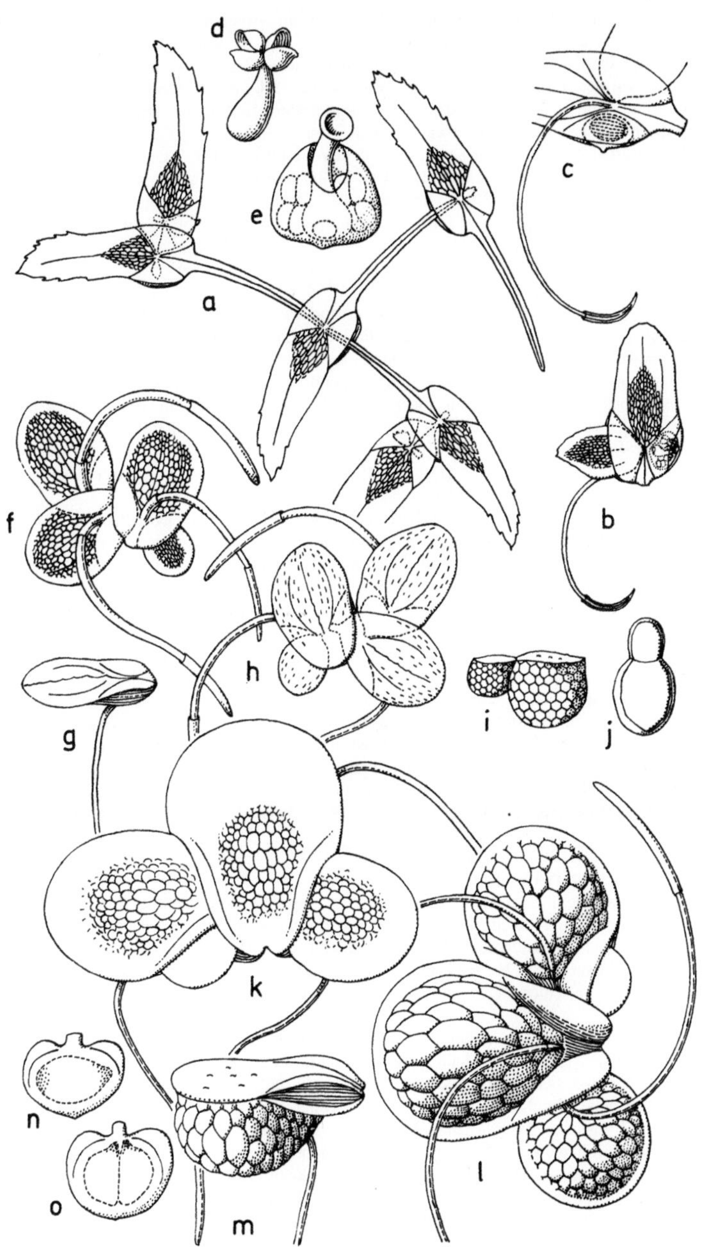

planar-kollin; in allen Wasserlinsen-Gesellschaften, in ärmeren Gewässern und höheren Lagen ein eigenständiges Lemnetum minoris bildend. — L: k Hyd nat/Lemn.

Verbreitung: In den kühl bis warm gemäßigten Gebieten der ganzen Erde (Grenze gegenüber den warmen Zonen die +15° C-Isotherme der 3 kältesten Monate, gegenüber den kühlen Zonen die +10° C-Isotherme der 3 Sommermonate); ursprünglich wahrscheinlich eurasiatisch; nahezu alle Angaben aus tropischen und subtropischen Gebieten beziehen sich auf *L. perpusilla* bzw. *L. paucicostata*, die aus dem extratropischen Australien vielleicht auf *L. disperma* Hegelmaier. — Im Gebiet weit verbreitet und überall häufig, aber in der Menge schwankend. — no-euras-med bzw. kosmopol in kalt bis warm temperierten Zonen.

Verbreitungskarten: Hultén 1962, 1968, 1971; Daubs 1965; Meusel et al. 1965; Porsild 1966; Postovalova 1969; Landolt 1975.

3. **Lemna gibba** L. (Fig. 99k—o)

Sproßglieder auf der Wasseroberfläche schwimmend, einzeln oder zu wenigen (2—6) zusammenhängend, oval bis rundlich, 2,5—5 mm lang, 1,5—4 mm breit, dicklich, unterseits bauchig gewölbt, gelegentlich auch flach, dann aber unterseits meist auf der ganzen Fläche die netzartig angeordneten Hohlräume durchscheinend, oberseits grün oder rötlich-bräunlich überlaufen, gelegentlich mit roten Flecken, 4—5 (3)nervig. Wurzeln 10—120 mm lang; Wurzelhaube meist deutlich zugespitzt, 0,6—1,8 mm lang, sich etwas von der Wurzel abhebend. Wurzelscheide walzlich, kurz, ohne Flügel. Samenanlagen (1) 2—4. Frucht symmetrisch, ellipsoidisch, seitlich geflügelt, mit (1) 2—4 tief längsgerippten Samen. Überwinternde Glieder sehr klein. — Blütezeit: IV—VI (IX). — $2n = 64$.

Vorkommen: In Schwimmdecken flacher, sehr nährstoffreicher (verschmutzter) Gewässer, vor allem in Gräben, Tümpeln und Dorfteichen; ausgesprochener Zeiger für Abwasser- und Jauchebelastung, wärmebedürftig und daher nur in warmen Sommern optimal entwickelt, salzverträglich und in Küstengebieten auch im Brackwasser; vorwiegend planar, vereinzelt in den Alpen (Wallis) bis 2000 m. Kennart des Lemnetum gibbae, auch im Wolffietum arrhizae und im Lemno-Azolletum filiculoides. — L: k Hyd nat/Lemn.

Verbreitung: Weltweit verbreitet in den wärmeren Gebieten (Grenze gegenüber den wärmeren Zonen die +18° C-Isotherme der 3 kältesten Monate, gegenüber der kühlen Zone die −1° Januar-Isotherme); in fast ganz Europa, nordwärts nur bis Mittel-Schweden, den Ålands-Inseln und Estland. Gesamtverbreitung ungenügend bekannt. — Im Gebiet hauptsächlich im Tiefland, sehr zerstreut, selten und meist unbeständig, jedoch infolge anwachsender Gewässerverschmutzung allgemein im Zunehmen; im engeren Alpengebiet und im nördlichen Alpenvorland fehlend. — kosmopol, vor allem in warm temperierten Zonen.

Verbreitungskarten: Hultén 1962, 1971; Daubs 1965; Meusel et al. 1965; Philippi 1971, 1978; Landolt 1975.

4. **Lemna paucicostata** Hegelmaier (Fig. 100a—m)

Wurzel mit breit geflügelter Wurzelscheide und zugespitzter Wurzelhaube. Sproßglieder auf der Wasseroberfläche schwimmend, verkehrt-eiförmig bis verkehrt-eilänglich, stark asymmetrisch, ziemlich dünn, undeutlich 1—3nervig oder nervenlos. Samen einheitlich bräunlich, länglich, nach oben mehr oder weniger konisch auslaufend, zur Zeit der Fruchtreife fest von der Fruchtwand umschlossen; Samenschale grobrippig, mit (12) 15—22 Längsrippen.

Fig. 100. a—m *Lemna paucicostata* Hegelmaier — a Sproßglied in Rückenansicht mit anliegender Knospe, ×15; b Sproßglied, Seitenansicht, ×15; c blühendes Sproßglied, Blütenstand und Knospe sich in ein und derselben Tasche entwickelnd, ×35; d Wurzelkappe, ×36; e Sproßglied in Bauchansicht mit austretender Wurzel, ×15; f Wurzelscheide mit 2 seitlichen Flügeln, ×35; g Mutter- und Tochtersproßglied, beide mit Blütenstand, ×15; h Sproßglied mit Frucht und Tochtersproß, Rückenansicht, ×15; i—j Samen (i ×40; j ×120, nach rasterelektronenmikroskopischer Abbildung), k—m Früchte. n—q *Lemna perpusilla* Torrey — n—p Früchte, q Samen (×120 nach rasterelektronenmikroskopischer Abbildung) (a—i nach van der Plas 1971; j—q nach Kandeler und Hügel 1974).

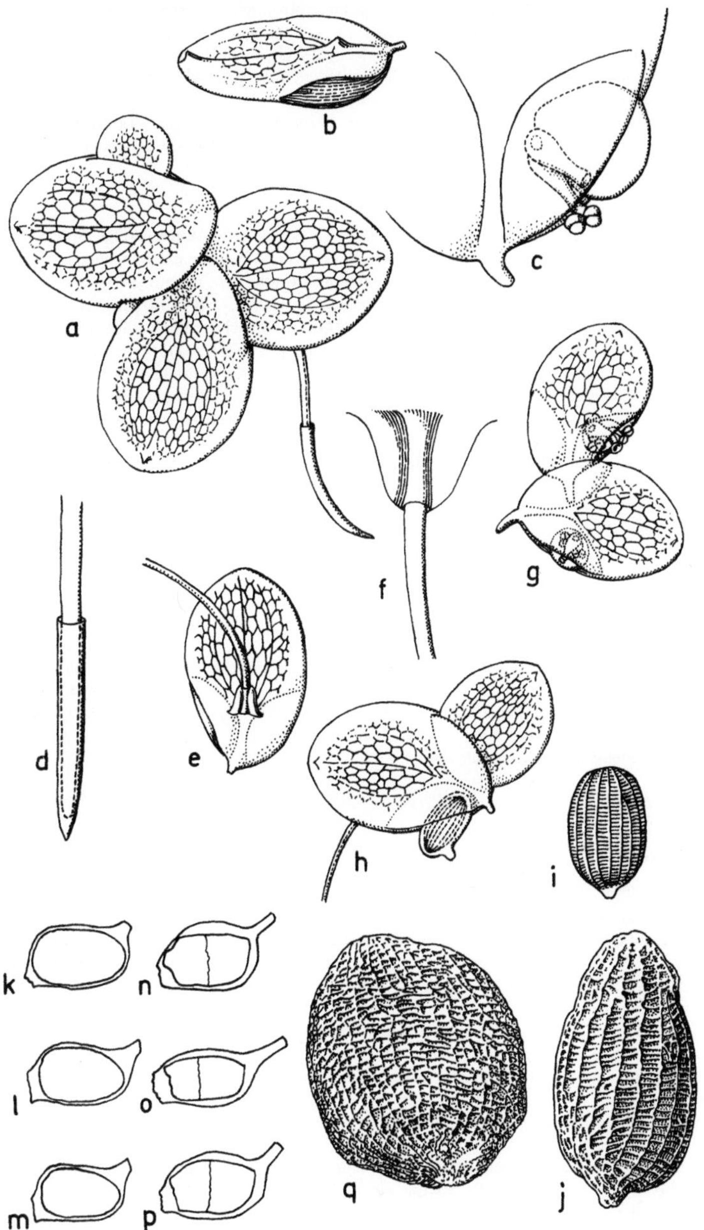

Vorkommen: Wie *L. perpusilla*; Kennart tropisch-subtropischer Wasserlinsen-Gesellschaften, in Nigeria in einem Najado-Nitelletum furcatae. – L: k Hyd nat/Lemn.
Verbreitung: In den Tropen der Alten und Neuen Welt bis in die warm gemäßigten Zonen beider Hemisphären. In Europa vermutlich mit dem Reis eingeschleppt und in Oberitalien (um Pavia) eingebürgert. – Im Gebiet fehlend.
Anmerkungen: Wegen des Vorkommens und der Verbreitung vgl. die Anmerkungen bei *L. perpusilla*. – *L. paucicostata* und *L. perpusilla* können mit Sicherheit an der unterschiedlichen Struktur der Samenschalen erkannt werden.

5. Lemna perpusilla Torrey (Fig. 100n– q)
Wurzel mit schmal geflügelter Wurzelscheide und zugespitzter Wurzelhaube. Sproßglieder auf der Wasseroberfläche schwimmend, einzeln oder zu 3–5 zusammenhängend, 1–2,5 mm lang, verkehrt-eiförmig bis eirund, stark asymmetrisch, dicklich, undeutlich 1–3nervig oder nervenlos, lichtgrün, nicht pigmentiert; in beiden Taschen je 1 Blütenstand aus 1 muschelförmigen Spatha, 2 Staubblättern und 1 Fruchtknoten. Früchte mit deutlich ausgebildetem Griffel, von dem sich 2 flügelartige Verdickungen am Perikarp herabziehen; Fruchtwand den Samen nicht fest umschließend, Samen daher zur Zeit der Vollreife meist bereits herausgefallen; Samen im feuchten Zustand in der Mikropylarhälfte elfenbeinweiß, in der unteren Hälfte glasig-farblos, Nabel braun, tonnenförmig; Samenschale feinrippig, mit 40–52 (60) Längsrippen.
Vorkommen: Eingebürgert in Reisfeldern Norditaliens, dort in einer thermophilen Ausbildung des Lemno-Spirodeletum bzw. Kennart einer eigenen Gesellschaft, sonst in Wasserlinsen-Gesellschaften der östlichen USA. – L: k Hyd nat/Lemn.
Verbreitung: Einheimisch in den mittleren und nördlichen atlantischen Gebieten der USA. In Europa vermutlich eingeschleppt und in Oberitalien (um Pavia) eingebürgert. – Im Gebiet fehlend.
Verbreitungskarten: Muenscher 1944; Daubs 1965; Landolt 1975.
Anmerkung: Es ist möglich, daß in den Reisanbaugebieten Oberitaliens nicht (oder nicht nur) *L. perpusilla*, sondern nur (oder auch) *L. paucicostata* vorkommt, die bis in die jüngste Zeit hinein mit *L. perpusilla* verwechselt bzw. mit ihr für konspezifisch gehalten wurde (vgl. van der Plas 1971; Kandeler & Hügel 1974). Die Angaben über die europäischen Vorkommen der beiden Arten bedürfen der Überprüfung. – *L. perpusilla* kann leicht mit *L. minor* verwechselt werden. Wesentlichstes Unterscheidungsmerkmal ist die geflügelte Wurzelscheide, die bei *L. minor* nicht entwickelt ist.

2. **Spirodela** Schleiden

Lenticularia Séguier

Kleine, auf der Wasseroberfläche schwimmende Pflanzen. Sproßglieder einzeln oder in Gruppen zu 2–5 (oder mehr), nierenförmig bis verkehrt-eiförmig; flach oder deutlich aufgeblasen; 3–15nervig; mit Rücken- und Bauchschuppe. Rückenschuppe klein, abgerundet, häutig, an der Basis der Rückenseite eines sehr jungen, noch innerhalb der elterlichen Tasche befindlichen Sproßgliedes gelegen, verschwindet mit zunehmendem Alter. Bauchschuppe häutig, auf der Unterseite dort gelegen, wo die Wurzeln entspringen, oft pigmentiert, Wurzeln 1–18, büschelartig angeordnet; die Primärwurzeln durchbohren die Bauchschuppe; ihre Basalscheiden fusionieren mit ihr; die später erscheinenden Sekundärwurzeln durchbohren die Bauchschuppe nicht; ihre Basalscheiden fusionieren nicht mit ihr. Knospentaschen 2, basal, seitenständig, im Umriß 3eckig, sich durch Querschlitz öffnend. Blütenstand 1, seitenständig, sich aus einer der beiden Knospentaschen entwickelnd, aus 1 weiblichen und 2 männlichen Blüten bestehend, von einer häutigen Spatha eingeschlossen. Weibliche Blüte seitlich über den 2 männlichen stehend.

Die Gattung umfaßt etwa 4 Arten in den wärmeren Gebieten der Erde mit Schwerpunkt in Lateinamerika.
Wichtigste Literatur: Jacobs 1947; Henssen 1954.

Bestimmungsschlüssel der Arten:
1a Sproßglieder rundlich-verkehrt-eiförmig, 5–8 (12) mm lang, unterseits (5—)7- bis 12nervig; nur die älteste Wurzel des aus 7–16 Wurzeln bestehenden Wurzelbüschels die Bauchschuppe durchbohrend; Samen glatt . . . . **1. S. polyrhiza** (S. 367)
1b Sproßglieder elliptisch bis verkehrt-eiförmig, 2—4 (5) mm lang, unterseits (1) 3—5nervig; alle 1–9 (12) Wurzeln des Wurzelbüschels die Bauchschuppe durchbohrend; Samen gerippt . . . . **2. S. punctata** (S. 367)

1. Spirodela polyrhiza (L.) Schleiden (Fig. 101 a—e)
Lemna polyrhiza L.
Sproßglieder auf der Wasseroberfläche schwimmend, zu 2—6 (10) zusammenhängend, rundlich-verkehrt-eiförmig, ober- und unterseits flach, etwas dicklich, (3) 5—8 (15) mm lang, 2,5—8 mm breit, oberseits gelblichgrün, unterseits oft purpurrot, mit (5) 7—12 (15) Nerven. Wurzelbüschel aus (2) 10—13 (18) roten oder bleichgrünen Wurzeln; Wurzelhaube spitz; nur die älteste Wurzel die Bauchschuppe durchbohrend, die übrigen Wurzeln vor ihr hervortretend. Frucht schlauchartig, 1—2samig, leicht geflügelt, Samen glatt. Neben den gewöhnlichen Gliedern sind kleine (1—3 mm im Durchmesser), braune, nierenförmige, flache, wurzellose Ruheknospen (Turionen) vorhanden, die zu Boden sinken (Überwinterung). — Blütezeit: V—VI. — $2n = 40$.
Vorkommen: In Schwimmdecken windgeschützter Gewässer, auf Gräben, Tümpeln und Teichen, in Altwasser- und Seebuchten, mit nährstoffreichem, meso- bis eutrophem, aber unverschmutztem Wasser; etwas wärmeliebend; in den Alpen bis 640 m; Kennart des Lemno-Spirodeletum, auch in anderen Wasserlinsen-Gesellschaften, ferner in nassen Ausbildungen von Röhricht-Gesellschaften. — L: k Hyd nat/Lemn.
Verbreitung: In den wärmeren Gebieten Eurasiens und Nordamerikas (nicht in Südamerika); in Australien selten; in Nordafrika (?). — Im Gebiet im Tiefland und Mittelgebirgsland verbreitet und meist häufig, im engeren Alpengebiet und im nördlichen Alpenvorland nur adventiv (Wasservögel). — euras, circ.
Verbreitungskarten: Perring & Walters 1962; Hultén 1962, 1971; Daubs 1965; Postovalova 1969.
Anmerkung: Aus den Niederlanden (Edam) wird var. *masonii* Daubs angegeben, die sich durch eine deutlich aufgeblasene und gewölbte Bauchseite auszeichnet, dadurch an *L. gibba* erinnernd. In heißen Sommern können sich an besonders nährstoffreichen Standorten Formen mit bis über 15 mm langen Sproßgliedern entwickeln („var. *magna* Buchenau"; ohne taxonomischen Wert).

2. Spirodela punctata (G. F. W. Meyer) Thompson (Fig. 101 f—l)
S. oligorrhiza (Kurz) Hegelmaier; *Lemna* punctata G. F. W. Meyer; *L. oligorrhiza* Kurz
Pflanzen einzeln oder in Gruppen zu 2—6 zusammenhängend. Sproßglieder elliptisch bis verkehrt-eiförmig bis leicht nierenförmig, 2—5 mm lang, 1,4—2,6 (4) mm breit, grün, mit (2) 3—5 (7) auf der oft stark rötlichen, oft etwas aufgeblasenen Unterseite manchmal sichtbaren Nerven, mit (1) 2—8 (12) Wurzeln von 10—40 mm (und mehr) Länge; alle das Sproßglied durchbohrend; Wurzelhaube lang, dünn, mit aufgesetzter Spitze. Frucht eiförmig, geflügelt; Samen längsrippig.
Vorkommen: In besonders nährstoffreichen (überdüngten) Reisfeldern Oberitaliens zusammen mit Lemna gibba L. — L: k Hyd nat/Lemn.
Verbreitung: In den warmen Gebieten der östlichen Hemisphäre: Indien, China, Südostasien, Polynesien, Neuseeland, Australien; in Afrika und Südamerika selten; in den USA eingebürgert. — Nahe der Südgrenze des Gebietes in die Reisfelder Oberitaliens (z. B. bei Novara) und im Po bei Lomellina eingeschleppt.

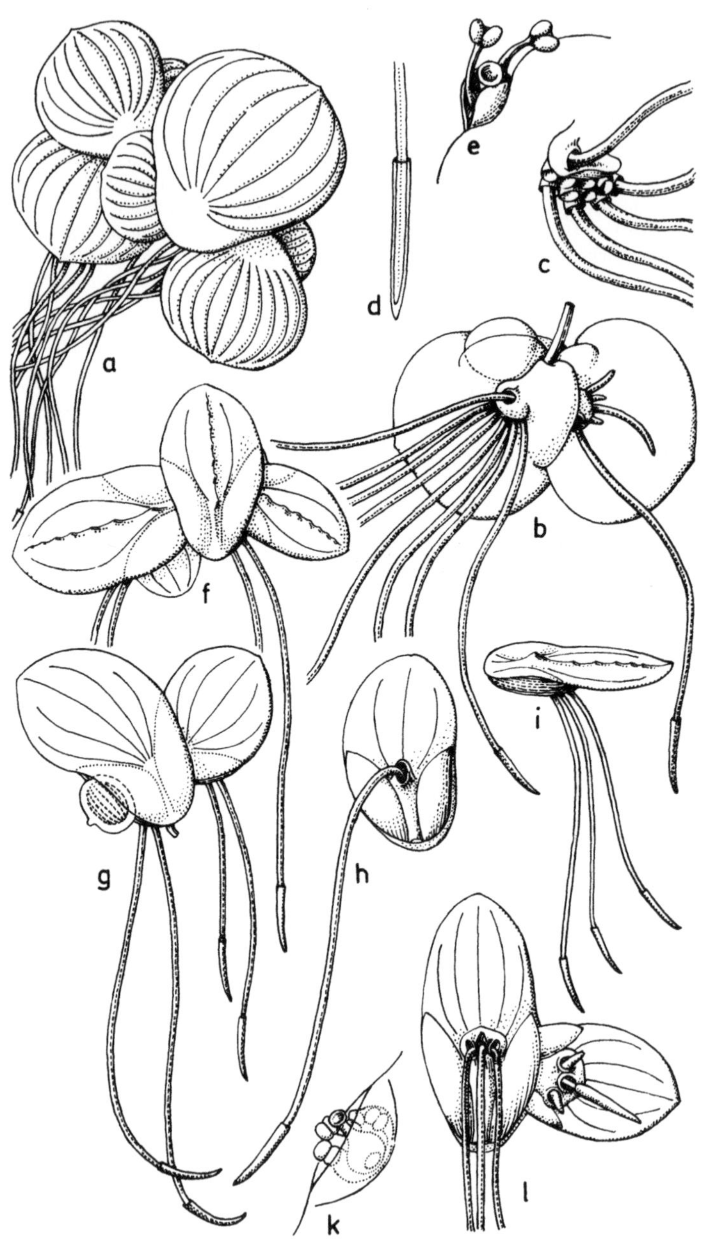

Verbreitungskarten: Muenscher 1944; Daubs 1965.

Anmerkung: Nach Daubs (1965) ist *S. punctata* mit *S. oligorrhiza* (Kurz) Hegelmaier nicht k⟨ ⟩pezifisch. Unsere Beschreibung bezieht sich auf die östlich verbreitete Hegelmaiersche Sippe. *S. punctata* ist ursprünglich aus Britisch Guayana beschrieben worden.

3. Wolffia Horkel ex Schleiden

Sproßglieder sehr klein, kürzer als 1,5 mm, straff aufgeblasen, eiförmig bis kugelig, oberseits meist etwas abgeflacht, ohne Wurzeln, ohne Nerven, einzeln oder zu 2 („Mutter" und „Tochter") aneinanderhängend; junge Sproßglieder entstehen in der Mitte eines Gliedes. Blütenstand den Rücken des Sproßgliedes durchstoßend, 1 Staubblatt und 1 Fruchtknoten je Tasche, ohne Spatha. Staubbeutel 1fächerig; Fruchtknoten 1samig; Frucht kugelig. Samen kugelig oder leicht zusammengedrückt, glatt.

Die Gattung umfaßt etwa 7—8 Arten, die vor allem in den wärmeren Gebieten verbreitet sind und als kleinste Blütenpflanzen der Erde gelten. — Mit ihr verwandt sind die Gattungen *Wolfiella* Hegelmaier und *Wolffiopsis* Hartog et Plas. — Im Gebiet nur 1 Art.

Wichtigste Literatur: Hegelmaier 1896; Dore 1957; Jäger 1964; Den Hartog 1967, 1969; Evans 1970; van der Plas 1971.

1. Wolffia arrhiza (L.) Horkel ex Wimmer (Fig. 99 i—j)
Sproßglieder auf der Wasseroberfläche schwimmend, 0,8—1,3 (1,5) mm lang, 0,6—0,8 mm breit und hoch, unterseits stark bauchig, weißlich-grün-netzig, oberseits im Umriß rundlich bis eiförmig, schwächer gewölbt bis flach, lebhaft grün, mit Spaltöffnungen. — Blütezeit: Im Gebiet nicht blühend. — $2n = 42$—44.

Vorkommen: In Wasserlinsen-Decken windgeschützter, flacher Gewässer in sommerwarmer Lage, in Gräben, Tümpeln, Teichen und Altwassern, in nährstoffreichem, eutrophen Wasser, wärmeliebend, aber Beschattung ertragend; Kennart des Wolffietum arrhizae. — L: k Hyd nat/Lemn.

Verbreitung: In der Alten Welt vor allem im südlichen Eurasien; nicht in Australien [hier *W. globosa* (Roxburgh) Hartog et Plas und *W. australiana* (Bentheim) Hartog et Plas). — Im Gebiet selten, jedoch in der letzten Zeit zunehmend; im Tiefland in den flandrisch-niederländischen Ebenen, im Rheinland, bei Bremen, im Elbe-Havel-Spreegebiet (Dannenberg, um Potsdam und Berlin, Bad Saarow, im Schlaubetal, Lübben, Lübbenau), bei Wismar, im Pommerschen Höhenrücken bei Krzywizna (Schönwald), Silnówo (Eulenburg) und Marcelin (Horngut); in der Weichsel-Nogat-Niederung um Gdańsk (Danzig); im Warthe-Weichsel-Tiefland um Poznań (Posen), Lipnow und Śieradz; im Masowischen Weichsel-Tiefland und in der Podlasischen Schwelle um Warszawa (Warschau); in der Brester Ebene des Pripet-polesischen Sumpf-Wald-Beckens längs des Bug zwischen Brest-Litowsk und Lwow (Lemberg); im Oder-Bartsch-Tiefland zwischen Wrocław (Breslau) und Żielona Góra (Grünberg); im Mittelgebirgsland im Oberlausitzer Berg- und Hügelland bei Bautzen (Salzaer und Malschwitzer Teiche); bei Niemcza (Nimptsch) und Swidnica (Schweidnitz) [vgl. Olaczek & Krzywański (1970)]; im Voralpenland im Bodenseegebiet bei Ravensburg; nicht in Österreich. — In Europa smed-gemäßkont, sonst trop-subtrop; Verbreitung durch Zugvögel.

Fig. 101. a—e *Spirodela polyrhiza* (L.) Schleiden — a Muttersproß mit anhängender Knospe vom Rücken gesehen, ×4; b Bauchansicht, die Scheiden der sekundären Wurzeln durch die ventrale Schuppe bedeckt, ×4; c Bauchseite, die primäre Wurzel die ventrale Schuppe durchstoßend, ×8; d Wurzelkappe, ×8; e blühender Sproß mit Griffel und 2 Staubblättern, von der Spatha eingehüllt, ×10. f—l *Spirodela punctata* (G. F. W. Meyer) Thompson — f Sproß, Rückenansicht, ×6; g Muttersproß mit Frucht und Tochtersproß, ×6; h Sproßglied, Bauchansicht, mit 1 Wurzel, ×6; i Sproßglied, Seitenansicht, ×6; k Blütenstand, ×12; l Sproßglied, Bauchansicht, die Wurzeln die ventrale Schuppe durchbohrend, ×6 (nach van der Plas 1971).

Verbreitungskarten: Müller-Stoll & Krausch 1959; Jäger 1964; Daubs 1965; Kordakow 1969; Olaczek & Krzywański 1970; Čornaja 1978 (UdSSR: URSR).
Anmerkung: Überwintert durch Wintersprosse.

Familie **Eriocaulaceae**

Ausdauernd oder 1jährig. Blätter in grundständigen Rosetten oder stengelständig, meist linealisch oder lanzettlich. Blüten 1geschlechtig, in dichten Köpfen stehend, die durch eine Hülle von Tragblättern gestützt werden; Köpfe einzeln oder in Dolden; Blütenstandsstiel meist höher als die Blätter, am Grunde mit Scheide; innerhalb eines jeden Kopfes männliche und weibliche Blüten vermischt oder männliche im Zentrum und weibliche außen oder (selten) die Pflanzen diökisch. Perigon in 2 Kreisen, nicht deutlich in Kelch- und Kronblätter geschieden; äußerer Kreis 2- oder 3gliedrig, mit freien, verwachsenen oder teilweise verwachsenen Abschnitten; innerer Kreis 2- oder 3gliedrig, Abschnitte meist, wenigstens am Grunde, verwachsen oder fehlend. Staubblätter so viele oder doppelt so viele wie äußere Perigonabschnitte, auf den inneren Perigonabschnitten inseriert; männliche Blüten mit rudimentären Fruchtknoten. Fruchtknoten oberständig, 2- oder 3fächerig; Griffel 1, endständig; Narben 2 oder 3. Frucht eine häutige, sich lokulizid öffnende Kapsel.

Die Familie umfaßt 13 Gattungen, von denen 6 aquatische Arten haben: *Leiothrix* Ruhland [tropisches Südamerika; *L. fluitans* (Martius) Ruhland lebt untergetaucht in Flüssen], *Mesanthemum* Körnicke (tropisches Afrika und Madagaskar; *M. reductum* Hess vollständig untergetaucht), *Paspalanthus* Kunth (tropisches Südamerika), *Syngonanthus* Ruhland in Urban (Südamerika, tropisches Afrika; *S. hygrotrichus* Ruhland lebt untergetaucht), *Tonina* Aublet mit 1 Art, *T. fluviatilis* Aublet, im tropischen Amerika und *Eriocaulon* L. mit Verbreitungsschwerpunkt in den tropischen und subtropischen Regionen vor allem der Neuen Welt. — In Europa nur *Eriocaulon*.

Wichtigste Literatur: Ruhland 1903; Heß 1955, 1957; Meikle 1968.

Im Englerschen System scharen sich um die Eriocaulaceae mehrere Familien, von einigen Autoren als Restionales bzw. Commelinales zusammengefaßt, die Wasserpflanzen aufweisen, aber im Gebiet nicht vertreten sind. Zu den Restionales gehören die monotypischen Hanguanaceae mit *Hanguana malayanum* (Jackson) Merrill, einer in den Tropen Südostasiens verbreiteten, sehr großen Schwimmpflanze, die schwimmende Inseln bilden kann, sowie die südhemisphärischen Centrolepidaceae mit den Gattungen *Aphelia* R. Brown, *Centrolepis* Labillardière, *Hydatella* Diels und *Trithuria* Hooker fil. Unter den Commelinales gelten die Mayacaceae als hydrophile Abkömmlinge der Commelinaceae. Die 10 Arten der Gattung *Mayaca* Aublet bilden im flachen Wasser kleine Teppiche. Sie sind in Amerika und Afrika verbreitet. *M. vandellii* Schott et Endlicher ist für tropische Aquarien geeignet. Auch die Xyridaceae, die vor allem in den Tropen zu Hause sind, weisen aquatische Vertreter auf, so z. B. in den Gattungen *Alboboda* Kunth und *Xyris* L. (*Xyris aquatica* Idrobo und *X. exserta* Idrobo et Smith aus Südamerika).

1. **Eriocaulon** L.

Stengel einfach, gelegentlich verlängert. Blätter mehr oder weniger linealisch, häutig, oft durchscheinend und gefenstert. Perigon 2- oder 3gliedrig; äußere Abschnitte frei oder zu einer Röhre verwachsen, die an einer Leiste aufgeschlitzt ist; innere Abschnitte frei, apikal eine schwarze oder selten rote Drüse tragend, in den weiblichen Blüten gelegentlich fehlend. Staubblätter 4 oder 6, in 2 Kreisen; Staubbeutel 4fächerig, meist schwarz oder braun. Fruchtknoten 2- oder 3fächerig; keine Griffelanhängsel; Narben 2 oder 3, einfach. Gattung mit etwa 400, vor allem in den tropischen und subtropischen Zonen der Neuen Welt verbreiteten Arten, von denen die meisten in Sümpfen oder auf zeitweilig überfluteten

Standorten wachsen; viele sind Reisfeld-Unkräuter. Einige Arten leben untergetaucht, z. B. *E. melanocephalum* Kunth (Südamerika), *E. setaceum* L. (Südostasien) und *E. bifistulosum* v. Steurck & Mueller (Afrika). — In Europa nur *E. aquaticum* und *E. cinereum*. — Im Gebiet fehlend.

Bestimmungsschlüssel der Arten:

1a Männliches und weibliches Perigon 4zählig; männliche Blüten mit 2 freien, keilig-spateligen, äußeren und 2 spateligen inneren Perigonblättern; Staubblätter 4; Narben 2 . . . . **1. E. aquaticum** (S. 371)

1b Männliches und weibliches Perigon 3zählig; männliche Blüte mit 3zähnigem, spatha-artigem äußerem Perigonblatt, weibliche Blüte ohne Perigonblätter; Staubblätter 6; Narben 3 . . . . **2. E. cinereum** (S. 371)

1. Eriocaulon aquaticum (Hill) Druce (Fig. 102 d—j)

E. septangulare Withering; *Cespa aquatica* Hill

Pflanze ausdauernd, Rasen bildend; untergetaucht oder terrestrisch; Achse ein kurzes, krie-chendes Rhizom. Blätter grundständig, zu 15—55 rosettig angeordnet; Spreite linealisch, allmählich zugespitzt, unten schwach rinnig, steif, hellgrün, (3) 5—10 (16) cm lang, (1) 2—4 (5) mm breit. Blütenstengel 1, 14—95 cm hoch, 8--22 mm dick, farblos, 2—8 cm über den Wasserspiegel emporragend; hohl, außen mit 7 erhabenen Streifen, am Grunde von einer lockeren, walzlichen Scheide umschlossen. Blütenstand endständig, kopfig, weißlich-violett; Blütenboden mit Schuppen besetzt, im Zentrum mit männlichen, am Rande mit weiblichen Blüten. Männliche Blüte mit 4 Perigonblättern; die äußeren lanzettlich, nur am Grunde verwachsen, die inneren röhrig verwachsen, oben in 2 kurzen, freien Lappen endend; Staubblätter 4, wenig länger als das Perigon. Weibliche Blüte mit 4 lanzettlichen, nur am Grunde verwachsenen Perigonblättern. Fruchtknoten kugelig; Griffel kurz walzlich, in 2 fädliche Nar-benäste auslaufend. Kapsel 2fächerig. — Blütezeit: VII—IX. — $2n = 32, 64$.

Vorkommen: In oligo-mesotrophen, windexponierten Flachgewässern und in deren Ufer-zonen; in 10—80 cm Wassertiefe bzw. auf offenen, nassen, torfigen Böden, z. B. in nährstoff-armen Heideseen mit stark schwankendem Wasserspiegel und in Torflöchern; optimal bei aus-geglichenen Wassertemperaturen; hauptsächlich in Küstennähe, planar (bis 300 m Seehöhe); in Strandlinggesellschaften, z. B. im Eriocaulo-Lobelietum, oft hinter dem Röhricht dichte Gür-tel bildend. — L: hyd H caesp/Isoet.

Verbreitung: In Nordamerika; in Europa nur in Westirland und -schottland sowie auf den Hebriden (Skye, Coll). — Im Gebiet fehlend.

Verbreitungskarten: Hultén 1958; Perring & Walters 1962; Kral 1966; Sculthorpe 1967.

Anmerkung: Wächst sowohl in 10—80 cm tiefem Wasser völlig untergetaucht als auch auf feuchtem oder trockenem Untergrund am Rande von Seen und Teichen nach dem Zurück-weichen des Wassers („f. *terrestre*").

2. Eriocaulon cinereum R. Brown

E. sieboldianum Siebold et Zuccarini ex Steudel

Blätter pfriemlich, kahl, durchscheinend, wenignervig, 15—80 mm lang, etwa 1,25 mm dick. Köpfchenstiele 40—130 mm hoch, höher als die Blätter, kahl, 5rinnig; Scheiden gegliedert, 5—25 mm lang, kürzer als die Blätter. Köpfchen eikugelig, 2—3,5 mm dick. Männliche Blüten 3zählig; äußere Perigonblätter spathaartig verwachsen, vorn unregelmäßig 3zähnig; Kronröhre vorn mit winzigen, untereinander fast gleichen Lappen; Staubblätter 6; Staubbeutel kugelig, weißlich. Weibliche Blüten 3zählig; äußere Perigonblätter 3, frei, sehr schmal linea-lisch, spitz, kahl, nicht bleibend; innere Perigonblätter fehlend; Narben 3, fädlich. — $2n = 32$.

Vorkommen: Im flachen Wasser von Reisfeldern, in Sümpfen.

Verbreitung: Pantropisch; in Europa in den oberitalienischen Reisanbaugebieten bei Ver-celli eingebürgert. — Im Gebiet fehlend.

Verbreitungskarte: Kral 1966.

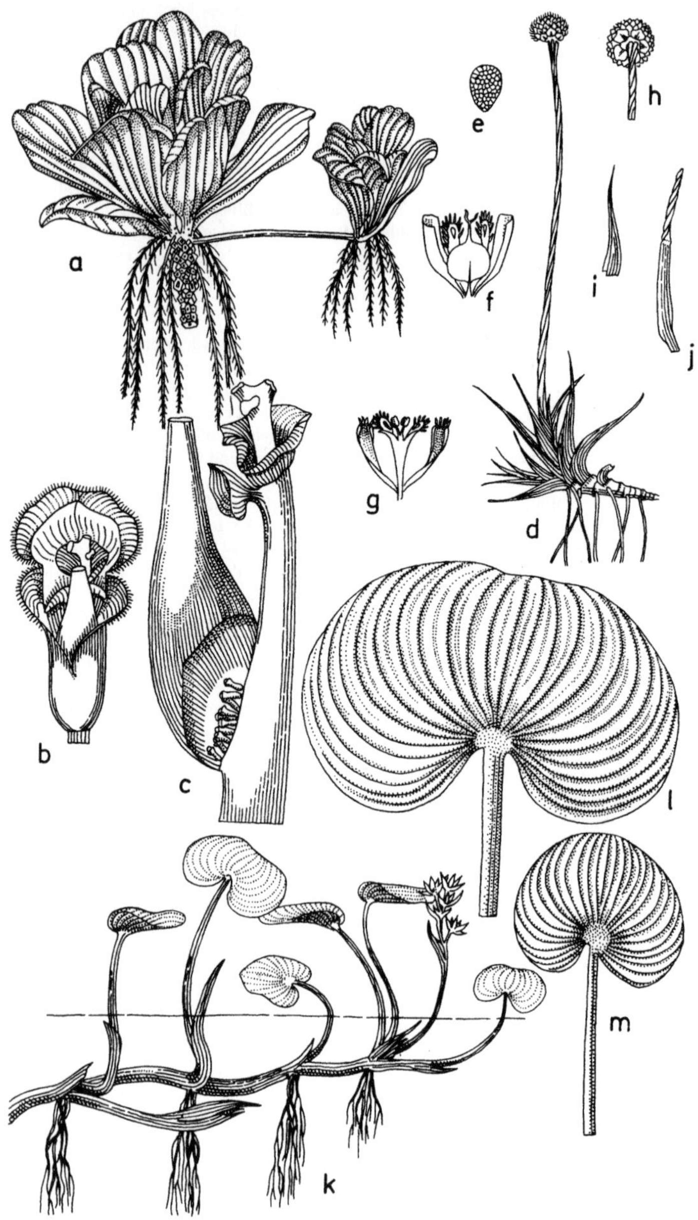

Familie **Pontederiaceae**

Im Wasser schwimmende oder im Schlamm wurzelnde, ausdauernde Wasser- oder Sumpfpflanzen. Stengel rhizomartig, ausläuferartig oder verlängert, untergetaucht, flutend oder
kriechend. Blätter häufig 2zeilig gestellt, scheidig und am Grunde gewöhnlich mit Nebenblättern; Spreiten oft grasartig bis rundlich, am Grunde oft herz-, pfeil- oder keilförmig.
Blütenstand meist eine Ähre, selten eine Rispe, am Grunde von 2 Spathen gestützt, von denen
eine als häutiges Hochblatt entwickelt ist. Blüten meist ansehnlich, zwittrig, 3zählig, aktinomorph oder meist deutlich zygomorph, nach der Blüte nicht abfallend, die Frucht umschließend. Perigonblätter 6 (4, 3), meist bunt gefärbt, am Grunde verwachsen und zu einer langen
Röhre verbunden oder fast bis zum Grunde frei. Staubblätter 6, 3 oder 1, mit der Röhre verbunden. Fruchtknoten oberständig, 3fächerig (gelegentlich nur 1 Fach fertil); Griffel 1,
Narben 3. Frucht eine Kapsel oder ein 1samiges Nüßchen.
Die Familie umfaßt 9 Gattungen mit etwa 35 Arten, die in den Tropen und wärmeren
Gebieten verbreitet sind; in Europa nur eingeschleppt oder verwildert. Viele Arten werden bei
uns wegen ihrer schönen Blüten in Warmhäusern gezogen. *Zosterella dubia* (Jacquin) Small
wird oft als dekorative Aquarienpflanze gehalten. Andere Aquarienpflanzen: *Eichhornia azurea*
(Swartz) Kunth, *Heteranthera graminea* Vahl, *H. zosterifolia* Martius und *H. reniformis* Ruiz
et Pavon. — Im Gebiet eingeschleppt und verwildert *Pontederia cordata* L. und *Eichhornia
crassipes* (Martius) Soms-Laubach. Nahe verwandt scheinen die Philydraceae zu sein, von
denen *Philydrum* lanuginosum Banks et Solander u. a. in den Reisfeldern Südostasiens vorkommt. Beide Familien werden zusammen mit den Amaryllidaceae zu den Liliales gerechnet.
Wichtigste Literatur: Schwartz 1930; Castellanos 1959.

Bestimmungsschlüssel der Gattungen:

1a Blüten mit (1) 3 (4) Staubblättern; Fruchtknoten mit vielen Samenanlagen; Perigon
aktinomorph . . . . **3. Heteranthera** (S. 376)

1b Blüten mit 6 Staubblättern 2

2a Fruchtknoten 3fächerig, mit vielen Samenanlagen; Perigon fast aktinomorph . .
. . . . **2. Eichhornia** (S. 374)

2b Fruchtknoten 3fächerig, nur 1 Fach fruchtbar und mit 1 Samenanlage; Perigon
zygomorph . . . . **1. Pontederia** (S. 373)

1. **Pontederia** L.

Ausdauernde Wasserpflanzen mit im Schlamm kriechendem Rhizom. Stengel untergetaucht,
schwimmend, kriechend oder aufsteigend; blühender Stengel mit 1 gestieltem Blatt. Blätter
untergetaucht, schwimmend oder aufgetaucht, am Grunde scheidenförmig, mit ziemlich verlängertem Stiel und vielnerviger Spreite. Blütenstand eine vielblütige Ähre, die am Grunde
von einer unteren hochblattartigen und einer oberen tragblattartigen Spatha gestützt wird.
Perigon blau, deutlich 2lippig, röhrig, außen behaart; Unterlippe 3lappig, Lappen etwa bis
zur Hälfte ihrer Länge verwachsen, Mittellappen breiter, mit gelbem Fleck; Oberlippe
3lappig, Lappen untereinander gleich, nicht verwachsen. Staubblätter 6, in verschiedener
Höhe der Perigonröhre entspringend. Fruchtknoten 3fächerig, nur 1 Fach fertil und mit
1 Samenanlage. Frucht ein 1samiges Nüßchen, vom Grunde der Perigonröhre umschlossen,

Fig. 102. a—c *Pistia stratiotes* L. — a Habitus, die vegetative Vermehrung zeigend, $\times \frac{1}{5}$;
b Blütenstand von vorn gesehen, $\times 1\frac{1}{2}$; c Blütenstand, von der Seite gesehen, $\times 3$. d—j
Eriocaulon aquaticum (Hill) Druce — d Habitus, $\times \frac{1}{3}$; e Samen, $\times 12$; f weibliche Blüte,
$\times 4$; g männliche Blüte, $\times 4$; h Köpfchen, von unten gesehen, $\times \frac{2}{3}$; i, j Tragblätter, $\times \frac{2}{3}$.
k—m *Heteranthera reniformis* Ruiz et Pavon — k Habitus; l, m Blätter (a—c nach
Muenscher 1944; d—j nach Butcher 1961; k—m nach Wendt 1952/58).

mit glatten, geflügelten Längskanten. Zur Gattung gehören in dieser Fassung 5 amerikanische Arten, die im flachen Wasser große Bestände bilden können. Von einigen Autoren wird auch *Reussia* Endlicher zu *Pontederia* gezogen. – Im Gebiet nur 1 Art.
Wichtigste Literatur: Lowden 1973.

1. Pontederia cordata L. (Fig. 103 d – i)
Pflanze 30–80 (100) cm hoch. Blattspreiten bis 25 cm lang, bis 6 cm breit, 2–3mal so lang wie breit, herz-pfeilförmig, mit abgerundeten Seiten- und stumpflichen Endlappen. Blütenstengel oberwärts wie die Spatha drüsenhaarig; Blütenstand bis 15 cm lang. Blüten flaumig behaart, etwa 12 cm lang, ungefähr auf $^1/_2$ der Länge röhrig verwachsen; Perigonröhre gekrümmt; Perigonzipfel lanzettlich oder schmal oval, der mittlere Lappen der Oberlippe am Grunde mit 1 oder 2 gelben Flecken. Fruchtknoten länglich; Narbe schwach 3–6zähnig. – $2n = 16$.
Vorkommen: An Sumpf- und Gewässerrändern; auf schlammigem Grund in Schilfbeständen. – L: G rhiz/Hel.
Verbreitung: Einheimisch im atlantischen Nordamerika, in Mittelamerika, im südlichen Südamerika; in Europa besonders im Süden eingeschleppt. – Im Gebiet hier und da eingeschleppt und verwildert, so im Alpengebiet (z. B. Tessin, Berner Seeland).

2. Eichhornia Kunth

1- und mehrjährige, kriechende oder schwimmende Kräuter; oft Ausläufer treibend. Blätter untergetaucht, schwimmend oder aufgetaucht, linealisch oder gestielt; Spreite linealisch bis kreisrund. Blütenstand ährig oder traubig. Spathen 2, ungleich, die untere laubblattartig, die obere deckblattartig. Blüten di- oder tristylisch (monostylisch?). Perigon blau, röhrig, 5lappig; der adaxiale Lappen etwas größer, mit gelbem Fleck. Staubblätter 6, in 2 Reihen; Staubbeutel fast gleich. Fruchtknoten 3fächerig; Griffel verlängert, lang oder kurz. Frucht eine Kapsel. Samen zahlreich.
Die pantropische Gattung umfaßt 7 Arten. –– Im Gebiet nur *E. crassipes* verwildert.

1. Eichhornia crassipes (Martius) Solms-Laubach (Fig. 103 a – c)
E. crassicaulis Schlechtendal; *E. speciosa* Kunth; *Pontederia crassipes* Martius
Ausdauernde, frei schwimmende oder im Schlamm wurzelnde Wasserpflanze; als Schwimmpflanze mit bis über 20 cm langen, fein verzweigten, büscheligen, blauschwarzen Wurzeln. Blätter in dicht gedrängter Rosette; aus ihren Achseln Ausläufer treibend, die an ihrer Spitze ebenfalls eine Blattrosette tragen; Stiel bis 35 cm lang, in der Mitte stark blasig aufgetrieben (Schwimmkörper; innen schwammig); Spreite herz- bis einierenförmig, oft etwas schüsselförmig, 5–15 cm im Durchmesser, mit vielen feinen, parallel gebogenen Nerven, glänzend, hellgrün. Blüten zu 5–20 (35) in 15–40 cm hohen rispenartigen Ähren; hellblau-violett; Perigonröhre 6zipfelig, Zipfel elliptisch, 1–3 cm lang, der oberste meist mit einem hellen oder gelblichen, dunkelblau gesäumten Fleck; kurz- oder langgriffelig. Frucht fleischig, trocken, 3fächerig. Samen zahlreich, gerippt. –– $2n = 32$. – Blütezeit: VI–X.
Vorkommen: In stehenden oder langsamfließenden, warmen Gewässern; in Reisfeldern; „Wasserhyazinthe", ausgedehnte, geschlossene Schwimmdecken bildend und dadurch als „Wasserpest" andere submerse Wasserpflanzen verdrängend und Fischsterben verursachend; sogar den Verkehr von Wasserfahrzeugen behindernd.

Fig. 103. a–c *Eichhornia crassipes* (Martius) Solms-Laubach — a Habitus, $\times^1/_3$; b Blüte, von oben, $\times^1/_2$; c Blüte, seitlich geöffnet, $\times^1/_2$; d–i *Pontederia cordata* L. — d Habitus, $\times^1/_4$; e Keimling; f keimender Same; g Habitus der Unterwasserform „*taeniifolia*", $\times^1/_4$; h Blatt einer breitblättrigen Form („*latifolia*"), $\times^1/_8$; i Blatt einer extrem schmalblättrigen Form („*angustifolia*"), $\times^1/_8$ (a nach Täckholm 1974; b–c nach Aston 1973; d–f nach Muenscher 1944; g–i nach Fassett 1960).

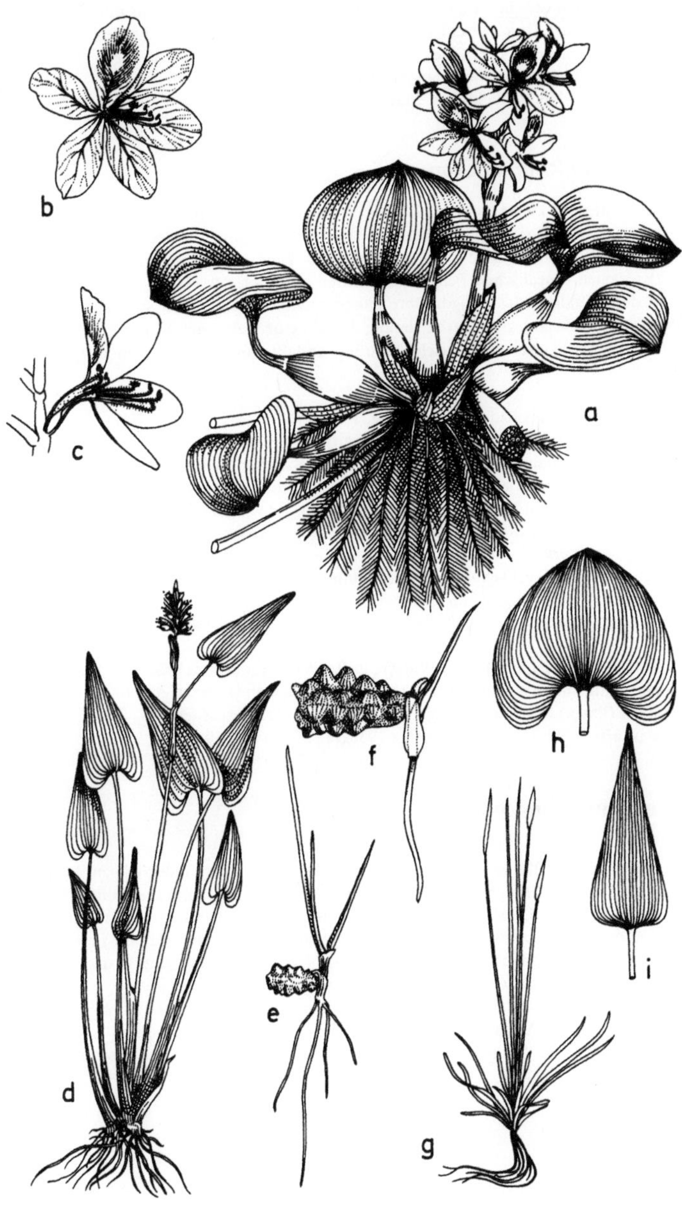

Verbreitung: Einheimisch im tropischen und subtropischen Amerika, von dort in fast alle wärmeren Gebiete der Erde verschleppt und vielerorts eingebürgert; in Europa in Portugal [Entre-os-Rios (Termas de S. Vicente), Rio Frio e Charcos de Fernão Ferro] eingebürgert. — Im Gebiet neuerdings in den Niederlanden (Heemstede) verwildert.

Verbreitungskarten: Holm, Weldon & Blackburn 1970; Lezius 1977.

3. **Heteranthera** Ruiz et Pavon

1- oder mehrjährige, kleine Schlamm- oder Wasserpflanzen. Grundachse kriechend oder schwimmend. Blätter gestielt; Spreite herz-, ei- oder nierenförmig oder grasartig. Blütenstände 1- oder mehrblütig, mit Hüllblatt. Blüten klein, weiß, blau oder gelb. Perigon aktinomorph, mit (fast) gleichen, linealischen Perigonabschnitten. Staubblätter (1) 3 (4), gleich oder ungleich, an der Mündung der Perigonröhre entspringend. Fruchtknoten spindelig, 3fächerig, mit zahlreichen Samenanlagen. Narbe 3lappig. Frucht eine vielsamige Kapsel.
Die tropische amerikanisch-afrikanische Gattung umfaßt rund 10 Arten; in Europa 1 Art eingebürgert.

1. Heteranthera reniformis Ruiz et Pavon (Fig. 102 k—m)
   Leptanthus reniformis (Ruiz et Pavon) Michaux
Ausdauernde, im Schlamm kriechende, teils untergetauchte, teils schwimmende, an den Knoten wurzelnde Sumpfpflanze. Stengel dickfleischig. Tauchblätter lanzettlich; Überwasserblätter mit am Grunde scheidigem, 5—20 cm langem, fleischigem Stiel; Spreite herz- oder nierenförmig, selten bohnenförmig, viel breiter als lang, bis 10 cm breit, bis 5 cm lang, mit vielen gebogenen Nerven, oberseits glänzend. Blütenstand auf einem etwa 10 cm hohen Stiel über den Wasserspiegel gehoben, 2—5 (8)blütig, ährenförmig. Blüten weiß oder blaßblau; Perigonröhre eng, 1 cm lang, gerade oder schwach gebogen, 6zipfelig; Zipfel schmal, spitz, etwa 5 mm lang. Staubblätter 3, das eine grün und länger als die beiden anderen gelben, breiteren.
Vorkommen: In Sümpfen, im flachen Wasser; in Reisfeldern; auch im brackigen Wasser.
Verbreitung: Einheimisch in den warmen und warmgemäßigten Gebieten Amerikas; in Europa in Oberitalien (Pavia) eingebürgert (vgl. Pirola 1968). — Im Gebiet fehlend.
Verbreitungskarten: Schwartz 1928/30; Pax 1933/39; Muenscher 1944.

Familie **Commelinaceae**

Ausdauernde Kräuter. Blätter wechselständig, parallelnervig, mit grundständigen, häutigen, geschlossenen Scheiden. Blüten einzeln oder in mehr oder weniger komplexen Blütenständen, strahlig oder zygomorph, meist zwittrig. Kelchblätter 3, frei, meist grün. Kronblätter 3, frei, häutig, meist gefärbt. Staubblätter 3 oder einige fehlend oder staminodial. Fruchtknoten oberständig, 3 (2)fächerig; Griffel einfach; Narbe endständig, kopfig oder 3lappig. Frucht eine Kapsel oder selten fleischig und sich nicht öffnend.
Die Familie umfaßt 38 Gattungen mit 500—600 Arten. Nur *Murdannia* besitzt obligate aquatische Vertreter. Einige Arten der Gattungen *Aneilema* R. Brown, *Commelina* L., *Cyanotis* D. Don und *Floscopa* Loureira wachsen an Naßstandorten. Wir berücksichtigen nur *Murdannia*.

1. **Murdannia** Royle

Meist niedrige, kriechende Kräuter mit dickfleischigen Wurzeln. Stengel kriechend oder im Wasser flutend. Blätter verlängert. Blüten einzeln oder in Paaren in den Blattachseln oder in Blütenständen. Kelchblätter 3, untereinander fast gleich. Kronblätter 3, untereinander fast gleich, blau, rosa oder weiß. Staubblätter meist 3, fertil; daneben meist 3 mit den Staubblättern alternierende Staminodien; Spitze der Staminodien 3lappig oder die seitlichen Lappen dem Staubfaden so sehr genähert, daß die Spitze pfeilförmig erscheint. Filamente behaart oder mehr oder weniger unbehaart.

Die pantropische Gattung umfaßt rund 50 Arten, von denen einige in Tümpeln, Bächen oder Bewässerungsgräben vorkommen, darunter auch Reisfeldunkräuter.

Wichtigste Literatur: Brenan 1952, 1962.

1. Murdannia blumei (Hasskarl) Brenan (Fig. 104g—h)
   Aneilema hamiltonianum Wallich ex Clarke; *Dichoespermum blumei* Hasskarl; *Tradescantia terminalis* Blume

Niedrigwüchsiges, aufrechtes Kraut. Stengel kriechend, wenig verzweigt, 15—30 cm hoch, an den unteren Knoten wurzelnd. Internodien rund, am Grunde scheidig umhüllt; Scheiden schmal, an der Mündung schief, etwas bärtig, in die Spreite übergehend. Blätter mit stengelumfassendem Grunde, lineal-lanzettlich, spitz, gefaltet, 3,5—5 cm lang, kahl, am Rande rauh gesägt, unterwärts blaß. Blüten achsel- oder endständig, 1—2, kurz gestielt, auch fruchtend aufrecht. Außenhülle (Kelch) 3blättrig, laubartig, gelbnervig, kahl, zunächst bleibend und $^1/_3$ kürzer als die Kapsel, dann vergehend. Kelchblätter eilänglich, spitz konkav. Innenhülle (Krone) häutig, weiß oder rosa, etwas kürzer als der Kelch. Kronblätter eirund, spitzlich, gelbnervig. Staubblätter 6, davon die 3 äußeren steril; Staubfäden der 3 inneren fertilen am Grunde breit, aufsteigend, nach der Befruchtung aufrecht; die der sterilen etwas länger. Kapsel 0,6—0,9 mm lang, zuerst vom Periauth bedeckt, dann oft nackt, länglich, 3kantig. — Samen 8 (16?) pro Fach.

Vorkommen: In oder an Tümpeln, Bächen, Bewässerungsgräben und Reisfeldern; an Straßen- und Wegrändern. — L: H.

Verbreitung: In Südasien weit verbreitet; in Europa in den oberitalienischen Reisanbaugebieten (Vercelli) eingebürgert. — Im Gebiet fehlend.

Anmerkung: *M. blumei* zeigt eine bemerkenswert große ökologische Toleranz. Die Sippe kann völlig oder teilweise untergetaucht im Wasser oder auch als Landpflanze auf trockenen Standorten gedeihen. Sie blüht in Europa offenbar selten. Verwechslungen mit *Commelina communis* L. sind im vegetativen Zustand möglich; *M. blumei* hat jedoch längere Internodien und längere, schmalere Blätter.

Familie **Amaryllidaceae**

Ausdauernde Kräuter mit Knolle oder Zwiebel. Blätter meist 2zeilig, meist in grundständiger Rosette, häufig linealisch und flach. Blütenstände sehr oft scheindoldig, oft umgeben von einer aus 2 oder mehreren Hüllblättern (Hoch-, Tragblättern) gebildeten „Scheide" (Spatha). Blüten regelmäßig oder mehr oder weniger zygomorph, zwittrig. Perigonblätter in zwei 3gliedrigen Kreisen, petaloid, frei oder zu einer Perigonröhre vereint, zuweilen mit Nebenkrone (Paracorolle; nicht bei *Leucojum*). Staubblätter meist 6 (18), selten weniger und dann 3 staminodial; Staubfäden frei oder der Röhre angewachsen. Fruchtblätter 3; Griffel schlank; Narbe 3lappig oder kopfig. Kapsel lederartig oder später verholzend, seltener eine Beere.

Familie mit 85 Gattungen und etwa 900 Arten; echte Wasserpflanzen nur in der pantropischen Gattung *Crinum* L., so z. B. *C. natans* Baker aus dem tropischen Afrika und Indien oder *C. erubescens* Solander aus dem tropischen Südamerika.

Wichtigste Literatur: Buxbaum 1934.

1. Leucojum L.

Ausdauernde Zwiebelpflanzen. Zwiebel mit 1—2 Scheidenblättern. Blätter zu 2—4. Stengel 1—7blütig; Hüllblätter häutig berandet. Blüten mittelgroß, hängend. Perigonabschnitte untereinander gleich, in eine knotig verdickte Spitze auslaufend. Staubfäden fadenförmig, kürzer als die länglichen, nicht zugespitzten Staubbeutel. Griffel mehr oder weniger keulig. Samen kugelig, meist schwarz.

Die Gattung umfaßt etwa 10 Arten mit Verbreitungsschwerpunkt im westlichen Mittelmeergebiet. — Keine echten Wasserpflanzen.

Wichtigste Literatur: Stern 1956; Slavík & Hejný 1971; Krausch 1977.

Bestimmungsschlüssel der Arten:

1 a Fruchtknoten am Grunde verschmälert; Kapsel groß, breit, birnenförmig; Blüten 14—18 mm lang, zu 3—6 in einer Spatha; Blätter breit linealisch . . . .
. . . . **1. L. aestivum** (S. 379)

1 b Fruchtknoten am Grunde nicht verschmälert; Kapsel klein, verkehrt-eiförmig; Blüten 8—12 mm lang, zu 1—3 in einer Spatha; Blätter schlank linealisch . . .
. . . . **2. L. pulchellum** (S. 380)

1. Leucojum aestivum L. (Fig. 109c)

Zwiebel fertiler Pflanzen eiförmig, 3—4 (6) cm dick; Hülle braun; Scheide häutig, 3—6 cm lang. Blätter 3—5, grün, glänzend, vorn stumpf, 8—12 (17) mm breit, bis 48 cm lang, so lang oder länger als der Stengel. Stengel 35—60 cm hoch, dick, hohl, dunkelgrün, scharf 2schneidigrauh, unten 1 cm breit, ein bis 5 cm langes, lanzettliches, 2schneidig abgeplattetes Hüllblatt tragend. Blütenstand (2) 3—7 (9)blütig, scheindoldig; Knospe vollständig von der Spatha umhüllt. Vorblätter der Blüten fadenförmig, weiß, häufig nicht entwickelt. Blüten weiß, ziemlich lang (bis 6 cm) gestielt, nickend; Perigonblätter untereinander gleich (10) 14—17 (18) mm lang, 8—9 mm breit, an der Spitze nach außen gebogen, sich zu einem Glöckchen mit 16—20 mm weitem Eingang zusammenneigend; innen von wäßrigen Längsstreifen durchzogen; dicht vor der Spitze gelbgrün gefleckt. Staubblätter 9 mm lang, auseinandergespreizt, mit dünnen, weißen Filamenten und $4^1/_2$ mm langen, goldgelben Staubbeuteln. Griffel weiß, 10 mm lang, länger als die Staubblätter, oben schwach keulig verdickt, unter der kleinen, weißen Narbe rings grün gefleckt. Kapsel fast kugelig, bis über 15 mm dick. Samen walzlich bis fast kugelig, ~7 mm lang, 5 mm dick, schwarz glänzend, 2seitig leicht abgeplattet, stumpf, kantig. — Blütezeit: IV—V. — $2n = 22, 24$.

Vorkommen: Auf Auen- und Sumpfwiesen, in Auenwäldern, in nassen Flußalluvionen, am Rande von Gräben und Teichen, im Röhricht; auf feuchten, zeitweise überfluteten, nährstoffreichen, tonigen Torfböden und humosen Schlickböden; salzertragend und daher (so in den Niederlanden und in Südosteuropa) auch auf brackigen Standorten; planar bis kollin, Stromtalpflanze; im reicheren Erlenbruchwald, im Erlen-Eschenwald, zwischen Weidengebüschen, im Caricetum gracilis und in *Deschampsia caespitosa*-Wiesen; im südlichen Europa in Auenwäldern, Röhrichten, Großseggenriedern und submediterranen Feuchtwiesen, z. B. in Südfrankreich Kennart des Leucojo-Caricetum ripariae, in Kroatien des Leucojo-Fraxinetum parviflorae. — L: G bulb/Hel.

Verbreitung: Von Nordspanien und Südfrankreich über Norditalien und die Balkanhalbinsel ostwärts bis Iran; von der Balkanhalbinsel nordwärts bis ins Pannonische Becken und das Marchfeld vordringend; im Westen bis Südengland und Irland (synanthrop?); im größten

Fig. 104. a—f *Juncus sphaerocarpus* Nees in Funck — a Habitus; b Habitus; c Blüte; d Fruchtkapsel im Kelch; e Frucht, geöffnet; f Fruchtknoten mit Narben. g—h *Murdannia blumei* (Hasskarl) Brenan — g Habitus, $\times^1/_2$; h Blüte, $\times 1^1/_2$. i—j *Eleocharis olivacea* Torrey — i Habitus, $\times^2/_3$; j Achäne. (a—f nach Reichenbach 1847; g—h nach Cook 1974; i—j nach Britton & Brown 1896).

Teil Mitteleuropas lediglich an einigen Stellen synanthrop. — Im Gebiet nur im Süden natürliche Vorkommen als Einstrahlungen des südeuropäischen Hauptareals: Untersteiermark, Niederösterreich, Südmähren, Oberschlesien. Alle übrigen Vorkommen wahrscheinlich aus früheren Gartenkulturen verwildert, teilweise bereits wieder erloschen; in neuerer Zeit noch vorhanden: Ober- und Unterspreewald bei Lübben (z. T. reichlich und in Ausbreitung begriffen), Horstwalde bei Baruth, Rantzau bei Hamburg („Lilie von Rantzau"); Karlsruhe; in den Niederlanden an verschiedenen Stellen, besonders im Fluß- und Haffbezirk, verwildert und eingebürgert. — smed (-atl).

Verbreitungskarten: Buxbaum 1934; Stefanoff 1943; Croizat 1966; Slavik & Hejný 1971.

2. Leucojum pulchellum Salisbury
   L. aestivum subsp. *pulchellum* Briquet; *L. aestivum* var. *pulchellum* (Salisbury) Fiori et Paoletti; *L. hernandezii* Cambessèdes

Ähnlich *L. aestivum*. Blätter linealisch. Stengel dünn, an den Kanten glatt. Blüten einzeln oder zu 2—3 in einer Spatha, klein, 8—12 mm lang, lebhaft grün gefleckt. Fruchtknoten am Grunde nicht verschmälert. Kapsel klein, schlank, verkehrteiförmig. — Blütezeit: III—IV (XII). — $2n = 22$.

Vorkommen: Naßstandorte; an feuchten und flach überschwemmten Ufern. — L: G bulb/Hel.

Verbreitung: Im westlichen Mittelmeergebiet zerstreut verbreitet: Provence, Korsika, Sardinien, Toskana, Balearen. — Im Gebiet fehlend.

Verbreitungskarten: Stern 1956; Croizat 1966.

Anmerkung: Von *L. aestivum* kaum artspezifisch unterschieden, daher von vielen Autoren nur als Varietät anerkannt (vgl. Stern 1956).

Familie **Juncaceae**

Pflanzen von seggen- (*Luzula*) oder binsenartiger (*Juncus*) Tracht; 1- oder mehrjährig. Stengel bis 2 m hoch. Blätter schmal, grasartig flach oder binsenartig stielrundlich, kahl oder gewimpert, gelegentlich am Grunde (offen oder geschlossen) scheidig, spiralig gestellt. Blütenstand spirrenartig (d. h. traubig mit Ästen 1. Grades, die von unten nach oben allmählich kürzer werden), manchmal auf ein wenigblütiges Köpfchen reduziert. Tragblätter spelzenartig. Blüten unansehnlich, zwittrig. Perigonblätter 6, in 2 Quirlen, durchscheinend, hochblattartig, meist trockenhäutig- spelzenartig, bleibend grünlich, weiß, braun, gelb oder purpurrot. Staubblätter 6 oder 3; Pollen in Tetraden. Fruchtknoten 1- oder 3fächerig; Griffel meist kurz, selten verlängert, an der Spitze in 3 meist fadenförmige Narben gespalten. Frucht eine Kapsel, 3klappig aufspringend. Samen ei- oder feilspanförmig.
Die Familie umfaßt 9 Gattungen mit etwa 400 Arten. *Prionium* E. Mey und *Juncus* besitzen aquatische Vertreter. Im Gebiet nur *Juncus*.
Wichtigste Literatur: Buchenau 1890, 1906; Křísa 1962; Reichgelt 1964; Agnew 1968; Snogerup 1970, 1971a, 1971b, 1972; Holub 1976; van Loenhoud & Sterk 1976; Cope & Stace 1978; Novikov 1978.

1. **Juncus** L.

Ausdauernde, selten 1jährige Kräuter von oft binsenartiger Tracht, stets kahl. Stengel bis 1 m lang, beblättert, aufrecht oder im Wasser flutend. Blätter kahl, flach, rinnig oder walzlich; Blattscheiden offen, oben oft mit häutigen Öhrchen und kahler Mündung; Blattspreiten haarförmig oder manchmal fehlend. Blütenstand viel- bis wenigblütig, oft endständige oder scheinbar seitenständige Knäuel bildend, selten bis auf ein 1- oder 2blütiges Köpfchen reduziert. Blüten zwittrig. Perigonabschnitte 6, 2reihig angeordnet, dünn, trockenhäutig. Staubblätter 3 oder 6, kürzer als das Perigon. Frucht eine 3- oder 1fächerige, vielsamige Kapsel. Samen klein, mit oder ohne Anhängsel.

Die Gattung umfaßt rund 225 Arten und ist weltweit vor allem in den gemäßigten und kalten Zonen verbreitet. Einige Arten kommen zumindest temporär untergetaucht vor, so z. B. *J. heterophyllus*, *J. bulbosus* und *J. subtilis*.

Nahezu alle Arten sind an feuchte bis nasse Standorte gebunden. Außer den von uns behandelten gibt es im Gebiet eine Reihe von Sippen, die ihren standörtlichen Schwerpunkt in Zwischen- und Flachmooren, auf Feuchtwiesen- und -weiden, auf Salzwiesen, auf Seeschlickböden, Feuchtheiden oder in feuchten Trittrasen besitzen und gelegentlich auch einmal am Rande von Gewässern, an Quellrinnsalen, in Moorschlenken, auf Teichböden und in austrocknenden Kleingewässern wachsen. Zu ihnen rechnen wir *J. acutiflorus* Ehrhart ex Hoffmann, *J. alpino-articulatus* Chaix, *J. anceps* La Harpe, *J. atratus* Krocker, *J. compressus* Jacquin, *J. conglomeratus* L., *J. effusus* L., *J. filiformis* L., *J. gerardii* Loiseleur, *J. inflexus* L., *J. jacquinii* L., *J. rigidus* Desfontaines, *J. squarrosus* L., *J. stygius* L., *J. tenuis* Willdenow und *J. triglumis* L. Weiter haben wir auf solche Sippen verzichtet, deren ökologische Bindung (und oft auch taxonomische Wertigkeit) uns nicht genau bekannt ist. Von ihnen seien *J. bicephalus* Viviani (westmediterran), *J. canadensis* J. Gay ex La Harpe (aus Nordamerika in die Niederlande und Belgien eingeschleppt), und *J. fontanesii* J. Gay ex La Harpe (paläosubtropische Sippe, auch zu *J. articulatus* gezogen) erwähnt.

Bestimmungsschlüssel der Arten:

1a Blütenstand scheinbar seitenständig, das unterste Hüllblatt stengelartig, den sonst unbeblätterten Stengel geradlinig fortsetzend; blütentragende Stengel ohne Blätter, höchstens am Grunde mit braunen Blattscheiden (Niederblättern) **2**

1b Blütenstand deutlich endständig oder Blüten einzeln und endständig, Hüllblätter den beblätterten Stengel nicht geradlinig fortsetzend **5**

2a Frucht eiförmig-3kantig, so lang wie oder nur wenig länger als die Perigonblätter; Perigonblätter derb, bleichgrünlich-strohfarben; innere Perigonblätter ohne Öhrchen oder mit nicht vorgezogenen Öhrchen; Blüten etwa 3 mm lang . . . . . .
. . . . **8. J. maritimus** (S. 390)

2b Frucht breit eiförmig bis eikugelig, 2—7 mm lang, etwa doppelt so lang wie die Perigonblätter; Perigonblätter derb, starr, fast holzig, kastanien- bis rotbraun mit grünem Mittelstreifen; innere Perigonblätter mit breiten, vorgezogenen Öhrchen; Blüten 5—6 mm lang **3**

3a Kapsel 4—6 mm lang, vorn breit kegelig . . . . **4. J. acutus** (S. 387)

3b Kapsel 2,5—4 mm lang, vorn pyramidal oder kegelig **4**

4a Blüten zahlreich, Blütenstände breit, Kapsel vorn pyramidal . . **5. J. littoralis** (S. 389)

4b Blüten wenig, Blütenstände kopfig. Kapsel vorn stumpf oder mit aufgesetzter Spitze
. . . . **6. J. heldreichianus** (S. 389)

5a Blätter stielrund, 1röhrig; Stengelblätter entwickelt . . . . . **7. J. subulatus** (S. 390)

5b Blätter flach oder rinnig, vielröhrig **6**

6a Blüten einzeln an den Spirrenästen; Perigonblätter im unteren Teil von 2 häutigen Vorblättern und 1 Tragblatt umgeben **7**

6b Blüten an den Spirrenästen in knäueligen Büscheln; Vorblätter fehlend, jede Blüte mit 1 Tragblatt **13**

7a Blattscheiden an der Spitze mit 2 seitlichen Öhrchen; Perigonblätter braun, mit grünem Mittelstreifen, schmal hautrandig, so lang wie oder wenig kürzer als die kugelige Kapsel . . . . **2. J. tenageia** (S. 386)

7b Blattscheiden ohne Öhrchen; Perigonblätter grün oder weißlich-grün **8**

8a Reife Kapsel fast kugelig, blaßbraun; Perigonblätter abstehend, viel länger als der Durchmesser der Kapsel, weißlichgrün, breit hautrandig . . . .
. . . . **3. J. sphaerocarpus** (S. 387)

8b Reife Kapsel länglich; Perigonblätter der Frucht anliegend, länger als die Kapsel, die äußeren lang zugespitzt, die inneren so lang wie oder wenig länger als die Kapsel . . . . **1. J. bufonius** aggr. **9**

9 a Blätter hellgrün, breiter als 1,5 mm; Perigonblätter meist mit dunklen Streifen zu beiden Seiten der Mittelrippe; Staubbeutel 1,2 bis 5mal so lang wie die Staubfäden; Samen mit 20—30 ansehnlichen Längsrippen (sichtbar bei 20facher Lupenvergrößerung!) . . . . **1.1. J. foliosus** (S. 383)

9 b Blätter gewöhnlich dunkler und selten breiter als 1,5 mm; Perigonblätter im allgemeinen ohne dunkle Streifen; Samen glatt oder mit einer kleinmaschigen Oberfläche **10**

10 a Blütenstand nur zum Teil (selten vollständig) zusammengezogen; die inneren Perigonblätter abgerundet, oft ausgerandet und mit aufgesetzter Spitze; Kapsel gestutzt, so lang wie oder länger als die inneren Perigonblätter. **1.3. J. ambiguus** (S. 385)

10 b Blütenstand verschiedengestaltig; die inneren Perigonblätter spitz bis spitzlich; Kapsel spitz bis spitzlich, selten gestutzt, dann aber deutlich kürzer als die inneren Perigonblätter und diese nicht abgerundet oder ausgerandet **11**

11 a Blütenstand mit weit entfernten Blüten, falls zusammengezogen, dann die inneren Perigonblätter und die Kapsel spitz und die Samen schief-verkehrteiförmig . . .
. . . . **1.2. J. bufonius** (S. 383)

11 b Blütenstand stets zusammengezogen; Samen tonnenförmig oder eiförmig **12**

12 a Blüten in offenen Knäueln; äußere Perigonblätter spitz; die inneren spitzlich, $^3/_4$ bis $^4/_5$ so lang wie die äußeren; Kapsel ungefähr $^4/_5$ so lang wie die inneren Perigonblätter; unterstes Tragblatt meist kürzer als der Blütenstand . **1.4. J. hybridus** (S. 386)

12 b Blüten in dichten Knäueln; äußere Perigonblätter lang zugespitzt; die inneren spitz bis zugespitzt, höchstens $^2/_3$ so lang wie die äußeren; Kapsel ungefähr $^1/_2$ so lang wie die inneren Perigonblätter; unterstes Tragblatt den Blütenstand oft weit überragend . . . . **1.5. J. sorrentinii** (S. 386)

13 a Blätter differenziert in dünne, fadenförmige Tauch-(Primär-, Wasser-)blätter und dicke, gefächerte, walzlich-röhrige, oft leicht sichelartig gekrümmte Folgeblätter .
. . . . **12. J. heterophyllus** (S. 396)

13 b Blätter alle gleichgestaltet **14**

14 a Blätter wenigstens am Grunde rinnig, nicht durch Querwände gefächert; Blattscheiden ohne Öhrchen; äußere Perigonblätter länger als die inneren, allmählich in eine Grannenspitze verschmälert; Pflanze 1jährig . . . . . **15. J. capitatus** (S. 397)

14 b Blätter röhrig, mehr oder weniger deutlich quergefächert **15**

15 a Pflanzen dichtrasig; Stengel dünn und schlaff, oft liegend; Blätter dünn, borstlich, undeutlich quergefächert **16**

15 b Pflanzen mit kriechendem Wurzelstock, ausdauernd; Stengel kräftig; Blätter deutlich röhrig und quergefächert **17**

16 a Stengel aufrecht oder liegend und an den Knoten wurzelnd, bis oben beblättert; Blätter oberseits etwas rinnig; Blütenstand oft mit Laubtrieben; Kapsel stumpf, stachelspitzig, etwas länger als die lanzettlichen Perigonblätter, grün bis bräunlich; Pflanze ausdauernd . . . . **11. J. bulbosus** (S. 393)

16 b Stengel aufrecht, selten liegend, meist unter der Mitte mit 1 schmalen, seitlich zusammengedrückten Blatt; Blütenstand ohne Laubtriebe; Kapsel zugespitzt, kürzer als die schmallanzettlichen Perigonblätter; Pflanze 1jährig . . . . . **10. J. mutabilis** (S. 393)

17 a Blütenstand aus 1 endständigen und 1 (2) übergipfelnden, seitlichen Blütenköpfen bestehend; reife Frucht auffallend groß, 7—10 mm lang, schwarzbraun; Stengel 2—3 mm dick . . . . **14. J. castaneus** (S. 397)

17 b Blütenstand aus mehreren Blütenköpfen zusammengesetzt **18**

18 a Nichtblühende Triebe nur aus einem einzigen, völlig halmgleichen Blatt („steriler Halm") bestehend, das wie der Halm am Grunde von 6 spreitenlosen Scheiden (Niederblättern) umgeben und innen quer- und längsgefächert (mehrröhrig) ist; Perigonblätter untereinander gleich, stumpf, bleichstrohfarben, selten rötlichbraun;

Kapsel 3fächerig, hellbraun; Spirre sparrig, d. h. mit spreizenden bis zurückgebogenen Ästen . . . . **9. J. subnodulosus** (S. 392)
18b Nichtblühende Triebe nicht halmgleich, am Grunde beblättert, nicht längsgefächert
(einröhrig), aber stark quergefächert (knotig); Perigonblätter dunkelbraun, spitz,
die inneren breit farblos hautrandig; Kapsel 1fächerig, tief braun; Spirrenäste mehr
oder weniger spreizend . . . . **13. J. articulatus** (S. 396)

1. Juncus bufonius agg.

Meist 1jährige, niedrigwüchsige (bis 40 cm hohe), grüne, büschelige Pflanzen mit flachen bis
rinnigen, an den Rändern oft leicht eingerollten, grasartigen, 1—15 cm langen, 0,5—5 mm
breiten Blättern. Blütenstand meist die Hälfte oder den größten Teil der Länge des Stengels
einnehmend, eine meist lockere, von Tragblättern gestützte Spirre (Anthela) bildend. Blüten
einzeln oder in Köpfchen zusammentretend. Äußere Perigonblätter länger als die inneren.
Kapsel länglich, 3,5—5 × 1,2—2 mm messend, am Grunde und an der Spitze spitz oder gestutzt, 3fächerig. Samen 0,3—0,5 × 0,2—0,3 mm messend, oft schief verkehrteiförmig oder
manchmal eiförmig oder tonnenförmig, ohne Anhängsel.

Der *Juncus bufonius*-Komplex umfaßt morphologisch sehr veränderliche Sippen, deren taxo-
nomische Fassung außerordentlich kontrovers ist (vergleiche Kreczetovicz & Gončarov 1935,
Segal 1960, Rothmaler 1963, Reichgelt 1964, Foerster 1967, Heß et al. 1967, Snogerup 1971a,
Garcke 1972, van Loenhoud & Sterk 1976 und Cope & Stace 1978). Je nachdem, welcher
Merkmalskomplex (z. B. Länge der Perigonblätter im Verhältnis zur Kapsel, Gestalt der
Perigonblätter und der Kapsel, Farbe der Scheiden oder Tracht, Größe der Blüten, Chromo-
somenzahl) bevorzugt wird, ergeben sich unterschiedliche Gliederungen. *J. ambiguus* Gussone,
J. ranarius Songeon et Perrier, *J. mutabilis* Savi, *J. fasciculatus* Bertoloni oder *J. hybridus*
Brotero erfahren eine kaum vergleichbare Behandlung. Wir führen hier die Sippen nach
Cope & Stace (1978) an, um eine kritische Prüfung im Gebiet zu ermöglichen, und verweisen
ausdrücklich auf die abweichende Auffassung Snogerups (1971a), der alle bisher bekannten
diploiden bzw. tetraploiden Sippen von dem hexaploiden „*J. bufonius*" abtrennt.

1.1. Juncus foliosus Desfontaines (Fig. 110a—c)

J. bufonius var. *foliosus* (Desfontaines) Buch; *J. rhiphaenus* Pau et Font-Quer
1jährige oder mehrjährig ausdauernde Uferpflanze. Stengel dicht gebüschelt, aufrecht oder
aus etwas niederliegendem Grunde aufsteigend, bis 35 cm hoch. Blätter hellgrün, 2—5 mm
breit. Blütenstand nicht zusammengezogen; Äste mehr oder weniger gerade, oft stark spreizend
oder fast waagerecht. Blüten zu 1—3 (5) je letzte Auszweigung. Perigonblätter meist mit Mittelrippe; die äußeren spitz, 4,6—6,8 mm lang; die inneren spitzlich bis spitz, 3,6—5,4 mm lang.
Staubbeutel 1,2—5mal so lang wie die Staubfäden. Kapsel stumpfspitzlich, 3,7—5,3 mm lang,
etwa so lang wie die inneren Perigonblätter. Samen verkehrteiförmig, oft an dem einen
Ende gestutzt, am anderen verschmälert, 430—600 × 270—400 µm messend; Testa mit 2—30
deutlichen Längsrippen. — $2n = 26$.

Vorkommen: Ausschließlich an Süßwasserstandorten, so an den Ufern von Seen, Teichen,
Tümpeln, Flüssen und Bächen, außerdem auf nassen Feldern und Wiesen, in Straßengräben. —
L: T/Hel.

Verbreitung: Im westlichen und südwestlichen Europa (Sardinien, Südspanien, Portugal,
Westfrankreich, Britische Inseln); in Nordafrika; auf Madeira. — Im Gebiet fehlend.

Verbreitungskarten: Cope & Stace 1978 (Gesamtverbreitung und Verbreitung auf den Britischen Inseln).

1.2. Juncus bufonius L. (Fig. 105a—c)

J. bufonius L. var. *alpinus* Schur; *J. bufonius* var. *compactus* Čelakovský; *J. bufonius*
var. *laxus* Čelakovsky; *J. bufonius* L. forma *minutulus* Albert et Jahandiez; *J. minutulus*
V. Kreczetovicz et Gončarov; *J. bufonius* L. subsp. *minutulus* (V. Kreczetovicz et
Gončarov) Soó

1jährig, einzeln oder rasig, meist vom Grunde an büschelig verzweigt. Stengel (2) 10 bis 35 (60) cm hoch, 0,5—1 mm dick, aufrecht oder aufsteigend, stielrund. Blätter 1—12 cm lang, 0,5—1 (1,5) mm breit, grasartig, dunkelgrün. Unterste Hüllblätter blattartig, die oberen klein, eiförmig, trockenhäutig, meist bleich. Blütenstand nicht oder selten zusammengezogen, mit ziemlich geraden, aufrechten Ästen, die weniger als 90° spreizen, aus bis 100 einzelnen Blüten oder selten aus armblütigen „Köpfchen" zusammengesetzt. Blüten zu 1—5 je letzte Auszweigung, meist auffällig einseitig angeordnet, oft in Gruppen zu 2 oder 3. Äußere Perigonblätter 4,1—7,3 mm lang, 1—1,5 mm breit, deutlich länger als die inneren, spitz oder kurz zugespitzt, krautig, meist ohne dunkle Streifen; die inneren 3,4—5,8 mm lang, spitz bis spitzlich. Staubblätter 6 (3—5); Staubbeutel 0,5—1 mm lang, meist kürzer, gelegentlich aber auch viel länger (bis 5mal länger) als die Staubfäden. Kapsel 3,1—4,9 mm lang, 1—2 mm dick, eiförmig bis fast ellipsoidisch, vorn spitz, spitzlich oder selten gestutzt, grün bis kastanienbraun, glänzend, kürzer als die inneren und äußeren Perigonblätter, Samen $340—520 \times 210 \times 350$ μm messend, schief verkehrteiförmig, selten eiförmig, rotbraun. — Blütezeit: VI—IX. — $2n = 108$ (zahlreiche andere Zahlen zwischen 54 und 110).

Vorkommen: In Pionier-Gesellschaften offener, feuchter Standorte, auf Wegen, an Ufern, in feuchten Äckern, oft mit dem Witterungcharakter des Jahres wechselnd; auf feuchten oder zeitweise feuchten, mehr oder weniger nährstoffreichen, meist kalkarmen, humosen oder rohen bindigen Sand-, Lehm-, Ton- und Schlammböden; auch auf salzhaltigen Böden; in Äckern oberflächliche Bodenverdichtung und Feuchtigkeit (Vernässung) zeigend; schwer zu bekämpfendes Ackerunkraut; planar bis alpin, in den Alpen bis 2000 m; in fast allen Zwergbinsen-Gesellschaften, auch in feuchten Ausbildungen von Acker-Unkrautgesellschaften. — L: T/Hel.

Verbreitungen: Fast kosmopolitisch, wahrscheinlich aber nur in Eurasien, Nordafrika und Nordamerika einheimisch; in den arktischen (noch auf Südgrönland) bzw. antarktischen Gebieten fehlend. — Im Gebiet verbreitet und häufig. — no-eurassubozean-smed, circ.

Verbreitungskarten: Hultén 1962, 1968, 1971; Perring & Walters 1972; (Britische Inseln); Van Loenhoud & Sterk 1976 (Niederlande).

Anmerkungen: Snogerup (1971a) und Van Leonhoud & Sterk (1976) halten. *J. bufonius* für eine hexaploide Sippe. Sie trennen u. a. *J. minutulus* als tetraploid ($2n = $ c. 72 bzw. 70) ab. Cope & Stace (1978) fanden nicht nur bei Zwergformen, sondern auch bei „normal" entwickelten *J. bufonius*-Pflanzen Tetraploidie. Sie verneinen daher eine Abtrennung von *J. minutulus*. Segal (1960) hält *J. minutulus* für eine Zwergform von *J. bufonius*.

1.3. Juncus ambiguus Gussone (Fig. 110d—f)
> *J. ranarius* Songeon et Perrier; *J. bufonius* var. *ambiguus* (Gussone) Husnot; *J. bufonius*
> L. subsp. *ambiguus* (Gussone) Schinz et Thellung; *J. bufonius* L. subsp. *ranarius*
> (Songeon et Perrier) Hiitonen; *J. juzepcukii* V. Kreczetovicz et Gončarov

1jährig; Stengel einzeln oder dicht gebüschelt, aufrecht oder aus niederliegendem Grunde aufsteigend, bis 17 cm hoch. Blätter dunkelgrün, 0,5—1 mm breit. Blütenstand nicht zusammengezogen; Blüten zu 2—4 (5) je letzte Auszweigung. Perigonblätter ohne dunkle Streifen; die äußeren spitz, 4,0—6,8 mm lang; die inneren stumpf oder abgerundet, oft ausgerandet und mit aufgesetzter Spitze, 3,3—5,3 mm lang. Staubbeutel gewöhnlich kürzer als die Staubfäden. Kapsel gestutzt, 3,3—5,3 mm lang, so lang oder etwas kürzer als die inneren Perigonblätter, aber manchmal länger und die Länge der äußeren erreichend. Samen eiförmig oder tonnenförmig, $330—440 \times 250—350$ μm messend. — $2n = 34$ (30, 32, 60).

Vorkommen: An den Küsten über der Hochwassermarke, am Rande von Seen; auf salzhaltigen Böden; Halophyt. — L: T/Hel.

Fig. 105. a—c *Juncus bufonius* L. — a Habitus, $\times^1/_3$; b Blüte; c Blütenhülle mit aufgesprungener Frucht. d—e *Juncus hybridus* Bertero — d Habitus, $\times^1/_3$; e Blütenhülle mit aufgesprungener Frucht. f—h *Juncus tenageia* Ehrhart — f Habitus, $\times^1/_3$; g Blüte; h Blütenhülle mit Frucht. i—l *Juncus mutabilis* Lamarck — i Habitus, $\times^1/_2$; k Blüte; l Blütenhülle mit Frucht (a—b, f—g, i—k nach Weymar 1953; c—e, h nach Reichgelt 1964).

Verbreitung: In ganz Europa an geeigneten Standorten; in Nordafrika; in Asien; in Nordamerika. — Im Gebiet zerstreut. — euras-med, circ.

Verbreitungskarten: Cope & Stace 1978 (Gesamtverbreitung und Verbreitung auf den Britischen Inseln).

Anmerkungen: Segal (1960) hält *J. ambiguus* und *J. ranarius* nicht für konspezifisch.

1.4. Juncus hybridus Brotero (Fig. 105 d—e)

   J. mutabilis Savi non Lamarck; *J. pygmaeus* Savi non Richard; *J. insulanus* Viviani;
   J. fasciculatus Bertoloni; *J. bufonius* subsp. *insulanus* (Viviani) Briquet ex Jahandiez et
   Maire

1jährig, büschelig-rasig, selten 1stengelig. Stengel (5) 10—20 (31) cm hoch, aufrecht oder aufsteigend. Blätter 2—7 (10) cm lang, 0,5—1 mm breit, dunkelgrün. Blütenstand $^1/_3$ bis $^1/_2$ so lang wie der Stengel, knäuelig zusammengezogen, 7—50blütig. Blüten zu 3—6 je letzte Auszweigung. Perigonblätter ohne dunkle Streifen; die äußeren 4,9—7,3 (8) mm lang, 0,5—3 mm länger als die inneren, spitz bis schwach zugespitzt; die inneren 4,0—5,8 mm lang, spitzlich. Staubbeutel $^1/_4$ bis 2mal so lang wie die Staubfäden. Kapsel 3,3—4,9 mm lang, etwas kürzer als die inneren Perigonblätter, ellipsoidisch, stumpf. Samen 280—410 × 190—310 µm messend, eiförmig bis tonnenförmig, glatt. — $2n = 34$.

Vorkommen: An ähnlichen Standorten wie *J. bufonius* und *J. ambiguus*. — L: T/Hel.

Verbreitung: Einheimisch im Mittelmeergebiet; Kanaren; Azoren; an der europäischen Atlantikküste nordwärts bis in die Vendeé, in Nordamerika und Australien eingeschleppt. — Im Gebiet fehlend.

Verbreitungskarte: Cope & Stace 1978.

Anmerkungen: Aus Schweden (Göteborg) ist *J. bufonius* L. var. *congestus* Wahlenberg beschrieben worden, der wegen seiner in Knäuel angeordneten Blüten oft für *J. hybridus* gehalten wurde. *J. hybridus* ist aber eine streng mediterran verbreitete Sippe.

1.5. Juncus sorrentinii Parlatore (Fig. 110 g—i)

   J. bufonius L. var. *sorrentinii* (Parlatore) Husnot

1jährig. Stengel büschelig, selten einzeln, aufrecht oder aus niederliegendem Grunde aufsteigend, bis 20 cm hoch. Blätter dunkelgrün, 0,5—1 mm breit. Blütenstand stark zusammengezogen; Blüten in dichten Köpfchen. Perigonblätter ohne oder selten mit schwachen dunklen Streifen; die äußeren spitz oder lang zugespitzt, 5,8—8,2 mm lang; die inneren spitz, manchmal spitzlich, 4,3—6,0 mm lang. Staubbeutel meist kürzer, selten länger als die Staubfäden. Kapsel vielgestaltig, 2,9—4,6 mm lang, viel kürzer als die inneren Perigonblätter. Samen eiförmig, 320—420 × 220—480 µm messend. — $2n = 28$.

Vorkommen: An ähnlichen Standorten wie *J. hybridus*. — L: T/Hel.

Verbreitung: Im südlichen Europa von Portugal und Südspanien über Korsika, Sardinien und Sizilien ostwärts bis Griechenland verbreitet; in Nordafrika; auf Madeira. — Im Gebiet fehlend.

Verbreitungskarte: Cope & Stace 1978.

2. Juncus tenageia Ehrhart (Fig. 105 f—h)

1jährig; am Grunde büschelig verzweigt. Stengel meist starr aufrecht, seltener aufsteigend, 5—30 (40) cm hoch, sehr dünn. Blätter schmal linealisch, oberseits rinnig, bis über 1 mm breit; untere Blattscheiden graubraun bis schwärzlich, mit 2 abgerundeten Öhrchen. Blütenstände meist sehr reich verzweigt, mit bis 20 abstehenden Ästen. Vorblätter der Blüten breit eiförmig, hautrandig, viel kürzer als die Blüten. Blüten klein, 2 mm lang; Perigonblätter eilanzettlich, spitz, deutlich stachelspitzig, mit grünem Mittelstreifen, hautrandig, die inneren oft etwas kürzer als die äußeren, diese zur Zeit der Fruchtreife so lang wie oder etwas länger als die Kapsel. Griffel sehr kurz; Narbenschenkel knäuelig gerollt oder widderhornartig gewunden, blaß gelblichweiß. Kapsel kugelig bis 3eckig-eiförmig, grünlich bis kastanienbraun. Samen klein, 0,35—0,4 mm lang, glasig-gelblich, vorn rotbraun. — Blütezeit: VI—VIII (IX).

Vorkommen: Unbeständig an Ufern, in sommerlich trockenfallenden Feldtümpeln, in periodisch überschwemmten Sandgruben, auf Teichböden, in Wegrinnen; auf offenen, feuchten (wechselfeuchten), mehr oder weniger nährstoffreichen, humusfreien, kalkarmen, sandigen Lehmböden; wärmeliebend; planar bis kollin; Kennart des Elatino alsinastri-Juncetum tenageiae; auch in anderen Zwergbinsengesellschaften; Schwerpunkt in südeuropäischen Zwergbinsengesellschaften. — L: T/Hel.

Verbreitung: Im westlichen, südlichen und östlichen Europa, nicht auf den Britischen Inseln, nordwärts nur bis Dänemark; Nordafrika. — Im Gebiet zerstreut bis selten, hier die Nordostgrenze erreichend; meist unbeständig und im Rückgang begriffen, so z. B. in den Niederlanden wegen des Absinkens des Wasserspiegels und menschlicher Eingriffe; kann sich schnell wieder einstellen, wenn geeignete Standorte geschaffen sind. — med-smed-subatl.

Verbreitungskarten: Stefanoff 1943; Militzer 1957.

3. Juncus sphaerocarpus Nees in Funck (104 a—f)

1jährig, rasig, wenig- bis vielstenglig. Stengel schlaff, stark verzweigt, 5—20 (30) cm hoch; zur Zeit der Fruchtreife niederliegend, mit 0—2 Blättern unter dem Blütenstand. Untere Blattscheiden gestutzt, gelb- bis rötlichbraun, ohne Öhrchen, Spreite 1—5 cm lang, 0,5—1,5 mm breit, sehr dünn. Blütenstand locker, sehr ästig, $^1/_2$ bis fast so lang wie der Stengel; Äste meist aufrecht abstehend. Blüten einzeln, 3—4 mm lang, am Grunde mit lanzettlichen, spitzen, häutigen Vorblättern. Perigonblätter linealisch-lanzettlich, mit weißem Hautrand und grünem Mittelstreifen; die äußeren länger als die inneren, untereinander ungleich lang, länger als die Kapsel, zur Zeit der Fruchtreife spreizend. Staubblätter 6, $^1/_3$—$^1/_2$ so lang wie die Perigonblätter; Staubbeutel 0,1—0,4 mm lang, $^1/_3$—$^1/_2$ so lang wie die Staubfäden. Griffel 0,1—0,2 mm lang; Narben 0,4—0,8 mm lang, herabgebogen, kaum gedreht. Kapsel kugelig, etwas 3kantig, kürzer als die äußeren Perigonblätter, stumpf. Samen 0,3—0,5 mm lang, eiförmig, rotbraun. — Blütezeit: VI—IX. — $2n = 36$.

Vorkommen: An Ufern, in Gräben und feuchten Ackerfurchen; auf offenen, feuchten (wechselnassen), mehr oder weniger nährstoffreichen, kalkarmen, sandigen oder reinen Ton-, Lehm- und Schlammböden; wärmeliebend; z. B. zusammen mit *Juncus bufonius* oder *Lythrum hyssopifolia*; Schwerpunkt in südeuropäischen Zwergbinsengesellschaften. — L: T/Hel.

Verbreitung: Im südwestlichen Europa (Iberische Halbinsel, Südfrankreich); im südlichen Mitteleuropa; ostwärts bis Afghanistan; in Nordwestafrika; im westlichen Nordamerika; überall selten; Angaben aus dem gemäßigten Asien und der Mongolei dürften auf *J. turkestanicus* V. Kreczetowicz et Gončarov zu beziehen sein. — Im Süden des Gebietes sehr selten und unbeständig, nordwärts bis Böhmen, Thüringen und Hessen vordringend. — med-smed (-kont), circ.

Verbreitungskarte: Grossheim 1940 (Kaukasus).

4. Juncus acutus L. (Fig. 106 a—b)

Ausdauernd; Wurzelstock etwa 8 mm dick, fleischig, mit breit eiförmigen, schuppigen Niederblättern besetzt. Stengel aufrecht oder überhängend, (25) 50—150 cm hoch, (2) 3—4 mm dick, rundlich oder zusammengedrückt, glatt, blaugrün, nur am Grunde beblättert. Unterste Blätter bis auf die Scheide reduziert; obere 2—5 Blätter mit stengelumfassender, braun-rotbraun glänzender, ungeöhrter Scheide, die sich in eine stielrunde, deutlich zusammengedrückte, starre, ungefächerte, stechende Spreite fortsetzt; meist kürzer als der Stengel. Hüllblätter 2, scheidenförmig bis fast aufgeblasen, das untere längere den Blütenstand wenig überragend, mit deutlich stechender Spitze. Blütenstand endständig, dicht, kugelig, selten locker, verlängert, durch das untere Hüllblatt zur Seite gedrängt; Blüten zu 2—4 in Köpfchen vereinigt, ohne Vorblätter, in den Achseln kleinerer Tragblätter stehend. Blüten (zur Zeit der Fruchtreife) 5—6 mm lang. Perigonblätter derb, starr, fast holzig, kastanien- bis rotbraun, mit grünem Mittelstreifen und häutigem Rand; die äußeren etwas kahnförmig, breitlanzettlich, stumpf oder spitz, mit aufgesetztem Spitzchen; die inneren länglich, stumpf und stachelspitzig, mit breiten, durchscheinenden, vorgezogenen Öhrchen. Staubblätter 6, so lang wie oder etwas kürzer als die Perigonblätter; Staubbeutel mehrmals länger als die Staubfäden. Griffel 0,5—0,8 mm lang, länger als der Fruchtknoten; Narben 1,5—2 mm lang, aufrecht, purpurrot.

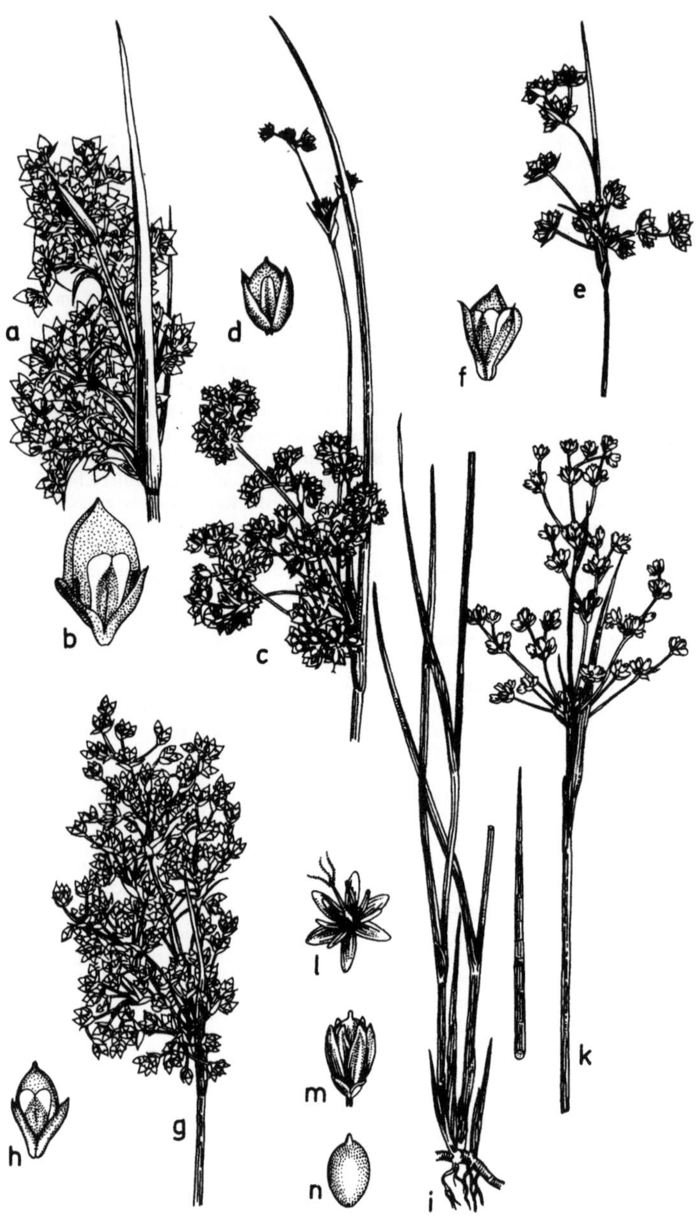

Frucht (3) 4—6 mm lang, zur Reifezeit doppelt so lang wie die Perigonblätter, eiförmig oder eikugelig, glänzend rot- bis kastanienbraun, mit 80—120 Samen. Samen mit Testa 1,8—2,5 mm lang, gelb, mit weißem Anhängsel. — Blütezeit: III—V. — $2n = 48$.

Vorkommen: An Meeresküsten, in Dünentälern, an Salzstellen und auf Salzsteppen; sowohl auf feuchtem wie trockenem Boden; Charakterpflanze der mediterranen Salzflächen („Halipeda"); in Griechenland zusammen mit *Juncus maritimus* beherrschende Art der Salzmarschen, Kennart der *Juncus acutus-Salicornia fruticosa*-Gesellschaft. — L: H/Hel.

Verbreitung: Einheimisch im gesamten Mittelmeergebiet, aber genaue Verbreitung noch zu ermittelt, da Verwechslung mit *J. maritimus* oder *J. heldreichianus* möglich; im Westen an der Atlantikküste nordwärts bis Nordfrankreich und England; im Osten ostwärts bis Transkaukasien (Kaspisches Meer); in Makaronesien; außerdem (ob wirklich *J. acutus?*) in Südafrika, im atlantischen Nord- und im gemäßigten Südamerika, in Australien und Neuseeland. — Im Gebiet fehlend. — med-atl. circ (kosmopol).

Verbreitungskarten: Hultén 1958; Perring & Walters 1962.

5. Juncus littoralis C. A. Meyer (Fig. 106 g—h)

J. tommasinii Parlatore

Ausdauernd, mit verzweigtem Wurzelstock. Stengel steif, aufrecht, 50—100 cm hoch, unter dem Blütenstand 2—4 mm dick, am Grunde mit einigen spreitelosen Scheiden und 2—6 Blättern. Blattspreiten rund, ungefächert, mit stechender Spitze; Scheiden ohne Öhrchen. Blütenstand vielblütig, dicht oder mehrfach verzweigt, Äste spreizend, verlängert. Hüllblätter blattartig, stechend, mit breiter Scheide, das unterste den Stengel scheinbar fortsetzend, 5—15 cm lang, meist kürzer als der Blütenstand, das obere kurz. Blüten 20—200, ohne Vorblätter, in (1) 2—3 (5)blütigen Köpfchen; Tragblätter der Köpfchen kürzer als die Blüten. Perigonblätter 2,5—3 mm lang, breit hautrandig; die äußeren eiförmig, fast kahnförmig, stumpf, stachelspitzig, ihre Basis meist schwammig verdickt; die inneren meist länger, länglich mit breiten, trockenhäutigen, vorgezogenen Öhrchen, meist kurz stachelspitzig. Staubblätter 6; Staubbeutel 1,2—1,9 mm lang, viel länger als die Staubfäden. Griffel 0,8—1,3 mm lang; Narben 1,5 mm lang, zusammengedreht. Kapsel 2,5—3,5 (4) mm lang, kugelig bis eiförmig-3kantig, mit 25—60 Samen. Samen mit Testa 1,5—2 mm lang, schwarzbraun, glänzend, mit 2 Anhängseln. — Blütezeit: V. — $2n = 48$.

Vorkommen: Sandige Ufer und Dünen.

Verbreitung: Von den nördlichen und östlichen Küsten des Mittelmeeres (in der Ägäis nur auf Kreta und Rhodos) ostwärts ,bis zum Schwarzen und Kaspischen Meer. — Im Gebiet fehlend.

Verbreitungskarte: Grossheim 1940 (Kaukasus).

6. Juncus heldreichianus Marsson ex Parlatore (Fig. 106 a—f)

Ausdauernd, dicht rasig. Blätter mit stechender Spitze, Öhrchen fehlend. Blütenstand vielblütig; Blüten in getrennten Köpfchen von unterschiedlicher Größe vereint. Hüllblätter meist blattartig, stechend. Perigonblätter hellbraun; die äußeren an der Spitze breit hautrandig, die inneren mit durchscheinenden, hervortretenden Öhrchen. Kapsel 3—4,5 mm lang, eiförmig, vorn kegelig oder breit kantig, kurz oder überhaupt nicht stachelspitzig.

Vorkommen: Auf brackigen, alluvialen Böden in Küstennähe, die im Sommer trockenfallen, in brackigen Sümpfen; auf Kreta im Juncetum subulato-maritimi zusammen mit *J. maritimus* und *J. subulatus.*

Fig. 106. a—b *Juncus acutus* L. — a Blütenstand, $\times^1/_3$; b Blütenhülle mit Frucht, $\times 3$. c—d *Juncus maritimus* Lamarck — c Blütenstand, $\times^1/_3$; d Blütenhülle mit Frucht, $\times 3$. e—f *Juncus heldreichianus* Marsson ex Parlatore subsp. *orientalis* Snogerup — e Blütenstand, $\times^1/_3$; f Blütenhülle mit Frucht, $\times 2$. g—h *Juncus littoralis* C. A. Meyer — g Blütenstand, $\times^1/_3$; h Blütenhülle mit Frucht, $\times 3$. i—n *Juncus subnodulosus* Schrank — i Sproßbasis, $\times^1/_3$; k Blütenstand, $\times^1/_3$; l Blüte, $\times 2$; m Blütenhülle mit Frucht, $\times 2$; n Frucht, $\times 2$ (a—h nach Snogerup 1971; i—n nach Weymar 1953).

Verbreitung: Vom kontinentalen Griechenland über die Südägäis, Cypern, Anatolien, Iran, Transkaukasien bis nach Turkestan. — Im Gebiet fehlend.

Anmerkung: Durch die hellbräunliche (nie dunkelbraune) Farbe der Perigonblätter deutlich von *J. acutus* unterschieden; von einigen Autoren zu *J. multibracteatus* Tineo gezogen. Snogerup (1971 b) unterscheidet eine im westlichen Teilareal verbreitete subsp. *heldreichianus* von der östlichen subsp. *orientalis* (Anatolien bis Turkestan), die sich durch kürzere und breitere Blütenstände, wenige vielblütige Köpfe, schwach stechende obere Hüllblätter und stark verdicke Basen der äußeren Perigonblätter auszeichnet (vgl. Fig. 106e—f).

7. Juncus subulatus Forskal (Fig. 107i)

J. multiflorus Desfontaines; *J. siculus* Tineo in Gussone

Ausdauernd. Wurzelstock dick, kriechend, mit verlängerten Internodien. Stengel 30—120 cm hoch, mit 2—3 Basalscheiden und 2—4 Stengelblättern. Blätter, ungefächert. Blütenstand locker, vielblütig; Blüten einzeln, mit Tragblatthülle. Perigonblätter 2,5—3,5 mm lang, untereinander gleichlang oder die äußeren etwas länger, bleichgrün oder blaßbraun; die äußeren schmal eiförmig oder lanzettlich, zugespitzt bis spitz; die inneren breiter, stumpf, vorn breit hautrandig. Staubblätter 6; Staubbeutel 1—1,2 mm lang, 4—5mal länger als die Staubfäden. Griffel und Narben etwa 1 mm lang. Fruchtkapsel so lang wie die Perigonblätter, 3kantig-eiförmig, stumpf, kurz stachelspitzig, hell- bis schwarzbraun, glänzend. Samen 0,6—0,7 mm lang, streifig-netzig, mit sehr kurzem Anhängsel.

Vorkommen: Auf brackigen, alluvialen, im Sommer austrocknenden Böden, in brackigen Sümpfen, oft in Küstennähe; im Juncetum subulato-maritimi zusammen mit *J. maritimus* und *J. heldreichianus* (Kreta).

Verbreitung: Von Westeuropa über das Mittelmeergebiet ostwärts bis ins Gebiet des Kaspischen Meeres; Sahara. — Im Gebiet fehlend.

Verbreitungskarte: Willis & Davis 1960.

8. Juncus maritimus Lamarck (Fig. 106c—d)

J. ponticus Steven; *J. broteri* Steudel

Ausdauernd, Wurzelstock kurz, unterirdisch kriechend, 3—8 mm dick, mit bis 6 scheidenartigen, rot- bis schwarzbraunen Niederblättern. Stengel reihig aus dem Wurzelstock entspringend, meist starr aufrecht, (30) 50—80 (120) cm hoch, 1,5—2 (3,5) mm dick, nur am Grunde beblättert. Untere Blattscheiden 2—5, spreitenlos, rot- bis kastanienbraun, die oberen 2—4 allmählich in eine stielrunde, ungefächerte, starre, an der Spitze stechende Spreite übergehend; meist kürzer als der Stengel. Hüllblätter 2, das untere aufrecht, mit seiner stechenden Spitze den Blütenstand etwas überragend; das obere nicht stechend. Blütenstand zusammengesetzt, meist locker, selten in einzelne Knäuel oder in viele große zusammengezogen, (5) 8—15 (18) cm lang, endständig, durch das Hüllblatt zur Seite gedrückt. Blüten zu 2—4 in Köpfen vereinigt, ohne Vorblätter in den Achseln kleinerer Tragblätter stehend, bleich. Perigonblätter 3—4 mm lang, derb, bleichgrün-strohfarben, breit hautrandig; die äußeren eiförmig, kahnförmig, spitz oder stachelspitzig; die inneren kürzer, schmal elliptisch und stumpf. Staubblätter 6 (3), etwa $^2/_3$ so lang wie die Perigonblätter; Staubbeutel 0,8—1,2 mm lang, doppelt so lang wie die Staubfäden. Griffel 1,5 mm lang; Narben mit weißen Papillen; Fruchtknoten rot. Kapsel 2,5—3,5 mm lang, zur Fruchtzeit meist so lang oder nur wenig länger als das Perigon, eiförmig-3kantig, stroh- bis rotgelb. Samen (mit Testa) 0,7—1,2 mm lang, eiförmig, mit etwa 25 Streifen, mit 2 Anhängseln. — Blütezeit: VII—VIII. — $2n = 48$.

Fig. 107. a—b *Juncus castaneus* J. E. Smith — a Habitus, $\times^1/_3$; b Blütenhülle mit Frucht. c—h *Juncus articulatus* L. — c Sproßbasis, $\times^1/_4$; d Blütenstand, $\times^1/_4$; e Blattscheide; f Blüte; g Blütenhülle mit unreifer Frucht, h Frucht. i *Juncus subulatus* Forskål, Blütenstand. k—o *Juncus capitatus* Weigel — k Habitus, $\times^1/_2$; l Blütenhülle; m Blüte; n Frucht; o Blütenhülle mit Frucht; o—r *Juncus bulbosus* L. — p Habitus, $\times^1/_3$; q Blüte; r Blütenhülle mit Frucht (a—b, e, h nach Fedorov 1976; c—d, f—g, k—r nach Weymar 1953; i nach Täckholm 1974).

Vorkommen: An Prielrändern und in abflußlosen Senken der Meeresküste, auf Strandwiesen, an Salzstellen, in Salzsteppen, in Brackwasserröhrichten; auf salzhaltigen, nährstoffreichen, humosen, überschlickten Sandböden oder sandigen Salztonböden, meist etwas trockener stehend als *Bolboschoenus maritimus*; vielfach eigene Bestände (Juncetum maritimi) bildend, auch in anderen Strandwiesengesellschaften, z. B. im Junco-Samoletum und in der *Juncus maritimus-Oenanthe lachenalii*-Gesellschaft. — L: G rhiz/Hel.

Verbreitung: Im westlichen, südlichen und zentralen Europa; in Ost- und Nordafrika; ostwärts bis ins westliche Persien; in Europa vor allem im Mittelmeergebiet, an den Küsten Westeuropas (nordwärts bis Südschweden und Öland) und des Schwarzen Meeres; in Australien und Amerika eingeschleppt. — Im Gebiet an den Küsten der Nord- und Ostsee, ostwärts bis Rügen, Greifswalder Oie und Usedom (Peeneufer um Karlshagen). — Viele falsche Angaben aus anderen Gebieten! Im ostmediterranen Teilareal hier und da mit *J. heldreichianus* oder *J. acutus* verwechselt. — med-smed-atl.

Verbreitungskarten: Hultén 1958, 1971; Perring & Walters 1962; Meusel et al. 1965; Kloss & Succow 1966 (Mecklenburg).

9. Juncus subnodulosus Schrank (Fig. 106c—d)

J. obtusiflorus Ehrhart ex Hoffmann; *J. nodosus* Weber; *J. sylvaticus* Reichard

Ausdauernd; lockere Rasen bildende Sumpfpflanze; Wurzelstock sehr kräftig, bis 10 mm dick, lang kriechend, von 4—6 scheidenförmigen Niederblättern bedeckt. Stengel meist aufrecht oder aufsteigend, 40—100 (130) cm hoch, 2—4 mm dick, über dem Grunde mit 3—4 spreitenlosen Scheiden und 1—2 Blättern. Blätter der blühenden Stengel mit kurzer, anliegender, in kurze, stumpfe Öhrchen vorgezogener offener Scheide; Spreite stielrund oder etwas zusammengedrückt, kaum gestreift, stumpflich oder spitz, quergefächert, 20—100 cm lang, etwa so hoch wie der Stengel. Blätter der nichtblühenden Stengel einzeln, grundständig, völlig stielrund, stengelähnlich (aber ohne Querfächerung!). Blütenstand aufrecht, reich zusammengesetzt, viel (bis 100-)köpfig, bleich; Äste zur Fruchtzeit rechtwinklig ausladend und z. T. hakig zurückgezogen; Hüllblätter 1 (2) blattähnlich, länger als der Blütenstand. Blüten 2—2,5 mm lang, zu 5—10 (20) pro Köpfchen, ohne Vorblätter. Blüten 2—2,5 mm lang, zu 5—10 (20) pro Köpfchen, ohne Vorblätter; Tragblätter eirundlich, stumpf, weißlich-strohgelb, fast ganz durchscheinend. Perigonblätter länglich-elliptisch, stumpf, strohgelb oder bleichgrün, auf dem Rücken rötlich oder rotbraun, mit breitem Hautrand. Staubblätter 6, so lang wie die Perigonblätter; Staubbeutel etwa doppelt so lang wie die Staubfäden. Griffel 0,7—1 mm lang mit blaßroten, 1 mm langen, aufrechten Narben. Kapsel breit eiförmig, 3seitig, kurz geschnäbelt, wenig länger als die Perigonblätter, rot- bis kastanienbraun, glänzend. Samen 0,5—0,6 mm lang, birnförmig, rotbraun, mit kurzem Anhängsel. — Blütezeit: VI—VII. — $2n = 40$.

Vorkommen: Bestandbildend auf quelligen Moorwiesen („Binsenwiesen"), in Quell- und Hangmooren, in Gräben, in der Verlandungszone kalkreicher oligo- bis mesotropher Gewässer; im flachen Wasser oder auf nassen, vielfach sickernassen und gut durchlüfteten, basen- und kalkreichen, z. T. auch salzhaltigen, humosen Sandböden, mehr oder weniger milden Sumpfhumus- oder humosen Kalktuff-Böden; planar bis submontan, in den Alpen bis 1100 m; an den Ufern in artenarmen, den Großseggen-Riedern nahestehenden Röhricht-Beständen, sonst Kennart des Juncetum subnodulosi; auch in Kalkflachmooren und in bestimmten Ausbildungen des Bachröhrichts, in Abzugsgräben und Quelladern mit kalkreichem Wasser (hier oft die flutende Form). — L: G rhiz-H scap/Hel.

Verbreitung: In großen Teilen West-, Mittel- und Südeuropas verbreitet; nordwärts bis Färöer, Süd- und Mittelschweden, nordostwärts Masuren nicht erreichend; südostwärts vereinzelt bis Griechenland (?) und ins nordwestliche Kleinasien (Anatolien, Kurdistan) vordringend; in Nordwestafrika; im östlichen Nordamerika (synanthrop?). — Im Gebiet zerstreut, in Kalkgebieten häufiger, in Altmoränenlandschaften und Silikatgebirgen fehlend oder selten. — smed-subatl.

Verbreitungskarten: Meusel et al. 1965; Hultén 1971.

10. Juncus mutabilis Lamarck (Fig. 105i—l; Fig. 108c)

Juncus pygmaeus L. C. Richard ex Thuillier

1jährig, dichte Rasen bildend. Stengel aufrecht oder aufsteigend, (1) 2—10 cm hoch, 0,2—0,5 mm dick, rötlich gefärbt. Blätter meist grundständig, am Stengel meist nur 1 Blatt unter der Mitte; untere Blattscheiden locker anliegend, oben in 2 spitze Öhrchen vorgezogen, braun bis rotbraun; Spreite fadenförmig, seitlich zusammengedrückt, oberseits am Grunde rinnig; undeutlich (äußerlich kaum sichtbar) quer gefächert. Blütenstand 5 cm lang, meist aus 1 End- und 1, seltener 2—3 (4) Seitenköpfchen; Hüllblätter 1—2, laubblattartig, das unterste länger als der Blütenstand. Blüten zu (1) 3—6 (13) in bis 1 cm breiten Köpfchen; ohne Vorblätter in den Achseln kleiner, breit eiförmiger, stachelspitziger, häutiger Tragblätter. Perigonblätter untereinander gleich, (3) 4—6 (7) mm lang, linealisch-lanzettlich, stumpflich oder undeutlich stachelspitzig, grün oder rötlich mit weißem Hautrand. Staubblätter 3—6, 2—3 mm lang; Staubbeutel $^{1}/_{2}$ — $^{1}/_{3}$ so lang wie die Staubfäden. Griffel kurz; Narben 3, blaß-purpurrot. Kapsel 2—4 mm lang, 1 mm breit, $^{2}/_{3}$ so lang wie die Perigonblätter, verkehrt-keulig, 3seitig, zugespitzt, strohfarben, glänzend. Samen 0,3—0,4 mm lang, verkehrt-eiförmig, kastanien- oder rotbraun; ohne Anhängsel. — Blütezeit: V—IX. — $2n = 40$.

Vorkommen: In Dünentälern, am Rande von Heidetümpeln; auf feuchtem, zeitweilig über- flutetem Sandboden; Kennart des Cicendietum filiformis; Schwerpunkt in mediterran-atlan- tischen Zwergbinsengesellschaften, z. B. im Isoëto velatae-Juncetum pygmaei und im Cicendio- Juncetum pygmaei. — L: T.

Verbreitung: Im Mittelmeergebiet, nordwärts an der Atlantikküste bis zum Kattegat, ostwärts bis Kleinasien. — Im Gebiet selten und unbeständig in den nördlichen und südwestlichen Teilräumen. — med-atl.

Verbreitungskarte: Hultén 1971.

Anmerkung: *J. mutabilis* keimt im Frühjahr. Er entwickelt sich nicht bei normalem oder hohem Wasserstand, tritt aber dann auf, wenn im Sommer sehr niedrige Wasserstände vorherrschen. Eine Wasserform („lacustris") mit verlängertem, niederliegendem, oft wurzelndem Stengel tritt gelegentlich auf. Im 25—50 cm tiefen Wasser unterbleibt die Blütenbildung, nur grundständige, pfriemliche, hellgrüne, quergefächerte Wasserblätter entwickeln sich.

11. Juncus bulbosus L. (Fig. 107o—r; Fig. 108d—f)

J. supinus Moench; *J. kochii* F. W. Schultz; *J. uliginosus* Roth

Ausdauernd; Wuchs dicht rasig. Stengel (an trockenen Standorten) aufrecht, (5) 10—20 (30) cm hoch, 0,5—1 mm dick, (an feuchten Standorten) aufsteigend oder (untergetaucht) niederliegend, an den Knoten wurzelnd und Blattrosetten treibend („var. *confervaceus*" und „var. *uliginosus*"), oder reich verzweigt und flutend („var. *fluitans*"). Untere Blätter mit schmaler, hellgrüner bis purpurner Scheide, die oben in 2 stumpfliche, eingerollte Öhrchen vor- gezogen ist; Spreite dünn, fädlich oder borstlich, undeutlich quer gefächert, im Wasser stark verlängert. Blütenstand meist aufrecht, zusammengesetzt, doldenartig verzweigt, in Abhän- gigkeit vom Standort sehr vielgestaltig. Hüllblatt 1, mit langer, blattartiger Spitze, den Blütenstand meist nicht überragend. Köpfchen wenig (2—6)blütig, selten 12—16blütig; ohne Vorblätter. Tragblätter breit eiförmig, stumpf, stachelspitzig, fast ganz häutig, kürzer als die Blüten; in der Mitte eines jeden Köpfchens ein Büschel frischer, steriler Blätter, aus denen junge Tochterpflanzen sprossen können. Perigonblätter 2,5—4 mm lang, länglich, 3nervig, grün oder rötlich überlaufen (kastanienbraun bei subsp. *kochii*); äußere Perigonblätter spitz; innere stumpf (spitz bei subsp. *kochii*). Staubblätter 3 (6 bei subsp. *kochii*), 1—1,5 mm lang; Staub- beutel etwa $^{1}/_{2}$ bis genau so lang wie die Staubfäden. Griffel sehr kurz; Narbenschenkel blaßrot. Kapsel zur Reifezeit wenig länger als die Perigonblätter, eiförmig-walzlich oder verkehrt-eiförmig, 3seitig, oben stumpf und stachelspitzig, grün, rötlich oder rotbraun, glän- zend. Samen 0,5—0,6 mm lang, durchsichtig-rotbraun. — Blütezeit: (VI) VII—IX. — $2n = 40$.

Vorkommen: In Pionier-Gesellschaften im flachen Wasser und am Ufer nährstoffarmer Ge- wässer, in und an Heideseen, Teichen, Tümpeln, Grubengewässern, Tagebau-Seen, Torf- stichen, Moorschlenken, Gräben, auf Teichböden, in lückigen Flachmooren; im nährstoff-

armen, stark bis mäßig saurem Wasser und auf staunassen, zeitweise seicht überschwemmten, nährstoff- und kalkarmen, mäßig sauren Sand- oder Torfschlamm-Böden; planar bis subalpin, in den Alpen bis 1800 m aufsteigend; Schwerpunkt in den meisten Strandlinggesellschaften, z. B. im Eleocharitetum multicaulis; auch in Zwergbinsengesellschaften, z. B. im Eleocharito-Caricetum bohemicae und im Centunculo-Radioletum linoidis. — L: (hyd) H caesp/Pot-Isoët-Hel.

Verbreitung: In fast ganz Europa mit Ausnahme des äußersten Nordens und der südlichen Teile der Iberischen Halbinsel, Italiens und des Balkans verbreitet; außerdem in Nordwest- und Ostafrika, auf den Azoren und auf Neufundland; in Neuseeland synanthrop. — Im Gebiet in den Altmoränenlandschaften und Silikatgebieten vielfach häufig, sonst selten oder fehlend. — (no) subatl.

Verbreitungskarten: Hultén 1958, 1971; Meusel et al. 1965; Slavík 1969.

Anmerkung: *J. bulbosus* ist habituell in Abhängigkeit vom Standort sehr veränderlich. Er kann in Tiefen zwischen 0,4 und 2,4 m dichte Unterwasser-Rasen bilden; die Sprosse werden bis 2 m, die haarförmigen Blätter bis 60 cm lang und sind wintergrün („f. *submersus*"). Im Seichtwasserbereich des Ufers zwischen 5 und 40 cm Wassertiefe entwickeln sich nicht vollständig untergetauchte, flutende Rasen („f. *fluitans*") mit reichverzweigten Stengeln, die ihre wenigblütigen, oft durchwachsenen Köpfchen über den Wasserspiegel heben. Die Landform bildet am Ufer („f. *terrestris*") grüne oder rotbraune Teppiche.

Von taxonomischer Bedeutung scheinen 2 Unterarten zu sein:

1a Staubblätter 3 (4, 5, 6); Staubbeutel länglich, etwa ebenso lang wie die Staubfäden; Kapsel 2,5—3 mm lang, länglich, mit stumpfer Spitze . . **11.1.** subsp. **bulbosus** (S. 395)

1b Staubblätter 6 (3, 4, 5); Staubbeutel länglich, deutlich kürzer als (etwa halb so lang wie) die Staubfäden; Kapsel 2 mm lang, verkehrt-eiförmig, mit ausgerandeter Spitze . . . . **11.2.** subsp. **kochii** (S. 395)

11.1. subsp. **bulbosus**
Vgl. Beschreibung der Art.

11.2. subsp. **kochii** (F. Schultz) Reichgelt
J. kochii F. Schultz; *J. supinus* var. *kochii* (F. W. Schultz) Syme

Pflanze meist kräftiger und höher als subsp. *bulbosus*. Stengel steif aufrecht oder aufsteigend, bis 25 cm hoch, selten niederliegend, ziemlich dick, am Grunde mit fleischigen, erbsengroßen Knöllchen. Blätter aufrecht, meist stärker verlängert. Blütenstand mit wenigen bis zahlreichen, meist dicht- und reichblütigen Köpfchen. Blüten oft lebhaft gefärbt, kastanienbraun. Perigonblätter schärfer zugespitzt, auch die inneren oft spitzlich oder spitz. Staubblätter meist 6; Staubbeutel etwa halb so lang wie die Staubfäden. Kapsel verkehrt-eiförmig, mit ausgerandeter, stumpfer Spitze, 2 mm lang, so lang wie oder kaum länger als die Perigonblätter. — Blütezeit: VIII—IX.

Vorkommen: In der wasserfreien Uferzone nährstoffarmer Gewässer auf feuchtem Sand in Strandling- und Zwergbinsengesellschaften bzw. in eigenen Beständen, im Unterwuchs von Flatterbinsenbeständen, im Röhricht.

Verbreitung: Noch unvollständig bekannt; vor allem im atlantischen Teil des Areals der Art, ostwärts über die Rheinischen Gebirge bis Altentreptow und zum Harz, isoliert im Lausitzer Teich- und Braunkohlengebiet, vor allem um Senftenberg.

Anmerkung: Bildet in etwa 120 cm Tiefe Wasserformen mit fadendünnen, bis 65 cm langen Blättern aus, die hellgrüne Rasen entwickeln.

Fig. 108. a—b *Juncus heterophyllus* Dufour — a Wasserform mit haarfeinen Wasserblättern und Folgeblättern, $\times\,^3/_8$; b oberer Sproßteil einer blühenden Seichtwasserform; $\times\,^3/_8$; c *Juncus mutabilis* Lamarck — Wasserform, $\times\,^1/_4$; d—f *Juncus bulbosus* L. — Wasserform mit pfriemlichen Tauchblättern, $\times\,^1/_6$; e Landform, $\times\,^1/_3$; f Landform, Blütenköpfchen vegetative Sprosse entwickelnd, $\times\,^1/_3$ (a—b, d—f nach Glück 1911; c nach Glück 1936).

12. Juncus heterophyllus Dufour (Fig. 108a—b)

Ausdauernd, am Grunde büschelig verzweigt, ohne Ausläufer. Stengel 6—150 cm lang, meist untergetaucht oder auf dem Schlamm kriechend, niederliegend und an den Knoten wurzelnd oder flutend oder (bei Landformen) aufrecht, (0,8) 1,5—2,5 (4) mm dick. Tauchblätter (Primärblätter) dünn, fadenförmig, dicht büschelig (1,5) 6—30 (80) cm lang, 0,2—1,2 mm dick; Scheide 1—30 mm lang, zur Blütezeit meist abgestorben. Folgeblätter steif, walzlich, röhrig, deutlich gegliedert, oft leicht sichelartig gekrümmt; am Grunde mit meist ansehnlicher, geöhrter, 1,5—2,5 (4) cm langer Scheide; Spreite 3,5—11 cm lang, 1—4 cm dick. Blütenstand aus (1) 4—9 (18) meist 2—6blütigen Köpfen. Hüllblätter 1—2, laubblattartig, so lang wie der Blütenstand. Tragblätter der Blüten groß, breit eiförmig, stumpf oder kurz stachelspitzig, viel kürzer als die Blüten. Blüten 4—6 (8) mm lang, rötlichbraun; äußere Perigonblätter stumpf, kürzer als die zugespitzten inneren. Staubblätter 6. Kapsel länger als die Perigonblätter, eilänglich, zugespitzt, geschnäbelt, rotbraun, glänzend. — Blütezeit: (V) VI—IX.

Vorkommen: Im stehenden oder schwachfließenden Wasser, in Teichen, Wasserlachen, Gräben, im flachen Wasser nährstoffarmer Heidegewässer; Verlandungspionier; Schwerpunkt in *Lobelia*-reichen Strandlinggesellschaften. — L: H/Hel.

Verbreitung: Im atlantischen Mittelmeergebiet (auch in Nordafrika), nordwärts an der französischen Atlantikküste bis Finistère, ostwärts bis Mittelitalien und Sizilien. — Im Gebiet fehlend. — wmed-atl.

Anmerkung: *J. heterophyllus* ist durch die großen, dünnhäutigen Tragblätter der Blüten und durch die großen Früchte leicht kenntlich. — Die völlig untergetauchte, in einer Wassertiefe von 30—120 cm lebende Form blüht nicht.

13. Juncus articulatus L. (Fig. 107c—h)

   J. lampocarpus Ehrhart ex Hoffmann; *J. aquaticus* Allioni

Ausdauernd; rasig oder mit kurzem, etwa 10 cm langem, flach im Schlamm kriechendem Wurzelstock. Stengel aus niederliegendem Grunde aufsteigend, selten völlig niederliegend, (5) 20—60 cm hoch, stielrund oder etwas abgeflacht, am Grunde mit einigen spreitenlosen Scheiden; mit 3—6 Stengelblättern. Blattscheiden grün, rötlich oder braun, in 2 stumpfe Öhrchen ausgezogen; Spreite stielrund oder seitlich zusammengedrückt, deutlich quergefächert, meist in eine deutliche Spitze auslaufend. Blütenstand meist aufrecht, breit rispig verzweigt mit (1) 5—20 (80) Köpfchen; Hüllblätter eilanzettlich, begrannt-stachelspitzig, rotbraun, selten ausgebleicht. Blüten zu (4) 5—15 (30) pro Köpfchen, (2,5) 3—4 (6) mm lang, rot- bis kastanienbraun oder grünweiß oder bleich; äußere Perigonblätter schmal-lanzettlich, etwas kahnförmig; innere Perigonblätter eilanzettlich, spitz (selten stumpf), mit schmalem (selten breitem) Hautrand. Staubblätter 6, von variabler Länge; Staubbeutel so lang wie oder wenig länger als die Staubfäden. Griffel 0,5 mm lang, kürzer als der Fruchtknoten; Narben 1,5 mm lang, Kapsel aus eiförmigem Grunde 3seitig pyramidenförmig, stachelspitzig, die Perigonblätter überragend. Samen 0,3—0,5 mm lang, eiförmig, netzig, durchsichtig bis rötlich. — Blütezeit: VI—VIII (X). — $2n = 80$.

Vorkommen: In Flach- und Quellmooren, auf Naßwiesen, in frisch aufgeworfenen Gräben, an mehr oder weniger offenen Uferrändern und auf Teichböden, in Ausstichen, auf feuchten Wegen; auf stau- bis sickernassen, z. T. sommerlich austrocknenden, zeitweilig überfluteten, mehr oder weniger nährstoffreichen, milden bis mäßig sauren Sand-, Lehm-, Ton-, Torf- und Schlammböden; von der Ebene bis in das Gebirge, in den Alpen bis 2200 m; Schwerpunkt in lückigen Kleinseggen-Gesellschaften, aber auch in Großseggen-Riedern und Feucht- und Salzwiesen und -weiden, in Flutrasen, Zwergbinsen- und Strandlingfluren, besonders als Pionier an Störstellen und in Initialstadien an trockengefallenen Uferrändern, Gräben und Teichböden und hier zuweilen dichte Bestände („Juncetum articulati") bildend; im Süden Reisfeld-Unkraut. — L: H/(Hel).

Verbreitung: In Eurasien weit, aber lückenhaft verbreitet; nordwärts bis Island, Nordfennoskandien (70° nB), nördliches Osteuropa; ostwärts bis Kamtschatka und Japan; südwärts bis Nordwestafrika; in Nordamerika weit verbreitet (eingeschleppt?). — Im Gebiet verbreitet und ziemlich häufig. — euras (circ).

Verbreitungskarten: Hultén 1962, 1968, 1971; Meusel et al. 1965; Hämet-Ahti 1966 (Fenno-skandien); Hendrych 1969.

Anmerkungen: *J. articulatus* ist in Abhängigkeit vom Standort äußerst vielgestaltig. Er bildet im stehenden oder fließenden Wasser in 40—80 cm Tiefe untergetauchte Formen mit langen, schlaffen, aufrechten oder horizontal flutenden Stengeln und Ausläufern aus, die stets steril bleiben („f. *submersus*"). Die ähnliche, flutende Form („var. *fluitans*") hebt die Blüten-rispe und die Blattspitzen über den Wasserspiegel und entwickelt keine Ausläufer. Im seichten, bis 30 cm tiefen Wasser entstehen durch reichliche Bewurzelung an den Knoten dicht verfilzte, schwimmende Rasen („f. *natans*") mit bis 3 m langen Sprossen, aus denen zahlreiche auf-rechte, 10—40 cm hohe, sterile und fertile Stengel mit aufgetauchten Blättern empor-wachsen.

14. Juncus castaneus J. E. Smith (Fig. 107a—b)
Ausdauernd; lockere, ziemlich große Rasen bildend. Grundachse kriechend, 5—8 (15) cm lange, unterirdische Ausläufer treibend. Stengel aufrecht, 10—20 (50) cm hoch, 2—3 mm dick, beblättert, stielrund. Untere Blätter ohne Spreite; Scheide braun bis dunkelbraun, schmal be-randet, nicht geöhrt; obere Blätter grasähnlich, mit flacher oder deutlich rinniger, bis 4 mm breiter, allmählich in eine stumpfe Spitze verschmälerter Spreite. Unterstes Hüllblatt laubblattartig, steif aufgerichtet, den Stengel scheinbar fortsetzend, oft den ganzen Blütenstand überragend. Blütenstand aus (1) 2—3 Köpfchen, von denen das endständige von den seiten-ständigen übergipfelt wird; Köpfchen halbkugelig, bis 1,5 cm breit, aus (2) 3—6 (8), in den Achseln lanzettlicher, kurzer Tragblätter kurz gestielten Blüten. Blüten 4—5 (zur Fruchtzeit 8) mm lang. Perigonblätter linealisch-lanzettlich, 4—6 mm lang, gleichlang oder die äußeren etwas länger und zugespitzt (die inneren stumpflich), kastanienbraun (selten bleich), häutig berandet. Frucht viel länger als die Perigonblätter, 7—10 mm lang, 3seitig, an der Spitze keilig oder stumpf und kurz stachelspitzig, oberwärts kastanienbraun, glänzend. Samen sehr groß, bis 3 mm lang, feilspanförmig, bleich. — Blütezeit: VII—VIII. — $2n = 40, 60$.
Vorkommen: In Quellfluren und Quellsümpfen entlang von Quellen und Wasserläufen der Hochgebirge; auf feuchten Lehm- und Tonböden; kälteliebend; in den Alpen zwischen 1200 und 2000 m. — L: H/Hel.
Verbreitung: In der borealen Tundrazone Eurasiens und Nordamerikas; in Europa nordwärts bis Spitzbergen, im Süden nur in der Hochgebirgen. — Im Gebiet nur in den Alpen von Graubünden bis Kärnten, außerdem in der Hohen Tatra. — no-alp, circ.
Verbreitungskarten: Raup 1947; Hultén 1962, 1971; Meusel et al. 1965; Hendrych 1969.

15. Juncus capitatus C. E. Weigel (Fig. 107k—o)
1jährig, am Grunde büschelig verzweigt. Stengel steif aufrecht, (1) 5—10 (18) cm hoch, 0,25—0,5 mm dick, kantig oder fast stielrund, unbeblättert. Grundständige Blätter mit brauner, breit hautrandiger Scheide ohne Öhrchen; Spreite linealisch, flach oder etwas rinnig, oben spitz, 0,25—0,5 mm breit, $^1/_3$ bis $^1/_2$ so hoch wie der Stengel, ungefächert. Blüten-stand einfach, den Stengel als halbkugeliges, etwa 9 mm dickes, (1) 3—7 (10)blütiges Köpfchen abschließend. Hüllblätter häutig, mit grünem Mittelstreifen, der in eine kurze Sta-chelspitze ausläuft, gewöhnlich länger als der Blütenstand. Blüten sehr kurz gestielt, 3,5 mm lang, ohne Vorblätter. Perigonblätter ungleich; die äußeren 3,5—5 mm lang, länger und derber als die inneren, mit grannig vorspringender Spitze, die inneren nur 3 mm lang, fast ganz häutig, stumpf, mit aufgesetztem, kurzem Spitzchen. Staubblätter 3; Staubbeutel der chasmogamen Blüten wenig, der kleistogamen Blüten viel kürzer als die Staubfäden. Griffel der chasmogamen Blüten lang, mit langen, aufrechten Narben, der kleistogamen Blü-ten kurz, mit kurzen, spiralig eingedrehten Narben. Kapsel eiförmig, 3seitig, 2,5 mm lang, viel kürzer als die äußeren Perigonblätter, kastanienbraun. Samen 0,3 mm lang, verkehrteiförmig, rostbraun. — Blütezeit: VI—VIII (X). — $2n = 18$.
Vorkommen: Unbeständig in Pioniergesellschaften offener Standorte an Ufern, an Wegen oder in Ackerfurchen, auf dem Boden abgelassener Teiche; auf feuchten, mäßig nährstoffreichen, kalkfreien, humusarmen verdichteten Ton- oder bindigen Sandböden; planar bis montan,

in den Alpen bis 1000 m; in West- und Mitteleuropa vor allem zusammen mit *Anagallis minima*
und *Radiola linoides* in europäischen Zwergbinsen- und Zwergleinfluren, häufig auch in
mediterranen Zwergbinsengesellschaften, z. B. in Spanien im Junco capitati-Eryngietum galioi-
dis. — L: T.
Verbreitung: In Europa weit verbreitet; nordwärts bis Dänemark, Südschweden und ins nordwestliche Osteuropa, vereinzelt in Karelien, ostwärts bis ins mittlere Osteuropa; weit verbreitet im Mittelmeergebiet; ferner in Nordafrika, auf den Kanaren und Azoren; in Kalifornien,
Südostaustralien und Südamerika synanthrop. — Im Gebiet im Tiefland zerstreut, in den Heidegebieten häufiger, stellenweise selten oder sehr selten, so in den südlicheren Mittelgebirgsräu-
men. — med-subatl.
Verbreitungskarten: Hultén 1958, 1971; Meusel et al. 1965.

Familie **Iridaceae**

Kräuter, selten niedrige Halbsträucher. Blätter meist 2zeilig, ungestielt (reitend), schmal.
Blüten zu mehreren bis 1 in einer Spatha (Deckblatt) stehend, in ährigen, traubigen bis
rispigen, fächel- oder wickelartigen Blütenständen, selten einzeln endständig. Blüten 3zählig,
zwittrig; Perigonblätter frei oder unterwärts kurz bis länger röhrig vereint, die inneren häufig
kleiner ausgebildet. Staubblätter 3; Samenanlagen zahlreich. Griffel oberwärts meist 3teilig,
nicht selten petaloid verbreitet. Kapsel lokulizid. Samen kugelig oder kantig.
Familie mit 60 Gattungen und 1500 Arten und weltweiter Verbreitung. *Iris* L. hat zahlreiche
aquatische Vertreter.
Die Cannaceae *Canna glauca* L. (Südamerika) und *C. siamensis* Kränzlin (Thailand) sollen
aquatisch leben. *Donax* Loureiro, *Phrynium* Willdenow und *Thalia* L. (Marantaceae) enthalten
Wasser- und Sumpfpflanzen. Beide Familien schließen an die Iridales an und werden zu den
Zingiberales gerechnet.

1. **Iris** L.

Ausdauernd; Rhizom dick, kriechend. Stengel aufrecht, bis 2 m hoch, beblättert. Blätter kahl,
am Grunde scheidig. Blüten bis 15 cm im Durchmesser, gelb, weiß oder bläulich, von einem
spathaartigen Tragblatt gestützt. Perigon aus 2 petaloiden Kreisen, die äußeren 3 herabgebogen, die inneren 3 gewöhnlich aufsteigend. Staubblätter 3, am Grunde der äußeren Perigonblätter inseriert. Fruchtknoten 3fächerig; Griffeläste an der Spitze zweigespalten, über die
Staubbeutel gebogen, petaloid; Samenanlagen axial, zahlreich.
Gattung mit etwa 300 Arten, von denen ungefähr 10 im Wasser und viele andere an Feuchtstandorten vorkommen; vor allem in den gemäßigten Zonen der nördlichen Hemisphäre.
Mit Ausnahme von *I. graminea* L. sind alle mitteleuropäischen Arten der Sektion *Apogon*
typische Sumpfpflanzen. Wir berücksichtigen nur *I. pseudacorus* sowie *I. versicolor* und erwäh-
nen, daß *I. sibirica* L. gelegentlich auch in die Verlandungszone von Seen, *I. spuria* L. in der
Ungarischen Tiefebene in Begleitung von *I. pseudacorus* und *I. sibirica* in *Phragmites*-Bestände
eindringen können.
Wichtigste Literatur: Foster 1936.

Bestimmungsschlüssel der Arten:
1a   Perigon blau oder violett; Perigonröhre oberhalb des Fruchtknotens zusammenge-
     zogen . . . . **2. I. versicolor** (S. 399)

1b Perigon gelb oder gelblich; Perigonröhre oberhalb des Fruchtknotens nicht zusammengezogen . . . . **1. I. pseudocorus** (S. 399)

1. Iris pseudacorus L. (Fig. 109 d)

Wurzelstock sehr dick, derb fleischig, dicht filzig mit pferdehaar-ähnlichen, aufrechten Borsten bedeckt; unterseits mit Zugwurzeln; auf dem Rücken beblättert. Blätter 2zeilig gestellt, linealisch-schwertförmig, allmählich zugespitzt, 50—100 (190) cm hoch, 1—3 (4,0) cm breit, nur wenig kürzer als der Blütenstengel, reitend, graugrün. Blütenstand 50—100 (120) cm hoch, armblütig, grundständig, schwach verzweigt; mit krautigen Hochblättern; Teilblütenstände schraubelartig. Blüten zu mehreren in einer 2blättrigen Spatha eingeschlossen, groß, auffällig, hellgoldgelb, geruchlos. Äußere Perigonblätter groß, an der Außenseite des Nagels grünlich überlaufen; Endlappen breit, nach abwärts gerichtet, in der Mitte vor dem Schlund dottergelb gefleckt, eirund, sich plötzlich durch Aufbiegung der Seitenränder in den oben rinnigen Nagel verengend; innere Perigonblätter stark verkümmert, 2,5—3 cm lang oder bis auf winzige Punkte reduziert; Perigonröhre hellgelb bis grünlich, eng 3kantig trichterig, 7—10 mm lang. Staubblätter mit scharf 3kantigen Staubfäden, diese kürzer als die gelben Staubbeutel. Griffel in 3 kronenblattähnliche Äste geteilt, deren Endlappen eine herzförmige Oberlippe bilden, am Rande unregelmäßig fein gesägt; Narbenläppchen stumpf 3eckig. Kapsel 3kantig, walzlich, abgerundet, kurz schnabelartig zugespitzt, 4—5 (6) cm lang, reif gelbbraun. Fruchtstiele gebogen. Samen kreisrund, scharfkantig plattgedrückt, 6—8 mm breit, 2—3 mm dick. — Blütezeit: VI. — $2n = 34$.

Vorkommen: Im Röhricht an Ufern, in Gräben, in Großseggen-Riedern, im Erlenbruch- und Erlen-Eschenwald; auf nassen, zeitweise oder meist überschwemmten, nährstoffreichen, milden bis mäßig sauren, eutrophen Torfböden, seltener auf sandig-kiesigen oder reinen Tonböden; Nässezeiger, etwas wärmeliebend, schattenertragend; planar bis montan, in den Alpen bis 1000 m; in den meisten Röhricht- und Großseggen-Gesellschaften, stellenweise in großen Mengen. — L: G rhiz/Hel.

Verbreitung: In großen Teilen des westlichen Eurasien; nordwärts bis Mittelfennoskandien, vereinzelt bis Lappland; ostwärts bis Westsibirien (Tobol); Küsten des Kaspischen Meeres; in Kanada synanthrop. — Im Gebiet verbreitet und überall häufig. — euras (subozean)-smed.

Verbreitungskarten: Meusel et al. 1965; Hultén 1971.

2. Iris versicolor L. (Fig. 109 e)

Wurzelstock dick, tief im Boden oder oberflächlich liegend. Blätter fest, aufsteigend, blaßgrün bis grau; die grundständigen (10) 20—100 cm lang, 5—30 mm breit, anfangs am Grunde purpurn. Blütenstengel unverzweigt oder oberwärts mit 1—2 Ästen, mit verlängerten, aufsteigenden Stengelblättern. Spatha 3—6 cm lang. Blütenstiele dünn, so lang oder länger als die Spatha. Äußere Perigonblätter 4—7 cm lang, 2—3,5 cm breit, blau bis rötlichviolett, selten weiß, mit dunklen Adern, oft mit weißlichgrünem Grund und Nagel; innere Perigonblätter $^1/_2$—$^2/_3$ so lang wie die äußeren, 5—20 mm breit; Perigonröhre oberhalb des 3kantigen Fruchtknotens zusammgezogen, trichterig, bis 12 mm lang. Griffeläste bis 35 mm lang mit ganzrandigem oder gezähntem Kamm. Kapsel dick walzlich bis ellipsoidisch, fest, mit Schnabel, stumpf 3kantig, 1,5—6 cm lang, oft über den Winter bleibend. Samen D-förmig, 5—8 mm lang. — Blütezeit: V—VIII. — $2n = 108$.

Vorkommen: An Ufern und in Gräben, auch im nassen Bruchwald; auf mäßig nährstoffreichen Torf- und humosen Sandböden; vor allem in Röhrichten, in ärmeren Großseggen-Riedern und im ärmeren Erlenbruchwald. — L: G rhiz/Hel.

Verbreitung: Einheimisch im nordöstlichen Nordamerika. In Europa gelegentlich als Zierpflanze an Park- und Gartenteichen, an einigen Stellen (vor allem im nördlichen Europa: Schweden, Dänemark, Schottland, Nordengland) eingebürgert. — Im Gebiet bei Muskau (nördliche Oberlausitz) eingebürgert.

Verbreitungskarten: Anderson 1933, 1936; Perring & Walters 1962.

Familie **Orchidaceae**

Ausdauernde Kräuter, oft mit Wurzel- oder Sproßknollen. Blüten zwittrig, dorsiventral, in Ähren oder Trauben. Perigonblätter 6; das obere als Lippe gestaltet, meist größer und oft gespornt, fast stets während der Blütezeit abwärts gerichtet. Narbe am Eingang zum Sporn dem Fruchtknoten aufsitzend. Staubblätter 2 oder 1; Staubbeutel 2fächerig, mit einem Anhängsel der Narbe zum Säulchen (Gynostemium) verwachsen. Pollen jedes Staubbeutelfaches zu einem Pollinium vereinigt, dieses mit Klebscheibe. Kapsel 3—6klappig mit zahlreichen winzigen Samen.

Die Familie — 600—700 Gattungen mit etwa 20000 Arten — enthält strenggenommen keine Wasserpflanzen; einige Arten kommen an Feuchtstandorten vor. Wir berücksichtigen nur *Hammarbya*.

1. **Hammarbya** O. Kuntze

Monotypische Gattung mit den Merkmalen der Art.

1. Hammarbya paludosa (L.) O. Kuntze (Fig. 109 a—b)

Ophrys paludosa L.; *Malaxis paludosa* (L.) Swartz

Pflanze zierlich; Knollen eiförmig, fast 4kantig. Stengel (5) 7—15 (25) cm hoch, 5kantig, gelblich, kahl, unterwärts 2—4blättrig. Blätter eiförmig oder länglich, oft spatelig, stumpf oder spitzlich, das oberste (größte) bis 3 cm lang, $2^1/_2$—$3^1/_2$mal so lang wie breit, in seiner Achsel eine grüne Knolle; 3—7nervig, gelblichgrün. Traube reichblütig, schmal, oft $1^1/_2$mal so lang wie der Stengel. Blüten klein, etwas abstehend. Deckblätter klein, aus keiligem Grunde spitz-lanzettlich, so lang wie die gedrehten Blütenstiele. Perigonblätter frei, gelbgrün, mit etwas dunklerer Lippe; die äußeren eiförmig, fast 3eckig, spitz, 1nervig, die seitlichen äußeren aufrecht unter der Lippe stehend, 2 mm lang, das mittlere herabhängend, 2,5 mm lang; die seitlichen inneren kürzer als die äußeren, abstehend mit zurückgekrümmter Spitze. Lippe länglich oder fast geigenförmig, vertieft, eingeteilt, 3nervig, derber als die übrigen Perigonblätter, aufwärts gerichtet, zugespitzt. Säule gerade; Staubbeutel bleibend, ohne Anhängsel, herz- bis nierenförmig, am Grunde sitzend, kürzer als das vorn seicht 3lappige Schnäbelchen; Pollinien 4, paarig aufeinanderliegend. Narbenhöhle mit 2 hufeisenförmigen Ausbuchtungen. — Blütezeit: VII—VIII. — $2n = 28$.

Vorkommen: In der Schwingkante von Moorgewässern, in Moorschlenken und Zwischenmooren; auf nassen oder zeitweise seicht überschwemmten, mäßig nährstoffreichen, basenarmen, mäßig sauren Torfschlamm-Böden; planar bis montan, in den Alpen bis 1100 m; meist mit Torfmoosen der *Sphagnum subsecundum*-Gruppe. — L: G/Hel.

Verbreitung: Im ganzen nördlichen Eurasien zerstreut verbreitet; fehlt in Südeuropa; vereinzelt auch in Nordamerika. — Im Gebiet selten und streckenweise, vor allem im Süden, sehr selten oder völlig fehlend. — no(subozean), circ.

Verbreitungskarten: Hultén 1958, 1968; Fischer 1959; Hempel 1960; Müller-Stoll et al. 1962; Meusel et al. 1965; Brielmayer & Künkele 1969; Fukarek 1972; Künkele & Willing 1976; Tolmačev 1976.

Fig. 109. a—b *Hammarbya paludosa* (L.) O. Kuntze — a Habitus, $\times^1/_2$; b Blüte. c *Leucojum aestivum* L. — Habitus, $\times^1/_3$. d *Iris pseudacorus* L. — Habitus, $\times^1/_3$. e *Iris versicolor* L. — Blüte, $\times^1/_4$ (a—b, d nach Javorka — Csapody 1975, c nach Hegi 1939; e nach Fassett 1960).

Nachträge

Zu S. 115:
10. Potamogeton × zizii Koch ex Roth
Maemets (1978) hat unter dem Namen *P. sarmaticus* Maemets aus versalzten Gewässern in den Steppenzonen der UdSSR (Ukraine) ein Laichkraut beschrieben und abgebildet, das habituell *P. × zizii* sehr ähnlich ist, aber opake, nicht glänzende Tauchblätter mit Mittelstreifnetz besitzt.

Zu S. 155:
2. Zannichellia clausii Cvelev
  Z. gibberosa auct. non Reichenbach
Blätter 0,4—0,6 mm breit, stumpflich. Früchtchen 2,3—2,7 mm lang, auf beiden Seitenflächen unregelmäßig warzig; Fruchtstiele 0,7—1,2 mm lang. Stylodien 1,3—1,7 mm lang.
Vorkommen und Verbreitung: Bisher nur aus dem Sarpinsker See bei Sarepta nahe Wolgograd bekannt (vgl. Cvelev 1978).

Zu S. 214:
1. Glyceria maxima (Hartman) Holmberg
Anmerkungen:
Cvelev (1976) hält *G. arundinacea* (Marschall Bieberstein) Kunth für mit *G. maxima* nahe verwandt und unterscheidet 3 Unterarten: subsp. *arundinacea* [*G. aquatica* (L.) Wahlenberg subsp. *arundinacea* (Kunth) Ascherson et Graebner] aus dem Dnepr-Don-Gebiet und dem Kaukasus; subsp. *triflora* (Koržikov) Cvelev aus dem Ural und dem nördlichen Asien sowie subsp. *grandis* (S. Watson ex A. Gray) Cvelev aus Nordamerika. Die beiden letzteren Unterarten hat Hultén (1962) zu *G. maxima* gezogen.

Zu S. 245:
16a. Panicum L.
1. Panicum repens L. (Fig. 63a—d)
Mehrjähriges Gras mit unterirdisch kriechenden Ausläufern. Stengel steif, aufrecht, bis 80 cm hoch, am Grunde schuppig. Blätter zweizeilig gestellt, blaugrün, 3—6 mm breit, oft so hoch wie der Blütenstand; Blattscheiden gewimpert. Ährenrispe schlank, aufrecht; aus aufsteigenden Ästen mit vielen kleinen, weißlichen Ährchen zusammengesetzt. Ährchen ~2 mm lang, unbegrannt. Hüllspelzen ungleich; die unteren $^1/_4$ so lang wie die oberen. — Blütezeit VI—X.
Vorkommen: Feuchte Standorte auf Sand in Küstennähe; in Schilf-Röhrichten; z. B. auf Kreta im Bolboschoenetum (Scirpetum) maritimi in brackigen Flußmündungen im flachen Wasser der Uferbereiche zusammen mit *Schoenoplectus lacustris* subsp. *glaucus, Typha angustata* und *Phragmites australis*.

Zu S. 277:
5. Eleocharis R. Brown
Aus portugiesischen Reisfeldern wird *E. flavescens* (Poiret) Urban angegeben (vgl. Carvalho e Vasconcellos 1970).

Zu S. 366:
6. Lemna minuscula Herter
  L. minima Philippi
Die mit *L. minor* leicht zu verwechselnde, von dieser nur durch die 1nervigen (bei *L. minor* 3—(5)nervigen) Sproßglieder unterschiedene, in Amerika in Gebieten mit mediterranem Klima heimische Sippe ist neuerdings mehrfach in Europa (England, Frankreich) und im Gebiet (Strasbourg, Blotzheim, Aarebene, Bodenseeufer bei Altenrhein, Berghäuser und Philippsburger Altrhein, Bärensee bei Rastatt) nachgewiesen worden (vgl. Landolt 1979).

Zu S. 376:

3. Heteranthera Ruiz et Pavon

2. Heteranthera limosa (Swartz) Willdenow

Spreiten der Überwasserblätter lanzettlich bis breit eiförmig oder fast kreisrund, meist in den Stiel verschmälert; Blattstiele bis 20 cm lang. Blüten einzeln, mit 2—4 cm langem Hüllblatt; Perigonröhre 2—3,5 cm lang, mit 6 linealisch-lanzettlichen, ~ 1 cm langen, blauen, am Grunde weißgefleckten oder selten ganz weißen Zipfeln.

Vorkommen: In Reisfeldern (in Italien).

Verbreitung: Einheimisch in Amerika; in Europa in den oberitalienischen Reisfeldern eingeschleppt. — Im Gebiet fehlend (vgl. Daubitz-Kühnel 1978).